德国古典哲学研究译丛
主编　李秋零

守望者
The Catcher

黑格尔《逻辑学》开篇：从存在到无限性

The Opening of Hegel's *Logic*: From Being to Infinity

[英]斯蒂芬·霍尔盖特（Stephen Houlgate）著
刘一　译

中国人民大学出版社
·北京·

关于作者

斯蒂芬·霍尔盖特（1954—　），哲学家，英国华威大学哲学教授，以研究黑格尔、海德格尔和德里达等人的思想著名。代表性著作有：《黑格尔、尼采和对形而上学的批判》（1986）、《黑格尔导论：自由、真理与历史》（2005）、《黑格尔〈逻辑学〉开篇：从存在到无限性》（2006）、《黑格尔的〈精神现象学〉：一部读者指南》（2013）。主编并参与编辑：《黑格尔与自然哲学》（1998）、《黑格尔读者》（1998）、《黑格尔与艺术》（2007）、《黑格尔法哲学原理》（2008）、《黑格尔指南》（2011）。

关于译者

刘一，武汉人，哲学博士，武汉纺织大学教师，主要研究德国哲学，著有《无限性的变异：黑格尔〈精神现象学〉的内容与结构》（博士论文）、《从教化到启蒙：论〈精神现象学〉精神章中“第二自我”的形成》（博士后出站报告），以及相关学术论文数篇。

总　序

德国古典哲学，上承古希腊精神为源，下启西方现代哲学为流，巍巍然而成大观，堪称人类思想史上的一座丰碑。其享誉“古典”，绝非浪得虚名，可谓实至名归。作为理解和把握西方哲学发展的一个重要枢纽，德国古典哲学一直是哲学研究课题的重中之重。清末以降，随着西学东渐的历史潮流，德国古典哲学也开始受到中国学界的普遍关注。在 20 世纪下半叶，作为马克思主义理论来源之一的德国古典哲学更是得到了特别的眷顾。尤其值得一提的是，在德国古典哲学的影响下，中国思想界产生出的新哲学形态，独领一代风骚，贺麟、冯友兰、牟宗三等人的新儒学中，无不闪现着德国古典哲学的思想光芒。德国古典哲学遂成为中西哲学交流的一个重要关节点。

三十余年来，我国学界的德国古典哲学研究取得了长足的进步，呈现出新的景象。简言之，其一是逐渐摆脱了旧的“两军对垒”的“贴标签式”哲学史观，德国古典哲学不再简单地是马克思主义“哲学革命”的注释和作为资产阶级哲学而受到批判，而是作为人类思维的优秀成果得到了客观的研究，其杰出的贡献得到了充分的肯定。其二是翻译工作得到了加强，大量的德文原著被翻译成中文，一些旧的译本也得到重译，并且出现了不同形式的全集或选集，为深入扩展的研究奠定了扎实的基础。其三是研究的领域和主题也得到扩展，传统的主题得到进一步的加强，新的主题、新的角度不断涌现，在各种统计中，以德国古典哲学为研究对象的著作、论文所占的比例长盛不衰。乐观地估计，这种良好的势头仍将继续。

然而，我们仍不免有一些“缺憾”。其一是我们对德国古典哲学的把握依然是有短缺的。我国学界常说的德国古典哲学其实是四大家，即康德、费希特、谢林、黑格尔，其中尤以康德和黑格尔为重中之重。对费希特和谢林的研究尚且有亏，对哈曼、赫尔德、雅各比、舒尔茨、莱因霍尔德，以及与之紧密相关者如浪漫主义者荷尔德林和施莱尔马赫等人的研究就更无从谈起了，这使得我们的德国古典哲学研究虽不致有“盲人摸象”之毁誉，却总难免有“遗珠之憾”。其二是随着研究条件的改善和研究资料的丰富，我们的一些研究者却做起了桃花源里的田舍翁，不知有汉，无论魏晋。数十年来，国外的德国古典哲学研究依然在蓬勃发展，出现了许多著名的学者和著作，提出了不少新的问题，我们的一些研究者虽然孜孜以读康德、黑格尔的著作，却对国外的这些新成果、新动向视而不见，使得自己的研究无法与国际学界接轨、对话，成为一种实实在在的自说自唱。

有感于此，在几位热心的青年学者的策动下，我们组织了这套“德国古典哲学研究译丛”，其宗旨自然是向国内学界介绍国外的新学者、新成果和新动向。“译丛”的选题偏重于欧美但不限于欧美，基本上都是已经为学界所公认的著作，既有对特定哲学家的深入研究，亦有对德国古典哲学的全景式探讨。在组织“译丛”的过程中，我们聚集了一批有志于此的青年学者。他们大多具有海外留学的背景，甚至是直接师从于选题的作者。由他们来担任译者，无论是选题的确定，还是翻译过程中思想内容的领悟、语言的转换，“译丛”的质量都是有把握的。其中，四川大学哲学系的余玥君、梁中和君为确定选题、联系译者等等做了大量的事务性工作，为“译丛”最终得以面世做出了重要的贡献。蒙这些青年学者的抬爱和信任，推举我为这套“译丛”的主编，我殷切地希望，这套“译丛”能够得到学界、读书界的认可和喜爱，同时也希望有更多的有志之士参与和支持我们的工作，为我国的德国古典哲学研究做出应有的贡献，共同促进我们的哲学事业繁荣昌盛。

李秋零

2017 年 11 月 9 日

于中国人民大学人文楼书斋

致我的母亲，玛格丽特·霍尔盖特
并缅怀我的父亲，雷蒙德·霍尔盖特（1919—1987）

目 录

第二部分　文本

第三部分 评述与讨论

前　言

黑格尔的《逻辑学科学》（本书中通常简称《逻辑学》），目前无论 xi
是在哲学家中还是在一般民众中，都难说享有盛誉。人们有时候在广播中捕捉到一些关于尼采或者维特根斯坦的片段，但却几乎不太可能无意间听到同事或者邻居称赞黑格尔《逻辑学》中某个尤其令人难忘的段落的品质。这个文本对于许多人来说仍然还是完全未知的，而在那些听说过它的人中，大多数人都认为它太过抽象，根本不值得认真研究。然而，在那些确实花费了时间和精力用心阅读它的人中，很多人都将《逻辑学》视为有史以来最伟大的哲学作品之一。对于他们来说，它是一座名副其实的充满了洞见的宝藏，堪比斯宾诺莎的《伦理学》或者康德的《纯粹理性批判》。对于那些有兴趣探索黑格尔的复杂作品，但却在走近它的过程中感觉到需要指导的读者，本书致力于帮助他们去独立发现其中的一些洞见。本书主要计划给研究生以及本科以上水平的学生（以及其他有兴趣的读者）使用，为此，我已尽我所能地努力尝试让黑格尔的论证变得容易理解。然而我希望，黑格尔学者也会在本书中发现一些益处。我相信，本书呈现了《逻辑学》的一种原创的解释，我也期盼读到或者听到，在这个领域中的其他专家是如何令人信服地评判这种解释的。

在过去的 15 年中，我有幸在不同的场合给德保罗大学和华威大学的学生讲授黑格尔的《逻辑学》。我不仅为能够投入时间在我视为具有非凡精妙和天分的一部文本上而深感荣幸，也为我能够与那些给这一文本带来非凡精妙和天分的学生一起工作而深感荣幸。这些学生中有一些人已经开始撰写博士论文，而他们或者全部地或者部分地投身于黑格尔的《逻辑学》。其他一些人则从事于其他的研究方向，但却保留着对黑格尔的“晦涩的”文本的一份兴趣，或许甚至是一份感动。对于所有那些在《逻辑学》的专题和讨论中为了再现黑格尔的观念而努力工作的人，我都献上我真心的感谢。本书很大程度上是在心里带着他们富有洞察力的评论和批评来写作的。我特别要感谢下面这些人的热忱、洞见以及知识上的友谊：达伦·安布罗斯、汤姆·贝利、汤姆·布鲁格、凯利·科布尔、罗德·科尔特曼、克里斯·格罗夫斯、温德尔·科斯奈尔、赫克托·卡尼尔斯、凯西·道·马格努斯、乔治·马修斯、约翰·普罗特维、保罗·谢弗、丹尼斯·舒尔廷、鲍勃·瓦利耶，以及安娜·沃恩。

我也从与其他一些朋友或同事的谈话中获益匪浅，他们或者已经出
xii 版过讨论黑格尔《逻辑学》的书，或者曾经讲授过黑格尔的《逻辑学》。在黑格尔对某个特殊范畴的分析的是非曲直上，或者在《逻辑学》多大程度上是无前提的这个问题上，我们并不总是意见相同，但我却总是能从我们的对话中得到启发和充实，并总是能留意到黑格尔的文本中我曾经忽略了的一些特征。我特别要感谢下面这些人的鼓励和陪伴：迈克尔·鲍尔、约翰·伯比奇、阿迪斯·柯林斯、威尔·达德利、大卫·科尔布、约瑟夫·弗雷、威廉·马克尔、约翰·麦坎伯、莎莉·塞奇威克、罗伯特·斯特恩、罗伯特·威廉姆斯，以及理查德·温菲尔德。

我的母亲玛格丽特·霍尔盖特迄今为止一直都——明智地（大多数人会说）——拒绝尝试阅读黑格尔《逻辑学》的诱惑。然而，她已经在多了解一点黑格尔方面表达出了兴趣，而我希望本书中至少有一部分内容对她来说是有启发性的。我的父亲雷蒙德·霍尔盖特（1987 年去世）曾一度勇敢地通读过我的一位朋友所写的论雅斯贝尔斯的长篇手稿，他若还活着，大概也会在这本论黑格尔的书上试试手吧。在我的工作中，我的父亲曾经一直给予我，而我的母亲也在继续给予我最慷慨和最充满爱心的支持。为了感谢他们这么多年来为我所做的一切，我将这本书献给他们。

感谢阿德里安·佩博扎克在很多年前邀请我写作这本书。最后，我想感谢我的妻子玛丽还有我的孩子们（马克、迈克尔、玛格丽特和克里斯多夫），感谢他们在这本书的创作过程中对我的宽容和耐心。写作黑格尔

不是一件容易的事；它不仅对写作者，而且也对他/她最亲近的人提出了相当的要求。关上门并调低音乐，以便这本书的大部分内容可以在一间安静平和的房间里完成，是一件我为之深深感谢的事情。事实上，我感谢我的家人采用不可计数的一切方式来帮助本书诞生。

致　谢

第二部分所重印的黑格尔《逻辑学》开篇的德文文本，和 G. W. F. xiii
Hegel, *Wissenschaft der Logik I*, ed. E. Moldenhauer and K. M. Michel, *Werke in zwanzig Bänden*, vol. 5（Frankfurt am Main：Suhrkamp Verlag, 1969）中的是一样的。它采用的是下面这个光碟：G. W. F. Hegel, *Werke*, ed. Hegel-Institut Berlin（Berlin：Talpa Verlag, 2000）。英文翻译采用的是 *Hegel's Science of Logic*, trans. A. V. Miller（Amherst, NY：Humanity Books, 1999）。感谢相关的出版者允许我重印这些材料。

文献缩略语

A G. W. F. Hegel, *Aesthetics. Lectures on Fine Art*, trans. T. M. Knox, 2 vols. (Oxford: Clarendon Press, 1975).《美学讲演录》

CPR I. Kant, *Critique of Pure Reason*, trans. P. Guyer and A. Wood (Cambridge: Cambridge University Press, 1997).《纯粹理性批判》

EL G. W. F. Hegel, *The Encyclopaedia Logic*, trans. T. F. Geraets, W. A. Suchting, and H. S. Harris (Indianapolis: Hackett, 1991).《全书逻辑学》

EPN *Hegel's Philosophy of Nature. Being Part Two of the Encyclopaedia of the Philosophical Sciences (1830)*, trans. A. V. Miller (Oxford: Clarendon Press, 1970).《自然哲学》

EPM *Hegel's Philosophy of Mind. Being Part Three of the Encyclopaedia of the Philosophical Sciences (1830)*, trans. W. Wallace, together with the Zusätze in Boumann's text (1845), trans. A. V. Miller (Oxford: Clarendon Press, 1971).《精神哲学》

LHP G. W. F. Hegel, *Lectures on the History of Philosophy. The Lectures of 1825—1826*, ed. R. F. Brown, trans. R. F. Brown and J. M. Stewart with the assistance of H. S. Harris, vol. 3: *Medieval and Modern Philosophy* (Berkeley: University of California Press, 1990).《哲学史讲演录》

PhS *Hegel's Phenomenology of Spirit*, trans. A. V . Miller (Oxford: Oxford University Press, 1977).《精神现象学》

PR G. W. F. Hegel, *Elements of the Philosophy of Right*, ed. A. W. Wood, trans. H. B. Nisbet (Cambridge: Cambridge University Press, 1991).《法哲学原理》

SL *Hegel's Science of Logic*, trans. A. V. Miller (Amherst, NY: Humanity Books, 1999).《逻辑学科学》

VGP G. W. F. Hegel, V*orlesungen über die Geschichte der Philosophie*, ed. E. Moldenhauer and K. M. Michel, 3 vols., *Werke in zwanzig Bänden*, vols. 18, 19, 20 (Frankfurt am Main: Suhrkamp Verlag, 1971).《哲学史讲演录》

VLM G. W. F. Hegel, *Vorlesungen über Logik und Metaphysik*. Heidelberg 1817, ed. K. Gloy, *Ausgewählte Nachschriften und Manuskripte*, vol. 11 (Hamburg: Felix Meiner, 1992).《逻辑学和形而上学讲演录》

对黑格尔《逻辑学科学》的说明

黑格尔的《逻辑学科学》在 1812 年至 1816 年分三个部分出版。第 xvii
一部分出版于 1812 年，包含《客观逻辑学·第一卷：存在论》。第二部分出版于 1813 年，包含《客观逻辑学·第二卷：本质论》。第三部分出版于 1816 年，包含《主观逻辑学·概念论》。晚年，黑格尔曾经修订并大大扩充了《逻辑学》的第一部分（《存在论》部分）。他可能也已经开始着手修订第二部分（《本质论》部分），然而——如果情况是这样的话——他却未能完成他的修订。《逻辑学》第一部分的第二版在黑格尔去世后出版于 1832 年。

本书所包括的黑格尔的《逻辑学》的文本来自第二版。最新版本是 G. W. F. Hegel, *Wissenschaft der Logik. Erster Teil*：*Die Objektive Logik. Erster Band*：*Die Lehre vom Sein*（*1832*），ed. F. Hogemann and W. Jaeschke, Gesammelte Werke, vol. 21（Hamburg：Felix Meiner Verlag, 1985）。这一卷构成黑格尔著作集的新历史考订版的一部分。

《逻辑学》最流行的（如果这是一个恰当的词汇的话）德文版本是：G. W. F. Hegel, *Wissenschaft der Logik*, ed. E. Moldenhauer and K. M. Michel, 2 vols., *Werke in zwanzig Bänden*, vols. 5, 6（Frankfurt am Main：Suhrkamp Verlag, 1969），它的第一卷包含《存在论》的第二版。由于苏尔坎普版本是大多数能够阅读德文的学生可能最为熟悉的，所以我在本书中使用了这个版本，而不是费利克斯·迈纳版本。

本书所使用的黑格尔《逻辑学》的英文译文来自：*Hegel's Science of Logic*, trans. A. V. Miller（Amherst, NY：Humanity Books, 1999）。米勒翻译的是《存在论》的第二版。在引用《逻辑学》的时候，我分别列举米勒译本、苏尔坎普版本以及（在适当的地方）本书的第二部分的页码，例如：Hegel，*SL* 109/1：116［203］。

《存在论》的两个版本之间的主要差异涉及范畴的排序。在第十七章“某物与他物”中，我已经评论了“他者”范畴在这两个版本中的不同位置。《存在论》的第一版，参见 G. W. F. Hegel，*Wissenschaft der Logik. Erster Band*：*Die Objektive Logik*（*1812/1813*），ed. F. Hogemann and W. Jaeschke，Gesammelte Werke，vol. 11（Hamburg：Felix Meiner Verlag，1978）。这个版本目前还没有英文翻译。

xviii 除了《逻辑学》的第一版和《存在论》的第二版之外，黑格尔还创作了其他几个版本的逻辑的科学。它们包括：

（1）耶拿《逻辑学》（1804—1805），它比《逻辑学》的任何一个版本都要短很多，并且是建立在对逻辑的科学的一种多少有些不同的构思之上。它没有在黑格尔生前出版过，但我们可以在下面的出版物中找到它：G. W. F. Hegel，*Jenaer Systementwürfe II*：*Logik*，*Metaphysik*，*Naturphilosophie*，ed. R. P. Horstmann，*Gesammelte Werke*，vol. 7（Hamburg：Felix Meiner，1971），以及 G. W. F. Hegel，*Jena System of 1804—1805*：*Logic and Metaphysics*，ed. J. Burbidge and G. di Giovanni（Montreal：McGill Queen's University Press，1986）。耶拿《逻辑学》仅包含几页关于《存在论》的内容。

（2）《哲学全书》（1808ff）以及四种其他版本的《逻辑学》（1808—1811），它们在构思上与第一版《逻辑学》相似。这几个版本都是黑格尔在纽伦堡任中学（或者高级中学）校长期间写作的，并且曾被用于教授中学的孩子。它们在黑格尔生前都没有出版过，但我们可以在下面的出版物中找到它们：G. W. F. Hegel，*Nürnberger und Heidelberger Schriften. 1808—1817*，ed. E. Moldenhauer and K. M. Michel，*Werke in zwanzig Bänden*，vol. 4（Frankfurt am Main：Suhrkamp Verlag，1970），以及（除了中年级《逻辑学》［1808—1809］以外）G. W. F. Hegel，*The Philosophical Propaedeutic*，trans. A. V. Miller，ed. M. George and A. Vincent（Oxford：Blackwell，1986）。在《哲学全书》的中年级《逻辑学》（1808—1809）和中年级《逻辑学》（1810—1811）中，我们能够找到几页关于《存在论》的内容。

（3）《全书逻辑学》（1817），它遵循的也是第一版《逻辑学》。这本书在黑格尔生前曾经出版过：G. W. F. Hegel, *Enzyklopädie der philosophischen Wissenschaften*（1817），ed. W. Bonsiepen and K. Grotsch, *Gesammelte Werke*, vol. 13（Hamburg：Felix Meiner, 2000）。我们可以在 G. W. F. Hegel, *Encyclopedia of the Philosophical Sciences in Outline（1817）and Critical Writings*, ed. E. Behler（New York：Continuum, 1990）中找到它的英文版。

1817 年夏天，黑格尔在海德堡大学发表了关于逻辑学和形而上学的演讲，这些演讲就建立在他 1817 年的《全书逻辑学》的基础上。这些演讲的一份学生抄本已经出版：G. W. F. Hegel, *Vorlesungen über Logik und Metaphysik. Heidelberg 1817*, ed. K. Gloy, *Ausgewählte Nachschriften und Manuskripte*, vol. 11（Hamburg：Felix Meiner, 1992）。

在 1817 年《全书逻辑学》和这些演讲中有大量关于《存在论》的材料。

（4）《全书逻辑学》（1827）和《全书逻辑学》（1830），它们彼此非常相似，并且在《存在论》上和第二版《逻辑学》重叠。这两本书都曾 xix
经在黑格尔生前出版过：G. W. F. Hegel, *Enzyklopädie der philosophischen Wissenschaften im Grundrisse（1827）*, ed. W. Bonsiepen and H. -C. Lucas, *Gesammelte Werke*, vol. 19（Hamburg：Felix Meiner, 1989），以及 G. W. F. Hegel, *Enzyklopädie der philosophischen Wissenschaften（1830）*, ed. W. Bonsiepen and H. -C. Lucas, *Gesammelte Werke*, vol. 20（Hamburg：Felix Meiner, 1992）。1830 年版已经被翻译为英文：G. W. F. Hegel, *The Encyclopaedia Logic*, trans. T. F. Geraets, W. A. Suchting, and H. S. Harris（Indianapolis：Hackett, 1991）。在这两个版本中有相当分量的关于《存在论》的材料，除了《逻辑学》以外，我也愿意推荐阅读《全书逻辑学》。然而，重要的是不要把《全书逻辑学》当作《逻辑学》的替代品。前者只不过提供了逻辑的科学的一个纲要，正如黑格尔本人所指出的，“一部纲要所具有的性质不仅排除了对各种观念按照其内容来做详尽的发挥，而且还特别地限制对它们的系统的演绎有所发挥”（*EL* 1［第一版序言］）。这种系统的演绎仅仅由《逻辑学》本身来提供。

由于大多数能够阅读德文的学生更加熟悉苏尔坎普版 1830 年《全书逻辑学》而不是迈纳版本，我在本书中就只引用前者；参见 G. W. F. Hegel,

Enzyklopädie der philosophischen Wissenschaften im Grundrisse（*1830*）. *Erster Teil*：*Die Wissenschaft der Logik*, eds. E. Moldenhauer and K. M. Michel, *Werke in zwanzig Bänden*, vol. 8（Frankfurt am Main：Suhrkamp Verlag, 1970）。请注意，这个版本《全书逻辑学》（以及哈克特的翻译）中的附释（*Zusätze*）并不是黑格尔本人写的，而是基于学生对他讲演的抄录。黑格尔 1831 年关于《全书逻辑学》的讲演的一份抄本最近已经出版：G. W. F. Hegel, *Vorlesungen über die Logik. Berlin 1831*, ed. U. Rameil in cooperation with H.-C. Lucas, *Ausgewählte Nachschriften und Manuskripte*, vol. 10（Hamburg：Felix Meiner, 2001）。

大多数黑格尔的逻辑学的评论者都聚焦于《逻辑学》，特别是《存在论》的第二版。两个突出的例外是由比亚尔（J. Biard）等人（他们专注于《逻辑学》的第一版）以及拉克布林克（Bernhard Lakebrink）（他专注于1830 年的《全书逻辑学》）所写的著作。

导　论

格奥尔格·威廉·弗里德里希·黑格尔（1770—1831）是西方传统中所有哲学家里最重要、最有影响力而最少被阅读的一位。黑格尔影响所及者中的一些人——像马克思、阿多诺、伽达默尔以及德里达——熟知他的文本和讲演并极为精妙地论及过这些作品。然而其他那些也承认受惠于黑格尔的人——例如尼采——则很少有对黑格尔哲学的第一手知识，反而更偏向于依赖哲学评论或哲学史，或者偏向于仅只阅读黑格尔本人所遴选的篇章。更有甚者，那些明确致力于反对黑格尔的人中，有许多人——像罗素、波普尔以及德勒兹——却几乎没有对黑格尔文本和讲演的直接知识。于是人们便发现黑格尔处在这样的尴尬位置：广受那些对他的实际著书立说常常模糊不清的人的称赞（也许因他重视人类生活的历史性）或斥责（因据说他敌视理性、自由或差异）。 1

20 世纪下半叶，多亏让·伊波利特和查尔斯·泰勒这类评述者的辛劳，黑格尔的《精神现象学》和《法哲学》开始引起注意，并为比从前广泛得多的读者群所阅读。但是黑格尔的著作中仍然有许多还未经研究，即便它们像在美学讲演这种情况下一样，包含着许多业已成为现代观念之共有部分的洞见（例如，艺术本质上是历史的）。

至今还因其特别晦涩而让人费神的一部黑格尔著作，便是伟大的《逻辑学科学》（1812—1816 年，1832 年第二版）。列宁、海德格尔、伽达默尔、麦克塔格特和伊波利特全都读过这本书，并且认识到它对于黑格尔体系以及一般哲学而言的巨大的重要性。然而，对于今天的大多数人来说，甚至对于许多黑格尔主义者而言，无论从隐喻层面还是从字面意义上来看，《逻辑学》依然是一部牢牢封闭的书卷。无论在本科生还是在研究生层次，它都难得被拿来讲授，也很少为专家之外的任何人所提及。《逻辑学》的爱好者们也许坚持认为，如果你要恰当理解黑格尔体系的其他部分，那么拥有对该书的彻底知识就不可或缺；并且坚持认为，《逻辑学》提供了许多对存在的结构和人类思想的结构的无与伦比的洞见。尽管如此，《逻辑学》却仍旧（同《自然哲学》一道）是黑格尔鲜为人研究的哲学中最鲜为人研究的一个部分。

不难理解情况为何会是如此。《逻辑学》极端地抽象，极大地避免了一些具体的例证，正是这些例证让历史哲学讲演或美学讲演变得引人入胜，甚至偶尔还使《精神现象学》中难于消化的文本变得有趣。在《逻辑学》中，如果我们不考虑黑格尔的一些经常性的离题，我们就得不到
2 任何可思考的东西，除了一些高度抽象的范畴（这些范畴转变为其他一些甚至比先前的范畴还要更加难于理解的抽象范畴）以外。对于那些像黑格尔的同时代人亚瑟·叔本华一样带有经验的心态并主张“每一个概念都只在关联于从知觉而来的表象时才有其价值和存在”的人来说，《逻辑学》必定显得空洞无聊，完全缺乏任何有价值或可理解的思想。[1] 于是，也就不难理解，为什么他们会回避严肃地对待它了。（实际上对于叔本华来说，黑格尔的《逻辑学》所从事的，只不过是通过将“理智在其中备受折磨并在试图把握某物的徒劳中耗尽自身”的“疯狂的语词拼接”提供给青年们的头脑而“搅乱”它们。）[2]

然而，即便是被思想的抽象和纯粹（它们如此困扰并激怒叔本华）所吸引的那些人——例如那些更喜爱柏拉图的《巴门尼德篇》而非他的《理想国》的人——也很有可能会发现，黑格尔的《逻辑学》由于它骇人地晦涩与复杂（大大超过任何在柏拉图作品中所遇到的）而难于下手。《逻辑学》里有一些相当直白甚至引人注目的句子，像是黑格尔对有限事物的贝克特式判断：“它们出生的时刻就是它们死亡的时刻”[3]。不过，却也有一些这样的句子能把热忱的读者带到突如其来并令人沮丧的困顿之中：

> 规定是作为自在存在的肯定的规定性；借由这一自在存在，某物在它的定在中，面对着它同规定着它的他物的混杂而保持一致，在它

的自身等同中保持自身，使这自身等同在它的为他存在中生效。(*SL* 123/1：132［221］)

正如我在本书的第三部分中将要试图表明的，当联系上下文来阅读时，这句话实际上是完全可理解的，它甚至为一个非常重要的观念提供了精彩简洁的（如果不是格外优雅的话）表达。就像瓦格纳一样，黑格尔是一位经济大师，他从不浪费笔墨，只因有许多话要说才创作长篇作品。然而，人们不得不承认：刚才所引的句子对于生手而言不太可能像"我思故我在"或者"理性是，并且应当是激情的奴隶"那样直接易于理解或令人难忘，第一次阅读黑格尔而又一页一页面对密集的"黑话"的人，难怪他们决定不如把他们的时间花在重读笛卡儿或者休谟上。

晦涩与复杂当然并不一定天然妨碍人们阅读哲学家的著作。例如研究 3
康德《纯粹理性批判》的人同样常常面对晦涩的句子和段落（尤其是在先验的演绎部分）并备受打击。但他们却为这样的观念所鼓舞而百折不挠：康德的第一《批判》对于任何一位有志于研究的自重的哲学家来说，都是一部重要的甚至根本性的文本，因研究康德而不可避免的心智折磨通常被视为物有所值。黑格尔《逻辑学》的问题却在于：人们通常不承认它具有类似的价值或重要性。它甚至被大多数哲学家们设想为（假如他们对它真能提出什么想法的话）完全**没有**任何明显的价值或重要性。就像艾伦·伍德略微夸张地（但也只是略微）指出的："黑格尔逻辑学的大体方向尚且没有广为接受的解释，就更别提那些关于细节的主题了"，"对于今天的哲学家们来说，没有解释，黑格尔的思辨的逻辑学就没有任何可信性"[4]。事实上有那么几个"无可救药的爱好者"相信思辨的、辩证的逻辑是"哲学思考的唯一恰当形式"（就像伍德自己在别的地方所指出的），所以说，宣称黑格尔式逻辑在当今**完全**没有可信性，也有点儿言过其实。[5]但不管怎样，伍德的观点无疑深入人心：当代的哲学家基本上都不认为黑格尔的《逻辑学》提供了哲学思考的恰当方法，甚至都不认为它值得严肃研究。他们将许多为黑格尔的逻辑学提供动力的哲学悖论看作是建立在一些"浅薄的诡辩上"，并且将黑格尔对这些悖论的解决看作是"矫揉造作、阐述不明"[6]。因此，哲学系的学生，哪怕他们正在研究黑格尔，都不太可能在《逻辑学》上受到他们老师的专业指导，而那些无论何种原因正着手研读《逻辑学》却发现它出乎意料地占据大量时间、造成许多头痛的学生，他们不太可能有动力以其他工作为代价继续他们的辛劳。然而，这也就意味着，很少有学生能学会聪明地阅读并理解《逻辑学》，而惯常忽视（有的情况下是蔑视）之传统却持续不受遏制。于是，除了少数幸运者以外，《逻辑学》对所有人来说，都始终是一片未知的领域，这完全只是因为太少有人相信花点工夫仔细研究它，投入这样的研究所不可避免地要让他们付出的时间和精力是值得的。

这本介绍性研究的目的，是想通过清晰易懂地解释黑格尔在《逻辑学》中的工作，通过证明研究黑格尔的疑难文本对于哲学家们来说非常有必要（也许甚至是根本性的），来纠正上述状况。本书绝不是第一本致
4 力于让黑格尔的《逻辑学》为广大读者所理解的著作。它深深受惠于由迪特尔・亨利希、迈克尔・托尼森、约翰・伯比奇、罗伯特・皮平以及其他人所做出的无可估量的研究，他们中的许多人在后面章节的不同论题中都会被讨论到。不过，本书却提出了对黑格尔《逻辑学》的一种原创性解释，目的在于补充并推进前人的工作。

本书的第一部分将《逻辑学》置于同康德的批判哲学以及黑格尔自己的《精神现象学》的关联中，主张应当将《逻辑学》直接理解为对思想的诸基本范畴所做的一种无前提的分析，直接理解为一种后康德本体论。第二部分包含黑格尔《逻辑学》开篇两章的德英对照文本。第三部分则进而提供对这两章的评注，旨在帮助本书的预期读者理解黑格尔的文本由以开始的那些详尽论证。这本导读的目的因而不只在于揭示《逻辑学》的一般计划，也在于向研究者们展示如何阅读并理解黑格尔文本当中的个别语句和段落，它们往往因晦涩难解而不被考虑。

本书所涵盖的范围并不广泛。它从黑格尔最初对“存在”范畴的分析延伸到他对“无限性”概念的说明的末尾。这只包含了《逻辑学》的三分之一的三分之一的三分之二，换言之，全部文本的二十七分之二。这看起来也许不是很多：毕竟你会指望研究笛卡儿的《沉思集》不止四页，或者斯宾诺莎的《伦理学》不止二十个命题。然而我的经验是，如果你正仔细阅读《逻辑学》并正寻求理解其论证的所有转折与转变，那么黑

格尔文本的二十七分之二应付一个学期已经是绰绰有余了。如果你大包大揽，那么就有很大的危险你会开始跳过个别论证并满足于获取整本书的一般意趣。可是那就会错失黑格尔文本中最为重要也最为激动人心的东西：**细节**。

在着手处理黑格尔的过程中，认为实际上全景才是首要的，个别的论证细节则是次要的或仅仅是附带性的——仅仅是构成实在的真理的总体之“环节”或者普遍、全能的辩证原则的“例证”，这样的想法似乎很有诱惑力。毕竟，黑格尔自己在《精神现象学》的序言中也说过：“真者是全体。”[7]因此，给学生们（时间有限且有许多黑格尔之外的哲学家要研究）一个关于黑格尔哲学整体的一般性概述，向他们介绍一些例如“辩 5
证法”这样的基本概念，而不是缓慢穿过几处黑格尔式分析的茂密的灌木丛（这些黑格尔式分析或许怎样都吃不透）并剩下来一个对只能整体理解的体系所进行的碎片式把握，这样岂不更为合理？许多教授一点黑格尔皮毛的人似乎就是这么想的。但这却在对待不同哲学家的方式上造成了一种奇怪的不平衡。当阅读笛卡儿的《沉思集》或者斯宾诺莎的《伦理学》时，我们急不可耐地要去仔细掂量那些个别论证，考虑它们是否都持之有故。可到了黑格尔这儿，在许多人眼中，重点似乎却成了获得对整片森林的粗略的领会，而不必过于操心个别树木的确实性。因此，黑格尔的导论、序言以及结束章节（在那些毕竟教授一些黑格尔的人中）就相对受欢迎起来，人们相信，对整个黑格尔体系的概观可以无需太多痛苦就能获得。

然而，按照黑格尔的观点，那种坚持“总是俯瞰整体并高居它所谈论的个别的定在之上”的思维模式并非哲学的思想方式或“科学的认识”，而只是“形式的知性”（*formeller Verstand*）。黑格尔主张，真正哲学的思考“**忘记**那种概览”，毋宁要求我们“沉浸于主题”并“委身于对象的生命”（*PhS* 32/52，我的强调）。这也就是说，哲学要求我们实际地停止对“整体”的泛泛而谈，并转而密切专注于眼前主题的个别细节。黑格尔承认，一幅整体画面最终会通过对细节的研究而浮现出来，它构成了哲学最终所揭示出的真理。然而，他却坚持认为，我们所要理解的整体，不过是由一些**个别的**概念或我们所思考的一些**个别的**自然或历史现象形成的有组织的图案。

因此，如果我们要追随黑格尔本人，那么走进他的文本的真正哲学的方式就不是在序言和导论中寻找黑格尔关于辩证法或精神的一般观念的暗示，而是着眼于他的文本的主体部分中对特殊概念或者对自然或历史现象的个别分析，并识别出借由那些个别分析而呈现出来的总体图案。这就是我们被教导用来阅读笛卡儿、斯宾诺莎以及康德的方式，它也应当是我们被教导用来阅读黑格尔的方式。然而，众所周知，黑格尔的分析中的许多细节有时超乎寻常地难以理解，尤其是在《逻辑学》中。这些细节要求相当的时间和精力的投入并且无法仓促完成。如果我们要鼓励学生认真地并合乎哲学地研究黑格尔的《逻辑学》，那么就不能要求他们在一个学期内阅读太多。在我看来，本书第二部分所翻印的《逻辑学》开篇——从“存在”到“无限性”——包含了大概在这段时间内能够被适度处理的材料。

本书将不可避免地留给读者一种对黑格尔的《逻辑学》的片段式理解。可是我希望，通过学习如何阅读并充分理解这里所重印的文本中的少
6 量篇幅，学生们将获得自主阅读剩余文本的能力，凭借自己的力量继续去发现黑格尔的各种分析中的异乎寻常的独到之处，这些独到之处对那些只关心获得一种“概览”的人依然是隐藏的。

黑格尔在《逻辑学》中究竟在做什么，为什么我们应当不辞劳苦地研究这本书，是我在接下来的章节中打算讨论的一些话题。在这里，我只想说：我相信《逻辑学》是人类曾经写过的最丰富、最具挑战和最有启发的哲学文本之一。它为思想的基本范畴和存在的基本结构提供了一种描述，其精妙和复杂堪比亚里士多德的《形而上学》、斯宾诺莎的《伦理学》以及康德的《纯粹理性批判》，并且值得以同样的关切和兴趣来加以研究。这本导论致力于为尽可能多的读者打开黑格尔的《逻辑学》，希望有比目前更多的哲学家能够承认，《逻辑学》同亚里士多德、斯宾诺莎和康德的文本一样重要而有价值。

本书并不力图向读者证明，黑格尔在他所说的每件事上都是正确的。本书的目的毋宁在于帮助读者开始理解他们原本会单纯忽视掉或因挫折而放弃掉的文本，并由他们自己来判定黑格尔是否正确。这本书中的一些材料不可避免地会是困难的，在对付黑格尔的时候也无法回避那些复杂费

解的论证。然而，我已经竭尽全力让我的论述尽可能地清楚明白。我也已经避免预设读者方面有对黑格尔、对他的哲学背景或者对哲学德语有任何先行的知识。本书所预设的唯一前提是一种哲学的兴趣、一种处理抽象概念的能力、一种不止一次重读段落的意愿，以及一种进行承认的准备，也就是承认，在大多数人发现阴暗晦涩而少数"无可救药的爱好者"却从中得到启迪和鼓舞的不合时宜的黑格尔作品中，毕竟还有些价值。这也就是说，本书在读者方面所预设的，不过是在致力于要去打开的这个困难但却极为有益的文本上的一种专注的意愿和一种开放的态度。

注释：

［1］ A. Schopenhauer, *The World as Will and Representation*, trans. E. F. J. Payne, 2 vols. (New York: Dover Publications, 1969), 1: 65.

［2］ A. Schopenhauer, *The World as Will and Representation*, 1: xxiv.

［3］ *Hegel's Science of Logic*, trans. A. V. Miller (Amherst, N. Y.: Humanity Books, 1999), p. 129; G. W. F. Hegel, *Wissenschaft der Logik*, ed. E. Moldenhauer and K. M. Michel, 2 vols., *Werke in zwanzig Bänden*, vols. 5 and 6 (Frankfurt am Main: Suhrkamp Verlag, 1969), 1: 140; 亦参见下文第231页。接下来对《逻辑学科学》的引用将采取下面的形式：*SL* 129/1: 140 (231)。

［4］ A. W. Wood, "Reply," *Bulletin of the Hegel Society of Great Britain* 25 (Spring/Summer 1992): 34.

［5］ A. W. Wood, *Hegel's Ethical Thought* (Cambridge: Cambridge University Press, 1990), pp. 4–5.

［6］ A. W. Wood, *Hegel's Ethical Thought*, p. 4.

［7］ *Hegel's Phenomenology of Spirit*, trans. A. V. Miller (Oxford: Oxford University Press, 1977), p. 11; G. W. F. Hegel, *Phänomenologie des Geistes*, ed. E. Moldenhauer and K. M. Michel, *Werke in zwanzig Bänden*, vol. 3 (Frankfurt am Main: Suhrkamp Verlag, 1969), p. 24. 接下来对《精神现象学》的引用将采取下面的形式：*PhS* 11/24。

第一部分
《逻辑学科学》的计划

第一章　思想的诸范畴

黑格尔《逻辑学》的意图

黑格尔的《逻辑学》也许不是这个世界上最容易读的书，但在我看来，并没有什么神秘的东西笼罩着该书的目的。该书对基本的思想范畴提供了一种广泛的分析。这些范畴弥漫于我们的意识和语言，并给我们所知觉到的一切赋予结构。它们将我们的感觉之流转变成可理解的事物经验，这些事物**存在**，拥有**形式**和**内容**并进入相互之间的**因果**关系中。这些范畴本身不是感觉或知觉：它们不包含对红或蓝、艰难或甜美的任何觉知。不如说，它们是一些我们借以将我们所看到的红色理解为**实在的东西**，或将我们所感受到的艰难理解为某些结果的**原因**的抽象的概念。这样一些范畴不仅仅是一些词汇，允许我们以某种特定的方式来进行言谈，它们也是思想的不同形式，允许我们以不同的方式来理解并经验我们所知觉到的东西——也就是一些概念，例如“实在”、“某物”、“量”、“形式”、“内容”、“实存”、“事物”以及“原因”。 9

人的经验依赖这样一些概念，这或许并非对所有人都是显然易见的。我们固然只是睁开我们的眼睛并看我们所看见的东西：天空、树木、房屋、人。可对黑格尔来说，经验并没有这么简单。在他看来，一切我们所实际看到的东西都是颜色和形状，一切我们所听到的东西都是声音。然而，只是因为我们拥有“是真的”或“是某个原因”这样的**概念**，我们才能将我们所看见、所听到的理解为“某种真实的东西”或者理解为“导致”了某事的发生。没有这样一些概念或者范畴，我们就不能理解——也就不能经验——我们在看和在听这两种方式中的任何一种方式下所知觉到的东西了。甚至我们也就根本不能将所知觉到的东西经验为**是**任何事物了；事实上，我们很可能对它浑然不觉。因此，正是抽象的范畴使得我们有可能对世界上的事物拥有具体的经验而非单纯的一条（可能无意识的）感觉之流；黑格尔相信，这样一些范畴影响着我们有意识的生活的方方面面：

> 语言渗透进了那成为人的内在的东西，成为一般的观念的东西，渗透进了人使其成为自己的东西的一切，而人使之成为语言并在语言中所表达出来的东西，无论较为隐蔽、较为混杂或已经很明确，都包含着一个范畴（*Kategorie*）；逻辑的东西对人是那么的自然，或者不
> 10 如说：它就是人的固有的**自然**本身。（*SL* 31/1：20）[1]

然而，通常的情况却是，我们并没有直接地意识到思想范畴在影响我们的经验时所发挥的作用。在大多数情况下，黑格尔说："在我们的一切表象、目的、利害关系和行为中一贯起作用的思维活动，是不自觉地活动着的（*bewußtlos geschäftig*）。"（*SL* 36/1：26）我们发现自己追问某件事情是否**真的**发生过，或者什么**导致**了一个特定的事件，却从来不考虑这样一个事实，即：只有拥有了"实在"和"原因"这些范畴，我们才能追问这样一些问题。同样地，我们发现自己谈论我们某一天在镇上曾经看到的**某物**，或者谈论那件在桌子下面的**客体**，却从来不考虑我们是否恰当地理解这些概念究竟意味着什么。事实上，我们通常并不会想到可能有某种对"某物"和"客体"这类术语的"恰当的"（或者"不恰当的"）理解。对于我们来说，这都是一些熟悉的、不成问题的词汇，我们未经思考就使用它们。

然而，在黑格尔看来，这样非反思地使用范畴可能比我们所以为的要更成问题。因为它可能让我们陷于事实上不恰当地形成起来并因此扭曲我们对世界的看法的那些概念的网罗中。换言之，它可能使我们"被抓来为不纯净的因而不自由的思维服务"（*SL* 38/1：28）。例如，"某物"这个概念。我们可能会假定，所谓是"某物"的意思是指同"别的某物"完全分离或者不发生关联，而任何我们思考为"某物"的东西总是拥有

一种属于它自己的同一性（identity），不受与其他事物的相互作用的影响。接下来，我们可能会将这个概念应用于人类——毕竟人类也必须至少被思考为**某物**——并将个体的男人和女人思考为仿佛拥有某种核心身份（core identity），始终不受同他人的关系的影响。因此，我们关于某物是什么的貌似无伤大雅的观念可能会导致我们将人类构想为带有某种性格和“自由意志”的独特的个体，该个体不依赖于社会关系和社会条件。接下来，我们可能会在这种观念的基础上制定道德的原则或政治的政策，惩罚个人的一些原本会被判定拥有更广泛的社会原因且超乎个人控制的行为。当然，如果这事实上就是理解“某物”的恰当方式，那么我们也没有什么好担心的。但如果这**不**是理解“某物”的方式，那么我们对一个看似无害的范畴的草率使用就可能实际上很成问题，甚至是大有危害的：因为它可能导致我们带着它所包含的一切实践的、政治的以及理论的 *11*
问题而根本性地误解我们自己和我们的世界。

对于黑格尔来说，哲学的任务——尤其是《逻辑学》的任务——就是要将我们从这种可能的误解中解放出来，通过一种严格缜密的方式来确定思想的基本范畴是如何被构思的，而使我们的理论活动、实践活动变得更加明智和清楚。黑格尔说，作为“天性”，“范畴只是……本能地发挥作用”。结果就是，“它们提供给精神一种零碎的、不可靠的现实性，因此，纯化［这些范畴］，从而借助它们把精神提高到自由与真理，这就是更高的逻辑的事业”（*SL* 37/1：27）。保罗·欧文·约翰逊很好地表达了这一观点：

> 哲学使我们意识到范畴支配我们思想的方式并帮助我们阐明这些范畴，好使我们能够更清晰地思考。在达到这一意识的过程中，我们将自己从日常流行的偏见中解放出来。[2]

《逻辑学》并不致力于澄清我们所使用到的一切概念。它并不解决那些经验性的概念，比如“椅子”或者“桌子”（这些概念按照本地的语言用法可能在它们的含义上发生很大的变化），也不处理特别适用于自然（比如“空间”“时间”）或者历史（比如“国家”“社会”）的那些概念。哲学着手检验的，是我们借以思考的那些最简单、最基本的**一般的**范畴，比如“存在”“实在”“某物”“界限”“形式”“内容”“原因”——那些我们借以表达我们对任何事物的最低程度的理解的概念。

因此，重要的是要记住：即便《逻辑学》可能看起来是一部晦涩的著作，在抽象事物的稀薄领域中运行，但它实际上分析的却是我们所有人（从最富哲学思想到毫无哲学思想）都极为熟悉的那些范畴——“在我们所说的每一句话中，那些我们到处都在使用的脱口而出的思想规定”（*SL* 33/1：22；亦参见 *EL* 45/67［§19］）。然而，人们也应当记住，《逻辑学》从这样一个假定开始，即：**熟知**（*bekannt*）的东西并不因此就是**真知**（*erkannt*）（*SL* 33/1：22；亦参见 *PhS* 18/35）。因此，对于黑格尔来说，《逻辑学》的任务就是要为我们提供一种对我们所熟悉的范畴的恰当的理解，以便能确定我们通常理解这些范畴的方式是否真的正确。

黑格尔同康德的关系

12 熟悉德国哲学的人一定会注意到，我所归给黑格尔的许多观点，同他的伟大启蒙先驱伊曼努尔·康德（1724—1804）所提出的那些观点惊人地相似。毕竟是康德在《纯粹理性批判》（1781 年，1787 年第二版）中第一次证明，范畴使得我们能够将我们通过感官而知觉到的东西构想为一个**对象**，因此这样一些范畴是客观经验的必要条件。黑格尔欣然承认他在这一点上以及在哲学的许多其他领域都受惠于康德；他甚至赞扬康德提供了“近来的德国哲学的基础和出发点”（这里的德国哲学，他主要指的是费希特和谢林的思想，他自己的思辨的哲学就是从中发展起来的）（*SL* 61/1：59）。

柏拉图和亚里士多德也赢得了黑格尔的赞同，因为他们首次指出人类的心灵是按照抽象的范畴或“理念”来进行思考的，并且将这些范畴或理念从一系列复杂的直观、表象以及这些直观与表象通常淹没其中的欲望中分离出来从而使得它们成为沉思本身的对象（*SL* 33/1：22）。然而，康德却值得黑格尔特别地称赞，因为他指出了范畴所扮演的一个重要的角色，那就是将**对象性**给予我们的知觉。对于康德而言（正如后来对于黑格尔来说），正是范畴使得我们有可能在谈论我们所看见、所听见、所触摸到的东西时，说它们不仅是感觉（颜色、声音以及触觉感受）的一种集合而且是一个真实的对象，这个对象带有一些可识别的性质并具有可度量的大小，处在同其他类似的对象的因果关系中。因此，范畴构成经验可能性的条件，因为“只有凭借它们，任何经验的对象才完全能够被思想”[3]。

在黑格尔看来，康德的另一个伟大洞见在于：我们所知觉到的东西借以“成为我们的一个对象”（*CPR* 249/149 ［B 138］）的那些根本性的一般范畴是一些先天的概念，它们“自发”且独立地由纯粹的思想产生出来。换言之，康德发现（正如黑格尔自己所指出的）：“思想的诸规定在我（*Ich*）[4]中”并且唯独在我中“拥有其来源”（*EL* 84/117 ［§42 Add. 1］）。因此，像“实在”、“量”、“实体”以及“原因”这些范畴，不是按照经验的概念得以产生的方式，从被给予我们感官的事物中抽象出来的：我们并不是首先遇到各种颜色和声音，逐渐注意到它们都共同拥有是“实在的”这一性质，然后才制订出“实在性”这个一般的概念，就像我们通过比较和对照我们所看到的红的不同渐变色而制订出（或至少可以说是制订出）“红”这个经验的概念一样。不如说，“实在”范畴是自发 13 且独立地由思想产生出来，然后才被用来将给予我们的红色理解为是实在的。

康德对黑格尔施加了巨大的影响，尤其是在道德哲学、美学以及历史哲学领域中。然而，在理论哲学领域，影响黑格尔最深的一个康德主义观念却无疑是这一主张：“思维活动中‘我’的**本源同一性**（自我意识的先验的统一）”构成“知性概念的确定**基础**”（*EL* 83/116 ［§42］）。黑格尔采纳了这一观念并使它成为（尽管是以改进了的形式）其全部哲学的柱石。

康德与黑格尔之间的一个重要的差别在于，与康德相反，黑格尔在其有关历史哲学以及哲学史的讲演中主张，范畴并不是在同一个时候由思想全部产生出来的，也不是被一起应用于历史的不同时期的。康德将《纯粹理性批判》中所讨论的范畴理解为是对象经验之可能性的普遍条件，对于**任何**一个被赋予了迂回的（discursive）、有限的理智的理性存在者来说都是如此。相比之下，对于黑格尔来说，人类思想是在某一个时期产生出基本的范畴的，因而这些范畴并不都在每一个历史时期或每一种文化中被找到——或者至少并不都被赋予了相同的显著性。于是，尽管黑格尔相信《逻辑学》中所讨论的全部范畴对于宗教改革之后的西方世界的居民而言都将是熟悉的，但它们对于古代埃及人或希腊人而言却并不必然都是熟悉的。不过，黑格尔却同意康德的观点，认为范畴始终并且仅仅来源于纯粹思想本身的自发行动。思想无疑在回应变迁的历史状况时产生出范畴，但是思想用来进行回应的范畴却是完全属于思想自己的、完全先天的。

正如我在上面所谈到的，在黑格尔看来，以严格缜密的方式为我们通常预设了其含义的那些熟知的思想范畴提供一种恰当的理解，这就是《逻辑学》的任务。《逻辑学》的目的并不仅仅是要去描述并分析我们在日常生活中理解范畴的方式，而且是要去确定范畴应该如何被理解，它们**真正讲来**要如何被理解。因此，黑格尔不会（像约翰·兰肖·奥斯汀或者维特根斯坦那样）去描述概念在具体的口语环境或既定的语言游戏中的运行方式，也不会（像德里达那样）检验概念在既定的文本中的运行方式。这类描述或许很好地揭示出，我们实际上并没有如我们所想象的那样理解并运用概念。然而，作为对概念在**既定的**语言或文本实践中碰巧被使用的方式所做的描述，它们并不能确立概念应当要被如何理解。

那么，黑格尔要怎样继续他的任务呢？进展的方式由康德所表明出来。如果说，就像康德主张的那样，范畴唯独在纯粹的思想中拥有其来
14 源，唯独由纯粹的思想产生出来，那么单单**纯粹的思想**就必定可以确定范畴要如何被恰当地构想（就像它必定可以解释我们对范畴的日常理解一样，这种日常的理解可能与恰当的理解重叠，也可能不重叠）。因此，确定范畴的恰当理解的方法就是去考虑纯粹思想本身是如何**要求**范畴被构想的。这就是黑格尔的《逻辑学》努力要做的事情：该书将试图确定，哪些范畴是由思想使之成为必要的，因而是思想本身所固有的，以及这些范畴所必须采取的形式。以这样的方式，《逻辑学》将设定一个恰当理解范畴的标准，对比这个标准我们就能够确定，我们日常的理解在什么程度上是合理的与恰当的。因而，黑格尔的《逻辑学》将不仅仅为思想阐明其范畴，也将彻底地批判我们日常的范畴观念，就这种观念未能达到

《逻辑学》所揭示出来的范畴而言。

黑格尔意识到，康德也着手通过确定哪些范畴是内在于思想的来发现思想的主要范畴（以及构想它们的方式）。然而，正如《逻辑学》与《全书逻辑学》（1830）所表明的，黑格尔相信，康德发现范畴的尝试为这一事实所损害，即：他太过轻易地预设了一种被视为思想的本质特征的东西。从黑格尔的观点来看，康德用以确定主要的思想范畴的程序是建立在这种无根据的假定之上的，即：思想在根本上是一种判断活动，我们所熟悉的不同的判断种类从传统的（亚里士多德的）形式逻辑中产生出范畴来。黑格尔对康德发现范畴的方法的见解，记述在《全书逻辑学》的这段话中：

> 众所周知，康德在范畴的**发现**上没有费什么力气。**我**，自我意识的统一性，是完全抽象的和十分不确定的。那么，要如何达到对我的各个**规定**，要如何达到范畴呢？幸好在通常的逻辑中碰到了已经经验地得到陈述的**判断的不同种类**。但判断是对某一特定的对象的思维。因此，已经现成地被列举出来的不同的判断方式提供了一些不同的**思维规定**。（*EL* 84/116－7［§42］；亦参见 *SL* 47/1：40－1）

黑格尔的抱怨，其要旨在这里是很清楚的：康德通过简单地检验“在通常的逻辑中已经**经验地**得到陈述的**判断的不同种类**”来“发现”范畴。不过，千万不要被“经验地”一词所误导。众所周知，黑格尔很清楚：康德相信范畴是由知性**先天地**（a priori）产生出来的，不是按照经验的概念得以产生的方式通过比较和归纳而从经验性知觉中产生出来的。在上引段落中，黑格尔并不是在指控康德本人以一种随便的方式，好像我们在海滨收集贝壳一样，简单地从我们经验性的经验中拾取主要的范畴。因此，与霍茨曼的观点相反的是，黑格尔并不主张康德用以识别范畴的程 15
序“缺少令人信服的指导原则”[5]。

黑格尔明白，康德的程序事实上是由一个原则来指导的，那就是：范畴由判断的基本的理智活动来确定。不过，关于这个程序黑格尔有两点特别的关注。

第一，和其他许多哲学家相同，康德并不充分考察思想的基本活动是

否真的就是判断，或者“**是否**判断的形式能成为真理的形式”（*EL* 66/94［§28］，我的强调）。他只不过假定如此，因为传统的形式逻辑认为如此。第二，康德只不过接受了他在形式逻辑中所**发现**的不同判断种类。这也就是说，他“从给定的形式逻辑中”（*SL* 789/2：505）照单全收了判断的不同种类（以及随后的各个范畴）。在《概念论》(《逻辑学》的第三部分）中，黑格尔宣称，形式逻辑学家们仅仅**发现**某些判断种类与范畴对于思想是根本性的（*SL* 613/2：289）。因而他认为康德将其对范畴的陈述奠定在判断的不同种类上。这些不同种类的判断早已由形式逻辑学家们在思想中**发现**，康德接着又在形式逻辑中**发现**它们。正是这种对其所**假定**的思想、对其在形式逻辑中所**发现**的东西的信任，而不是任何对经验性的感觉经验的所谓依赖，使得康德的程序在黑格尔眼中成为“经验的”。[6]

黑格尔相信，康德达到思想、判断和范畴的这种“经验的”进路缺少逻辑学科学所需要的东西，因为它并不论证思想本身要求范畴以某种特别的方式被构想。这种进路并不证明思想**按其本性**就是判断活动，并不证明范畴因而必须取自不同的判断种类，相反，它仅仅假定判断的首要性。此外，康德也并未表明他当作范畴的基础的各种特别的判断种类必然内在于思想之中。因此，康德未能确定构想范畴的恰当方式，因为他本人的陈
16 述缺乏必然性。事实上，康德的陈述仅仅是通过预设思想的本质以及理解范畴的方式而追随日常意识的足迹。

如果我们要确定范畴必须如何被构想，我们对范畴的理解就不能只是建立在思想的偶然的含义和被假定的含义之上，而是建立在思想**自己所证明**或**自己所规定**的含义之上。换句话说，我们对范畴的理解必须从思想的自我确定中推导或演绎出来，从而由思想的自我规定来使之成为必然。按照黑格尔的观点，这样一种演绎将意味着要去证明，以特定的方式被理解的特定的范畴是直接地从思想本身的本性中产生出来的；这也就是说，它将意味着“对自我意识的那种单纯的统一向该统一的不同规定和不同区别的**过渡**进行阐述”（*SL* 789/2：505，我的强调）。然而，黑格尔哀叹道：通过简单地将思想的基本特征（以及因此它的诸范畴的基本特征）视为理所当然，“康德本人忽略了对这种真正综合的进展的阐明”。

康德对范畴的说明

在我看来，黑格尔对康德的批评是敏锐而富有洞见的。康德确实最终预设了思想——或至少知性（*Verstand*）——本质上是判断活动，并且他确实试图通过检验他在形式逻辑中所遇到的判断种类去发现范畴。他确定范畴的过程开始于《纯粹理性批判》中所谓的“形而上学的演绎”。在那里，康德指出：（a）范畴“从知性中……纯粹而无混杂地产生出来”，（b）“知性一般而言能被表象为做判断的能力（*Vermögen zu urteilen*）”（*CPR* 204−5/107−9［B 92−4］）。他因此清楚地指出：范畴发源于，或至少密切地关联于判断活动，而发现范畴的方式就是要去检验判断所能采取的各种独特的形式（参见 *CPR* 213/119［B 106］）。[7]

然而，或许有人会辩称：康德并非仅仅假定知性是判断活动，而是从对思想的另外一个更加深刻的特征的思考中推导出这一结论的。在形而上学的演绎开始的时候，康德并没有明确地提到判断，而是单纯地指出“知性不是某种直观能力”（*CPR* 205/108［B 92］）。这意味着，通过知性我们并不能意识到对象的直接的呈现，好像我们通过视觉或触觉那样。 17（仅仅想象一百块钱并不会像看到一百块钱那样将我们置于同一百块钱的“直接的”关联中；参见 *CPR* 172，567/63，572［B 33，627］。）由知性所引出的知识因而只能是**迂回的**（*discursive*）。这也就是说，知性所唯一能做的，不过就是给予我们或者告诉我们，“有关”非理智的、感性的直观或知觉所实际带给（或者能够带给）心灵的东西的“间接的知识”：它告诉我们，我们正看见的是“一百块钱”，或者告诉我们，我们所摸到的是“某种实在的东西”或“某种可度量的东西”。因此，知性所使用的概念本身并不能引出知识，而是只有在它们被用于规定或刻画在感觉直观中被给予的东西的时候，才能引出知识。正是由于这一缘故，康德主张：“对于这些概念，知性不能做别的使用，除了借助它们来做判断”，也就是做判断**说**：这个被直观或被知觉到的 X 要被规定为 Y 或者被规定为 Z。实际上，概念不过就是“对某个可能判断的述谓”罢了（*CPR* 205/108−9［B 93−4］）。

因此，严格来说，康德似乎并非只是假定知性是判断活动，而是从知性在根本上是非直观的或者迂回的这一预设中推导出了这个结论。然而，实事求是地说，在这里并非真的有任何对判断的**演绎**：因为“知性是判断活动”这一断言实际上恰恰是“知性是迂回的，只能借助概念告诉我们关于事物的知识”的另一种说法而已。因此，只有在人们能够证明康德并非只是假定知性是迂回的时候，人们才能够反对康德只不过假定了知性是判断这一指控。

乍看之下，说康德并非只是假定知性为判断似乎是成立的：因为康德的这一断言——我们自发的、积极的知性无法是一种直观的能力，从而必定是迂回的——本身是建立在一个在先的宣称之上的，即：人类不能够在没有**感性**，亦即没有被动地受某物刺激的情况下进行直观。此外，从《纯粹理性批判》“先验感性论”的结尾的段落开始，这一宣称就不只是被视为理所当然，而是被建立在一个先行的论证上。

康德在“先验感性论”结束时主张：**理智的**直观或许能够将“直观对象的存在”给予我们，也就是说，或许能够仅仅通过设想一个实际的对象而把它带到心灵面前。他同时也主张：“就我们所理解的”，只有在上帝面前，一个对象才能够是仅仅通过被思想而实际地被给予的。所以，“理智的直观……似乎只能属于原始的存在者”。对于康德而言，人并不像上帝一样自给自足，而是一个有限的、不独立的存在——“无论在它的存在还是在它的直观上都是不独立的”。因而我们的直观模式本身不能将一个实际的对象带到心灵面前，而是“依赖于客体的存在”：它“只有通过主体的表象能力为客体所刺激才有可能”，从而也就是**感性的**（*CPR* 191-2/92-3［B 72］）。因此，康德并非只是假定我们的直观模式是感性的；
18 他的论证是，因为只有上帝才能有理智的直观，而我们不是上帝，所以我们的直观模式必定是感性的。

正如我们已经提到的，这一结论支持进一步的宣称，即：我们的知性是迂回的，因而是一种判断的能力。因为如果我们只能有感性的直观而没有理智的直观，那么我们的知性就不能够单纯通过它自己的自发能动性来直观任何东西或者意识到某个对象的直接的呈现；它只能够思“及”并刻画那通过感性直观而带到我们面前的东西。有限的人类知性因而**必定**是迂回的，因为它只有通过对那已经**被给予**我们去思考的某物进行规定才能够引出知识来："知性……首先要求某物（至少在概念中）被给予出来，以便能够以某种方式来规定它"（*CPR* 370/314［B 323］）。

然而，由于人类的直观必定是感性的所以人类的知性就必定是迂回的，这样一种"证明"事实上恰恰预设了有待解决的事情。因为康德由以出发的前提（"理智的直观……似乎只能属于原始的存在者"）已经包含了人类的理智不能是直观的因而必定是迂回的这一宣称——当然，前提是我们也要像康德一样假定：人类同上帝是完全不同的。因此，康德并没有通过从某个独立的前提中推导出这一宣称而证明人类的知性是非直观的和迂回的；他恰恰是在他由以开始的前提中预设了这一点。现在，正如我在上面所指出的，"知性是判断活动"这一断言只不过是"知性是迂回的"之另一种说法而已。因而，正如黑格尔所主张的，当预设人类知性是迂回的时候，康德就已经预设知性在根本上是**判断**了。人们也可以指出，康德把人类看作完全和上帝分开的这种假定也是可以反驳的，事实上已经遭到斯宾诺莎的反对。因此，认为人类知性是不可化约地有限的和迂回的这一观念，根本就不像康德所相信的那样显而易见。

表面上看，黑格尔的指控——说康德只不过假定了知性是判断——似乎是太过草率了。但如果更仔细地考察康德在《纯粹理性批判》中的立场，那么黑格尔就会被证明是正确的。甚至康德最有力的一位拥护者赖因哈德·勃兰特也都认同黑格尔的看法。勃兰特写道：在第一《批判》中，"知性是一种通过概念而来的知识能力，而概念只有通过判断才能被用于获取知识，这一点被**假定为明显的**"[8]。黑格尔也正确地宣称：康德只不过是照单全收形式逻辑里他所熟悉的各种判断种类，而并没有从知性本身的本性中将它们演绎出来。康德甚至明确地声称这样一种演绎是不可能提供的：

> 但我们的知性只有凭借范畴，并恰好只有通过范畴的这一种类和数目才能达到先天统觉的统一性，对于这一特性很难说出进一步的理由，正如**我们为什么恰好拥有这些而不是任何别的判断机能**，或者为什么时间和空间是我们的可能直观的仅有的形式，也不能说出进一步的理由一样。（*CPR* 254/159［B 145–6］，我的强调） 19

因此，康德唯一能说的不过就是：“如果我们抽掉一般判断的一切内容……那么我们就**发现**（*finden*），思维在判断中的机能可以归入四个项目之下。”（*CPR* 206/110［B 95］，我的强调）

请注意，黑格尔说的是不同的“判断种类”（*Arten des Urteils*）（*EL* 84/116－7［§42］），而康德本人说的却是用于（或者属于）判断的不同“机能”。对于康德来说，**一般的**判断机能（或者在判断中的思想机能）——量、质、关系和模态——实际上是见于所有种类的判断以及我们所做的每一个个别的判断中的。[9]因而所有的判断都包含某种量的规定（并陈述，例如，“所有的 X 都是 Y”或者“某些 X 是 Y”）；都拥有某种性质（并陈述，“X 是 Y”或者“X 不是 Y”）；都表达了某种关系（例如，主词和谓词之间的关系：“X 是 Y”；或者原因和结果之间的关系：“如果 X，那么 Y”）；都拥有某种模态（并陈述，“X 恰恰就是 Y”，“X 可能是 Y”，或者“X 必定是 Y”）。不同的判断种类（用黑格尔的话来说）是通过思想的特定机能——特定种类的量、质、关系或模态——而被区别开来的；这也就是说，它们是通过在性质上是肯定（X 是 Y）还是否定（X 不是 Y）、是表达了主谓关系还是表达了因果关系而展现出来的。尽管如此，这一点始终是正确的：无论一般的判断机能还是不同的判断种类，康德都没有从知性本身的本性中将它们演绎出来，而是简单地、至少在它们的主要方面预设它们在形式逻辑中是已经给定了的。同样正确的是：康德将范畴理解为是建立在判断的这些既定的机能上。就此而言，黑格尔的指控击中了要害。

康德将范畴定义为“关于一个一般对象的概念，通过这个概念，对象的直观就在判断的**逻辑机能**的某个方面被看作**确定了的**”（*CPR* 226, 252, 344/136, 156, 295［B 128, 143, A 245］）。这听起来多少有些令人生畏，但康德的想法实际上是相对单纯的。首先考虑一下一个判断可能表达的特定逻辑机能。例如，一个判断可以把一个谓词归给一个主词（而不是联结一个原因及其结果）并成为一个“定言”判断。康德所给的例子（B 128）是“一切物体都是可分的”；在这个判断中，可分性是主词
20 “一切物体”的谓词。现在，我们可以颠倒两个概念在这个判断中的顺序并制订出第二个判断，它陈述了第一个判断的直接结论：“有的可分的东西

是物体。”在这个例子中，“是物体”是主词“有的可分的东西”的谓词。“物体”和“可分”这两个概念因而各自在判断中占据逻辑主词或逻辑谓词的位置；在两种方式下，判断都是可理解的和结构完整的。因此，从单纯逻辑的观点来看，始终“没有确定在这两个概念中人们会把主词的机能赋予哪一个，把谓词的机能又赋予哪一个”（*CPR* 226/136［B 128］）。

然而，在判断中能够由“物体”概念来担当的**逻辑的**角色是不确定的，这一事实却并不意味着，我们在周遭所实际看到的物体，它的**客观的**状态也必然是不确定的。这也就是说，那些物体本身是否构成基本的实在，或者“是物体”这一表达是否仅仅是一种质，述谓着某个其他的、例如“可分性”这样的更基本的实在，这一点对于我们未必就是不确定的。在康德看来，我们可以避免所有这类模棱两可，明确地将物体理解为构成我们世界的基本实在，哪怕在判断中归诸物体的概念被赋予了逻辑谓词的角色（正如在“有的可分的东西是物体”这一判断中那样）。然而，只有当我们将物体的知觉的在场或直观的在场思考为总是构成我们的言说的**实际**主词，无论“物体”概念的逻辑角色可能是什么的时候，我们才能以这种方式理解物体。用康德的话来说就是，如果每个物体的“经验的直观在经验中总是……被思考为主词，而绝不仅仅被思考为谓词”，那么物体就能够被设想为是基本的实在。

现在，按照康德的观点，“一个可以被思考为主词（而不是关于别的某物的一个谓词）的某物”概念就是**实体**概念或范畴（*CPR* 277/204［B 186］）。因而，通过将所知觉到的那些物体理解为实体，我们就使得我们实际所经验到的物体免于那附加在“物体”概念上的逻辑歧义。同样地，我们也能够将我们所经验到的可分性理解为那些物体性实体的某个确定的**偶性**，哪怕可分性概念构成判断的逻辑主词。在康德看来，对应于经验直观或知觉的所有逻辑主词都必须以这种方式被设想为要么是真实的实体，要么是实体的偶性。否则，我们就永远不能确定由那些逻辑主词所表示的被知觉的“事物”的**客观**状态了。[10]

这里应当注意两件事情。第一，康德将实体范畴理解为一种思想，凭借这种思想，我们对物体的经验**直观**被描述为确定的。将物体概念归于实 21
体范畴之下能够使所直观到的物体被理解为实体，但它却并不撤销附加在物体概念本身上的逻辑不确定性：这个概念仍然能够作为逻辑主词或逻辑谓词而发挥作用。第二，康德将实体范畴理解为一种思想，凭借这种思想，我们对物体的经验直观**按照判断的诸多逻辑机能之一**而被描述为确定的。将物体概念归于实体范畴之下确定了我们所经验到的物体是一些真正的**主体**而非一些述谓，并因此在我们的直观中引入了一种特别地从判断的逻辑机能中演绎出来的确定性。

因此，通过康德在B版128页中对范畴所下的定义，我们就能准确把握到他在其中理解实体范畴的方式，这个定义即“一个一般对象的概念，通过这个概念，对象的直观就在判断的逻辑机能的某个方面被看作确定了的”[11]。实际上，这个定义揭示了所有康德范畴产生出来的方式（尽管康德自己并没有明确定义每一个范畴）：每一次我们都只需采取判断的某一特定机能（或种类）（例如“如果X，那么Y”，“X是Y”或者“所有X都是Y”），引入一种思想，例如“客体”或者“某物”或者“那……的东西”（that which），然后形成按照判断的有关特定机能而被规定的那个东西的思想。[12]这种思想或范畴进而被用于以某种特殊的方式来确定在直观中被给予我们的东西——从而被用于理解它。这也就是说，范畴被用来理解我们明确地知觉为这种事物而非那种事物的东西。

因此，一个**原因**就是明确地是根据而非结果的某物（一个“如果”而非一个“那么”）；**实在性**范畴就标志着明确地是肯定而非否定的某物；**总体性**范畴就标志着被规定为“所有”而非“有些”的某物，诸如此类。甚至**否定性**也以这种方式被设想。因而否定性就是被规定为否定的而非肯定的某物：非存在、不在场而不是存在、实在性、在场。这并不是说，否定概念涉及某种被叫作“否定者”的**肯定的**对象，而是说，概念总有一个指示物，无论它是什么：因为否定性范畴指示肯定的实在性的某种确定的**缺乏**。因此，要理解寒冷意味着什么，人们就必须能够形成不是关于某种肯定的质，而是关于**可识别的**热的缺乏的思想。[13]诚然，范畴只有当它们被“图形化”或者在时间中被理解的时候，才是充分有意义的：实体要被理解为持久的东西，而原因要被理解为绝不会跟随在它的结果之后而来的东西（*CPR* 272，341/197，290［B 177，299］）。尽管如此，康德也认
22 识到，每个范畴也都拥有一个抽象掉其时间意义之后属于它自己的含义，

而在每一种情况下，B 版 128 页对范畴所下的定义都为那种纯粹逻辑的含义提供了一把理解的钥匙。

正如我们从对康德发现范畴的方式所做的这个简要的说明中已经看到的，黑格尔在这一点上是完全正确的，那就是：对于康德来说，“已经现成地［在传统逻辑中］被列举出来的不同的判断方式（*Urteilsweisen*）提供了一些不同的**思维规定**”（*EL* 84/117［§42］）。我们也可以看到，为什么这一点如此重要：康德确立范畴的方式直接影响了他视为基本的这些范畴的数目以及这些范畴被设想的方式。在康德看来，由于有十二种特定的判断机能，因而也就只能有十二种基本的范畴：量的范畴（单一性、多数性、全体性），质的范畴（实在性、否定性、限制性），关系的范畴（实体性、原因性、协同性），以及模态的范畴（可能性、现实性、必然性）——尽管更多的“谓项”，例如力、行动、遭受以及抵抗都能从这些范畴中演绎出来（*CPR* 212–4/118–20［B 106–8］）。然而，这无疑就留下了下面的问题：假如范畴不是取自康德简单**遇见**的这十二个判断机能，那么思想将会表明自己拥有多少范畴呢？

同样地，康德将范畴建立在判断的不同机能和种类上这一事实（甚至每一个范畴都是关于以某种而非别的方式**被规定了的**东西的思想这一事实）意味着：他将范畴本身构想为在逻辑上是相互区别的（尽管就确定直观中被给予的东西的知识而言，所有的范畴都是必需的因而在认识上彼此关联）。举例来说，实在性范畴完全不同于否定性范畴——前者允许康德制订作为最真实存在者或者 *ens realissimum*① 的上帝观念，这一存在者在自身中本源地没有否定和缺乏（*CPR* 557/556–7［B 606–7］）[14]。量的（元-）范畴完全不同于质的范畴——前者允许康德将“两点之间直线最短”思考为一个综合命题，在其中谓词添加了某些并不包含在主词中的东西（*CPR* 145/49［B 16］）。实体性范畴完全不同于原因性范畴——前者允许康德拒绝斯宾诺莎把实体理解为自因（*causa sui*）的做法，并在实体中唯独只看到一些固有的偶性。[15] 然而，我们必须再次追问：如果范畴不是被建立在判断的不同种类上（或者不是通过以判断的一种逻辑机 23

① 拉丁文，“最真实的存在”。——译者注

能来将某物思考为这样而非那样而产生出来），那么范畴是否将仍然不得不被设想为在逻辑上是以这种方式相互区别的呢？以不同的方式被演绎出来的范畴能否表明自己在逻辑上比康德所允许的还要更加紧密地彼此关联呢？

无论人们一般来说会怎样看待黑格尔在康德批判中的功绩（以及偶尔的曲解），重要的是要认识到，他在《逻辑学》中是由于一个非常单纯的理由而达到他对范畴的与众不同的理解的，那就是：他致力于将他对范畴的理解不是像康德那样建立在形式逻辑学家们所已经简单地发现的思想的意义上，而是建立在思想本身证明自己所具有的意义上。因此，黑格尔在《逻辑学》中的目标是要避免对思想做任何无根据的假设，好像康德所做的那样，并且要将范畴从思想的最低程度的必然性中演绎出来。通过以这种方式来确定哪些范畴是内在于思想**自身**（以及它们要如何被设想），黑格尔希望为范畴提供一种内在的演绎（*Ableitung*），他相信康德有义务提供这种演绎，但却没能成功（*SL* 47/1：40）。

费希特的贡献

在黑格尔之前，另一位伟大的德国观念论者约翰·戈特里布·费希特（1762—1814）指控康德未能给范畴提供一种恰当的演绎或推导。费希特承认，康德是批判的（或先验的）观念论的创立者，他创立了这样一种哲学，根据这种哲学，思想的基本概念和法则——或者“意识的诸规定”——是由理智存在者自身通过自发的行动而产生出来的，而不是从某个外在的来源强加给理智存在者的。然而，费希特主张，康德本人“并没有将理智存在者所假定的法则从理智存在者的本性中演绎出来”，而是将这些法则从我们的经验性的对象经验中抽象了出来，即便绕了一个“逻辑的弯”（逻辑本身从我们的对象经验中抽象出它的法则来）。[16] 因此，在费希特看来，康德或许主张范畴和思想法则在理智存在者的自发性中有其来源，但是——由于他行进的方式的缘故——“他却无从确定他所悬设的思想法则实际上就是思想法则，也无从确定这些法则真正说来不是别的，只不过是理智存在者的内在的法则”。费希特告诉我们，确定这一点的唯一的方式就是从理智存在者行动——理智存在者是“一种行动方式，此外绝无其他”——这一简单的前提开始，并表明思想的法则如何能够只从这个前提出发被演绎出来。他认为，以这样的方式行进，“批判的观念论就允许我们的表象的全部范围在读者和听众面前逐渐进入存在”，因而从思想本身的行动中为读者重建起范畴和思想法则的逻辑的 24
起源。[17]

黑格尔毫不怀疑费希特在批判地发展康德思想上的巨大重要性。他在《全书逻辑学》中写道：“费希特的哲学保持着深远的功绩”，“提醒我们思维规定必须在它们的必然性中被表明出来，提醒我们它们在本质上要被演绎出来（*daß sie wesentlich abzuleiten seien*）”（*EL* 84－117［§42］）。在他的哲学史讲演中，黑格尔甚至宣称：除了费希特，“自亚里士多德以来，还没有人曾经思考过：要在它们的必然性、它们的演绎和它们的构建中来指明各个思维规定”[18]。此外，黑格尔还赞扬费希特试图通过“让理性自身展示它自己的规定”来提供这样一种演绎（*SL* 47/1：41）。尽管如此，黑格尔却相信，费希特本人在他演绎范畴的过程中，因为假定哲学所由以开端的纯粹的思想或理智的行动要从一开始就被理解为**我**（*Ich*）或者被理解为直接的、抽象的**自我意识**，而预设了太多的东西。自我意识的可能性或许潜在于思想中，但自我意识对于黑格尔来说却并非思想的最基本的特征（参见 *SL* 75－8/1：76－9［183－7］）。因此，纯粹的自我意识或者自我不应当是范畴演绎的起点，哲学的任务也不应当（像费希特所提出的那样）“通过表明每一个范畴是如何同自我意识的可能性确切相关的”[19]来定义范畴。在黑格尔看来，哲学的任务毋宁是要去确立，哪些范畴内在于被单纯设想为**思想**本身的思想中。（对范畴的恰当的演绎——“康德本人忽略了”而前面所提到的［第 16 页］——因而实际上就在于“对思想之转变到它的这些规定和区别中去进行阐明”——而非对自我意识的单纯的统一性进行阐明。）

彻底的自我批判

到目前为止我已经指出，在《逻辑学》中激励着黑格尔的是对必然性的渴望。像费希特一样，黑格尔也渴望发现理解基本范畴的必然方式，而不只是理解它们的实际方式。他相信，只有当我们证明了哪些范畴是思想本身所固有的时，我们才能发现理解范畴的必然方式；而只有当我们允许纯粹的思想规定它自身——从而（用费希特的表达）“就在我们眼前”[20]产生出它自己的规定时，我们才能证明哪些范畴是思想本身所固有
25 的。如果不是从思想本身而是从我们所单纯假定、发现或断言的思想之所是开始，那么对思想的研究将不可避免地缺乏这样的必然性。这是因为，正如费希特所指出的，“很难想象为什么我们应当将信任置于这个人的未经证明的断言之上而不是另一个人的未经证明的断言之上”；或者就像黑格尔本人在《精神现象学》的导言中所写的：“一个枯燥的保证恰恰与另一个枯燥的保证具有同样多的价值而已。”[21]因此，一种建立在未经证明的假设之上的对范畴的说明——例如康德的（或甚至是费希特自己的）——永远都无法展示出**究竟**（*schlechthin*）理解范畴的必然方式，而只能展示出**鉴于**（*given*）那些假设而理解范畴的方式。于是，只有当我们消除了所有这类关于思想的未经证明的假设，并从思想本身最低程度之所**是**中演绎出范畴时，我们才能确定范畴的必要特性。因此，黑格尔的这种关切，即通过悬置一切我们所熟悉的有关思想的观点来开始《逻辑学》，就是他寻求对范畴做一种完全必然的说明的一个直接的结果。

然而，这也是黑格尔渴望成为完全地自我批判的所导致的结果，尽管对有些人来说认识到这一点令人感到惊讶。黑格尔深知，只有将我们所珍视的假设悬置起来，才会导致必然性和真理，这种确信是笛卡儿哲学的柱石。然而，黑格尔却将对**范畴**进行彻底批判的研究这一要求追溯到康德，而不是近代哲学之“父”。黑格尔说，早在康德之前，形而上学家和经验哲学家们就已经运用实体和原因性这样的范畴来理解世界了，但是他们却没有证明这么做实际上是否合法。这一点对于亚里士多德、莱布尼茨、洛克甚至笛卡儿也是如此[22]——尽管笛卡儿誓言要推翻所有在他之前的意见。在《纯粹理性批判》中，康德通过“研究思维的形式一般来说在多大程度上能够有助于达到对真理的认识”而终止了这种“天真的思维”（*EL* 81-2/114 [§41 Add. 1]）。黑格尔主张：“康德这样让认识经受考察，这是伟大而重要的一步。”[23]然而他同时也宣称：康德没有将他对范

畴合法性的批判研究进行到底。

对于黑格尔来说，康德关心的是确定范畴的知识品性——也就是说，范畴，例如实体或原因性等是否能正当地被用于理解世界中的对象（*EL* 81－2/114［§41 Add. 1］）。康德的结论是，这些范畴能被用来理解在时空性的直观中被给予我们的对象，但却不能被用来规定可能"在其自身中"的对象，也就是说，除显现于直观这一方式之外的对象。正如我们后面将会看到的，黑格尔拒绝范畴不能被用在物自体上这一观点。[24]然 26
而，（至少对于我们目前的讨论来说）更为重要的是，黑格尔指出：在批判地检验范畴的知识品性的过程中，康德忽略了对范畴本身的**逻辑**含义采取类似的批判的考察。康德的"批判本身不涉及**内容**……不涉及这些思维规定彼此之间的确定的关系"（*EL* 81/113［§41］）。[25]正如我们已经看到的，康德反而仅仅将他对范畴的理解建立在形式逻辑素来所假定的判断机能上。黑格尔承认，康德反对他的某些前辈而坚持认为，为了具有丰富的含义，范畴必须被理解为处在时间关系中（或者"被图型化了"）。[26]但这并不影响康德对范畴的纯粹逻辑含义的理解，而这种理解仍然受到所接受下来的判断机能支配。因而，康德并没有将范畴本身置于批判的检验之下，而是保留了黑格尔视为是完全传统的（亚里士多德式的）对范畴的理解，不予证明这种保留是否具有必然性。在这一层面上，康德对纯粹理性的批判在黑格尔看来——就像"旧形而上学家"莱布尼茨、沃尔夫的思想一样——始终是"一种**非批判的**思维"（*EL* 82/115［§41 Add. 1］，我的强调）。相反，一种恰当地批判的思维应该把对范畴的传统理解悬置起来，并且要重新确定理解范畴的方式。

黑格尔将在《逻辑学》中证明，对范畴的传统理解——既见于前康德的形而上学中也见于日常的意识里——事实上并不完全与这些范畴应当被理解的方式一致。《逻辑学》——或至少题为"客观逻辑学"的第一部分——因而提供了对形而上学的（以及日常思想的）范畴的一种"真正的批判"（*SL* 64/1：62）。另外，康德的批判"［在范畴上］并没有引起任何改变"：范畴被认为适用于感觉经验中所给定的东西，而不适用于自在之物，但它们却"像以前对于客体有效的那样，也以同样的形态对于主体有效"（*SL* 46－7/1：40）。这因而表明黑格尔的《逻辑学》甚至是比康德的《纯粹理性批判》还要更加彻底批判的文本。

此外，黑格尔显然认为他的《逻辑学》是在两个方面对康德理论哲学的改良。一方面，《逻辑学》完成了对范畴所做的来源演绎，按照费希
27 特的观点，这种演绎是康德关于范畴唯独在知性中有其来源的洞见使之成为必然的。另一方面，《逻辑学》展现了对传统范畴观念的彻底批判，黑格尔认为这种批判是康德的批判的转向所要求的，但却从未由康德本人交付完成。这两项工作无疑是彼此契合的，因为只有当黑格尔已经批判性地悬置了思想在传统上所发现的一切东西之后，他才能从思想本身中演绎出对范畴的恰当的理解。

我非常赞同黑格尔所要求的对范畴进行一种彻底批判的演绎。然而我也必须承认，黑格尔相信康德在《纯粹理性批判》中的重点也包含了这样一种要求，在这一点上他的相信是错误的。对于康德而言，“批判”这个词拥有相当狭窄且局限的一种含义。如果说形而上学是纯粹理性所构成的先天综合原理的主体部分的话，那么在康德看来，批判的任务就仅仅是“摆明形而上学的可能性的源泉和条件”（*CPR* 105/13 ［A xxi］）。批判因而表明形而上学是如何可能的；但它却并不要求任何像彻底的自我批判这样的事情，无论是明确的还是隐含的。那是笛卡儿的目标而不是康德的目标。然而，黑格尔却把这种要求解释为是内在于康德的批判计划中的。因此，就黑格尔把他自己的哲学视作是比康德本人更好地实现了内在于康德批判哲学之中的彻底自我批判的要求而言，黑格尔将他自己对康德的批判解释为一种内在的批判。然而，黑格尔对康德的批判在**这个**意义上显然并非内在的。

不过，在另外一个无疑要更为广泛的意义上，我认为黑格尔对康德的批判能够被解释为是内在的，因为我认同黑格尔（和费希特）的观点：康德没能提供出来的那种严格的范畴**演绎**是康德自己的主张中的应有之义，他主张范畴要“从知性中……纯粹而无混杂地产生出来”（*CPR* 204/107 ［B 92］）。正如我们已经看到的，这样一种演绎必须证明范畴必然地从思想本身之所**是**中，而不仅仅是从已经发现的思想之所是中产生出来。但这就意味着哲学家必须首先将关于思想的一切未经证明的假设悬置起来从而是彻底地**自我批判的**。因而，正如黑格尔所主张的，对传统观念、

对范畴所要求的一种彻底“笛卡儿式的”批判或悬置毕竟可以说是内在于康德的哲学中。然而，它却并不内在于康德自己对于批判本身的理解中，而是内在于对一种严格的范畴**演绎**的要求中，这一要求当康德承认范畴在理智存在者中拥有其来源的时候，本身就内在于其中了。[27]

要求哲学在范畴演绎的过程中对思想不做任何无根据的假设，也就是要求哲学成为**无前提的**（*presuppositionless*）。在黑格尔看来，哲学不应该预设思想是判断或者思想是自觉的理智行动（“自我”的工作）；哲学甚 28
至完全不应该预设任何关于思想的东西。这种对彻底的无前提的要求很容易遭到误解，我们在后面将要考察这种要求所明确地不意谓的一些事情。然而，重要的是，即便我们一开始倾向于认为这是一个不可能满足的（或许可能是完全疯狂的）要求，我们还是要认真对待它。因为如果我们不认真对待这一要求，我们就没法准确地理解黑格尔在《逻辑学》中所做的工作，我们也将错失关于这部著作最为激动人心和最为独创的东西。在下一章中，我们将更加仔细地考察无前提的思维对于黑格尔来说究竟包含了什么。

注释：

［1］G. W. F. Hegel, *The Encyclopaedia Logic*, trans. T. F. Geraets, W. A. Suchting, and H. S. Harris (Indianapolis: Hackett, 1991), p. 27 (§3); G. W. F. Hegel, *Enzyklopädie der philosophischen Wissenschaften im Grundrisse (1830). Erster Teil: Die Wissenschaft der Logik*, ed. E. Moldenhauer and K. M. Michel, *Werke in zwanzig Bänden*, vol. 8 (Frankfurt am Main: Suhrkamp Verlag, 1970), pp. 44-5. 接下来对《全书逻辑学》的引用将采取下面的形式：*EL* 27/44-5 (§3)。

［2］P. O. Johnson, *The Critique of Thought: A Re-Examination of Hegel's Science of Logic* (Aldershot: Avebury, 1988), p. 10. 然而黑格尔相信，经验的某些领域——例如宗教——已经认识到了由哲学所揭示出来的真理，从而并不需要其他领域那样的哲学的“阐明”；参见 S. Houlgate, *An Introduction to Hegel: Freedom, Truth and History* (1991) (Oxford: Blackwell, 2005), pp. 244-5。

［3］I. Kant，*Critique of Pure Reason*，trans. P. Guyer and A. Wood（Cambridge：Cambridge University Press，1997），p. 224（B 126），我的强调；I. Kant，*Kritik der reinen Vernunft*，ed. R. Schmidt（Hamburg：Felix Meiner Verlag，1990），p. 134. 接下来对《纯粹理性批判》的引用将采取下面的形式：*CPR* 224/134（B 126）。亦参见 Hegel，*EL* 81/113（§40）。

［4］《全书逻辑学》哈克特版的译者在这段话中将 Ich 翻译为“自我”（Ego）而不是“我”（I），尽管在别的地方他们也把它翻译为“我”。

［5］R. P. Horstmann，“What's Wrong with Kant's Categories，Professor Hegel?” in *Proceedings of the Eighth International Kant Congress*，ed. H. Robinson，2 vols.（Milwaukee：Marquette University Press，1995），1. 3：1009. 我对这篇论文的回复，参见 S. Houlgate，“Response to Professor Horstmann，” in *Proceedings of the Eighth International Kant Congress*，1. 3：1017－23。

［6］G. W. F. Hegel，*Lectures on the History of Philosophy. The Lectures of 1825－1826*，ed. R. F. Brown，trans. R. F. Brown and J. M. Stewart with the assistance of H. S. Harris，vol. 3：*Medieval and Modern Philosophy*（Berkeley：University of California Press，1990），p. 229；G. W. F. Hegel，*Vorlesungen über die Geschichte der Philosophie. Teil 4：Philosophie des Mittelalters und der neueren Zeit*，ed. P. Garniron and W. Jaeschke，*Ausgewählte Nachschriften und Manuskripte*，vol. 9（Hamburg：Felix Meiner，1986），p. 157. 接下来对《哲学史讲演录》的引用将采取下面的形式：*LHP* 229/157。

［7］请注意，康德在《纯粹理性批判》中，直到后来都没有出于判断的行动而将他对范畴的“演绎”称为一种“形而上学的演绎”；参见 *CPR* 261/177（B 159）。当然，判断（*Urteilen*）或者将概念进行彼此联结的逻辑行动，不应当同“判断力”（*Urteilskraft*）这种将直观归于概念或法则之下的能力混为一谈；参见 *CPR* 268/193（B 171）。

［8］R. Brandt，*The Table of Judgments：Critique of Pure Reason A 67－76；B 92－101*，trans. E. Watkins（Atascadero，Calif.：Ridgeview Publishing，1995），p. 6，我的强调。

[9] 参见 H. Allison, *Kant's Transcendental Idealism: An Interpretation and Defense* (New Haven: Yale University Press, 1983), p. 117。

[10] 最终对于康德而言，经验中唯一真实的实体乃是物质的可移动粒子。像椅子、桌子这类经验对象事实上都是这些粒子的“偶然”汇集；参见 Allison, *Kant's Transcendental Idealism*, p. 211。

[11] 亦参见 Allison, *Kant's Transcendental Idealism*, p. 126。

[12] 对于康德而言，“所有的范畴……都构成对某个**一般客体**（*Objekt*）的思维”（*CPR* 260/176 [B 158]；亦参见 *CPR* 193/94 [B 75]）。

[13] 参见 Kant, *CPR* 274, 382, 555/201, 332, 553－4 (B 182, 347, 602)。

[14] 亦参见 S. Houlgate, "Hegel, Kant, and the Formal Distinctions of Reflective Understanding," in *Hegel on the Modern World*, ed. A. Collins (Albany: SUNY Press, 1995), p. 132。

[15] I. Kant, *Schriften zur Metaphysik und Logik*, ed. W. Weischedel, 2 vols. (Frankfurt am Main: Suhrkamp Verlag, 1968), 1: 340－1 (note). 亦参见 S. Houlgate, "Substance, Causality, and the Question of Method in Hegel's *Science of Logic*," in *The Reception of Kant's Critical Philosophy: Fichte, Schelling, and Hegel*, ed. Sally Sedgwick (Cambridge: Cambridge University Press, 2000), pp. 247－8。

[16] J. G. Fichte, *Introductions to the Wissenschaftslehre and Other Writings*, trans. D. Breazeale (Indianapolis: Hackett, 1994), pp. 25, 27－8.

[17] Fichte, *Introductions to the Wissenschaftslehre*, pp. 26－8.

[18] Hegel, *LHP* 234/160.

[19] Fichte, *Introductions to the Wissenschaftslehre*, p. 63.

[20] Fichte, *Introductions to the Wissenschaftslehre*, p. 28.

[21] 参见 Fichte, *Introductions to the Wissenschaftslehre*, p. 28, 以及 Hegel, *PhS* 49/71。

[22] 黑格尔对于前康德时代形而上学和经验主义的观点，参见 *EL*, 65－80/93－112 (§§ 26－39)。

[23] Hegel, *LHP* 218/149.

［24］参见下文第六章第131－37页。

［25］亦参见Houlgate，“Hegel，Kant，and the Formal Distinctions of Reflective Understanding，” p. 131 以及“Response to Professor Horstmann，” *Proceedings of the Eighth International Kant Congress*，1. 3：1019。

［26］参见G. W. F. Hegel，*Vorlesungen über die Geschichte der Philosophie*，ed. E. Moldenhauer and K. M. Michel，3 vols.，*Werke in zwanzig Bänden*，vols. 18，19，and 20（Frankfurt am Main：Suhrkamp Verlag，1971），3：347－8，以及Kant *CPR* 271－7，341/196－205，290（B 176－87，299）。接下来对《哲学史讲演录》的引用将采用下面的形式：*VGP* 3：347－8。

［27］这稍微修正了我在“回应霍斯特曼教授”中所得出的结论；参见*Proceedings of the Eighth International Kant Congress*，1. 3：1022。

第二章　无前提的思维

以纯存在开端

每一位现代黑格尔评论家都决不承认，黑格尔真的认为他的哲学是无前提的。然而，从黑格尔文本的几处段落以及从他最早的批评者们的证言中却能很明显地看出，黑格尔确实曾经这么认为。例如，在《全书逻辑学》中，他写道： 29

> 同样地，在踏入科学的时候，所有的……预设或先见都必须要放弃，它们可能取自表象，也可能取自思维；因为科学就在于，所有这类规定都应当在它之内得到探究，而这些规定及其对立之所谓，也应当在它之内得到认识……**对一切的怀疑**，也就是在一切上的完全的**无前提性**（*die gänzliche Voraussetzungslosigkeit*）应当先行于科学。（*EL* 124/167－8［§78］）[1]

在《逻辑学》中，同样的观点被表述为：

> 开端必须是**绝对的**开端，或者是相同的意思，抽象的开端；它因此无需**预设任何东西**，不必通过任何东西被中介，也没有根据；不如说，它本身倒应当是整个科学的根据。（*SL* 70/1：68－9［175］）

这一观念对于黑格尔的巨大重要性也可以通过 19 世纪黑格尔最重要的批评者们而得到验证。例如，谢林在 1830 年代评论说："黑格尔哲学自夸是一种什么也不预设、完全无前提的哲学"；特兰德伦堡在 1843 年提到黑格尔的"关于无前提的纯粹思维的傲慢学说"；克尔凯郭尔在他的《非科学的最后附言》（1846）中这样引入他对黑格尔的讨论：“以直接的东西开端，因而没有任何前提的体系。”这些人中没有人相信黑格尔的哲学
30 真的是无前提的（或者相信无前提性值得欲求），但他们全都认真对待黑格尔说他要避免预设任何东西的**宣称**。事实上，这也恰恰是为什么他们如此渴望要反驳这个宣称的原因。[2]

可是，“不带前提地”进行哲学思考究竟意味着什么呢？正如我们在上一章所看到的，这意味着我们在哲学的一开始不预设任何对思想的特殊理解及其范畴，也不（同康德一道）假定概念是“某个可能的判断的谓词”（*CPR* 205/109［B 94］）。然而，这也就意味着，我们并不假定思想应当受到亚里士多德的逻辑法则的支配，或者假定不矛盾律行之有效，或者假定思想毕竟受到无论什么原理或法则的约束。简单来说，这意味着我们要放弃从柏拉图、亚里士多德、莱布尼茨或康德（或 20 世纪的符号逻辑）那里所学到的关于思想的一切东西——意味着我们要“从一切东西中抽离出来”（*EL* 124/168［§78］）。这并不是说，我们假定亚里士多德的（或者后弗雷格的）形式逻辑原理纯粹是错误的（黑格尔也主张三段论推理的规则最终将在《逻辑学》中表明自己是有效的——尽管只适用于哲学以外的思想的一个限定的领域）。这也就是说，我们不能在一开始就假定这些原则是明显正确的并预先确定什么东西才算作合理的。因此，我们不应当指望形式逻辑提供一个标准，借以来确立黑格尔在《逻辑学》中的论证是否合理（或者说，更有可能是借以来断定这些论证是诡辩的）。正如缪尔所评论的：“使某个原则免于批判，并把它预设为一种标准，借以谴责某个逻辑的方法，这是一种明目张胆的回避问题”；而如果说有一件事是真正**批判的**哲学家所不能做的，那么在黑格尔看来，这件事就是“回避问题”。[3]

因此，无前提地进行哲学思考并不是要预先拒绝一切传统上算作“思想”、“概念”或者“理性”的东西。它只是要将我们所熟悉的关于思想的假设悬置起来，并且在逻辑科学的进程中去寻求发现这些假设**是否会**证明自己是正确的。一门逻辑科学必须在开始就将我们所熟悉的关于思想的假设弃置一旁，因为它就是要成为这样一种规训活动：确定思想究竟
31 意味着什么，以及（如果有的话）哪些范畴和法则是思想所固有的。从

叔本华到波普尔，黑格尔的批评者们也许会谴责他故意破坏不矛盾律（并在这个过程中搅乱青年人的头脑），但黑格尔的本意却并不是要故意拒绝任何传统的思想法则。事实上，对于在施莱格尔这类浪漫主义者的工作中，他视为是“粗暴地拒绝一切方法”的东西（*SL* 53/1：49），他本人是极为批判的。他的观点仅仅是：“逻辑学……不能**预设**反思的这些形式或者思维的规则与法则，因为它们构成逻辑学内容本身的一部分，必须首先在逻辑学之内得到证实”（*SL* 43/1：35，我的强调）。所以，真正来说，黑格尔不得不在《逻辑学》的一开始就对这种可能性保持开放：传统的思想法则也许支配、**也许不**支配思想。因此，如果说黑格尔的《逻辑学》确实破坏了不矛盾律——我在这里并不是认为它真的破坏了——那也会是由于思想**证明**自己完全不受该法则支配的缘故，而不是因为黑格尔简单地决定要抛弃它。

此时此刻，我们需要考虑一个很明显的问题。如果我们要在这样的情况下来考察思想，也就是不预设它有任何特殊的结构、使用任何特殊的概念来运作，或者受任何特殊的规则支配的话，那么我们要把思想理解成什么呢？我们考察的对象应该是什么样的呢？思想在最低程度上是怎样的呢？黑格尔在《全书逻辑学》§78 中的论述表明了他的回答：思想在最低程度上就是“从一切东西中抽离出来，紧握它的纯粹的抽象，紧握思维的单纯性”的自由（*EL* 124/168）。在黑格尔看来，将它关于自己的预设都给悬置起来的这种自由的、自我批判的思想，除了它自身，除了它自己的简单的**存在**（*being*）之外，不会留下什么可供思考的东西。换一种（由古佐尼敏锐的评论所建议的）方式来说就是：当思想将一切关于它是**什么**的假设都给弃置一旁之后，它不会留下什么可供思考的东西，除了“它存在”这样一个简单的**思想**。[4]因此，黑格尔的无前提的逻辑科学是以对简单地**存在着**——不是作为任何特殊的东西的存在，而是就单纯地**存在起来**（*be-ing*）本身——的思想本身的思想为开端的。所以，黑格尔在《逻辑学》中所考察的第一个范畴，就是关于纯然无规定的**最简单**存在（being *tout court*）的范畴。黑格尔在一开始就说，当前现有的

只是……决心，那就是：人们愿意考察**思想本身**（*das Denken als*

> *solches*)。因此，开端……**不可以任何东西为前提**……它因而必须完全是一种直接的东西，或就是仅仅**直接的东西**本身……因此，开端就是**纯粹的存在**（*das reine Sein*)。(*SL* 70/1：68－9［175］)

那条通向黑格尔的逻辑学科学的“普遍怀疑”之路，很明显非常类似于笛卡儿所走的路。然而，黑格尔的结论却不是“我思故我在”而毋
32 宁是“思想故**存在**”。[5]黑格尔相信，思想的必要的范畴必须从思想的这个纯存在中被演绎出来。

黑格尔拥有方法吗？

我们稍后将在本研究中更细致地考察黑格尔《逻辑学》的开端。我现在希望引起注意的，是另外一个重要的——并且是潜在地相当令人不安的——结论，这个结论是黑格尔彻底无前提的承诺的结果。我们不仅必须通过将思想本身设想为完全无规定的存在来开始，我们也必须以不假定思想应当采取任何特殊的方式或遵从任何特定的程序规则来实施我们对思想的检验。正如理查德·温菲尔德所指出的，我们对思想的检验“不能由任何命题演算、推理法则、发现的逻辑、语义分析或有关意向性的理论来指导或背书”，因为这些东西都不能在一开始就被假定为拥有任何有效性。[6]这并不是说，黑格尔在他的《逻辑学》中不应该采用任何**方法**。而是他的方法仅限于考量无规定的存在本身，并陈述关于这种存在的思想所涉及的东西。这就是说，在黑格尔“抽离”一切之后，他的方法必须仅仅在于“接受**当前现有的东西**”并冷静地“观察”(*Zusehen*) 它。[7]不管怎样，黑格尔也许并没有假定我们要按照任何指定的规则去越过对无规定的存在所进行的原初考量，甚至根本就没有假定我们要越过关于无规定的存在的那种思想，因为那么做将会预设太多的东西。

这就意味着——尽管可能让有些听到的人感到吃惊——黑格尔也许并没有预设：我们在《逻辑学》中要通过展示一个范畴如何过渡到它的对立面或者如何包含着它的对立面，然后将那个对立面一起带进一个综合着前两个范畴的第三个范畴而辩证地前进。“存在”这个无规定的概念在

进一步的检验中也许会很好地证明自己是辩证的并且消逝在“无”这一概念中，但我们却不可以在一开始就假定情况会是如此，也不能在一开始就假定我们的方法应当是去寻找这种向其他范畴的辩证的转移。我们能做的不过是考量无规定的存在这一概念并注意这个概念自身所转变成的东西。

因此，威廉·马克尔的主张在我看来是正确的，他认为“就人们在 33
传统的哲学的意义上使用‘方法’一词”来意指一种能够在应用于某个既定的内容**以前**就被具体说明的程序规则而言，黑格尔并不拥有某种辩证的方法或者思辨的方法：

> 就方法是那种——哪怕只是在原则上——能够抽离它所要应用于其中的主题而被辩护、被制订或者被习得的东西而言，黑格尔并不拥有某种方法……就人们能够在刚才所略述的意义上谈论有某种现象学的方法、某种科学的方法、某种先验的方法、某种分析的方法、某种思辨的方法等而言，黑格尔并不拥有某种方法。[8]

无论是友好的还是不友好的，许多黑格尔的评论者都发现，很难去相信这样一种主张。他们说，辩证的方法的发现无疑是黑格尔的伟大成就之一，是他（尽管以修改了的形式）传给马克思、恩格斯、阿多诺以及其他许多人的持久的遗产。关于某种确定的黑格尔式辩证方法的观念有可能是一个误会吗？以迈克尔·福斯特为例，他似乎就深信黑格尔设计出了某种一般的哲学方法，该方法的结构可以抽离掉任何特殊的黑格尔式分析并先于这些分析而被描述，而这种方法可以被“应用于”所有方式的自然和精神现象中。“从范畴 A 开始，”福斯特说，

> 黑格尔试图表明，基于概念的分析，范畴 A 证明自己包含了一个相反的范畴 B；反之，范畴 B 证明自己包含了范畴 A，从而表明两个范畴都是自相矛盾的。黑格尔进而试图表明这种消极的结论拥有某种积极的结果，即一个新的范畴 C……正如黑格尔所指出的，这个新的范畴联合了之前的范畴 A 和范畴 B。[9]

福斯特宣称，《逻辑学》的开端对存在范畴所做的分析为这种“一般的模式”提供了某种“教科书式的典范”，可是我们也能够利用这种模式

来凸显黑格尔的许多其他分析的不足。[10]因为“遍布其文本的大量篇幅”，福斯特主张，黑格尔“都以多少极端的方式偏离了他所预期的一般方法的结构”。这一点在变易范畴向定在范畴的转变中已经非常明显了。

> 在那里，黑格尔并没有表明变易范畴是与一个相反的范畴相互包
> 34 含的，进而表明它们要被统一于定在中；相反，黑格尔试图在变易范畴的两个构成要素（two component concepts）之间发现某种矛盾，从而证明这两个构成要素在定在中被统一了起来。[11]

据说之后在《逻辑学》中讨论判断与推理的形式的时候，“甚至是连正式的方法的一点痕迹都几乎没有了”。因此，福斯特也属于那种根深蒂固的传统，同那些评论者一样，他们都试图通过比照他们所认定的黑格尔的一般的哲学方法来批判并纠正黑格尔对概念所进行的特殊分析。[12]然而，在我看来，如果黑格尔哲学像他所声称的那样是真正无前提的，那么它就不能够在一开始的时候就预设关于辩证的方法（或别的方法）——这种方法要“应用于”特殊的情况——的一般的观念。因此，通过参考这样的一般的方法来批判黑格尔的特殊的分析是完全不合法的。正如我们看到的，当福斯特指出黑格尔对变易的分析并非精确地按照福斯特本人所设立起来的模式进行的时候，他是十分正确的。然而，当他相信这是一件很严重的事情的时候，他却是完全错误的：因为在一种真正无前提的哲学中，我们无权预先假定任何作为标准的一般模式，用来评价黑格尔的个别的论证。因此，我们不要假定《逻辑学》是按照著名的正反合模式而被构造起来的，甚至也不要假定黑格尔以任何其他更为微妙的三分法序列来排列概念。我们只需要考量无规定的存在并观察它究竟是如何发展的，如果它终究有所发展的话。

现在，正如我们已经指明的，主张黑格尔在他的《逻辑学》中没有预设辩证的方法，这并不是要否认无规定的存在本身可能会证明自己是辩证的，从而产生出本身辩证地转变到其他范畴中的更进一步的范畴来。因此，辩证法也许会充分地**表明**自己是哲学思考的恰当的方法。事实上，正如我们会看到的，黑格尔对此也笃信不疑——不过这仅仅是因为思想所要考量的概念要求思想成为辩证的，而不是因为我们预先将辩证法假定为思

维的某种“更高的”方式的缘故。于是，辩证法“不是从外面被带到思维规定上的，相反，它必须被看作是内在于思维规定本身中的”（*EL* 82/114［§41 Add. 1］）。我们将看到，黑格尔的《逻辑学》终究是按照辩证的方法来进行的，但这种方法不是“传统的哲学的意义上的‘方法’”（引用马克尔的表述），因为它不是一种被黑格尔**应用**于既定主题并且能够被其他人（比如恩格斯）应用于自然或人类历史的思维方式。它不如说是概念本身在其中发展的方式，以及概念在其中要求被思考的方式—— 35
是“每一个事情本身固有的方法”（*SL* 826/2：552）。辩证的方法因而不是**黑格尔的**方法，而是被证明为内在于无前提的思想自身之中的方法或发展方式：是“那在科学的认识活动中运动着的内容的本性”（*SL* 27/1：16）。[13]

既然辩证的“方法”不过就是存在范畴借以发展到更进一步范畴的方式，那么我们就只有在开始理解该发展进程的时候才能够理解该方法应当是什么。不可能有对该方法的任何**在先的**理解，好像福斯特所试图提供的那样。换句话来说，人们无法预期或预测辩证法的方法；只有当我们遵循存在范畴向变易范畴、定在范畴过渡诸如此类的运动的时候，它才能够被发现。“逻辑学是什么，逻辑学因而无法预先说出，相反，它的全部的研究才将关于它本身的这种知识作为它的终结和它的完成给产生出来”（*SL* 43/1：35）。[14]这就意味着，在《逻辑学》中任何特殊的过渡发生以前，我们还不具有现成的模式来判断该过渡**应当**如何进行。我们所唯一知道的是，之前的过渡如何已经发生了；然而，我们却并不知道未来的过渡是否应当采取类似的进程。当然，我们也无权通过援引传统的合理性标准来判定《逻辑学》中的任何一个特殊的过渡。我们不能指责一个过渡破坏了不矛盾律或者没能符合传统的标准所要求的有效的归纳或演绎，因为在一种充分自我批判的哲学中，我们无权预设任何这样的标准。

然而，如果我们无法通过援引传统的合理性标准或任何关于辩证法的预想概念来评价黑格尔的论证的话，那么要怎样才能对他所说的东西进行批评呢？无前提的思想能够被批评吗？或者说，它单纯靠着定义就躲过了一切指责？黑格尔对无前提性的强调之所以让人感到如此困扰，正在于它似乎让黑格尔的哲学免于任何合理的批评。

黑格尔对外在的批判的拒绝

我们马上就会看到，黑格尔绝非要将他的哲学置于批判之外。他明确承认他在《逻辑学》中对范畴所做的演绎可能需要改进，他甚至还为没有闲暇亲自将作品修订“七十个七次”① 而感到惋惜（*SL* 42/1：33；亦
36 参见 *SL* 31，54/1：19，50）。尽管如此，黑格尔却毫不含糊地拒绝一切从某个异于无前提的思想本身的观点出发针对其哲学的批判。这也就是说，他拒绝对他的哲学的一切“外在的批判”。因此，指控黑格尔践踏基本的概念的区分（例如在有限的东西和无限的东西之间），混淆表示述谓的“是”和表示同一性的“是”，或者仅仅是前后矛盾等任何这样的批判，如果它是建立在传统的或者形式逻辑的权威之上，而未能表明无前提的思想的发展本身会导致对矛盾或概念“混淆”的禁止的话，那么黑格尔就不承认这样的批判合法。

黑格尔拒绝对他的体系做外在的批判，这种态度往往被看作是建立在他自己关于哲学思想的许多未经证实的**假定**上的。据说，黑格尔只不过预设了思想是辩证的或者是“绝对的”，把一整个哲学的体系都建立在这个假定之上，预先拒绝任何不是在这种辩证的体系的“卓越的”观点之内形成起来的批判。例如，迈克尔·罗森就主张，黑格尔仅仅通过（在《精神现象学》中）把怀疑主义融入“那将有规定的否定［指一种主张否定总有某种积极结果的理论］**预设**为其可能性的陈述过程中”来克服怀疑主义的挑战。[15]同样地，哈贝马斯也主张，黑格尔拒绝康德对人类知识的界限所做的批判，这种拒绝“恰恰已经**预设**了这种批判本身所怀疑的东西：绝对认知的可能性”[16]。这种解释也支配着大量当代法国的黑格尔解读。例如，德里达在《书写与差异》一书中就主张：“黑格尔主义的‘扬弃’概念完全是从论述的**内部**、从体系或意义作品的**内部**生产出来的”，因而“属于约束型经济”[17]。

然而，在我看来，由罗森、哈贝马斯以及德里达这些作者所提出的黑

① “七十个七次”出自《圣经》，表示完全数。—— 译者注

格尔解释，尽管广为流行，事实上却是完全错误的。黑格尔并不是自某种他预设为有效的辩证法体系的**内部**来拒绝外在的批判的，他拒绝这种外在的批判也不单纯是因为这种批判的支持者们没能承认黑格尔本人所预设的某种“更高的”辩证法的原理。黑格尔不可能这样做，因为他根本就不是通过预设辩证法的观点、有规定的否定或者“体系”而开始的；相 37
反，他是通过**悬置**所有关于思想的预设和假定而开始的。对于黑格尔来说，如果哲学的思想是充分自我批判的和自由的，那么它就不能接受任何基于权威的东西或把它们看作是既定的，从而也就不能预设有关思想本身的任何东西，除了思想的纯然无规定的存在以外；换言之，哲学必须是彻底地无前提的。然而，如果自我批判的思维以这种方式将一切预设都彻底地悬置了起来，那么从某种异于彻底无前提的思想的立场而来的任何针对黑格尔的批判，就必然会是出自这样一种思维了，这种思维比无前提的思想本身**更少**自我批判从而更加独断。情况之所以如此，是因为任何这类依靠定义的思维都会无批判地预设某些原则或其他原则。正是由于这个缘故，也仅仅是由于这个缘故，黑格尔才拒绝对其哲学的一切外在的批判。

对于有些第一次接触黑格尔的人而言，总是听到这样的说法可能令他们非常地困扰，那就是：基于亚里士多德、康德或者德里达的观点，或者基于形式逻辑、符号逻辑的观点而来的这样或那样的批判都是非法的。(每次讲授《逻辑学》的时候，我都强烈地感受到我的学生中许多人的困惑。）然而，重要的是要认识到，黑格尔**不是**以他简单地——非批判地——假定为权威的非传统思维的一些原则的名义，而是以他所能够设想的最根本、最彻底的自我批判的名义来裁定这种批判违法的。换言之，黑格尔拒绝对他的哲学进行外在的批判，是因为他相信，我们无法从一个本身**更少**自我批判的立场出发来合法地批判充分自我批判的思维。

黑格尔拒绝对他哲学的一切外在的批判，对这种态度的解释和辩护不是通常在二手文献中所遇到的那种解释和辩护。通常的情况是像迈克尔·罗森所主张的那样，认为黑格尔是基于他本人关于思想真正讲来是辩证的或思辨的这一确信和假定，而抛弃或者“克服”相反的观点的。然而，任何专心阅读《逻辑学》的人都不难发现，黑格尔并没有指责他的批评者们不够辩证，也没有指责他们未能将自己提升到“绝对者”的立场。

黑格尔只不过指责他的批评者们对他们自己的前提缺乏**批判**，在这些前提的基础上他们制订出他们自己对黑格尔的批判——这也就是说，黑格尔指责他们预设了太多的东西。例如，在《逻辑学》的第二版序言中，黑格尔不具名地指责某些批评者，指出他们将思想的基本范畴预设为是在某种固定着的、确定的相互关系中建立起来的，将通常被认为是相互对立的那些范畴（例如“实在”与“否定”或者“有限性”与“无限性”）预设为甚至是终极地对立的。在日常的谈话中，这样一些假定或许是无可非议的。然而，黑格尔认为它们不适用于对《逻辑学》的批评，因为《逻辑学》的主旨就是要在不预设任何东西的情况下去试图发现，在“有限性”
38 与“无限性”这样的范畴之间所假定的对立**是不是**终极性的。如果一门哲学的任务恰恰就是去发现范畴应当如何被构想的方式，而对这门哲学的批评却建立在这些范畴要以某种特定的方式来被构想这一假定之上，那么从黑格尔的观点来看，这种批评就错失了这门哲学所正在从事的工作的关键，并且对要求完全开放心态的事业施加了独断的预先判断，甚至是施加了偏见。请记住，黑格尔并没有宣称他的批评者们在理解范畴和思想法则方面明显错了。黑格尔仅仅是在指出：这些批评者在处理范畴的过程中，比他自己（也是比他们应当并且可以是的）更缺少自我批判，因为他们并没有首先将关于思想的假定弃置一旁，进而尝试从思想的简单存在中演绎出对范畴的一种理解。黑格尔同样也是在宣称：这些不够自我批判的哲学家基于他们预先所**假定**的范畴的本质而对他**发现**范畴的真正的特征的努力所做的批评是不合法的。

黑格尔承认他的批评者们常常意识不到他们在批判他的时候预设了太多的东西，但他却仍然责备他们预设了他力图不带偏见地要去发现的东西：

> 这些反对者对我的攻击太多、太激烈了，他们不愿意单纯地想一想：他们的攻击和责难包含着一些范畴，这些范畴是一些预设，在它们被使用以前本身就需要批判。对这一点的颟顸无知，达到极端的难以置信……像无限性不同于有限性，内容是有别于形式的某物，内在是有别于外在的东西，中介同样也不是直接性等等这样一些预设，仿

佛一个人不知道这些似的，竟以教训的方式被提出来，并且不是证明而是叙述和断言。愚蠢（*eine Albernheit*）——人们无以名之——就包含在这种教训行为中；但事实上，它部分地是一种不合理——仅仅预设并干脆接受这些东西，部分地却更是一种无知——不知道逻辑思维的需要和工作恰恰就在于去研究，一个没有无限性的有限物是不是某种真的东西，同样，这样的抽象的无限性，以及一种无形式的内容和一种无内容的形式，一种不拥有外在的单独的内在物，一种没有内在性的外在性等等，是不是**某种真的东西**或者**某种现实的东西**。（*SL* 40－2/1：31－3）

黑格尔同时代的谢林、怀泽、费希特、弗莱斯、赫尔巴特、舒巴特以及卡尔加尼科都针对《逻辑学》进行过批判，布克哈特在对这些批判的详尽而严谨的研究中已经表明，黑格尔的指责是相当正确的：他的批评者们没能对他们自己的前提提出疑问。那些批评者全都将黑格尔“就其本身来考察思想诸规定”的计划视为不可能，可当他们这么做的时候，布克哈特指出，却“表明他们自己无意于在提出反对时，对他们自己的前 39
提作批判的检验，从而至少在表面上认真对待黑格尔有关无前提性和内在自我批判的主张”[18]。在我看来，黑格尔的指控同样也能瞄准那些在他去世后继续批判他的人。就他们从关于思想的一些默许的或公认的假定出发从而并没有将这些假定悬置起来而言，他们必然达不到（按照黑格尔的观点）一种现代的、自我批判的哲学所要求的标准。他们与黑格尔有分歧，究竟是因为他们（同马克思一道）预设思想受社会与经济活动制约，还是由于他们（同尼采一道）假定思想是权力意志的一种扩展，又或者他们（同许多当代分析哲学家一道）预设思想受形式逻辑或符号逻辑的法则支配，这都没有多大区别。在每一个例子中，他们都将对黑格尔的批判（以及他们自己的更进一步的哲学思考）建立在一些他们并不提出质疑也不进行悬置的**前提**之上，并且在这方面比起黑格尔的《逻辑学》来要更加缺乏自我批判。尽管这么说对于许多人而言会显得有些奇怪，大多数——如果不是全部的话——后黑格尔哲学在逻辑上实际都是**前黑格尔的**，因为它们仍然有待执行彻底的自我批判，这种彻底的自我批判是任何一种现代哲学都要求的，而黑格尔在他的《逻辑学》中已经努力地在执行了。

在我的解读中，黑格尔的《逻辑学》并非某个遗迹，来自天真的形而上学思辨或者宏大的体系建构的旧日时光，相反，它**正是**典型的现代哲学，并且是所有后黑格尔思想家的楷模。它是对思想的本性所进行的开放的、完全自我批判的探究，这种探究试图不带偏见地去发现思想究竟意味着什么。由黑格尔的《逻辑学》所发起的对现代哲学家的挑战，它的彻底性常常为罗森和哈贝马斯这样一些解释者所掩盖，他们坚持认为——同黑格尔自己的文本中的清楚证据相反——黑格尔的《逻辑学》事实上是一个封闭的体系，建立在它自己的一些颇成问题并且早已过时的假定之上。

我在本研究中的目的是要再次引起人们对黑格尔的计划的彻底性的注意。此外，我的目的是要去解释，按照黑格尔的观点，一种充分自我批判的、无前提的哲学是如何进行的，它关于思想的基本范畴究竟揭示了什么。如果本研究的读者想要理解黑格尔哲学的重要性甚至革命的意义，那么他们就必须认真对待黑格尔所提出的要求：思想要将有关它自身的假设悬置起来。他们不需要一下子解除他们的批判能力，他们不需要单纯委身于黑格尔或其他人的权威。然而，他们确实需要在他们阅读黑格尔的时候尽可能地成为自我批判的。这就意味着，他们必须持续地追问自己：他们对某个既定的黑格尔主张的反对，是否建立在对黑格尔——按照他自己的
40 方式——有权或无权谈论的东西的有见地的理解上？还是说，他们只是依据由某个外在的观点（例如亚里士多德的、康德的，或者维特根斯坦的观点）所构成的一些假定？那些倾向于将一门无前提的哲学的观念视为荒谬的人，也必须追问自己：他们的这种反黑格尔的确信，即认为假定和前提是不可避免的，是否本身也不过是一个无批判的前提？

我们也应当防范那样的假定，它们隐藏于貌似最单纯、最无辜、任何有理性的人都可能提出的一些问题中，例如“按照黑格尔的观点，存在是**什么**”。这个提问很自然，但它绝不像它看起来那样无辜和中立。在黑格尔看来，“‘什么’的提问”实际上包含了一个非常重要的假定，因为这个提问“要求规定能够被列举出来”（*SL* 121/1：130［217］）。它要求

以某种方式来规定现成的某物，并因而预设：被问及的某物事实上能够如此被规定。然而，存在最初并没有被黑格尔理解为**有规定的**某物——既不是一个“什么”也不是一个“它”——而是被理解为纯然的**无规定性**或者完全“无规定的直接性”（*SL* 82/1：82［193］）。因而，按照黑格尔的观点，“存在是什么”这个简单的提问总是有歪曲它所要探询的东西的风险，因为它恰恰由于它的提问形式而预设了存在并非纯然的无规定性反而是**有规定的某物**。在这里指出“**什么**”的提问中所隐含的预设，并不是说人们应当永远禁止提出这个问题；前面已经说过，这个提问是完全自然的。然而，有必要提请那些提出这个问题的人做自我批判的警醒，告诫他们将这个提问所包含的假定从他们的观念中排除出去。换言之，有必要告诫他们，在提出“**什么**”的问题的时候，不要不假思索地假定所探询的东西本身必定是个“什么”。

如果黑格尔《逻辑学》的读者要成为彻底地自我批判的，那么他们就没有别的选择，只能将他们关于思想、关于思想的范畴和规则的**全部**预设都弃置一旁。这就意味着，任何建立在这些预设之上的对黑格尔《逻辑学》的外在的批判都是不合法的。但这并不意味着黑格尔的作品超越一切批判，因为《逻辑学》对于建立在无前提的思想本身的要求之上的批判亦即**内在的**批判，始终是保持开放的。追随无前提的思想而来的方法不过就是要去阐明或者去“揭露”，那内在于或者说蕴含在无前提的思想所由以开端的纯然无规定的存在思想本身之中的东西。正如黑格尔在《全书逻辑学》中所主张的，“哲学思考的这整个有计划的亦即**必然的**进程不是别的什么，不过就是对那已经被包含于一个概念中的东西的单纯的**设定**”（*EL* 141/188［§88］）。执行这一任务不需要特殊的直观或特别的洞见。所需要的仅仅是一种能力，也就是对某个概念的定义进行理解并引出它的定义中所固有的内容的能力。这也就是说，所需要的就是黑格尔认为我们都能够胜任的**知性**。哲学对于黑格尔来说因而就是某种公开的、公共的、任何有理性的人都能参与其中的活动；它不是“少数个人的秘传的产业”（*PhS* 7，43/20，65），当然也不是格奥尔格·威廉·弗里 41
德里希·黑格尔的私人财产。因此，任何有理性的人都能检验黑格尔对存在的原初的范畴（以及随后的范畴）的固有内容所做的描述，并考量这种描述是否正确。就黑格尔事实上并没有阐明一种特殊的范畴所固有的东西而言，他对来自读者的批判和纠正是开放的。然而，关键是要记住，在制订这样一种批判的时候，所使用的标准必须并且只能由无前提的思想已经确定的范畴来提供。这种标准因而必须是完全**内在于**无前提的思想中的。

因此，《逻辑学》的富于自我批判精神的读者的任务就不是举出一些替代的论证，比照它们来考察黑格尔自己的论证，而是遵循内在于每一个范畴之中的东西的进程并“一同前进”（*mitfortschreiten*），确保黑格尔严格坚持无前提的思想所提出的要求（*EL* 17/31）。假如黑格尔没有做到这一点，要么未能从一个范畴中引出明显的内涵物，要么基于外来的考量（比如基于隐喻的关联或者单纯的前进欲望）而从一个范畴移动到另一个范畴，那么他就注定遭受批判。但假如黑格尔确实严格遵守了这些要求，那么他就能够宣称自己已经成功地证明了思想究竟意味着什么，并且已经完成了（康德和费希特所留给他的）从思想的本性中演绎出思想的基本范畴和基本法则的任务，而没有在一开始预设任何东西。正如理查德·温菲尔德所写的：

> 只要考察能够表明，发展过程中的各种规定无一将其特征或表象次序归结到外在给定材料之引介或某位外在规定者之保证，那么这种发展就可以说是显示出了彻底独立的内在性，这种内在性本身就足以标志其脱离任意方向与独断根据的自由。[19]

谈到他自己对斯宾诺莎的批评，黑格尔在主观逻辑学的开端评论道：“真正的反驳必须穿入反对者的力量中并置身于反对者的势力范围”（*SL* 581/2：250）。显而易见，对黑格尔的合法批判也只能由那准备在黑格尔自己的（或无前提的思想的）势力范围内直面黑格尔（无前提的思想）的人来做出。因此，这样的批判只能由那种接受无前提性的要求、认识到无前提性对思想者有何要求，并且比黑格尔本人更好地执行了这一要求的人来推进。尽管黑格尔常常被人指责带有“条顿人的傲慢”，但是他却从来没有宣称他自己对《逻辑学》中无前提的思维的进步发展所做的陈述
42 无需由他本人或别人来改进。“我怎么会以为，”黑格尔说，“我在这个逻

辑的体系中所遵循的方法——或毋宁说这个体系在它自身中所遵循的方法——不能再有细节上的许多的完善、许多的推敲呢。”（*SL* 54/1：50）但他接着说，“但我同时也知道，它是唯一真正的方法”——因为他知道，在现代世界中，哲学别无选择，只能从事对思想进行充分的自我批判的研究，将关于思想的一切前提假定都悬置起来，耐心而细致地将那些内在于思想本身的纯然无规定的存在并为这个存在所固有的范畴发掘出来。因此，对于黑格尔来说，这种“科学程序的新的概念”就是哲学“未来必须永远被放置在其上的”（*SL* 27，48/1：16，42）。

辩证法与内在的发展

关于黑格尔的新的科学程序的细节，当我们发现了关于存在的无规定的思想是如何发展之后，将在本研究中进行考察，但是为了便于《逻辑学》的新读者们理解，我会预先勾勒出这一科学程序的基本特征。显然，我的评论无意于陈述黑格尔的《逻辑学》**应当**借以进行的方式，而只是要为新手提供一个《逻辑学》实际上如何进行的大体描述。

首先要指出的事情是，这个程序表明思想的范畴是辩证的。这也就是说，它证明了，只要得到恰当的理解，我们眼前的每一个范畴（从存在最初无规定的思想开始）都会转变为它自身的否定。正如黑格尔所指出的，每一个范畴或“一个普遍的最初之物，**自在自为地来看**，都表明自己是它自身的他物”①（*SL* 833－4/2：561）。纯然**存在**的思想直接地消逝进**虚无**的思想中，**某物**的思想过渡到**他物**的思想中，而**有限性**的思想转变为**无限性**的思想。因此，没有一个范畴单纯是其所是，相反，每一个范畴都通过它之所是而否定自身成为自己的否定者。按照黑格尔的观点，这种辩证的转移不是由哲学家注入范畴中的，而是通过对范畴的结构的细致认

---

① 这句话的主语是“ein allgemeines Erstes”（一个普遍的最初之物），米勒的英译是“a universal first”。霍尔盖特在引用时，故意只写作“universal”，导致主语变成了“普遍的东西”。他的意图是想说明，范畴最初都是普遍的，随着它的辩证的发展，就显现出许多具体的规定（例如“表明自己是它自身的他物”）来。——译者注

真的研究而被揭示为每一个范畴的真理。因此，内在于思想本身中的，恰恰就是辩证法——恰恰就是“在自己中的内容，就是这内容**本身所拥有的**推动它向前的**辩证法**”（*SL* 54/1：50；亦参见 *EL* 128/172［§81］）。

黑格尔对范畴的辩证特征的坚持无疑最为冒犯他的哲学体系的批评者。这是因为，这种坚持如此明显地违背了西方哲学自柏拉图以来所固守的真理。柏拉图断定，任何个别的事物都能采取一种同它已经拥有的形式相对立的形式①。例如，某个事物能够展现出“美”，并因而摆脱“丑”的形式，或者它能够成为与别物“相同”而不再与之“相异”。柏拉图甚至认为，个别的事物只有以这种方式才能够发生改变。然而，柏拉图却坚持认为：那些为事物所采取或摆脱的形式，它们本身不能够改变，也不能够转变为它们的反面。美的形式本身——美之所是——不能够转变为或产生出丑的形式，相同也不能够转变为或产生出相异。因此，这些形式都是
43 彼此对立、各行其是的。正如在《斐多篇》中苏格拉底所指出的：“对立本身绝不会成为同它自身相对立的。”[20]这种对形式与普遍的概念和范畴的理解，自柏拉图时代以来就极大地统治着西方哲学，并且也符合我们关于对立的东西的通常的直观。

然而，在黑格尔看来，即便柏拉图的立场表面上无可争议，在一种充分自我批判的哲学中我们也不应该将它视为理所当然。毕竟，明显的东西有可能是误导人的。事实上，按照黑格尔的观点，无前提的思想实际上表明柏拉图的立场是错误的，或不如说，仅仅对了一半，因为每一个“普遍的东西”或者范畴，如果得到了正确的理解，实际上**确实**“自在地就扬弃自身，并在它自身中是它自己的反面”（*SL* 106/1：112［199］）。当然，存在范畴和非存在范畴之间是有区别的，有限性范畴和无限性范畴之间是有区别的；黑格尔从来没有否认这些。（这也是柏拉图对了一半的地方。）然而，无前提的哲学所提供的非凡的洞见却在于：由于存在**本身**就赋予事物以非存在（以确定性和有限性的形式），“是某物”**本身**就总是意味着“不是别的某物”，有限性**本身**就表明自己构成真的无限性，所以

① 这里的“形式”（form）即柏拉图哲学中的 ἰδέα（理念），为了避免与现代英语中的 idea（观念）相混淆，学界通常将它翻译为 form。——译者注

这种区别不是绝对的。这一洞见可能深深地困扰黑格尔的许多读者，但如果这些读者只是要相信［而非理解］黑格尔，那么他们就只需非批判地坚持柏拉图和传统所已经**假定**为真的东西而无视黑格尔的发现。

为什么一个特殊的范畴会蕴含它自身的反面呢？确切的原因因情况而异，但总的观念却是始终相同的：每一个范畴都因是其所是而在自身中包含了自己的**否定者**（*SL* 55/1：51）。因此，非存在环节或否定环节并不单纯与存在相对立或“外在于”存在，而是内在于存在本身之中。**是**如此这般同时也是在相同的层面上**不**是如此这般。在这个意义上，对于黑格尔来说，存在概念是极度矛盾的，但它却并不因此缺乏有效性。无前提的思想所形成的这种洞见因而不仅挑战着柏拉图主义的正统（这种正统支配着所有把美仅仅视为不同于丑，把同仅仅视为不同于异的那种思维，尽管那种思维可能自诩为是反柏拉图的），也挑战着更为古老的巴门尼德的预设——存在仅仅**存在**（*is*），而绝不涉及非存在。

对于巴门尼德来说，“一切被言说被思想的都必定存在：因为存在存在，而虚无则不存在”[21]。因此，真正的存在是单纯肯定的，不带否定的痕迹或改变于其中；它是“无始无终的”[22]。将存在构想为单纯肯定的，这种观念持续笼罩着后来的哲学直至现代时期。例如，在斯宾诺莎的公设中，我们可以看到：“任何事物的定义都是肯定而不是否认该事物的本质”，以及“当我们仅仅关注事物本身而非外在的原因时，我们在事物中将不可能发现任何消灭的东西”[23]。（斯宾诺莎这里谈到“事物”而不是存在本身，但就他认为事物并不因它们自身的存在而被交付于非存在和死亡，而只能被它们之外的别的某物摧毁而言，他仍然是一个明显的巴门尼德主义者。）[24]巴门尼德关于存在的纯然肯定特征的观念也能在笛卡儿作为至高完美存在者的上帝观念中遇到，这种至高完美的存在者免于一切错误、虚伪或者能够出现在康德作为 *ens realissimum*（最真实存在者）的上帝观念中的缺陷。[25] 44

然而，关于存在的这种巴门尼德式观念却被无前提的思想之整个进程摧毁了。根据黑格尔的描述，存在范畴表明自己在自身内包含不同形式的否定环节：实在概念在规定性和差异的形式中蕴含着否定；“是某物”在他者和有限性的形式中蕴含着否定；而无限的存在，就它生活在自身否定着的有限的存在中，并通过有限的存在而生活而言，也包含着否定。

黑格尔坚持否定内在于存在范畴中，这并不是在故意拒绝巴门尼德的遗产或者藐视不矛盾律。他只不过是在宣称：如果我们打算将关于思想（以及存在）的那些我们所珍视的假定悬置起来，遵循无前提的思想本身所制订的发展进程，那么我们就会**发现**，存在和非存在之间的这种巴门尼德式对立事实上是站不住脚的。范畴借以通过它自己的结构而转变到自己的反面并“表明自己是它自身的他物”（*SL* 833－4/2：561）的这种辩证的运动，肯定会让黑格尔《逻辑学》的那些希望保持巴门尼德和柏拉图（以及常识）所做出的概念区分绝对不变、无法超越的读者们不知所措或深感困扰。然而，对于那些准备接受无前提思维进程的引导，被这种思维进程所震惊、所转变的人来说，这种辩证的运动表明自身是一种深刻的真理，为无前提的思维所重视却受到西方哲学传统极大地忽略。

在黑格尔看来，辩证的运动、动态过程以及“生命的脉搏”（*SL* 37/1：27）是内在于范畴本身中的，对此怎么强调都不过分。这并非黑格尔归给范畴的某种一般化的“赫拉克利特式”流变，而是“各个环节……的
45 固有的运动”（*die eigene Bewegung der Momente*）（*SL* 75/1：75［183］）——每一个范畴借以单纯地因其**本身**之所是而转变为自己的否定的那种运动。诚然，要由哲学家来阐明内在于某个特殊范畴之中的自我否定运动，但当哲学家这样做的时候，他的活动却受到范畴自身本性的限制。因此，《逻辑学》的进展不过是由原初无规定的存在思想以及它所引发的后续范畴所固有的张力产生出来的，在这个意义上，这种前进运动不过就是开篇范畴的展开或（自我）发展，不过就是“存在本身的运动”（*SL* 79/1：80［191］）。

因此，在《逻辑学》中，我们并不是通过用某种更恰当的定义来取代最初不正确的存在定义，或者用不同的范畴来替换被证明是太过抽象的存在概念来推进向前的（尽管在未经训练的人看来，这就是事情发展的方式）。相反，我们在《逻辑学》中是通过更加清晰地详细说明包含于原初无规定的存在思想本身中的东西来推进向前的。这也就是说，“从那构成开端的东西中**前进**，应该仅仅被看作开端的一个**更进一步的规定**（*weit-*

ere Bestimmung)”（*SL* 71/1：71［177］，我的强调）。在存在的这种更进一步的规定（或真正讲来，存在的自我规定）的进程中，新的概念产生出来，超过了单纯的关于存在本身的思想。然而，存在思想并不只是被那些新的概念所替代，而是本身借着这些概念而变得更加复杂、更加具体（参见 *SL* 48，840/1：41，2：569）。因此，随着“存在”的实际含义在新产生的概念中变得越来越明显，关于存在的思想本身就获得了黑格尔所说的“外延”和“内涵”（*SL* 841/2：570）。例如，我们发现存在（to be）不仅仅是**存在**（to *be*），而且是**有规定的**（to be *determinate*），是**某物**（to be *something*），是**受限定的**（to be *limited*），是**有限的**（to be *finite*），是**无限性**的过程之一部分（to be part of the process of *infinity*），等等。每一个思想都是一个此前并不包含在无前提的思想中的新的思想，然而每一个新的思想或新的范畴又仅仅是通过原初无规定的存在观念的改进才产生出来的。因此，在《逻辑学》的进程中，存在思想通过它自己的内在的动力而**本身**转变为一切其他的思想范畴。

因此，黑格尔的《逻辑学》的最显著的特点就在于：原初的存在范畴随着我们对它的理解而实际地发生了**转变**。存在的每一个新的范畴或新的规定都使关于存在的思想焕然一新，并将它揭示为某种不同于存在之前被思想的方式的东西。存在思想最初被认为只是关于单纯、直接的**存在**的思想。然而更仔细地考察之后，存在思想就转变为终究不只是关于单纯、直接的存在的思想，而且是关于规定性、有限性、无限性、量、特殊性、自反性，以及最终在《逻辑学》的结尾自我规定着的理性（或“绝对理念”）和自然的思想。因此，在其被理解的进程中，存在概念一步步地变 46
得更加复杂并逐渐**转变成**自然概念。

显然，这种概念式的（自我-）转化过程使得黑格尔的《逻辑学》区别于某些更为平常的哲学文本，例如莱布尼茨的《单子论》。在莱布尼茨的文本里，我们从单子的一个定义（即单子是某种“单纯的实体”）开始，并穿行九十个段落来更多地认识这些单子的本性。在莱布尼茨的分析的结尾，我们比在开端时知道得更多，然而在这个过程中单子却从来没有停止被理解为单子；它们最终并没有转变为任何与它们最初被思考的样子不同的存在。单子始终是莱布尼茨的论述中固定的主题，而莱布尼茨的哲学步骤是想要提供给我们关于这些固定主题的一种更加深邃的描述。黑格尔的步骤与之不同，因为尽管我们从存在概念开始，但关于存在的思想却在这个过程中转变为关于变易、无限性等的思想。因而我们并不只是更多地了解了某个一开始就被清晰界定了的主题；相反，《逻辑学》的真正的主题只有**通过**黑格尔的分析才会变得明显。（这是因为，黑格尔哲学的主题不是从一开始就给定的，而是在哲学自身的进程中展开并浮现出来的，这种进程不得不借助“来到自身”［*Zu-sich-selbst-Kommen*］［*SL* 841/2：571］这样的动名词来表现。）

很多哲学家都谈到变化和变迁在世界中的无所不在，但却很少有人在他们自己的作品中上演这一变化过程。黑格尔思想的突出特征就在于，它不仅描述，而且还在我们眼前实际地展现概念借以相互转变的这一过程。在我看来，除非我们做好准备，随同变化一道移动，并允许我们的理解受到那些概念的持续挑战和修正，否则我们就永远也不能充分地领会，黑格尔关于思想究竟揭示出了什么。

在黑格尔所展现的概念的（自我-）转化过程中，对存在的早先规定并非简单地被抛弃或弃置一旁，而是被提升到或者说**被扬弃**（*aufgehoben*）进所显现出来的更加复杂的规定中。因此，有限性的概念就吸收了直接的存在、规定性、某物以及界限等概念（毕竟，所谓“是有限的”也就是“是受限定的”、“是某物”、“是有规定的”以及**是**）。同样地，无限性思想吸收了有限性思想，而绝对理念的思想吸收了《逻辑学》中此前所建立起来的全部范畴。因此，不仅“开端着的东西［存在范畴］始终是一切后继的东西的基础，而并不从中消逝”（*SL* 71/1：71［177］），而且在范畴转换的每一个例子中，“最初的东西［最初的范畴］本质上甚至都**保存**并**保留**在他物中”（*SL* 834，840/2：561，569）。

47 因此，在《逻辑学》的进程中逐渐明显的是，每一个范畴都构成我们的根本的“概念方案”的一个不可化约的要素，然而，却没有一个范畴能够独自地定义或者穷尽思想之所是。思想就**是**——根据存在、规定性、有限性以及无限性来思想；思想不可能是任何比这更少或者与之不同的东西。然而，思想却不**只是**对纯存在的思想，也不**只是**对规定性、有限性或无限性的思想，因为这些思想中没有一个是单独成立的；它们每一个都表明自己是某个更进一步的、更为复杂的思想的一个方面或一个“环节”，并且全都表明自己是《逻辑学》以之为顶点的那个思想的各个方面，也就是绝对理念的各个方面。因此，《逻辑学》的最终的洞见就是：恰当地理解了的思想包含**一切**——合起来构成一个统一的——一般性的范畴，这些范畴表明自己内在于原初的存在思想中。

按照黑格尔的观点，随着纯存在范畴逐渐转变成自我规定着的理性概念（或者“绝对理念”），进而转变成自然概念，有两件重要的事情发生了。第一，原初的存在范畴开始被视为对正在被思考的东西的一个不适当的规定。通过思想的运动，黑格尔说：“对象本身取得了一个乃是**内容**的**规定性**……［而］由于现在这种规定性是不确定的开端的最切近的真理，它就责备那开端是某种不完善的东西。”（*SL* 838－9/2：567）黑格尔的措辞不是特别优雅，但是他的观点却很简单：就关于存在的思想表明自身真正来讲是关于绝对理念的思想而言，显而易见，当存在仅仅被思考**为**纯存在时，它并没有得到恰当的思考。因此，原初的存在范畴是不完善的，因为它未能阐明蕴含于存在本身的思想中的一切东西。正如司退斯所指出的，“当存在仅仅被思想为存在时，我们还没有认识到关于存在的充分的真理，因为我们还没有看到存在所包含的一切东西”[26]。

实际上，不是只有存在这一开篇范畴是不完善的，而是每一个范畴相较于从它里面出现的更具体的规定都是不完善的。这并不是说，当我们按照“规定性”、“某物”以及“有限性”这类相对简单的范畴去思考时，我们单纯是错误的。存在固然包含着“是有规定的”、“是某物”以及“是有限的”，但正如我们从《逻辑学》的剩余部分中所学到的，那还不是它所包含的一切。因为存在也包含着“是量的”，拥有比例、形式、内容、现象，是合理的，是机械性的、化学性的以及有机的等等。因此，这些范畴——例如“规定性”和“某物”——的缺陷便在于，它们都**不足以确定**存在究竟意味着什么；或者，用哈里斯的话来说，这些范畴都具有“更原初、更基本的东西的某种含糊性或不确定性的特征”[27]。实际上，相比于作为自我规定着的理性或理念的存在的思想，《逻辑学》的**所有**范畴都不足以规定存在（正如作为理性理念的存在概念将会表明自己不足 48
以规定作为自然、作为历史的存在概念一样）。

对于黑格尔来说，**错误**并不在于使用了一些缺乏规定的范畴，而在于认为这些范畴是对存在的最详尽或最确凿的构想，并认为它们穷尽了有关思想是什么的一切。因此，错误就在于宣称存在是有限性而排除了无限性，就在于宣称存在是纯然的量，或者就在于宣称存在仅仅是力的表达或者力的功效。无疑，这些错误无论是在前黑格尔哲学中还是在后黑格尔哲学中都是司空见惯的。因此，在暴露这些错误的过程中，黑格尔的《逻辑学》既行使了一种揭露的功能，也行使了一种**批判的**功能。

尽管之前的范畴表明自己同之后的范畴相比是不完善的，但首先推动思想从一个范畴向另一个范畴转变的，却**不**是对相对的不完善性的这种揭露。思想并不是将某个特殊的范畴同绝对理念相比较，判定该范畴有缺陷，然后再向一个更接近于绝对理念的新的范畴前进。然而，有一些评论者却恰恰是以这种方式来解释黑格尔的《逻辑学》的。例如，麦克塔格特就主张：

> ［《逻辑学》的］进程的动力就隐藏在我们自身的观念所固有的具体而完善的理念同我们的观念所表达出来的抽象而不完善的理念之间的不协调中，在寻找这种抽象和不完善的时候，进程不是按照对这种抽象和不完善的否定，而是按照对它的补充来进行的。[28]

然而很明显，这并不是黑格尔在其中进行的方式。毕竟《逻辑学》是从**无前提的**思想开始它的进程的。这就意味着，并没有什么“具体而完善的理念”能在一开始的时候就被预设为标准，借以确定一个特殊的范畴相对来说是适切还是不适切。黑格尔认为，真理决不能在哲学之初就被用作（潜在的或显明的）判断尺度，因为“真理仅仅通过对直接性的否定才来到自身”（*SL* 841/2：571），从而并不在一开始就呈现“在我们的观念中”（无论是有意的还是无意的）。所以，唯一能够在《逻辑学》中推动思想前进的，就是内在于有待考察的特殊的范畴自身**之内**的张力。正如黑格尔所写的，“开端这种直接的东西，**本身**必定就是有缺陷的东西，必定已经被赋予了继续向前的**冲动**”（*SL* 829/2：555）。同样地，每一个更进一步的范畴都必定通过它自身内在的辩证法而发展到一个新的范畴中。按照这样的方式，范畴就必须“自己考察自己，必须独自确定它们的界限，指出它们的缺陷”（*EL* 82/114［§41 Add. 1］）。

《逻辑学》中的思想进展因而必定是一种完全内在的进展。然而，一旦出现了某个有关存在的更加具体的观念，它从中由以产生出来的那个之前的观念也就自动地被确定为是更加具体的概念的一种**不充分规定**。因此，在同后续的范畴的比较中，从前的范畴**都**被判定为是有缺陷的，但这只作为由这些范畴首先独立引发的发展过程的结果而出现。之后的范畴什么也不是，不过是之前的范畴的更进一步的规定而已，而之前的范畴则表明自己是之后的范畴的一种不充分规定。 49

随着纯然的存在范畴转变成理性概念或者理念而发生的第二件事情，就是有了这样的洞见：理念这一具体的思想，本身就是原初无规定的存在思想的最终的逻辑的**根据**（the ultimate logical *ground*）。人们能够把思想家在《逻辑学》的开端所从事的抽象活动——他希望将他关于思想所有假定的东西都给悬置起来并徒手去发现思想之所是——称作纯存在思想的历史的根据。（就其从彻底自我批判的现代要求中合乎逻辑地产生出来而言，这种历史的根据本身就是合理的，但它仍然是一个历史的行动。）然而，存在范畴最终的（并且是纯粹）**逻辑的**根据——使得范畴成为绝对必然的那个东西——却是思想最终表明自己所是的作为理念的思想（或者一切范畴的具体的、合理的统一）。

关于理念这一思想，重要的是要指出：它只有在所有其他基本的一般（或纯粹）范畴已经被推导出来之后才会出现，因为它是所有那些范畴的统一。因此，它不是哲学所能由以开始的那个思想，而是这样一个思想，该思想只能是哲学所表达出来的概念的（自我-）转变过程的**结果**。既然这个思想只能是一个结果，那么它就必须从某个开端中产生出来，在这个开端中，它还不是现成的，或者说还未经预设；这也就是说，它必须从这样一个开端中产生出来，在这个开端中，它所包含的各种思想范畴还没有被完全地孕育出来。这样一个开端必定是**思想**之开端（the beginning of *thought*），但也只能是思想之**开端**（the *beginning* of thought）。[①] 当然，我们要在关于纯然无规定的存在的思想中去发现这个开端。因此，思想的真正的、具体的品格只能经过某种概念的演绎的过程而**作为结果出现**，从

① 作者的意思是，这样一个开端是思想，但还不是完成了的思想。——译者注

而决不能直接地被理解，正是这一事实要求我们从思想所能是的最低程度——关于存在的简单的思想——中将理念演绎出来。“真理的方法，”黑格尔说，“知道开端是一种不完满的东西，因为它是开端；但同时，这种不完满的东西一般来说也是某种必然的东西，因为真理仅仅通过对直接性的否定才来到自身。”（*SL* 841/2：571）正是在这个意义上，思想的真实品格——作为它所有固有范畴的统一，或作为“理念”——才是无规定的存在的原初思想的逻辑的**根据**。于是，我们要把我们的预设悬置起来这一（合理的）历史的要求与思想的真实的、具体的品格要被理解为是从思想本身中产生出来这一逻辑的要求就彼此重叠了：因为两者都使得《逻辑学》从纯存在开始成为必然。

因此，按照黑格尔的观点，“［在《逻辑学》中］前进也就是**回溯**到
50 **根据**，也就是向**源始的东西**和**真实的东西**的回溯；那被用作开端的东西取决于它并且事实上由它所产生”（*SL* 71/1：70［177］）。然而，和纯存在思想的历史的根据不同，该思想的逻辑的根据——思想的真实品格，亦即所有思想范畴的统一——只能通过纯存在思想**的**（*of*）自我转变才能产生出来。因此，“存在”这一空洞范畴的逻辑的根据，就是通过**要求该范畴首先出场**来为该范畴奠定根据的。它预设了该范畴，但却不是该范畴的先在的原因（its prior cause）。然而，毫无疑问，思想的真实品格事实上只能**开始**预设纯存在思想，因为它本身不得不随着那要求纯存在思想成为其起点的东西一道产生。

恰恰因为思想的真实的、具体的品格确实要求——或者不如说开始要求——纯存在范畴首先出场，所以“同样也有必要将运动退回到其中如同退回到它的**根据**中去的那种东西，当作**结果**来看”。按照这种观点，黑格尔评论说：“既然结果就是从最初的东西出发，通过正确的推论而达到作为根据的最后的东西，那么最初的东西就同样是根据，而最后的东西就同样是某种被推导出来的东西。”（*SL* 71/1：70－1［177］）因而纯然无规定的存在思想本身就**产生出**绝对理念思想，而绝对理念思想转而又**要求**纯存在思想先行于它。

由于这一缘故，无前提的思想就表明自己是一个自我构成着的圆圈。它从纯然的无规定性和直接性开始，仿佛是将自己引申出去，随着不同范

畴的展开，最后成为整个圆圈，亦即成为所有范畴的统一；纯然的无规定性反过来也就被理解为**该圆圈**的必要却单纯的开端。这一圆圈表明自己是原初范畴的根据，因为这个范畴表明自己**受**（*by*）该圆圈所要求，并且表明自己不过就是该圆圈**的**（*of*）一个环节。但这种根据——圆圈——在发展过程的一开始却不被也不能被预设为前提。毋宁说，根据之**产生**——以及圆圈之**构成**——只有通过对纯然的直接性这一开端的否定才有可能。因此，黑格尔主张，“旋绕成一个圆圈的这种方法，在一时的发展中并不能**预知到**（*antizipieren*）开端本身就已经是某种被演绎出来的东西了；对于开端而言，在其直接性中它就足以是单纯的普遍性了”（*SL* 841/2：570，我的强调）。这也就是说，一个不预设任何前提的哲学家，他既不能也确实不会通过预先拥有这样的理解**来着手进行**［哲学活动］：存在范畴受理念思想——或受所有范畴所构成的圆圈——所要求，要做理念思想的抽象的开端。哲学家必须抽象地从纯然无规定的存在思想开始，在这个思想向理念思想的自我转变的进程中去**发现**：理念思想必定从中出发而引向前进的，正是无规定的存在范畴。

这一点，甚至对那些已经读过黑格尔《逻辑学》的序言和导言（以及像本书这样的《逻辑学》的介绍性研究），还有那些在他们研究《逻辑学》之前就已经被告知存在范畴就是理念思想的开端的人而言，也是持之有故的。因为这些读者同样也被告知，存在范畴之所以导致理念从而构成理念思想**的**（*of*）开端，仅仅是因为它最初被理解为纯然无规定的存在，而没有在一开始就被明确地采纳**为**（*as*）真理的开端。因此，这些读者得以前进的唯一的方式，如果他们是充分可靠的和自我批判的，就在于将理念的思想弃置一旁，单单只从纯然无规定的存在思想开始，**独自去发现**这一思想是否内在地导致绝对的理念思想。因此，黑格尔关于存在范畴是理念思想的开端的这种预先的保证，不应该只是被当作一种预设；倒不如说，它应该被解释为是对读者的一个呼召：要由他们自己来确定黑格尔的主张是否正确。温菲尔德很好地阐释了这一点： 51

> 为了杜绝一切假定，哲学由以开始的出发点必须不涉及任何“它是什么的开端”这样的先入之见，也不涉及它是一个开始或任何

> 无论什么给定之物这样的暗示。在其一开始，哲学只能是一个空洞的词汇，这也恰恰是对真理的追寻只能从无规定性开始的原因……无规定性甚至都不应该作为最后的结论的开端，直到整个的发展完结为止。于是，只有无规定性之所是将成为首先映入眼帘的一个开端。[29]

无前提的哲学家必须只从纯存在范畴出发，不预先假定该范畴事实上是理念、绝对者或无限性思想的开端。他甚至也不能假定存在范畴毕竟会导致任何更进一步的范畴，而是必须等待并且注视，**是否**有任何更进一步的范畴从中产生出来。因而，无前提的哲学家的目标也就不在于着手去证明从存在思想中能产生出一种更为复杂的——辩证的或非辩证的——世界观来；他的目标只在于去考察存在本身的无规定的思想，只在于为了存在范畴自身的缘故而去思考存在范畴，并且去观察，它将把我们带往何处。从这个意义上说，无前提的哲学是彻底地**非目的论的**：它既不预设也不瞄准任何特定的结果，既不追寻预计的目标，也不追随指定的途径。所以，正如阿兰·怀特所指出的，“思辨的思想家在确定范畴的过程中，当范畴产生出来时，一开始并不知道他要被带往什么地方”[30]。他甚至都不知道他是否要被带往任何地方。他唯一知道的是，他正在思考纯然无规定的存在，不带任何进一步的预设或者规定。

尽管如此，但正如怀特所指出的，《逻辑学》确实“开辟了它自己的
52 道路”，“创造了一条属于它自己的途径”[31]。我们在后面将会看到，这是因为纯存在思想自行移动到虚无思想中，而虚无思想本身又移动到纯存在思想中，由此就产生出关于这一移动或“消逝”的新的思想，黑格尔称之为**变易**。这更是因为，变易思想转而又进入规定性、有限性、无限性等思想。因此，虽然并没有在一开始预设或者预期任何体系的发展，黑格尔却认为，恰恰由于纯存在本身原初的无规定性，这样一种发展就确实发生了，而这样一种体系也就确实出现了。

这一体系的发展是必然的，因为它不过就是那内在于每一个范畴之中的东西的展开过程而已，从而并不突出它自身。① 它不是由哲学家制造出

---

① 作者的意思是，每一个范畴自身的发展就是这种系统的发展。系统的发展并不在每一个范畴自身之外。——译者注

来的任何任意的关联或约定所产生出来的，而是由纯粹思想“自己的内在的活动”（*SL* 31，55/1：19，51）所产生出来的。此外，恰恰因为唯独由纯粹思想自己的活动所产生，陈述于《逻辑学》中的这种发展过程就不仅是必然的，而且是完全自我规定着的，完全**自由的**。[32]

要强调的一个关键就是：思想的系统的发展并不在一开始就被预设为哲学所要揭示的“真理”，也不被预设为所有哲学研究的共同“视域”，或者一件“束身衣”，黑格尔把所有的思想和生活都硬塞进去。不如说，体系是当思想悬置了它关于自身的一切假设，只考察存在的纯然无规定的思想，并且对思想自己所表明出来的自身之所是保持开放时，自然**呈现**出来的东西。关于这一点，黑格尔在《逻辑学》与《精神现象学》中都做了强调。如前所述，在《逻辑学》中，黑格尔清楚地指出：“真理仅仅通过对直接性的否定才来到自身”，哲学因而展现了“差异的**内在的发生**（*Entstehung*）”（*SL* 841，55/2：571，1：51）。《逻辑学》因而追踪思想的“自身建构着的道路”，它并不追随预先为它标记的路线（*SL* 28/1：17）。《精神现象学》的序言表达了同样的意思：全体不能在哲学的一开始就被预先设定，因为它只**伴随**着一些规定（也就是意识诸形态或各个范畴）之转向其他一些规定，从而构成每一规定都是其环节的这一连续过程，才产生出来。“借此，”黑格尔说，“单纯的、自身综观的全体本身，就从这个全体的折返似乎迷失于其中的那财富中**浮现出来**（*emergiert*）。”（*PhS* 33/53，我的强调）

因此，通过任凭无规定的存在范畴规定自身，任凭整个体系按照这种方式浮现出来，黑格尔就完成了他相信是由康德和费希特遗留给他的任务，即从思想自身的本性中将思想的基本范畴演绎出来。此外，他更是通 53
过特别地追随费希特，并“允许我们的表象的全部范围在读者和听众面前逐渐进入存在”[33]而完成了这个任务。黑格尔对思想本身固有的整个范畴序列所做的无前提的演绎，直到他的体系的第三部分的结尾——《精神哲学》——才告完成。然而，在《逻辑学》的结尾，思想的所有基本的、一般的（或纯粹的）范畴——康德或许会称之为“未经图型化的”范畴——都已经直接地先于存在思想实际上就是自然思想这一发现而得到了演绎，得到了恰当的规定。因此，到了那个时候，思想的真实的品格——至少在大体上——就会被揭示出来了，而我们也就会开始**恰当地**进行思考了（即便我们还不知道思想所包含的一切东西）。现在，我们可以利用对真正的或者合宜的思维的这种新的理解来更加明智地说明我们的非哲学的行为了（无论是理论的行为还是实践的行为）。在这个意义上，对于黑格尔来说，“对这门［逻辑学］科学的学习，在这个阴影王国中的居留与劳作，就是意识的绝对的教化与规训”（*SL* 58/1：55）。

注释：

［1］亦参见 Hegel，*LHP* 137－8/92。

［2］参见 F. W. J. von Schelling，*On the History of Modern Philosophy*，trans. A. Bowie（Cambridge：Cambridge University Press，1994），p. 148；F. A. Trendelenburg，*The Logical Question in Hegel's System*，in G. W. F. Hegel：*Critical Assessments*，ed. R. Stern，4 vols.（London：Routledge，1993），1：205；S. Kierkegaard，*Concluding Unscientific Postscript*，trans. D. F. Swenson and W. Lowrie（Princeton：Princeton University Press，1968），p. 101。

［3］参见 G. R. G. Mure，*A Study of Hegel's Logic*（1950）（Westport，Conn.：Greenwood Press，1984），p. 33。亦参见 J. Burbidge，*On Hegel's Logic*：*Fragments of a Commentary*（Atlantic Highlands，N. J.：Humanities Press，1981），p. 4：“用形式逻辑的惯用标准来评估黑格尔的逻辑学是在回避问题。因为黑格尔所探询的是一切逻辑有效性的根据。”

［4］U. Guzzoni，*Werden zu sich. Eine Untersuchung zu Hegels “Wissenschaft der Logik”*（Freiburg/München：Verlag Karl Alber，1963），p. 35.

［5］参见 *The Philosophical Writings of Descartes*，trans. J. Cottingham，R. Stoothoff，D. Murdoch，3 vols.（Cambridge：Cambridge University Press，1984－91），1：196（*Principles of Philosophy*，1：10）。

［6］R. Winfield，*Reason and Justice*（Albany：SUNY Press，1988），p. 142.

［7］Hegel，*SL* 69/1：68（175）；G. W. F. Hegel，*Vorlesungen über Logik und Metaphysik. Heidelberg 1817*，ed. K. Gloy，Ausgewählte Nachschriften und Manuskripte，vol. 11（Hamburg：Felix Meiner，1992），p. 21. 接下

来对《逻辑学和形而上学讲演录》的引用将采用下面的形式：*VLM* 21。对于黑格尔来说，现象学也要求我们在意识内在地发展着自己的时候“袖手旁观（*zusehen*）”；参见 *PhS* 85/77。

［8］W. Maker, *Philosophy Without Foundations*: *Rethinking Hegel* (Albany: SUNY Press, 1994), pp. 99–100.

［9］M. Forster, “Hegel's Dialectical Method,” in *The Cambridge Companion to Hegel*, ed. F. C. Beiser (Cambridge: Cambridge University Press, 1993), p. 132.

［10］Forster, “Hegel's Dialectical Method,” p. 133.

［11］Forster, “Hegel's Dialectical Method,” p. 155.

［12］本着类似的精神，维尔福勒（Gerhard Martin Wölfle）根据他所相信的黑格尔**应当**在做的事情，提议要修正黑格尔的本质论，参见 G. M. Wölfle, *Die Wesenslogik in Hegels “Wissenschaft der Logik”* (Stuttgart-Bad Cannstatt: Frommann-Holzboog, 1994)。我对维尔福勒著作的评论，参见 *Bulletin of the Hegel Society of Great Britain* 32 (Autumn/Winter 1995): 40–7。

［13］亦参见 Hegel, *SL* 53, 830/1: 49, 2: 556，以及 A. White, *Absolute Knowledge*: *Hegel and the Problem of Metaphysics* (Athens, Ohio: Ohio University Press, 1983), p. 51。

［14］亦参见 D. Henrich, “Hegels Logik der Reflexion. Neue Fassung,” in *Die Wissenschaft der Logik und die Logik der Reflexion*, ed. D. Henrich, *Hegel-Studien* Beiheft 18 (Bonn: Bouvier Verlag, 1978), pp. 223–5。

［15］M. Rosen, *Hegel's Dialectic and its Criticism* (Cambridge: Cambridge University Press, 1982), p. 42，我的强调；关于确定的否定，参见 p. 31。我对罗森著作的评论，参见 S. Houlgate, “Some Notes on Michael Rosen's *Hegel's Dialectic and its Criticism*,” *Hegel-Studien* 20 (1985): 213–9。

［16］J. Habermas, *Erkenntnis und Interesse* (Frankfurt am Main: Suhrkamp Verlag, 1968), p. 21，我的强调，我的翻译。

［17］J. Derrida, *Writing and Difference*, trans. A. Bass (London: Routledge and Kegan Paul, 1978), p. 275，我的强调。关于黑格尔和德里达之间更普遍的关系，参见 S. Houlgate, “Hegel, Derrida, and Restricted Economy：The Case of Mechanical Memory，" *Journal of the History of Philosophy* 34，1（January 1996）：79－93。

［18］B. Burkhardt，*Hegels "Wissenschaft der Logik" im Spannungsfeld der Kritik*（Hildesheim：Georg Olms，1993），p. 527，我的翻译。

［19］Winfield，*Reason and Justice*，p. 130. 亦参见 White，*Absolute Knowledge*，p. 36。

［20］Plato，*Phaedo*，trans. D. Gallop（Oxford：Oxford University Press，1993），p. 60［103b］）.

［21］*The Presocratic Philosophers*，eds. G. S. Kirk，J. E. Raven，and M. Schofield（1957）（Cambridge：Cambridge University Press，1983），p. 247.

［22］*The Presocratic Philosophers*，p. 248.

［23］*A Spinoza Reader. The Ethics and Other Works*，ed. E. Curley（Princeton：Princeton University Press，1994），p. 159（*Ethics* III P4 Dem）.

［24］参见 Hegel，*SL* 94－5/1：98："在巴门尼德那里就像在斯宾诺莎那里一样，从存在或者绝对的实体不应当前进到否定的东西、有限的东西。"

［25］参见 *The Philosophical Writings of Descartes*，1：130，以及 Kant，*CPR* 556－8/555－8（B604－8）。

［26］W. T. Stace，*The Philosophy of Hegel*（1924）（New York：Dover Publications，1955），p. 109.

［27］E. E. Harris，*An Interpretation of the Logic of Hegel*（Lanham，Md.：University Press of America，1983），pp. 32－3.

［28］J. M. E. McTaggart，"The Changes of Method in Hegel's Dialectic，" in *G. W. F. Hegel. Critical Assessments*，2：70.

［29］Winfield，*Reason and Justice*，pp. 127，129.

［30］White，*Absolute Knowledge*，p. 57.

［31］White，*Absolute Knowledge*，p. 57.

［32］关于自身规定着的必然性和自由之间的亲密关系，参见 Hegel，*EL* 73/102－3（§35 Add.）。

［33］Fichte，*Introductions to the Wissenschaftslehre*，p. 27，我的强调。

第三章　无前提思维的前提

正统黑格尔观

我已经论证过，黑格尔的《逻辑学》并没有在一开始就预设思想构 54
成一个诸范畴的辩证的体系，而是从纯存在的完全无规定的概念出发，单纯让这样一个体系自行呈现。尽管所有的文本证据都支持这一点，这种解释还是遭到了许多最有影响力的黑格尔评论者的拒绝或者忽视。事实上，认为黑格尔《逻辑学》的开端出自一些未经证明的前提，早已是一种主流的假定。

例如，谢林就毫不怀疑，《逻辑学》中原初抽象的纯存在范畴之后的发展有赖于一个在先的假定，即最终要获得的真理并非真的是抽象的，而是具体的。我们发现纯存在范畴是有缺陷的，于是从它出发而前进到其他更为特定的范畴，是因为我们

> 已经习惯于一个更具体的、更加充满内容的存在，因而无法满足于纯存在这道贫乏菜，其中只有抽象的内容而没有特定的内容可供思考；所以，在最后的分析中，那不再允许他（哲学家）坚持空洞的抽象性的，仅仅只是这个事实，即：真的**有**（*is*）某个充满内容的更丰富的存在，以及，思维着的精神自身就已经是这样一种存在……那始终悄悄引导着发展进程的，一直都是**终极目标**（*terminus ad quem*）——科学最终要抵达的真实世界。[1]

黑格尔或许只是假装思想被内在于它最不确定的范畴之中的一种必然性推动向前，但谢林却坚持认为，“思想很明显地有一个它要努力朝向

的目标”[2]。

55 类似的观点（正如我们在第二章曾经看到的）为麦克塔格特所采纳，最近也已经获得了哈特曼的赞同。在哈特曼看来，“[对黑格尔《逻辑学》的]顺序向前的解读不可能是该书的原委”，因为一个无前提的开端自己是绝不会导致任何结论的：“规定的缺乏如何能够导致丰富性呢?”因此，黑格尔的《逻辑学》必定在一开始就已经预设了“既定内容的有条理的丰富性”，而黑格尔的步骤必定是要安排范畴适应于这种处在一个序列之中的内容——从最不确定的到最确定的——以至于每一个范畴（除了第一个范畴以外）都能被视作是由它之前的范畴来使之成为必然的，或者说，是由它之前的范畴来“辩护”的。因而，《逻辑学》中所陈述的从“存在”到“绝对理念”的线性发展进程就不是从无规定到规定的纯粹推导或“演绎”，而是对那些**已经**被预设的范畴所做的逻辑“重构”：“它［线性发展进程］所正在趋向的东西已经被承认”[3]。

对于费尔巴哈来说也是如此，黑格尔的《逻辑学》从一开始就预设了它所要证明的东西：绝对者或者绝对理念的存在。“绝对者存在，这一点是不容置疑的。绝对者所需要的不过就是证明他自己，并且**作为绝对者**而被认识。”此外，费尔巴哈还主张，这个证明过程的不同阶段也已经由绝对理念使之成为必然。因此，在《逻辑学》的开端，“黑格尔并没有走出理念之外，他也没有忘记理念这回事。毋宁说，**基于对理念的预设**（*unter ihrer Voraussetzung*），他已经在考虑理念应当从中产生出自身的那个反题了”[4]。因此，《逻辑学》的真正的出发点并不是该书在形式上以之为开端的纯存在范畴，而是绝对理念本身，“因为对于黑格尔来说，早在他写作《逻辑学》以前，绝对理念就已经是一种确信、一种直接的真理了”。费尔巴哈甚至还宣称，理念在《逻辑学》的开端时候的表面上的“缺乏自知”（*das Nichtwissen der Idee von sich*）——黑格尔的文本不是公开从理念本身而是从纯存在开始这一事实——实际上是一种“讽喻的”无知（*ironisches Nichtwissen*）。理念佯装从一个它完全缺席的无规定的概念中出现，可实际上“它已预设自己为真”（*sie setzt sich selbst als wahr voraus*）[5]。

因此，黑格尔并没有在开始写《逻辑学》的时候批判性地将他所有的假定都给悬置起来，以便开始一次智识的发现之旅；对于费尔巴哈来说，“在黑格尔那里根本就没有什么批判或者怀疑”。相反，在黑格尔的“内心深处”，他打从一开始就“坚信绝对理念的确实性”。所以，他从一 56
开始就“能够预知（*übergreifen*）有待呈现的东西，因为对于他来说早已是万事停当（*ausgemacht*）”[6]。

费尔巴哈和谢林在黑格尔去世后不久就提出的这种对《逻辑学》的解释，已经极大地影响了后来的黑格尔的解读者，尤其是（尽管并不是全部）大陆哲学家中的黑格尔解读者。这种解释甚至已经成为这些哲学家中的某种正统的东西。例如，海德格尔就主张（尽管是在他对《精神现象学》的研究中，但也涉及黑格尔的整个体系）：“存在对于黑格尔来说被不假思索地预先理解为是绝对的”，“这种绝对性和无限性未曾成为更进一步的问题，因为它们不会成为更进一步的问题”。因此，在黑格尔的思辨的认识中，那从一开始就被建立起来的，就是“绝对者，在其中，思辨活动的开头语和返回到开头语的结束语，它们的方式、幅度以及规模都得到了规定”。其原因就在于黑格尔的思想在根本上就是存在神学式的（ontotheological）：“上帝作为精神，他的本质一般性地预示了概念的本质，因而预示了逻辑事物的特征。”[7]

列维纳斯同样也未察觉到黑格尔的哲学在根本上有任何自我批判的开放性，而是看到了一位从一开始就“**确信**……有能力完成思想的循环”的哲学家。德里达（尽管他谈得更多的是黑格尔的“精神”而不是“绝对理念”）延续了谢林-费尔巴哈-海德格尔的解释路线。对于他来说，黑格尔主义的“精神”就是那“预先便深入一切内容之中”的东西。“精神，”他说，“将总是走在前面或者一路伴随，直到行进行列结束”；“所有严格来说处在**它**（*Sa*）［*savoir absolu*，或者绝对知识］的圆圈中的事物，总是都**先行理解**自身。”[8]

我也很清楚，在所有这些黑格尔的解释者中间存在着许多重要的差异不应被忽视。然而，我想指出的是，他们所有人都“不假思索地预先”预设了：黑格尔“不假思索地预先”预设了他的哲学的目标和结果。他们谁也没有认真地对待黑格尔的明确主张，即《逻辑学》的开端“无需

57 **预设任何东西**”（*SL* 70/1：69［175］）——至少没有人相信黑格尔做到了他自己所提出的要求——而且每个人都自信满满地以为：黑格尔实际上是从某种辩证的体系的**内部**出发来开始哲学活动的，这个体系的完成或者“终结”，他从一开始就或明确地或隐含地视为理所当然。经过这样的解释之后，黑格尔对于今天的很多人来说，就已经成为一位典型的“总体性”的哲学家，他的体系不允许任何的例外——没有“他者”或彻底的“他异性”——而是始终致力于“同化”、“吸收”或“消化”掉所有可能寻求批判、反抗该体系的事物，并且始终面对着黑格尔之后所有肩负着试图“逃避”、“推翻”或者“分裂”该体系这一（或许是不可能的）任务的人。

这样一种黑格尔观——尽管在我看来极具误导性——异乎寻常地广泛扩散，并得到了那些在解读其他哲学家的时候以严格和精妙垂范的人的拥护。举一个最近的例子来说，克里斯蒂娜·豪沃尔斯是一位对萨特和德里达都富有高度洞察力的解读者，她在近来讨论德里达的一本书中谈到了“黑格尔在追寻 *Savoir Absolu*（绝对知识）时吞噬一切的严苛性”，谈到了“黑格尔总体化了的百科全书式计划”，甚至（很不幸与卡尔·波普尔不谋而合）谈到了“黑格尔式的极权主义”[9]。我们被告知，黑格尔是“一位掠夺性的哲学家，极其难于逃避”，他的辩证法“将矛盾吞噬掉，并且将覆灭作为有待超越的错误而予以挽回”[10]。显然，对于豪沃尔斯而言，正如对于费尔巴哈一样，黑格尔的哲学不是自我批判的开放性的产物，而是“预先设定自身为真”[11]的绝对理念的产物。

呈现于本研究中的解读致力于反驳正统的谢林-费尔巴哈式解释，并因而致力于祛除有关“极权主义者黑格尔”的神话，这一神话为大量后黑格尔主义思想奠定了基础，甚至赋予它们活力和批判的意图。我并不确定这种解读对于当代大陆哲学来说意味着什么。在这里，我所关心的仅仅是加入理查德·温菲尔德、威廉·马克尔以及阿兰·怀特这些评论者的行列，提醒人们还有一个替代正统解释的选项，在过去的170年中已经被大多数人——人们不禁会说是**系统地**——忽略了。

这个替代选项的基石就在于，黑格尔的《逻辑学》不是以关于绝对者的一个预设的观念开始的，而是以彻底悬置我们有关思想和存在的一切预设开始的。在《逻辑学》一开始的时候，我们能用来进行思考的一切，就是关于纯然无规定的存在的思想本身，亦即**作为**纯然无规定的存在而被理解的思想。至于这样一种有关存在的思想是否会发展为更进一步的规定，或者说会如何发展为更进一步的规定，这些预先都还是不确定的、悬而未决的。既没有超出这一关于存在的思想的终极目标被预设下来，也没有关于逻辑进展的任何方法被假定下来。诚然，黑格尔确实主张纯存在这一概念会发展为一个在绝对理念范畴中达到顶峰的范畴体系。但是纯存在 58
概念以这种方式来发展这一事实却是在《逻辑学》本身的进程中得到证明的，而这一点在一开始并没有被假定下来。对此，黑格尔是完全清楚的：

> 不仅科学的方法之陈述，而且一般的**科学**之**概念**（*Begriff*）本身，也属于逻辑学的内容，也就是说，它构成了逻辑学的最后的结果；**因而，逻辑学是什么，逻辑学无法预先说出**（*was sie ist, kann sie daher nicht voraussagen*），相反，逻辑学的整个研究才把关于逻辑学本身的知识作为逻辑学的最后东西和完成产生出来。（*SL* 43/1：35，我的强调）

因此，在逻辑学的开端，思想并不致力于达到任何预定的目标、遵循任何预先建立起来的方法，也不在绝对理念“之内”吸收掉一切可供选择的观点；逻辑学的任务只不过是要“从它的内容撤回，任凭（*gewähren zu lassen*）内容独立自为，不做进一步的规定”（*SL* 73/1：72［179］）。

在这本对黑格尔《逻辑学》的开篇所进行的研究中，我所关心的因而就不仅仅是要为新读者打开一部极为晦涩和复杂的文本，我也要向那些已经熟悉黑格尔的读者表明，黑格尔的哲学是从对存在的自我批判的**开放性**，而不是从对绝对的终局的假定开始的。实际上，在我看来，黑格尔主义的“绝对知识”恰恰就是这样一种开放态度，要面对纯存在所表明的自身之所是。标志着这种开放态度的，不是一种预先的确信，相信存在已是绝对理念，而是一种单纯的准备，**任凭**纯存在本身在思想中起支配作用。在我看来，如此彻底开放的心态和泰然任之的意愿，正是黑格尔思想的真正的、解释学的前提。

然而，在更仔细地考察这种思想的开放性究竟意味着什么之前，我们还必须考虑对我正在推荐的这种解释的一个明显的反对——那就是：黑格尔在《精神现象学》的序言中似乎恰恰是以费尔巴哈和德里达解释它的方式来理解他自己的体系的。他说：真的东西（*das Wahre*）

> 就是它本身的生成，就是这样一个圆圈：它将它的终点预设为它的目的（*der Kreis, der sein Ende als seinen Zweck voraussetzt*）且以它的终点为开端，并只有通过［它的］实行和它的终点，它才是现实的。（*PhS* 10/23）

这番评论是在《精神现象学》中而非在《逻辑学》中所发出的，但从上
59 下文语境来看，很明显它是对运行在黑格尔的两部主要著作中的绝对知识本身的结构所做的描述。因此，我并不想通过宣称这句成问题的话只适用于《精神现象学》来为这里所提出的对《逻辑学》的无前提的解释进行辩护。在我看来，这句话同样适用于《逻辑学》。可是这样一来，它不就证实了正统的黑格尔解读是正确的，黑格尔确实在一开始就预设了哲学的目标吗？

仔细注意我们所考察的这句话就会发现，它并没有证实对黑格尔的正统的解读。这是因为，这句话并没有描述在哲学一**开始**的时候发生了什么，而是在解释所谓哲学是一个**圆圈**究竟意味着什么。黑格尔认为，如果哲学是循环的，那么它的开端就指向它的终点从而预设它的终点（事实上，正如我们从《精神现象学》结尾的一段类似的话中了解到的，也正如我们在上一章中所曾经看到的，哲学的终点也指回它的开端，并预设它的开端［参见 *PhS* 488/585］）。然而，重要的是要记住，对于黑格尔来说，**哲学在开始的时候并不是一个圆圈**；它发展为从而变化为一个圆圈。在哲学刚开始的时候，我们所拥有的唯一的东西就是纯然的直接性——在《精神现象学》中是感性确信的直接性，在《逻辑学》中则是纯存在的直接性。我们最终会认识到，这种直接性通过它自己的内在的辩证法而发展为意识或者思想的圆圈。然而，在那个圆圈出现之前，并没有什么关于直接性的东西将这个直接性标识为开端，甚至也没有对于这样一个圆圈的应许；只有纯粹的和简单的**直接性**。在上一章所引的《逻辑学》的一段话

中，黑格尔明确地陈述了这一点（参见 *SL* 841/2：570，以及上文第 50 页）。

所以，《精神现象学》中这句成问题的话应当被解读为一个陈述，也就是陈述在哲学**完成**的时候（或者在哲学的一个特定领域结束的时候），哲学中什么东西成为真，而不是在哲学**开始**的时候什么东西是真的。一旦哲学最终成为一个圆圈，我们就能说哲学的开端指向它的目标，从而预设了它的目标。但在哲学刚开始的时候，在它已经成为一个圆圈**之前**，我们是不能这么说的，因为并没有什么东西在纯然的直接性本身中暗示，这种直接性将产生出这样一个圆圈，从而形成这样一个圆圈的开端。在开端的时候，哲学既没有也不能够"预设其终点为其目的"。

因此，正统的黑格尔解释的错误就在于未能认识到：思辨的哲学**成了**绝对知识的圆圈，由于这一缘故，它就不能从一开始便已经是这样一个圆圈。换言之，正统的黑格尔解释错失了黑格尔最著名的一句话的要点："关于绝对者，我们可以说，它本质上是个**结果**，它只有到终点才是它真正所是的；恰恰在这里才有它的本性，即：成为现实的东西、主体，或自我生成。"（*PhS* 11/24）

无前提思想中的被动和主动

正统的黑格尔解释者们或许还被黑格尔的一个慷慨的习惯所误导，这 60
就是：黑格尔在他的主要文本的序言和导言中，并且在不同的时候，都提供了对所要予以揭示的内容的概观。这些概观使得读者知道哲学将辩证地发展或转变为圆圈，使得他们常常预知到某个特定分析的细节。于是，这些概观就基于哲学家所已经发现的东西而预先告知了读者他所应该期待的事情，而且还有可能在一些读者心中造成这样的印象，即：读者自己在哲学中取得进展的能力取决于他们是否这样提前被告知。然而，黑格尔说得很清楚，这样一些概观只是为了满足那些极度渴望知道他们将被无前提的哲学带往何处的人的要求才制订出来的，而不应当在思想从纯存在范畴向更进一步范畴推进的过程中扮演任何建设性的角色。概观所提供的"不过是一幅**表象**（*Vorstellung*）的图画"，"为了无知及其急躁的主观的需要”（*SL* 842/2：571；亦参见 *SL* 43/1：35－6）；这些概观并不构成从事哲学活动的奠定性的先决条件。因此，当我们开始哲学思考的时候，我们并不是要通过对比预期的绝对理念概念，或者通过将纯存在范畴视作我们所已经知道的那个最终指向绝对者的辩证发展过程的一个单纯“环节”，来指出纯存在范畴有缺陷。我们仅仅是要参与纯存在的思想，追随它的内在的自我转变过程。

实际上，正如我在本书的导论中所指出的，黑格尔在《精神现象学》的序言中主张：从事哲学的先决条件，就在于读者**忘记**他可能已获得的一般性概观，单纯地进入当下的事情的内在的内容之中。因此，思辨哲学的前提并不在于我们预先知道我们将被引向何处，而在于我们本着彻底开放的精神，单纯地**任凭**纯存在思想将我们带到它所愿意的任何地方。

因此，无前提的哲学确实是有一个前提的。它不预设任何能够确定其发展方向的目标、方法或者原则，从而在这个意义上来说是**无**前提的。然而，在哲学家一方，它却要求思想的一种自我批判的开放性，而在这个意义上，它有一个确定的前提。甚至在读者一方，它还确切地预设了一种将他们关于思想和存在的一切前提都给悬置起来的准备。这种准备，黑格尔认为，包含了**放弃**我们所珍爱的确信、假定以及成见的意愿——“放弃……［我们的］自我设定之**固执**”（*PhS* 20/37）——以及**任凭**我们的思维受内在于当前事情之中的东西所指导、所决定的意愿。这种意愿可以看作思辨哲学的**解释学的**前提，因为如果没有它，我们将无法理解或遵循
61 思辨哲学的进程。然而，它却不能被看作思辨哲学的**奠定性的**前提，因为它并不预先确定哲学将要采取的进程。事实上，它不能预先确定，是因为它恰恰是这样一种意愿：任凭思想去选择那内在地从纯存在概念中产生出来的进程。

“任凭”（*lassen*）这个词并不总被看作一个带有黑格尔特色的词。它更常与海德格尔这位 *Gelassenheit* 或“泰然任之”的哲学家联系起来。[12] 然而，仔细阅读黑格尔的文本就会发现，黑格尔频繁地使用 *lassen*（任凭）一词，尤其当他在刻画哲学家所应当具有的基本的思想态度的时候。例如，在前引《逻辑学》的几句话中，黑格尔说道：纯粹的知识必须“从它的内容撤回，任凭（*gewähren zu lassen*）内容独立自为，不做进一

步的规定”（*SL* 73/1：72［179］）。在《精神现象学》的序言中我们被告知：“［在哲学里］所期望的是努力……将［个人的］自由沉浸于内容之中，任凭内容按照它自己的本性（*ihn durch seine eigne Natur… sich bewegen zu lassen*）来运动……并考察这个运动。”（*PhS* 35－6/56）在《全书逻辑学》中，黑格尔更是赤裸裸地宣称：“当我思维时，我放弃（*gebe auf*）我的主观的特殊性，我深入于事情之中，让思维独自作主（*lassen das Denken für sich gewähren*），而当我掺杂属于我自己的某物，那我就思维得很坏。”（*EL* 58/84［§24 Add. 2］）在我看来，这些段落以及其他许多段落都清楚地表明，对于黑格尔来说，无前提的哲学的最重要的解释学的前提单纯就是**泰然任之**的意愿。

可这究竟意味着什么呢？首先，这意味着人们要放弃想要掌控思维道路的雄心壮志。我们不是要做决定现阶段哪一个概念应当被考察的人，我们也不是要负责安排支持或反对某一特别观念的各种论证。我们仅仅是要追随无前提的思想把我们带到的无论什么地方，致力于它把我们引向的无论什么概念，并彻底地思考这些概念。通过这个过程，我们最终揭开思想的辩证的特征。但是，正如大卫·科尔布所敏锐地指出的，“这并不使我们成为思想的运动的主人”[13]。同尼采一样，黑格尔也意识到知性能够借助强力和控制来服务于我们的利益。但相比于尼采，黑格尔却并不把所有的思想都视为权力意志的一种表达：按其本性来讲，寻求理解并不就是寻求支配。毋宁说，真正的哲学的思想，只有当我们弃绝了通过知性来进行支配的欲望并**任凭**自己接受思想自身的指引的时候，才会开始（*SL* 35－6/1：25）。

其次，任凭当下的事情居于主导，这意味着要避免基于个人的信念、偏好或者既定经验而对思辨哲学提出反对。正如我们在本书第二章曾经看到的，黑格尔丝毫也不排斥对思辨哲学的批判，只要这种批判采取比黑格尔本人更仔细、更精确地从一个特定的概念中引申出它的内涵的方式。然 62
而，应当要阻止的，却是基于某种在本体论上、知识论上或者政治上根本的预先**假定**而指控思辨哲学漠视或贬低差异、时间、性别或者语言。对于黑格尔的许多读者来说，对外在批判的这种禁止是最难接受也最难遵守的事情；事实上，它为大多数人所坚定地拒绝。然而，黑格尔却坚持这一禁止，因为无前提的哲学是以这样的意愿为前提的，即：“将人们通常所有的一切反思、一切意见弃置一旁——仅仅去接纳**当前现有的东西**”（*SL* 69/1：68［175］）。如果我们像许多批评者所做的那样，相信黑格尔的体系事实上有它自己的奠定性的前提（例如，赞同同一性更胜于赞同差异的这种偏见），那么对外在批判的禁止将意味着通过某种隐含的暴力行动在一开始就排除掉其他可供选择的观点。可如果我们换一个角度，认真对待黑格尔哲学的**无**前提的特征，那么这样的禁止就是唯一的方式，可以允许对思想和存在的一种真正自我批判的理解出现，这种方式本身并不简单地预设思想和存在要如何被构想。

注意到这一点很重要：黑格尔的彻底自我批判的哲学，在将要进入这种哲学的那些人这一方，要求一种深刻的**被动**。黑格尔并不是在否认，一个好的哲学家应该敏于知觉、富有想象并且拥有良好的判断力。但是他所寻找的首要品质，却是不带偏见地**任凭**自己的思维受内在于纯存在思想之中的东西引导的能力。

> 哲学的思维，就它仅仅接受它的对象、理念，听其自然（*dieselbe gewähren läßt*），似乎只静观对象或理念的运动和发展来说，采取分析的方式。就此而言，哲学思考完全是被动的（*passiv*）。（*EL* 305/390［§238 Add.］）

然而黑格尔却指出，正是这种被动要求我们保持最大程度的警惕与克制，并在这个意义上要求我们是**积极主动的**——恰恰在保持我们自身被动并持守那由当下事情使之成为必然的东西上积极主动。正如他所指出的，这种被动“需要一种努力，去扫除［我们］自己的那些总是想要冒出来的想法和特殊的意见”（*EL* 305/390［§238 Add.］）。黑格尔承认，“我们的现代意识所固有的浮躁和涣散”实际上使得现代读者很难“平静地带着对他们自己想法和意见的自我克制”。当我们开始阅读一部哲学作品时，各种各样的反例和异议便困扰着我们，其根源，部分是由于我们所听到的围绕我们的“嘈杂的喧嚣”，部分是由于缺乏耐心地想要证明我们自
63 己思想的原创性和独立性的欲望（*SL* 40，42/1：31，34）。这并不意味着，现代社会完全缺乏有能力本着被动和思想开放的精神来走进无前提哲学

的读者。然而，这意味着，如果想要让真理而非偏见与偶然的意见在思维中起支配作用，如果想要参与黑格尔所谓的“仅仅思维着的认识之不动感情的平静”（*SL* 42/1：34），那么现代的读者就必须尤其刻苦劳作并进行足够的自我规训。

黑格尔相信，《逻辑学》的读者——也就是那些希望思辨地**思考**的人——在另外一个意义上也必须是积极主动的。因为只在我们自己阐明了或者“建立”了每一个范畴自身所固有的东西的时候，我们才能够任凭范畴自己转变为更进一步的范畴。就我们允许范畴来确定所要阐明的东西，允许范畴来把我们带到它们所愿意的地方这一点而言，我们是被动的；但就**我们**正是那不得不实际地引申出内在于每一个范畴之中的内涵并坚持所出现的新范畴的人这一点而言，我们同样也是主动的（参见 *EL* 141/188［§88］）。

因此，那些在进行自我规训和任凭理性来统治其思想方面取得成功的读者，他们将不再独自地思考。他们必须通过自己的努力始终专注于当下的事情，也必须自己来阐明为某个既定的范畴所固有并由这既定的范畴来使之成为必然的东西。（正如黑格尔语带尖刻地评论过的：没有人能替别人思考就像没有人能替别人吃喝；我们总是独自地思考［*EL* 55/80（§23）］。）尽管如此，这样的读者仍然要允许他们的思维受当前的事情而非他们自己的个别观念、个别癖好所引导，而在这个意义上说，他们的态度是被动的。所以，司退斯也承认，“事实上，根本就不是**我们**在演绎范畴，而是范畴在演绎它们自己”——尽管它们是借助并通过**我们**对它们的思维才自己演绎自己。[14]

哲学的被动——任凭思想范畴自己来推动内在的发展——本身就要求我们主动，这一事实在《逻辑学科学》第一版序言中两段话的一个引人注目的并置中得到了说明。黑格尔以一句清晰的陈述总结了一段话，指出当下的事情在《逻辑学》中发生了转变：

> 那在科学的认识中**运动**着的只能是**内容的本性**，因为那首先建立并产生出它的规定本身的，同时就是内容的这种**固有的反思**（*eigne Reflexion*）。（*SL* 27/1：16）

在下面段落的一开始，黑格尔接着区分了人类思想的两种终归必须在哲学中发挥作用的形式：知性（*Verstand*）和理性（*Vernunft*）。与康德不同，黑格尔并不把知性和理性视作心灵的两种分离的能力；在他看来，它们反而是思想的同一个活动的不同方面。不过，他也确实将它们看作思想的两种带有自己特别性质的运作方式。

64 **知性**进行**规定**并坚持这些规定。**理性**是否定的和**辩证的**，因为它将知性的种种规定消融于无；它又是肯定的，因为它产生出**普遍的东西**，并在其中把握特殊的东西。（*SL* 28/1：16）

通过将这段话同上引那段话并置，黑格尔的意思明显是说：除非我们在运用我们的知性和理性上是主动的，否则我们不会处在被动地遵循范畴的内在发展这一位置上。

《全书逻辑学》对思想的这两种运作方式做了更加详尽的说明。在那里我们看到，“**知性**坚持着固定的规定性和各规定性之间的彼此差别”。因而，知性将一个概念同另一个概念相区分（例如，有限性和无限性），并坚持该区分。相反，辩证的理性却察觉到“这些有限的规定扬弃它们自身，并且过渡到它们的反面”。这也就是说，辩证的理性认识到，随着每一个概念转变到它们的反面，由知性所引出的这些区分就自己毁灭自己。于是，肯定的或者“思辨的”理性，就“在各个规定的对立中领会它们的统一”（*EL* 125–31/169–76 [§§80–2]）。

黑格尔坚持认为，思想的这两种运作方式，在《逻辑学》的整个进程中自始至终都是必需的，不应当将它们各自设想为只对应于《逻辑学》的三个部分——存在论、本质论、概念论——中的某一个部分。在每一个部分中，分析的每个阶段都要求我们（a）形成对一个概念以及它同其他概念之间差别的准确的理解，（b）领会表面上相互对立的概念之间的区分为什么会失效，并且（c）认识到表面上相互对立的概念如何能够一齐被思想为不同的规定之间的统一。事实上，所有三个步骤在《逻辑学》的开篇部分都是很明显的。我们将存在和虚无范畴理解为直接差异的，并且也察觉到它们彼此间的相互转移，由于这一缘故，它们每一个都被视为另一个之**变易**（*becoming*）。我们进而认识到这两个表面对立的概念如何停驻于有关它们的统一的一个单一的思想——定在（*Dasein*），在其中存在同非存在、非存在同存在不可分离。在这个意义上，变易不过就是存在和虚无相互之间的**辩证的**过渡，而定在也就不过是它们的思辨的统一。黑格尔的开篇分析因而只是追踪着我们关于存在和虚无的**知性**（*understanding*）借以转变为**理性的**（*rational*）领会的那个过程。（不同于迈克尔·福斯特——他对黑格尔的解释我们在第二章曾经考察过，在这个分析过程中我们并不要求变易概念本身产生出它需要与之和解的自己的对立面。福斯特期待变易产生出这样一个对立面来，是因为他先有了他自己制造出来的关于黑格尔“辩证的方法”的未经证实的假定［参见上文第 33－4 页］）。

然而，在这里有必要提出一句警告。显而易见，我们只有在行使了知性并允许这样的知性成为思辨的、理性的洞见的时候，我们才能够追随纯 65
存在范畴向更进一步范畴发展的内在过程。但我们却不必将黑格尔在《逻辑学》和《哲学全书》中关于知性和理性所做的导论式评述制定为一种前后一致的**方法**，自始至终严格地应用于逻辑学科学，好像它已经被这么制定了一样。这些评述只是提供给我们一种有关《逻辑学》各个阶段中发挥着作用的思想活动的一般的、描述性的概略而已。在文本自身的主体部分，概念实际是如何被理解、被区分的，概念间的区别又是如何自身毁灭的，所有这些，根据所讨论的**特定的**概念而各不相同。并没有什么一致的发展模式展现在分析的各个阶段中。存在和虚无之间的差异不同于某物和他物之间的差异，有限性和无限性之间的差异又有所不同——因而从这些差异中所得出的思辨的结论也是各不相同的。

事实上，许多概念起初根本就没有被理解为明确不同于别的概念。某物和他物很明显一开始就是彼此相对的，但是存在和有限性最初却是各自独立地被理解的，只当人们已经发现它们自动地转变**成**它们的对立面的时候，它们才开始同它们的对立面（分别是虚无和无限性）相关联。因此，在这些个例中，辩证法并不只是负责摧毁概念之间的差别，而且也负责首先产生出这种差别。存在无疑被理解为有别于虚无，但正是在该区别借以被毁灭的辩证的转移中，存在才**开始**同虚无相区分。因而，在对存在的分析中，作为区分活动的知性和辩证的理性这两种思想运作方式实际上是相互重叠的。

这就意味着，在《逻辑学》的一开始，**纯粹的**知性的运作实际上并不在于坚持存在和虚无之间的某种固定的**区分**（假如《全书逻辑学》的§80所提供的知性说明是要开始某种前后一致的逻辑方法的第一阶段的话，那么知性倒是不得不这么做）。刚开始的时候，知性只是悬置或者抽离它的所有预设——放弃它的所有假定——并任凭**唯独**纯粹的存在起支配作用。知性就是“从一切东西中抽离出来并把握着它的纯粹的抽象，把握着思维的简单性的那种自由”——“那种**愿意纯粹地思维**的决心”（*EL* 124/168 [§78]）。

重要的是要认识到，《逻辑学》向前进展，并不是因为知性和辩证而思辨的理性的等同活动机械地重复着，而是因为思想参与到概念的**具体的**特征中——从纯存在概念开始——并任凭概念按照它们独有的特殊性而内在地发展并决定自身。然而，同样重要的是要认识到，知性和理性毕竟也在《逻辑学》中发挥作用。实际上，知性和理性准确来讲就是思想的两种运作方式，我们借以识别出范畴的具体的特征和发展过程：知性牢牢
66 抓住纯存在、定在、某物、有限性和无限性这些概念的具体特征，而理性则认识到这些概念通过它们自己内在的辩证法而转变成进一步的范畴。因此，对于黑格尔来说，知性和理性是思想的两种运作方式，我们借以对内在于纯存在范畴以及后续范畴之中的无论什么东西都保持开放，并允许它们起支配作用。知性和理性正是我们借以在我们的思维活动中成为**被动**的两种运作方式。

在黑格尔看来，哲学并不预设任何知性活动和理性活动的特定的、清楚阐述了的方法，也不预设任何有关概念运行方式的在先的知识。它所预设的毋宁是要去理解并要成为有理性的这样一种**准备**——也就是一种始终瞩目于概念自身所包含的东西，并任凭概念的内涵将我们带到它所愿意去的地方的准备。与人们所可能以为的相反，这不是一张应对概念混乱的处方，因为对于黑格尔来说，“属于哲学活动的最为重要的事情，就在于每一个思想都在它完全的**精确**（*Präzision*）中得到把握，就在于人们不要只是停留于模糊和不确定中”（*EL* 127-8/171 [§80 Add.]）[15]。精确并不只是笛卡儿以及20世纪分析哲学家们的特权，也是黑格尔思辨哲学的

一个典型特征。当然，自相矛盾的地方就在于，在黑格尔的《逻辑学》中，需要我们投入我们精确关注的第一个范畴，就是彻底不确定的纯存在范畴。

在黑格尔看来，正是对细节的精确关注保障了思辨哲学的可理解性。黑格尔在《精神现象学》的序言中的一段评论正好也适用于《逻辑学》：

> 只有完全规定了的东西才是公开的、可理解的，能够被学习并能够成为一切人的所有物。科学的知性的（*verständig*）形式是向一切人提供的、为一切人铺平的一条通往科学的道路，通过知性而达到理性的知识（*durch den Verstand zum vernünftigen Wissen zu gelangen*），是参与到科学中的意识的一个正当的要求。（*PhS* 7−8/20）

黑格尔的《逻辑学》是难解的，但其中并没有什么刻意深奥的东西；它不是要成为少数天赋异禀（辩证的洞见或辩证的直观）者的禁脔。相反，它的目的是要成为一门严格的、经过训练的对思想范畴的研究，这门研究能够为所有试图理解思想是什么以及存在是什么而不预先假定其已经知道了的人所追求。[16]

黑格尔式逻辑学的历史条件

因此，无前提的哲学确实拥有某些前提。它的解释学的前提包括悬置或放弃我们关于思想和存在所已假定为真的东西的准备，以及将我们的注意力和理解力都专注于放弃我们所有的假定之后所产生出来的关于纯存在的最低程度的思想并受其推动的准备。事实上，黑格尔的《逻辑学》不仅要求我们这样的准备和意愿，而且要求我们"一种回溯到纯粹思想，紧紧抓住它并在它之中运动的能力和技巧（*Kraft und Geübtheit*）"（*EL* 45/67［§19］）。这种能力和技巧经过实际地研究《逻辑学》并实际地从事无前提的哲学而得到加强：当我们处理完《逻辑学》的时候，我们显然变得更加熟练于抽象地思维了（*SL* 42/1：33）。然而，我们也需要在着手从事无前提的哲学之前变得习惯于抽象地思维——习惯于在思想中保持纯粹的逻辑的形式。因为如果我们不习惯于抽象地思维，总是不得不为了 67

理解某物而对它做表象的思考，那么我们甚至将会不能追随纯存在的开篇辩证法，就更别提剩下部分的分析了。

黑格尔主张，我们首先是通过对从前的哲学家——例如柏拉图和亚里士多德的研究，并通过传统的形式（也就是非辩证的）逻辑的训练而获得这种进行抽象的能力的：

> 从事这种形式逻辑的研究，无疑有它的用处；正如人们常说的，借此可以使人头脑清楚，也可以教人学习聚精会神，学习进行抽象，而在日常的意识里，人们不得不应付那些混淆错综的感性的表象。但是在抽象中，当下就有精神在一个点上的会聚，借此养成一种全神贯注于内心世界的习惯。(*EL* 52/75－6［§20 Add.］)[17]

如果不获得这种抽象地思维的能力，黑格尔（在《精神哲学》中）语带挖苦地指出，我们将会发现：当我们参与到抽象的思想中时，抽象的思想将总是让我们感到头痛。[18]

68 哲学不仅在个体一方要求一定的能力和性情，它也预设了某些更为广阔的社会条件。按照黑格尔的观点，这些条件首先包括从紧迫的物质需要中解放出来。“在思想来到自身并仅仅存在于自身的这种宁静的领域里，那推动着民族与个体之生命的利益便沉默了”（或者至少不会为了引起注意而大声呼号），并且，黑格尔（追随亚里士多德）写道：为了哲学家能够享受这种宁静，“凡属于生活的舒适和便利的东西”都必须在社会中大体具备（*SL* 33－4/1：22－3）。

免于严重的物质方面的困难，是思辨哲学的一个解释学的先决条件（事实上也是任何哲学活动的先决条件），因为它使得我们能够有耐心地、严格地专注于哲学所必须谈论的事情并理解它。它也是思辨哲学的**历史的**先决条件之一（事实上也是任何哲学活动的历史的先决条件之一），因为它是产生出哲学的那种历史语境所具备的一项重要的特征。尤其在思辨哲学的这个例子中，这种历史的语境还包括欧洲（特别是德国）现代性的许多特殊的条件——“在科学中胜似在现实［世界］中生长起来的新精神”，亦即“精神的自我意识……所达到的更高的观点”（*SL* 25－6/1：15，13）。这种精神吸收了康德的批判精神，后者要求将形而上学置于检验之下；吸收了“健康理性的本能”，它见诸哈曼、赫尔德、雅可比以及那些反对“单纯形式的范畴之荒芜不毛”的浪漫主义者（只是他们也未能领会严格逻辑推理的积极价值，并且太过频繁地诉诸“对所有方法的粗暴弃绝”）（*SL* 38，53/1：28，49）；吸收了费希特从思想的本性中严格地演绎出范畴的要求；也吸收了谢林著作中对传统概念区分的挑战以及对“对立面的统一”的重新发现。

黑格尔并没有从这些思想家当中的任何一个人那里接管思想和存在的某个特定的观念，将他自己的哲学奠定在它上面或者从它开始。正如我们已经看到的，黑格尔坚持认为《逻辑学》的开端不能预设任何思想规则或任何对范畴的特定的理解。（因此，黑格尔不能从谢林关于有限物和无限物统一的观念开始，哪怕他明显被这一观念所吸引并且之后在《逻辑学》中明确地为它背书。）[19]尽管如此，以上所提到的这些哲学家，他们每一个人都强化了要重新检验我们惯常用以思考的那些范畴的要求，并因而为自由的自我批判这一现代的精神做出了贡献，这种现代的精神在黑格尔的无前提的逻辑学中找到了它最完整的表达。

黑格尔的哲学不仅将德国1770年以来精神生活中超乎寻常的发展预设为它的历史的先决条件，而且还将对自由、自决以及批判的自我反省的一般的现代关切预设为它的历史的先决条件，黑格尔将这种一般的现代关切追溯到宗教改革，追溯到笛卡儿的思想（甚至追溯到科学研究的兴起以及中世纪晚期城市中的市民自由），他相信这种一般的现代关切弥漫于现代政治的、经济的、审美的、宗教的以及哲学的生活中。[20]当然，这并不是说马丁·路德或者16世纪纽伦堡的高尚市民已经对无前提的哲学有了一种遥远的兴趣或同情。然而，这却是说——这或许看起来有些奇怪——无前提的哲学是这样一种强大的现代运动的成果，这种现代运动趋向于由马丁·路德等人所帮助发起的自由。 69

因此，无前提的哲学是一种历史的必然——不是在它不可能不产生，而是在它单独地就是现代世界对自由的历史要求的哲学成就这一意义上说的。之后在哲学的体系（该体系从纯存在范畴中辩证地出现）中，历史将证明自己是人类精神朝向自由和自我意识的一种**理性的**发展过程。无前提的哲学因而将表明自己不是被历史的偶然所要求的，而是被运行于历史当中的理性所要求的。然而，在哲学开始的时候——在存在已经被确定为理性而历史已经被揭示为是合乎理性的之前——我们所唯一能说的不过就是：既有的对现代性的**历史的**关切，使得无前提的哲学成为必然。[21]

宗教的角色

黑格尔在《精神现象学》中指出了他的哲学的一个更进一步的前提：宗教。我们并不清楚他是否相信，一个人为了能够理解并从事思辨的哲学，必须首先成为一名宗教信徒（从而他是否将宗教视为这种哲学的一个根本性的解释学的前提）。然而，黑格尔明显认为宗教在这种哲学的出现中扮演了重要的历史角色，并且深信在毫无宗教信仰的个体中，哲学的智识事业将缺乏同他们的内心和灵魂的任何联系。着手从事思辨哲学的个体必须做好抽象地思维的准备并且也能够抽象地思维——亦即按照纯粹的逻辑范畴而非按照具体的可见可触的例证来进行思维，并且他们也必须
70 准备放弃他们牢牢坚持的各种假定。然而，如果说理智地放弃的意愿要成为人的生活中一个不可或缺的部分的话，那么未来的哲学家就必须也能够**感觉**到放弃究竟意味着什么。这种感觉，黑格尔暗示，是通过宗教而获得的，尤其是通过吸收宽恕与和解的基督教精神而获得的，这种精神命令我们放弃自己根深蒂固的立场并承认我们和他人共同的目的。宗教因而为无前提的哲学活动提供了支持并预备了道路，即使它并不必然是这种哲学活动所必不可少的解释学的先决条件。

这种宗教观在《精神现象学》中尤为明显，黑格尔在该书中将真宗教理解为开始并倚靠于“和解着的**是**（*Ja*），在其中，两个我放弃了它们相互对立的定在（*von ihrem entgegengesetzten Dasein ablassen*）”，彼此宽恕（*PhS* 409/494）。据说，这个“和解着的是”本身就是上帝——神圣的爱——在人类共同体中的表现。因此，对于黑格尔来说，真宗教通过在我们中间培育感觉层面上的这样一种意愿而为无前提的哲学预备道路，这种意愿就是：我们必须在哲学的活动中展现出来的**放弃**（*ablassen von*）我们视为最珍贵的东西的意愿。[22]

这并不是要否认宗教包含着比这种意愿更多的东西：黑格尔十分清

楚，宗教讲述了一个有关上帝在个体的生活和历史中创造与救赎工作的丰富而精妙的故事。然而，他也坚持认为一种自由的、**无前提的**哲学不能从任何继承自宗教的有关事物的神圣秩序的特定意象出发。“经院哲学，”黑格尔指出，“将它的内容作为某种……由教会所给予的现成的东西来接受”（*EL* 69/98［§31 Add.］），但经院哲学结果却是一种不自由的思维，从而不再适合于现代世界。因此，黑格尔本人的哲学绝不是一种**将自身奠定**在关于世界的某种宗教构想上的新的经院哲学。

一旦无前提的哲学完成了它对存在和思想的描述，这一点就会变得显而易见：哲学和宗教（特别是基督教）讲述着同样的故事，那就是，存在本身（“上帝”）在人类中达到了充分的自我意识（成了道成肉身的“精神”）。两种经验形式之间的差异仅仅在于：宗教表象并感受着哲学所理解的东西。然而，哲学却无法在一开始就预设这个故事的真理，无论是在这个真理的宗教的形式中还是在它的充分发展了的哲学的形式中。因此，哲学不能从“神圣的”存在就是在人性中变为自我意识的那个过程这一特定的原理开始。正如黑格尔所指出的，“哲学在它自己的、独特的基础之上，按照原则来说，完全背离神学”[23]。所以，当海德格尔宣称“上帝作为精神……一般性地预示了概念的本质，因而预示了逻辑事物的特征”时，他是错误的，因为这种解释——也为其他人例如德里达所共有——恰恰是将黑格尔变成了他所不能是的当代经院哲学家。[24] 71

宗教无疑给我们预备了无前提的哲学——这是海德格尔的解读中的一丝真理——但它是通过教导我们“放弃我们的对立的存在”，而**不是**通过给予我们哲学要奠定于其上的某种特定的精神意象而预备的。事实上，对于黑格尔来说，宗教改革的历史意义就在于：通过将民众从顺服于教会中解放出来，通过教导民众在他们自己的信仰中去发现上帝，而鼓舞民众（有意无意地）在他们的智识活动中将他们自己从宗教教条**本身**中解放出来从而放弃之，并鼓舞他们去追求思想的不受拘束的自由。“对于新教本身而言，”黑格尔宣称，“重要的是要在生活的篇章中取得一个确定的注脚，要使之独立于宗教的联系而绝对地自身有效，并要任凭它在不受拘束的自由中得到发展。”[25]正如我们在本书第一章曾经看到的，无前提的哲学所扮演的角色，就是要阐明那些影响着我们日常经验的范畴。现在我们则看到，日常经验本身中的一个重要的维度——宗教——为我们“精神性地”从事那不带偏见的阐明活动做好了预备。

概而言之：黑格尔的《逻辑学》确实有其一定的历史的、解释学的前提，但这些前提却并不预先决定思辨逻辑学的进程或结果。它们之所以不能如此，是因为它们要求哲学家们，或者说，允许哲学家们不在思想的无规定的存在之外去考虑问题。就思辨的哲学从这样的不确定性开始而言，思辨的哲学并不拥有**奠定性的**前提，因而在黑格尔的意义上是无前提的。因此，尽管看起来可能有些吊诡，我们在本章中所已经检验过的这些不同的特征——泰然任之的准备、形式逻辑的训练，以及刻画了现代性的那些历史的环境——统统都构成真正无前提的哲学的前提。

注释：

[1] Schelling, *On the History of Modern Philosophy*, p. 138.

[2] Schelling, *On the History of Modern Philosophy*, p. 139. 亦参见 R. Pippin, *Hegel's Idealism: The Satisfactions of Self-Consciousness* (Cambridge: Cambridge University Press, 1989), p. 236。关于谢林对黑格尔的批判的更多讨论，参见 White, *Absolute Knowledge*, 以及 S. Houlgate, "Schelling's Critique of Hegel's *Science of Logic*," *The Review of Metaphysics* 53, 1 (September 1999): 99–128。

[3] K. Hartmann, "Hegel: A Non – Metaphysical View," in *Hegel: A Collection of Critical Essays*, ed. A. MacIntyre (1972) (Notre Dame: University of Notre Dame Press, 1976), p. 105.

[4] L. Feuerbach, *Towards a Critique of Hegel's Philosophy*, in *The Young Hegelians: An Anthology*, ed. L. Stepelevich (Cambridge: Cambridge University Press, 1983), p. 111; L. Feuerbach, "Zur Kritik der Hegelschen Philosophie" (1839), in *Philosophische Kritiken und Grundsätze*, ed. W. Bolin and F. Jodl, *Sämtliche Werke*, vol. 2 (Stuttgart-Bad Cannstatt: Frommann-Holzboog, 1959), p. 181.

[5] Feuerbach, *Towards a Critique of Hegel's Philosophy*, p. 112; "Zur Kritik der Hegelschen Philosophie," pp. 182–3.

［6］Feuerbach，*Towards a Critique of Hegel's Philosophy*，p. 112；"Zur Kritik der Hegelschen Philosophie，" p. 182.

［7］M. Heidegger，*Hegel's Phenomenology of Spirit*，trans. P. Emad and K. Maly（Bloomington：Indiana University Press，1988），pp. 74，100，98.

［8］E. Levinas，*Basic Philosophical Writings*，ed. A. T. Peperzak，S. Critchley and R. Bernasconi（Bloomington：Indiana University Press，1996），p. 126，我的强调，以及 J. Derrida，*Glas*，trans. J. P. Leavey and R. Rand（Lincoln：University of Nebraska Press，1986），pp. 22–3，226，我的强调。亦参见 Houlgate，"Hegel，Derrida，and Restricted Economy：The Case of Mechanical Memory，" p. 82。

［9］C. Howells，*Derrida：Deconstruction from Phenomenology to Ethics*（Cambridge：Polity Press，1999），pp. 84–5，90.

［10］Howells，*Derrida：Deconstruction from Phenomenology to Ethics*，p. 85.

［11］Feuerbach，*Towards a Critique of Hegel's Philosophy*，p. 112；"Zur Kritik der Hegelschen Philosophie，" p. 182.

［12］参见 M. Heidegger，*Gelassenheit*（Pfullingen：Verlag Günther Neske，1959）。

［13］D. Kolb，*The Critique of Pure Modernity：Hegel，Heidegger，and After*（Chicago：University of Chicago Press，1986），p. 81.

［14］Stace，*The Philosophy of Hegel*，p. 85.

［15］亦参见 R. Bubner，"Die 'Sache selbst' in Hegels System，" in *Seminar：Dialektik in der Philosophie Hegels*，ed. R. P. Horstmann（Frankfurt am Main：Suhrkamp Verlag，1978），p. 117。

［16］关于知性在思辨哲学中的角色，亦参见 J. Burbidge，"Where Is the Place of Understanding?" 以及 S. Houlgate，"A Reply to John Burbidge，" both in *Essays on Hegel's Logic*，ed. G. di Giovanni（Albany：SUNY Press，1990）。

［17］亦参见 W. Wieland，"Bemerkungen zum Anfang von Hegels Logik，" in *Seminar：Dialektik in der Philosophie Hegels*，p. 201。

［18］*Hegel's Philosophy of Mind. Being Part Three of the Encyclopaedia of the Philosophical Sciences*（*1830*），trans. W. Wallace，连同 the Zusätze in Boumann's text （1845），trans. A. V. Miller （Oxford：Clarendon Press，1971），p. 143 （§410）；G. W. F. Hegel，*Enzyklopädie der philosophischen Wissenschaften im Grundrisse*（*1830*）. *Dritter Teil*：*Die Philosophie des Geistes*，ed. E. Moldenhauer and K. M. Michel，*Werke in zwanzig Bänden*，vol. 10（Frankfurt am Main：Suhrkamp Verlag，1970），p. 186。接下来对黑格尔《精神哲学》的引用将采用下面的形式：*EPM* 143/186（§410）。亦参见 *EL* 27，142/44，190（§§3，88）。

［19］参见 Hegel，*VLM* 65，以及下文第二十二章。

［20］例如，可以参见 G. W. F. Hegel，*Vorlesungen über die Philosophie der Weltgeschichte*，*Zweite Hälfte*，ed. G. Lasson（1919）（Hamburg：Felix Meiner，1923），pp. 842，856−7；以及 EL 48/71（§19 Add. 3）。

［21］关于黑格尔哲学中理性和偶然性之间的关系，参见 S. Houlgate，"Necessity and Contingency in Hegel's *Science of Logic*，" *The Owl of Minerva* 27，1（Fall 1995）：pp. 47−9。亦参见下文第六章第 118 页。

［22］参见 Houlgate，*An Introduction to Hegel*，p. 41。

［23］Hegel，*VGP* 3：123.

［24］Heidegger，*Hegel's Phenomenology of Spirit*，p. 98.

［25］ G. W. F. Hegel，*Aesthetics*：*Lectures on Fine Art*，trans. T. M. Knox，2 vols.（Oxford：Clarendon Press，1975），1：598；G. W. F. Hegel，*Vorlesungen über die Ästhetik*，ed. E. Moldenhauer and K. M. Michel，3 vols.，*Werke in zwanzig Bänden*，vols. 13，14，and 15（Frankfurt am Main：Suhrkamp Verlag，1969），2：225−6. 接下来对《美学》的引用将采用下面的形式：*A* 1：598/2：225−6。

第四章 语言、反思，以及《逻辑学》的开端

对黑格尔的语言学挑战

几乎从《逻辑学科学》第一卷于1812年出版的那一刻开始，黑格尔就已经受到指控，说他忽略了，或者说，没有充分地解释被许多人视为他的哲学的一个最重要的前提的东西，那就是：**语言**。这种指控尤其提出，黑格尔没有注意到，恰恰是他对语言的使用在很大程度上损害了他的哲学是无前提的和内在的这一主张。 72

在写给黑格尔的一系列私人信件中，纽伦堡大学的数学教授（黑格尔那时候的同事）普法夫（J. W. A. Pfaff）批评黑格尔在解释辩证的过渡时，使用了不是从演绎得来并得到证明，而是“预设的”并“从某个其他理论中**借用**”的范畴。在普法夫看来，这种“借用”的不幸后果就在于黑格尔的体系跌进了一个恶性循环中：那些在《逻辑学》之后章节中被检验的范畴——据说它们要从之前的讨论中被发展出来——本身就在那些之前的讨论中被假定了下来。普法夫将这种恶性循环的根源确定为这样一个事实，即：黑格尔以一种包含了许多未经证明的假定和概念的自然语言来着手进行他对范畴的“无前提的”演绎。据说普法夫自己的数学专业通过运用一套附带有限数量的公理和前提的人工注释系统，并通过公开承认这些前提从而不首先自命为是无前提的，就能够避免这样的循环。尽管如此，哲学将不可避免地跌进恶性循环到这样一个程度，那就是，它竭力想要通过运用一套丰富的自然语言来演绎出——从而不是要预设——思想的基本范畴，而这些范畴却不过是在这套自然语言中被预设

了的。[1]

20 年后，当谢林指控黑格尔在《逻辑学》的开端预设了“几乎**所有**我们在日常生活中所使用的概念”[2]的时候，他延续了这一批判路线。73 1839 年，当费尔巴哈提出，在黑格尔的《逻辑学》对纯存在的最初描述中，直接性、无规定性以及同一性这些概念都已经被预设了时，他重复了这一指控。[3]

到了 20 世纪，伽达默尔也指出：黑格尔的《逻辑学》“必然已经预设并使用了一些它最初打算辩证地演绎的折返范畴”[4]。这并非由于黑格尔哲学的独有的特征和情况，而是由于语言本身的不可消除的特点。在伽达默尔看来，“一个人如果想要做出任何陈述，他就必然总是要用到关于本质的一些范畴，例如各种折返规定。一个人不可能在不运用同一和差异的范畴的情况下就说出一个句子来”[5]。黑格尔对语言的依赖不仅意味着一些语词和概念在他的《逻辑学》的开始不得不被预设下来，而且也意味着他对范畴进行逻辑的演绎的这整个进程，至少是部分地受到了这些语词历经时间所已取得的日常的历史含义与联系的引导。“对于这些语词”，伽达默尔写道，“并没有什么从零点开始的开端”：所有的语词都已经继承了一些我们无法简单地拒绝的含义。“也不会有这种情况，”他继续说，“那就是一个概念能够在不使用该语词的所有发挥着作用的含义的情况下而被规定为一个概念。”[6]因此，《逻辑学》所呈现的思想的辩证发展过程，就并非单纯地从所考察概念的内在的逻辑蕴含中被引申出来，而是也由“包含在德语词汇的内涵中的思辨的力量”[7]来推动向前的。

作为黑格尔依赖语言的一个例证，伽达默尔提请人们注意这样一种方式，那就是“黑格尔能够从德语的最简单的变化，例如 *an sich*、*für sich*、*an und für sich*，或者从 *Wahr-nehmung* 和 *Bestimmung* 这类语词中让人想到思辨的真理”[8]。实际上，当伽达默尔转向黑格尔所描述的从“变易”到“定在”（*Dasein*）的过渡时，他似乎完全忽略了，黑格尔所宣称的其实是这个过渡的**逻辑的**基础——这一逻辑的基础我们将在本研究的第三部分中予以考察——并且他似乎把这个过渡表现为单纯是出自“变易”一词的继承了的含义：

> 一切变易，总是某物的变易，而这个某物通过它的已变易而存在着。这是一条已经由柏拉图在《斐利布篇》中制定下来的古老的真理……变易在那最终已经变易成的东西中发现了它的规定性，这一点就在“变易”本身的含义中。[9] 74

伽达默尔也承认，黑格尔认同思想和语言之间有某种关联。但他却坚信，对于黑格尔来说，语言不过是“思想的一种消逝着的、暂时的媒介，或思想的单纯的‘外壳’”[10]。这就是说，语言的功能被“限定在［**预先准备好的**］思想物的单纯的澄清上”（我的强调）。它给予那通过其自己的、内在的、纯然逻辑的发展而已经变得“自身透明”的思想以外在的表达。正如罗德·科尔曼所指出的，对于伽达默尔眼中的黑格尔而言，“尽管思想同语词是不可分离的，语言……仍然不能决定内在于思想之中的真正的思维的进展过程，而始终只在表面上是它的外在的表达”——仿佛思想或精神“本身”实际上曾是“某种完全不同于语言的东西”似的。[11]

相比之下，对于伽达默尔本人来说，语言则是思想永久的“居所”，完完全全地浸透于思想之中。[12]因此，并没有概念——例如“变易”或者“有限性”——的某种纯粹逻辑的结构独立于“变易”和“有限性”这些**语词**通过人类多年的对话和解释所获得的历史含义之外。毋宁说，在伽达默尔看来，思想表面上的自主发展取决于语言的“**自然的**逻辑”，这种逻辑吸收了辩证法，但却比黑格尔所认识到的要更加丰富、更加复杂，结局也更加开放。[13]

对于伽达默尔来说，语言因而就是那“往黑格尔的哲学中吹进生命的气息”的东西。与此同时，语言也是那最终逃避黑格尔哲学的掌控的东西，因为黑格尔的理性主义在语言中所能看到的，不过就是“一种本能的**逻辑**，还没有在思想上达到对语言本身的渗透”[14]。换言之，伽达默尔在语言中发现了大陆哲学传统中所有黑格尔后继的批评者们——谢林、费尔巴哈、克尔凯郭尔、马克思、尼采、海德格尔、德勒兹、列维纳斯以及德里达——相信他们已经发现了的东西：“黑格尔在他的体系内部所无法认识到［或至少不能充分地认识到］的，他的体系的可能性的一个条件。”[15]

黑格尔的语言观

75 回应这些指控，第一件要说的事情是：黑格尔充分地意识到，一切思想实际上都是语言性的。思想不能还原为语言：思想是理解活动和推理活动——对存在着的东西和继之而起的东西的本性或形式的一种意识，而语言则是这类理解活动在其中得以被清晰地表达的符号系统。然而，黑格尔坚持认为，我们只能**在语言中**进行思考和理解。在黑格尔看来，语言一点也不像伽达默尔眼中的他所以为的那样，只是思想的一种暂时的“外壳”，相反，语言就是思想的家。即便没有明确地使用语词，我们也能够形成关于可见事物的观念的图像，但只有通过对语词的明确的使用，我们才能架构起思想——从而才能对我们的感官所不敏锐的东西（例如事物的形式或者原因）有所意识。“正是借着名称，我们才**思想**。”黑格尔如此说。[16]这是因为，只有通过语词，我们的思想才成为对于我们而言的某种客观的、有规定的东西。思想无法被图画或感受，但却需要被命名与解释，如果思想要成为某种确切的东西的话。

> 我们知道我们的思想，我们拥有确定的、现实的思想，仅仅是当我们给予它们以对象性的形式、与我们的内在性相区别的存在的形式，也就是外在性的形态，确切地说是这样一种同时打上最高内在性印记的外在性的形态的时候。清晰的发音——语词——单独地就是这样一种内在的外在性。[17]

这么说并不是要否认思想也能在语言中被给予**不恰当的**表达。“语言，”黑格尔主张，“被暴露在既服务于隐藏又服务于揭示人类思想的命运中。”[18]然而，我们并不是通过将我们所说的话与在我们观念深处处于语言之“外”的某个假定的完美形成起来的思想进行比较（就像我们可以将我们关于某人的口头描述与我们关于他的思想图像进行比较那样）来判定一个思想已经被不恰当地表达了。我们只能通过在**语词**中给予相关的思想以更加恰当的表达来证实这样一种判断。

这就是我们理解这两者——黑格尔在他的《逻辑学》中对范畴的说

明和我们对这些范畴的通常的理解（当它在日常语言中表达出来时）——之间的关系的方式。黑格尔主张，“思想的形式［或范畴］首先表现并记载在人类的**语言**里”（*SL* 31/1：20）；它们在我们所言说的事物中，比如“这片叶子**是**绿的”，得到表达（*EL* 27/45［§3］）。然而，在日常的对话里，像“存在”、“量”以及“原因”这些范畴，却常常是在没有对它们所意味的一切做充分的理解的情况下而被使用的。正如我们已经看到的，《逻辑学》的角色就是要通过发掘范畴的内在含义而将我们带到对这些范畴的充分的理解中。然而，对我们的范畴的真实结构的内在阐 76
述却不能绕过语言。毋宁说，这种阐述将使用语言来给予我们一种比通常在我们的对话中所运用的要更加准确、更加发达的范畴把握。

实际上，黑格尔的阐述将使用**日常**语言本身的资源来带领我们超越我们对范畴的通常的理解。当然，对于黑格尔来说，这意味着他的阐述将使用日常德语的资源。德语不仅仅是黑格尔的母语，在他看来，它也特别地适合于表达范畴的真正的、思辨的特征。这是因为（黑格尔是这么相信的），更多的范畴是在作为日常名词和动词（例如 *Maß* 或 *sein*）的德语中而不是在许多其他语言中找到清楚的表达的，而且也是因为，德语天生具有一种独特的“思辨的精神”。“德语有些词，”黑格尔写道，“极具特点：不仅有不同的含义，还有相反的含义”（*SL* 32/1：20），而正如我们在本书第三章曾经看到的，思辨的理性是一种领会到“在其对立中的诸规定的统一”①（*EL* 131/176［§82］）的理性。因此，思辨的哲学无需采纳某种专门化的、技术性的词汇（尽管它也能够，并且确实采用了一些非德语词，例如 *Reflexion*），但是却能够利用日常德语词汇中的许多共鸣（SL 32，708/1：21，2：406）。

事实上，黑格尔认为，只有以这种方式哲学才能避免疏远它的学习者，才能被理解为阐明并拓展了他们**自己的**理解：“只有在自己的语言中

---

① “在其对立中”，原文 in ihrer Entgegensetzung，也可以理解为一个方式状语，修饰动词“领会”（auffaßt）。但考虑到翻译成汉语后语序的调整，以及引语又须保持完整，所以在此译为定语，修饰“诸规定”。两者在意思上差别不大。——译者注

得到表达（例如用 *Bestimmtheit* 取代 *Determination*，*Wesen* 取代 *Essenz* 等），意识才会立即意识到：这些概念是它最本己的——是它最为关心的而非某种陌生的东西。”[19] 由此，用本国语言所写的一门哲学才能成为一个民族全体的产业并被视为公共的自我阐明的事业，在其中，所有参与者都找到了在他们自己的思想蕴含上得到释放的自由，而非隶属于某个外来的知识权威的命令。于是，在选择像他之前的费希特和他之后的海德格尔那样使用所有可能的德语词汇而避免康德所热衷的（常常也是阿多诺所热衷的）拉丁术语的过程中，黑格尔在哲学领域里延续了由马丁·路德所开创的事业，后者通过将《圣经》翻译为德语而使得民众在基督教中更容易去发现有关他们**自己的**生活的真理。[20]

此时此刻，那些仅仅通过英语翻译来了解黑格尔作品的人，或许难免要报以怀疑的微笑。黑格尔使用**日常的**词汇？这是真的吗？德国人真的常常谈到“规定性”（*Bestimmtheit*）和“自在自为的存在”（*Anundfürsichsein*）吗？好吧，也许不是严格地以黑格尔所使用的方式，但德国人在日常讲话中确实使用相关的一些表达。当随便问一个德国人，他是否认为国家统一
77 是一件好事情时，你可能会听到他回答说“*bestimmt*”（“肯定地”）或者“*an und für sich*, *schon*”（“大体上，确实如此”）。这些都是非常直白的德语表达，并不表示说话的人在年轻的时候花了太多冤枉时间涉足于黑格尔的《逻辑学》。因此，人们应当记住，尽管黑格尔所使用的词汇翻译成英语后可能会让我们听起来感觉很奇怪，但黑格尔却是故意地使用了**熟悉的**德语词汇和习语来表达他对范畴的思辨的理解的。他在 1805 年写给沃斯（J. H. Voss）的那封著名的信中阐述了他的目的：“现在我想说，我也在力求教哲学说德语”——正如路德曾经让《圣经》说德语而沃斯让荷马说德语那样。[21]

毫无疑问，黑格尔的句法对于普通说德语的人来说是很奇怪的，但就黑格尔大量使用德语词汇这一点而言，伽达默尔宣称德语“往黑格尔的哲学中吹进生命的气息”[22] 也是正确的。然而，我不同意伽达默尔的地方在于，伽达默尔主张：尽管黑格尔的本意是要对范畴进行纯粹逻辑的说明，但事实上他却是从德语词汇和习语中“召唤出”了思辨的真理，因而语词的日常含义在确定黑格尔是如何理解范畴及其发展时扮演了一个

重要的角色。[23]在我看来，黑格尔确实利用了德语的资源，好让他对范畴的辩证的阐述能够尽可能地为读者所理解、所喜爱，但正如我之后将在本研究中试图展示的，黑格尔对范畴本身的理解单单只受它们从纯存在的原初范畴中**合乎逻辑地**被演绎出来的方式所决定，而不受他所使用的语词的通常含义和联系所决定。正如维兰德所指出的，“尽管逻辑必定总是在某个给定的语言中表达自身，它却并不因此就是这个语言的一个单纯的功能”[24]。黑格尔的哲学在德语中比在英语中更加清楚、更好理解，但他的论证却不取决于日耳曼语言的特性。所以，它能够被翻译为不同于德语的其他一些语言，并用这些语言来重写。

黑格尔的主张是，他所陈述的那些范畴都是从思想本身的纯然存在中，而不是从任何特定的思维方式或任何特殊语言的偶然性质中演绎出来的。这并**不**意味着，在过去或现在的一切文明中的人们都必定使用所有这些范畴，也不意味着每一种语言对每一个范畴都有恰当的表达。很多范畴可能还隐藏在某些文化的理解中，还没有成为明确的思想范畴。不过，如果黑格尔是对的话，那么陈列在《逻辑学》中的所有的范畴就都必定至少是内在于每一个人的理解中的，而只要一种文明还没有使用黑格尔所已 78
经演绎出来的一个范畴，那么该文明的成员就必须像《美诺篇》中的奴隶一样，能够被带到对该范畴的明确的理解中。在这些情况下，新的表达可能必须被熔铸到相关的语言中，而结果就是，说那些语言的人可能会发现，他们在黑格尔的《逻辑学》中不像说德语的人那样更能体会到一种在家之感。然而，大体上来说，并没有什么东西能够妨碍黑格尔的《逻辑学》被翻译为其他语言并阻止说这些语言的人追随黑格尔的论证。在这个意义上来说，尽管德语确实“赋予了它生命气息”，黑格尔的哲学在原则上仍然是**普遍**可理解的。

日耳曼语言构成黑格尔的思辨哲学的一个历史的前提，因为它是产生出这一哲学的历史与文化语境的一部分。然而，德语却不构成思辨的哲学的一个不可消除的解释学的先决条件，因为人们并非必须说德语才能理解这一哲学，或者说，才能思辨地进行哲学思考（尽管如果一个人说德语，那么黑格尔的《逻辑学》无疑就更加容易阅读和理解，并且似乎更加亲切）。相比之下，就所有思想都必定发生在语词之中而言，语言本身是思辨的哲学的一个必要的解释学的先决条件。此外，由于我们并不是只说“语言本身”，而是说一门或者几门具体的语言，所以思辨的哲学家就必定预设了这些语言中至少一门语言的词汇和习语。哲学家必然也预设了，不管什么样的“折返的概念”，比如同一（或等同）和差异，在所有的语言中可能都是行之有效的。于是，在这个程度上说，普法夫、谢林、费尔巴哈和伽达默尔都是对的：如果不预设并使用那些在《逻辑学》中之后才得到演绎和证明的概念，黑格尔就无法开始他的《逻辑学》。

然而，无论语言本身还是任何具体的语言，都不构成思辨的哲学在我所使用的术语意义下的**奠定性的**前提。这是因为，黑格尔必须预设并使用的那些语词和概念，它们的日常含义本身并不决定他从纯存在的思想中演绎出范畴的进程。这一进程单单是由纯存在思想所决定的。因此，黑格尔的《逻辑学》并不跌进恶性循环中：他确实在阐述的一开始就使用了只在后面才得到证明的一些语词和概念，但证明的过程却并不预先受这些语词和概念所决定。正如理查德·温菲尔德恰如其分地指出的，语言（以及它所包含的折返的概念）只不过构成思辨的哲学的“辅助条件”：它使得我们有了做哲学的可能，却并不预先决定我们能思想什么、能理解什么，也不为此设定界限。[25]对于伽达默尔眼中的黑格尔来说（尽管不是对于伽达默尔本人而言），纯粹的思想**脱离了**语言而独立地发展起来，接着
79 仅仅被语词包装起来。相比之下，对于我在本研究中所呈现的黑格尔而言，纯粹的思想是在语言中并由于语言而独立地发展起来的。

但语言如何能够扮演这样一种辅助角色呢？它如何能够不以某种方式预先决定我们所要思想之物呢？换句话来说，哲学如何能够沉浸于语言之中却不是由语词的通常含义，而是单单由纯存在范畴的内在发展推动向前呢？

《逻辑学》的开端：亨利希的洞见

语言是借由允许我们制定**否定的**或**自我取消的**表达来扮演这种辅助角色的，通过这些否定的或自我取消的表达，我们牵制了，或者说，消除了我们用以刻画每一个范畴的一些重要语词的通常的意涵。正是这一点，

使得我们在《逻辑学》的一开始就能形成关于存在的抽象的、无规定的概念，并唯独专注于从这个无规定的概念中而非从“存在”一词的更加熟悉的含义中所产生出来的东西。黑格尔在《逻辑学》的开端中对语言的特殊使用，迪特尔·亨利希在他有巨大影响的文章《逻辑学的开端与方法》中做了相当精妙的分析。接下来的内容就是建立在亨利希的说明的基础上的，尽管也扩展了它。顺便说一下，我所提出的主张并不是说黑格尔的《逻辑学》预设了一种关于语言的理论，这种理论本身也许容易引起争论，而是说它预设了一种对语言的特殊的**使用**，黑格尔的实践表明这种使用是可能的。为了领会一种无前提的、内在的哲学是如何可能的，黑格尔《逻辑学》的读者们无需理解太多黑格尔关于语言所相信的东西，但却需要理解他实际上是如何使用语言来思考纯存在的。

亨利希区分了黑格尔所使用的两类尤为重要的表达。一方面，黑格尔的某些表达“拥有一种确凿无疑地否定的特征，并且明显担负着将每个更进一步的规定排除于存在的纯粹性之外的任务”[26]。关于这类表达，亨利希说得不多，但他所想的是哪些表达却很明显：例如，在《逻辑学》的一开始，存在就被描述为“**没有**（*ohne*）任何更进一步的规定”并且“无论对内还是对外都**没有**（*keine*）差异”（*SL* 82/1：82［193］，我的强调）。

另一方面，按照亨利希的观点，两种表达都借由“诸折返范畴”——这些折返范畴本身的反身含义同时被取消——而特别地赋予纯存在以肯定的特征。亨利希指的是黑格尔借以将纯存在描述为享有“无规定的直接性”（*unbestimmte Unmittelbarkeit*）并描述为“仅仅与自身相同”（*nur sich selbst gleich*）的那样一些表达。黑格尔想要用这些表达来说 80
明**纯粹的**——而不是有规定的——存在意味着什么，并帮助我们恰好聚焦于它。

以这些表达中的第一个为例，存在据之不是被理解为可见的或有形的存在，也不是被理解为实存、实在或者自然，而是被理解为纯然**无规定的直接性**。我们知道“无规定的”这个词通常的含义：它意指“缺乏一切来自同别的某物的对比的规定和特殊性”，亦即“缺乏是**这个**而不是**那个**的那种规定性”。我们也知道“直接性”的含义：它意指“单纯地、直接地或立即地是其所是并且不被别的某物所中介”。将这两个术语组合在一起，我们因而就能制定出关于纯粹的或者纯然的存在的思想——仅仅**是**并且缺乏任何更进一步定义特征的存在。

然而，亨利希却指出，这些术语使得我们的思想专注于纯存在只到这样一个程度，即：它们的并置取消了它们的含义的某些方面。严格来讲，“直接性”（immediacy）一词意指“无中介性”（unmediatedness）、“不-被-中介”（not-being-mediated）或者“中介的否定”（the negation of mediation）。因而，考虑**直接性**本身也就吊诡地等于考虑一个本身不是**直接的**而是“被［中介］概念**中介了**并**规定了**的”[27]概念。“直接性”这个术语只有通过与“中介”相比才有意义，这一事实使得该术语成了一个**反身的**（*reflexive*）术语。[28]然而，在黑格尔的表达中，我们所要考虑的直接性却被刻画为无规定的；这也就是说，被刻画为**不**是借由同任何别的东西的一个对比而被规定或被具体化的。如果直接性要以这种方式被理解为无规定的，那么它就不能明确地被构想为**无**-中介性（*Un*-mittelbarkeit）。用形容词“无规定的”来修饰“直接性”一词因而就是要取消“直接性”一词的部分的常规含义。因此，黑格尔的表达使我们的注意力专注于缺乏规定性的直接性到这样一个程度，即：直接性根本就不能被思想**为**“直接性”，而只能被思想为纯**存在**。

可是，如果黑格尔是想让我们考虑纯存在而不是“无-中介”本身（im-mediacy as such）的话，那为什么他要在这里使用“直接性”（immediacy）呢？在我看来，他需要使用这个术语，是因为他面向这样一些听众：他们通常将存在不是只设想为纯粹的，而是设想为以各种各样的途径被具体化和限定化从而被设想为被差异和对立的一切方式所**中介过了的**（*mediated*）——设想为可触的存在而非可见的存在，或者设想为历史的实存而非自然的实存，等等。因此，黑格尔必须使这些听众明白，在
81 《逻辑学》的一开始，存在不是要以这些常规方式中的任何一种方式被设想为是经过中介的或具体化了的，而是要被构想为纯然而完全的**直接性**。因此，正是黑格尔旨在将习惯于以特定的方式思考存在的读者带到一种对存在的更加抽象的构想方式中，正是这一事实使得他对“直接性”一词的使用成为必然。

与此同时，黑格尔并不希望他的读者聚焦于**无-中介**（*im-mediacy*）思想本身，因为正如他所指出的，“单纯的直接性本身是一种反身表达，并且关联于同中介者的区别”（*SL* 69/1：68［175］）。他进而指出：“在其真正的表达中，这种单纯的直接性……就是**纯粹的存在**。”[29] 因此，在《逻辑学》的开端，为了帮助读者形成关于纯存在的思想，黑格尔引导他们考虑某种完全**无规定的**直接性。通过将思想的对象命名为“无规定的直接性”，黑格尔也就以这样一种方式使用了日常的、反身的语词：这些语词的反身的意涵被取消了，留下他的读者单单聚焦于纯粹的存在。

正如亨利希所指出的，通过将纯存在描述为“仅仅与自身相同”也能达到同样的结果。通常来说，某物往往被视为是同**别的**某物相等同。因此，通过说到存在仅仅与自身的等同性，黑格尔就清楚地表明：**等同性**的常规的意涵在这里被否定掉了。毕竟，纯存在最初并非被构想为是与任何它能等同的别的东西相关联或相比较的。然而，等同性又不是一个多余的概念，因为纯存在在这个意义上**是**与自身相等同的，即它不具有内在的区别或差异。因此，黑格尔将纯存在描述为仅仅等同于自身，是为了将读者的注意力引导到纯存在的纯然的简单性上。

在这两种情况下，亨利希指出，关于存在的思想借由“折返的否定了的规定”而得到了清楚的表达。这也就是说，“某个折返范畴［‘直接性’或‘等同性’］由一个规定［‘无规定的’或‘仅仅与自身’］来修饰，这恰恰意味着**取消**该范畴的反身的特性”（因而取消该术语的部分的日常含义）。这些范畴——以及构成这些范畴的一部分的自我取消的表达——因而并不将反身的结构在纯存在中予以确认；相反，“它们通过将‘存在’阐明为完全脱离于反身的结构而指出（*verweisen*）由‘存在’所意谓的思想”。换句话来说，它们经由对折返的否定（*via negationis*）而让人想到纯存在思想。然而，这些范畴却并不导致我们将纯存在构想为是对“存在”的许多日常的和反身的含义（实存、现实性等）的明确的**否定**。它们将我们引导到作为“在它的单纯的、未完成的直接性中……某个不可分析的东西”（*SL* 75/1：75［183］）的存在的思想上，从而引导我们单单考虑纯粹的**存在**。[30]

黑格尔用来刻画纯存在的这些蓄意否定的表达（例如“**没有**任何更

进一步的规定”以及“在自身内**无**差异”）同样也是为了让人想起存在的
82 纯然的纯粹性和单纯性。尽管这些表达的形式是否定的，它们的本意却并不是要让我们将存在设想为是本身明确地**否定的**。因此，讨论存在的第一段的起首句——“**存在，纯粹的存在**，没有任何更进一步的规定”——应该被看作是对存在的一种描述而不是定义：它告诉我们**说**（*that*）纯存在缺乏一切更进一步的规定，但它却没有将存在定义**为**（*as*）明确的缺乏、不在场，或者规定性的否定。[31]实际上，人们甚至可以将黑格尔的话解读为一种劝喻：它嘱咐我们单单考虑纯存在，不要对之有任何进一步的规定。同样地，黑格尔的陈述——存在没有任何内在的差异——也不应该导致我们将纯存在设想为一种缺少这类差异性的东西。它应该引导我们单单考虑纯存在，并同时将任何有关内在差异的思想都弃置一旁。

我们要坚持的似乎是一种相当模糊、相当琐屑的观点，然而却并非如此：因为它证明了——相反于谢林、费尔巴哈和伽达默尔——**语言**事实上是如何促使我们想到关于存在的一种完全**无前提的**观念（并思考这种观念发展为更进一步范畴的纯粹自主的、逻辑的发展过程）的。黑格尔相信，自我批判的哲学应当通过悬置一切有关思想和存在的预设以及它们的确定的观念而开始。我们所能由以开始的，不过就是思想的纯然存在：是对**作为**纯然存在的思想的思想。这样的存在所意谓的不是自然、实存、现实性或表达于关系中的存在，而是完全无规定的、直接的存在本身。不过，黑格尔也清楚，假如这样的存在被明确地定义**为**非-规定性和非-间接性，它就会通过与规定性和中介对照而被赋予一种属于它自己的规定性，因而恰恰受到它所排除的那些概念的中介——作为一个概念而被构建起来。这样，它终究就没有被理解为完全**无规定的**和**直接的**存在。吊诡的是，存在只有当它不是被构想为无规定性和直接性，而是——通过对语言的一种特殊的使用——被思想为单单纯粹的存在时，它才能够被思想为完全无规定的、直接的存在。[32]

我相信，这就是黑格尔在《全书逻辑学》的这段话中所试图表达的观点：

当开始思想时，除了在其纯粹的无规定性（*Bestimmungslosigkeit*）

中的思想外，我们什么也没有，因为一物或别物已经就属于规定性了；然而在开端，我们尚没有别的什么。无规定性，正如我们在这里所拥有的，是直接的东西，不是经过中介的无规定性，不是**对一切规定性的扬弃**（*nicht die Aufhebung aller Bestimmtheit*），而是无规定性的直接性，是先于一切规定的无规定性，是最原初的无规定性。而这个我们就叫作“存在”。（*EL* 137/184［§86 Add. 1］，我的强调） 83

黑格尔在这里的意思无疑是很清楚的：我们要“在其纯粹的无规定性中”将存在设想为纯粹的存在，而**不**是设想为明确的“规定性的**扬弃**［或者**否定**］”。

现在，我们可以更清楚地看到，“悬置”或“抽离”我们关于存在的一切日常的假定究竟意味着什么。这意味着将这些假定弃置一旁，使它们完全远离关于存在的思想；这并**不**意味着将它们设想为是被纯存在思想本身所明确地排除的。对于黑格尔来说，一种纯粹抽象的思想，就是一种单纯缺乏无论任何规定性的思想；它不是一种**被定义**并**被规定为**缺乏一切规定性因而明确地将排除一切规定性这种观念包含在自身内的思想。

之后在《逻辑学》中，更具体、更有规定的概念将会被定义为明确地排除着其他概念（例如，“某物”将被思想为其他东西的界限或“非存在”［*SL* 126/1：136（225）］），但这不是最初完全抽象而无规定的纯存在概念的情况。这也不是纯粹的存在思想直接地消逝于其中的同样抽象的纯粹虚无思想的情况。虚无不应当被设想为“关于某个东西的虚无”，黑格尔写道，而是要被设想为“在它的无规定的单纯性中”的虚无：也就是被设想为“纯粹自为的虚无、无关联的拒绝——如果人们愿意，人们也可以通过单纯的‘不’来表达的东西”（*SL* 83/1：84［195］）。

语言和抽象

纯粹抽象的思想要求我们把“存在”和“虚无”这些词的日常意涵悬置起来，但它却要求我们在语言中并通过对日常语词的使用来这么做。事实上，只有通过准确地使用否定的、自我取消的表达（当然，还有准确地使用例如**一切**、**更进一步的**、**拥有**、**在……之内**等这些日常语词)，抽象的思想才是完全可能的。因此，正是**在语言中**，日常的思想或反思才成为这样一种纯粹的、**抽象的**理解：这种纯粹的、抽象的理解将语词的日常意涵弃置一旁，紧紧抓住关于无规定的存在的思想，并任凭它起支配作用。[33]

这样一种抽象活动的结果就在于：正是在《逻辑学》的开始，出现了思想的两个层次。[34]黑格尔以一种特殊语言——现代德语——来进行写作和言说，这种特殊语言的语词充满着所有日常用法的特定意涵与联
84 系（尽管他也偶尔使用希腊语和拉丁语）。然而，借着这种语言，黑格尔形成纯存在的无规定的思想，并展现出从这种思想中内在地产生出来的东西。他如此使用（或“运作”）带有丰富和多样含义的日常的**特定的**（*determinate*）语词，以使人想起（并“主题化”）一种完全**无规定的**（*indeterminate*）思想。需要强调的是，这两个层次并非从一开始就被简单地假定为现成的。相反，它们是由这样一种抽象过程——日常的思想在其中使用日常的语词以变成自我批判的和思辨的这样一种过程——所**产生**出来的。同样也需要强调的是，无规定的存在的思想，它的“主题化”和逻辑的发展并不发生在语言**之外**或语言的**背后**。它是**在**语言**中**得到清晰的表达但却（与伽达默尔相反）并不受语言本身的偶然性支配的一种发展。

这两个层次遍布于《逻辑学》中，因为黑格尔从来没有停止使用其自然语言的语词和概念——与莱布尼茨不同，他总是回避任何试图创造一种纯粹形式化的、符号化的语言来表达思辨的洞见的尝试，他同样也从来没有停止专注于那内在于纯存在思想之中的东西以及从这个东西中演绎出来的后继范畴，从来没有停止将它们“主题化”。我想，这就是当亨利希断言“逻辑**科学**必须区别于逻辑的思想规定的过程”[35]时，他内心的真实想法。纯存在概念引发了思想的一种线性的、自主的发展过程（一种 *einsinnige Entwicklung*①），但对这一发展过程的科学的说明却是由生活在特定的历史环境中并利用着日常语言的语词以及反身概念的具体人类所

① 单义的发展。——译者注

从事的一种思想活动。

黑格尔承认，即便我们的思想专注于纯存在范畴的内在蕴含，我们也仍然始终保持为**反思性的**存在，能够描述以不同方式产生出来的概念并评论它们同其他概念之间所已经考虑到的或者有待被讨论的相似与差异。从理论上来讲，黑格尔说，《逻辑学》所提供的陈述“要求在发展的任一阶段里都不会有某种不是直接出现于这一阶段，并且不是从前一阶段进入这一阶段的思想规定或反思”（*SL* 40/1：30－1）。然而，他继续说道：“这种陈述的抽象的完满性一般而言也必须被放弃。”之所以如此，个中原因就在于：我们不仅必须揭示出主题化了的范畴的辩证的蕴含，而且也必须解释这种辩证的发展，也就是用一种充满着对正在被演绎的概念的偶然的、历史的假定的语言，向那些或许觉得难以继续悬置这些假定因而需要不断地提醒他们弃置这些假定的读者解释这种辩证的发展。

逻辑科学必须以“完全单纯的东西”开端这一事实，黑格尔说，将 85
会（或者说应当）“使得陈述仅仅就只是对单纯的东西的这种本身完全单纯的表达，没有任何一个字的附加”。换言之，我们唯一应当被允许的，不过就是当它出现时给每一个范畴命名，并对它为什么会出现以及为什么会产生出更进一步的范畴提供一种最低程度的说明。然而，黑格尔却指出，事实上我们也需要往我们的说明中注入“否定的反思（*negierende Reflexionen*）……尽力防止并去除，那此外有可能掺杂了表象或某种不规则的思维的东西”。黑格尔坦言：“要想对付**所有**这些情况，总归是徒然的”，但他也承认：“我们的现代意识所特有的浮躁和涣散使得它也只有或多或少同样考虑到摆在眼前的反思和偶发的思想。”（*SL* 40/1：31；也参见 *SL* 94/1：97）由于这一缘故，黑格尔的《逻辑学》不仅提供对范畴的一种严格的逻辑演绎，而且也提供经常性的离题、附释、评论以及预先说明，以帮助我们理解并应对某些可预见的误解。

然而，黑格尔却意识到，“这类反思……也造成了害处，即：它们对于以后的事情来说显得像是不公正的看法、根据以及基础似的”。例如，在辩证地得到证明以前就声称存在将会表明自己是变易、定在以及有限性，这也许能很好地帮助读者确定方向，但它毕竟是下了一个未经证明的断言（正如后来的批评者们，例如谢林和费尔巴哈所急于要指出来的那样）。因此，黑格尔坚持认为，“人们应该恰如其分地看待这类反思，并将它们同那在事情本身的发展中乃是一个环节的东西区别开来”（*SL* 110/1：117［205］）。正如阿兰·怀特所指出的，这些反思是“为了教育的缘故而非逻辑的缘故”才被包括进来的。[36]对范畴的逻辑的演绎不应当被建立在这样一些反思的基础之上，也不应当被建立在用来描述并定义那些正在被主题化的范畴的语词的日常联系的基础之上，而应当从那些主题化了的范畴本身中内在地发展出来：“只有在一个概念中**被建立**（*gesetzt*）起来的东西，才在对它所进行的发展着的考察中属于它的内容。”（*SL* 110/1：117［205］）在本研究的第三部分中我将试图表明，与伽达默尔的理解相反，《逻辑学》中的范畴的发展过程实际上是完全内在的，根本不依赖于用来描述范畴的那些日常语词，也不依赖于黑格尔在概念间所可能做的任何反思的比较。

因此，例如“变易”概念的逻辑的发展，它就必须由内在于这一事实中的东西产生出来：变易表明自己是存在消逝进虚无，虚无消逝进存在；它不能被建立在变易总是**某物**的生成这一日常的假定之上。同样地，定在范畴的逻辑的发展也必须唯独从这个事实中产生：定在表明自己是存
86 在和虚无的安定的统一；它不能受这一事实的规定或影响：黑格尔所使用的德语词 *Dasein* 包含了空间中的实存或者在-**此**的含义。

只要我们将注意力专注于每一个范畴的明确的定义，专注于这些定义所固有的东西，我们的阐述的绝对的内在性就绝不会因为我们使用日常的、反身的概念来描述主题化了的范畴，来将这些范畴置于同其他尚未演绎的范畴的关联中而遭到损害、受到连累。显而易见，黑格尔对每一个范畴所做的演绎是否都是严格意义上内在的，这只能由每一种具体情况来断定：我们不应当预先就假定黑格尔总是成功地唯独从先前的范畴中演绎出后来的范畴。然而，我确实想要主张：没有任何**先天的**理由认为黑格尔对日常语言中既定的语词和概念的不可避免的信赖会妨碍他从纯存在概念中内在且无前提地演绎出范畴。

认为像等同、差异、直接性和无规定性这类在《逻辑学》的一开始就行之有效的概念（和黑格尔所使用的一切词汇一样）使我们原初的纯存在概念得以可能从而**中介**了它，这是完全正确的。但与此同时，我们也

必须认识到，这些概念所提供的中介是一种**自我否定的**或**自我取消的**中介，因为这些语词和概念恰恰是被用来限制它们自己的日常意涵并将关于纯存在的无规定的思想留给思想的。黑格尔对《精神现象学》所扮演的角色——为《逻辑学》的开端预备道路或提供中介——的描述，在我看来同样也适用于语言和折返范畴所扮演的角色："存在被表述为通过中介，确切地说通过同时就是它自身之扬弃的中介（*Vermittlung…welche zugleich Aufheben ihrer selbst ist*）而产生出来的进行着开端的东西"①（*SL* 69/1：68［175］）。

因此，黑格尔非常清楚——正如我们也应该清楚——纯存在思想是由人们在日常语言中所从事的一种抽象过程产生出来的，并且是它的**中介了的**结果。[37]然而，在《逻辑学》的一开始，当我们要将我们关于思想和存在的所有假定都悬置起来的时候，我们也必须将存在是一种经过了中介的抽象这一观念弃置一旁，在它的直接性中将它当作唯独纯粹的存在：

> **纯粹的存在**、绝对直接的东西……同样也是绝对中介了的东西……但它必须本质上同样仅仅在它是纯粹直接的东西（*das Rein-Unmittelbare*）的片面性中被看待，**正因为**在这里纯粹的存在是开端。而如果就它不是这一纯粹的无规定性，就它被规定了而言，它就会作为中介了的东西、已经进一步发展了的东西而被看待……因此，开端 87
> 是存在，此外无他，这属于**开端自身的本性**。（*SL* 72/1：72［179］）

换句话来说，如果我们真的要在《逻辑学》的开端将我们的假定悬置起来，**从头**开始，我们就必须抽离并弃置——甚至是故意遗忘——纯存在是抽象活动的产物这一事实。我们不是要把它设想**为**从通常所理解的存

① 按照米勒的英译，这句话应该翻译为："开端是由被表述为通过中介，确切地说，通过同时就扬弃掉它自身的中介而出现的存在所构成的。"它的主句是："the beginning is made with being"（开端是由存在所构成的）。可是按照德文，这句话的主句却是"Hier ist das Sein das Anfangende…dargestellt"（在这里，存在被表述为进行着开端的东西）。因此，严格来说，霍尔盖特在这里引用这句话不是很妥当。——译者注

在中产生出来的一个抽象，设想**为**对通常所理解的存在的一种否定，而是要把它单纯地设想**为**纯存在。[38]

黑格尔这里的观点是很重要的：要想真正放弃我们关于存在所预设的一切并**按照**它的完全抽象的无规定性和直接性来构想它，唯一的方式就是停止将它设想为我们知道它是的那种抽象。因为，如果我们将纯存在设想**为**一种抽象，那么我们也就是将它设想为是受到了中介并因此受到了抽象活动以及它早已从中抽离出来的东西的规定的。然而，吊诡的是，这也就是要将它设想为是拥有一个确定的、具体的、不完全**抽象的**特征的。所以，黑格尔说："就存在是单纯的东西，是直接的东西而言，存在是彻底的抽象之结果，并由此是抽象的否定，是虚无——这种回忆就被抛诸科学脑后了。"（*SL* 99/1：104）实际上，从我们允许这种回忆来决定我们关于存在的思想的那一刻起，我们就不再着眼于纯存在本身了，反倒是着眼于已经中介过了的、已经产生出来的某物，亦即"本质的"某物（*SL* 389/2：13－14）。

从我们已经说过的这些东西中，应该是很明显了，黑格尔绝不像我们通常所以为的那样天真。他并不是在主张我们能够或者应当从我们的观念中清除掉我们对于自身以及我们生活于其中的世界所知道的一切。作为无前提的哲学家，我们始终非常清楚，存在包括了自然的实存和历史的实存，而"纯存在"则是一种抽象。我们始终非常清楚纯存在观念已经从中被抽离出来的那些事物的复杂经验，以及语言在那一抽象工作中所扮演的中介的角色。可与此同时，在各种否定的、自我取消的**语言的**表达的帮助之下，我们专注于纯存在本身的抽象思想并限制着我们"非常清楚"的所有别的东西。这就意味着，我们甚至从纯存在是抽象活动的结果这一事实中抽离出来，专注于已经抽象出来的**东西**而不是**曾经经过抽象**这一事实。牢记我们视其为真的一切东西但又对之予以限制，这一工作正是对我
88 们的预设所做的自我批判的悬置的题中应有之义。在某个意义上来说，这意味着面对具体的、确定的思想（以艾克哈特大师的方式）"倒空心灵"。然而，这样一种倒空包含着在不消除来自我们心灵的每一个单个的语词或思想的情况下，使我们的明确的注意力专注于纯然空洞的、无规定的存在。这意味着在人们持续言说的一种丰富多样的语言中并通过这种语言而

成为“心中仅仅默念着**唵，唵，唵**”或者**存在，存在，存在**的“幽暗空虚的意识”（*SL* 97/1：101）。正如黑格尔在《精神现象学》的序言中所清楚表明的，这样一种倒空和自我约束需要相当的努力：

> 因此，在科学研究中，重要的是担负起概念思维的努力（*die Anstrengung des Begriffs*）。这种努力要求在概念本身上，在单纯的规定——例如自在存在、自为存在、自身等同等——上的聚精会神（*Aufmerksamkeit*）。（*PhS* 35/56）

在黑格尔看来，我们做出这一努力的一个根本性的先决条件就在于我们使用“**没有**”和“**不**”这样的日常的、熟悉的词汇。

克尔凯郭尔对黑格尔的批判

宣称理性的思想甚至能够将纯存在是抽象活动的结果这一观念悬置起来的主张，遭到了黑格尔的一位高明的批评者克尔凯郭尔的坚决否认。在他的《非科学的结语》一书中，克尔凯郭尔指出，黑格尔的《逻辑学》以直接的东西开端，但它却不是直接地以直接的东西开端，因为开端是——或至少被设想为是——“凭借一个反思的过程而达到的”。直接的东西被黑格尔理解为不过是“在一个彻底的反思之后剩余下来的最抽象的内容”。然而，克尔凯郭尔却相信，这种反思与抽象过程比黑格尔所打算承认的要成问题得多。他甚至相信，这种反思与抽象过程实际上根本就无法让位于纯粹直接的存在思想，因为它无法使它自身结束。在克尔凯郭尔看来，由于“在试图停止自身的过程中它必须使用自身”从而事实上根本就停不下来这一单纯的原因，反思与抽象活动就是“无限的”[39]。

克尔凯郭尔在《附录》（*Postscript*）中评论黑格尔的时候，并没有给他的想法提供一个充分的解释，然而他的观点却是足够明确的：试图停止反思并着眼于纯然的直接性的这一行动，本身就是一个反思行动；因此，在试图停止自己的过程中，反思始终发挥着作用因而不得不将它要去思考的直接性视作它自己的活动的中介了的结果。同样地，抽象活动只有通过

89 从自身中抽离出来从而继续进行下去才能使自身结束，但这就意味着它要再一次面对结束自身并从自身中抽离出来的任务，直至无穷（*ad infinitum*）。因此，那想要导致《逻辑学》所由以开端的纯粹直接的存在思想的反思与抽象活动，就其本身来说，事实上没有能力导致这样一种思想从而无法使得黑格尔的体系进行下去。

然而，在克尔凯郭尔看来，这种无止尽的反思与抽象活动却能够被某种任意的“决心”或者“意志的决定”给中断，通过这种任意的决心，哲学家单纯**决定**要着眼于直接的东西。克尔凯郭尔因而承认，黑格尔的体系毕竟能够进行下去，但他却坚持认为，这么做的先决条件是个体的某种主观的决定，而不是反思的思想的某种自我悬置的行动。既然体系的进行取决于这样一种任意的决定或存在的“一跃”，所以克尔凯郭尔就得出结论，认为黑格尔的体系并非像黑格尔所伪装的那样是绝对的和无前提的，或者说，像他所伪装的那样是逻辑的和理性的。[40]

克尔凯郭尔的黑格尔解读是值得注意的，因为它指明了《逻辑学》的一个常常被忽略的特征，那就是：《逻辑学》确实在哲学家一方预设了要去考察纯存在的某种决心或决定。正如我们已经看到的，自由的自我批判这一现代的精神使得《逻辑学》在历史上成为必要的。然而，无论思想的范畴被无前提地演绎出来有多么的必要，一个人仍然必须做出决定，将他/她关于思想和存在的假定弃置一旁并承担这样一个演绎。黑格尔对这一点是相当明确的：在逻辑学的开端

> 当前现有的，只是人们也可以视为一种任意的东西（*eine Willkür*）的决心（*Entschluß*），那就是：人们愿意考察**思想本身**……要进入哲学中，无需其他准备，也无需另外的反思或线索。（*SL* 70，72/1：68，72［175，179］）

在这一方面，克尔凯郭尔对黑格尔的解释恰好说到了点子上。此外，正如克尔凯郭尔所指出的，这在某种意义上也妨碍了黑格尔《逻辑学》的开端成为无前提的和“绝对的”，因为这意味着开端预设了一个主观的决定并受到这个主观决定的制约。然而，克尔凯郭尔未能认识到的却是：引起人们对这一事实的注意，本身并不构成对黑格尔的有力的批评，因为

黑格尔从不否认《逻辑学》在这一意义上是受到制约的。黑格尔非常清楚，《逻辑学》预设了某些历史条件以及哲学家一方的某些解释学的能力，而着眼于纯存在的决定也不过就是从事哲学的一个更进一步的、必不可少的先决条件，正如他所理解的那样。

不仅如此，克尔凯郭尔也未能认识到，他所说的这些东西并没有在一个对于黑格尔来说至关重要的意义上妨碍《逻辑学》成为无前提的，因为就像阿兰·怀特所说的："遵从某个决定而来的思想发展不受导致这一决定的任何反思进程的制约。"[41] 换言之，由思想家所做出的专注于纯存 90
在的决定并不构成《逻辑学》的一个**奠定性的**前提：预先规定《逻辑学》将采取什么道路的前提。

克尔凯郭尔同样也未能注意到：对于黑格尔来说，专注于纯存在的决定并非只是简单地中断反思与抽象过程，而是本身就**属于**抽象思想的一个行动。在《逻辑学》中被描述为"决心"的东西，在《全书逻辑学》中被描述为"思维的自由行动"（*der freie Akt des Denkens*）（*EL* 41/63 [§17]）；一方面被称为决定和意愿，另一方面被称为思维的这两个东西，它们之间的亲密的关系在《法哲学》中得到了进一步的强化。黑格尔告诉我们，意志做出选择并开始行动，但它只有通过首先将我们从我们**既定的**动机和欲望决定我们所是的东西中解放出来，才能如此。意志的这一解放行动，按照黑格尔的观点，就是思想——从我们心灵的自然特性中抽离出来的思想——的一个行动：

> 意志（*Wille*）包含着纯粹无规定性要素或"我"的纯粹自身返回（*Reflexion*）要素，在这种自身返回中，每一种限制，每一种通过自然、需求、欲望以及驱动而直接地当前现有或者以别的方式被给予被规定的内容，都被解除了；[意志包含着] 绝对的抽象（*der absoluten Abstraktion*）之不受限制的无限性或者普遍性，[包含着] 对思维本身的纯粹思维（*reine Denken seiner selbst*）。[42]

要在《逻辑学》的一开始思考纯存在的这个决定，开启了一项对思想的基本范畴的研究，而非开启了世界中的活动。尽管如此，作为意志的一个决定或者行动，它和在《法哲学》中所描述的行动是同一个东西，都是思想的一种抽象行动。

这里不是详尽地比较克尔凯郭尔和黑格尔，比较他们对于一般的意愿和决定的观念相对来说孰优孰劣的地方。我唯一希望指出的就是：相比于克尔凯郭尔，对于黑格尔来说，《逻辑学》所预设的特殊的决心或决定是**属于**思想的一种自由行动，而不是从思想“之外”的某个立场而来的一种中断思想的行动。此外，这种决心或决定是由一种理性的欲望——想要成为充分地自我批判的并且想要对思想和存在不做任何预设——所激发出来的。因此，在黑格尔看来，《逻辑学》预设某个决定这一事实并不妨碍它是一项**逻辑的**事业。

91 这里所说的决定被黑格尔描述为“任意”，不是——像克尔凯郭尔所主张的那样——因为它是摆脱反思的无止尽循环的某种任性的意图的产物（甚至是对无止尽的反思感到厌倦的产物），而是因为它是一个**自由的**行动。正如怀特所指出的：“对纯粹思想进行思维的任务，不是一种绝对强迫性的任务”：我们不必以我们必须吃饭的方式来思辨地进行哲学思考。[43] 尽管如此，这种任务是理性的、自我批判的人所应当从事的任务。进行哲学思考的决定或许无疑是自由的和“任意的”，但它也是一个应当采取的逻辑的决定——一个由理性的思想所做出的决定。

然而，黑格尔以某种不同于克尔凯郭尔的方式来解释《逻辑学》所预设的决定，仅仅这一事实并不意味着他这么做就是对的。从克尔凯郭尔的观点来看，这一决定必须是出自任性（或者疲倦）的某种非理性的行为，因为反思的、理性的思想永远不可能独自导致唯独着眼于纯存在的这一果断的行动。反思与抽象活动**无止尽地**延续下去，从来没有停止这样的意识，即：纯存在思想是反思与抽象本身中介了的结果。因此，对于克尔凯郭尔来说，着眼于纯存在的决定只能是一种中断反思与抽象的循环的行动；它不能是某种**属于**反思与抽象的行动。克尔凯郭尔也许未能充分地考虑到黑格尔解释该决定的方式，但这或许是无关紧要的，因为克尔凯郭尔的解释大概是当我们决定要着眼于纯存在时，对实际正在发生着的事情进行说明的唯一一种解释。

不过，克尔凯郭尔对这一决定的解释完全取决于他的假定，即：抽象活动是无止尽的，而至少在我看来，说抽象活动必然是克尔凯郭尔意义上无止尽的还远没有那么明显。从我正在进行抽象活动这一事实中抽离出来，从而将我们以之结束的东西是抽象活动的产物这一想法悬置起来，这仍旧是参与到了**抽象**活动。在这一意义上，克尔凯郭尔是正确的：恰恰是在刻意遗忘那就是我们正在做的事情的这一行动中，我们继续着抽象活动。然而，克尔凯郭尔未能注意到的是，抽象，按其本性来说，就是排除某物并忽略掉它的活动。诚然，当我们将我们正在进行抽象这一想法悬置起来的时候，我们参与到抽象行动中；但恰恰是因为这个缘故，我们所做的就是对我们正在进行抽象这一事实**不予考虑**。这就是它**意图**要抽离掉的。因此，抽象行动并不一定以克尔凯郭尔所描述的方式是无限的，因为它能够将它自己对自身的意识悬置起来并弃置一旁。

只有在我们无视抽象活动所实际包含的东西的时候，抽象才会被视作无限的。这也就是说，只有在我们增加更进一步的抽象，并且当我们从我们正在进行抽象这一事实中抽离出来时我们从实际正在发生的事情中抽象出来时，抽象才会被视作无限的。显然，我们总是**能够**行使更进一步的抽象行动并且忽略抽象活动所包含的东西，但我们却不**需要**这么做。我们可以行使第一个抽象行动，并对“思想”和“存在”通常所意谓的一切 92
都不予考虑。接着，我们可以行使第二个抽象行动，并对纯存在思想是从不予考虑“思想”和“存在”所意谓的一切中**产生出来**的这一事实不予考虑。再接着，我们可以停下来并思考：究竟是什么东西包含在或者说内在于纯存在本身的思想中。这正是黑格尔在《逻辑学》一开始所做的事情。

然而，总是有可能行使第三个抽象行动，也就是对第二个抽象行动实际所包含的东西不予考虑；我们总是随心所欲地忽略抽象活动的真正的特性。在这种情况下，我们将会去相信：第二个抽象行动——将纯存在是抽象之结果这一想法完全弃置一旁的行动——实际上是不可能办到的。于是，正在进行抽象和已经经过抽象这一事实将会被理解为是某种不可能被忽略掉的东西，无论我们付出多么大的努力要去忽略它，而抽象工作将会被视作是无止尽的。然而，人们只有通过——**不必要地**——忽略掉抽象活动所实际包含的东西，才能抵达无限的抽象这一观念。我想说，这就是克尔凯郭尔所做的事情。

概而言之，我们能够从一切我们通常所理解的思想和存在之所是中抽离出来并产生出纯存在思想；我们也能够从这个纯存在思想是抽象之结果这一想法中抽离出来，从而使我们仅着眼于纯存在本身。实际上，如果我们认真地思考抽象——也就是“排除”或者“转移目光”——究竟意味着什么，那么我们的抽象活动的结果就只能是纯然直接的存在思想，从这一纯然直接的纯存在中，已经排除掉了它是一个结果这种观念。

正如我们已经看到的，黑格尔并不认为这种抽象行动要求我们将纯存在是抽象活动的中介了的产物这一观念从我们心里给**整个地**消除掉。我们仍然充分地意识到这一事实，只不过我们将它排除于**我们对纯存在的思考**之外。作为哲学家，我们知道纯存在是我们这一方所采取的抽象活动的结果，但我们只关心它作为**存在**的纯粹性。因而，对于黑格尔来说，抽象并不是要将我们知道的所有事情都给完全地倒空，而是要从我们正专注于其上的特殊思想中排除掉有关我们是如何抵达该思想的我们所知道的一切。这也就是要定睛于存在作为直接的存在究竟意味着什么，而不是存在作为抽象活动的中介了的结果究竟意味着什么。

用克尔凯郭尔的术语，人们可以说，只要我们在《逻辑学》中自始至终都意识到那些历史的条件和解释学的条件（这些条件使得范畴演绎的发生不仅必要而且可能），那么对于黑格尔来说，反思在某种意义上就是无限的或无止尽的。但如果说被理解为特殊的**抽象**活动的反思不是无限的，那么这也是正确的，因为它成功地承担了将我们始终反思地意识到的所有东西都从我们注意力的明确对象——纯粹的存在——中排除出去的工作。

93 克尔凯郭尔坚持《逻辑学》所预设的**决定**是非理性的，这个坚持是基于他的一个确信，亦即抽象思想的理性活动必然是无止尽的。然而，显而易见，如果我们认真地思考抽象究竟意味着什么，那么抽象就未必是克尔凯郭尔意义上无止尽的。但这也就意味着，并没有什么强制性的理由将黑格尔所说的决定视为一种对无止尽的思想循环的任性的或出于厌倦的**中断**。事实上，没有任何理由不去接受黑格尔的主张，即：这种决定是抽象的、理性的思想自身的一个自由的行动，亦即要去思考纯存在的这一决定不过就是我们借以思考这种存在的抽象行动本身。

在我看来，克尔凯郭尔误解了黑格尔的《逻辑学》一开始所发生的事情。然而他的误解却是高度富有启发性的，因为它迫使我们去澄清，对于他的逻辑的事业的开端，黑格尔究竟主张什么，不主张什么。我对克尔凯郭尔做出的回应，对于有些人来说，也许本身就是相当抽象的。但是这种回应的抽象性却是无可避免的：因为克尔凯郭尔迫使我们去做的，恰恰就是具体说明**抽象**本身——黑格尔《逻辑学》的条件——意味着什么。

思辨的命题

正如我已经提出的，黑格尔在《逻辑学》中的方法是要专注于纯存在的原初的抽象性，并且将包含在或者说内在于纯存在概念（就它被理解为**纯粹的存在**而非**抽象活动的结果**而言）之中的东西清楚表达出来。我们作为思辨的哲学家的活动因而就在于将内在的东西予以外在的说明："哲学活动的整个进程，作为有方法的亦即必然的进程，不是别的，而只不过是对那已经包含于一个概念中的东西的**设定**（*Setzen*）。"（*EL* 141/188［§88］）作为反思的存在者，我们或许偶尔会偏离内在的发展这一严格的方法，并去检验那些已经对准或者可能会对准该方法所导致的范畴观的反对意见。任何一个人，只要他阅读《逻辑学》的正文超过几页，就都知道，黑格尔不可能拒绝针对形形色色的指控来捍卫他自己的解释。然而，这样的一些反思必定不会推进逻辑的发展，也不会将我们从一个范畴带到另一个范畴。一个新范畴只能被理解为是从前一个范畴所固有的东西中出现的——也就是说，只能作为**转变到**另一个范畴之中的一个范畴而出现。

例如，不像密尔那样，黑格尔既没有也不会通过同其他人的反对意见对话并予以还击的方式来推进他的主要论证。他承认这是哲学的文本的一种行进方式，但这却被他的严格内在的方法论取向所排除。正如他在《精神现象学》中所说的，"不难看出，提出一个命题，为它列出一些根据，并且通过一些根据又对举出一个相反的命题，这种方式不是真理能够在其中出现的形式"（*PhS* 28/47）。一些读者无疑会因黑格尔拒绝"常规的"辩论而感到困惑，可既然他承诺了无前提的哲学，那么他在这件事

94 情上就是没有选择余地的，并且在我看来，黑格尔进行哲学思考的方式使得他的文本具有其他哲学作品所缺乏的一种朴素的典雅。

黑格尔的内在的方法要求我们使用一些否定的或自我取消的表达来保持我们的注意力专注于正在被演绎的那些范畴，它也要求我们采用一种特殊种类的命题来清楚表达每一个范畴的特征。黑格尔称这些为“思辨的命题”（*spekulative Sätze*）（*PhS* 38/59；*EL* 142/190 [§88]）。这样一些命题具有日常的判断的表面形式，但就像他在《精神现象学》中所告诉我们的那样，在这些命题中，主词和宾词的关系在逻辑上是不同的。[44]

在一个日常的判断，例如“玫瑰是红的”中，主词被假定为是由主词项（一朵玫瑰）所首先界定下来（be identified），然后以一种特别的方式由宾词（红的）来予以描述的。因而主词被看作一个“**对象性的**、固定的自身”（*PhS* 37/58），其同一性或身份（identity）已经一劳永逸地被建立了起来，而作为一个整体的判断就是要告诉我们**有关**该主词的某些事情：我们所处理的——不多也不少——是一朵玫瑰，并且**关于**这朵玫瑰我们说：它是红色的。

相比之下，在一个思辨的命题中，主词项指的是一个只有通过宾词本身才能得到恰当的理解和界定的东西。宾词并不刻画某个已经决定性地被确定下来的主词；它清楚表达或揭露出主词实际上的真正之所是：“所讨论对象的实体、本质与概念”。我们或许以为我们正在处理的东西已经被建立起来了，但事实上情况却不如此，因为主词的真正的特性恰恰是在述谓行动本身中才首先得到表达的。因此，宾词指的是“那穷尽了（*erschöpft*）主词的本性的存在或**本质**”（*PhS* 37–8/58–9）。

在《精神现象学》中，黑格尔列举了两个思辨命题的例子：“上帝是存在”和“**现实的东西是普遍的东西**”（*PhS* 38–9/59–60）。在每一个例子中，主词似乎都拥有某个清楚的、固定的身份（“上帝”或“现实的东西”），这一身份进而以一个特殊的方式被描述；但其实，主词只是通过宾词本身才**成为**恰当地得到规定并理解的。所以，黑格尔说：“思维……失去了它在主词上所拥有的牢固的对象性的基底［或它所拥有的思想］”，“上帝不再是借着他在命题中的位置所是的东西了，亦即不再是一个固定的主词了”，他开始被确定**为**存在。同样地，“作为主词的现实的东西消逝于它的宾词之中”，因为这一点已变得显而易见：“普遍的东西应当表达现实的东西的本质”（*PhS* 38-9/59-60）。

这并不是说，在一个思辨的命题中，主词项总是会表明自己是一个无意义的占位者。黑格尔主张，“上帝”这个词，就其本身来看，实际上是“一个无意义的声音、一个单纯的名字”，并且“只有宾词才说出了**上帝之所是**，才是他的意义和充实”（*PhS* 12/26）。相比之下，“现实的” 95
（*wirklich*）这个词，在整个黑格尔哲学中都是显而易见的，拥有一个具体的、可清楚表达的属于它自己的含义，有别于“实在的”和“实存着的”这些词。这里的关键是，所谓的“是现实的”所意味的东西，并不被“现实的”这个词本身所穷尽，而是包含着远比这个词或概念所明确地涵盖的更多的东西。黑格尔的思辨的命题通过陈述现实的东西事实上不只是现实的东西而是普遍的东西，就把这一点说得很清楚了。然而，这个命题却一点也不损害“现实的”这一概念；它只不过是更加清楚地揭示出，关于现实的东西我们所应当理解的。因此，“是普遍的”之所谓也就吸收了（但也超出了）“是现实的”之所谓。结果就是，“消逝”在这个命题中的东西并不是现实性本身的概念，而仅仅是这样的想法，即认为现实的东西本身是话语中**固定的**、确定的主词。

在《逻辑学》中，黑格尔并没有详细地讨论思辨的命题，也没有挑选出任何特别思辨的命题或者句子。然而，显而易见的是，在该书中许多句子都应当被解读为思辨的命题而非日常的判断。有一些思辨的命题将讨论中的范畴定义**为**这个或那个，例如：“某物作为单纯的、存在着的自身关联，是**第一个否定之否定**”（*SL* 115/1：123［207］）。其他一些命题则重新定义某个特殊的范畴从而引导我们从一个范畴进到另一个范畴，例如，“存在……事实上就是**虚无**，比虚无不多也不少”，或者“一个带着它内在的界限而被建立为它自身的矛盾的某物……就是**有限物**”（*SL* 82，129/1：83，139［195，229］）。在某些情况下，可能有一系列句子共同表达一个复杂的思辨的命题，例如：

> **纯粹的存在和纯粹的虚无因此乃是同一个东西**……然而，真理同样……在于它们是**绝对不同的**，但却同样是未曾分离和不可分离

的，并且**每一方**都直接地**消逝进它的对方之中**。因此，它们的真理就是一方直接地消逝进另一方的这个**运动：变易**。（*SL* 82−3/1：83［195］）

在这些例子中，命题都是思辨的，因为它告诉我们一个范畴要如何恰当地被理解；它并非仅仅表明范畴的一个其含义已经被确切地建立起来的特定的特征。思辨的命题因而是用于逐渐**展开**思想的基本范畴的含义的适当工具。它们是最适合于一种哲学研究的方法的表达形式，在其中，主题不是在一开始就被简单地**给定了**，而是充分地**成为**它之所是。

在大致考察过思辨的命题的结构之后，我们现在要来更仔细地看一看谢林针对黑格尔的一个指控。谢林说："黑格尔未经思考命题的形式就使用了系动词**是**，在他关于这个**是**的含义做出任何解释以前。"[45]从谢林接
96 下来的评论看，很明显，他的异议不单纯在于黑格尔预设了命题本身的形式。谢林的抱怨在于：人们最初无法说出黑格尔的命题"纯存在就是虚无"究竟是一个单纯的同义反复（在其中"纯存在和虚无只不过是同一个东西的两种不同的表达"），还是一个判断（在其中"纯存在是**主词**，该主词不携带任何东西"）。这也就是说，黑格尔没能澄清，究竟该命题中的**是**是一个表示同一性的**是**还是一个表示述谓的**是**。谢林最终得出结论，黑格尔的命题必定是一个同义反复：因此，在说"纯存在是虚无"时，黑格尔实际上是在说"虚无是虚无"。顺便提一下，谢林引出这一结论，是因为他相信黑格尔的纯存在概念实际上是一个在其中"无物得到思想"的概念，而不是因为他得出结论，认为黑格尔毕竟在接下来澄清了**是**的含义。[46]

我已经提出，黑格尔的命题不是一种谓语的判断而是一种思辨的命题。然而，作为一种思辨的命题，它不可能仅仅是一个同义反复，尽管谢林的断定恰恰相反。这是因为，思辨的命题不仅仅认定主词和宾词之间的一种同一性，而且还认定两者的不等同。思辨的命题是同一性陈述，就主词项所命名的东西不过是由宾词来恰当地界定而言：通过**存在**所要理解的东西，在宾词**虚无**中得到了揭示，正如**单身汉**的含义是由宾词**未婚的男子**所揭示的一样。然而，在一个思辨的命题中，同样也包含着否定环节：

“但内容若是思辨的，那么主词和宾词的**非等同**（*das Nichtidentische*）就是本质的环节”（*SL* 91/1：93）。

这种否定环节或许是隐藏着的（当一个范畴仅仅是被描述或被定义的时候），或许被公开陈述（当一个范畴被再定义为它的对立面或者被再定义为一个新的范畴的时候）。例如，某物被定义为“单纯的、存在着的自身关联”（*SL* 115/1：123［207］），但却不只如此，因为正如我们接下来要发现的，某物也包含了“他物”和“有限性”。同样地，存在被再定义为虚无；但它也**不**只如此，因为它是**消逝进**虚无之中从而是变易的那个存在。不管哪种方式，思辨的命题的**是**都不能被化约为表示同一性的日常的**是**，因为它包含“是”同样也包含“不是”，从而是**辩证的**。这就是为什么一个思辨的命题必然导致一个更进一步的思辨的命题，在后者中，主词明确地被界定为它之前被陈述为的那个东西的否定（参见 *SL* 90/1：92–3）。这也是为什么简单的思辨的命题在黑格尔的文本中常常被复杂的思辨的命题所替代（就像上面从论述“变易”的段落中所引用的那个命题一样），在后者中，黑格尔试图说明范畴通过**否定**它们自身而借以进入它们的真正的同一性的那个过程。

当然，人们也许会说，表示同一性的日常的**是**也包含着某个隐藏的否 *97*
定环节，因为单身汉并不只是未婚的男子，除此以外还拥有许多其他的性质，例如国籍、眼睛的颜色、身高、体重，等等。然而，在“单身汉是未婚的男子”这个陈述中并没有任何东西包含了这样的意思：相反的陈述同样是正确的，或者，将单身汉定义为未婚的男子实际上是对“是单身汉”**就其本身而言**意味着什么（what it is to be a bachelor *as such*）的一个不恰当的规定。因此，该陈述并不是一个黑格尔意义上的思辨的命题。

黑格尔的《逻辑学》富含各种日常的词句（其中并非所有的都是简单的、肯定的判断）。黑格尔也致力于尽可能使用许多日常的德语词汇——尽管他也使用外语词，并且将许多熟悉的德语词汇转变为陌生的德语名词，例如 *Anderssein*（“他者”或“是其他”）或者 *Aufgehobensein*（“扬弃了的存在”）（*SL* 119，123/1：127，133［214，220］）。然而，黑格尔对纯存在范畴的内在的揭示却是借助一系列思辨的命题来推进的，这些思辨的命题的句法既不是日常的谓语判断的句法也不是日常的同一性陈述的句法，事实上可能是高度复杂的。因此，谢林在《逻辑学》的一开始所发现的明晰性之缺乏，并非由于黑格尔这一方未能成功阐明在思辨的命题中**是**应当如何被理解。相反，这是因为，思辨的**是**不符合谢林所熟悉的**是**的两种范畴中的任何一种，而是自成一格（*sui generis*）。换言之，谢林之所以会感到困惑，是由于他预设了黑格尔的思辨的**是**必定与**是**的**日常的**意义之一相重叠，并且是由于他最终未能识别出这个**是**在黑格尔的思辨的命题中实际所扮演的崭新而独特的角色。

黑格尔不能在一开始就**预设**思辨的命题中的**是**是辩证的（而是必须在《逻辑学》的进程中发现这一点），因为他不能预设存在将蕴含着否定。由于这一缘故，他也就没有义务——甚至没有资格——（如谢林要求的那样）在他实际地使用该词**以前**来解释思辨的**是**要如何被理解。然而，黑格尔确实预设了我们应当将这样的假定给悬置起来："是"这个词当它被用于思辨的哲学时，将一成不变地意谓着它通常所意谓的那些事情之一。在我看来，谢林所未能实施的，恰恰就是这样一种悬置。他始终固执于**是**的日常的意义，从而未能看到黑格尔的思辨的**是**实际上是某种全新的东西。

在《逻辑学》中，我们必须从纯存在范畴开始，因为这就是在我们抽离掉这个范畴想要去思、去是的一切东西后所留给我们的。此外，我们也必须接着说："存在是……"（而非只是继续发出**存在**这个孤零零的词），因为存在范畴本身要求我们——用语言——去清楚说明那内在于存在中的一切。然而，我们必须克制住，不去假定这个**是**仅仅是表示述谓的**是**或者表示同一性的**是**。假定了前者，将导致我们像谢林所说的那
98 样，将存在视为属性的承载者。假定了后者，将预先使我们遭到诅咒——像巴门尼德一样——无止尽地重复着"存在是存在是存在"（或者——假如我们同意谢林的观点，认为黑格尔的"纯存在"实际所意谓的不过就是虚无——重复着"虚无是虚无是虚无"）。在这两种情况下，我们通过**存在**所理解到的东西都将会是被预先决定了的，而我们将因此永远无法去**发现**"存在"和"是"实际上要如何被构想。

哲学与日常语言

黑格尔主张，我们不应该假定“存在”或任何其他在《逻辑学》中被演绎出来的范畴意谓着我们通常认为它意谓着的东西。正如怀特所指出的，“在所有情况下，每一个思想的意义都必须由通向该思想的那个运动来确定”[47]。语词的日常含义因而在确定范畴要如何被理解的过程中并不扮演基础性的角色。然而，它们确实又构成从事思辨哲学的解释学的条件，因为正如我们已经看到的，为了制订出使得我们的注意力专注于纯粹的范畴及其内在的发展的语句，我们需要理解词汇在我们的语言中的通常的含义，不管我们的语言是德语或任何别的语言。为了能够给每一个范畴——当它在我们的分析的进程中合乎逻辑地出现的时候——**命名**，我们也需要理解语词的日常的含义。

黑格尔解释说，哲学家通过“从日常生活的语言中……挑选出**似乎接近于**（*nahezukommen*）概念的规定的那些表达”（*SL* 708/2：406）来给范畴命名。他这么做是为了表明，在《逻辑学》中对范畴所进行的内在的演绎阐明了我们**通常**所使用的那些概念的结构。黑格尔坚定不移地认为，范畴的逻辑的演绎是无前提的和内在的。然而，恰恰因为它是一种纯粹内在的演绎，它就证明了被演绎的那些范畴是思想本身所固有的。这些范畴属于思维活动之所**是**，属于思想本身之**存在**。但这就意味着，它们也必须在日常的思想和语言中找到表达——尽管是在不同的文化中、处于历史的不同时期里以不同的方式并带有不同程度的明晰性（或不同程度的晦暗性）。

哲学从纯存在的抽象思想中演绎出不同的范畴。然而，这个概念不是从某个辽远的思想天际降下来的；它是通过抽离出关于思想和存在我们通常所以为的一切东西而产生出来的。实际上，纯存在概念只不过就是被剥离到其绝对的最小值的、我们关于存在的日常的概念。换言之，纯存在就是我们所能理解的日常的、通常的存在——我们所知道的唯一的存在——的**最低程度**（the *least*）。

为了表明他的《逻辑学》给那些（以不同程度的晦暗性）影响了**日** 99

常的思想的范畴提供了一种彻底自我批判的演绎和阐述，黑格尔几乎是以日常的用语来给每一个继相邻范畴出现的范畴命名的。为了能够做到这一点，哲学家显然必须理解**变易**、**量**以及**概念**这类语词的日常的含义。此外，他/她还必须能够认识到，经过演绎的范畴就是我们日常所使用的范畴的一个纯化了的版本，从而对应于我们日常所使用的范畴。以这种方式，哲学家也就澄清了：《逻辑学》的任务并非只是要展现出那些抽象概念的一个无关我们日常经验的形式体系，而是要“去认识否则便是单纯的表象的那个东西**的**概念”（*SL* 708/2：406）[48]。因此，《逻辑学》给我们的日常的范畴或“表象”提供了一种逻辑的“重构”（*SL* 39/1：30）。然而，它并不是像哈特曼所暗示的那样，仅仅通过以一种辩证的次序来整理“一系列**给定的**范畴”而进行重构的；相反，它是通过内在而纯粹地从纯粹的、无规定的存在的空洞思想中先天地演绎出我们的日常范畴的真正的结构——该结构在很大程度上隐蔽于日常思想本身中——而进行重构的。[49]

在黑格尔的《逻辑学》中，一个范畴的含义最初只是由纯粹的逻辑来确定的，然后才同一个相应的日常概念发生关联并被给予其名称。与伽达默尔的理解相反，逻辑的演绎并不以任何方式依赖于所选择的名称的日常含义。黑格尔在1817年关于逻辑学的讲演中说：“人们通常从语词开始，然后才寻求知道概念。”“然而，我们在这里却是首先从概念开始，然后才为这个概念寻求一个人类的名称（*Bezeichnung*）。”[50]

黑格尔为什么给一个范畴选择一个特定的名称，原因通常是明显的。开篇范畴被命名为“存在”，因为这是我们给予简单的直接性的名称，并且开篇范畴正是我们关于“存在”的日常观念所包含的最低程度的思想。在一些个例，例如在有关自为存在（*Fürsichsein*）的例子中，黑格尔明确地检验我们对一个概念或表达的日常的用法，以此来看一看它实际上是否符合经过演绎的范畴：

> 我们已经得到了自为存在的一般概念。现在关键的是要证明，我们联结于“自为存在”这个表达的表象是同这个概念相符合的，以便有权对这个概念使用这一表达。看上去事实也确实如此。（*SL* 157－

8/1：174—5）

然而，在许多个例中，黑格尔却留待我们自己去认识：他对一个范畴的先天的说明澄清了某个概念的日常的用法，他为这个概念所选择的名称是恰当的。因此，除了确定某个范畴的演绎是否真的是内在的之外，黑格 100
尔《逻辑学》的研究者们所不得不考虑的许多问题中还有一个问题，那就是：黑格尔所选择的名称是否总适合于相关的范畴。

黑格尔对命名范畴所做的一些评论是很重要的，因为它们有助于我们在解释黑格尔的哲学的过程中解决两个最令人困扰的难题。第一，如果黑格尔的哲学有意要成为严格意义上先天的，那么它如何能够告诉我们有关日常经验的事情呢？第二，黑格尔如何能够既要求他的哲学是无前提的，又要求他的哲学预设人们对所有相关概念的熟知呢？

就第一个问题来说，应该指出的是，有些评论者根本就否认黑格尔打算让他的哲学成为先天的。像哈特曼一样，他们相信，黑格尔是在为已经（例如，由自然科学）**给予**其哲学的概念提供一种哲学的说明，而发生在他的哲学中的变化是由发生在那些既定的概念中的变化所决定的。如果事实是这个样子，那么黑格尔的哲学就不能是纯粹地先天的和内在的，因为它的结构将取决于哲学本身以外的因素。然而，在我看来，这种解释不可能是正确的。黑格尔一再坚持他对概念的演绎是先天的、内在的，并且是必然的。例如，在《逻辑学》中，他写道：“在概念的科学中，概念的内容和规定唯独通过包含其起源的内在的演绎才得到证明。”（*SL* 582/2：252）在《法哲学》中，他也同样明确地表示：

> 在哲学的认识中……最重要的是一个概念的**必然性**，而已变成为**结果**的发展进程［就是］概念的证明和演绎。既然概念的**内容本身**就是必然的，那么第二步就是要寻找，在各种表象［*Vorstellungen*］和语言中同这个概念相符合的东西。[51]

强调黑格尔打算提供一种对概念的纯粹内在的演绎并**不**是要否认他可能并且也确实经常修正他对这种演绎所必须采取的方式的理解。黑格尔从来没有宣称他的内在的演绎的每一个细节都免于批评或改进（参见 *SL* 54/1：50）。然而，在每一次修正中，黑格尔都致力于呈现一个改进了的

101 **内在**而**必然的**演绎。所以，在他创建一个先天的体系的目标和他经常自我批判与修正的明显的实践之间，并没有什么根本上的不一致。我们也不能将黑格尔的修正看作这样一种观点的证据，即：他从来就没有打算让他的体系成为先天的。

黑格尔的先天的体系使得我们能够更好地理解影响着我们日常思想和经验的那些概念，个中原因我已经指出过：这个体系呈现了思想和存在**本身**所固有的那些范畴，而日常的思想是思想本身所采取的诸多形式之一。只要这些范畴得到了恰当的演绎和构想，那么它们就必定因此——或潜在或公开，或歪曲地或未经歪曲地——影响我们的日常思想和经验。黑格尔对是“某物”或者是“有限的”**本身**意味着什么所做的纯粹逻辑的说明因而必定阐明了在**我们的**世界中是一个有限的事物意味着什么。“人们通常以为，”黑格尔说，“绝对者必定处于辽远的彼岸；但它却恰恰是完全当下的东西，是我们作为能思维者，哪怕对之没有明确的意识，也始终携有并始终使用的东西。这些思维的规定，特别是在语言中得到了保存。”（*EL* 59/85［§24 Add. 2］）在我看来，这正是黑格尔《逻辑学》的巨大价值所在：它并不描述日常经验“之外的”某个推定的本体领域，而是揭示出我们在生活的每一天都栖居于其中的那个世界**的**终极结构。

这一点直接地将我们引向我们对两个问题中的第二个问题的回答：黑格尔如何能够坚持他的哲学是无前提的，同时又坚持他的哲学预设了人们对所要演绎的范畴的熟知呢？哲学提出了这两个要求，因为它的目的就是要**针对**我们所已熟知的概念而提供一种严格**自我批判的**演绎和阐明。黑格尔是从这样一个假定出发的：人们所熟知的东西并不因它被熟知就得到了充分的理解，哲学的作用就是要发展出对所熟知的东西的一种恰当的理解（*SL* 33/1：22；*PhS* 18/35）。哲学应当是彻底自我批判的这一事实，正如我们已经看到的，意味着我们必须从悬置一切关于思想和存在所假定的东西开始，徒手起家地演绎出对思想和存在诸范畴的理解。然而，与此同时，我们也必须保持我们对基本的范畴的那种熟知，一如它们通常被理解的那样；如若不然，我们就将永远也无法认识到，哲学事实上就是在提供一种对**所熟知的**概念的更清晰的理解。

黑格尔在好几个地方都坚持这样的熟知。例如，在《全书逻辑学》

中，他写道：

> 哲学能够预设一种对于其对象的**熟知**；它甚至**必定**预设一种这样的熟知，正如总归有一种对对象的兴趣一样，因为意识按时间顺序来看，总是先形成关于对象的表象（*Vorstellungen*），才形成关于它们的概念（*Begriffe*）。（*EL* 24/41 [§1]）

黑格尔之后接着说，逻辑学是最简单的科学，恰恰是因为它所处理的 102
概念是"人所**最熟知的**：存在、虚无等等；规定性、大小等等；自在存在、自为存在、一、多等等"（*EL* 45/67 [§19]）。与此同时，他又主张，逻辑学是最难的科学，因为它要求我们就其本身而将这些范畴当作一些纯粹逻辑的形式，而我们对它们的熟知常常妨碍我们做到这一点。每个人都知道——或不如说都能够想象——是"某物"意味着什么，所以通常会觉得不值得花时间用哲学的方式去思考这样一个基本范畴。此外，假如我们确实将注意力转移到这些概念上去，我们往往也会发现很难放弃对它们所熟悉的理解，从而很难重新去理解它们。我们习惯于将"某物"设想为某种可见之物或可触之物，而很难让人们接受这样的观念，即：某物必须合乎逻辑地被理解为"否定之否定"。固然有可能训练一个人从语词的这些熟悉的含义中抽离出来，学习以纯粹逻辑的方式去理解概念，然而，黑格尔却从未忽略这一事实，即：这需要相当的、持续的努力。

这是在做思辨的哲学的时候所不可避免的一个陷阱：因为作为哲学家，我们不可以，也无法从人们的思想中完全抹除掉像**变易**和**某物**这类语词的含义。我们要悬置我们关于范畴的日常的假定，从头着手进行对这些范畴的无前提的演绎。然而，我们在这么做的时候却继续说着一门语言，并且始终熟悉正在被演绎的范畴的日常的含义。因此，我们将总是不得不提防那些日常的含义会支配我们对范畴的理解。有一些批评者，例如伽达默尔，怀疑我们实际上能够防止这样的事情发生。然而，在我看来，我们能够防止这样的事情发生，是因为我们能够使用日常语言**本身**的资源——特别是一些否定的语词，例如**不**和**没有**——来放松日常语言施加在我们的理解上的那种约束。

注释：

［1］参见 *Hegel：The Letters*，trans. C. Butler and C. Seiler（Bloomington：Indiana University Press，1984），pp. 265－6。

［2］Schelling，*On the History of Modern Philosophy*，p. 148.

［3］Feuerbach，*Towards a Critique of Hegel's Philosophy*，p. 108；"Zur Kritik der Hegelschen Philosophie，" p. 177. 英文翻译遗漏了"无规定性"一词。无论是在《逻辑学》还是在《全书逻辑学》中，黑格尔都没有用"同一性"来定义或者描述纯存在，但他确实谈到了纯存在的"无规定的直接性"，所以我们不能仅仅以文本不准确为理由而对费尔巴哈的批评不予理会。参见 *SL* 82/1：82（193）。

［4］H.-G. Gadamer，*Hegel's Dialectic：Five Hermeneutical Studies*，trans. P. C. Smith（New Haven：Yale University Press，1976），p. 93.

［5］Gadamer，*Hegel's Dialectic*，p. 82.

［6］Gadamer，*Hegel's Dialectic*，p. 93.

［7］Gadamer，*Hegel's Dialectic*，p. 112.

［8］Gadamer，*Hegel's Dialectic*，p. 114.

［9］Gadamer，*Hegel's Dialectic*，p. 87. 史密斯将黑格尔的术语 *Dasein* 翻译为"existence"而非"determinate being"。

［10］Gadamer，*Hegel's Dialectic*，p. 94.

［11］R. Coltman，*The Language of Hermeneutics：Gadamer and Heidegger in Dialogue*（Albany：SUNY Press，1998），pp. 102－3.

［12］Gadamer，*Hegel's Dialectic*，p. 94.

［13］Gadamer，*Hegel's Dialectic*，p. 99，我的强调。参见 Coltman，*The Language of Hermeneutics*，p. 109。

［14］Gadamer，*Hegel's Dialectic*，pp. 112，92，我的强调。

［15］Kolb，*The Critique of Pure Modernity*，p. 219.

［16］Hegel，*EPM* 220/278（§462），亦参见 *SL* 31/1：20。

［17］Hegel，*EPM* 221/280（§462 Add.）. 亦参见 S. Houlgate，*Hegel，Nietzsche，and the Criticism of Metaphysics*（Cambridge：Cambridge University Press，1986），pp. 141－5。

[18] Hegel, *EPM* 151/197（§411 Add.）.

[19] Hegel, *VGP* 3：259，我的强调。

[20] Hegel, *VGP* 3：16，53.

[21] *Hegel*：*The Letters*, p. 107.

[22] Gadamer, *Hegel's Dialectic*, p. 112.

[23] Gadamer, *Hegel's Dialectic*, pp. 114, 93.

[24] Wieland, "Bemerkungen zum Anfang von Hegels Logik," p. 207.

[25] R. Winfield, *Overcoming Foundations*：*Studies in Systematic Philosophy*（New York：Columbia University Press, 1989）, pp. 63, 87–8.

[26] D. Henrich, "Anfang und Methode der Logik," in D. Henrich, *Hegel im Kontext*（Frankfurt am Main：Suhrkamp Verlag, 1971）, p. 85.

[27] Henrich, "Anfang und Methode der Logik," p. 85，我的强调。

[28] 在本研究中，我使用"reflexive"（反身的）这个词来指那些通过与其他含义的对立而被界定的含义或逻辑结构，而我用"reflection"（反思）来指运用反身的语词或概念的那种思想形式。

[29] 亦参见 Hegel, *VLM* 73。

[30] Henrich, "Anfang und Methode der Logik," pp. 85–7.

[31] 参见 H.–P. Falk, *Das Wissen in Hegels "Wissenschaft der Logik"*（Freiburg/München：Verlag Karl Alber, 1983）, p. 25。

[32] 海德格尔似乎完全忽略了这重要的一点。在他看来，黑格尔将存在明确地理解成"作为**未-**规定的、**未-**中介的东西，更准确地说：完全地**未-规定性**和**未-中介性**"。参见 M. Heidegger, *Hegel*, ed. I. Schübler, *Gesamtausgabe*, vol. 68（Vittorio Klostermann：Frankfurt am Main, 1993）, p. 19；亦参见 p. 30："Das Sein begriffen als *Unbestimmtheit und Unmittelbarkeit.*"（作为**无规定性和直接性**被理解的存在。）

[33] 参见上文第三章第 65–6 页。

[34] 参见 Wieland, "Bemerkungen zum Anfang von Hegels Logik," p. 200。

[35] Henrich, "Anfang und Methode der Logik," p. 92.

[36] White, *Absolute Knowledge*, p. 52.

[37] 参见 Hegel, *VLM* 71："[存在] 这个概念是最简单的，因为仅

仅为了拥有这个概念，人们就将一切其他的东西都**忽略**了”，我的强调。

［38］因此，与皮平相反，我认为黑格尔并不认为我们是通过“抽象掉一切具体的规定并思考这一结果”（Pippin，*Hegel's Idealism*，p. 184）而达到纯存在概念的。不过，我同意皮平的是，黑格尔并没有明确地将纯存在构想为那种从规定性中抽离出来的东西，也没有将它构想为对规定性的否定。

［39］Kierkegaard，*Concluding Unscientific Postscript*，pp. 102－3. 由于反思和抽象的行动本身不停地重复，所以在克尔凯郭尔看来，它就在黑格尔的坏无限的意义上，或者更准确地来说，在他的到无限的进展的意义上，而不是在他的真无限的意义上是“无限的”。参见下文第二十一章、二十二章。

［40］Kierkegaard，*Concluding Unscientific Postscript*，pp. 103－5.

［41］White，*Absolute Knowledge*，p. 26.

［42］G. W. F. Hegel，*Elements of the Philosophy of Right*，ed. A. W. Wood，trans. H. B. Nisbet（Cambridge：Cambridge University Press，1991），p. 37（§5）；G. W. F. Hegel，*Grundlinien der Philosophie des Rechts*，ed . E. Moldenhauer and K. M. Michel，*Werke in zwanzig Bänden*，vol. 7（Frankfurt am Main：Suhrkamp Verlag，1970），p. 49. 接下来对《法哲学原理》的引用将采用下面的形式：*PR* 37/49（§5）。

［43］White，*Absolute Knowledge*，p. 23.

［44］亦参见 Houlgate，*Hegel*，*Nietzsche*，*and the Criticism of Metaphysics*，pp. 145－56。

［45］Schelling，*On the History of Modern Philosophy*，p. 140.

［46］Schelling，*On the History of Modern Philosophy*，pp. 139－40.

［47］White，*Absolute Knowledge*，p. 36. 亦参见 Hegel，*SL* 582/2：252。

［48］我的强调。

［49］参见 Hartmann，“Hegel：A Non-Metaphysical View，” p. 110，我的强调。

［50］Hegel，*VLM* 82. 我的翻译。

［51］Hegel，*PR* 27/31－2（§2）. 亦参见 *Hegel's Philosophy of Nature. Being Part Two of the Encyclopaedia of the Philosophical Sciences*（*1830*），trans. A. V. Miller（Oxford：Clarendon Press，1970），pp. 6－7，29，87（§§246，254 Add.，275 Add.）；G. W. F. Hegel，*Enzyklopädie der philosophischen Wissenschaften im Grundrisse*（*1830*）. *Zweiter Teil*：*Die Naturphilosophie*，ed. E. Moldenhauer and K. M. Michel，*Werke in zwanzig Bänden*，vol. 9（Frankfurt am Main：Suhrkamp Verlag，1970），pp. 15，42，111。接下来对黑格尔的《自然哲学》的引用将采用下面的形式：*EPN* 6－7/15（§246）。

第五章　内在的思想与准先验的思想

通往存在的准先验进路

103 在讨论过黑格尔的《逻辑学》的前提之后，我们现在要来考察：黑格尔对存在概念所做的彻底内在的分析同他的许多批评者和继承者所采用的通向存在概念（或存在意义、存在问题）的先验的或“准先验的”（quasi-transcendental）进路之间，究竟有什么原则上的区别。[1]

正如我们已经看到的，黑格尔非常清楚，某些历史的与解释学的条件使存在思想得以可能，或者说，对存在思想进行了中介。然而，他在《逻辑学》的主体部分中的关切，却是要聚焦于纯存在本身的思想，以及那可能是内在于纯存在思想中的东西，而不是聚焦于使这一思想得以可能的那些中介性的条件。他对这些条件本身所做的检验，是在历史哲学和哲学史的讲演、《全书逻辑学》的导论部分，以及理所当然地，在《逻辑学》的序言和导言中进行的。

在黑格尔的批评者中，有很多人采取了一种显著不同的通往“存在”观念的进路。在他的讲演《论现代哲学的历史》中，谢林表现出他对揭示内在于纯存在思想中的东西没有任何兴趣，因为他否认这样一种思想是可能的：“思考**一般的**存在是一件不可能的事情，因为没有什么**一般的**存在，没有什么无主体的存在。”对于谢林来说，黑格尔宣称要用它来开始
104 《逻辑学》的这个纯存在概念，实际上是一个在其中“无物得到思想”的概念——它甚至是一种“无-思想”——而黑格尔“纯存在是虚无”的断言只不过是一个陈述着“虚无是虚无”的空洞的同义反复。[2]

按照谢林的观点，这个概念，或者“无-思想”，是通过一个从我们生活于其中的具体的存在——“实在的世界”——中抽离出来的过程而产生出来的。此外，谢林坚持认为，在黑格尔的《逻辑学》中，从纯存在到理念和自然的进展，不是由纯存在本身自主的、内在的发展，而是由哲学家遗弃空洞的抽象并重新发现“世界与意识的完全的内容”的欲望来推动的；也就是由哲学家“从空洞进展到充实的需要”[3]来推动的。因此，谢林不仅无视黑格尔通往纯存在的内在的进路，他还指出了他将之理解为实存的因素（existential factors）的那些实际上决定了《逻辑学》的发展进程，但却被黑格尔所忽略、所遗忘、所压制的东西，也就是哲学家自己的欲望和需要。由于这些因素既解释了思想如何能从“存在”进展到“变易”及其后，而且也使得该进展不可能按照黑格尔所理解的方式被理解为内在的，那么我们就可以把它们称作在黑格尔的《逻辑学》中得到了描述的那个发展过程的（借用德里达的一个表达）可能性与不可能性的条件。[4]谢林对这种看起来（但仅仅是看起来）是一个自主的逻辑发展过程的东西的实存的**条件**（existential *conditions*）的兴趣，标志着他通往纯存在概念的进路是一条“准先验的”进路。

在哲学的历史中，尼采声势浩大地发起了一场对“存在”概念最为持久的抨击。他宣称，狄奥尼索斯哲学的决定性特征就在于“向对立和战争说是；与对**存在**概念的拒绝一道**变易**”[5]。可尼采对存在概念的兴趣却并不止于这种拒绝，因为他想要揭露“存在的幻象是如何（必定）形成的”[6]。在他对这个问题的许多个（常常是相互矛盾的）回答中，其中一个回答是：人类“仅仅从‘自我’的概念中演绎出‘存在’的概念，他按照自己的形象将‘事物’设定为占据着存在”[7]。在尼采的心里并没有黑格尔的特别的存在概念，他也没有按照黑格尔那样的方式来理解这个概念（他把存在与静止、坚硬，以及对变易的拒绝而不是与无规定的直接性联系起来）。[8]尽管如此，尼采通往存在的进路却显然是准先验的而 105
非内在的。这是因为，尼采对于揭示存在本身概念的固有内涵（并发现，比如说，存在是否表明自己意味着某种比坚硬和静止更多的东西或者与之不同的东西）并没有兴趣，反而更关心揭露那些历史的、心理学的和生理学的**条件**，他相信正是这些条件首先产生了存在概念。

海德格尔通往存在的进路比起尼采的进路来要微妙得多。他并不将存在概念视为已经解决了的，也没有将这个概念作为幻象而不予理会，而是希望重新唤起对“存在”的**意义**的追问。在《存在与时间》一书的导言里，他反对西方哲学中的一个“教条”（尼采是这个教条的现代传人）：“不仅宣称对存在的意义的追问是多余的，而且还认可了对这个追问的耽搁。”[9]传统哲学之所以如此，是因为它把存在视为普遍的、不可定义的，以及自明的。然而，对于海德格尔来说，存在的这些假定的性质恰恰要求我们去**探询**存在的意义。假如“存在”是最普遍的概念，“这可并不等于说它是最清楚的，再也用不着更进一步讨论的概念了。‘存在’这个概念毋宁说是最晦暗的概念”。同样地，“存在的不可定义性并不免除对存在的意义的追问，反倒要求这一追问”。我们都生活在对存在的理解中——“谁都懂得‘天**是**蓝的’‘我**是**愉快的’等等”——但存在的意义却同时“隐藏在晦暗中”，而这一事实，海德格尔认为，证明了重新发现“存在”意义问题的根本的必要性。[10]

黑格尔在《全书逻辑学》中提出了类似的观点。他在附释中说：“熟知的东西通常是［我们对之］最无知的东西”，“因而，例如**存在**，就是一种纯粹的思维规定；然而，我们却从来没有想到，要将**是**（*Ist*）作为我们考察的对象”（*EL* 59/85［§24 Add. 2］）。正如我们已经看到的，对于在批判的智识上的这种失败，黑格尔的回应是：要将有关存在的一切假定都给悬置起来，要去检验那内在于纯然存在本身的思想中的东西。相比之下，海德格尔在已经提出了对存在意义的追问之后，从对存在本身的考察上后退而首先检验提出这一追问的人的本体论结构，也就是**此在**（*Dasein*）。[11]

似乎有两个理由可以说明这一转变。第一，海德格尔——由于他所宣
106 称的对存在意义的追问的完全开放性——在《存在与时间》中预设了“存在意味着存在者的存在”，因而存在者本身就是在涉及存在的追问中“被问及的东西”，可以说，存在者是“就它的存在而被逼问”的。因此，对于海德格尔来说，下面的这些问题就被提出来了：“存在的开展应当从哪一个存在者中选取它的出发点？”“哪一个存在者是这种示范性的存在者？它在何种意义上具有优先地位？”海德格尔的观点是：**此在**（*Dasein*）

就是这种“示范性的”存在者。[12]

第二，对于我们的目的而言更加重要的是，海德格尔相信，在存在的意义问题能够得到回答以前，这个问题必须恰当地被制订并被提出。为了“存在问题的制订”，他说：“[就要]使某个存在者——发问者——在其存在中透彻可见。”[13]如果我们要理解追问本身为何会被提出，是如何被追问的，以及何物能提供这一追问的任何可能回答的“视野”，我们就需要考察提问者的结构。众所周知，这个视野被证明就是时间：“此在通常心照不宣地理解并解释像存在一样的某个东西时，所依据的就是**时间**。”所以，对于海德格尔来说，“时间必须被摆明为并被天然地把握为一切存在领会和每一种存在解释的视野”[14]。

像黑格尔一样，海德格尔也对探询存在的意义感兴趣。然而，显而易见，相比于黑格尔，海德格尔的先验的本能使他偏离了对存在的直接的考察而朝向存在**问题**本身和对提问者本人的先天的考察。黑格尔也同意，哲学家必须恰当地为思考存在做准备，但这一准备对于他来说，却在于采取这样的形式，即：悬置掉一切可能成为理解存在的“视野”的确定的前提，对存在本身保持开放。相比之下，海德格尔通过建立（他所认为的）任何存在意义的探究都要具有的**不可化约的**视野或先天的条件，而为这类探究做准备。因此，按照海德格尔的观点，之前的哲学家（包括黑格尔在内）的根本的错误，已经不只在于他们忽略了对一般存在的追问，而且在于他们缺少“一种以此在为专题的存在论，用康德的方式来说就是，[缺少]一种对主体的主体性的先行的存在论分析”[15]。

人们或许会以为这样一种分析能够在《精神现象学》这部作为《逻辑学》的序曲而检验日常意识的结构的著作中找到一个可能的黑格尔主义对等项。然而，正如我们将会看到的，黑格尔的《精神现象学》证明了由意识所预设的各种理解“视野”是如何崩溃并合乎逻辑地导致对绝对知识的彻底开放的；它并不像《存在与时间》那样，建立了一种所有的存在思想（包括绝对知识）都必定发生于其中的确定的理解视野。实 107
际上，黑格尔的《精神现象学》只不过是一个将日常意识的假定悬置起来的系统的过程，只不过是一个补充并支持这样一种单纯的决心——要悬置掉这些假定——的过程，该决心被宣布为《逻辑学》中思辨的思想的前提条件。因此，黑格尔的《精神现象学》和海德格尔的《存在与时间》发挥着各自不同的职能。

像黑格尔一样而不像尼采，海德格尔并不相信“存在本身”是一个幻象或一种虚构。但是，像尼采和谢林一样而不像黑格尔，就他相信哲学家最初的（并且，或许是首要的）任务是要去发现那些不可避免地预先决定着“存在”如何被理解以及应当如何被理解的实存的和历史的条件而言，海德格尔（在《存在与时间》中）显然是一位准先验的思想家。

海德格尔深知，大多数哲学家并没有根据《存在与时间》所发展起来的“真正的”时间性的观念来理解存在。然而，在他看来，每一个哲学家都是在某种时间观念的视野下来理解存在的：例如，希腊人就将存在理解为“现在”，甚至存在是无时间的或超时间的这种观念也依然是有关存在的一种**时间的**观念。[16]黑格尔的哲学在这一点上也不例外，而且还受到海德格尔所谓的“流俗的”时间观念的支配，特别是受到作为“否定之否定”的时间观念的支配。[17]因此，在他讨论黑格尔的“否定性”概念的作品（1938—1941）中，海德格尔并不将黑格尔的《逻辑学》看作对存在彻底开放的那种思维的产物，而是看作已经**预设了**存在是否定性（以及变易、现实、概念、自我认知着的精神）的那种思维的产物。“因而，黑格尔的存在概念处于其**完全独有的前-设**（*unter ganz eigenen Voraussetzungen*）之下……而这［些］前设同样是西方形而上学的前设。”[18]甚至黑格尔关于存在本身的最初的、抽象的概念——据说它不是“存在的**本质性**概念”（*der* wesentliche *Begriff des Seins*）——也只是通过“拆除”或“拆－建”（*Ab-bau*）起支配作用的绝对现实性观念才产生出来的。因此，黑格尔《逻辑学》的真正的开端——也就是说，它的原则或“支撑性的地基”——就**并不是**关于纯存在的概念，而是关于（作为现实性的）变易的概念；“纯存在”仅仅是《逻辑学》的“出发点”（*Ausgang*）。[19]

像谢林、尼采以及很多其他的后黑格尔主义者一样，海德格尔得出结论：同黑格尔哲学打交道的最好的方式并不是简单地“在黑格尔的体系的每一个领域中都遵循他的思维的每一步”。这样一种内在的进路，他认为，将仅仅意味着重复指出在每一领域中发挥着作用的同一个原则。[20]对
108 于海德格尔来说，同黑格尔哲学打交道的一个更为合适的方式，在于将这

个原则本身置于批判的审查之下；也就是要唤起人们对时间就是变易这种不恰当的观念的质疑，以及对作为**条件**而决定着黑格尔主义思想之特征和进程的现实性的质疑。[21]

后来的一些受到海德格尔影响的哲学家采纳了一种类似的通往黑格尔哲学和存在本身之概念（或者意义，或者问题）的准先验进路。正如我们已经看到的，伽达默尔在语言和对话中发现了所有存在思想——包括黑格尔的存在思想——的条件，而德里达则（在其他的事物中）将“延异”（*différance*）的游戏——区分和延迟的游戏——指定为一种“比存在本身‘更古老’”并“使当下存在的呈现得以可能”的东西。[22]并非所有的后黑格尔主义思想家都毫无条件地拒绝黑格尔追随存在概念的内在展开过程的呼召：有几位著名的黑格尔评论者，包括伯比奇和温菲尔德，已经极具洞见地重构了黑格尔的存在分析的内在逻辑。然而，后黑格尔主义大陆哲学家的主要关切，早已是要去避免对纯存在概念做这样一种内在的展开，早已是要去检验他们视为存在思想的可能性之条件的东西。他们相信，只有以这种方式，他们才能发展出一套替代黑格尔哲学的可行方案。

很容易看出情况为什么会如此。直面黑格尔，断言哲学应当从一个不同的、更有说服力或更为“实在的”存在观念——比如，斯宾诺莎的实体观念——出发，并发展这一观念的内涵，这么做是要冒着在一开始就输掉同黑格尔的争辩的风险的，因为它会直接地将人们暴露在对存在预设得太多，或至少预设得比黑格尔更多的指控之下。这也就是说，它将冒着比黑格尔更缺乏自我批判的风险。然而，单纯透过黑格尔的存在观念来进行思考，这一选项对于许多后黑格尔主义者来说并没有多大的吸引力。费尔巴哈将这样一种任务视为在诅咒他，当他在生命中有别的更为实际的目标要去达成的时候，“去继续阅读［黑格尔的《逻辑学》］，或者将它作为主祷文来背诵”[23]。正如我们已经看到的，海德格尔也相信，这样一种进路将单纯只是更充分地揭示出黑格尔的基本概念（例如否定性、现实性，以及精神）是如何在他的哲学体系的不同领域中运作而一刻也不放松这些概念对我们的思维的控制的。许多后黑格尔主义思想家似乎都共有一种担忧，那就是：一旦你开始沿着黑格尔的思路思考，你就会势不可挡地被牵进一个无可遁逃的思想体系中，然而该体系对于实存、生命或差异却未 109

能持论公允。

考虑到这种担忧，人们就可以理解，为什么通往存在概念以及黑格尔对该概念的分析的准先验进路会看起来富有吸引力了：它似乎提供了一个选择，能够在**不必**无可遁逃地被牵进黑格尔体系的情况下，规避徒劳无功地直面黑格尔哲学的可能。那些支持通往存在的准先验进路的人，通过指出他们相信是被存在本身的思想所预设因而也被黑格尔的哲学所预设的东西，通过辩称这样的前提预设必然要躲避黑格尔体系的把握，或者必然要被黑格尔错误地解释为理性或理念的表达，而踏上了这条中间的道路。这并不是说，他们对"前提"的兴趣单单是由某种想要规避黑格尔的忧虑所推动的，而只是说，这样一种忧虑是该兴趣得以发生的部分原因。

有些准先验的思想家，例如谢林，将他们对这些前提的说明建立在他们自己对实存、生命或哲学的经验或洞见之上。尼采似乎常常将他的说明建立在他对生理学和谱系学的偏好或"爱好"之上。相比之下，海德格尔、德里达则致力于揭露这些在黑格尔和其他思想家的作品中隐秘地发挥着作用的前提；因而他们试图将内在的进路和准先验的进路结合成一个进路（并且，由于这一缘故，在我看来，他们所提供的黑格尔解释，就比谢林或尼采所提供的要更加有趣、更富有启发性）。

这些思想家各自指出了存在思想的不同的前提条件——实存、权力意志、延异、此在的时间性（以及对时间的变化着的理解）——并且以不同的方式分析了这些前提和由这些前提使之成为可能的思维之间的关系。他们并不都以同样的方式理解存在概念，也不都以同样的方式阅读黑格尔。尽管如此，在他们所采取的不同的进路之间，却有着明显的家族相似性。他们都对存在思想的可能性（有时候也是不可能性）的条件感兴趣，并且他们都拒绝像黑格尔那样对存在本身的思想、对展开**内在于**存在本身思想中的东西保持开放。我们现在必须要来考虑的一个问题是，为什么黑格尔所采取的通往存在概念的内在的进路要比准先验的进路更为可取？

为什么通往存在的内在进路更为可取？

在我看来，为什么黑格尔通往存在的内在进路要比准先验的进路更为可取，其主要的理由在于：对于思维是什么、存在是什么，内在的进路比准先验的进路要更少预设。内在的进路从思想的简单存在——从**作为**（*as*）纯然存在的思想——开始，并要求哲学家除了专注于任何可能内在于纯然存在观念中的东西外，不做更多的事情。我们不是要对该观念施加 110 任何属于我们自己的发明的活动——比如将存在观念分析成它的各种假定的构成部分，或者把它同其他的观念综合起来——而是要单纯地观察，当我们在思想中专注于它时，在这个观念上究竟发生了什么。正如我已经主张过的，我们的进路是一种无论存在将自身表明为什么样子，都对它彻底开放的态度。

相比之下，准先验的进路则在一开始就假定：更明智、更批判（更为深思熟虑）的工作，就是要对使存在思想得以发生——也可能导致它成为不可能——的那些条件进行反思。这明显意味着要比内在的进路假定更多的东西，因为它预设了作为思想家的我们要做比仅仅对存在保持**开放**更多的事情。我们要分辨是什么使得存在的思想成为可能（以及或许成为不可能），因而从一开始就不只是将存在视为**存在**，而是视为有条件的存在，或者带有其可能性条件之痕迹的存在。

然而，什么东西保证了这一假定呢？从黑格尔的观点来看，在哲学的一开始，并没有什么东西能够保证它；它只不过是一种预设罢了。实际上，对于许多后黑格尔主义哲学家而言，准先验地——存在主义地、历史地、谱系学地——思考完全是一种本能，是对他们所遇到的无论什么东西的一种无可置疑的反应。存在（以及任何被视为“在存在中”的东西）自动地就被当作预设了生产的可能性或过程，或者区别与延迟的隐藏的操作，而关于存在的思想则被视为假定了某些先天的解释视野。存在的观念（就它毕竟得到了考察而言）不是在它自身中得到考察的，而总是按照它所**预**-设（*pre*-supposes）的东西得到考察的。准先验的思想因而追随着康德，因为它受某种对**先天的**东西、对**已经**在任何存在思考中行之有效的东西的无可置疑的关切支配，而这样的思想是无法也不会因为对自我批判的开放态度的兴趣而将那种关切弃置一旁的。[24]

对于黑格尔来说，从存在思想退回到该思想的前提条件的步调，是一种**折返的**移动（a *reflective* move）。折返活动的一个主要特征就在于，它并不承认看起来是直接的东西实际上就是直接的，而是专注于它所相信的那样一个对这种“直接性”**进行中介**的东西（尤其是差异）。问题在于，这种折返活动**直接地**预设了：折返的移动是应当采取的第一步。这就是激发起黑格尔对他的准先验的批评者们进行批评的关键所在：他们直接地假定我们作为思想家的首要任务就是要指出思想的前提，但他们却不考虑思想本身的本性或存在并证明事实确实如此，他们也不从纯存在本身的思想中演绎出某种对“前提”、“条件”以及“可能性”这些概念的恰当的理解。黑格尔并不否认，在许多其他的事情中，思想也将**表明**自己要承担起揭露思想的条件的工作——实际上，《逻辑学》的第二部分《本质论》恰
111 恰会表明这一点——但在一开始，他并没有将思想的这种朝着它的条件和预设去的方向视为理所当然。[25]

黑格尔甚至也没有假定，正是我们对**语言**的使用，连同它的许多折返概念，不可避免地将我们卷进了对前提的探寻中，正如我们在第四章中曾经看到的，他认为语言在消极的意义上能够被用来使我们的注意力单单专注于纯粹的存在。我们或许会深切地感受到，如果不谈论“前提”的话，就无法说话与思考，尽管如此，我们还是能够通过公开主张哲学“无需**预设任何东西**”（*SL* 70/1：69［175］）而避免专注于这些前提。

既然黑格尔的《逻辑学》接下来（在本质论部分）才开始折返范畴的恰当的理解，那么他在《逻辑学》的一开始对他的反对者们的那些反思的假定所做的批判就似乎是预设了那仅仅之后才会在文本中得到证明的东西。恶性循环的怪物似乎再一次露出了丑陋的嘴脸。这无疑是迪特尔·亨利希所主张的观点。亨利希承认，从纯存在思想开始的范畴发展是内在的和线性的，但他同时也主张，对作为一个整体的思辨的逻辑**科学**的充分辩护只能是“回溯性的”（*rückläufig*）。[26] 在我看来，亨利希提出这一主张的理由还远远不是那么清楚。我只能说，他的观点是：我们为什么应当在一开始就解除掉反思对我们的思想的控制并唯独参与到纯存在中去，其理由只有在我们实际地已经这么做了**之后**，也就是在我们已经从纯存在思想中演绎出各种折返概念**之后**，才会变得明显。

如果这就是亨利希的观点，那么它就是亨利希的解释中我所强烈反对的一个方面。说黑格尔指控他的反对者们将他们的反对意见建立在了一些

折返范畴上，而这些范畴的含义只能通过无前提的逻辑学本身才能得到澄清，这么说是正确的：

> 那些富于这类责难的人，立刻就带着他们的反思（*Reflexionen*）来指责［《逻辑学》的］第一个命题，却没有通过对《逻辑学》的进一步的研究来帮助自己或者已经帮助自己意识到这些粗陋反思的本性。（*SL* 94/1：98）

然而，黑格尔对他的反对者们的批评却并不取决于他之后对折返范畴的说明：因为他的抱怨主要不在于他的反对者们误解了前提或条件的结构，并应当以他后来在《逻辑学》中所采取的方式来理解它。以那样的方式来争辩无疑会犯恶性循环的错误。黑格尔针对他的反对者们的主要的不满仅仅在于，他们**终究多多少少**预设了一些折返范畴作为他们批评黑格尔的基础："他们的攻击和责难包含着一些本身是预设（*Voraussetzungen*） 112
并且在被使用之前就需要批判的范畴"（*SL* 40－1/1：31）。由黑格尔所做的这一对他的反对者们的批评在我们将关于思想和存在的一切（奠基性的）前提都悬置起来的彻底自我批判的现代要求中得到了辩护；这个批评无论如何都不依赖于黑格尔之后对折返范畴本身所做的说明。因此，与亨利希的理解相反，黑格尔的逻辑学**科学**的计划并非只是回溯性地得到辩护，在他的事业的周围也没有任何恶性循环的嫌疑。

从黑格尔主义的观点来看，反思地进行思考并对前提表示兴趣，这并不是完全错误的。任何一个黑格尔主义者都无法从一开始就知道思想并**不**预设实存、权力意志、时间或者延异。黑格尔主义者所唯一能够宣称的是：在哲学开始的时候就**假定**思想的主要任务是要专注于思想的可能的前提并将人们对存在的理解（理解为一种幻象，或理解为总已是时间性的）建立在他们对这些前提的理解之上，这样做是非-自我-批判的（un-self-critical）。因此，对于有志于心灵的彻底自我批判的开放性的哲学家而言，通往存在思想的内在的进路必然要比准先验的进路更为可取，无论后一种进路怎样被构想（并且我再次承认，尼采、海德格尔、德里达所说和所做的**并非**都是同样的事情）。

选择内在的进路的第二个理由在于：唯有内在的进路能够**发现**——无

需对问题预作判断——存在本身是什么以及包含了什么。尼采的假定是："存在"意味着"坚硬"和"静止"，所以存在概念是一种虚构。但"存在"确实意味着这个吗？可能从前有一些哲学家已经相信"凡存在的，都不**变易**"，可他们是对的吗？[27]尼采将如何发现这一点呢，如果他拒绝考察单纯的存在观念并拒绝对存在所展现出来的无论什么东西保持开放的话？同样地，海德格尔如何能够确定存在本身的意义呢，如果他假定一切存在理解的视野都是时间的话？我们都使用"存在"这个词，我们也因此都假定我们知道存在意味着什么。然而，在我看来，只有通往存在的彻底无前提的进路，才能让我们**学到**"存在"一词所意谓的和它所包含的。

同样的观点用另一种方式来表达就是：只有无前提的进路才能够发现纯然的**存在**观念是否成立。只有这种进路才能将那些使存在思想得以可能的条件——包括"纯存在"是抽象活动的产物这一事实——弃置一旁并发现这一抽象物——"纯存在"——**本身的**内在命运。

通往存在的内在的进路比准先验的进路更为可取的第三个理由——在《逻辑学》刚开始的时候并不明显，但是到了后面却逐渐变得清晰起

113 来——在于：内在的进路实际上比任何其他的进路都要更为深刻地动摇关于**纯粹的**存在的观念。这恰恰是因为，内在的进路从关于纯粹的存在的观念开始，展现出存在的纯粹性取消或者说"瓦解"**自身**的过程。

认为世界上根本就没有"纯粹性"——没有纯粹的直接性，没有纯粹的自我在场，没有纯粹的理性——相反，所有的事物在某种程度上都是受限定的、受污染的，并且被它表面上要排斥掉的东西所连累，这在很多大陆哲学家中间已经成了一种老生常谈。这一类主张取决于人们能够表明，某种先天的、不可简化的"他异性"总是占据或萦绕着自我意识或者理性，阻止它纯粹地是其所"是"。类似的主张也能够被举出，以表明根本就没有像纯粹的存在这样的东西，因为存在总是受——例如差异或者时间——所限定的。然而，这类主张并没有表明差异或时间恰恰是内在于存在本身的纯粹性之中，反倒表明差异或时间是存在的可能性的某种条件——某种形塑着一切存在和每一种存在观念但却在逻辑上先于存在的条件，就此而言，它们远不及黑格尔的观点。原因在于，它们不经意间开放了这样一种可能性，即：存在将会始终是纯粹的——事实上是不可能的

（*per impossibile*）（这些主张的支持者们或许会这么宣称）——只要我们不考虑差异或时间。相比之下，按照黑格尔的观点，存在在任何情况下都绝不可能始终是纯粹的，因为存在的纯粹性破坏着它自身，导致它自身消逝。这是一种比尼采、海德格尔或德里达所发起的要深刻得多的针对巴门尼德的纯然存在观念的挑战，因为它祛除了关于存在的持久纯粹性的白日梦。

当然，吊诡的地方在于，黑格尔只有通过从完全抽离出时间和差异的纯存在观念开始，才能够表明存在的纯粹性破坏着它自身。然而，在准先验的批评者们中所流行的假定却是：以这种方式抽象地思考存在是不可能的事情，因为我们对存在的思想总是已经在某个层面上受到了时间或差异的限定（从而潜在地被思考为现在或有差异的）。从这一角度来看，黑格尔宣称我们能够从纯粹的存在开始就显得有些幼稚。但要避免黑格尔式的"幼稚"（*naiveté*）是要付出代价的，因为不从纯存在本身的观念开始就不可能证明存在的纯粹性是**固有**而**必然地**无法成立的，就不可能证明存在**固有**而**必然地**是无法从时间和差异中分离出来的。然而，不首先证明这一点，人们也就无法证明抽离出时间和差异首先来思考存在是不可能的，因而就无法证明黑格尔的《逻辑学》不能从纯存在的思想开始。此外，始终存在着一种挥之不去的可能性，那就是：如果抽象地来考察它的话，纯粹的存在或许终究还是一个可以成立的观念。

在这里，我想要强调的一点是，黑格尔的准先验的批评者们陷入了进退两难的境地。**要么**，他们就否认纯存在能够不涉及差异或时间而被抽象地思考，在这种情况下，他们无法证明存在**固有地**就是有差异的和时间性的，从而开放了存在并非如此这种可能性——这大概是他们并不愿意开放 114
的一种可能性；**要么**，他们就接受黑格尔的观点，认为纯存在最终会成为**本身**有差异的和时间性的，在这种情况下，他们就不得不考虑，能够以完全抽离出差异和时间的抽象方式（该方式是证明这种抽象无法成立的第一阶段）来思考存在——这大概是他们也不愿意支持的一个选项。

黑格尔无需面对这样的困难，因为他并没有预先假定**纯粹的**存在观念是成问题的。相反，黑格尔将关于存在的一切假定都悬置了起来，只从存在本身的思想出发，而不往存在的思想中混进差异、时间、非存在或任何别的东西的观念。于是，他对存在的分析就表明，纯存在观念破坏着它自身并将自身转变为否定、有限性、量、差异、空间、时间、物质以及最终转变为历史等观念。这些事物中有很多也被非黑格尔派视为我们世界的根本特征。然而，在黑格尔的哲学中，它们都是从**纯粹的**存在的观念中演绎出来，从而都表明自己内在于这个观念。它们只不过没有在一开始就被视为理所当然罢了。由于这一缘故，我想说，黑格尔通往存在的内在而无前提的进路是一条首选的进路。[28]

注释：

［1］“准先验的”这个术语借自鲁道夫·加谢（Rodolphe Gasché）对德里达的卓越研究，*The Tain of the Mirror*：*Derrida and the Philosophy of Reflection*（Cambridge，Mass.：Harvard University Press，1986），p. 316。加谢用这个术语来指德里达用来构造哲学论述的可能性和非可能性之条件的“基础架构”。我则在比加谢稍微广泛一点的意义上用这个术语来指任何考虑存在（或者关于存在的思想）的“条件”或“前提”而非考虑存在本身的哲学进路。准先验的思想应当区别于严格意义上康德的**先验的**思想，后者特别地关注经验及其对象的先天的知识论条件；参见 Kant，*CPR* 133/55（A 11－12）。

［2］Schelling，*On the History of Modern Philosophy*，pp. 139－40.

［3］Schelling，*On the History of Modern Philosophy*，pp. 138，143.

［4］参见 J. Derrida，*Margins of Philosophy*，trans. A. Bass（Brighton：Harvester Press，1982），p. 328，以及 Gasché，*The Tain of the Mirror*，pp. 316－17。

［5］F. Nietzsche，*On the Genealogy of Morals*，trans. W. Kaufmann and R. J. Hollingdale，and *Ecce Homo*，trans. W. Kaufmann（New York：Vintage Books，1969），p. 273.

［6］F. Nietzsche，*The Will to Power*，trans. W. Kaufmann and R. J. Hollingdale（New York：Vintage Books，1968），p. 377（§708）.

［7］F. Nietzsche，*Twilight of the Idols/The Antichrist*，trans. R. J. Hollingdale（Harmondsworth：Penguin Books，1968），p. 49.

［8］Nietzsche，*Twilight of the Idols/The Antichrist*，p. 35.

［9］ M. Heidegger, *Being and Time*, trans. J. Macquarrie and E. Robinson (Oxford: Blackwell, 1962), p. 21.

［10］ Heidegger, *Being and Time*, p. 23.

［11］ 请注意，*Dasein* 这个词对于海德格尔来说，不仅指有规定的存在（就像它在黑格尔那里的意思一样），更是指“在其存在中有所领会地对这一存在有所作为的存在者”。参见 Heidegger, *Being and Time*, p. 78。

［12］ Heidegger, *Being and Time*, pp. 26, 28.

［13］ Heidegger, *Being and Time*, p. 27.

［14］ Heidegger, *Being and Time*, p. 39.

［15］ Heidegger, *Being and Time*, p. 45.

［16］ Heidegger, *Being and Time*, pp. 47, 40.

［17］ Heidegger, *Being and Time*, p. 484.

［18］ Heidegger, *Hegel*, p. 30；亦参见 pp. 12–3。

［19］ Heidegger, *Hegel*, pp. 11, 14, 12.

［20］ Heidegger, *Hegel*, pp. 5–6.

［21］ 参见 Heidegger, *Being and Time*, pp. 480–6。

［22］ Derrida, *Margins of Philosophy*, pp. 26, 6.

［23］ Feuerbach, *Towards a Critique of Hegel's Philosophy*, p. 102; "Zur Kritik der Hegelschen Philosophie," p. 168.

［24］ 关于准先验的思想和康德的先验的思想之间的区别，参见本章注释 1（第 103 页）。

［25］ 黑格尔对“前提”和“条件”的说明，参见 *SL* 400–4, 469–72/2: 25–30, 113–5。

［26］ Henrich, "Anfang und Methode der Logik," p. 92.

［27］ Nietzsche, *Twilight of the Idols/The Antichrist*, p. 35.

［28］ 对（准-）先验的哲学的一种类似的黑格尔式批判，参见 Winfield, *Overcoming Foundations*, pp. 16ff., and *Reason and Justice*, pp. 60ff。尤其是对德里达的一种精彩的黑格尔式批判，参见 W. Kisner, "*Erinnerung*, *Retrait*, Absolute Reflection: Hegel and Derrida," *The Owl of Minerva* 26, 2 (Spring 1995): 171–86。

第六章　逻辑学与本体论

作为本体论的黑格尔《逻辑学》

115　在之前的章节里，我已经提出，黑格尔的《逻辑学》提供了一种对思想及其基本范畴的无前提的说明。《逻辑学》的任务，从这一观点来看，就是要在不预设任何东西的情况下去确定思想究竟意味着什么；《逻辑学》通过“哲学地，也就是在其固有的内在活动中，或者这么说也一样，在其必然的发展中，去阐述思想之领域”（*SL* 31/1：19）而完成了这一任务。《逻辑学》因而就是黑格尔的替代选项，用来替代康德《纯粹理性批判》中的“形而上学的演绎”——形而上学的演绎是一种康德旨在通过它来发现思想的基本范畴的分析，这种分析先于“先验的演绎”中确定这些范畴是否适用于经验的对象的过程。

然而，我在之前章节的很多地方已经指出，黑格尔的《逻辑学》不仅提供了一种对思想的基本结构的说明，也提供了一种对存在的基本结构的说明。按照这种方式来解释，《逻辑学》就不只是一门逻辑学，而且也是一门本体论或者形而上学，是黑格尔，比如说，替代斯宾诺莎的《伦理学》（或至少它的第一部分）的一套方案。近年来，否认黑格尔的《逻辑学》提出了任何形而上学的主张已经成为一种流行趋势。[1]本章的目的，就是要捍卫黑格尔的《逻辑学》是一门形而上学或一门本体论这种观点，并恰当地解释黑格尔的存在-逻辑的科学（onto-logical science）是如何区别于黑格尔所相信的在康德之前就已经得到了发展的本体论和形而上学的。

无论在《逻辑学》中还是在《全书逻辑学》中，黑格尔都明确地指出，他的思辨的逻辑学是一门形而上学。例如，在《逻辑学》的第一版序言中，他谈到了“构成本真的形而上学或者纯粹的思辨哲学的逻辑科学”（*SL* 27/1：16）。在《全书逻辑学》的§24中，他宣称：“**逻辑学**因而就与**形而上学**，也就是与在**思想**中被把握的**事物**之科学重合了”（*EL* 56/81），以及在《逻辑学》的导言里，他主张：“客观的逻辑学……代替了往昔**形而上学**的位置，因为后者曾是应当只通过**思想**才得以建造的关于世界的科学大厦。”（*SL* 63/1：61）黑格尔也通过断言它的主题是逻各斯（*logos*），亦即“那存在着的东西的理性”而强调《逻辑学》的形而上学的特征：“这概 116
念至少是应该被放在逻辑的科学之外的逻各斯”（*SL* 39/1：30）。

现在，从刚才所引述的《逻辑学》导言的文字来看，真正说来，只有“客观逻辑学”（包含关于存在和本质的学说）才“取代了”从前形而上学的位置，从而潜在地构成黑格尔的本体论。然而，安德烈·多兹却认为，整部《逻辑学》都应当被视为本体论，因为所有在《逻辑学》中得到分析的概念——包括在“主观逻辑学”（关于概念的学说）中得到检验的“概念”、“判断”和“推理”这些概念——都“不过是存在的得到更为充分发展了的形式或样态”[2]。在我看来，多兹的解释为黑格尔自己的文本中的一些文字所认可。例如，在关于概念的学说中，黑格尔解释道：《逻辑学》中所分析的这些“概念”（*Begriff*）应当被视为“不是自觉的知性之行动，不是**主观的知性**，而是自在自为的概念，既构成**自然的**也构成**精神的**一个阶段”（*SL* 586/2：257）；在《全书逻辑学》中他主张：“推理的形式是一切事物（*aller Dinge*）的一个普遍的形式”（*EL* 59/84［§24 Add. 2］）。这些文字都清楚地表明：“概念”、“判断”和“推理”这些词指称着自然中的因而也是**存在本身**中的结构，而不只是人类的知性和理性的形式。因此，它们既是一些逻辑的结构，也是一些本体论的结构——既是思想范畴的一些结构，也是存在的一些结构。

黑格尔并不主张《逻辑学》中的本体论的结构恰恰是如它们在自然中所呈现的那样为人所知的。《逻辑学》首先通过抽离出空间、时间和物质来抽象地构想这些结构，《自然哲学》则进而检验这些结构如何在时间和空间中表达它们自身。因此，黑格尔关于概念的形式和推理的形式应当在自然中去发现的主张，不应该被认为是模糊了《逻辑学》和《自然哲学》之间的区分。然而，这个主张又确实澄清了一点，即对于黑格尔来说，“概念”和“推理”是内在于存在着的东西之中的不同形式，而不只是我们据以进行思考的不同形式；它们是一些本体论的结构，而不仅仅是一些逻辑的结构。

正如《逻辑学》从存在的各个范畴（例如存在、变易、某物、有限性）出发，经过本质的各个规定（例如差异、形式、内容、实体、原因）而将我们带到概念的各个规定（例如概念、判断、推理、理念）中去一样，它并不会突然一下子从作为对存在着的东西的一种说明跳到作为对我们自己的思想活动的一种说明上去，而是自始至终都是对思想的基本范畴**以及**对存在的基本形式的一种说明。自始至终它都是一种本体论的逻辑，
117 阐明着那内在于存在的无规定的**思想**之中以及内在于**存在**本身之中的东西。实际上，《逻辑学》从一开始就预设了：思想的结构——我们自己关于存在的**确信**的结构——和**存在**本身的结构是等同的。我们之后将会检验，一门以无前提为自豪的哲学是否有权做出这种柏拉图式的或者斯宾诺莎式的假定（特别是在康德的批判的转向之后）。让我们首先来证实黑格尔确实支持思想和存在的同一性，并考虑这样一种同一性应当如何——以及不应当如何——被理解吧。

思想和存在的同一性

黑格尔在不同的地方都公开表明思想和存在的同一性。在《逻辑学》的导言中，他就宣称《逻辑学》预设了“从意识［关于主体和客体］的对立中的解放”，并宣称这一解放将“自在自为的存在者就是被意识到的概念，而概念本身就是自在自为的存在者”（*SL* 49/1：43）这一观点赋予思辨的逻辑学家。之后在文本中，黑格尔提出：在《逻辑学》中，“存在被意识到是纯粹的概念本身，而纯粹的概念被意识到是真实的存在”（*SL* 60/1：57；亦参见 *SL* 51/1：45）。

这并**不**意味着存在只不过是我们心中关于上帝或人类的一个观念而已。黑格尔并不是一位否认我们周遭世界的实在性并相信它只对有限或无

限的意识才存在（或者说，只在有限或无限的意识中才存在）的准贝克莱式的主观观念论者。对于黑格尔来说，存在及其所蕴含的一切都是独立存在的，不必由一个能意识的心灵来对它进行思考或者“表象”。[3] 黑格尔也并不认为，尽管存在物拥有独立的实存但它们却都被注入了某种属于它们自己的意识。思想和存在的同一性并不意味着所有的事物——包括石头和椅子在内——都是能思维、能想象的存在。斯宾诺莎倒是赞同这种观点的一个稀释了的版本，但黑格尔显然并不这么主张。[4]

那么，说思想和存在是“同一的”，究竟意味着什么呢？它既不意味着存在物只对有意识的思想才存在，也不意味着所有的存在物本身都具备有意识的思想的能力，而是意味着它们都展现出某种能为思想所理解并与我们的基本范畴的结构一样的逻辑的**形式**或结构。它甚至意味着存在本身就**是**可理解的逻辑结构，而思想就是对这种可理解的存在的直接的意识。存在是直接性，或者说，是纯然的“彼性”（that-ness），先于意识或“精神”而存在。然而，内在于这种直接性之中的却是存在的各种方式、形式或模式——是有规定的、是某物、是有限的、是无限的——它们都拥有属于它们自己的某种确定的（例如，以否定或自身关联为特点的）逻辑结构。黑格尔的主张在于，比如说“某物”，它的逻辑结构就构成“**是**某物”的究竟所谓（what it is to *be* something）。因而，我们在世界中所遭遇到的任何堪称“某物”的东西，就都必然展现出这种逻辑结构。例如这支钢笔——无论它可能拥有其他哪些性质——本身就是自身关联着的否定，因为自身关联着的否定是任何“某物”的逻辑结构。因此，对于黑格尔来说，存在是可理解的，因为“纯粹的概念”就是“事物的最内在的实质（*das Innerste*）”（*SL* 37/1：27）。[5] 118

黑格尔主张，要理解存在的本性，我们唯一需要做的就是理解“存在”范畴所必然包含的东西，因为该范畴的结构是与存在本身的结构等同的。因此，存在的本性可以通过检验思想的基本概念而先天地得到确定。这并不是要否认，在自然和历史世界中还存在着许多只能靠经验才能后天地被发现的东西。黑格尔关于这种偶然性的最著名的一个例子——或者说，在黑格尔的时代曾经是很明显的一个例子——就是有超过六十种鹦鹉这一事实（*SL* 682/2：375）。思想无法从存在的本性中推导出这一事实而必须通过观察以及对所观察到的事物的思考来发现它。然而，思想却能够从存在的本性中先天地证明必定会有偶然的事物以及为什么会有偶然的事物。此外，思想也能够先天地确定一般意义上的偶然性的逻辑结构及其同必然性的关联。因此，即便纯粹的思想无法准确地预测任何一个给定的事物将要如何变化或者何时将会毁灭，但所有偶然的事物都必定要变化、最终会毁灭这一事实还是能够先天地获知。事实上，黑格尔从未宣称世界的确切发展进程能够由纯粹的思想来预测："未来不是绝对的，始终听任偶然性支配。"[6]黑格尔所宣称的是，无论在未来等待我们的是怎样的偶然的事物，纯粹的思想都能够以绝对的确信来确定，究竟何谓是"某物"、是"有限的"、是"量的"，何谓拥有"形式"和"内容"、施行"原因性"，等等。纯粹的思想因而能够给未来可能的偶然的事物的范围设立某些界限，因为它知道，无论发生什么，没有什么东西能够在不表现相应的逻辑结构的情况下就是"某物"或是"有限的"——甚至它们根本就不能够**是**（*be*）。因此，纯粹的思想能够预测将要发生的事情，只要将要发生的事情是受"某物"或"有限性"的逻辑结构所支配的；但纯粹的思想却并不处在一个能够预见一切将要发生的事情的位置上，而从这个意义上来说，它并不主张对事物的某种"整体的"视野。[7]

119 《逻辑学》的任务不是要去预测将要发生在存在和存在物上的所有个别的、偶然的变化，而是要去揭示并去理解合乎逻辑地为存在本身所蕴含，从而内在于存在本身中的各种一般的存在方式或存在形式（例如"是某物"或"是有限的"）。《逻辑学》是要通过纯粹的思想去发现由存在所**合乎逻辑地**表明出来的一切。《逻辑学》背后的前提与黑格尔关联到前康德的形而上学上的前提是一致的，这个前提就是："思维按其内在的规定，与事物的真实的本性是同一个内容"（*SL* 45/1：38；参见 *EL* 66/94［§28］）。这个前提明显地同康德的确信扞格不入，后者认为，知性没有能力揭示如其可能在自身中的那些事物的特征，而是仅限于确定如其在时间、空间这样的纯粹、主观的直观形式中向我们显现的那些对象①（*CPR* 361/302-3［B308-9］）。因此，尽管黑格尔的《逻辑学》是紧随康德的

① 分别指自在之物和现象。——译者注

批判的转向而写作的，它始终还是一部形而上学性质的或者本体论性质的文本。不过，正如黑格尔所构想的那样，《逻辑学》展现了一种新的、现代的形而上学，在一些重要的方式上背离了前康德的形而上学。实际上，包含在《逻辑学》中的形而上学，是黑格尔自己的前康德的形而上学批判——由康德的批判的转向或至少由黑格尔视为该批判的转向的题中应有之义所引发的一种批判——的产物。[8]

正如我们已经看到的，黑格尔认可这种形而上学的信念，即纯粹的思想能够独自地确定事物的内在本性。然而，对于前康德的形而上学家所做出的两个更进一步的假定，他却是持批判的态度的。第一个这样的假定就是：形而上学所处理的对象——灵魂、世界、上帝——是一些给定的存在物，或者说，是“一些完成了的既定主题”（*fertige gegebene Subjekte*），仿佛矗立“在那边”（over there）而与“在这边”认知着它们的那个心灵完全分离似的（*EL* 68/97 [§30]）。前康德的形而上学因而在被认知到的**真理**（或对象）和认知着的心灵所享受到的**确信**之间画下了一条清晰的线。用另外的方式来表达这一点也就是说：前康德的形而上学从一开始就假定它的对象是一些实实在在的**对象**——一些同我们相对而立的独特的、确定的存在物——并且假定形而上学家的任务就是要取得进入这些对象的途径并告诉我们**有关**这些对象的事情。它预设了心灵是处在同它的对象的**关联**中的，然而又认为思想和事物之间的“空间”能够被纯粹的思想本身所跨越。

按照黑格尔的观点，前康德的形而上学所做出的第二个假定在于：思想通过在**判断**中将属性或“宾词”归给事物而告诉我们有关世界中的事物的事情。

> 这种形而上学通常都预设，对绝对者的认识能够通过**赋予它一些
> 宾词**的方式而发生……例如，像在“上帝拥有定在”中的**定在**；世 120
> 界究竟是有限的还是无限的这个问题中的**有限性**或**无限性**；“灵魂是单纯的”这个命题中的**单纯**和**复合**。（*EL* 66/94 [§28]）

真理因而就被构想为我们的判断（及其构成概念）和所存在着的东西（what there is）之间的符合——一种必须唯独由纯粹理性来证实的

符合。[9]

在确定它的判断是否正确的过程中，黑格尔认为，前康德的形而上学预设了理性必须遵守形式逻辑的规则和三段论推理的规则。它同样也预设了它所运用的概念是相互排斥的——灵魂要么是单纯的要么是复合的，宇宙要么是有限的要么是无限的。因此，形而上学曾经是“独断论”的一种受知性（*Verstand*）支配的形式，因为“它必然认为，**两个相互对立的论断**中，一个必定是**真的**，另一个却必定是**假的**”（*EL* 69，65/98，93［§§32，27］）。

在《全书逻辑学》中，黑格尔明确地将这种前康德的形而上学同沃尔夫和经院哲学家们的哲学等同起来（*EL* 76，299/106，383［§§36 Add.，231］）。按照《哲学史讲演录》（1820 年代发表）中的观点，笛卡儿、莱布尼茨和斯宾诺莎也都属于“形而上学的阶段”。[10]然而，也许很难说这些哲学家都是黑格尔意义上完全“形而上学的”：经院哲学家常常否认上帝可以被人类恰当地理解，而由于斯宾诺莎将人类理解为**属于**实体本身的样式，他就没有很明显地将实体构想为是同人类思想相分离的“完成了的既定主题”。但是，在这些哲学家中，实际上并没有人——可能除了沃尔夫以外——被黑格尔归结为形而上学家。黑格尔所唯一宣称的
121 就是：莱布尼茨、沃尔夫以及其他人，就他们致力于通过纯粹的概念（例如“实体”和“原因”）来理解对象的真实本性并相信他们的判断告诉了我们**有关**某种分离的实在物的事情而言，都应当被视为形而上学家。[11]

黑格尔挑战前康德的形而上学的上述两个前提，因为他将它们视为未经批判地被预设了的；众所周知，黑格尔相信，在康德的批判的转向之后，我们必须首先避免的一件事情就是将某物视为理所当然。诚然，黑格尔自己可能并不会假定存在**不**是由对象所构成的，思想并**不**意味着形成关于这些对象的判断；但是他可能，并且也确实反对这一事实，即：（正如他所认为的，）康德之前的形而上学家只不过从一开始就预设了思想在根本上是一种判断活动。黑格尔的抱怨在于：“这些宾词**是否**本身就是某种真实的东西，以及判断的形式**是否**能够是真理的形式，这些都还未曾探究”（*EL* 66/94［§28］，我的强调）。在黑格尔看来，康德之后真正要去

做的一件自我批判的事情，不是要完全地拒绝，而是要在源头上将这样一个观念给悬置起来，即：形而上学是认知着的心灵同**既定的对象**的一种关联，形而上学从一个好像“在这边”的立场出发告诉了我们**关于**好像“在那边”的事物的事情。

正如我们已经看到的，黑格尔承认**有**存在（there *is* being）；存在并非只是我们的想象的一种虚构或者思想的一种“构造”。然而，黑格尔坚持认为，我们不能在一开始就假定存在是我们**与之**相关联的对象性的某个分离的领域。我们最初所能假定的最低程度的观念就是：存在是思想所直接意识到的纯然的直接性。存在或许——并且正如我们在本书第三部分将看到的那样，也确实——表明自己构成一个对象的世界，但我们不应当**预设**它是如此。我们必须等候着去发现，这是否从纯然的直接性的无规定的思想开始的情况。因此，黑格尔的形而上学将不会面对必须获得通往一个从开端就被假定为同我们相分离的对象性领域的“渠道”并形成“关于”这个对象性领域的判断的任务——声名狼藉地充满着知识论困难的一项任务——而将只需呈现出那内在于思想所意识到的直接性之中的无论什么东西——这也就是说，那内在于对这种直接性的单纯**思想**（或**确信**）中的无论什么东西。这样的形而上学将相应地采取**逻辑学**的形式：它将通过检验存在思想及内在于其中的不同范畴而提供出一种对存在的说明。在黑格尔的本体论的逻辑学中，

> 我们……所要做的不是一种**有关**（*über*）独立地奠基于思维之外的某物的思维，也不是应当提供单纯真理之**标志**的形式；相反，思维的必然形式和固有规定才是内容与最高的真理本身。（*SL* 50/1：44） 122

当我们考察《全书逻辑学》中黑格尔的著名的宣告——在思辨的逻辑学中得到分析的这些范畴能够被视为“对绝对者的不同定义”（*EL* 135/181［§85］）——时，牢记这一点十分重要。这一宣告已经被许多评论者视作一个明显的证据，用来证明黑格尔将他的《逻辑学》理解为向我们讲述了“有关”被称作“绝对”或“绝对精神”的宇宙性存在的事情。拜泽尔甚至认为：“黑格尔哲学的一个基本的、肯定且无可争议的

事实”就在于，“它的目的是要认识无限的或不受限定的绝对者”[12]。

诚然，黑格尔在本质论中主张，存在表明自己是绝对者或绝对地存在着的东西。[13]但认识到存在并非在一开始就被黑格尔以这种方式来构想却是很重要的。绝对者不是黑格尔的论述中的一个持续的主题（或对象）——它不是黑格尔的形而上学自始至终都在向我们论“及”（about）的某个无限的存在或实体。毋宁说，绝对者是纯然直接的存在本身最终**表明**自己所是的。（事实上，之后在《逻辑学》中，这个绝对的存在本身表明自己不只是绝对的存在，而是自我规定着的理性，是“概念”或“理念”。）黑格尔承认，回顾性地从《逻辑学》结尾的视角来看，“人们因而可以说，所有的开端都必须**以绝对者**（*dem Absoluten*）来造成，正如所有的前进都不过是对绝对者的表达一样”。然而，他也指出：“由于绝对者最初还只是**自在的**，它就既**不**是绝对者，也不是被建立了的概念，也不是理念”，而是纯然直接的**存在**（*SL* 829/2：555）。如果我们认真看待这一评论，并且也认识到黑格尔的本体论是产生自对前康德的形而上学的批判，那么我们就能够理解，黑格尔在《全书逻辑学》中的这个宣告实际上是有误导性的：思辨的逻辑学并没有也无法以任何径直的方式提供出一系列“对绝对者的不同定义”。

黑格尔的本体论无法提供这种“对绝对者的不同定义”，因为它并不是通过假定有某个绝对者（或者实体、上帝、精神）而着手进行的，也没有将自己的任务看作是要为这样一个“事物”提供说明（并且必须要证实它所宣称的能够直接地通向该“事物”的主张）。它甚至根本就不是从关于存在着的东西的任何确定的观念出发而着手进行的。实际上，它是从存在本身的完全无规定的意识或思想出发而着手进行的，并且将自己的
123 任务看作单纯只是要揭示出那内在于空洞的思想本身之中的东西的一种存在-**逻辑的**任务。在黑格尔看来，这样一种发展的存在-逻辑学是康德的批判的转向所要求的，因为它是直接地从自我批判地悬置掉存在是我们与之关联的一个确定的对象这一前康德的假定中，并且从接纳存在至少最初仅仅是我们在思想中所意识到的那个东西的直接性这一最低程度的观念中，才产生出来的。[14]

康德与黑格尔之间的相似和差异

黑格尔的本体论在另一个意义上受惠于康德，因为康德的先验逻辑学预示了它。康德在《纯粹理性批判》中以如下方式将先验的逻辑学同一般的逻辑学区分开来。一般的逻辑学陈述一般的有效思维的法则——所有的思想如果要合乎逻辑并在形式上有效就都必须遵行的法则（例如不矛盾律）。相比之下，先验的逻辑学则陈述支配着对象（*Gegenstände*）的思想的法则——假如我们所意识到的东西要被算作一个**对象**而非主观印象或主观知觉的一个单纯的连续，我们就要去遵守的法则。[15]这后一种逻辑学规定了，例如，我们所知觉到的东西，如果它被设想为是一个可度量的单一体、一个实体（或者实体的一种偶性），并且被设想为拥有一个原因的话，那么它就只能被理解为一个对象。以这样的方式，这种逻辑学就证明：像量、实体，以及原因性这样的范畴，都是任何意识或对象经验的“先验的”条件（*CPR* 224/134［B 126］）。因此，康德宣称，我们先天地就知道我们在经验中所遭遇的任何对象都必定拥有一个确切的大小和原因，哪怕我们无法在每一个具体的场合准确地断定一个对象有多大或者什么导致它成为它所是的样子。

康德主张，范畴是通过我们知性的自发活动而先天地产生出来的，而不是从我们关于事物的经验中抽象出来的。此外，我们有权使用这些范畴不是因为它们精确地“反映”了事物的真实本性，而是因为它们规定了在“对象”一词下被理解的东西，从而定义了被我们算作一个对象的东西。这就是康德著名的哥白尼式革命：主张我们的基本的概念无需表明自身适应或符合我们所遭遇到的对象，因为首先没有什么东西能够作为一个对象而被遭遇到，除非它已经符合我们的基本的概念（*CPR* 110/19－20［B xvi］）。

因此，在康德所发起的革命之后，如果我们还要从事一种对事物的客观结构的哲学研究，那么我们就不再需要努力获得从“这边”的立场通往“那边”的事物的“渠道”（也不再需要解释我们如何可能获得这样的 124
渠道）。我们唯一所需要做的就是研究我们自己的知性中的基本范畴以及那些支配着它们的运用的法则。这是因为，事物的客观结构——至少是任何能够被我们算作一个对象的事物的客观结构——就包含**在**我们自己的知性本身**之中**，特别是包含在作为量和原因的这些范畴之中。正如康德所指出：

> 一门妄称提供有关一般物的先天综合学说（例如因果性原理）的本体论，它的这一骄傲的名称必须让位给纯粹知性的分析论这一谦逊的名称。（*CPR* 358－9/296［B 303］）

或者，正如黑格尔所指出的，"批判的哲学……已经使得形而上学变为逻辑学"，特别是**先验的**逻辑学——通过对任何对象意识都要求的范畴（及其运用条件）进行检验而从事的对象研究（*SL* 51/1：45）。

正如我们已经看到的，黑格尔通过发展出一种同样也绕开了获得通往事物的"渠道"的需要的本体论的逻辑学——在黑格尔的例子中，也就是通过阐明那内在于思想所直接意识到的纯然直接性中的东西——而追随了康德的指引。康德的先验的逻辑学因而也就直接地预见到了黑格尔的本体论的逻辑学。然而，先验的逻辑学却由于两个原因而没有达到这种存在-逻辑学。第一，它将自身看作先天地规定着**对象**的结构而非规定着直接的存在本身。第二，它仅仅告诉我们"客观性"**对于我们**意味着（且必定意味着）什么，而没有告诉我们世界（或存在）**本身**应当如何被理解。康德认为，像量和原因性这类范畴，只能被用来将通过感性直观而被给予我们的东西构想为对象的一个领域。此外，他还相信，用来刻画我们所直观到的每一个事物的那些形式——空间和时间——只不过是我们借以直观事物的**主观的**形式而已，并非属于事物本身的形式（*CPR* 185/83－4［B 59－60］）。因此，范畴只能够被用来将事物的**现象**（*Erscheinung*）——**我们**所直观到的东西——解释为一个有秩序的对象性世界；它们并不授予我们关于事物本身或存在本身的根本性质的任何洞见（*CPR* 234，356－65/162，291－308［A 111，B 300－15］）。用黑格尔的话来说就是，康德由此而给予"逻辑的规定……以一种本质上主观的意义"，结果导致批判的哲学始终背负着"作为一个彼岸而残留下来的某种自在之物、某种无限的冲突"（*SL* 51/1：45）的重担。因此，康德从形而上学向逻辑学的开拓性的转变并没有赢得黑格尔毫无保留的赞同，因为它牺牲掉了黑格尔想要保留的一个前康德的形而上学的特征：关于思想能够揭露事物本身——存在本身——最内在的本性的确信。[16]

黑格尔深受康德的先验的逻辑学观念的影响，但他却解除了康德强加给范畴的限制。对于黑格尔来说，“思想不只是我们的思想，而同时也是事物的**自在**”（*EL* 83/116［§41 Add. 2］）。这并不是说，黑格尔认为我们终究能够达到我们感性经验之外的一个康德认为是不可触及的存在领域。这毋宁是说，黑格尔拒绝“自在地”存在着的东西是超越于我们的经验的这种观念。对于黑格尔来说，“事物的自在”是当下的、环绕着我们的；它就现存于我们的经验**之中**，而它的真实本性就显露于我们的思想**之中**。因而，通过对我们的基本范畴做逻辑的研究所揭示出来的，就不只是对象性**对于我们而言**的结构，而是**存在本身**的结构。因此，黑格尔的逻辑学并不只是一种先验的逻辑学，也是一种通过规定思想之所是来规定**存在**之所是的本体论的逻辑学。 125

对于黑格尔来说，纯粹的思想事实上就是对存在的理智的直观。它直接意识到有存在，并且它独自地就理解存在是什么。这就是为什么在《逻辑学》正文的开端，黑格尔会谈到作为“和纯粹的存在一样的同一个空洞的**直观或者思维**（*Anschauen oder Denken*）”（*SL* 82/1：83［195］，我的强调）的虚无范畴。[17]这并不是说，黑格尔相信纯粹的思想能够不借助感性就独自地直观**个别的**事物的直接的实存。例如，我只有通过看和听并通过思考我所看见和听到的，才能确定是否在我的花园里有一只松鼠。黑格尔坚持认为，我们是通过**思想**才意识到松鼠实际上**在那儿**、意识到它的**直接性**的：我看到一些颜色和形状，听到一些声音，但我却将我所看见和听到的**理解**为在我面前的一个实存着的对象。[18]不过，他也承认，为了确定那儿有一只松鼠而不是一只绕着我的草坪蹦来跳去的猫，我必须知觉到一些颜色和声音并将我实际所**看见**和**听到**的理解为一个实存着的事物。思想因而只有借助知觉才能够直观个别事物的实存；它无法独自确定具体的事物的存在。

黑格尔并不接受空间和时间仅仅是**我们**借以知觉事物的主观形式而非存在着的事物的形式这种观点。[19]因此，我们对个别事物的意识有赖于感官知觉这一事实并不意味着我们仅仅意识到事物向我们**显现**的方式。在黑格尔看来，知觉或感性直观通过空间和时间而识别出颜色和声音，而思想则确定那些时空的性质是实际地存在着的。没有什么更进一步的理由来否认我们所意识到的东西就是如其在自身之中的事物。黑格尔的主张只不过是说，思想无法不借助于知觉就直观到个别事物本身的实存。

126 然而，黑格尔坚持认为，思想能够通过纯粹理智的直观而知道**有存在本身**，并且知道该存在采取（且必定采取）有限性的形式、在量上和原因性上确定的存在的形式、自我规定着的理性的形式，以及最终自然的形式。在这个意义上说，纯粹的思想能够独自地做出一些一般性的存在宣告。[20]相比之下，对于康德而言，思想——至少人类的思想——则完全而不可化约地是迂回性的（正如我们曾在第一章看到的）。思想无法独自确定有任何东西**存在**，而只能告诉我们在感性直观中被给予的事物应当如何来理解。它能够告诉我们，我们所看见、所听到的是**客观的**某物——拥有原因并造成结果的一个可量化的对象——并且（在它的经验的形式中）能够确认该对象的经验的特征；但它却不能独自地让人想到任何东西的**直接性**。唯有感性的直观可以做到这一点。“直观”，康德说，就是“知识借以直接地（*unmittelbar*）关联于对象，而一切思维作为手段都致力于它的东西”。然而直观的发生，“只在对象被给予我们（*uns gegeben*）的时候；但这又只有通过对象以某种方式刺激心灵的时候才是可能的”（*CPR* 155/63［B 33］）。于是，人类的一切直观就都是感性的直观。

因此，康德在我们对某物的**直接性**的意识和我们对该物的**客观性**的意识之间做出了区分。前者通过感觉和直观的纯形式（空间和时间）而得以可能，后者则通过知性及其范畴而得以可能。众所周知，康德相信，我们从未在不以某种方式将之判断为是客观（也就是说，判断为是一个事物或一个事件）的情况下就意识到某物的直接性：知觉活动和判断活动总是同时发生的。对于康德而言，直观无概念则“盲”，正如思想无内容
127 则“空”一样（*CPR* 193－4/94－5［B 74－5］）。[21]尽管如此，重要的却是要注意到，感性直观和知性对我们关于事物的经验所做的贡献是根本不同的。尤其重要的是要认识到，知性本身并不包含对**直接性**或对事物的现实在场的任何意识。知性单纯只是下判断，指出直接地呈现我们眼前的东

西是某个特定种类的**对象**。[22]因此，由思想所自发地构想出来的范畴，它们的结构就并不被思想本身当作任何现实的和直接的事物的结构来认识，而是仅仅被理解为**可能的**对象——只能通过感性直观而被认识为实存着的对象——的结构。

我相信，这就是康德和黑格尔之间的一个根本的差异。对于康德而言，正如他在《判断力批判》中所解释的，“概念……仅仅致力于一个对象的可能性”，而“感性的直观……则给予我们一个并不因此就允许作为对象而被认识的某物”[23]。换言之，概念告诉我们“是某物”意味着什么或**将会**意味着什么：纯粹的概念或范畴规范着“是一般的对象”将会意味着什么；图形规定着“是时空中的一般的对象”将会意味着什么；至于经验性的概念，则告诉我们“是某个特定的事物”，例如是一只松鼠或一只猫，将会意味着什么。另外，直观构成了对事物直接性的直接的意识。因而，只拥有关于某物的概念——如果它是一个经验的对象、一个一般的对象，或甚至是某种“自在之物”的概念的话——是绝对无法向我们保证这样一个东西的存在的。它只能告诉我们，如果一个东西存在的话，这个东西将会是**什么**。只有当我们被给予一些能被归在概念之下从而能被概念明了地阐明的直观时，我们才能知道，我们所已经构想出来的某物实际上是存在的。

正如我们已经看到的，在康德看来，这样一些直观只能通过感性的手段被给予人类。此外，它们也预设了人类感性能力的直观形式——空间和时间。因而，我们只能在感性经验的领域中证实对象——可量化的、同别的事物处在因果关系中的实体——的实存。这也就是说，本身被限制在对可能性的构想中的纯粹知性，只有在经验性现象的领域中才能先天地知道**现实的**对象的结构。相比之下，认为事物除开它们向我们显现的方式而“在自身中”就拥有某种实存，这种观念必定仍然是一种决不能被最后证 128
实或证伪的纯粹逻辑的可能性——尽管这是一种我们**必定**拥有的观念。因此，“自在之物”概念被康德视作一个必然“悬而未决的”概念（*CPR* 362/304［B 310］）。

对于形而上学家黑格尔来说，思想并非原初地就是对可能的对象性的构想，相反，它首先是对直接的**存在**的直接的意识——是**知道**有存在并且理解存在是什么的那种直观的知性。所以，《逻辑学》中所陈述的各种存在形式就并非可能的存在的一些形式，而是一些现实地内在于存在本身之中的形式——是存在必须采取且确实采取了的一些形式：是有限的、是量的、是有理性的，等等。如果只考虑存在的这些一般的方式，那么康德的判断就是正确的："假如我们的知性是能直观的，那么知性除了现实的东西之外就不会有任何对象。"[24]然而，与康德的理解相反的是，这并不意味着一种直观的理智是绝无可能的。这毋宁意味着，真正的可能性必定深植于现实性本身之中；它们必定是一些**现实的**而非单纯形式的、"逻辑的"可能性。[25]

正如我们已经看到的，黑格尔并未主张直观的知性独自就能直观到个别事物的实存。对于黑格尔来说，正如对于康德而言一样，个别事物的实存只能建立在同感性知觉的关联中。在两位思想家解释我们对个别事物的意识的方式里，无疑存在着差异。对于康德而言，我们通过感性的直观而意识到某物存在，而思想仅仅确定该物是什么；相比之下，对于黑格尔来说，思想既确定我们正知觉着的东西，**又**将它理解为**具体存在着**。因而，在黑格尔看来，思想同时将客观性和直接性授予我们所知觉到的事物。（正如我们将看到的，黑格尔在《逻辑学》中表明，构成了"是一个**对象**"的那些逻辑范畴，例如"某物"和"有限性"，实际上都是内在于直接的存在本身的思想中的。）然而，康德和黑格尔都承认，如果我们要对任何特定的事物有所意识，知性和感觉就必须协同作用。此外，两人也都承认，人们有可能误判他们所知觉到的东西，从而当事物并不存在时断定它是存在的。两位哲学家最终给我们有关个别事物的知识提供了相似的说明。

至于康德和黑格尔彼此不同的地方，则在于他们对这个问题的理解，即：纯粹的思想关于存在本身究竟独自地能够知道些什么？对于康德而言，纯粹的思想对于存在本身一无所知，而是只能构想可能之物。相比之下，对于黑格尔来说，纯粹的思想能够直观到存在本身的真实本性。实际上，鉴于在思辨的逻辑学中对纯粹范畴所做的逻辑的演绎恰当地展示出了
129 存在概念的内在蕴含，这种逻辑学也就不可能揭示不出存在的本性，因为存在的本性与我们所**理解**的存在结构是相同的。

黑格尔的“先验演绎”

康德在《纯粹理性批判》中用来证明纯粹思想的范畴运用于经验对象上这一主张的论证，叫作范畴的先验演绎。黑格尔为支持思想不仅理解我们经验的对象而且还理解存在本身这一主张所做的论证，也可以被看作是形成了他自己的先验演绎。现在我想大体上对这种黑格尔式的“演绎”进行一番再审，以使究竟是什么东西辩护了黑格尔的这种认为思想能够在自身内确定存在的真实特征的新斯宾诺莎式或新柏拉图式的自信成为显而易见。此外，应当注意的是，黑格尔的先验演绎不是在《逻辑学》的主体部分中进行的，而是《逻辑学》本身所预设的。这一点，黑格尔已经说得很清楚了：思想和存在的“同一性”一开始就构成《逻辑学》本身的“要素”——构成思辨的逻辑所要确定的主题（*SL* 60/1：57）。

在黑格尔先验演绎的中心位置有两个密切相关的论证，现在我们应该对之有所了解。第一个论证非常简单。在康德的批判的转向之后，黑格尔认为，逻辑学家不再有理由预设任何规则、法则或有关思想的概念了（*SL* 43/1：35）。事实上，除了思想本身的单纯存在外，逻辑学家根本就不能预设任何东西。因此，在逻辑科学中，我们除了从**作为**纯然存在的思想自身之存在开始以外，不能从任何更具规定的东西开始。

> 开端必须是**绝对的**开端……它因此无需**预设任何东西**……它因而必须完全是一种直接的东西，或就是仅仅**直接的东西**本身……因此，开端就是**纯粹的存在**。（*SL* 70/1：69［175］）

既然如此，对于黑格尔来说，思想就必定至少是关于存在——不是关于对象，不是关于自然，甚至也不是关于可能性——的思想，因为**存在**是思想已自我批判地将它关于自身的一切预设都悬置起来之后所剩下的唯一。这个论证显然呼应着笛卡儿在第二沉思一开始的论证，根据那个论证，通过怀疑思想所知道的一切，包括怀疑思想本身，思想便发现：思想自身的存在是不可消解的。[26] 当然，笛卡儿和黑格尔之间的根本区别在于，对于黑格尔来说，将思想此前关于自身所预设的一切都悬置起来的这个过程，所留给我们的不是对“**我是**”的认同，而是对作为纯然**存在**的思想本身所做的无规定的思想。

130 黑格尔的第二个论证也同样简单，但却是从“存在”的观念，而不是从思想开始的。假如我们要成为彻底自我批判的，我们就不能在一开始便假定，存在是任何超出思想所最低程度地觉知到了的东西之存在以外的东西。我们不可以假定存在同思想对立，或者存在逃避思想；而必须将存在视为这样一个东西的纯然直接性，**对于这个东西**，思想最低程度地觉知到了——因为这就是将我们关于存在和思想所预设的一切都自我批判地悬置起来之后所留给我们的唯一。因此，一位彻底自我批判的哲学家是别无选择的，他只有将存在与所思想到、所理解到的东西等同起来。任何别的存在观念——特别是那种将存在视为有可能超越或必然超越思想的存在观念——都只不过是未经我们必须由以开端的关于存在的空洞概念——存在乃是“思想最低程度地觉知到的纯然直接性”（sheer-immediacy-of-which-thought-is-minimally-aware）——批准的。因此，在《逻辑学》的开端，关于存在将渐次成为的一切，我们确实都还不知道，但我们却知道：存在之结构将成为有关存在的思想之结构。这也就是说，我们知道：“事实（*Sache*）对于我们，除了是我们关于该事实的概念之外，不能是别的”（*SL* 36/1：25）。

这两个概述于《逻辑学》的序言和导言的黑格尔式论证，产生出了两条构成《逻辑学》基础的原则。第一，我们意识到存在，并非因为别的缘故，只因为我们**思想**；思想因而就是我们觉知存在的“条件”。这是黑格尔的一条准康德的原则。第二，思想最低程度地觉知到或直观到**存在本身**。这是黑格尔的一条准斯宾诺莎的原则。这两条原则榫接为一条单一的原则，即：存在之结构乃是关于存在的思想之结构；并且促使黑格尔将本体论和逻辑学合为一门新科学，即：**本体论的逻辑学**。[27]

黑格尔承认思想和存在有所区别：存在**是**（*is*）它在其自身中之所是，而并非仅仅**对于**（*for*）有意识的思想才存在。此外，正如我们在《逻辑学》的进程中所认识到的，存在毕竟最终构成为对象的一个领域（“在那里”并且在我们周围）。然而，黑格尔却主张，我们不可以从假定存在是同思想完全分离的来开始。我们必须从存在和思想事实上是**不可分离的**（*untrennbar*）这一观念开始：因为我们必须从这一观念开始，即：思想最初什么也不是，除了是对纯然直接的存在的思想，而存在最初什么也不是，除了是思想最低程度地觉知到的单纯直接性，从而思想和存在这两者拥有同样的范畴结构。这就是形成为黑格尔《逻辑学》之“要素”的思想和存在的“同一性”或“统一性”（参见 *SL* 60/1：57）。因此，我们无需为了理解存在的本性而获取通向存在的“渠道”。我们所需要做的，只是将内在于有关单纯、直接的存在之**思想**中的无论什么东西都予以外在地阐明。以此方式，我们就会在思想本身之内，先天地发现存在所是且必然是的一切（包括它作为“某物”之所是或作为“对象”之所是）。 131

需要注意的是，黑格尔的这种“斯宾诺莎式的”（或“柏拉图式的”）自信——认为思想乃是本体论性质的——是他对之前有关思想和存在的假定——包括康德有关思想被限制为仅仅设想可能之物而非现实之物的假定——所做的**彻底自我批判的**悬置得出的结论。黑格尔并不拒绝康德的批判工作（正如他理解它一样），也不重回斯宾诺莎的形而上学，哪怕康德从来未曾存在过。他也不追随荷尔德林和谢林，通过单纯**预设**思想和存在的某种斯宾诺莎式统一乃是任何这类分离的前提条件来克服康德式的思想和存在的分离。（在其早年的文本，例如《差异》[①] 中，黑格尔曾采取这一路线，但在其成熟作品，例如《逻辑学》中，他却不再这么做。）黑格尔是受他视为康德哲学固有呼召的彻底自我批判精神之驱使而形成他的改良版斯宾诺莎主义的：因为该呼召引导黑格尔将康德的断言——纯粹的思想仅限于思考可能之物而非现实之物——视为本身就是完全无批判的和无根据的。

黑格尔、康德和“自在之物”

黑格尔拒绝康德声名狼藉的“自在之物”（*Ding an sich*）概念，很大程度上也缘于他的这样一个信念，即认为康德并没有做到黑格尔视为康德

---

① 指《费希特与谢林哲学体系的差异》。——译者注

自己所要求的那种彻底的自我批判。在本节中，我会考察由黑格尔在逻辑科学的开端之前所提供的对康德“自在之物”概念的批判。在《逻辑学》的主体部分中，黑格尔则提出了对康德的这个概念的进一步的批判，我们将在第十八章予以检验。

所谓“自在之物”，对于康德而言，就是可能从它向我们显现并为我们所经验的方式中分离出去的事物。康德坚持认为，我们永远都无法知道，在事物中是否真的有任何东西超出了我们对它们所经验到的东西之外，然而他却主张，我们能够甚至必须怀有这种**思想**，即：确实有这样的东西。黑格尔也谈论“事物的**自在**”（*EL* 83/116［§41 Add. 2］），但他却不是以康德那样的方式来设想它。黑格尔所想的，不是超出我们所经验到的它们之所是以外的事物的某种可能的维度，而是在我们的经验中得到揭示并由纯粹、思辨的思想所充分说明了的存在的现实本性。因此，黑格尔并不接受那种认为有事物超出我们的经验之外的维度的观念，并且反驳康德，认为我们毕竟能够获得通往该维度的渠道。黑格尔拒绝这种认为一个事物——或存在——的“自在”超越了我们的经验的观念，相反，他将“自在”存在设想为**属于**我们所经验到的事物**的**可理解的、本体论的结构。从黑格尔的观点来看，康德未能发展出对存在**本身**概念的一种恰当的理解，因为他没有从对存在的空洞概念的考察中将这种理解演绎出来。不如说，康德独断地执着于思想的根本指向是**事物**或**对象**这样一种观念，
132 于是便通过抽离出我们对事物的经验而形成了自在之物的概念——（正如我们将在第十八章特别关注的）一个因为太过抽象以致根本无法算作某个可能**事物**的概念而告终的概念。

因此，仅就黑格尔来说，康德的遗产是模棱两可的。积极地来看，康德开辟了哲学批判的时代，驱使黑格尔踏上了彻底的自我批判道路。这激励着黑格尔将前康德的形而上学关于思想的任务就是要形成“有关”对象的真判断的这个假定悬置起来，并且将他引向这样一种观点，即：康德之后的形而上学必须采取本体论的逻辑学——通过单纯阐明内在于存在**思想**中的东西而发现存在本身所蕴含的东西——的形式。此外，康德本人的先验的逻辑学将我们从思想必定以某种方式获取从［主体］“这边”通向对象“那边”的渠道的观念中解放出来。先验的逻辑学借由证明我们

可以通过检验我们**固有的**知性范畴而先天地理解事物——尽管只是“现象界”中的对象——的根本结构，而实现了这种解放。黑格尔则借由主张对我们的基本范畴的检验不只揭示出如其向我们显现的事物的结构，而且也揭示出存在本身的结构，而将康德的先验的逻辑学转变成了本体论的逻辑学。正如我们已经看到的，黑格尔通过——在康德本人激励下的——调转哲学批判的枪头指向康德自己的主张，即：思想本身只限于理解**可能的**对象而非存在本身，才达到了这个结论。因此，康德推动黑格尔发展出了一个独创的立场，既超越了前康德的形而上学，也超越了康德本人的批判的先验哲学。

从另一方面来看，康德仍然执着于前康德的形而上学和日常的意识所共有的一个假设，即：思想在根本上是认知着的心灵（以及判断）同**事物**和**对象**的一种**关联**。不同于旧形而上学和日常的意识，康德相信，知性本身就规定着被算作经验的一个对象的东西，从而能够先天地知道任何这些对象的必要结构，而无需（通过纯粹的思想或知觉）获取通向它们的“渠道”。此外——再一次与旧形而上学和日常的意识形成对比——康德否认我们能够知道自在之物的真实本性。然而，他却从未将思想在本质上与对象有关这一假定悬置起来，从而也就从未认识到，思想就其最低程度而言，不是对对象而是对**直接的存在**的理解。因此，康德从未达到黑格尔所认为的彻底自我批判的哲学必须由以开始的那种观点。在黑格尔看来，康德不加置疑地坚持认为思想在根本上是指向对象的这种做法，在他有关“自在之物”的观念中尤为明显。

然而，黑格尔自己的一些评论却未能澄清他批评康德“自在之物”观念的确切原因。例如，在《逻辑学》中，黑格尔有两次将“自在之物”概念当作抽象活动的产物，称之为“仅仅进行抽象活动的思维的［一个］产物”以及“思想物”（*Gedankending*）（*SL* 62，36/1：60，26）。在我看来，这些说明并没有充分地解释黑格尔为什么不赞同康德的概念。实际上，康德主义者可能会辩称，认为这些说明实际上本身并不构成对康德的 133
批评。毕竟康德本人也承认，“自在之物”概念是当知性**抽离**出我们唯有在其下才能经验到对象的那些感性条件，并除去那些条件而考虑对象本身可能如何的时候，由知性所产生出来的。

> 知性（*Verstand*），当它把在某种关系中的一个对象称为单纯的现象，同时它还在这种关系之外设想某个**自在的**对象（*Gegenstand an sich selbst*），并因而设想，它还能够构造关于**这个对象**的**各种概念**时……（*CPR* 360/302［B 306-7］）

如果康德本人明确地将“自在之物”概念理解为抽象活动的产物，那为什么要把黑格尔对这一情况的如实评述看作一种批评呢？除非思想不应当生产出这类抽象，这种评论才能算作对康德的一种批评。然而，自我批判的思想应当避免抽象行动这一点，按照黑格尔自己的标准，并非直接地是明显的。实际上，难道不是黑格尔建议说，自我批判的思想应当悬置从而**抽离**它关于自身所预设的一切吗？难道不是他坚持认为《逻辑学》的开端应当是“抽象的开端”（*SL* 70/1：68［175］）吗？因此，难道人们不能够辩解，说“自在之物”概念实际上就是康德重视自我批判的结果吗？既然它是当思想弃置从而**抽离**出世界就是如我们知道它的那样一种传统形而上学的假设，并认为事物可能有别于我们经验到它们的方式的时候，才产生出来的。

然而，如果我们转向黑格尔在《全书逻辑学》中对康德的讨论，我们就会看得更加清楚，为什么黑格尔将“自在之物”概念视为康德在彻底自我批判上失败的一个标志，而非他的自我批判的意图的一个迹象。在《全书逻辑学》的 §44 中，黑格尔重复了他关于“自在之物”概念是抽象活动的产物的指控：他说，“自在之物”概念是“思维之**产物**，就是那继续行至纯粹的抽象的思维之产物”（*EL* 87/121）。但他紧接着加了一条重要的说明。“自在之物”概念，他告诉我们说，是“将它自身的这种空洞的**同一性**当作**对象**（*Gegenstand*）的空洞的我的产物”（*EL* 87/121）。这条说明讲得很清楚，在黑格尔看来，“自在之物”概念是由这样一种抽象行动所导致的，即：**维持**那种认为所有的思想都关联于对象的想法，不以任何方式悬置或抽离这种确信。因此，康德的问题在于，他实际上并没有充分抽离我们通常构想事物的方式。

认为思想在根本上是一种与矗立在我们面前的对象的关联而非对存在本身的直接性的一种意识这一假定，是由前康德的形而上学和日常的意识所做出的。众所周知，康德共有这样一种观念，即认为我们日常的、感性的经验在根本上是一种关于对象的经验。按照黑格尔的观点，哪怕是当他制订出如事物可能脱离我们通常在其下经验到它们的那些条件而在自 134
身中的自在之物的思想的时候，康德都仍然保留思想在根本上是关联于对象的这种观念。康德将自在之物视为完全超出我们知识的范围这一事实——甚至他将自在之物的存在视为悬而未决，视为不过是逻辑上的可能这一事实——对于黑格尔的观点来说都不造成实质的区别。事实始终是，康德将自在之物设想为是超出我们经验之外的逻辑上可能的**对象**。尽管康德承认“［这样一种对象］它是在我们之内被遭遇到，还是说在我们之外被遭遇到，是连同感性一道被取消，还是说即便我们去除感性它也将保留下来，我们对此是一无所知”，这也无关紧要。因为无论人们以为“自在之物”在哪里——哪怕在观念本身之内——它都被康德设想为一种本身属于“现象的原因（*Ursache*）（因而本身不是现象）”的“先验的**对象**”（*transzendentales Objekt*），并且在这个意义上被设想为不同于唯独我们才能意识到的对象领域。[28]

因此，黑格尔在逻辑科学本身开始之前对康德的指控，其核心要旨就在于，“自在之物”是由思想所造成的一个抽象行动的结果，这个思想就其保留了一切思想都关联于对象——哪怕它指向那种可能超出日常经验的对象——这一观念而言，始终深陷于日常意识的观点。这一点得到了《逻辑学》导言中的一段话的证实，在那里，黑格尔首先明确地提出： 135
康德的观点“停留在意识及其对立的范围内”，接着便立即将这一事实同康德的“自在之物”概念联系了起来。“在感觉和直观的经验性东西之外”，黑格尔写道，康德的观点中“还有某种并不由思维着的自我意识所建立和规定的东西，还有某种**自在之物**（ein *Ding-an-sich*），某种异于并外在于思维的东西残留下来”（*SL* 62/1：59－60）[29]。因此，黑格尔所在意的，并不在于“自在之物”这个概念是一个**抽象的**概念，而在于它是一个关于意识的某个**事物**或**对象**的抽象的概念。他所反对的是：“**自在之物**……表达了这样一种对象（*Gegenstand*），就这种对象被抽离出它**在意识中**所是的一切”（*EL* 87/120－1［§44］，我的强调）。从黑格尔的观点来看，无论康德的哲学可能声称自己有多么的批判，它总还是缺少彻底的自我批判所要求的东西，因为它未能将我们在本质上是矗立于客观世界的对面并与之相关联的这一**日常的**假定给悬置起来。

当然，从康德的观点来看，“自在之物”（或“消极的本体”）这个概念本身就是一个**批判的**概念，它通过提醒我们世界不应当仅仅被还原为我们所经验到的它们的样子，而“限制感性的僭越”（*CPR* 350/305［B 311］）。它提醒我们，我们不应该过度估计自然科学或形而上学的力量，相信它们能够告诉我们远比我们所经验到的世界的结构更多的任何事情。我们不要妄想它们能够揭示出（包括自然对象、人类存在，以及上帝在内的）事物本身的内在本性。

然而，用黑格尔主义的眼光来看，康德的这种审慎的态度，即认为事物不应当被设想为可以被还原为我们经验到它们的方式，根本就是不审慎的。相反，它建立在两个独断的主张之上。第一个独断的主张是：日常的意识坚持认为思想在根本上是与事物或对象领域的一种关联，这个坚持是正确的。第二个独断的主张是：我们通常借以感知事物的时空形式是唯独**我们的**直观的先天形式，从而——与日常的意识所以为的相反——不能够刻画对象“本身”的特征，因而人类的思想也就只能够规定那些**显现**出来的对象的特征。这第二个主张尤其重要。康德主张，我们必须怀有这样的**想法**——逻辑的可能性，即：经验的对象拥有某个超出我们认知之外的维度，因此自在之物是存在的；但他又坚持认为我们无法**知道**它们存在。（这其中就有着康德表面上的审慎。）与此同时，他信心满满地主张，我们必须将自在之物设想为是与我们感知它们的方式完全不同的，因为人类的
136 直观的形式是先天的，从而只能是我们的经验的主观的条件，而**不是**事物的本体论的条件。我在前面曾经指出过，康德关于“自在之物”的思想可以说是为这样一种观念留下了余地，即：自在之物“可能有别于”我们感知它们的方式（第 133 页）。然而，重要的是要记住：康德的主张并不是说自在之物确定存在，只不过**可能有别于**我们经验它们的方式。他的主张是说，自在之物**可能存在**，而无论它们是否存在，它们**都必须被设想为有别于**我们经验它们的方式。悬而未决的是它们的存在，而不是它们有别于我们对它们的经验这一观念。实际上，康德毫不犹豫地就提出了这一观念。

从黑格尔的观点来看，我们直观的先天形式明确地也不能属于世界本身（无论世界上是否存在着这么一个维度）这一主张，从未被康德严格地论证过，实际上是相当独断地被提出的。因此，人类的认知由于受直观的先天形式制约而是有限的这一主张，也是一个独断的主张。[30]实际上，对于黑格尔来说，康德的这种认为人类的认知是有限的坚持，是一种有待被挑战的未经批判的坚持。“人们谈论作为谦卑（*Demut*）的标志的人类理性的界限”，黑格尔在他 1817 年有关逻辑学的讲演中说，但“理性按照那些说我们不能知道任何比上帝更高的东西的人的断言（*Behauptung*）而知道它本身是某种有限的东西”。因此，他补充道：“由于他们断言这一点，他们的谦卑就变成了骄傲（*stolz*）。”[31]

按照黑格尔的观点，真正自我批判的工作就是要将日常的意识和康德的“批判的”哲学所做的一切有关思想的假定都悬置起来，并从头开始。这就意味着要放弃思想在根本上是一种同对象的关联这一为康德和前康德形而上学所共有的日常假定。这也就意味着将康德更进一步的特别的断言，即认为我们必须为对象的某个隐秘维度——它们的自在之所是——设计出在根本上有别于我们经验它们的方式的思想弃置一旁。正如我们已经看到的，放弃这些假定的结果就在于，不再剩下什么由以开端的东西可供思想来思考了，除了纯然无规定的存在以外。因此，悬置起康德的这些表面上显得批判，但实际上却很独断的对思想的限制，我们就被引导到思想在最低程度上是本体论的这样一个准斯宾诺莎的观念上：思想并非只是有关**可能性**的思想，而是有关**存在**的思想。换言之，黑格尔是一个改良了的斯宾诺莎主义者，因为他比康德本人更是一个批判的哲学家。

人们常常认为，在康德已经将我们同“自在之物”分离开来之后，黑格尔又将我们带回到同“自在之物”的接触中。但以这样的方式来呈现黑格尔向康德发起的挑战，多少是带有误导性的。黑格尔对康德的回应 137
并不是要说：“是的，我们毕竟能够知道经验之外的自在之物。”黑格尔的回应是要**放弃**在我们的“有限的”经验“之外”或许还有某个存在领域这种观念——以及一切关于存在的其他的先入之见——并致力于那可能是内在于存在本身的简单思想中的无论什么东西。

皮平眼中的黑格尔

近来对黑格尔《逻辑学》的最重要的非形而上学的解释，或许就是罗伯特·皮平在他的《黑格尔的观念论》一书中所提供的。我希望指出他的解释和我的解释借以相互重叠又相互区别的一些主要的方式，来结束本章。

对于皮平而言，黑格尔并不试图证明某个神圣的心灵的存在，他也不致力于提供“某种对现实宇宙的内容或世界历史的内容的演绎”。毋宁说，他维持了康德“同形而上学传统的先验的决裂”，甚至使这种决裂极端化了。黑格尔的《逻辑学》所提供的是一种“由包含在……自我理解中的基本的范畴区分思想所做的充分‘科学的’论述”[32]。然而，皮平并不认为黑格尔是一个纯粹的范畴理论家。皮平眼中的黑格尔并不只是“确立在原始的或基本的概念中存在着一些特殊的关系种类”从而给予“一种由思想对它自身的论述”。他试图确定一些范畴，通过这些范畴，“主体能够将自身带入同**对象**的关系中”。实际上，他打算揭露出“确定的认识对象得以可能所首先要求的那些概念条件”[33]。因此，皮平眼中的黑格尔公开致力于继续康德本人所构想的先验的逻辑学计划，也就是：不只要确立支配着一般思维的规则，而且要确立我们将某物理解为一个**对象**所需要的特殊的规则或“范畴”。

然而，皮平眼中的黑格尔在两个重要的方面有别于康德。第一，他并不依赖于某个判断机能表来制订关于对象的知识所需要的那些概念，而是通过反思单纯的“存在”思想并通过确定该思想的概念性“条件”而演绎出这些范畴。[34]第二，他认为，这些范畴并非仅仅阐明我们的感觉经验而将自在之物的某个假定领域置于我们的理解之外。对于黑格尔来说，范畴不能以这种方式同最终存在或可能存在的东西形成对照，因为范畴本身就包含了“‘存在’能够可理解地所是的一切”。任何事物，无论被判定
138 为是有规定的、是现实的，抑或是可能的——是**任何什么东西**，都只能是借助范畴而被这么判定的。范畴因而构造了“一个自觉的判断者所能确定的任何可能的世界”[35]。没有什么东西可以在范畴的有效性范围“之

外”或“之后”被判定。

因此，对于皮平眼中的黑格尔来说，形而上学和本体论要让位于先验的逻辑学：因为只有通过检验我们借以构想存在的那些范畴，存在才能够得到理解。确定“是”或者“是一个对象”究竟意味着什么，实际上也就意味着要确立是一个“可理解的对象”或“思想的对象”[36]究竟意味着什么。从这一观点来看，真理是通过恰当地理解“是思想的一个对象”究竟**意味着**什么，而不是通过试图使我们的范畴同“外在的”某物相匹配而达到的。[37]

就皮平将黑格尔的《逻辑学》解释为对基本的思想范畴所做的一种说明，解释为一种改进了的先验的逻辑学而言，他的解读涵盖了本研究所提供的解释的一个方面。然而，皮平对黑格尔的解释却在三个方面有别于我的解释。第一，皮平理所当然地以为，黑格尔像康德一样，是在试图建立思想的**对象**得以可能的那些概念性的条件。他相信，黑格尔——像康德一样——通过表明思想能够独自先天地确定“是一个对象”究竟意味着什么，而废除了证明思想符合“外在的”对象的需要。然而，他却从来没有怀疑过，思想对于黑格尔来说，是否总是指向对象而非指向纯然直接的存在。

第二，对于《逻辑学》的进程，皮平采取了一种同我在本研究中所接纳的观点显著不同的观点。在我看来，《逻辑学》的任务要求我们仅仅展开原初无规定的存在思想。在这个过程中，我们看到存在的思想转变为——或者表明自己就是——质、量、反身性、原因、概念、判断、推理，以及自我规定着的理性或理念的思想。因此，《逻辑学》表明了，一个原初无规定的思想突变成许多更进一步的范畴，我们必须按照这些范畴来思考和理解存在。

相比之下，对于皮平而言，随着我们从存在论过渡到本质论和概念论，我们一路所考察的不只是更进一步的范畴，而且是自觉的思想的根本**运作**或者**活动**；这些根本的运作，他认为，就是思想的有规定的对象得以存在的前提条件。按照皮平的观点，存在论揭示了，当人们试图按照简单的否定来构想规定性的时候所产生的各种问题；也就是说，事物不再“按照同所有其他事物的某种坏的无限关联”而被构想为不是这个，也不

是这个，也不是这个，等等。本质论进而表明，对“本质”、“形式”以及“内容”这类折返范畴的使用，使得我们能够更加顺利地确定事物。它同时也表明，“存在着并且必然存在着某种自发的、建立的折返，是任何有规定的存在的规定性要能得到说明所必需的”。（皮平指出，这就是
139 “简而言之”的黑格尔观念论。）[38]概念论更进一步地证明了，折返活动本身预设了一个由思想的自觉的自发性所产生出来的总体的概念计划。皮平将这种自觉的自发思想，连同它所产生出来的范畴体系，都看作“概念”（*Begriff*）。“概念”因而不只是我们必须据以思考的某个复杂的概念，它也是由一切关于规定性的思想所预设的“必要的主观活动”——“‘思想’的自发的发展过程”[39]。因此，黑格尔的《逻辑学》讲述了这样一个极大地受惠于康德的故事，即对对象的认知预设了一种至少潜在地是自觉的或“统觉性的”主观活动。[40]

在我看来，问题在于黑格尔《逻辑学》的文本明显不支持皮平的解释的这个方面。在本质论中，黑格尔毫不含糊地说：“这里所说的，既不是意识的反思，也不是知性的一定的反思……而是一般意义上的返回（*Reflexion überhaupt*）”（*SL* 404/2：30－1）；在概念论中，正如在本章一开始就指出过的，黑格尔写道：“在这里……概念不是自觉的知性之行动，不是**主观的知性**，而是自在自为的概念”（*SL* 586/2：257）。因此，黑格尔在《逻辑学》中所描绘的，是“反身性”和“概念”的本体论的结构，而不是自觉的反思活动和概念理解活动的**运作**。

皮平引用了两段话来为他的解释辩护，在其中，黑格尔似乎将概念等同于自我意识。黑格尔在其中一处评论说：“概念，就它发展为本身自由的这样一种**实存**而言，不过就是**我**或者纯粹的自我意识”（*SL* 583/2：253）；接着他说：“对象……在**概念**中拥有这种客观性，而这概念就是对象曾被纳入其中的自我意识的统一性”（*SL* 585/2：255）[41]。然而，皮平却忘了指出，第二段话实际上并不是黑格尔本人的立场，而是黑格尔用他自己的话所重述的**康德的**立场。皮平也没有指出，第一段话将概念等同于自我意识，是只在概念已经“发展为本身自由的这样一种**实存**（*Existenz*）”的意义上来说的。正如我们之后在黑格尔的体系中所认识到的，概念或理性作为自觉的理性而实存于时间、空间和历史之中。然而，在

《逻辑学》中，概念不是被理解为以这种具体的形式而实存，而是作为一种纯粹**逻辑的**结构或范畴而实存。因此，《逻辑学》的教益并非在于有规定的存在思想预设了自觉的活动，而在于存在的概念转变成“概念”的概念，在于存在本身因而表明自己真正来说就是理性。皮平的解读尽管是令人振奋的，但在我看来它却建立在对黑格尔《逻辑学》的误读之上。 140

皮平的解释和我的解释之间的第三个差别在于，皮平并没有在严格的意义上将《逻辑学》视为一种本体论。按照我的解读，《逻辑学》中所阐明的范畴——包括“反身性”和“概念”这些范畴——既是思想的一些范畴，也是存在的各种形式或方式。因此，思辨的逻辑学并非只是先验的逻辑学，而且是本体论的逻辑学。相比之下，对于皮平来说，先验的逻辑学已经完全取代了本体论。我们不再能够谈论存在或者最简单的实在了，而只能够谈论是“某个可能自觉的判断的对象”[42]意味着什么。皮平的观点并不在于：因为自在之物终归是不可达到的，所以本体论是不可能的。他的主张乃在于：本体论不再是一项可理解的事业，因为我们现在认识到，是（being）**思想**的一个对象也就是“‘存在’（being）能够可理解地所是的一切”[43]。由于这一缘故，在康德（和费希特）之后，本体论必须让位于先验的逻辑学。

然而，在我看来，这种观点忽略了有关思想的一个重要事实，那就是：思想所敞开的——并着手敞开的，不只是“如其面对思想时的存在”之空间，而且是**存在本身**——拥有它自己的直接性和特征的存在——之空间。这也就是说，思想所意识到的——并认为自己意识到的，不仅仅是某种**可理解的**东西，而且也是可理解的**存在**。因此，如果认真对待先验的逻辑学，并陈述思想必然会认为它存在的那个东西，那么我们就会不可避免地发现我们正从事着本体论，因为我们必然要为有关最简单**存在**（*being tout court*）的思想以及它所蕴含的一切提供一种说明。

皮平显然没有被这条论证路线所打动。通过保护先验的逻辑学免于他所认为的同本体论的“混淆”，他甚至再次引入了如其所**是**的存在和如其被**思**的存在之间的区分。可按照我的解读，黑格尔的改进了的“先验的逻辑学”曾经想废止这一区分。这并不是说，皮平恢复了“现象”和

"自在之物"之间那种康德意义上的严格区分。他一贯主张：坚持在我们所理解所知道的存在背后还有任何别的东西，这种观点是不可理解的。我们所理解的存在，就我们而言，就**是**存在本身；所有环绕着我们的那些被视为确定的对象穷尽了我们用"存在"一词所意谓的东西。尽管如此，皮平还是在两种条件之间，也就是在那些对象要实存并成为它们所是的无论什么东西所需的条件和它们要被挑选出来并被思想确定为是有规定的事物所需的条件之间，做出了区分。[44]呈现在《逻辑学》中的那些范畴仅
141 行使后一种功能。它们是我们借以思考的一些概念，是一些规定，假如它们要成为思想的特定的对象的话，这些规定就必须成为事物的特征；但这些范畴却不是一些本体论的形式，也不是自在之物的一些存在方式。

在指责黑格尔违反了皮平视为先验的逻辑学的恰当界限的东西的过程中，皮平特别澄清了这一点：

> 黑格尔……通过混淆两个东西而"迫使他的论证超出它所能严格产生的结论"。一个，即要求：任何存在都以一种将会与某个别的存在相区别的方式而"对比地"被描述；另一个，即主张：现实地对立且彼此否定并且在它们的对立和否定中本质上彼此关联的**诸存在**，不能够在这样一种关联之外是其所是。后一种主张并不只是表现了同前一个要求的混合，而是本身就是可疑的，因为它再一次混淆了逻辑的问题和本体论的问题。它仿佛是要宣称：一个事物之不是别的某个事物，这是它的一个特性，是那使得它是其所是的东西的一个部分。[45]

皮平在他的书中许多地方都告诫黑格尔及其评论者们不要"混淆思想的条件和实存的条件"，或者"漫不经心地混淆概念的秩序和实在的秩序"。尤其是在存在论中，皮平抱怨黑格尔"频繁地从一种'逻辑的'模式滑向一种'实质的'模式"并提出"一个……基于假定的逻辑必然性的关于事物的主张"[46]。

这些评论清楚地表明，皮平分派给黑格尔的逻辑学一个比我所分派的还要受限得多的角色。在皮平看来，这种逻辑学陈述"'存在'能够**可理解地**（*intelligibly*）所是的一切"，但它却并不陈述"'存在'能够可理解

地所**是**（*be*）的一切”。它确定了如果事物要被识别为是思想的可理解的、特定的对象，那么事物就必须被理解为拥有的范畴结构；但它并没有向我们展示出事物为了至少能够**存在**所必须拥有的结构。然而，在我看来，皮平错失了黑格尔所构想的先验的逻辑学的根本教益，那就是：**存在**根本就不再能够同存在被**理解**为是的样子相区别。黑格尔予以彻底化了的“先验转向”的整个要点，就是要终结存在或实存的结构同皮平所继续坚持的可理解性的结构之间的区分。与皮平相反的是，黑格尔并没有也无法犯“混淆”逻辑问题和本体论问题的错误；恰恰相反，他表明逻辑问题和本体论问题在根本上就是不可分离的。这是因为，“存在”只不过就是我们通过思想而意识到的东西及其范畴罢了，而对思想的基本范畴的一种说明也必然是对**存在**的一种说明。皮平主张，对于黑格尔来说，在事物必须被设想为拥有的规定性和它们作为实存着的事物所必须展现出来的规 142
定性之间，仍然应当存在着差别，这一主张表明：他眼中的黑格尔实际上比黑格尔本人（或至少比本研究中所呈现的黑格尔）要更加接近于康德。

皮平维持逻辑的规定性和实存的规定性之间的区分，可能是受到他的这样一种担忧的推动：如果事物真的“彼此对立且相互否定”，那它们就会陷入“同所有其他事物的一种坏的无限关联中”[47]。然而，说皮平有充分的理由担心这一点，这在我看来是不甚明显的。按照我的解读，黑格尔确实认为，同他物的否定的关联构成某物之所是的一个部分。黑格尔据此得出以下结论：（a）事物在根本上是易于被改变并被其他事物所重构的，（b）事物必然同其他的事物相区别并受其他事物的限定。然而，这些结论在我看来并不明显地构成问题。可能构成问题的，倒是**我们**根本无法确定一个事物，除非我们已经将它同所有别的事物区别开来这种主张——因为这样一个任务显然是我们所不可能完成的。但黑格尔并不是在提出这一主张。[48]他只不过是在证明，每一个事物都是同其他事物有差别的，并且都向其他事物的影响敞开，而这样的差别和可确定性就是事物的**固有的**特征。从黑格尔主义的观点来看，皮平抗拒这种认为同其他事物的否定的关联是事物的存在的共同要素的观点，意味着他必须否认事物在本质上是向外在的规定敞开的。这也表明，像康德一样，皮平可能更倾向于让存在免于否定和矛盾，将存在理解为是纯粹的肯定性。然而，这不就意味着皮平像康德一样，或许表现出了一种“对世界的过分的柔和”了吗（*SL* 237/1：276）？

皮平继续保持逻辑的主张同本体论的主张相分离的另一个理由或许就是，他想避免把黑格尔变成一个主观观念论者。假如他真的承认了逻辑的规定——例如“否定”——确实构成事物的本体论的条件或实存的条件的话，那么他就会受他自己对黑格尔文本解读的驱使，将实存着的事物也视为是由自觉的反思和理解**行动**所限定的。然而，这就会把黑格尔变成一个令人无法接受的新贝克莱主义者。相比之下，主张反思和理解行动仅仅是任何对象得以被我们所规定的一些先验的条件则远不至于引起反对，因为它是一种与对象独立于它们被构想的方式而存在这种观念完全相容的“观念论的”主张。

按照我对《逻辑学》的解读，不存在这种将黑格尔转变为一个主观观念论者的风险。这首先是因为，《逻辑学》被理解为是对思想的基本范畴，而不是对思想的自觉的运作的说明（因而也就没有这种危险：我们可能会被误导，将存在本身思考为是受自我意识限定的）；其次是因为，
143 《逻辑学》表明存在拥有同思想范畴一样的逻辑形式或规定性，但它却不是由**我们的**概念或范畴所构成的。黑格尔的主张与贝克莱的主张相去甚远。黑格尔的主张是新柏拉图主义的或者新斯宾诺莎主义的，即存在就是它在自身之所是，但又由出自思想的一些可理解的形式规定（例如“否定”和“自身关联”）所构成。皮平所没有看到的是，黑格尔恰恰是通过他对康德的先验转向的彻底化，才被引导到新斯宾诺莎主义这一立场上来的。在黑格尔看来，存在本身必然是可被思想所理解的，因为“存在”恰恰就是我们所**理解**存在着的东西——思想本身着手要去观察、要去直观的“空间”。

注释：

[1] 例如参见 Pippin，*Hegel's Idealism*，p. 6。

[2] A. Doz，*La logique de Hegel et les problèmes traditionnels de l'ontologie*（Paris：Vrin，1987），pp. 22－3. 亦参见 O. Pöggeler，ed. *Hegel*（Freiburg/

München：Verlag Karl Alber，1977)，p. 78。

［3］参见 Hegel，*EPN* 7/16（§246 Add.)："自然事物不思维，也不是任何表象或思想。"以及 J. N. Findlay，*Hegel：A Re-Examination*（1958）（New York：Oxford University Press，1976)，p. 22。

［4］*A Spinoza Reader*，p. 124（*Ethics* II P13 Schol.)，以及 Hegel，*EL* 56/81（§24 Add. 1)。也参见 *EL* 144/192（§88 Add.)。

［5］在"概念论"中，黑格尔将《逻辑学》描述为"绝对形式的科学"（*Wissenschaft der absoluten Form*）（*SL* 592/2：265)。

［6］Hegel，*PR* 155/241（§127 Add.). 参见 Houlgate，"Necessity and Contingency in Hegel's *Science of Logic*，" p. 44。

［7］黑格尔对哲学的"界限"的看法，参见 Houlgate，"Necessity and Contingency in Hegel's *Science of Logic*，" p. 42。

［8］参见上文第一章第 25－7 页。黑格尔对前康德的形而上学的批判，亦参见 Houlgate，*Hegel*，*Nietzsche*，*and the Criticism of Metaphysics*，pp. 96－112。

［9］正如我们在第一章曾经看到的，黑格尔主张，康德保留了思想首先是判断的活动这一观念，即便他否认我们能够通过我们的判断来认识事物的真实本性。就此而言，对于黑格尔来说，在前康德的思想和康德本人的批判哲学之间，存在着一种连续性。康德坚持认为人类的知性必须是判断的活动，因为——不像神圣的知性——它不是直观的而是迂回的；这也就是说，它必须被**给予**某物以便思考。由于人类的知性不是直观的，所以对于康德而言，人类的直观也就无法是理智的，而必须是**感性的**；这也就是说，它必须通过我们受到事物的影响的存在而产生。康德的结论是，人类的判断只能通过感官而被给予某物以便思考。请注意，黑格尔的前康德的形而上学家们并不共享康德认为判断的活动有赖于感性直观的观点。这些形而上学家因而似乎相信，形而上学的对象——灵魂、宇宙以及上帝——能够被理性带到心灵面前，或者被理性所"表象"（参见 *EL* 68/97［§30］)。他们因而似乎相信人类既能够做判断，又能够进行"理智的直观"，因为他们将判断看作是由**理智**（不知为何）所给予我们的。相比之下，对于康德来说，人类的知性是判断的一种排除了任何理智的直观的迂

回活动（参见上文第一章第 16−8 页）。

［10］Hegel，*VGP* 3：122−267.

［11］注意到这一点很有趣，即：黑格尔并不将柏拉图和亚里士多德视为这种意义上的形而上学家，而是将他们视为在精神上接近于他本人的思辨的哲学；参见 *EL* 76/106（§36 Add.）。

［12］F. C. Beiser，"Hegel，A Non-Metaphysician? A Polemic Review of H. T. Engelhardt and Terry Pinkard，eds. *Hegel Reconsidered*，" *Bulletin of the Hegel Society of Great Britain* 32（Autumn/Winter 1995）：3. 查尔斯·泰勒接受了类似的立场，在他看来，黑格尔基本的本体论论点是"宇宙是由其本质乃是理性的必然性的精神所建立起来的"，参见 C. Taylor，*Hegel*（Cambridge：Cambridge University Press，1975），p. 538。

［13］参见 Hegel，*SL* 530−40/2：187−200。

［14］亦参见 *Doz*，*La logique de Hegel et les problèmes traditionnels de l'ontologie*，p. 44。

［15］Kant，*CPR* 195−6/98（B 79−80）. 亦参见 Hegel，*SL* 62/1：59。

［16］关于康德的先验的逻辑学和黑格尔的本体论之间密切接近但也有差异的论述，参见 Taylor，*Hegel*，pp. 226−7。

［17］参见 Hegel，*SL* 827−8/2：553，以及 Doz，*La logique de Hegel et les problèmes traditionnels de l'ontologie*，p. 39。

［18］Hegel，*EPM* 159，224/206，283（§§418，465）.

［19］Hegel，*EPM* 198/253（§448 Add.）.

［20］这是我对黑格尔的解释有别于哈特曼的解释的另一个方面。哈特曼承认，黑格尔对思想的基本范畴的说明也是"对实在的东西的规定或者对存在的规定的一种说明"（"Hegel：A Non-Metaphysical View，" p. 103）。因此，对于哈特曼而言，《逻辑学》是一种本体论：范畴是"被把握了的存在的例证，或者是在与思想不同程度的一致中被把握了的存在的例证"（pp. 106，108）。然而，哈特曼却否认黑格尔的本体论的逻辑学能够提供有关事物必然存在的任何独立的哲学证明。黑格尔式本体论接受日常非哲学的意识的种种发现，认为有世界、有存在，但它对于它自己的

存在却“缺乏存在宣告”（p. 110）。因此，黑格尔的《逻辑学》本身根本就不证明有限物或任何事物的一个世界存在且必然存在。它只不过描述了通过日常经验所**给予**我们的世界之逻辑的、范畴的结构，它告诉我们世界真正来讲是**什么**（p. 114）。黑格尔的《逻辑学》本身并不证明任何事物存在而是仅仅使得被给予我们的东西成为可理解的，这一事实解释了为什么哈特曼将黑格尔的《逻辑学》看作一种**非形而上学的**本体论（pp. 117－8）。我对黑格尔的解读同哈特曼的解读之间的其他差异，参见上文第三章第 55 页和第四章第 99－100 页。

[21] 亦参见 Kant，*CPR* 211/117（B 105）。这并不是要否认我们可以通过抽离直观来形成范畴的观念。但对于康德来说，范畴仅仅与感性的直观一起产生出对象的知识。

[22] 对于康德而言，系词“是”在（由知性所形成的）判断中是将对象性而不是将直接性授予我们的直观（参见 *CPR* 251－2/152－5 [B 141－2]）。之后在《纯粹理性批判》中康德又指出，这个系词也“设定”一个事物的存在（或者“设定”一个事物中作为存在的一些性质）（*CPR* 567/572 [B 626]）。然而，我们所设定为存在着的事物，除非它可以被感性地直观到，否则还是不能被认识，这一点依然成立。

[23] I. Kant，*Critique of Judgment*，trans. W. S. Pluhar（Indianapolis：Hackett，1987），pp. 284－5（§76）.

[24] Kant，*Critique of Judgment*，p. 284（§76）.

[25] 参见 Houlgate，“Necessity and Contingency in Hegel's *Science of Logic*，” pp. 40－5。

[26] 参见 *The Philosophical Writings of Descartes*，2：17。

[27] 参见 S. Houlgate，“Hegel and Fichte：Recognition，Otherness，and Absolute Knowing，” *The Owl of Minerva* 26，1（Fall 1994）：16－7，以及 S. Houlgate，“Absolute Knowing Revisited，” *The Owl of Minerva* 30，1（Fall 1998）：59。

[28] 康德所谓“本体的概念……不是一个对象的概念”这一主张并不与这段话的论证相抵触。按照我的理解，康德在提出这一主张时的意思是说，当缺少感性的时候，没有什么“本体”概念可以运用于其上的对

象被**给予**我们。这一主张和康德所做出的更进一步的断言是相当协调的，即“**设想**某个对象本身……作为先验的对象”以及“如果我们愿意把这个对象称为本体……那么这对于我们是自由的”（*CPR* 380-1/330［B 343-5］，我的强调）。我在这个讨论中假定“自在之物”、“先验的对象”以及（消极的）“本体”这些概念在根本上都是同一个概念：关于“某物”或者“等于 X 的一般某物”（*etwas überhaupt = X*）的单纯概念（*CPR* 231/151［A 104］）。关于自在之物和本体的同一性，参见 *CPR* 362-4/304-8（B 310，312，315）；关于自在之物和先验的对象的同一性，参见 *CPR* 424/395（A 366）。然而，我也认识到，这些概念在康德哲学中常常发挥不同的功能。“自在之物”和（消极的）“本体”概念主要服务于，通过允许我们将自在之物设想为不同于它在人类感性条件之下被我们所认识的方式来“限制感性的僭越”（*CPR* 362/305［B 311］）。相反，“先验的对象”概念则常常作为经验本身的一种条件扮演一个更加建设性的角色。一方面，它是植入每一个范畴之中，允许我们将我们所直观到的东西设想为实在的**某物**、具有大小的**某物**或者施加原因性的**某物**的“某物”思想（*CPR* 233，347-8/159，299［A 109，250］）；另一方面，它是允许我们将我们的感官理解为受到我们经验之外的**某物**影响而有的结果的“某物”思想（*CPR* 381/330［B 344］）。然而，不得不说，康德在他使用这些概念的时候并不总是前后一贯。

［29］亦参见 Hegel，*EPM* 161/209（§420）。

［30］黑格尔对康德时间和空间主观化的批判，参见 *EPM* 198/253（§448 Add.）。康德说时间和空间是直观之先天的、主观的形式，**因此**不能是自在之物的性质这一独断论的陈述，参见 *CPR* 176，180，185/70，76，83（B 42，49，59）。

［31］Hegel，*VLM* 7.

［32］Pippin，*Hegel's Idealism*，pp. 5，39，16，169.

［33］Pippin，*Hegel's Idealism*，pp. 177，171，176，我的强调。

［34］Pippin，*Hegel's Idealism*，pp. 39-40.

［35］Pippin，*Hegel's Idealism*，pp. 98，250.

［36］Pippin，*Hegel's Idealism*，pp. 227，200.

［37］ Pippin，*Hegel's Idealism*，p. 187.

［38］ Pippin，*Hegel's Idealism*，pp. 197，201，216.

［39］ Pippin，*Hegel's Idealism*，pp. 224－5，232－4.

［40］ Pippin，*Hegel's Idealism*，pp. 19－21，以及 R. Pippin，"Hegel's Idealism：Prospects，" *Bulletin of the Hegel Society of Great Britain* 19（Spring/Summer 1989）：31。

［41］ Pippin，*Hegel's Idealism*，p. 232.

［42］ Pippin，*Hegel's Idealism*，p. 250.

［43］ Pippin，*Hegel's Idealism*，p. 98.

［44］"挑选出"思想的一个对象这种观念，参见 Pippin，*Hegel's Idealism*，p. 204。

［45］ Pippin，*Hegel's Idealism*，p. 188.

［46］ Pippin，*Hegel's Idealism*，pp. 207，193，187.

［47］ Pippin，*Hegel's Idealism*，pp. 197，201.

［48］ 参见下文第十六章注释 22（第 311 页）。

第七章　现象学与逻辑学

现象学的角色

144 在《逻辑学》中，黑格尔告诉我们，在开始进行思辨哲学的时候，无需任何东西，除了“人们也可以视为一种任意的东西的决心（*Entschluß*），那就是：人们愿意考察**思想本身**”（*SL* 70/1：68［175］）。这样一种决心要求人们“将人们通常所有的一切反思、一切意见弃置一旁”，仅仅“接纳**当前现有的东西**”——也就是说，只接纳思想的纯然存在，或者**作为**纯然存在的思想（*SL* 69/1：68［175］）。[1] 正如我在前一章中所描述的，黑格尔的先验演绎所包含的不过就是这种摆脱一切前提假定的行动；因为这种行动留给我们一种思想，即：思想在最低程度上就是关于存在的思想，而存在最初只不过就是思想所直接意识到的东西。对于黑格尔来说，无前提的逻辑学必须是**本体论的**逻辑学，因为它只能从有关纯然直接性或**存在**的全然无规定的思想开始。他甚至写道：“开端是存在，此外无他，这属于**开端自身的本性**”（*SL* 72/1：72［179］）。

因此，任何人都能从事本体论的逻辑学的研究，只要他/她愿意将关于思想和存在的一切假定都悬置起来，白手起家，让关于存在的无规定的思想自行展开。“要进入哲学中，无需其他准备，也无需另外的反思或线索”（*SL* 72/1：72［179］）。此外，任何对彻底的自我批判和自身规定着的自由之现代要求有所留意的人，都应该愿意以这种方式将他/她的假定悬置起来。在这个意义上说，黑格尔相信，康德、费希特以及法国大革命之后的现代历史处境，对所有哲学上受过教育的人都**要求**“考察思维本身的决心”。正如我在第四章中指出的，这种决心是“任意的”，因为它是一种尽管合理，但人们却不必非采取不可的自由的决定。然而，从另一个角度，也就是从日常的、普通的**非哲学的**（*non-philosophical*）意识（这种日常的意识不是自由的自我批判的现代精神所推动的，而是紧密地结合以日常生活的种种确信）的角度来看，它也是任意的。日常的意识为种种对象和人物所包围，对它们的存在不予质疑，它固执于信念并从事着一些习惯性的活动，对于这些习惯性的活动的有效性与有用性，它却看不出有要挑战的理由。因此，日常的意识对于抛弃它一切可珍爱的假定而 145
从纯然的存在开始并不感觉到必要，却更有可能将要求人们悬置起自己的预设的呼召视为是危险的或疯狂的。

黑格尔主张，日常的意识同思辨的哲学家和前康德的形而上学家们共有一个确信（一个为康德所拒绝的信念），那就是：我们能够知道自在之物的真实本性。[2]然而，他指出，和前康德的形而上学家们相似，却**不同于**思辨的哲学家，日常的意识预设了：所有的思想都关联于**事物**，而绝不只关联于纯存在本身。特别是它认为，我们总是意识到经验中的**这些**特定的对象——树木、动物、房屋，以及人民。黑格尔告诉我们，意识陷于“外在性”之中（*SL* 28/1：17）；它的立场是：它“知道与它相对峙（*Gegensatz*）的具体事物，以及与事物相对峙的它自己”（*PhS* 15/30）[3]。它因而并不接受黑格尔所谓哲学能够通过单纯展现关于存在的无规定的思想而将事物的本性予以圣化的主张，反而坚持认为，人们只是通过审视并注视或聆听事物，通过反思所看见、所听到的东西才发现事物是什么样子。因此，从日常的或“自然的”意识的角度来看，被要求从事于对纯存在进行无前提的研究，就像是受邀“用头行走”一样。意识视思辨的哲学所提出的这种要求为一种“意识所遭受的既无准备又显然没有必要的暴力（*Gewalt*）”。黑格尔写道，日常的意识不是由对彻底的自我批判的委身，而是由“对自身的确信”来刻画的；从日常的意识的视角出发，思辨的哲学看起来简直就像是“颠倒错乱的”（*verkehrt*）（*PhS* 15/30）。

如果要说服日常的意识认真对待思辨的逻辑学，那么就需要向它表明，这样一门逻辑学事实上是一项可理解的并非不合常情的事业。人们所需要给予日常的意识的，是黑格尔所谓的达到思辨的逻辑学立场的

“天梯”①。实际上，黑格尔指出，个体有要求这样一架天梯的权利，这是一项深植于日常意识的“绝对的独立性”中的权利，是日常的意识对自身的一种确信，亦即它毫不动摇地相信它自己关于世界的观点就是标准，相信任何可供选择的观点都需要按照它的标准来为自己辩护（*PhS* 14-6/29-31）。

《精神现象学》就是黑格尔打算用来提供这种辩护的著作，他想要通过证明思辨的逻辑学或“绝对知识”的立场实际上是日常意识自身的确信使之成为必然的，来提供这样的辩护：

146 在《精神现象学》中，我已经以从它与对象（*Gegenstand*）的最初的直接对立起直到绝对的知识为止这一前进运动，来展示意识。这条道路穿过了**意识与客体之间关系的**一切形式，并以科学的概念（*Begriff*）为其结果。（*SL* 48/1：42；亦参见 *PhS* 15/31）

事实上，黑格尔坚持认为，只有对意识本身的一种现象学的分析，才能在日常意识面前为绝对知识的立场提供辩护：逻辑学“无法有别的辩护，除了概念通过意识而出现之外，对于意识来说，它的一切固有的形态都消逝于概念之中，如同消逝于真理之中”（*SL* 48/1：42）。[4]

正如我们已经看到的，《精神现象学》并没有提供进入思辨哲学的唯一可能的途径。那些准备将他们的各种日常的确信悬置起来的人，能够绕过《精神现象学》而直接迈向《逻辑学》。黑格尔相信，许多人都能通过研究现代哲学的历史而被说服放弃他们的“预设和偏见”。[5]我曾在第三章结束的时候指出过，真正的宗教也能通过教导我们“放弃我们的对立的存在”而为无前提的哲学预备道路。因此，那些留心于使徒保罗“不要效法这个世界”而要“心意更新而变化”（罗 12：2）的呼召的人，或许能响应黑格尔弃置日常生活的确信而支持对存在本身保持开放的呼召。

---

① 黑格尔在《精神现象学》的序言中谈到了引导自然意识的立场达到科学的立场的“梯子”（Leiter）。这个比喻来自《圣经》中“雅各的天梯”。哈里斯将他解读《精神现象学》的著作命名为《黑格尔的天梯》（*Hegel's Ladder*）。——译者注

然而，那些没有被哲学或宗教说服来接受关于世界的日常观点应当以怀疑主义来对待，但又想要学习思辨的哲学关于这个世界可能揭示出了什么的人，则必须选择通向绝对知识的现象学道路：因为只有《精神现象学》才能够证明，思辨的立场是日常的意识本身使之成为必然的。

请注意，日常的意识并不需要被说服：我们能够知道事物或存在的真实本性。正如我们已经看到的，对于黑格尔来说，意识已经是并且知道它自己是对存在着的东西的觉知。因此，《精神现象学》并不构成一种替代性的、系统的黑格尔式"先验演绎"，因为它并不打算让怀疑主义者相信：思想的范畴毕竟适用于存在着的东西。（黑格尔对付怀疑主义者的方式，正如我们在前一章中曾经看到的，是挑战怀疑主义所立足于其上的那些假定。）《精神现象学》的目的是要教导日常的意识以及那些深陷日常的意识之确信的哲学家：存在不只是我们处在与它的关联中的某种**客观的** 147
东西，相反，它展示了与思想本身相同的逻辑形式，因而能够从思想**内部**先天地得到理解。

黑格尔在不同的地方解释了《精神现象学》的确切的任务，他对《精神现象学》同《逻辑学》之间关系所做的说明是引人注目地前后一贯的。[6]《精神现象学》的任务不过是要将我们从所知道的东西和进行着认知的主体本身之间的"意识的对立"中解放出来。例如，在《逻辑学》的导言中，黑格尔写道：

> 既然《精神现象学》不过就是科学概念的演绎，那么纯科学的概念及其演绎在目前的著作中就被作为预设前提。绝对知识是全部意识方式的真理，因为，正如意识从前的进程曾产生出了绝对知识一样，只有在绝对知识中，**对象**（*Gegenstand*）同关于**对象本身的确信**（*Gewißheit seiner selbst*）之间的分离才完全消解，真理同确信以及确信同真理才等同了起来。
>
> 因此，纯科学预设了从意识的对立中的解放。纯科学包含了**思想，就思想同样就是事情**（*Sache*）**本身而言**；或者说，包含了**事情本身，就事情本身同样正是纯粹的思想而言**。（*SL* 49/1：43）

同样的观点也表达在《精神现象学》中：

> 如果说在《精神现象学》中，每个环节都是知识与真理的区别，以及这区别在其中被扬弃的运动，那么相反，科学便不包含这种区别及其扬弃，而是由于环节拥有概念（*Begriff*）的形式，环节就将真理与认知着的自我的对象形式联合于**直接的统一之中**。（*PhS* 491/589，我的强调）[7]

对于意识而言，对象——尽管是可知的——明显有别于认知着的观念。对于思辨哲学来说，更加重要的则是：存在拥有同我们自己的思想或关于存在的确信一样的逻辑结构，并且在这个意义上是直接与思想相等同，或者说，是与思想处在“直接的统一”之中的。正如我们已经看到的，哲学不会全然拒绝存在采取“在那边”的事物的形式。然而，它将从存在不过是思想最低程度内所觉知到的**直接性**这一观念开始，进而证明
148 这种存在表明自己就是（在其他事物之中的）**那些事物**的一个领域。哲学因而不再考察单纯“在那边”的事物，而是将它们理解为存在本身的各种具体模式，其逻辑结构能够通过对存在范畴的检验而在思想之内得到确定。就此而言，哲学不是从所有的差异中得到解放，而是从思想和存在之间那标志着意识的**被预设了的**“对立”中得到解放。

现象学的方法

黑格尔在《精神现象学》中的程序是要表明，意识自己关于事物的经验最终将它引导到思辨思想的立场。这个程序包括检验意识的不同“形态”以及追问不同形态的意识是否完全如它们所宣称的那样经验并理解它们的对象。黑格尔主张，意识实际上从来就没有做到这一点，而且随着意识的每一个形态觉知到它实际经验事物的方式而非它宣称理解它们的方式，该形态就转变成意识的一个新的形态。黑格尔认为，以这样的方式，意识自己的经验便引导着它去承认：它所觉知到的东西终究不只是“在那边”，而是受到某种**内在于**意识——或思想——自身中的可理解的范畴结构的影响（*SL* 69/1：67－8［173－5］）。

在这个过程中，意识最初的经验不会被“证伪”。黑格尔不会证明意

识单纯错误地将世界设想为是由可知觉的事物或自觉的主体或各种形式的社会历史组织所构成的。他将要证明的是：意识的经验表明，世界不**只是**以这些方式被规定。当意识认识到这一点的时候，它就不再只是关于某个与之对立的世界的**意识**，而是变成为对内在于世界和思想之中的普遍的、范畴的（categorial）结构的**思想**（*SL* 62－3/1：60）。

黑格尔在《精神现象学》的导言中详尽阐述了现象学分析所采取的方法。这种方法最初需要接受意识在它自己关于对象的觉知和它所觉知到的对象之间做出的区分。意识认为自己是直接地觉知到某物存在的，但恰恰由于这一缘故，它也将它所觉知到的对象当作真实的、独立于意识之外的（*PhS* 52－3/76）。黑格尔主张，这一区分要求意识去考察：它的觉知是否总符合对象自身的本性。这个问题可能显得多余。毕竟，"对象"不过就是意识所觉知到的东西，怎么可能在对象和我们关于对象的知识之间达不成一致呢？然而，这个问题却不是多余的：因为即便意识将对象等同于它所知道的东西，意识也还是将它关于对象的**知识**同所知道的**对象**区别了开来，并因此留有一种可能性，即：意识或许实际上并没有**正确地**知道它所知道的那个对象。"对象，"黑格尔说，"似乎只是以它为意识所知这样一种方式而对意识存在。"但"恰恰就在意识总是知道某个对象这一点上，当下就已经有了一种区别，即：某物**对意识**是**自在的东西**，但另外一 149
个环节却是知识，或者说，是对象的**对**意识的存在"（*PhS* 54/78）。由于意识以这种方式在它自己关于对象的知识和对象本身之间做了区分，它就不得不追问它自己：这两个环节是否总是彼此一致。因此，尽管在日常的意识中并没有彻底的自我批判原则，我们仍然需要确保我们实际上正确地理解了我们的对象。我们日常的确信——我们确知那有别于我们的东西这一事实——本身的结构要求我们检验该确信，以便**确保**我们正确地把握到了事物。

在寻求这种确信的过程中，意识无法走出它自己的视角而将它关于对象的理解同那仿佛"不从任何角度"被看待的对象进行比较。相反，意识不得不去考虑，它的理解是否同**对意识**本身而是的对象一致。因此，意识必须用来评价其知识的适当性的标准或"尺度"（*Maßstab*）就是"意识在自身以内宣告为**自在的东西**（das *an sich*）或**真的东西**（das *Wahre*）

的东西”（*PhS* 53/77）。意识在它自己的知识和对象本身之间所做出的这个区分要求意识去考察它是否正确地理解了它本身视为它的对象的那个东西。

黑格尔相信，这是意识完全有能力回答的一个问题：

> 意识一方面是关于对象的意识，另一方面是关于它自身的意识；［一方面是］关于那对它是真的东西的意识，［另一方面是］关于它对此知识的意识。既然两者都是**对同一个意识**的，那么该意识本身就是两者的比较；它关于对象的知识是否与该对象相一致就将**为它所知**。（*PhS* 54/77－8）

此外，黑格尔相信，意识总是会发现：它实际上并**没有**充分理解它自己的对象。意识的对象不过就是意识所意识到的东西，但意识实际理解该对象的方式却并不总是同它最初认定该对象所是的东西或宣称该对象所是的东西彼此重合。

就意识对它的对象实际所具有的理解或知识偏离了它最初认定该对象所是的东西而言，“意识似乎必须改变它的知识，以便使它同对象相一致”；也就是说，使它同它最初所陈述的关于它的对象的观念相一致（*PhS* 54/78）。然而，按照黑格尔的说明，意识所已经达到的理解，不是通过任何随意的想象，而是通过意识对它自己的对象所表明出来的东西的关注，才产生出来的。因此，这一理解无法简单地被拒绝或修正，因为它构成了**关于对象本身的新知识**：它揭示了意识的对象真正来说是什么。因
150 此，不得不修正的，是关于对象的最初的观念，因为意识现在根据它已经学习到的东西而认识到，从前的观念并非完全合适，而仅仅是将对象呈现为它最初向意识所显现的样子：“意识将发现，从前对意识来说曾是**自在的**东西，并非自在的；或者说，它仅仅是**对于意识**曾是**自在的**”（*PhS* 54/78）。与此相应，意识现在宣称自己确信：对象拥有一种——由意识的经验所揭示出来的——新的特征，它因而也就转变为意识的一个新的形态。

意识的每一个后继形态都通过将它的知识主张同意识自己关于对象的特殊观念进行比照而从事于对这些知识主张的一种类似的检验，并最终

导致了该观念的修正。因此，在《精神现象学》中，意识自始至终都持续试图去确保它正确地理解着它的对象，然而，它却是通过将它的理解同某个持续变化的标准进行比照而这么做的（*PhS* 54/78）。

黑格尔的分析继续进行下去，直到意识发现它对它的对象的理解实际上根本就不符合**意识**关于一个对象所提出的定义。意识的一个对象据说是某种为意识所知但却对立于意识的东西。然而，意识最终却发现，它实际上是将它的对象理解为拥有与它自身一样的范畴结构。到了这个时候，意识就认识到：它不再只是意识，而且已经成为思辨的**思想**，或绝对的知识。

对它的对象的一种新的理解——从而一个新的对象——借以持续不断地在意识面前产生出来的这种辩证的运动被黑格尔理解为构成意识的**经验**（*Erfahrung*）（*PhS* 55/78）。这种经验不是每个个体在他/她自己的生活中所必然经历到的一种历史的经验，而是日常的意识自身的结构所**合乎逻辑地**包含着的经验。它是日常的意识借以被它自己内在的逻辑从它最原初的感性确信的形态，经由知觉、知性、自我意识、理性、精神以及宗教，给带到哲学或绝对知识的经验，尽管是具体的历史个体常常未能领会的一种经验。

从感性的确信到绝对知识

黑格尔在《精神现象学》中的具体分析清楚地例示了导言中所描述的自我发现过程。意识的每一个形态最初都以某种确定的方式来认识它的对象，但通过经验却达到对该对象的一种更充分的理解。在这个过程中，黑格尔说："[我们的] 意谓经验到，它 [实际] 意谓了不同于它所意谓的东西的别的东西。"（*PhS* 39/60）

一开始，感性的确信认为它自己意识到了不带任何概念或语言中介的事物的纯粹特殊性。它将它眼前的事物简单地理解为**这个**、**这里**、**这时**。151
然而，它自身的经验却表明，它的对象实际上比它最初所相信的要复杂得多。意识终究不只是对某个纯粹的、简单的**这一个**的觉知，而且是对不同环节所构成的某个复杂的统一体和连续体——"一个乃是无数个这时的这时”以及一个“乃是许多个这里的单纯复合……［乃是］一个前面与后面、上面与下面、左边与右边”（*PhS* 64/89－90）的这里——的觉知。当意识接受了对于它的对象的这种新的观念的时候，它就不再仅仅是感性的确信，而且成为意识的一个新的形态：知觉。

知觉接下来发现，它的对象不仅仅是带有杂多环节或“特性”的一个统一的事物，而且是不可见的内在之力的具体表达。到这个时候，知觉就变成了知性（*Verstand*）。知性发现，事物的内在特征不只是力，而且是由规律所统御的力——同样的合规律性也统御着知性本身。知性因而就在它所面对的事物中找到了它自身的一个维度，从而变成了**自我**意识。自我意识进而发现，它所关联的对象不只是自然界中由力所统御的对象，而且是其他一些有生命的、自觉的存在——通过承认我们而确认我们自己对自身的意识，但它们对我们的承认我们转而也必须予以承认的一些自觉的存在（*PhS* 111/145）。

自我意识以这样的方式便感受到：一个个体的同一性并不只属于该个体，而且是由他/她与他人的社会交往所构成的。自我意识于是将它自身看作“在两个自我意识之间的对立的完全自由和独立中……是两个自我意识的统一”。这也就是说，自我意识开始将自身设想为一个“作为**我们**的**我**，和作为**我**的**我们**”（*PhS* 110/145）。不同的自我意识之间的这种社会的（以及历史的）统一被黑格尔命名为**精神**（*Geist*），并被理解为构成了那些个体从属于它的“绝对的实体”。

“主人”和“奴仆”之间的关系是一种社会-精神的关系，在其中，每一方都密不可分地与另一方相联系：奴仆从主人那里获得指示，主人则需要奴仆准备自然对象以供其消费。但主人和奴仆还未承认任何共同的身份或者目的。它们的关系因而还不是一种充分的精神的关系，而是一种每一方在其中主要关注着它自己，关注着它自己对对方的优越性或从属性的关系。只有当人与人之间的体现在他们所形成起来的法律和社会制度中的一种共同的身份得到了明确地相互承认的时候，自我意识才成为真正的精神。黑格尔主张，这种精神的最简单、最基本的形态，就是我们在索福克勒斯的《安提戈涅》所描绘的古希腊世界中遇到的形态。

到了这个时候，意识的现象学就变成了**精神**的现象学。不过，意识并没有从黑格尔的书中突然消失，相反，它始终是精神自身的一个重要的环节。这一点可以明显地从这一事实中看出来：黑格尔所考察的精神始终**意识**到自己是精神。这也就是说，精神至少在某种程度上继续将它自己的社会的、历史的以及精神性的特征看作“在那边”的某物——例如，看作构成着个体出身于其中的**世界**。 152

然而，精神的自我意识并不只是将它自身理解为社会性的、历史性的。它也开始将自身理解为有着更深的本体论的基础，理解为存在本身——“实体”或者“绝对”——所开始展现的自我意识。以这种方式既理解了存在又理解了自身的意识或精神，它的形态就是宗教。在宗教中——特别是在基督教中——意识不只是觉知到自然的对象或者它自己的社会-精神的特征；它在**人类的**自我意识中并作为**人类的**自我意识而理解到：存在本身变为自觉，或者说，“实体”变为“主体”（*PhS* 459/552；亦参见 *PhS* 10/23）。基督教通过将存在或者实体想象为“上帝”，将上帝理解为在耶稣基督里“道成肉身”并在基督死而复活后又变成基督徒共同体内的——甚至是**作为**这一共同体的——圣灵（Holy Spirit）而表达了这一观念。道成肉身进而成为圣灵的这个过程，在基督教看来不是偶然的，而恰恰就是上帝的本性的展示。正如黑格尔所指出的，“在这一宗教中，神性的本质（*das göttliche Wesen*）由此就得到了**启示**。神性的本质的启示就在于：他之所是，得到了意识。然而，神性的本质恰恰是当他作为精神、作为本质上乃是**自我意识**的存在而被意识到的时候，才被意识到”（*PhS* 459/552）。

因此，意识在基督教中发现自己被包括在作为媒介的绝对的、“神性的”存在中，通过这一媒介，存在本身就变成了自我意识。然而，宗教的自我意识也在其他方式的存在中发现自身。因为它将“神性的”存在或者上帝（以及爱）理解为无限的、永恒的“本质”或者**概念**（*Begriff*）（*PhS* 459，464－5/552，558－9）。因此，对于宗教而言，绝对的、“神性的”存在不仅借由人类而变成自我意识；它还拥有与人类思想一样的逻辑结构，尽管是以无限的而非有限的形式。这就是辩证理性或者**否定性**的结构，也就是一个人通过否定或“致死”他本来所是的而成为他真正所是的那一过程的结构。正如黑格尔所指出的，“对象在与意识的关系中是作为**自我**（*Selbst*）而存在的”。这就意味着，“神圣的本性是人类的本性所是的那同一个东西（*dasselbe*），它就是所直观到的统一”，就此而言，“意识直接地在对象中知道它自己，或者说，意识在对象中启示自身”（*PhS* 459－60/552－3）。

可意识却仍然将“神性的”存在——无限的理性、道或者上帝——设想为意识的“**对象**”（*Gegenstand*），设想为最初至少是完全有别于人类意识本身的东西（*PhS* 459/552，我的强调）。诚然，上帝在人性中实现了它自己（或不如说它本身）并拥有同人类思想一样的逻辑结构，
153 但这一神圣的自我实现过程却被理解为上帝的工作而不是人的工作。它被设想为“某种**异己的**（*fremd*）赎罪行为”。换言之，神性存在借以发展为人类存在的那种力量，被认为只存在于神性的存在中；有意识的、人性的自我“并没有在它自己的行为本身中发现”这种力量（*PhS* 477－8/573）。

然而，当宗教的意识承认这种力量实际上终究不是异于我们，而是那既在存在本身中**又**在人类意识自身中运行着的属于辩证的理性或“概念”（*Begriff*）的力量时，宗教的意识就转变成了绝对的知识。到了这个时候，意识就不再是**意识**本身，而是变成了思辨的思想：因为意识的“对象”不再只是“在那边”的存在，而是内在于存在和思想自身中的**普遍的**理性（*PhS* 490－1/588－9）。

宗教与思辨的哲学

黑格尔主张，思辨的哲学与启示的宗教——也就是基督教——拥有相同的内容。它们都揭示了有关存在的同一个真理，这就是：存在是通过人性并作为人性而变为自觉的精神的那个过程。哲学将这个过程理解为是普遍的辩证理性——**作为**辩证理性的存在——的工作。它知道真理是“**思维**（*Denken*）或纯粹的本质，知道这思维是存在（*Sein*）和定在（*Dasein*），知道定在是它自身的否定，因而是自我（*Selbst*）”。黑格尔补充说：“启示的宗教所知道的正是这个。”（*PhS* 461/554）

然而，宗教却把存在、绝对的理性或否定性设想——或不如说想象

（*vorstellt*）——为神圣的理性或者**上帝**，它在根本上**不同**于我们，但却在我们之中并通过我们而变成精神。因此，在黑格尔看来，宗教仍然受到“意识的对立”的拖累：“启示宗教的精神还没有克服它的意识本身”。它**意识**到“那变为精神的绝对理性”是它的**对象**。我们被告知，“一般而言的精神，以及在精神之内区分着的诸环节，都落在表象（*Vorstellen*）中，并落在对象性（*Gegenständlichkeit*）的形式中”（*PhS* 479/575）。尽管宗教早在哲学之前就表达了存在是变为自觉的精神的那个过程这一真理，但黑格尔却认为“唯有［哲学的］科学才是精神关于自身的真知识”（*PhS* 488/586）。

相比于宗教，思辨的哲学并不将绝对的理性视作单纯只是意识的**对象**，而是将这样的理性理解为存在**以及**人类思想本身的内在本性。存在以辩证的、合乎理性的方式发展，而人类的思想（当它正确地思考的时候）也遵循着同样的辩证法。此外，只有通过它自己的合乎理性的活动，思想才能确定存在本身的理性活动的确切的结构。这也就是说，思想只有通过——在思辨的逻辑学中——实现思想的真正之所是，它才能够建立起存 154
在之所是。在《逻辑学》中显而易见的是：思想并不支配它的理性的、辩证的发展道路；它也不将这种辩证的洞见作为来自“高天至上”的他者的礼物来接受。它通过阐明那内在于它自身的思维活动之中从而由它**自身**的思维活动使之成为必然的东西，来发现它自身的辩证结构并因此也发现存在的辩证结构。因此，存在通过我们自己的理性活动而被认知为在根本上是同我们一样的理性活动。[8]

这就是黑格尔在《精神现象学》结束的时候所做的断言，“那在宗教中曾是**内容**或关于某个**他者**的表象（*Vorstellen*）的形式的，在这里就是**自我**自己的行动的形式”（*PhS* 485/582）背后的含义。在这里，很容易将黑格尔误读为单纯只是用“我们自己的行动”这一概念替代了“上帝”这一宗教的概念——仿佛是我们，而不是上帝，才是世界的真正创造者一般。然而，黑格尔不是那种类型的主观观念论者，他并不否认人类思想本身是存在或者“实体”的产物。理性的知识无疑是“自我自己的行动”，但黑格尔立即指出：理性的知识也是“**实体**”的知识，更确切地说，是那本身就是“关于其行动的知识”的实体的知识。因此，黑格尔并不是在消除实体或存在那一方同认知着的自我这一方之间的所有的区别，也不是在将前者还原为某种由后者所创造出来的东西。黑格尔的意思是，理性的思想通过它自己的活动而知道它自身在形式上同实体或存在是一致的——从而，如他所指出的，知道“主体即实体”——并且也将实体或存在理解为是本身造成了我们自身所是的那种认知。黑格尔再一次出色地将准康德的洞见同准斯宾诺莎的洞见结合成一个洞见，即：我们通过我们自己的概念活动而知道存在的结构，并且，我们通过这个活动而知道**存在本身**在我们中意识到了它自身。

通过我们自己的理性，我们认识到存在是那在我们中取得了自我意识的普遍的、辩证的理性，从而认识到存在是与我们**完全一样**的理性，在黑格尔看来，这一事实将思辨的哲学同宗教区分了开来。在宗教中，对象——“上帝”——只是潜在地（*an sich*）同我们一致。这就是说，“上帝”展现出与我们所展现出的一样的辩证结构，并且在一个人中道成肉身，但它终究是**不同**于我们的。因此，在宗教中，我们将自己看作关联于并受惠于某种有别于我们自己的东西：“真理……在宗教中同宗教的确信仍不一致”（*PhS* 485/583）。相比之下，在哲学中，我们在存在本身中所看到的，恰恰就是内在地构造着我们自己的思维活动的那同一个理性，而存在在根本上是某种不同于我们的东西这一观念也消失殆尽了（尽管就它先于我们并且当人类不再存在时它将继续下去而言，存在始终无法被还
155 原为我们）。通过如此消融掉存在的这种仍然保留在宗教中的残余的他异性，哲学就充分地理解了宗教只是想象到并感觉到的真理。

从宗教向思辨哲学过渡，不过意味着要克服掉绝对的理性就是意识的“神圣的”**对象**这样一种观念，并释放出该理性实际上在存在和思想自身中都是**普遍**而内在的这样一种思想（参见 *PhS* 416/502－3）。就《精神现象学》从感性的确信以来的整个分析都服务于动摇意识的这一确信——它充分地理解它的对象——而言，这种克服是由《精神现象学》的整个发展过程使之成为必然的。然而，向哲学的过渡又特别地是由启示的宗教来推动的。这是因为，基督教本身就削弱了它由以开始的上帝和人性之间的区别。这首先发生在上帝成为作为宗教信众共同体的圣灵这一教义中。因为在将上帝认知为精神（spirit）的过程中，这些信徒实际上将他们自

己也认知为精神。他们诚然意识到他们自己就是**上帝**所已成为的东西，但他们也意识到他们就是上帝的具体的自我意识，就是上帝的精神。按照黑格尔的观点，这并非只是对基督教信仰所做的一种哲学上的再阐释，相反，它根本上就是基督教的教义本身。在黑格尔看来，基督教本身就克服了上帝不同于人性这一观念，并引导我们认识到：我们对作为精神的上帝的意识，同时就是我们对**我们自身**的意识。因此，精神并非只是我们意识的"内容"或者"对象"，而就是我们所认知到的我们之所是。"精神这一概念，"黑格尔说，"被绝对的本质向之启示的那种宗教的意识所**直观**，后者扬弃（*aufhebt*）了它的**自我**和它**所直观到的东西**之间的区别。"（*PhS* 477/572）

可如果基督教已经克服了意识的立场，为什么又要转向哲学呢？因为基督教作为宗教意识的一种形态，仍然将绝对的力量思考为"上帝"，上帝**开始**联合它自己与人性，但终究在根源上是不同于人性本身的。基督教从未公开承认它所想象为"上帝"的事物实际上是既作为存在（或"世界"）**又**作为自觉的人性而存在着的普遍的理性。宗教因而保持着这样一种挥之不去的含义，即：哪怕上帝本人与我们和解，它都仍然是同我们分离的。结果就是，宗教的意识在认识到自己与上帝合一的过程中所感受到的满足，"始终背负着某个彼岸的对立"，而人性与上帝的最终和解就被投射到一个不确定的延迟了的未来（*PhS* 478/574）。相比之下，哲学是这样一种知性，它认为我们**现在**就完全"同上帝和解"，因为上帝真正来说毕竟不是某种不同于我们的东西，而是内在地构造着存在**以及**我们自己的思想的普遍理性。因此，哲学的理解是："理性……就是绝对的力量"，或者引用黑格尔的一句最著名的话来说就是："凡理性的就是现实的，凡 156
现实的就是理性的。"[9]

当然，黑格尔的主张并不是说，人类要在每一件他们所做的事上都遵循理性的命令。我们必须学习理性是什么、理性做了什么，以及理性要求我们什么，而我们总是有可能没有学到这些或者没有留意我们所已学到的东西；因而即便在现代理性社会中，犯罪、贫困以及战争常常也是可能发生的事情。然而关键在于，当我们犯罪或者不合理地行事的时候，我们是未能遵循既是我们**自己**的也是内在于存在本身之中的理性要求的。此外，我们未能按照（我们自己的）理性来行事，这种失败也有我们所无法否认的**合理的**后果。从这个意义上来说，无论我们做什么，理性总是“现实的”。或者，正如宗教的意识所常常指出的，上帝在每一件我们所从事的事情上做工。

在本章稍早的时候我曾经指出，《精神现象学》的任务是要向那些没有被哲学史或宗教所说服去悬置日常生活的确信并去从事思辨哲学的人说明：这种哲学实际上正是他们所珍视的确信合乎逻辑的结果。在黑格尔的现象学的分析过程中，逐渐明显的是：宗教——特别是基督教——对这个世界的理解，本身就是由我们日常的确信使之成为必然的，而意识则为基督教信仰的题中应有之义所要求，成为（黑格尔意义上）哲学的意识。因此，从黑格尔的观点来看，日常的意识屡屡因抵制宗教而误入歧途，正如它因抵制思辨哲学（并且甚至是如它因抵制意识在根本上是社会的、历史的、道德的，以及审美的意识这一观念）而误入歧途一样。众所周知，宗教并非通向思辨哲学的唯一通道——人们唯一需要的，是那种不带前提地考察思想本身的**决心**——但它确实提供了一条通往哲学的路。因为它教导我们，真理临到那些预备放弃或预备“致死”他们最宝贵确信的人身上，用《新约圣经·路加福音》中的话来说就是：“凡丧掉生命的，必救活生命”（路 17：33）。《精神现象学》表明，因我们自己的世俗确信的动荡不安而成为必要的宗教信仰将意识引导到思辨哲学的方向。

我应当顺便指出，黑格尔对宗教所做的现象学说明不应与他后来的宗教哲学相混淆。黑格尔的宗教现象学是就宗教乃是**意识同对象**（上帝）的一种关系而考察宗教的，尽管这种关系通过上帝与人性形成为自我认知着的精神这一观念而削弱了意识自身的观点。黑格尔的宗教哲学则是就宗教乃是认知**真理**的一种方式来考察宗教的，尽管这种认知是通过意识、“表象思维”和“感觉”来进行的。宗教哲学将表明，宗教通过将我们只有在哲学中才充分理解的普遍理性力量和否定性表象为“爱”并信仰它，
157 而补充了哲学。因此，关于宗教的哲学要比关于宗教的现象学更为强调宗教对我们精神生活的持久的积极意义。[10] 相比之下，宗教现象学所强调的是：如果我们要成为思辨的哲学家的话，那么我们就需要放弃宗教的观点。它表明，宗教通过设想上帝与人性之间的“和解”而指向它自身背

后的哲学。它同时也表明：宗教本身通过将**放弃**的意愿设想为真正的宽恕的精神，而帮助我们放弃宗教意识所具有的形式，尽管这么做只是为了从事哲学，而不是为了我们的日常生活（对于黑格尔来说，宗教在日常生活中始终是中心性的）。

正如我在第三章中评论过的，宗教的意识在《精神现象学》中出现于这样一个时刻，在那里，“自我确知着的精神赦免了罪恶……放弃了它固有的单纯性和坚硬的不变性”（*PhS* 477/572）[11]。按照黑格尔的观点，这种放弃的准备——例如，放弃上帝与人性之间的对立——充满于作为一个整体的充分发展了的宗教意识中，并最终合乎逻辑地导致向哲学或绝对知识的转变。

放弃

绝对的知识不是宗教的意识，但它也要求对放弃有所准备，因为只有当“我”避免了“以同实体性与对象性的形式相反对的**自我意识**的形式来坚持（*festhalten*）自己”（*PhS* 490/588）的时候，意识才能成为哲学的、存在-逻辑学的（onto-logical）思想。我们应当记得，绝对的知识并不是通过表明我们能够获取通往事物渠道的方式而跨越意识与事物之间的鸿沟的；它只是首先将意识与存在在根本上是分离的这种观念悬置了起来或予以放弃。然而，绝对的知识并没有以谢林那样的方式通过仅仅“将差异丢到绝对者的深渊里”而“悬置”主体和客体的对立。黑格尔处理一切对立的成熟的方式——在《精神现象学》中以及之后——不是断言这些对立预设了一个它们消解于其中的统一的绝对者，而是让这些对立自行消解。绝对的知识，他说，就在于“这种表面上的无动于衷，仅仅只是观察差别如何在它自身中运动（*sich an ihm selbst bewegt*）并返回到它的统一之中”（*PhS* 490/588）。

如果我们要遵从《逻辑学》与《精神现象学》——两者都是有关绝对知识的作品——所共有的详细的论证的话，那么这种通过让对立自行毁灭而将对立予以放弃的准备就是必需的。[12]《逻辑学》不是通过在某种预设了的“更高的统一”中克服或“取消”对立，而是通过允许概念证明

158 它们自己的“有限性和它们假定的自为存在的非真理性（*die Unwahrheit ihres Für-sich-sein-Sollens*）”（*SL* 39/1：30）[13]而向前行进的。因此，概念就成为流动的，

> 当纯粹的自身确信……放弃了它的自身建立之**固定性**（*das Fixe*），不仅是我自身在与不同的内容相对立中所是的那种纯粹的具体东西的固定性，也是……设立在纯粹思维的元素中［亦即范畴之中］的那些不同的东西的固定性的时候。（*PhS* 20/37）

我们将在第三部分中确切地看到，概念成为“流动的”究竟意味着什么。然而，重要的是要认识到，在《逻辑学》中，概念成为“流动的”这一进展，是通过观察“存在”和“虚无”这些概念所假定的独立性的自行毁灭，而**不是**通过预先假定这些概念只不过是某个支配性的、综合的整体的各个环节而造成的。

这一进展在《精神现象学》中以同样的方式被造成。意识的一个形态通过自行剥夺掉它对起初如此确定的东西的确信，从而让自己感受到“暴力”，而合乎逻辑地发展到另一个形态（*PhS* 51/74）。因此，意识通过丧失它自身的确信——放弃它起初对它自身以及对它的对象的构想——并通过开始以新的方式理解自身而向前进展。这个进展无疑是被造成了，否认黑格尔的思想向前进展将会是荒谬的。但意识之向前推进，纯粹是因为它丧失了它自信立足于其上的貌似牢固的基础，而不是因为它受到绝对知识的引诱或者为某种预设的辩证法的力量所驱使而被目的论地牵拖向前。对于自然的意识而言，黑格尔写道，《精神现象学》的道路“具有否定的意义，而那乃是概念之实现［即绝对知识之出现］的东西，在意识看来，毋宁正是它自身的丧失”（*PhS* 49/72）。

《精神现象学》因而首先是一部怀疑论的、解构性的作品，它引发了“对通常所谓自然的想法、思想和意见的绝望”（*PhS* 50/73）。从这个意义上来说，它类似于笛卡儿的第一沉思，后者也致力于通过首先松懈我们日常先见所拥有的固执，而将读者引导到对真理的哲学的理解上。然而不同于第一沉思那种由哲学家的企图心所驱动的怀疑主义，在《精神现象学》中发挥作用的怀疑主义，恰恰是由作为现象学研究主题的意识形态

来实施的。此外，这种怀疑主义是通过意识——当它的每一个形态都致力于确保它实际上如它所以为地那样理解它的对象时——**无意中**反对自己而得到实施的。因此，意识的每一个形态都因为它自己试图肯定它的确信而被迫放弃它的确信。

意识并不是在试图成为不同于它所是的任何东西，也不是在试图达到 159
某个预定的目标，例如绝对知识。它只是在试图静止不动，试图**是**其所认为自身是的东西：直接地确信**这一个**，或者受制于奴隶状态，等等。然而，在这么做的过程中，意识摧毁了自身并迫使自身成为某种新的东西。这就是内在于意识自身中的理性——意识自己的内在的逻辑——借以将意识转变为某种不同于意识自认为是的东西的“狡计”。在黑格尔看来，甚至现象学的知识本身也是狡计的一种形式，因为它任凭意识的每一个形态通过自己的努力而摧毁自身，正如思辨的逻辑学家将会任凭每一个范畴通过它自己固有的逻辑而将自身转变为一个新的范畴那样。用黑格尔的话来说就是，现象学的知识和哲学的知识都是

> 一种狡计，它似乎并不行动，却冷眼旁观规定以及规定的生命如何恰恰因为自以为在努力自我保持和追求特殊的兴趣而是相反的情况，而是一种自身瓦解着并成为着整体之环节的行动。（*PhS* 33/53–4）

《精神现象学》开启了一种系统的、内在的怀疑主义，明显不同于彻底自我批判的哲学家从一种不为意识自身所共有的立场出发而催促日常的意识悬置其各种假定的那种“外在的”怀疑主义。诚然，这种外在的怀疑主义或许能够成功推动日常的意识朝向思辨的哲学。然而，通过《精神现象学》，以下的事实才变得明显：日常意识的各种确信必然摧毁它们自身，绝对知识实际上就是这种意识所爱惜的一切之合乎逻辑的产物。

《精神现象学》为谁而写？

《精神现象学》展现了意识的各个形态是如何合乎逻辑地相互包含，

或者说，“发展为”彼此的。然而，日常的意识也有可能拒绝接受来自《精神现象学》的教益，正如它也能抵制来自彻底的自我批判的命令一样。从黑格尔的视角来看，实际这么做的个体和社会将仍旧受制于黑格尔在他们自己的确信中所识别出来的各种张力，尽管如此，他们仍然有自由坚持那些确信并拒绝新的确信。没有人能被强迫成为一名宗教信徒，或者成为一名纯粹的哲学家，即便是通过他/她自己的立场的内在的逻辑。

因此，人们极有可能坚持认为，无论现象学家的论证看起来多么可信，主体和客体之间的通常划分都是不可化约的；如果他们这么做，他们实际上就“封锁了进入哲学的途径”，亦即无前提的教导（*SL* 45/1：38）。这样虽然是很不幸的，但如果人们坚持他们的日常确信，那么除了
160 任由他们各行其是之外，最终他们都将一事无成。按照黑格尔的观点，那些拒绝考虑他人的意见并宣称自己“对于反对他的人已大功告成”的人，最终是在“用脚践踏人性的根基”（*PhS* 43/64－5）。就像那种“陶醉于自己的知性”的“赤裸的自我”一样，他们表现出一种“我们必须听之任之的满足，因为这种满足逃避普遍者，只追求自为的存在”（*PhS* 52/75）。《精神现象学》显然不是为他们而写的。

那么，《精神现象学》究竟是为谁而写的呢？黑格尔文本的潜在读者必须已经预先倾向于赞同他了吗？并非如此，但他们至少必须容纳这一建议，即：日常生活的种种确信可能会证明自身是成问题的，并将意识引导到一个它并不期待要去的方向上。按照我对此的理解，《精神现象学》预期它的读者是一些普通人（以及依附于日常信念的哲学家），他们不为哲学的自我批判的现代精神所动，从而需要被说服：黑格尔的无前提的、本体论的逻辑学是一门经过证明的、有益的科学。这类人将全神贯注于日常经验的世界。但他们无法完全固执己见；他们必须对黑格尔的思辨哲学关于世界所可能揭示出来的东西有一些兴趣，并且对它可能展示有关他们自己日常信念的事情保持开放。因此，《精神现象学》所针对的是那些尽管沉浸于每日生活的确信，但却共有一种思想开放的读者，这种思想开放具有真哲学的特征。这种思想开放或许来自某种基本的伦理风度和伦理天分，甚至可能起源于宗教。至于这些读者，人们则必须假定，宗教并不导致他们实际地将他们的日常确信悬置起来并开始不带前提地进行哲学思

考，但宗教确实鼓励他们至少去考虑这样一种观念，即：他们的日常确信可能会毁灭自身。

《精神现象学》的预期读者所具有的意识预料到了绝对知识的观点，但它并不是充分意义上的绝对知识。它共有绝对知识的这种任凭事情自身发展的决心，但却尚未拥有思想能够纯粹发自内部来认知存在的真实本性的自信。从事于对意识进行**现象学的**研究的哲学思想也不是充分意义上的绝对知识。然而，将从思想内部出发来认知存在的形式这一主张给**悬置**起来的，正是绝对知识，而非思想开放的日常的意识，后者**还**有待于说服它能提出这一主张。哲学必须以这种方式弃置它自己的本体论的信念，因为它不能简单地在对意识所进行的教化中预设它自己的立场。因此，《精神现象学》并不陈述一门关于意识的**哲学**；它不是由纯粹的思想来进行的有关意识终究**是**什么的研究。它只不过是一种关于意识经验自身并经验世界的方式的研究，一种关于意识自己的许多确信的研究——一种对显现于意识的东西及其世界的逻辑的说明，而非一种对存在或意识自身之充分真理的展现。实际上，这就是为什么黑格尔要将他的研究命名为**现象学**——关于现象的逻辑——而非哲学的缘故。然而，《精神现象学》却证明，意 161
识的种种确信本身就通向绝对知识，也就是通向那种既导致了哲学的本体论也导致了现象学本身的思想模式。[14]

从《精神现象学》到《逻辑学》

《精神现象学》通向《逻辑学》的立场。然而在《精神现象学》结尾处的绝对知识却并不直接地瓦解为《逻辑学》由以开始的纯存在思想。《精神现象学》结束于一个承认，即：存在本质上是普遍的、辩证的理性，或者说是概念——是形塑着我们自己的思维活动的**同一个**理性（*PhS* 491/589）。这改变了我们同存在的关系，因为存在不再被视为意识的**对象**，好像某种根本上与我们关于它的知识或思想不同的东西一样。相反，我们现在领悟到，我们能够仅仅通过确定思想本身的真实特征——也就是通过成为真正地自觉的，而确定存在的真实本性。绝对的知识因而就是

> 这样一种确信，它一方面不再与对象对立而是使得对象内在化，知道对象就是自己本身，而另一方面又放弃了把自己作为一种与对象对立并仅仅是对象毁灭的东西的知识，将这种主观性予以外化（弃绝）并且是同它的外化的统一。(*SL* 69/1：68 [175])[15]

意识与其对象之间的对立瓦解了，因为我们发现两者拥有同样的**确定的**特征：两者都是否定性，都是辩证的理性，都是**概念**。然而，随着两者之间对立的瓦解，出现了一个新的任务：详细地确定存在的真实本性。存在已不再被视为仅仅是意识的对象，而且被视为在结构上等同于思想，并且是可以从思想本身中得到理解的。正如黑格尔在《精神现象学》中所指出的，"既然……精神已经赢得了概念（*Begriff*），它就在其生命的以太中展开定在和运动（*entfaltet…das Dasein und Bewegung*），并且就是**科学**"(*PhS* 491/589)。

如果现在对存在的这种新的理解不是要受此前意识所形成的各种存在观念的支配，那么这些观念显然就必须被弃置一旁。我们必须保持一
162 种伦理的、宗教的，或简单地只是智识上的意愿，任凭思想内在地展开；但我们却必须积极地**遗忘掉**存在由许多可知觉的自然对象以及社会历史生活所构成这一想法。[16]我们也必须将存在在《精神现象学》结束时由宗教所容纳并为绝对知识所接收这种观念抛诸脑后，也就是说，将存在是借由我们而变为自觉的那一辩证过程这种观念抛诸脑后。这就意味着，我们必须紧紧抓住存在是可以被思想所规定的这一简单的观念，同时将意识所具有的关于两者的任何确定的观念都悬置起来（参见 *SL* 69/1：68 [175]）。

因此，《精神现象学》并不直接结束于《逻辑学》所开始的地方——关于存在本身的纯粹思想，它结束于一个标志着意识和它的对象之间的对立消失的确切观念：存在是普遍的理性（*Begriff*）①。意识立场的这种瓦解进而使得思想面对这样一个任务，即：先天地确定存在的本性，而不考虑任何由意识所形成的关于存在或思想的观念。因此，《精神现象学》的

① 霍尔盖特在这里写的是 reason（理性），但在括号中写的却是 Begriff（概念）。——译者注

内在的怀疑主义留给我们一个同彻底自我批判思想的怀疑主义一样的任务。如果我们从《精神现象学》达到这一任务，那么我们只有首先将有关存在的确定观念——《精神现象学》本身结束于它，而它最初提出了这一任务——悬置起来，才能执行这一任务。

《逻辑学》的计划不是要去分析那包含在作为“理性”（或作为“精神”）的存在的确定观念中的东西，哪怕《精神现象学》中的绝对知识在这一观念上达到了顶点。无论我们归给它的是哪一条路线，《逻辑学》的计划都单纯只是要展开内在于纯粹的或绝对的知识本身中的东西，也就是内在于思想和存在的简单统一中的东西，这个统一最初不过是关于纯然、直接的存在的无规定的思想。[17]

注释：

［1］亦参见 Hegel，*EL* 124/168（§78）。

［2］参见 Hegel，*EL* 54，65/79，93（§§22 Add.，26）。

［3］亦参见 Hegel，*SL* 62－3/1：60。

［4］在我看来，对黑格尔的《精神现象学》的两部最好的研究是：J. Hyppolite，*Genesis and Structure of Hegel's Phenomenology of Spirit*，trans. S. Cherniak and J. Heckman（Evanston，Ill.：Northwestern University Press，1974）；Q. Lauer，*A Reading of Hegel's Phenomenology of Spirit*（New York：Fordham University Press，1976）。

［5］我认为，这就是黑格尔在《全书逻辑学》§§26－78 中对哲学历史所做回顾背后的主要目的，参见 *EL* 65－124/93－168。

［6］参见 Houlgate，“Absolute Knowing Revisited，” p. 61。

［7］亦参见 Hegel，*PhS* 21－2/39，and *SL* 28，60，62，68/1：17，57，60，67（173）。

［8］当然，说存在是理性的活动并不是要否认偶然性在存在中（既在自然中也在历史中）的位置。对于黑格尔来说，存在着偶然性这也是合理的，并且从存在到自我意识的理性发展过程也是由这种偶然性所中介过的；参见第六章第 118 页。

［9］Hegel，*VGP* 3：372，以及 *PR* 20/24。亦参见 *EL* 29/47（§6）。

［10］参见 Houlgate，*An Introduction to Hegel*，pp. 242−75。

［11］亦参见 Hegel，*PhS* 409，484/494，581。

［12］参见 Houlgate，"Absolute Knowing Revisited，" p. 64。

［13］亦参见 Hegel，*EL* 82/114（§41 Add. 1）："它们必须在它们自身中规定它们的界限并指出它们的缺陷。"

［14］不同于康德的现象，黑格尔的"现象"不是受直观的不可化约的**主观**形式所限定从而与如其可能是自在的存在相隔绝的经验。黑格尔的"现象"是直接意识到**存在本身**但却并不充分地理解它所意识到的存在的这么一种经验。对于黑格尔来说，日常的意识能够被带到对存在自身的一种真实的、无阻碍的理解上，但这在康德看来则是不可能的。

［15］参见 D. S. Stern，"The Immanence of Thought：Hegel's Critique of Foundationalism，" *The Owl of Minerva* 22，1（Fall 1990）：33。

［16］参见 M. Theunissen，*Sein und Schein. Die kritische Funktion der Hegelschen Logik*（Frankfurt am Main：Suhrkamp Verlag，1980），p. 113。

［17］参见 Hegel，*SL* 69/1：68（175）。在否认绝对的知识在《精神现象学》的结束处直接瓦解为《逻辑学》由以开始的纯存在思想时，我对马克尔的黑格尔解读持有异议。我充分赞同马克尔的观点："《精神现象学》不是用来通过预先确定科学认知的方法、方式或本性，或是为这些东西奠定基础，而对科学的概念进行演绎的"，以及《逻辑学》本身"既不是开始于，也不是开始以……知识的任何**结构**"。然而，相比于马克尔，我相信在《精神现象学》的结束和《逻辑学》的开端之间一定发生了某种抽象行动，在其中，我们特别地在《精神现象学》的结尾处将关于存在和精神的确定的观念搁置起来。参见 Maker，*Philosophy without Foundations*，pp. 72−3。

第八章　准备阅读黑格尔的《逻辑学》

在前面的章节中，我已经解释了我所认为的黑格尔《逻辑学》的计 163
划，以及与我对该计划的解释相反的一些其他的重要解释。我所理解的黑格尔《逻辑学》是一种后康德的本体论。它并不向我们提供一个对某种假定的对象——例如精神或绝对者——的描述，而是从存在的无规定的直接性开始，并揭示出一切合乎逻辑地包含在这种存在中的东西——存在所**是**的一切。然而，在康德之后，我们只能通过理解存在**意味**（*means*）着什么——也就是通过揭开一切内在于有关存在的思想或范畴中的东西——来发现存在究竟是什么；并没有一条可替代的路线通往有关存在的根本性的知识，例如神秘的直观、神圣的启示，或者经验的观察。因此，后康德的本体论必须采取《逻辑学》的方式。黑格尔的《逻辑学》因而延续了康德《纯粹理性批判》中形而上学的演绎试图确定思想的基本范畴的工作，而**与此同时**也就延续了斯宾诺莎的《伦理学》试图确定何物存在以及何物必然存在的工作。

我在这里特别提到斯宾诺莎，因为在我看来他是一位最为接近地预见到黑格尔的形而上学家（至少是类似黑格尔自己所界定的“前康德的形而上学家”）。这是因为“实体”不是被斯宾诺莎理解为**某个**存在或**某个**东西，而是被理解为存在本身；并且他的方法只不过是要确定从实体的本性中所必然得出的一切。使得黑格尔同斯宾诺莎分道扬镳的，是黑格尔的这样一个观点，即：“实体”是一个太过确定的概念，无法从它来开始哲学，而斯宾诺莎过度预设了实体的结构——实体排除否定，拥有“属性”和“样式”。我已经证明过，由于黑格尔不从任何有关存在或思想的确定观念出发，所以他既有别于斯宾诺莎，又有别于康德。他并没有从一开始就假定存在是自因的实体，或者思想在根本上是判断，而是从存在和思想都是纯然无规定的这一观念出发。在这个意义上来说，黑格尔的《逻辑学》是无前提的。

但这并不意味着《逻辑学》缺乏历史的或解释学的前提。相反，无前提的逻辑学是彻底自我批判和彻底自由的现代要求以“既定的”方式而使之成为必然的；它预设了一种放弃我们有关思想和存在的指导性假定的准备。然而，《逻辑学》却又是无前提的，因为它并不依靠任何奠定性
164 的原则。黑格尔并没有预设什么步骤规则、自明的定义，或者预见性的结论，而是从一个纯粹无规定的思想出发，任凭它朝它所愿意的方向发展。

《逻辑学》的读者因而并不需要在着手研究思想和存在之前就掌握任何特别的哲学技巧。他们不需要预先知道，如何将“正题”和“反题”“综合起来”，或是如何协调对立的双方。他们所必须做的一切，就是带着开放的心态，专注于有待考察的范畴，并引申出可能内在于该范畴中的无论什么东西。

然而，在我们进入第二部分的《逻辑学》的文本之前，我对读者有五个要求。第一，深思熟虑各种存在范畴或存在模式本身的**逻辑的**结构，尽量避免依赖经验性的例证来理解黑格尔所说的话。在心灵的许多习惯中，那尤其难于遵循《逻辑学》的论证的，就在于拿起一个范畴却思想着“**某种别的东西**”（*SL* 41/1：32）——也就是表象着某物或者想象着某物实际被摧毁，而不是理解是“某物”或是“有限的”之逻辑的结构。正如黑格尔所指出的，“在一个概念上，除了概念本身之外，没有什么再要去思考的”（*EL* 27/45［§3］）。因此，我们唯一应当考虑的就是，那些构成一个特定概念的抽象规定——例如“存在”、“非存在”以及“自身关联”——之间的关联。后来的概念区别于先行的概念，不是由于任何能够被表象的经验性内容的添加，而纯粹是由于它们是“这些抽象规定的［合乎逻辑的］具体化”（*SL* 48/1：41）这样一个事实。这也就是说，它们代表了这些抽象环节的一些比先前的概念更为复杂的构造。我们的工作就只是要去理解这种逻辑的复杂性。

第二，要做好准备，让关于存在的各种概念和模式随着它们之被思想而发生变化。不要预先假定它们将保持一种固定的同一性，而要接受它们

可能会表明自身多少是不同于它们原初被构想的方式的这样一种可能性。要准备好去思考黑格尔所谓的概念的“运动”和存在本身的逻辑的“运动”（*PhS* 28/47）。

第三，要避免急切地欲求寻找逻辑发展过程的一般原理，反倒要关注一个概念何以可能会自身转变为另一个概念的那些具体原因。这也就是说，要注意细节而非“整体图景”，并且要让整个过程的结构从那些巧妙变化着并常常令人惊奇的细节中**浮现**出来。（这并不是要否认，经过《逻辑学》的进程，存在实际上将表明自己是普遍的、自我规定着的理性，或者“概念”。然而，人们要记住的是，这种普遍的理性的每一个环节——存在的每一个范畴或形式——都将拥有它自己特殊的结构。应当成为人们主要关注焦点的正是这种特殊的结构。）

第四，对待黑格尔要坚持严格的内在原则，并且要谨防逻辑的发展可能会被外在的因素——例如比喻性的联想或者达到某种计划好的结论的渴望——所推动的那些情况。假如黑格尔负有强迫一个概念发展到并不为 165
该概念自己的逻辑结构所包含的某个方向的责任，那么不要急于抹杀无前提的逻辑学的整个事业，而要想一想，该概念的内在的展开将会并且应当把我们带领到何处。

第五，不要预先怀疑思辨的逻辑学是某种人们一旦已经“被卷入”就将永远无法逃脱的预定的体系。要记得，黑格尔试图要实现彻底的**思想开放**（*open-minded*）所必然要求的事情。他对开放的思想的发展所做的说明当然不应该被置于一切批评之外，但从一开始就警惕他们将会被引导到其所不喜欢的结论的那些读者实际上是在说：他们宁可待在他们自己的假定中保持安全，也不愿意向被存在所震惊的风险**敞开**自身。

现在，则是向《逻辑学》的文本**敞开**自身。

第二部分
文本

文本说明

168 第二部分所重印的黑格尔《逻辑学》开篇的德文文本，和 G. W. F. Hegel，*Wissenschaft der Logik I*，ed. E. Moldenhauer and K. M. Michel，*Werke in zwanzig Bänden*，vol. 5（Frankfurt am Main：Suhrkamp Verlag，1969）中的是一样的。它采用的是下面这个光碟版本：G. W. F. Hegel，*Werke*，ed. Hegel-Institut Berlin（Berlin：Talpa Verlag，2000）。方括号里的添加文字由德文编者莫尔登豪尔（Moldenhauer）和米歇尔（Michel）所加。

英文译文采用的版本是，*Hegel's Science of Logic*，trans. A. V. Miller（Amherst，NY：Humanity Books，1999）。我偶尔改正了米勒的翻译，但在每一个改正中，他的原始版本都能够在相应的注释中找到。方括号里的添加文字既有米勒的，也有我的。所有的注释都是我的。①

---

① 接下来的文本部分我只翻译了德文而没有翻译米勒的英译，这么处理的具体原因请参见译后记中的说明。——译者注

第九章　开端逻辑：文本

必须用什么作为科学的开端?

近时才出现认为在哲学里发现一个**开端**是一种困难这样的意识，而这种困难的原因以及解决它的可能性已经多方面讨论过了。哲学的开端必定要么是一种**间接的东西**，要么是一种**直接的东西**，并且很容易指明，它可能既不是其中一个也不是另一个；因而开端的一种或别种方式就遭到了反驳。 171

一门哲学［所探讨］的**本原**固然也构成一个开端，但却并不像**客观的**开端，即**一切事物**的开端那样也是一个主观的开端。本原终归是一种确定的内容：水、太一、努斯、理念，——实体、单子等等；又或者，当本原关联于认识的本性，从而应当与其是一种客观的规定，不如只是一种标准——思维、直观、感觉、我、主观性本身——时，那么在这里，兴趣所在同样还是内容规定。相反，开端本身却以一种导入一场讨论般的偶然的风格和方式保持为某种主观的东西，不受关注也无足轻重，因此，对以什么作为开端这一提问的需要，相比于对本原的需要来，就是无关紧要的，似乎对**事情**的兴趣，对什么是**真实的东西**、什么是万有的**绝对基础**的兴趣，唯独寄托于对本原的需要中。

然而，围绕开端，现代的仓皇无措却产生自一种更进一步的需要，那些独断地关心对本原的证明，或者怀疑地发现一种主观的标准来针对独断的哲学思考的人，还没有认识到这更进一步的需要；而那些仿佛突如其来地从他们内心的启示，从信仰、理智的直观等等开始，想要抛弃**方法**和逻辑的人，则完全否认这更进一步的需要。如果说，较早的抽象的思维最初仅仅对作为**内容**的本原感兴趣，但在教化的进展中却被驱使到另一个方面，被驱使到对**认识**的行为表示重视上，那么**主观的**行动也就被把握为客观真理的本质环节了，并且导致了要把**方法**同内容、形式同本原统一起来的需要。因此，本原应当也就是开端，而那对于思维是**首要的东西**的，也就是在思维的过程中那**最初的东西**。

现在仅仅是要考察**逻辑的**开端是如何显现的。开端据以被采用的那两个方面，已经说过了，要么是采取间接的方式作为结果，要么是采取直接的方式作为固有的开端。对真理的知识是某种直接的、完全开端着的知
173 识，某种信仰，还是某种间接的知识，这个在时代文化中显得如此重要的问题，不是这个地方所要讨论的。就这样的观察可能**先行**做出而言，这在别处（在我的《哲学科学全书》第三版［1830］概论 §61 及以下）已经进行过了。[1]这里我们唯一想从中引用的就是：在天国、在自然、在精神或者在无论何处，凡没有同时包含直接性和中介的东西，都没有被**给予**，以至于这两种规定表明自己是**未曾分离的**和**不可分离的**，而［它们的］那种对立表明自己是一种虚无的东西。然而，凡科学的讨论所涉及的东西，都是一种逻辑的命题，在其中，直接性和中介两种规定，以及因此对它们的对立和它们的真理的讨论，统统都显露出来。就这一对立在同思维、知识、认识的关联中包含着有关直接的或间接的**知识**的具体形态而言，一般认识的本性不仅将在逻辑学科学的内部得到考察，而且该认识在它更进一步的具体形式中也将落在有关精神的科学和精神的现象学中。但想在科学**之前**就让认识得到澄清，也就是要求认识应当在科学**之外**得到讨论；在科学**之外**，这便至少无法以科学的方式得到实现，而在这里唯一重要的就是科学的方式。

开端是**逻辑的**，因为它应当在本身自由地存在着的思维中，在纯粹的知识中形成。它因此也是**间接的**，因为纯粹的知识是**意识**最后的、绝对的真理。在导言中我们已经谈到过，《精神现象学》是意识的科学，是关于这个的陈述，即：意识将科学的概念，也就是纯粹的知识当作结果。[2]就此而言，逻辑学将显现着的精神的科学作为它的前提，这个前提包含并指明了，纯粹的知识本身所是的那种立场的真理的必然性和证明，以及它的

中介。[3]在这一显现着的精神的科学中，我们从经验的、**感性的**意识开始，而感性的意识就是固有的**直接的**知识；这种直接的知识中所存在着的东西，在那里已经讨论过。至于其他的意识，诸如对神圣真理的信仰、内在的经验、通过内心启示而来的知识等等，稍加思索就知道，非常不适合被引作直接的知识。在前一个研究中，直接的意识也是科学中最初的东西和直接的东西，因而是前提；但在逻辑学中，出自前一个考察已经被证明为结果的东西——作为纯粹知识的理念——则是前提。[4]**逻辑学是纯粹的** 175
科学，也就是在它的发展的整个范围内的纯粹的知识。但这个理念在那个结果里却将自己规定为一种已经变成为真理的确信，规定为这样一种确信，它一方面不再与对象对立而是使得对象内在化，知道对象就是自己本身，而另一方面又放弃了把自己作为一种与对象对立并仅仅是对象毁灭的东西的知识，将这种主观性予以外化（弃绝）并且是同它的外化的统一。

既然现在从纯粹的知识的这个规定出发要保证它的科学之开端是内在的，那么所要做的事情就只不过是去考察或不如说——将人们通常所有的一切反思、一切意见弃置一旁——仅仅去接纳**当前现有的东西**。

纯粹的知识，作为已经**合并**到这种**统一**之中的东西，扬弃掉了同他物和中介的一切关联；它是无区别的东西；这种无区别的东西因而停止其为知识；当前现有的只是**单纯的直接性**。

单纯的直接性本身是一种反身表达，并且关联于同中介者的区别。在其真正的表达中，这种单纯的直接性因而就是**纯粹的存在**。正如**纯粹的知识**应当被叫作知识本身，完全地抽象一样，纯粹的存在也应当被叫作一般的**存在**；存在，此外无他，没有任何更进一步的规定和充满。

在这里，存在被表述为通过中介，确切地说通过同时就是它自身之扬弃的中介而产生出来的进行着开端的东西，以作为有限知识的结果，亦即作为意识的结果的纯粹知识为前提。但如果应当不预设前提，应当**直接地**采用开端本身，那么开端就只有这样来规定自己：要有逻辑的开端、思想本身的开端。当前现有的，只是人们也可以视为一种任意的东西的决心，那就是：人们愿意考察**思想本身**。因此，开端必须是**绝对的**开端，或者是相同的意思，抽象的开端；它因此无需**预设任何东西**，不必通过任何东西被中介，也没有根据；不如说，它本身倒应当是整个科学的根据。它因而必须完全是一种直接的东西，或就是仅仅**直接的东西**本身。正如它不能相对于他物而拥有一种规定一样，它也不能在自身中包含任何内容，因为内容将会是与不同之物的相互区别和相互关联。因此，开端就是**纯粹的存在**。

在对最初仅仅属于这种本身最单纯者、属于逻辑的开端的东西做了这种简单的阐述之后，还可以添加下面的这些更进一步的思考；但它们不应被用作对那个本身已经完善的阐述的说明和证实，而毋宁只是通过早先在这条道路上我们可能遇到的观念和反思而被引发出来，然而这些观念和反思，就像一切其他先入为主的成见一样，都必须在科学本身中找到它们的了结，因而真正说来在这方面需要有些耐心。

说绝对真实的东西必须是一个结果，反过来，一个结果以某种最初的
177 真的东西为前提，但由于真的东西是最初的，它从客观上来看就不是必然的而按照主观的方面就是未被认识的。这种洞见近来引起了一些想法，认为哲学仅仅以某种**假定的**和**颇成问题的**真的东西开始，因而哲学思考最初只能是一种探索。这是莱因霍尔德在他哲学思考的后期已经多方鼓吹而人们必须允许它的合理性的一种观点，因为它以一种涉及哲学**开端**之思辨本性的真实兴趣为基础。[5]对这种观点的展开同时也是一种促进，引导就一般逻辑进展的意义来做一种先行的了解；因为这种观点本身就包括对前进的考虑。并且它实际上是这么想的：哲学中的向前迈进毋宁是一种向后倒退和寻找根据，通过这种向后倒退和寻找根据才表明，那曾用以开始的东西，并非仅是一种被任意采纳的东西，事实上却部分是**真的东西**，部分是**最初的**真的东西。

人们必须承认这是一种本质性的观察——它在逻辑学本身之内将更进一步表明出来，即：前进也就是**回溯**到**根据**，也就是向**源始的东西**和**真实的东西**的回溯；那被用作开端的东西取决于它并且事实上由它所产生。这样，意识便在它的道路上从它由以出发的直接性被带回到作为它的最内在真理的绝对知识上。于是，这最后的东西，亦即根据，就是最初的东西由以产生的那种东西，它曾首先作为直接的东西登场。——这样，那作为一切存在之具体的和最后的最高真理而出现的绝对精神就更加被认识到，它在发展的终结处自由地外化自身，将自己抛弃到一种**直接的**存在之形态

中——决心于世界的创造，这种创造包含了一切落在先行于结果的发展中的东西，以及通过这一倒置而与它的开端一起被转变为依赖于作为本原的结果的东西。对于科学来说，重要的东西并不特别在于开端是某种纯粹的直接物，而在于科学的整体是一个在自身之中的循环，在这个循环里，最初的东西变成了最后的东西，最后的东西变成了最初的东西。

因此，从另一个方面来说，同样也有必要将运动退回到其中如同退回到它的**根据**中去的那种东西，当作**结果**来看。按照这种观点，既然结果就是从最初的东西出发，通过正确的推论而达到作为根据的最后的东西，那么最初的东西就同样是根据，而最后的东西就同样是某种被推导出来的东西。此外，从那构成开端的东西中**前进**，应该仅仅被看作开端的一个更进一步的规定，以便开端着的东西始终是一切后继的东西的基础，而并不从中消逝。前进并不在于推导出一个**他物**或者过渡到一个真正的他物；只要 179
这种过渡一发生，它就同时又把自己扬弃掉了。所以哲学的开端是在一切后继的发展中现存的、自身保存着的基础，是将它的更进一步的规定完全内在地保持着的东西。

于是，开端在这种前进中就失去了它在是一个直接的东西和抽象的东西的这一规定中所具有的片面性；它成为一种中介了的东西，而科学的向前运动的直线因此就成为**一个圆圈**。同时还发生了这样的情况：那构成开端的东西，由于它在其中是未经发展的、无内容的东西，它在开端中就还没有被真正地认识到，而只有科学，并且确切来说是在它的全部的发展中的科学，才是开端的完成了的、充满内容的认识，并且才是真正有根据的认识。

然而，正因为只有**结果**才作为绝对的根据出现，这种认识的进展就不是什么暂时性的东西，也不是某种颇成问题的东西和假设的东西，它反而必须通过事情和内容的本性而被规定。那个开端既不是什么任意的东西和仅仅暂时接受的东西，也不是某种随意显现的东西和姑且预设的东西，但是在后来却表明：人们把它作为开端是做得正确的；这并不像人们基于一个几何学命题的证明的需要而被要求画图一样，情况是：关于画图，只有后来才在证明里显出人们正确地画了这些线，然后才在证明本身中以这些线或角的比较为开始；但在画线或者比较上，证明本身却并不发挥作用。

所以，为什么在纯粹的科学中要从纯粹的存在开始，其**根据**早在科学本身中就直接得到了说明。这个纯粹的存在就是纯粹的知识所退回到其中的那个统一，或者说，如果纯粹的知识本身还应当被当作与它的统一有所区别的形式的话，那么纯粹的存在就是纯粹的知识的内容。这就是**纯粹的存在**、绝对直接的东西因之同样也是绝对中介了的东西的那个方面。但它必须本质上同样仅仅在它是纯粹直接的东西的片面性中被看待，**正因为**在这里纯粹的存在是开端。而如果就它不是这一纯粹的无规定性，就它被规定了而言，它就会作为中介了的东西、已经进一步发展了的东西而被看待；一个规定了的东西包含某种对于最初的东西而言的**他物**。因此，开端是存在，此外无他，这属于**开端自身的本性**。要进入哲学中，无需其他准备，也无需另外的反思或线索。

因为开端是哲学的开端，由此任何**更详尽的规定**或者**肯定的**内容在根本上就都不能被作为开端来接受。因为哲学此时是在开端中，事情本身就还不是当下在场的，还只是空洞的语词或者任何一种假定的、未经证实的观念。纯粹的知识仅仅给出了这一个否定的规定：开端应当是**抽象的**开端。就纯粹的存在被当作纯粹的知识的**内容**而言，纯粹的知识要从它的内容撤回，任凭内容独立自为，不做进一步的规定。——又或者，当纯粹的存在被看作统一，知识在其中达到了与客体合一的最高峰，那么知识就消逝于这个统一之中，没有留下同这个统一的任何区别，因此也没有为它留
181 下任何规定。——此外，也没有什么东西或任何内容，可以被用来造成更确定的开端。

然而，之前被当作开端的那种**存在**规定也应当被忽略，以至于所需要的仅仅是：一个纯粹的开端被造成。于是，除了**开端**本身之外，当下什么也没有，而所要看的就是：开端是什么。这种提法同时能够成为给一些人的一个良好的建议，他们部分地出于无论什么想法，对于从存在开始惴惴不安，对于存在所具有的过渡到虚无之中的后果尤其不安，部分地一般来说不知道别的，只知在一门科学中从对某种**观念**的**预设**开始——这种观念此后应该加以**分析**，以便这样的分析的成果可以提供科学中最初的、规定了的概念。既然我们也要对这一做法进行观察，那么我们就会没有特殊的对象，因为开端作为**思维**的开端，应当是完全抽象、完全普遍、没有任何

内容的完全形式；因此，除了关于某种单纯的开端本身的观念外，我们完全没有任何东西。于是所要看的就只是，我们在这种观念中有什么东西。

这个东西还是个虚无，而它应当成为某物。开端不是纯粹的虚无，而是某物应当自其而出的一个虚无；因此，存在也已经被包含于开端之中了。开端因而包含着两者，存在和虚无，它是存在和虚无的统一；或者说，是那同时是存在的非存在和那同时是非存在的存在。

此外，存在和虚无在开端中是作为**有区别的**而呈现的；因为开端指向某个其他的东西——它是关联于存在如同关联于某个他物的一个非存在；开端着的东西也不**存在**，它才刚刚走向存在。因此，开端包含着作为这样一个东西的存在，这个东西远离了或者说扬弃了作为某个与他对立的东西的非存在。

此外，凡开始的东西，都已经**存在**；但它同时也**不存在**。因此，存在和非存在这两个对立的东西，在开端中就是处于直接的合一之中的；或者说，开端是它们的**无区别的统一**。

对开端的分析因而会产生存在和非存在的统一的概念——或者用更加反思的形式来说，会产生区别和无区别的统一的概念，或者会产生同一和非同一的同一的概念。这种概念将可以被看作是绝对者的最初的、最纯粹的，也就是最抽象的定义——就像如果一般来说关键在于定义的形式和绝对者的名称的话，那么这个概念事实上就将是如此。在这个意义上，就像那个抽象的概念是最初的定义那样，一切更丰富、更进一步的规定和发展都仅仅是这个绝对者的更确定的、更丰富的定义。然而，那些因为存在过渡到虚无并由此产生出存在和虚无的统一就不满于把**存在**作为开端的人，他们可以看一看，相比于以存在作为开端，他们是否要更满意于以**开端**的观念为开始的这个开端，是否要更满意于对开端的观念的分析，这种 183
分析固然将是正确的，但同样也导致存在和虚无的统一。

不过，关于这个程序，还要做更进一步的观察。那种分析将开端的观念预设为已知的，这是按照其他科学的例子进行的。其他的科学预设了它们的对象，并姑且假定：每个人都拥有关于对象的同样的想法，在其中能发现差不多同样的一些规定，他们通过分析、比较和惯常的推理将这些规定从事物的这里、那里引带并揭发出来。然而，［这么一来，］那构成绝对的开端的东西，必定同样也是在别的情况下的某个已知的东西；如果它现在是一个具体的东西，因而是在自己中多方面规定了的东西，那么它在**自己**中所是的这种**关联**就被预设为某种已知的东西；这种关联因而就被假定为某种**直接的东西，但它却不是**，因为它仅仅是有区别的东西的关联，因而包含了中介在自身中。此外，分析活动和不同规定活动的偶然性与任意性也进入具体的东西中。会得出哪些规定，取决于每个人在他直接的、偶然的想法中**碰到**了什么。那在具体的东西中，在综合的统一中所包含着的关联，只有当它不是被碰上的，而是通过各个环节退回到这一统一之中的固有的运动而被产生出来时，才是一种**必然的**关联——这种运动是分析的程序的相反物，是外在于事情本身而落在主体之中的行动的相反物。

在这一点上还包含了更详尽的一点，即：那用来构成开端的东西，不能是某个具体的东西，不能是在它**自身内部**包含着一种关联这样的一个东西。因为这样的一个东西在它内部预设了从某个最初的东西向某个他物的中介和过渡，由于这种中介和过渡，单纯化了的具体东西就会是一个结果。但开端不应该本身已经既是一个最初的东西**又**是一个他物；这样一种在自身中既是一个最初的东西**又**是一个他物的东西，已经包含了一种前进过了的东西。因此，那构成开端的东西，亦即开端本身，在它的单纯的、未完成的直接性中，要被当作某个不可分析的东西，因而要被当作存在，当作完全空洞的东西。

如果有人对于观察抽象的开端不耐烦，想说不应当从开端开始，而应当径直地从**事情**开始，那么这个事情不过就是那个空洞的存在；因为事情是什么，这是那恰恰应该在科学的进程中得到说明的东西，那不能在科学以前就被预设为已知的东西。

为了拥有不同于空洞的存在的其他开端，无论采用哪种形式，开端都会遭受上述那些缺憾。那些不满意于这种开端的人，可以请他们来担负另外开始的责任，以避免那些缺憾。

185 然而，近来很著名的一种更新颖的哲学开端也不能完全不提，即以**我**为开端。[6]这种开端部分地是来自一切后继的东西都必须从最初的真实的东西中被推导出来这一反思，部分地则是来自最初的真实的东西是一种已知的东西，更是一种**直接确定的东西**这一需要。这种开端，一般来说，不是可以在一个主体中被这样赋予性状而在另一个主体中被那样赋予性状的一个偶然的东西。因为我，这种直接的自我意识，最初看起来部分地是作为一种直接的东西，部分地是作为一种在比别的观念高得多的意义上的已知的东西；其他已知的东西固然也属于我，但还是一种与我有所区别的因而偶然的内容；与之相反，我却是对自身的单纯的确信。然而我，一般来说，同时也是一种具体的东西，或者说，我毋宁是最具体的东西——对它自身的意识就像一个无限多样的世界。为了让我成为哲学的开端和根据，需要将具体的东西分离，也就是需要一种绝对的行动，我借以从自身中得到纯化并在它的意识中作为抽象的我而出现。只是这样纯粹的我，现在就不是一个直接的东西，也不是我们的意识的庸常的我在其上应该直接地连接于科学并且人人都连接于科学的那样的已知的东西了。那种［绝对的］行动，从根本上看，将不过就是向纯粹知识的立场的提升，在这个立场上，主观的东西和客观的东西的区别已经消失。但正如这种提升是如此**直接地**被要求的，它就是一种主观的设准；为了表明自己是真实的要求，具体的我从直接的意识到对它自身的纯粹的知识的这个向前运动，就将必须通过它自己的必然性而得到指明和陈述。没有这种客观的运动，纯粹的知识即便被规定为**理智的直观**，也会看起来是一种任意的立场，甚至是一种出于意识的经验的**状况**的立场，从这种立场来看，重要的则是：是否一个人能在自身中**碰到**或者说产生这种立场，而另一个人却不能。然而，只要这个纯粹的我必须是本质的纯粹的知识，而纯粹的知识仅仅通过自我提升的绝对行动才被建立在个体意识中，而不是直接地在个体意识中当前现有，那么本应当从哲学的这一开端中产生出来的长处就丧失了，即：开端是每个人直接地在自身中所发现并能在其上结合以更进一步思考的某种完全已知的东西；那个纯粹的我，在它的抽象的本质性中，毋宁就是某种对于庸常的意识来说未知的东西，某种在庸常的意识中碰不到的东西。因此，倒不如说出现了造成错觉的短处，即：本来应该说的是对于经验的自我意识的我而言的某种已知的东西，事实上说的却是对于这种意识而言的某种疏远的东西。以纯粹的知识为我，这一使命本身带来了对主观的我的不断回忆，而主观的我的局限是应当被忘掉的；并且这一使命在当前保持着这样一种观念，好像在我的更进一步发展中所产生的那些命题和关系，都能在庸常的意识中出现并在那里被碰到似的，因为庸常的意识关于这些命题和关系所坚持的，事实上就是这样。这种混淆与其说产生了直接的明晰，不如说反而仅仅产生了更显著的混乱和完全的迷失方向；更广
187 泛地来看，这种混淆尤其引起了最粗俗的误解。

此外，至于一般的我的**主观的**规定，纯粹的知识固然从我中拿去了在一个对象上拥有它的不可克服的对立这一狭隘的意义。但由于这个原因，还要将以纯粹的本质为我这种主观的态度和使命予以保留，就至少会是**多余的**了。单是这种使命就不仅导致了恼人的歧义，而且更切近地来看，它仍旧是一种主观的我。从我出发的科学，它的现实的发展表明：对象在这种科学中具有并保持着对于我而言的一个**他物**这样长久的规定，因此由以开始的那个我就并不是已经真正地克服了意识的对立的那种纯粹的知识，而仍然是拘泥于现象中的。

在这里，还需要做一个本质性的评论，即：**如果说我固然自在地**可以被规定为纯粹的知识或者理智的直观并被坚持为开端的话，那么在科学中重要的并非**自在地**或者**内在地**现成存在的东西，而是内在的东西**在思维中**的定在以及这样的思维在定在中所具有的**规定性**。然而，在科学的**开端**中，那由理智的直观而定在的东西，或者——如果理智的直观的对象被称作永恒者、神圣者的话——那由永恒者或者绝对者而定在的东西，只能是最初的、直接的、单纯的规定。要给予它哪一种比单纯的存在所表达的更丰富的名称，只能视这种绝对者如何进入**思维着的**知识和这种知识的表达而定。理智的直观固然是对中介和进行着证明的外在的反思的强烈反驳，但是它所说出的比单纯的直接性更多的，却是一种具体的东西，一种在自身中包含着许多不同规定的东西。对这样一个东西的表达和陈述，就像已经说过的，是一种从许多规定中的一个出发前进到另一个的进行着中介的运动，即使后一个规定也返回到前一个规定；——它是这样一种运动，这种运动同时不允许是任意的或者断言的。因此，在这样的陈述中所由以**开始**的东西，不是具体的东西本身，而仅仅是运动从中出发的单纯的直接物。在这之外，如果把某个具体的东西作为开端，那么，还缺少包含在具体的东西中的各种规定的联结所需要的证明。

因此，如果说在绝对者、永恒者或者上帝这些表达中（而上帝或许拥有最无可争议的权利，用他来构成开端），如果说在对这些表达的直观或者思想中，比在纯粹的存在中**包含更多**，那么在其中**所包含**的东西，就应当在思维着的知识而非在表象着的知识中才**显露出来**；其中所包含的东西，无论多么如它所可能的丰富，在知识中**才**显露出来的规定都是一种单纯的东西，因为只有在单纯的东西里，才不比纯粹的开端更多；只有直接的东西才是单纯的，因为在直接的东西中还没有某种从一物到另一物那样 189
已经进展了的东西。所以，凡应当超过存在而在关于绝对者或上帝的更丰富的表象形式中被表达、被包含的东西，在开端中都仅仅是空话，仅仅是存在；因此，这种此外不具有任何更进一步意义的单纯的东西，这种空洞的东西，完全就是哲学的开端。

这一洞见本身是如此单纯，以至于这样的开端既不需要任何准备也不需要另外的引导；就开端所做的这种思考，它的先行性不能怀有将开端引申出来的意图，而毋宁是要去除一切先行性。

注释：

［1］参见 Hegel，*EL* 108－22/148－66（§§ 61－76）。

［2］参见 Hegel，*SL* 48/1：42。

［3］《精神现象学》和《逻辑学科学》的确切关系，参见上文第七章。

［4］请注意，这个“理念”在《逻辑学》中最初还只是被思想为纯粹的、无规定的存在，而不是理念本身。直到接近《逻辑学》的结尾，它都没有被明确地思想为理念。参见上文第二章第 49－51 页。

［5］Karl Leonhard Reinhold（1758－1823）.

［6］这指的是费希特。

第十章　存在：文本

存在的一般分类

191　存在，**第一**，是针对一般的他物而被规定的；**第二**，它是在它自身之内规定着自己的；**第三**，当分类的这种先行性被抛弃时，存在就是抽象的无规定性和直接性，它在这种无规定性和直接性中必定是开端。

按照**第一个**规定，存在相对于**本质**而划分自己，因为它在它之后的发展中表明它的整体仅仅是概念的一个领域，这个领域作为环节把另一个领域摆在面前。

按照**第二个**规定，存在是这样一个领域，存在的各种规定和它的返回的整个运动都落在其中。在这里，存在将在三种规定中建立自己：

I. 作为**规定性**本身；**质**；

II. 作为**被扬弃了**的规定性；**大小**，**量**；

III. 作为**性质上**规定了的**量**；尺度。

这个分类在这里，如同导言中关于那些一般的分类所提到的那样，是一种先行的列举[1]；它的各种规定必须从存在本身的运动中产生，由此而得到定义和辩护。至于这个分类同范畴的普通列举——亦即此外在**康德**那里仅仅应当是他的范畴的纲目但事实上本身就是范畴（只是更为普遍）的那种东西：量、质、关系、模态——的分歧，在这里没有什么要提示的，因为全部的论述都将表明那同范畴的通常次序和意义有分歧的东西。

只有这一点大概可以注意一下，即：**量**的规定通常被列在**质**的规定之前，而这——正如在大多数情况下——没有更进一步的理由。开端是用**存在**本身因而是用质的存在做成的，这一点已经指明过了。从质和量的比较中很容易看出，质按照本性来说是最初的。因为量是已经否定地变化了的质；**大小**是不再与存在一致反而已经与存在有所区别的那种规定性，是扬弃了的、无关紧要地变化了的质。大小包含了存在的可变性，但事情本身亦即存在（大小是存在的规定）却不被大小所改变；反之，质的规定性是与它的存在相一致的，既不超出存在之外，也不处在存在之内，而就是 193
存在的直接的限制性。因此，质作为**直接的**规定性，就是最初的规定性，应当被用作开端。

尺度是一种**关系**，但不是一般的关系，而是确切地说，质和量相互之间的关系；康德囊括在关系之下的那些范畴，将完全在别的地方取得它们的位置。如果人们愿意，尺度也可以被视作一种模态；但既然在康德那里，模态不应当再构成内容的一个规定，而应当仅仅涉及内容同思维、同主观的东西的关联，那么这就是一种完全异质的、不属于这里的关联。[2]

存在的**第三个**规定归入质的这一部分之内，因为存在作为抽象的直接性，把自己降格为一种个别的规定性，在它自身的领域之内同它的其他规定性相对。

第一篇：规定性（质）

存在是无规定的直接物；它免除了相对于本质的规定性，也免除了它在它自身之内所可能包含的一切规定性。这种无返回的存在就是如其仅仅在它自身中直接地存在着那样的存在。

因为存在是无规定的，它就是无质的存在；然而，**自在地来说**，无规定性这一特征只在与**确定的东西**或者质的东西的对立中才属于存在。但有规定的存在本身却走到一般的存在的对面，因而存在的无规定性本身就构成了它的质。[3]因此将会表明：**最初**，**存在**自在地是有规定的。因而，**其次**，它过渡到**定在**，**定在**存在着；但定在作为有限的存在扬弃了自身，过渡到存在同自身的无限的关联。**最后**，过渡到**自为存在**。

1. 存在

A. 存在

存在，纯粹的存在，没有任何更进一步的规定。在它的无规定的直接性中，存在仅仅与自身相同，并且也不与他物不同，无论对内还是对外都没有差异。由于任何规定或内容，该内容在它之中被区别开来，或者它借这内容而被建立为同某个他物有所区别，存在都将会不再被保持于它的纯粹性中。它就是纯粹的无规定性和空洞。——如果这里可以谈到直观的话，那么在它里面**没有什么**可被直观；或者说，它只是这种纯粹的、空洞的直观本身。同样也没有什么东西在它里面可被思想到，或者说，它同样
195 只是这种空洞的思维。存在、无规定的直接性事实上就是**虚无**，比虚无不多也不少。

B. 虚无

虚无，纯粹的虚无；它是单纯的与自身等同，完全的空洞、无规定且无内容；是在它自身中的无差别性。——就这里能够提到直观或者思维而言，究竟某物还是**无物**被直观或者思想到，这被视为一种区别。因此，直观或者思维虚无就拥有一种意义；两者被区别开来，这样虚无就**存在**（**实存**）于我们的直观或者思维中；或者不如说，虚无就是空洞的直观和思维本身，并且是和纯粹的存在一样的同一个空洞的直观或者思维。所以，虚无是同一个规定，或不如说是同一个无规定，因而一般说来是纯粹的**存在**所是的同一个东西。

C. 变易

a. 存在和虚无的统一

纯粹的存在和纯粹的虚无因此乃是同一个东西。真理之所是，既不在于存在也不在于虚无，而在于：不是过渡到，而是已经过渡到虚无中的存在，不是过渡到，而是已经过渡到存在中的虚无。[4]然而，真理同样也不在于它们的无差别性，而在于**它们不是同一个东西**，在于它们是**绝对不同的**，但却同样是未曾分离和不可分离的，并且**每一方**都直接地**消逝进它的对方之中**。因此，它们的真理就是一方直接地消逝进另一方的这个**运动**：

变易；就是一种在其中两者被区别开来的运动，但这种运动却是通过一个同样自身消解的区别而来的。

说明

虚无惯常被拿来同**某物**对立；但某物已经是某种同别的某物相区别的确定的存在物了；因此，同某物对立的虚无也是关于某个东西的虚无，一种确定的虚无。然而在这里，虚无要在它的无规定的单纯性中被看待。——如果人们以为用**非存在**代替虚无来同存在对立，会更为正确，那么就结果来看，这没什么可反对的，因为在**非存在**中，已经包含了同存在的关联；非存在就是在**一个东西**里被表达出来的存在和对存在的否定这两者，就是虚无，如虚无在变易中那样。然而，问题首要地并不在于对立这一形式，也就是并不在于同样也是**关联**的这一形式，而在于抽象的、直接的否定，在于纯粹自为的虚无、无关联的拒绝——如果人们愿意，人们也可以通过单纯的“不”来表达的东西［……］

存在在它本身中所具有的这种无规定性或者抽象的否定，就是当外在的反思和内在的反思将存在同虚无等而言之，将存在宣布为一种空洞的思想物，宣布为虚无时，它们所表达的东西。——或者，人们也可以说，因为存在是无规定的东西，它就不是它所是的（肯定的）规定性，不是存 197
在，而是虚无。

在对开端进行单纯的思考，如开端在逻辑学中是被以**存在**本身来做成这样子思考的时候，过渡还是隐藏着的；因为**存在**仅仅被建立为是直接的，**虚无**仅仅直接地在存在之中产生。但一切后继的规定，如紧接而来的定在，则都是更加具体的；在定在中已经**建立**起了包含并产生那些抽象物的矛盾，因而包含并产生那些抽象物的彼此过渡的那种东西。在作为那种单纯的东西、直接的东西的存在上，这种回忆，即：存在是完全的抽象之结果，因而已经是由抽象的否定性所造成的结果，是虚无——被遗留在科学背后；科学明确地从**本质**出发，在它自身之内将那种片面的**直接性**作为一种中介了的直接性来陈述；在那里，存在作为**实存**而这个存在的中介者作为根据**被建立**起来。

带着这种回忆，即：被用作科学之开端的存在完全就是虚无，就使得从存在到虚无的过渡可以被表象为，或者如人们所说的，可以被**阐释**并被

领会为某种本身轻松而平常的东西，因为人们可以从一切中抽离，而如果从一切中抽离，剩下来的就是虚无。然而人们可以继续下去，说开端因此就不是一个肯定的东西，不是存在，而正是虚无，说虚无不管怎么样至少像直接的存在一样，也是**终结**，并且甚至还要过之。最简便的方式就是对这种推理随它而去，并且看一看它所矜夸的结果会是什么样。那种推理的结果据此若真是虚无，若现在开端真要以虚无来做成（如在中国哲学中那样），那么就都不用为此而翻一翻手了，因为早在人们翻手以前，虚无就已经同样翻转为存在了［……］

b. 变易的环节：生成和消亡

变易，生成和消亡，是存在和虚无的不相分离性；这种**确定的**统一或者存在和虚无都**存在**于其中的统一，不是从存在和虚无中抽离出来的统一，而是作为**属于存在和虚无**的统一。但既然存在和虚无每一个都不相分离于它的对方，每一个也就**不存在**了。因此，它们**存在**于这个统一中，但却是作为消逝着的东西，仅仅作为**扬弃了的东西**。它们从它们最初想象中的**独立性**降格为一些**还是有所区别**但同时也**扬弃了的环节**。

按照它们的区别来理解它们，则每一个环节在这种**区别**中都是作为与**另一个**环节的统一。因此，变易包含着作为**两个这样的统一**的存在和虚无，其中每一个本身都是存在和虚无的统一；一个统一是作为直接的东西并作为同虚无的关联的存在，另一个统一是作为直接的东西并作为同存在的关联的虚无：两种规定以不相同的价值处在两种统一中。

变易以这种方式就在双重的规定中；在一重规定里，虚无是直接的，这就是说，规定是从关联于存在的虚无，也就是从过渡到存在之中的虚无
199 开始的；在另一重规定里，存在是直接的，这就是说，规定是从过渡到虚无之中的存在开始的。这就是**生成**和**消亡**。

这两者是同一个东西，都是变易，而作为两种有所区别的方向，它们也彼此渗透、相互止息。一个方向是**消亡**；存在过渡到虚无，但虚无同样是它自身的反面、向存在的过渡、生成。生成是另一个方向；虚无过渡到存在，但存在同样也扬弃自身并毋宁是向虚无的过渡，是消亡。——它们并非彼此扬弃，并非外在地一个扬弃另一个，而是每一个自在地扬弃自身，并在它自身中是它自己的反面。

c. 变易的扬弃

生成和消亡所投入进去的均衡，最初就是变易本身。但变易同样停驻进**静止的统一**。存在和虚无在这种均衡中仅仅是作为消逝着的东西；然而变易本身却只由于它们的区别才存在。因而，它们的消逝就是变易的消逝或者消逝本身的消逝。变易是一种瓦解于静止的结果中的不安定的动荡。

这一点也可以这样来表达：变易是存在消逝于虚无和虚无消逝于存在，并且是存在和虚无的整个的消逝；但变易同时也建立在它们的区别上。因此，变易在自身中与自己相矛盾，因为它本身在自己里面联合了与自己对立的东西；然而，一个这样的联合也就毁灭了自身。

这一结果就是消逝了的东西，但却不是作为**虚无**；不然，它就会仅仅是一种向已经扬弃了的两种规定之一的倒退，而不是虚无**和存在**的结果。它是变成了静止的单纯性的存在和虚无的统一。然而，静止的单纯性就是**存在**，但却不再是独自的，而是作为整体之规定。

如此过渡到存在和虚无的统一（这种统一是**存在着的**，或者说，具有两个环节的片面的、**直接的**统一之形态）之中的变易，就是**定在**。

说明："扬弃"这一表达

扬弃和扬弃了的东西（观念的东西）是哲学中最重要的概念之一，是到处重复出现的一个基本规定，要确切地把握它的意义，尤其要把它同虚无区分开来。——凡扬弃了自己的东西，并不因此而变为虚无。虚无是**直接的东西**；扬弃了的东西却相反，是某种**中介了的东西**，它是非存在，但作为**结果**，却是从某个存在中出来的东西；因此，它**还自在地**拥有**它自其而出的那种规定性**。

Aufheben（扬弃）这个词在语言中有双重含义：它在同等程度上既意指"保存""保持"，又意指"使停止""**造成一个终结**"。甚至"保存" 201
就已经将否定物包括在自己中了，即：某物被剔除它的直接性，因而被剔除向外部的影响开放的定在，以便保持它。——因此，扬弃了的东西同时也是某种保存了的东西，它仅仅丧失了它的直接性，但却并不因此而被销毁。——"扬弃"的上述两种规定可以在字典上被引为这个词的两种**含义**。然而，引人注目的是，一门语言竟然已经能将同一个词用作两种相反的规定。在语言中遇上本身拥有某种思辨的含义的词，对于思辨的思维来

说是令人愉悦的；德语就有许多这类词。拉丁语 tollere 的双关义——这个词因为西塞罗的诙谐语 *tollendum esse Octavium*（屋大维高升了/屋大维被罢黜了）而变得广为人知——也没有走得这么远，肯定的规定仅仅到上升而已。某物只在已经进入与它的对立物的统一时才被扬弃；在作为一个返回了的东西的这种更切近的规定上，它可以适当地被称为**环节**。杠杆上一个点的**重量**和**距离**，在一个像重量这样的实在的东西和一个单纯空间的规定、直线这样的观念的东西的一切惯常的差异上，由于它们的作用的**相同性**的缘故，就叫作杠杆的力学的**环节**（参见《哲学科学全书》第三版［1830］，§ 261 注释）[5]；——我们也常常不禁注意到，哲学的术语使用拉丁语的表达来表示返回了的规定，要么是因为母语不拥有相应的表达，要么是因为——如果母语像在这里一样拥有这样的表达的话——母语的表达更使人想到直接的东西，而外语却更使人想到返回了的东西。

包含着存在和虚无的更切近的意义和表达，既然存在和虚无如今不过是**环节**，就要在对作为统一的定在的观察上表明出来，存在和虚无就保存在这个统一之中。仅仅在它们的相互区别中，存在是存在，虚无是虚无；但在它们的真理中，在它们的统一中，它们作为这两种规定就已经消逝掉了，现在是某种其他的东西。存在和虚无是同一个东西；**正因为它们是同一个东西，它们就不再是存在和虚无**，而是拥有一种不同的规定；在变易中，它们曾是生成和消亡；在作为另外的确定的统一的定在中，它们又是另外的一些确定的环节。这种统一如今仍然是它们的基础，它们不再从这个基础中出来，走向存在和虚无的抽象的含义。

注释：

［1］参见 Hegel，*SL* 59/1：56。

［2］参见 Kant，*CPR* 322/266（B 266）。

［3］参见下文第十五章第 295 页，以及下文第十六章第 305 页。

［4］参见下文第十四章第 271 页。

［5］参见 Hegel，*EPN* 41-2/56-7（§ 261）。

第十一章　定在：文本

2. 定在

定在是**有规定的**存在；它的规定性是**存在着的**规定性，即**质**。**某物**由 203
于它的质而同某个**他物**相对，是**可改变的**和**有限的**，不仅仅相对于一个他物，而且本身就是被规定为完全地否定的。最初相对于有限的某物的它的这个否定，就是**无限物**；这些规定显现于其中的这种抽象的对立，瓦解于无对立的无限性中，瓦解于**自为存在**中。

于是，对定在的研究就有这三个部分：

A. 定在本身；

B. 某物与他物，有限性；

C. 质的无限性。

A. 定在本身

关于定在：

(a) 关于定在**本身**，首先是它的规定性。

(b) 定在要被区分为**质**。但质不仅要在定在的一个规定中，还要在定在的另一个规定中被认作**实在**和**否定**。然而，定在在这些规定中同样都已经返回到自身；并且，它本身被建立为

(c) **某物**，定在着的东西。

a. 定在一般

从变易中产生了定在。定在是存在和虚无的单纯的一致。它由于这一

单纯性的缘故拥有某种**直接物**的形式。它的中介，即变易，被置于它的后面；中介已经扬弃了自身，因而定在就似乎是某个由以开始的最初的东西。它最初是在**存在**的片面的规定中；它所包含的另一个规定，即**虚无**，将对立于前一个规定而同样在它里面显露出来。

这里不是仅仅存在，而是**定在**；从词源上来看，是在某一个确定的**地点**上的存在；然而，这里却无关空间表象。定在在它的变易之后，一般而言是连同某个**非存在**的存在，以至于这一非存在被吸收进与存在的单纯的统一之中。**非存在**如此被吸收进存在之中——具体的整体是在存在的形式中，在直接性的形式中——就构成**规定性**本身。

因为存在在变易中已经表明自己只是一个环节，所以**整体**在存在的形式中，也就是在存在的**规定性**中就同样是一个被扬弃了的、被否定地规定了的东西；但它对于我们来说只是在我们的反思中才是如此，还不是在它
205 本身中**被建立**起来的。然而，定在本身的规定性却是被建立起来了的规定性，这种规定性也包含在“*Dasein*”（定在）这一表达中。——这两者无疑总是要被相互区分开来；只有在一个概念中**被建立**起来的东西，才在对它所进行的发展着的考察中属于它的内容。还没有在概念本身中被建立起来的规定性，则属于我们的反思，它要么涉及概念的本性，要么是一种外在的比较；突出一个属于后面那种方式的规定，只能用来对在发展本身中所呈现出来的过程进行说明和预先提示。认为整体即存在和虚无的统一是在存在的**片面的规定性**中这种观点，是一种外在的反思；然而在否定中，在某物和**他物**等等之中，这种观点将会成为**被建立**起来的。——在这里，应当对上述区别有所注意；但对反思所能允许注意的一切都予以汇报，则将会导致对必须在事情本身中表明出来的东西加以预测这种过甚之举。如果说，这类反思可以有助于便利综览，因而有助于便利理解，那么它们也造成了害处，即：它们对于以后的事情来说显得像是不公正的看法、根据以及基础似的。因此，人们应该恰如其分地看待这类反思，并将它们同那在事情本身的发展中乃是一个环节的东西区别开来。

定在相当于前一个领域中的**存在**；可存在是不确定的东西，因此在存在上得不出任何规定。然而，定在却是一种规定了的存在，一种**具体的东西**；因而在它之中就立刻出现了它的环节的许多规定和不同的关系。

b. 质

由于存在和虚无借之而在定在中成为一的这个直接性的缘故，存在和虚无就并不超出彼此；只要定在是存在着的，它就是非存在，它就是有规定的。存在不是**普遍的东西**，规定性也不是**特殊的东西**。规定性还没有从存在中**脱离**开来。确切地说，它也不会再从存在中脱离开来，因为从现在开始奠定为根据的真实的东西是非存在同存在的统一；在作为根据的这个统一之上，产生出今后的一切规定。然而，规定性借以在这里与存在一起的这种关联，是两者的直接的统一，以至于它们的区别还没有被建立起来。

这样作为**存在着的**规定性而独自孤立起来的规定性，就是**质**——某种完全单纯的东西、直接的东西。一般的规定性是某种普遍物，该普遍物既可以是量的东西，也可以是进一步规定了的东西。由于这种单纯性的缘故，关于质本身是没有什么更多的东西可说的。

然而定在——存在和虚无都包含在其中——本身却是质的片面性的标准，质是作为仅仅**直接的**或者**存在着的**规定性的。质同样也要在虚无的规定中被建立起来，以便之后直接的或者**存在着的**规定性作为一种有区别的、返回了的规定性被建立起来[1]；这样，虚无作为一种规定性中的被规定之物，就同样是一种返回了的东西、一种**拒绝**。[2]质，当它作为**存在着的**东西而被视为独一无二时，就是**实在**；当它作为背负着某种拒绝的东西时，就是一般的**否定**，同样是一种质，但却被视为一种缺欠，以后被规定为界限和限制。 207

［实在和否定这］两者都是定在；但在偏重于是一个存在着的质的**实在**中，这一点是被隐藏了的，即：实在包含着规定性因而也包含着否定；实在因而仅仅被看作某种肯定的东西，拒绝、限制性、缺欠都被从中排除出去。否定若被单纯看作缺欠，那就是虚无了；但否定也是一种定在、一种质，仅仅带着某种非存在而被规定。［A］[3]

c. 某物

在定在上，它的规定性已经被区别为质；在这种**定在着的**质上，**存在着**实在和否定的区别。这些区别物在定在中多大程度上是当前现有的，它们在多大程度上就也是空无的和扬弃了的。实在本身包含着否定，是定在而非不确定的、抽象的存在。同样，否定也是定在，不是应当抽象地存在着的虚无，而是如它本身所是的那样现在被建立为存在着的、属于定在的。因此，质完全不同定在相分离，后者仅仅是确定的、质的存在。

［实在和否定之间］区别的这种扬弃远甚于对区别的某种单纯的撤回和外表上的再次忽略，也远甚于某种向单纯的开端、向定在本身的单纯的回转。区别不能被忽略，因为它**存在**。因此，当前现有的事实是一般的定在，是在定在上的区别以及这种区别的扬弃；定在不是像开端那样没有区别，而是**通过区别的扬弃**，**重又**与自身等同，定在的单纯性是通过这种扬弃而**中介**了的。区别的这种扬弃了的存在就是定在的独有的规定性，这样，它就是自内存在；定在是**定在着的东西**，是**某物**。

某物作为单纯的、存在着的自身关联，是**第一个否定之否定**。定在、生命、思维等等，在根本上把自己规定为**定在着的东西**、**有生命的东西**、**能思维者**（我）等等。为了不停留在定在、生命、思维等等以及（代替神的）神性这些共相上，这一规定是极具重要性的。某物有权被观念视

209 为一种**实在的东西**；然而某物还是一种十分表面的规定；正如**实在**和**否定**一样，定在及其规定性虽然不再是些空洞的东西——存在和虚无——但还是一些完全抽象的规定。正因此，它们也是一些最流行的表达，并且哲学上未经教养的反思最常使用它们，将它的一些区分灌注给它们，并以为在那上面拥有某种真正好而牢固的规定了的东西。——否定物的否定物，作为**某物**，仅仅是主体的开端；——自内存在还仅仅是完全不确定的。以后，它首先把自己规定为自为存在着的东西，诸如此类，直到它在概念中获得了主体的具体强度。与自身的否定的统一为所有这些规定奠定了基础。然而，在这里，作为**一般的**否定的**第一个**否定要同第二个否定即否定之否定区别开来，后者是具体的、**绝对的**否定性，而前面第一个否定正相反，仅仅是**抽象的**否定性。

某物是作为否定之否定**存在着的**；因为否定之否定是单纯的自身关联之重新恢复；——然而，某物同样也因此是**自身与自身的中介**。自身与自身的中介在某物这一单纯物中已经是当前现有的了，以后在自为存在中、在主体等等中还要更加确定，在变易中也已经有完全抽象的中介；就某物被规定为单纯同一的东西而言，与**自己**的中介是在某物中**被建立**起来

的。——针对一种断言知识的单纯直接性，认为中介应当被直接性所排除的原理，可以提请人们注意中介的现成存在；但却并不需要特别提请注意中介的环节，因为它在每一个概念中，处处都能被找到。

这种与自身的中介——它**自在地**就是某物——仅仅被认作否定之否定，在它的各个方面都没有具体的规定；它因此瓦解为本身乃是存在的单纯的统一。某物**是**，并且也**是**定在着的东西；此外，它**自在地**也是变易，但变易不再仅仅将存在和虚无作为它的环节。其中一个环节，即存在，现在是定在，而进一步的是定在着的东西。第二个环节同样是一个**定在着的东西**，但却被规定为某物的否定物——一个**他物**。作为变易的某物是一种其环节本身都是某物的过渡，并因此就是**改变**——一种已经**具体地**变成了的变易。——然而，某物最初仅仅在它的概念中改变自己，它还没有作为进行着中介的和中介了的这样**被建立**起来；它最初仅仅作为在它的自身关联中单纯地保存着自己的东西，而它的否定物作为同样的一种质的东西，仅仅是一个一般的**他物**。

注释：

［1］黑格尔这里的意思是说，当质在“虚无的规定”中被设想或者被建立起来的时候，在否定的规定性或质和肯定的规定性或质之间就引入了一种差异。因而，直接的、肯定的规定性就不再被设想为仅仅是直接的，而是被设想为一种有区别的、返回了的规定性（也就是一种相对于否定的实在）。

［2］参见下文第十六章注释 16（第 306 页）。

［3］“［A］”这个插入表示黑格尔所做的说明（*Anmerkung*）在这里被省略掉了。

第十二章　某物与他物、有限性：文本

B. 有限性

211 (a) 某物**以及**他物。它们首先是彼此漠不相干的；一个他物也是一个直接定在着的东西、一个某物；这样，否定就落在两者之外。某物**自在地**相对于它的**为他存在**。然而，规定性也属于某物的**自在**并且是

(b) 自在之**规定**；该规定同样过渡到与规定等同的**性状**，构成内在的同时也是被否定了的为他存在，即某物的**界限**。

(c) 界限是某物本身的内在的规定，某物因而就是**有限物**。

在曾经考察过一般的定在的第一部分里，作为首先被接受的东西，定在拥有**存在着的东西**的规定。它的发展的环节，质和某物，因而同样都具有肯定的规定。反之，在这一部分里，处于定在中的否定的规定发展了起来；它在第一部分里还只是一般的否定、**第一个**否定，但在这里却被规定为某物的**自内存在**这一点，被规定为否定之否定。

a. 某物和一个他物

1. 某物和他物两者**首先**都是**定在着的东西**或者**某物**。

其次，它们每一个又都是一个**他物**。哪一个是最初的因而仅仅被称为**某物**，这是无关紧要的（如果它们在一句话中出现，那么在拉丁语中，两者都叫作 *aliud* ［某个］，或者"一个，另一个"，*alius alium*；在相互性上，类似的表达就是 *alter alterum*）。如果我们把一个定在称作 A，把另一个定在称作 B，那么 B 首先就被规定为他物。然而，A 同样也是 B 的他物。两者在同等的方式下都是**他物**。为了把区别以及被认作肯定的东西的某物固定下来，我们使用"**这一个**"。但"**这一个**"同样也表达出：对一个东西的这种区分和强调是一种主观的、落在某物本身之外的标记。［然

而，］整个的规定性都处在这一外在的指称中；甚至“这一个”这一表达也不包含任何区别；所有的某物和每一个某物都同样是这一个，就像它们也是另一个一样。人们以为通过“**这一个**”，某种完全确定的东西就得到了表达；但却忽略了：语言作为知性的作品，除了在个别对象的**名称**中之外，仅仅表达普遍的东西；然而，只要个别的名称不表达普遍的东西，并由于这个原因看起来不过是仅仅建立的东西、任意的东西，就像个别名称可以被任意采用、给予或更改那样，个别的名称就是没有意 213
义的。

他者因而似乎是一个同这样被规定的定在相异的规定，或者似乎是在一个定在**之外**的他物；一个定之被规定为一个他物，部分是因为通过某个第三者所进行的**比较**，部分是因为在它之外的他物的缘故，而不是本身如此。同时，正如已经提到过的，每一个定在，即使对于表象而言，都同样被规定为一个其他的定在，以至于不再继续有一个定在，该定在仅仅被规定为定在而不外在于定在之外，因而本身不是一个他物。

两者都既被规定为**某物**也被规定为**他物**，因而是**同一个东西**，它们之间的任何区别当下都还不存在。然而，两种规定的这一相同性同样仅仅落在外在的反思中，落在两者的比较中；但就像他物最初被建立起来的那样，尽管确切地说它处在同某物的关联中，但也**独自地**在**某物之外**。

再次，**他物**因而要被看作孤立的，处在同自身的关联中的；要**抽象地**被看作他物，看作柏拉图的τὸ ἕτερον［另一］；柏拉图将“另一”作为总体的环节之一而与“一”相对立，并以这种方式赋予他物一种固有的**本性**。这样，**他物**——仅就本身来理解——就不是某物的他物，而是在它自身中的他物，也就是他物本身的他物。——这样的他物，按照它的规定来看，就是**物理的自然**；它是**精神**的他物；它的这一规定最初仅仅是一种相对性，通过这种相对性所表达出来的不是自然本身的一种性质，而仅仅是它的一种外部的关联。但既然精神是真实的某物，而自然因此在它本身仅仅是它相对于精神所是的东西，那么就自然本身而论，自然的性质恰恰就在于：自然是在它本身中的他物，是（在空间、时间、物质等规定中）**自外存在着的东西**。

他物本身就是在它本身中的他物，因而是它自身的他物，是他物的他物，——因此是完全不等同的东西，是自我否定着的东西，是**改变着的东西**。[1]但它同样也还是与自己保持等同，因为它借以发生改变的那个东西，就是除此之外不具有任何更进一步规定的**他物**；但改变着的东西不是以不同的方式，而是以成为一个他物这同一个方式而被规定的；因而它在他物中**仅仅与自己联合**。它因此就被建立为带着对他者的扬弃向自身返回了的东西，被建立为与自身**等同的**某物，因而他者是一个与它作为其环节的某物有所区别的东西，是作为某物本身而不归于某物的东西。

2. 某物在它的非定在中**保存着**自己；它在根本上是与非定在**一致的**，又在根本上是与非定在**不一致的**。因此，某物处在同它的他者的**关联**中；
215 它又不纯粹是它的他者。他者既同时被保存在某物之中，又同时从某物中**分离**出来；它[2]就是**为他存在**。

定在本身是直接的东西，无关联的东西；或者说，它是在**存在**的规定中的。然而定在，作为在自身中包含着非存在的东西，是**有规定的东西**，是在自身内被否定的东西，进而首先是某物，——但因为它在它的否定中同时也保存着自己，就是**为他存在**。

定在在它的非定在中保存着自己，并且是存在，但不是一般的存在，而是作为同自身的关联**对立于**它同他物的关联，作为与自身的等同对立于它的非等同这样的存在。这样的一种存在就是**自在存在**。

为他存在和自在存在构成某物的**两个环节**。这里出现了**两组**规定：其一，**某物**和**他物**；其二，**为他存在**和**自在存在**。第一组包含着它们的规定的无关联性，某物和他物各自分离。然而，它们的真理却是它们的关联；为他存在和自在存在因而就是作为一个且同一个东西的**两个环节**、作为本身乃是关联并且保持在它们的统一亦即保持在定在的统一之中的规定而被建立起来的那组规定。因而，为他存在和自在存在，每一个都在自己中同时也包含着与自己不同的环节。

存在和虚无在它们的统一（这个统一就是定在）中不再作为存在和虚无而存在——它们仅仅在它们的统一之外是存在和虚无；这样，在它们的不安定的统一中，在变易中，它们就是生成和消亡。——存在在某物中是**自在存在**。存在、自身关联、自身等同如今都不再是直接的了，相反，自身关联仅仅是作为他者之非存在（作为返回到自身的定在）。——同样地，非存在作为某物的环节，在存在和非存在的这种统一中，也不是一般的非定在，而是他物；更确切地说，按照存在同它的**区分**来看，它同时就是与它的非定在的关联，就是为他存在。

所以，第一，**自在存在**是同非定在的否定的关联，它在自身以外拥有他者，并且与他者相对立；就某物是**自在的**而言，它从他者和为他存在中被提取出来。然而，第二，自在存在在它自己中也拥有非存在；因为它本身就**是**为他存在的**非存在**。

然而，**为他存在**第一是对存在的单纯自身关联的否定，这种否定首先应当是定在和某物；就某物是在一个他物中或者说是相对于一个他物的而言，某物还缺乏固有的存在。但第二，它不是纯粹的虚无那样的非定在；它是这样的非定在，这种非定在指向自在存在如同指向它的返回到自身的存在，就像反过来看，自在存在也指向为他存在那样。

3. 两个环节是同一个东西的两种规定，也就是某物的两种规定。某物是**自在的**，就它从为他存在中出来回转到自身而言。但某物也**在**自己**上**（这里侧重强调“在……上”）或者**在**它**上**拥有一种规定或状况，就这种状况是外在地**在**它**上**、是一种为他存在而言。[3] 217

这就导致了一个更进一步的规定。**自在存在**和为他存在首先是不同的；但某物也**在它上**拥有它**自在地**所是的那**同一个东西**，并且反过来，它作为为他存在之所是也自在地是。按照某物本身是具有两个环节的同一个东西因而这些环节在它上是未曾分离的这一规定，这就是自在存在和为他存在的同一性了。——这种同一性在定在的领域内已经初具雏形，但在对本质以及之后对**内在性**和**外在性**的考察中则要更加明确，而在对作为概念与现实之统一的理念的考察中则最为明确。——人们以为，一说**自在**，就像说**内在**一样，是说了某种高级的东西；但某物**仅仅自在地**所是的东西，也不过**仅仅**是在**它**上而已[4]；“自在的”是一种仅仅抽象的因而本身外在的规定。“**在它上**什么也没有”或者“**在那上**有某个东西”这些表达尽管模糊，却包含着：**在一个东西上**所是的，也属于这个东西的**自在存在**，属于它的内在的真正的价值。

值得注意的是，**自在之物**的意义在这里得到了表明；它是一种非常单纯的抽象，但有一段时期却是一种非常重要的规定，仿佛某种高贵的东西，就像“我们不知道自在之物是什么”这句话曾经是一种极具价值的智慧一样。——事物被称为自在的，是就它从一切为他存在中被抽离出来而言的，这一般来说，是就它没有任何规定，被设想为一些虚无而言的。在这个意义上，人们当然无法知道自在之物是**什么**。因为“**什么**?”这个提问要求规定能够被列举出来；但既然被要求列举规定的事物同时是**自在之物**，这恰恰意味着没有规定，那么在这个提问中就被无思想地放进了回答的不可能性，或者说，人们仅仅做出了一个荒谬的回答。——自在之物就是除了在它里面一切皆一人们对之一无所知的那个绝对者。因而人们很明白**在**这些自在之物**上**是什么；它们本身不过是一些没有真理的、空洞的抽象。然而，自在之物真正来说是什么，那真正自在的东西，关于它的陈述就是逻辑学，但逻辑学在**自在**之名下所理解的是某种比抽象更好一些的东西，也就是某物在它的概念中所是的东西；不过这个概念在它自己中是
219 具体的，作为一般的概念是可以把握的，并且作为规定了的和在自己中与它的诸规定的相互联系是可以认识的。

自在存在首先将为他存在作为它的对立的环节；但**建立的存在**也被置于它的对面；在这个表达中固然也有为他存在，但它明确地包含着一种已经发生了的折回，即那不是自在的东西折回到它在其中乃是**肯定的**东西的它的那个自在存在中去。**自在存在**本来被当作表达概念的一种抽象的方式；而**建立**本来只归入本质的领域、客观的折返的领域；根据**建立**起通过它而被奠定根据的东西；原因更是**产生出**某种效果，产生出其独立性被**直接地**否定掉的一个定在，并且这个定在在自身中具有这样的意义，即：它在它的他物中拥有它的**事情**、它的存在。在存在的领域中，定在从变易里**出现**，或者说，连同某物建立起了他物，连同有限物建立起了无限物，但有限物却并不产生无限物，也不**建立**无限物。在存在的领域中，概念的**自身规定**本身还只是**自在的**，——所以它叫作过渡；存在的［自身］返回着的规定，如某物和他物或者有限物和无限物，它们是否同样相互指涉，或是否都作为为他存在，都作为质的而被看作独自成立的，也还只是自在的；**他物存在**，有限物同样被看作**直接存在着的**并且如同无限物那样自身固定的；它们的意义似乎没有他物也是完满的。反之，肯定物和否定物、

原因和效果，尽管也能被认作是孤立地存在着的，但同时若没有彼此也就不拥有任何意义；**在它们本身中**当下就有它们的相互映现，就有每一个的他者映现到每一个之中。——在规定的不同范围中，尤其是在说明的进程中，或者更确切些，在概念前进到概念的说明的进程中，经常区分那尚且**自在**存在着的东西和那已经**建立**起来的东西，经常区分那在概念中的规定和被建立起来的规定或为他存在着的规定，乃是一件主要的事情。这是形而上学的哲学思考——包括批判的哲学[5]思考在内——所不认识，而仅仅属于辩证的发展的一种区别；形而上学的定义，以及它的预设、区分和结论，只想要坚持并产生**存在着的东西**，也就是**自在存在着的东西**。

为他存在是在某物和自己的统一中与它的**自在**的等同，所以为他存在是**在**某物**之中**。这样向自身返回了的规定性因此又是**单纯存在着**的规定性，因而又是一种质——是**规定**。

b. 规定、性状和界限

某物从它的为他存在中出来所返回到其中的这个**自在**不再是抽象的自在，而是通过它的为他存在而被中介为它的为他存在的否定，所以为他存在是它的环节。这种自在并非只是某物与自己的直接的统一，而是这样的统一：某物通过这个统一，也**在它上**是它**自在地**所是的东西；为他存在**在自在之中**，因为**自在**是为他存在的扬弃，是**出自为他存在**而［返回于］ 221
自身；但这同样也是因为自在是抽象的，因此根本上是背负着否定、背负着为他存在的。在这里，当前现有的并非只是质和实在，即存在着的规定性，而是**自在存在着的**规定性，并且是它**被建立**为这种向自身返回了的规定性的发展过程。

1. 自在在单纯的某物中本质上处在与另一个环节——**在它存在**——的统一中，这样的质可以被称作某物的**规定**，只要规定这个词在严格的意义上同一般的**规定性**区别开来。[6]规定是作为自在存在的肯定的规定性；借由这一自在存在，某物在它的定在中，面对着它同规定着它的他物的混杂而保持一致，在它的自身等同中保持自身，使这自身等同在它的为他存在中生效。只要最初通过某物同他物的关系而多方面增长的这种更进一步的规定，根据某物的自在存在而成为某物的充实，那么某物就**充实**了它的规定。这种规定包含着：某物**自在地**所是的东西，也**在某物上**。

人的规定是思维着的理性：一般的思维是他的单纯的**规定性**，他通过这一规定性而同动物区别开来；就思维也同人的为他存在，同人借以直接与他物打交道的人自己的自然性和感性区别开来而言，人是**自在的**思维。然而，思维也是**在他上的**；人本身是思维，他作为思维着的而**定在**，思维是他的生存和现实；此外，既然思维在人的定在中而人的定在在思维中，那么思维就是**具体的**，要被当作有内容有充实的，它是思维着的理性，从而它就是人的**规定**。但甚至这一规定又重新仅仅作为一种**应当**而是**自在的**，也就是，规定连同将它的自在予以同化的充实一道，以一般的自在之形式对立于它所未曾同化的定在，该定在同时还是外部对立着的、直接的感性和自然。

2. 自在存在用规定性来造成的这种充实，也与仅仅是为他存在并仍然外在于规定的那种规定性有所区别。因为在质的领域中，对于各种在其扬弃了的存在中的差异而言，它们彼此间仍然保持着直接的、质的存在[的形式]。某物**在它上**所拥有的东西，因而自行划分出来，按照这一方
223 面就是某物的外部的定在；它也是**某物的**定在，但不属于某物的自在存在。——规定性因而就是**性状**。

这样或那样被赋予性状，某物就是在种种外在的影响和关系中被把握的。决定其性状的这种外部关联和通过某个他物而来的这种被决定的态势，似乎是某种偶然的东西。然而，被交付于外在性并拥有一种**性状**，这正就是某物的质。

就某物发生了改变而言，那么改变是落在性状上的；改变是**在**某物**上**成为一个他物的东西。某物甚至在改变时还保存着自己，改变仅仅涉及某物的他者的这个不稳定的表面，而不涉及某物的规定。

这样，规定和性状就是相互区别的；某物按照它的规定来说，对它的性状是漠不关心的。然而，某物**在它上**所拥有的东西，却是将规定和性状这两者在一个推论中联结起来的中项。但更不如说是**在某物上**的存在表明自己是分解成了规定和性状这两个端项。这个单纯的中项就是**规定性**本身，它的同一性既属于规定也属于性状。[7]然而，规定自动地就过渡到性状，而性状也过渡到规定。这一点包含在前面的内容中；这种相互关系，更确切地说是这样的：就某物**自在地**所是的东西也**在某物上**而言，某物背

负着为他存在，因而规定本身就是向同他物的关系敞开的。规定性同时也是环节，但却同时包含着这样的质的区别，即：不同于自在存在，是某物的否定物，是另一个定在。这样在自己中容纳了他物的规定性，与自在存在合一，就把他者带进了自在存在或者规定中，规定因此就被降低为性状。——反之，一旦作为性状的为他存在被孤立起来并被单独建立起来，那么它自身就是他物本身所是的那个东西，就是在它本身之中的他物，也就是它本身的他物[8]；但这样一来，它就是**自身关联着的**定在，因而是带着一种规定性的自在存在，因此就是**规定**。——由于两者也要彼此分开，所以那似乎被奠定于某个外在的东西、被奠定于一般的某物之中的性状，也**取决于**规定，而外来的规定活动同时也就是通过某物自己的、内在的规定而被规定的。此外，性状也属于某物的自在之所是：某物随着它的性状而改变。

某物的这个改变不再是某物仅仅按照它的为他存在而来的那第一个改变了；那第一个改变曾经不过是自在存在着的、属于内在概念的改变[9]；从现在起，改变也是在某物上被建立起来的。——某物本身进一步地被规定，否定被建立为内在于某物的，被建立为某物的发展了的自内 225
存在。

规定和性状的相互过渡首先是它们的区别的扬弃；一般的定在或某物因而被建立起来，而由于一般的定在或某物得自那同样也将质的他者包括在自己之中的差别，所以也就有了两个某物，但却不只是一般而言的互为他物，以至于否定仍是抽象的，只落在比较之中，相反，否定从现在起是**内在**于某物的。这两个某物是彼此漠不相干地**定在着的**，但它们的这种肯定却不再是直接的，而是每一个都以他者（他者在规定中返回到自在存在）的扬弃为**中介**而关联于自己。

因此，某物**出于自身**而与他物发生关系，因为他者在某物中被建立为某物自己的环节；某物的自内存在将否定包括在自己中，以否定为中介，它现在就拥有它的肯定的定在。然而，他物也在性质上同某物区别开来，它因而就被建立在某物之外。某物的质仅仅就是对它的他物进行否定，因为正是作为对它的他物的这种扬弃，它才是某物。只有这样，他物才真正地同定在本身相对立；他物仅仅外在地对立于第一个某物，不然的话，由于它们事实上是完全地，也就是按照它们的概念彼此相关的，它们的相互关系就是定在**已经过渡到**他者，某物**已经过渡到**他物，某物就如他物一样也是一个他物。[10]现在，就自内存在是他者的非存在，他者被包含于它里面但同时又被区别为存在着的东西而言，某物本身就是否定，就是**在它上的他物之终止**；它被建立为否定地同他物发生关系因而自身保存着的；——这个他物，某物的这个作为否定之否定的自内存在，就是它的**自在存在**[11]，同时，这种扬弃作为单纯的否定，亦即作为它对外在于它的其他某物的否定，也**在它上**。存在着它们［某物和它的他物］的**单独**一个规定性，既与某物作为否定之否定的自内存在相一致，又由于这些否定作为一些其他的某物彼此对立的缘故，而出于它们自身将它们联合起来同样又分离开来，每一个都否定着他物，——这个规定性就是**界限**。

3. **为他存在**是某物和它的他物的一个不确定的、肯定的共同体；在界限中，为他的**非存在**，即他物的质的否定突显了出来，他物因此被向自身返回着的某物所阻挡。我们必须看一看将自身展现为毋宁是纠缠和矛盾的这一概念的发展。因为界限作为某物返回到自身的否定，**在观念上**将某
227 物和他物环节包含在自己中，而它们作为有区别的环节同时又在定在的领域中被建立为是**实在的**、**性质上有区别的**，于是这其中立刻就呈现出矛盾来。

(α) 因此，某物是直接的、自身关联着的定在，并首先针对他物而拥有一个界限：界限是他物的非存在而不是某物本身；某物在界限内限定它的他物。——然而，他物本身就是一个一般的某物；因此，某物针对他物而拥有的界限，就也是作为某物的他物之界限，就也是某物之界限，通过这个界限，他物将第一个某物作为**它的**他物阻挡于自己之外，换言之，界限就是**那［第一个］某物的非存在**；这样一来，界限不只是他物的非存在，还是一个某物以及另一个某物因而一般**某物**的非存在。

然而，界限在根本上同样是他物的非存在，所以某物同时也通过它的界限而**存在**。固然，由于某物是进行着限定的，它因此也就被降低为是本身受限定的；但某物的界限，作为他物在它上的终止，本身同时也不过是某物的存在；某物**通过界限而是其所是**，并**在界限中**拥有**它的质**。——这种关系是这一事实的外在表现，即：界限是单纯的否定或**第一个**否定，但

他物却同时也是否定之否定，是某物的自内存在。

因此，某物作为直接的定在，相对于其他某物，就是界限；但某物又**在它本身中**拥有界限，并且通过同样也是它的非存在的界限的中介而是某物。界限就是某物和他物借以既**存在**又**不存在**的中介。

（β）现在，就某物在它的界限中既**存在**又**不存在**，而这些环节是一种直接的、质的差别而言，那么某物的非定在和定在是落在彼此之外的。某物在它的界限**之外**（或者，就像人们也把它表达为“**之内**”一样）拥有它的定在，他物也同样——因为它是某物——在界限之外。界限就是两者**之间的中项**，在其上两者都终止。它们在彼此的**另一边**以及它们的界限的**另一边**拥有它们的**定在**；界限作为它们每一个的非存在，就是两者的他物。

按照某物同它的界限的这种差异，**线**仅仅在它的界限亦即点之外才显现为线；**面**只在它的界限亦即线之外才显现为面；**体**只在它的限定着它的面之外才显现为体。——这就是界限首先落在表象——概念的自外存在——之中，特别是被看作在空间的对象之中的那个方面。

（γ）然而，如其在界限之外的某物是未受限定的某物，仅仅是一般的定在。这样，它就不与它的他物相区别了；它仅仅是定在，因此与它的他物拥有同样的规定，它们每一个都仅仅是一般的某物，或者说，每一个都是他物；这样，两者就是**同一个东西**。但是，这个对于它们而言的最初直接的定在，现在却带着作为界限的规定性而被建立起来，在界限中，它们两者都是其所是、相互区别。然而界限同样又是它们的**共同的**区别，正如定在一样，是它们的统一和区别。［某物和他物］两者的这种双重的同一性，定在和界限，意味着[12]：某物只在界限中才拥有它的定在，而既 229
然界限和直接的定在这两者同时也是彼此的否定者，那么只在其界限中才有的那个某物就同样自己与自己分离，超出自己而指向它的非存在，并将这个非存在表达为它的存在从而过渡到非存在中去。将这个运用到前面的例子中，就是这样一个规定：某物只在它的界限中才是其所是。因此，**点**之所以为**线**的界限，并不只是因为线仅仅在点中终止并且是在点之外的定在；**线**之所以为**面**的界限，并不只是因为面仅仅在线中终止；同样，**面**之所以为**体**的界限，道理也是如此。反而是，线也在点中**开始**；点就是线的绝对的开端；并且，就线按照它的两端，被想象为不受限定，或者如人们所说，被想象为延伸到无穷而言，点就构成线的**要素**，就像线是面的要素、面是体的要素那样。这些**界限**都是它们所限定之物的**根本**；比如就像一，作为第一百个之一，是界限，但也是整个一百当中的要素。

另一个规定就是某物在其界限中的不安定，在界限中，某物内在地就是那使得它超越自己的**矛盾**。于是，点就是它自身变为线的这一辩证法，线就是（它自身）变为面的这一辩证法，面就是（它自身）变为全部的空间的这一辩证法。因此，从点、线以及整个空间中得出第二种定义：通过点的**运动**产生了线，通过线的运动产生了面，诸如此类。然而，点、线等物的这种**运动**却被视为某种偶然的东西，或者仅仅这样想象的东西。不过，这种观点毕竟因此而被取消了：线、面等物应当从中产生的那些规定就是它们的**要素**和**根本**，而后者不是别的，不过同时又是它们的界限；这样一来，产生就不被看作偶然的或仅仅被想象出来的了。认为点、线、面是自为的，是自身矛盾着的，是自己排斥着自己的开端，因而点通过它的概念出于自己地过渡到线，**自在地运动**并使得线产生出来，诸如此类——这种观点就包含在内在于某物的界限的概念中。不过，这种运用本身还属于对空间的观察；这里稍稍提一下这种观察：点是完全抽象的界限，但却**在一个定在中**；这个定在尚被看作完全不确定的，它就是所谓的绝对的亦即抽象的空间，是完全连续的彼此外在的存在。由于界限不是抽象的否定，而**在这个定在中**，它却是空间的规定性，所以点是空间性的，是抽象的否定和连续性之矛盾，从而是向线的过渡和已经过渡等，正如没有点，也就没有线和面一样。

一个带着它内在的界限而被建立为它自身的矛盾的某物——通过这个矛盾它被驱迫推动超出自身——就是**有限物**。

c. 有限性

231 定在是有规定的；某物拥有一个质，并且在质中并非只是被规定，而是被限定；某物的质就是它的界限，带着这种界限，它最初始终是肯定的、安静的定在。然而，某物的定在和作为某物的内在界限的否定之间的对立本身就是某物的自内存在，因而自内存在仅仅是在它自身中的变易——这样发展了的否定，就构成了某物的有限性。

关于事物，如果我们说：**它们是有限的**，那么在这句话下所理解的就是：它们并非只是拥有一种规定性，它们的质不仅是实在和自在存在着的规定，它们并非单纯地受限定——于是它们离了它们的界限仍然拥有定在——毋宁说非存在构成它们的本性、它们的存在。有限的事物**存在**，但它们同自己的关联却在于它们**否定地**关联着自己，恰恰在同自己的这种关联中超出自己、超出它们的存在。它们**存在**，但这一存在的真理却是它们的**终结**。有限物并非只是像一般的某物那样发生改变，而是它**消失**，并且它消失也不是仅仅可能发生，以至于不消失也是可以的。相反，有限事物的存在本身，就在于将消亡的种子作为它们的自内存在；它们出生的时刻就是它们死亡的时刻。

α. **有限性的直接性**。事物的有限性思想给它带来了一种悲哀，因为有限性是推到极致的质的否定，在这样的规定的单纯性中，对于事物来说，不再有一种肯定的存在**有别于**事物走向灭亡的规定了。否定的这种质的单纯性已经退回到虚无和消亡同存在之间的对立中去了，有限性由于否定的这种质的单纯性的缘故，就是知性的最顽固的范畴；一般的否定、性状、界限都与它们的他物、与定在相容；抽象的虚无作为抽象，本身也被扬弃；但有限性却是**自在地固定了的**否定，因而同它的肯定物顽强地对立。有限物也当然要让自己被带进流动，它本身就注定走向它的终结，但却**仅仅**走向它的终结；——它毋宁说是对于让自己肯定地被带往肯定物，被带往无限物，对于让自己与无限物相联系的拒绝；有限物因而无法分离于它的虚无而被建立起来，而它同它的他物、同肯定物的一切和解都因此被阻断了。有限的事物的命运不过就是它们的**终结**。知性，当它将非存在作为事物的规定，同时使得非存在成为**永不消逝**、**完全绝对**时，它停留于有限性的这种悲哀之上。事物的短暂易逝只能在它们的他物、在肯定物中消失，若是这样，那么它们的有限性就会同它们分开了；但有限性却是它们的不可改变的质，也就是不过渡到它们的他物，亦即不过渡到它们的肯定物中去的质；**这样有限性就是永恒的**。

这是一个非常重要的观察：任何一种哲学、观点或理解都不愿意让自己承担这样的观点，认为有限物是绝对的；明确呈现于对有限物的主张中

233 的，倒不如说是相反的东西：有限物是受限制的东西，是暂时的东西；有限物**仅仅**是有限物，并非永远不变的东西，这一点直接地包含在它的规定和表达之中。然而重要的是，要坚持那种**固着于有限性的存在**的观点，**转瞬即逝**始终长存不变呢，还是说**转瞬即逝**和**消亡**本身也要**消亡**呢？然而，恰恰就在那种把**消失**作为有限物的**最后的东西**的关于有限物的观点中，事实是后一种情形并没有发生。有一种明确的主张认为，有限物同无限物是不可相容的和不可联合的，有限物同无限物是完全对立的。存在、绝对的存在被归在无限物名下，有限物因而始终保持为无限物的否定者而与之相对；它始终在它自己那一方面是绝对的，同无限物不可联合；它若从肯定物、从无限物取得肯定，那么它是会消失的，但是同无限物的联合却被宣布为一件不可能的事情。如果它不应当坚持与无限物对立，而是应该消失，那么就像前面所说过的，它的消失恰恰就是最后的东西，而不是只有消失的消失才可能是的肯定的东西。但如果有限物不是本该在肯定的东西中消亡，而是它的终结被理解为虚无，那么我们恐怕就会再一次处在那最开始的、本身早就已经消亡了的抽象的**虚无**中了。

可是，在这种应当**仅仅**是虚无并承认它存在于思维、表象或言语之中的虚无上，却显露出和在有限物上所指明的同样的矛盾，只不过矛盾在虚无那里仅仅是**显露出来**，但在有限性中却是**公开表达的**。在那里，矛盾显现为是主观的，而在这里则被声称为：那本身就**是**微不足道的东西并被**当作**本身微不足道的东西的有限物，**长久地**对立于无限物。以上这点要引起注意；并且有限物的发展也表明：作为这一矛盾的有限物本身就瓦解于自己之中，但随之也实际地消解了矛盾：不是说有限物仅仅是转瞬即逝的，消亡了；而是说消亡、虚无不是最后的东西，本身消亡了。

β. **限制与应当**。这个矛盾，固然立刻抽象地呈现在**某物**是有限的或者有限物**存在**这一事实中，但**某物**或者存在不再抽象地被建立起来，而是已经返回到自身并且被发展为自内存在，这个自内存在在自身中拥有一种规定和性状，更确切地说，它在自身中拥有一个界限，这个界限作为内在于某物并构成某物的自内存在的质这样一种东西，就是有限性。我们要来看一看，在有限的某物的这个概念中，包含了一些什么环节。

规定和性状表明自己对于外在的反思来说是不同的**方面**；但是前者已

经包含了属于某物的**本身**的他者；他者的外在性一方面在某物自己的内在性之中，另一方面始终作为外在性而区别于某物，它仍是外在性本身，但却**在**某物**上**。此外，既然他者被规定为**界限**，甚至被规定为否定之否定， 235
那么，内在于某物的他者就被建立为两个方面的关联，而某物与自身的统一（规定和性状都属于某物）就是某物转向自身的关联，就是某物的自在存在着的规定同某物的内在界限之间的关联，这种关联在某物中否定着某物的内在界限。与自身相等同的自内存在因而关联于自身如同关联于它自己的非存在，但作为否定之否定，作为否定着非存在的东西，它同时也将定在保存在它里面，因为这就是它的自内存在的性质。某物的固有的界限，如此被某物建立为一种否定物（该否定物同样也是本质性的），就不仅仅是界限本身，而是**限制**。然而，作为否定了的而被建立起来的东西不是只有限制；否定是把双刃剑，因为被它作为否定了的而建立起来的东西就是**界限**；界限是某物和他物的共同之物，也是规定本身的**自在存在**这一规定性。因此，这一自在存在，作为一种否定的关联，关联于也与它相区别的它的界限，关联于作为限制的它自己，就是**应当**。

在一般的某物上面的界限要是限制，某物就必须同时在自身中**超越界限**，必须本身**关联于界限如同关联于某种并不存在着的东西**。某物的定在仿佛静静地、漠不相干地置于它的界限**之旁**。然而，某物只有当它是界限的扬弃了的存在——这种扬弃了的存在相对于界限乃是否定的自在存在——时，它才超出它的界限。而由于界限在规定中本身就是限制，某物因此就**超出了自身**。

“应当”于是就包含双重规定，**一方面**作为相对于否定的自在存在着的规定，**另一方面**却是作为一种非存在的那同一个规定，这种非存在作为限制同规定相区别，但本身同时也是自在存在着的规定。

这样，有限物就把自己规定为了它的规定同它的界限的关联；前者在这一关联中是**应当**，后者则是**限制**。于是，两者都是有限物的环节，因而无论是“应当”还是限制，两者本身都是有限的。然而，只有限制**被建立**为有限物，“应当”还仅仅是自在的，因而对于我们来说，是受限制的。通过它同已经内在于它的界限的关联，“应当”受到了限制，但它的这种限制却被包裹在自在存在之中，因为按照“应当”的定在，也就是按照它相对于限制的规定性，它是作为自在存在而被建立起来的。

凡应当是的东西，既**是**同时又**不是**。如果它**是**，它就不会仅仅**应当是**。因此，应当在根本上拥有一个限制。这个限制不是一个异己的东西；**凡仅仅应当是的东西**，都是这样一种**规定**，这种规定现在如它事实上所是的那样被建立起来，亦即同时仅仅是一种规定性。

237 因此，某物的自在存在在它的规定中把自己降低为**应当**，因为构成某物的自在存在的那同一个东西，从同一个视角来看，就是**非存在**；并且因为，在自内存在中，在否定之否定中，那个自在存在作为一个否定（进行着否定的东西），就是与另一个否定的统一，这另一个否定在性质上同时也是另一个界限，通过这另一个界限，上面那个统一就是同另一个否定的**关联**。有限物的限制不是一种外在的东西，相反，有限物自己的规定也就是它的限制；而后者既是限制本身，也是应当；它是两者的共同的东西，或不如说，是两者在其中得以等同的东西。

然而，作为应当，有限物现在又**超越了**它的限制；本身乃是它的否定的那同一个规定性也被扬弃掉了，它的自在存在亦然；它的界限也就不是它的界限。

于是，作为**应当**，某物**被提升到它的限制之上**，但反过来，仅仅**作为应当**，它才拥有它的**限制**。两者是不可分离的。某物只有当它在它的规定中拥有否定的时候，才拥有一个限制，而规定又是限制的扬弃了的存在。［A］

γ. **有限物向无限物的过渡**。“应当”本身就包含限制，限制也包含应当。它们的彼此关联就是在其自内存在中包含着它们两者的有限物本身。有限物的规定中的这两个环节是性质上截然对立的；限制被规定为应当的否定物，而应当同样也被规定为限制的否定物。有限物因而是它在自身中的矛盾；它扬弃，消亡。但它的这个结果，一般的否定物，却是（a）它的规定本身；因为它是否定物的否定物。所以，有限物并没有在它的消亡中消亡；它首先只是变成了**另一个**有限物，但这另一个有限物同样也是消亡，作为向另外一个有限物如此等等直至**无穷**的过渡。[13] 然而，（b）如果更仔细地观察这个结果，那么有限物在它的消亡中，在它本身的否定中，就已经达到了它在其中**与自身联合**的自在存在。它的环节中的每一个都同样包含着这一结果；“应当”超越了限制，也就是说，超越了自身；然而，超越自身或者它的他物，这恰恰就是限制本身。但限制也超越自身指向它的他物，这个他物就是应当；但应当又是**自在存在**和**定在**的那同一个分裂，如同限制一样，是同一个东西；因而，在超出自身时，限制同样仅仅与自身联合。这种**与自身的同一性**，否定之否定，就是肯定的存在，因而就是这样一个有限物的他物，该有限物应当将第一个否定作为它的规定；——这个他物就是**无限物**。

注释：

［1］“他物”的德语是 *das Andere*，“改变”的德语是 *veränderung*。因此，黑格尔将改变理解为他物借以改变（*sich verändert*）为别的某物，或者借以成为不同于自身的东西的那个过程。

［2］即某物。

［3］某物在它上（*an ihm*）所拥有的东西并不特别地处在该物**之内**（与此相对的是处在事物的表面），只不过是属于它而非别的某物罢了。此外，这个东西是**外表上**属于某物，从而很明显是从一个外在的视角来看的（或者说，是相对于另一个事物而言的）。处在事物**之内**的东西则是事物**本身**之所是或者自在地（*an sich*）所是的。对 *an sich* 和 *an ihm* 这两个术语之间差异的讨论，参见下文第十八章第 337－38 页。

［4］并且是**在外表上**显而易见的。

［5］即康德哲学。

［6］当黑格尔说某物的规定是该物的自在存在和它的在它存在的统一时，他的意思是说，这个规定是事物的内在本性表达在它与其他事物的关系中的方式。

［7］参见下文第十九章第 351 页。

［8］参见 Hegel，*SL* 118/1：127（213）。

［9］这可能是指之前黑格尔对“改变”的第一次讨论（参见 Hegel，*SL* 118/1：127［213］）——尽管那个讨论是发生在为他存在范畴被引入**之前**。

［10］参见 Hegel，*SL* 117－8/1：125－6（211－3）。

［11］关于这个异常晦涩的陈述的一种可能的解读，参见下文第十九章第 358 页。

［12］参见下文第十九章注释 24（第 368 页）。

［13］对这个重要转变的一种分析，参见下文第二十一章第 394－95 页。

第十三章　无限性：　文本

C. 无限性

无限物在其单纯的概念中首先可以被看作对绝对者的一个新的定义， 239
它作为无规定的自身关联被建立为**存在**和**变易**。**定在**的各种形式不在可以被视为绝对者的各种定义的那些规定的行列之内，因为前一个领域中的各种形式本身仅仅直接地被建立为一些规定性，被建立为一般而言有限的东西。然而，无限物被完全视为绝对的，因为它明白地被规定为有限物的否定，因而明白地被当作在无限物中同限制性的关联——如果说存在和变易在它们中既不拥有也不表明任何限制性，它们却还是能够允许限制性的话——而这样一种限制性又在它之中被否定。

但即便如此，事实上无限物也并没有已经去掉限制性和有限性；重要的事情是，要把无限性的真正的概念同坏的无限性，把理性的无限物同知性的无限物区分开来；后者不过是**有限化了的**无限物，并且结果将表明，恰恰由于无限物被保持为纯粹的和远离有限物的，它才被有限化。

无限物是：

(a) 在**单纯的规定**中，作为对有限物的否定，就是肯定物；

(b) 但它因此就处在同有限物的交替规定中，并且是抽象的、**片面的无限物**；

(c) 这种无限物以及有限物的自我扬弃，作为一个过程，就是**真的无限物**。

a. 一般的无限物

无限物是否定之否定，是肯定物，是从限制性中重新恢复了的**存在**。无限物**存在**，并且是在比最初直接的存在更强烈的意义上；它是真正的存在，高居于限制之上。一提到无限物，情感与精神面前就**升起**无限物的光芒，因为精神在无限物中并非仅仅抽象地独自**存在**，而是将自己提升到自身那里，提升到它的思维之光、它的普遍性之光、它的自由之光那里。

无限物的概念最初表现为：定在在它的自在存在中被规定为有限物，并且超出限制。超越自身，否定它的否定，成为无限的，这正是有限物本身的本性。因此，无限物并不作为一种本身完成了的东西而在有限物**之上**，以至于有限物在无限物**之外**或者**之下**而拥有并维持它的持存。也不是
241 **我们**，仅仅作为一种主观的理性，超越有限物而进入无限物。就像当人们说无限物是理性概念，我们自己通过理性提升到尘世的东西之上时，人们是在完全无损于有限物的情况下使之发生的，后者不涉及那在它之外持存着的高翔远翥。然而，就有限物本身可能被提升进无限性之中而言，那使得它如此的，也同样不是一种异己的力量，而正是有限物的这种本性，即：将自己同作为限制（不仅作为限制本身而且也作为应当）的自己关联起来，超出限制，或者不如说，作为同自身的关联而否定限制、超越限制。一般的无限性不是在对一般的有限性的扬弃中形成的，相反，有限物仅只在于：通过它的本性而变为无限性。无限性就是有限物的**肯定的规定或使命**，有限物真正自在地所是的东西。

因而，有限物已经消逝于无限物之中，凡是的，都仅仅是**无限物**。

b. 有限物和无限物的交替规定

无限物**存在**；在它的这种直接性中，它同时就是对某个**他物的否定**，亦即对有限物的否定。如此作为**存在着**的东西，同时作为某个**他物**的**非存在**，它退回到了作为某种一般的有规定的东西的某物范畴中，更确切地说——因为它是返回到自身的、经由扬弃一般的规定性而得来的定在，从而被**建立**为与其规定性有区别的定在——退回到了带有一个界限的某物范畴中。按照这一规定，有限物就作为**实在的定在**而与无限物相对立；这样，它们就处在一种质的**关联**中，**保持**为相互外在的；无限物的**直接的存在**重又唤醒它的否定的**存在**，也就是最初似乎消逝于无限物之中的有限物的**存在**。

然而，无限物和有限物并非仅仅在关联的这些范畴中；它们两个方面

都进一步地被规定为仅仅是彼此的他物。也就是说，有限性是作为限制而被建立起来的限制，这是带着过渡到它的**自在存在**、**变成**无限这样的**规定**而被建立起来的定在。无限性是有限物的虚无，是它的**自在存在**和**应当**，但这一应当作为返回到自身的东西，却是**完成了的**应当，仅仅关联着自己的、完全肯定的存在。在无限性中，当下就有这样的满足，即：一切规定性、改变，一切限制以及连同限制的应当本身，作为扬弃了的统统都已经消逝，而有限物的虚无被建立了起来。自在存在被规定为有限物的这一否定，而它作为否定的否定，在自身中就是肯定的。可是这个肯定，从性质上来看，作为同自己的**直接的**关联，就是**存在**；因此，无限物就回溯到了将有限物作为一个与自己对立的**他物**这样的范畴上；它的否定的本性就被建立为**存在着的**因而最初且直接的否定。无限物以这样的方式就背负了同有限物的对立，后者——作为他物——始终同时就是有规定的、实在的定在，尽管它在它的自在存在、在无限物中同时又被建立为是扬弃了的；这种无限物就是“不-有限物”——一种在否定这一规定性中的存在。相对 243
于有限物，相对于存在着的规定性以及实在性的领域而言，无限物是不确定的空洞，是有限物的彼岸，这个彼岸并不在它的作为某种确定的东西的定在上拥有它的自在存在。

如此相对于有限物而在互为他物的质的关联中被建立起来的无限物，就叫作**坏的无限物**、知性的无限物，对于知性来说，它被当作最高的、绝对的真理；在这点上，要使知性意识到：既然当它以为在这个真理的和解中已经达到了它的满足时，它便处在不可调和的、无法解决的、绝对的矛盾中，那么，只要它允许运用并解释它的这些范畴，它在各个方面所陷入其中的种种矛盾就必然会发挥作用。

只要有限物作为定在与无限物对立，这种矛盾就立即呈现在其中，因此就有**两种**规定性；就**有了**两个世界，一个无限的世界和一个有限的世界，而在它们的关联中无限物仅仅是有限物的**界限**，因而仅仅是一个确定的、**本身有限的无限物**。

这种矛盾把它的内容发展成较明确的一些形式。有限物是实在的定在，它始终保持如此，即便它过渡到它的非存在，过渡到无限物；无限物，正如已经表明过的，仅仅将最初的、直接的否定作为它相对于有限物的规定性，就像有限物相对于那个否定，作为被否定者仅仅拥有一个**他物**的含义并因而还是某物一样。因此，当提升到这个有限的世界之上的知性飞升到它的最高处，飞升到无限物的时候，这个有限的世界也就在它面前保持为一个此岸，以至于无限物仅仅被建立为高居有限物之上，与有限物**相分离**，因此有限物同样也就与无限物**相分离**。——两者**被置于不同的地方**：有限物作为当下的定在，而无限物固然是有限物的**自在**，但却是作为一个彼岸在朦胧的、不可抵达的远方，有限物处于并留在这个远方**之外**。

尽管这样分离了，它们却同样恰恰通过使它们分离开来的否定而相互**关联**。这一将它们这些返回到自身的某物关联起来的否定，是一物针对他物的相互的界限，更确切地说就是：它们每一方都不仅针对他物而**在它[自己]上**拥有界限，反而否定就是它们的**自在存在**，每一方都通过它同他物的分离而独自在它自身上拥有界限。但界限是作为第一个否定，因而两者自在地都是被限定的，都是有限的。可是每一方作为肯定地自身关联着的，也都是它的界限的否定；这样，每一方都立即将界限作为它的非存在从自身排斥出去，并且在性质上同界限分离之后，将界限建立为在它之外的**另一个存在**，有限物将它的非存在建立为无限物，后者同样也将它的非存在建立为有限物。很容易承认，从有限物必然——也就是通过有限物
245 的规定——会过渡到无限物，并且有限物会被提升到自在存在，因为有限物固然被规定为常驻的定在，但同时**也**被规定为**本身**微不足道的东西，因而按其规定被规定为濒于消散的东西；而无限物固然被规定为背负着否定和界限，但同时也被规定为**自在**存在着的东西，以至于这种自身关联着的肯定之抽象构成了无限物的规定，因而按照这个规定，有限的定在不在其中。然而，我们已经指出过，无限物本身只有以否定**为中介**［/**借助于**否定］，作为否定之否定，才能成为肯定的存在，并且它的这个肯定一旦仅仅被当作单纯的、质的存在，那么在无限物中包含着的否定就降低为单纯的、直接的否定，因而降低为规定性和界限；这种单纯的、质的存在，与无限物的自在存在相矛盾，从无限物中被排除出去，被建立为不属于无限物反而同无限物的自在存在相对立的东西，被建立为有限物。既然每一方在它本身上并且出于它的规定就是它的他物的建立，那么它们就是**不可分离的**。然而，它们的这种统一却隐藏在它们的质的他者之中，它是**仅仅做**

根据的**内在的**统一。

由此就规定了这种统一的显现方式；统一在**定在**中被建立为有限物向无限物以及无限物向有限物的翻转或者过渡；以至于无限物仅仅在有限物上，有限物仅仅在无限物上，他物仅仅在他物上显露出来，这就是说，每一方都在对方上是它自己的一个**直接的**出现，而它们的关联仅仅是一种表面上的关联。

它们的过渡过程拥有如下详细的形态。我们超出了有限物进入无限物。这一超越似乎是一个外在的行动。在有限物对面的这个彼岸的空洞中发生了什么呢？在其中，什么是肯定的东西呢？由于无限物和有限物的不可分离的缘故（或者说，因为这个矗立于它这一边的无限物本身受到了限制），便产生了界限；无限物已经消逝，它的他物，有限物，已经登场。但有限物的登场又似乎是一件在无限物之外发生的事情，而新的界限似乎是这么一个东西，它并不从无限物本身中出现，反倒恰恰是被发现的。然而，这个新的界限本身只是一个有待被扬弃或者有待被超越的东西。于是，就再一次出现了空洞、虚无，在其中同样又遇到了前一种规定性，即一种新的界限——**如此等等，直至无穷**。

当前现有的，就是**有限物和无限物的交替规定**；有限物只在同应当或者同无限物的关联中才是有限的，无限物也只在同有限物的关联中才是无限的。它们是不可分离的，同时又完全互为他物；每一方都在它自身上拥有它的对方；所以，每一方都是它和它的对方的统一，并且在它的既**不是**它本身之所是又**不是**它的他物之所是这一规定性中拥有定在。

这个既否定着［有限物或无限物］自身又否定着它的否定的交替规定，就是那以**到无限的进展**为方式而登场的东西，这一进展在许多形态和运用中都被视为**最后的东西**，不再有什么超越它，相反，一旦到达了“**如此等等，直至无穷**”那种境地，思想通常就已经达到了它的终结。——凡是**相对的**两个规定被一直驱迫到它们的对立，以至于它们都在不可分离的统一之中而每一方又都相对于另一方被赋予一种独立的定在的地方，到处都有这种进展出现。因此，这一进展是没有被解除，反而总是仅仅被表达为**当前现有**的一种矛盾。 247

当前现有的是一种仍然不完全的抽象的超越，因为**这种超越**本身不被

超越。当前现有的是无限物；无限物诚然被超越，因为一种新的界限被建立了起来，但由此它也就恰恰不过是回转到了有限物中。这种坏的无限性，本身就与那种**长久的应当**是同一个东西；它诚然是对有限物的否定，但它却不能真正从有限物中将自己解放出来；有限物在无限性本身之中重又出现为无限性的他物，因为这个无限物仅仅在同相对于它的另一个有限物的**关联**中。到无限的进展因而只是重复的单调，只是有限物和无限物的同一个无聊的**交替**。

无限进展的无限性始终背负着有限物本身，因而是受限定的也是本身**有限的**。但这样一来，它事实上就会被建立为有限物和无限物的统一。只是这种统一还没有被思考过。它不过是在有限物中唤起无限物又在无限物中唤起有限物，可以说，它就是无限的进展之动力发条。无限的进展是那个统一的**外表**，表象就停留在这个外表上；在同一个交替的那长久的重复上，在超越界限继续进入无限性的空洞的不平静上，这个外表在无限物中**发现**了一个新的界限，但无论是在这个界限中还是在无限物中它都无法停歇。这种无限物拥有一个**彼岸**的固定规定，这个彼岸无法被抵达，因为它本不**应当**被抵达，因为彼岸的规定性、**存在着的**否定的规定性还没有被放弃。按照这个规定，无限物就把有限物作为与它对立的一个**此岸**，后者同样不能上升到无限物中，因为它拥有**他物**这一限定，因而拥有在它的彼岸中重新产生出自己但又与彼岸有所区别的**定在**这样一个长久的东西。

c. 肯定的无限性

在上述有限物和无限物的往复进行着的交替规定中，它们的真理已经自在地**呈现**出来，需要做的仅仅是对所呈现的东西的接受。这种往复进行构成了概念的外在的实现；正是在这种实现中，概念所包含的东西**被建立**
249 了起来，但却是**外在地**、彼此离散地被建立了起来；需要做的，只是比较那给予概念本身的统一所产生于其中的这些不同环节；——然而，无限物和有限物的**统一**，正如已常常提到过但这里尤其要引起注意的那样，是对统一的歪曲的表达，就这种统一本身真正存在的方式而言；不过，这种歪曲的规定之去除，也必定在概念置于我们面前的表现中呈现出来。[1]

按照它们最初的、仅仅直接的规定来看，那么无限物仅仅是对**有限物**

的**超越**；按照它的规定，它是对有限物的否定；所以，有限物仅仅是那必须被超越的东西，是在它自身上的它的否定，这个否定就是无限性。因此，在**每一个**中都存放着**另一个的规定**，而这些规定按照无限的进展的含义本来应当被排除出彼此之外并仅仅交替地相互跟随；没有另一方，便什么也不能被建立和被把握，无限物不能没有有限物，有限物也不能没有无限物。当**说到**什么是无限物，亦即**有限物**的否定时，有限物本身也就连带地**被说到**了；有限物对于无限物的规定来说，是**不可缺少**的。为了要在无限物中发现有限物的规定，人们只需要**知道，人们所说的是什么**。至于有限物这一方面，我们立即得承认，它是微不足道的，但使它微不足道的恰恰就是它不可与之分离的无限性。——在这种观点中，它们似乎可以按照它们同他物的关联来被看待。如果它们因此被看作是**无关联的**，以至于它们仅仅通过"**与**"才被结合在一起，那么它们就是独立的、每一个都只在自身中存在着的、彼此对立的。我们要来看一看，它们在这样的方式下是怎样一种状况。如果这样提出无限物，那么它就是**两个东西中的一个**；但**仅仅**作为两个东西中的一个，它本身就是有限的，它不是整体，而只是一个方面；它在与之对立的东西上拥有它的界限；它因而就是**有限的无限物**。当前现有的仅仅是**两个有限物**。恰恰无限物从有限物中**被分离出来**，从而作为**单方面的东西**被提出来，这其中就有它的有限性，因此就有它同有限物的统一。——有限物在它那一方面，作为远离无限物的东西被提出来，就是**这样一种同自身的关联**，在其中，它的相对性、依赖性，它的转瞬即逝，统统都被去除掉了；它就是无限物本来应当是的那同一个独立性和肯定。

这两种观察方式，第一种仅仅被看作无限物同有限物、每一方同它的对方的关联，而第二种被看作将它们保持在它们的完全的相互分离中，最初似乎是把一种不同的规定性作为它们的出发点的，但它们却产生了同一个结果；无限物和有限物，按照它们两者的彼此**关联**——这个关联好像在它们之外，但对它们却是根本性的，缺了它谁也无法是其所是——来看，它们都在自己的规定中包含着自己的对方，就像**每一方独自地**来看，**在它自身上**来观察，都将它的对方作为它自己的环节置于自身中一样。 251

这样就有了有限物和无限物的——声名狼藉的——统一性，就有了这样的统一性，它就是那将自身和有限性都把握在自己中的无限物，——因而是在另一个意义上的无限物，而不是在这个意义上，即：有限物据此与无限物脱离，被列在另一方面。既然现在这两个无限物也必须被区分开来，那么就像前面所指出的，它们每一个本身在自己上就是有限物和无限物这两者的统一；这样就有了两个这样的统一。［有限和无限］两种规定性的统一，那个共同的东西，作为统一，首先将它们建立为被否定了的东西，因为它们每一个本来应当在它们的区别中各是其所是；因而在它们的统一中它们就丧失了它们的质的本性；这是一种针对表象思维的重要思考，表象思维不愿意放弃在无限物和有限物的统一中按照它们应当被看作是彼此外在的这种性质来坚持它们，因而在那个统一中，除了矛盾什么都看不见，也看不见矛盾通过对两者的质的规定性的否定而得到化解；于是，无限物和有限物最初单纯的、普遍的统一就遭到了篡改。

可既然两种统一现在也要被当作有区别的，那么无限物这个统一（这个统一本身就是这些环节中的每一个）就在它们的每一个中，按照不同的方式被规定。无限物依据它的规定在它自己上拥有与它不同的有限性，前者在这个统一中是**自在**，后者仅仅是在它上的规定性和界限；可界限恰恰就是无限物的全然的他物，是无限物的对立面；无限物的那个本身乃是自在存在的规定，由于添加了这样一种性质，就被败坏了，这样，无限物就是一种**有限化了的无限物**。按照同样的方式，既然有限物本身仅仅是“不-自在存在”，可根据前面的统一它同样也在自己上拥有它的对立面，那么它就超越了它的价值，可以说是被无限地给提升了；它就被建立为**无限化了的**有限物。

正如之前单纯的统一被知性所篡改，无限物和有限物的双重的统一也以同样的方式被知性所篡改。在这里这种情况的发生恰恰是因为：在两个统一的一个之中，无限物不是作为被否定了的，而是作为自在存在来被看待的，因而在其中规定和限制都不应当被建立起来，否则自在存在将因此被降低、被败坏。反过来说，有限物尽管本身是微不足道的东西，却同样也被坚持为没有受到否定的东西，以至于它在与无限物的结合中被提升到了**据称**[1]它所不是的东西上，因而面对它未曾消逝反倒持续不断的规定而被无限化了。

知性加诸有限物和无限物的这种将它们的彼此关联固定为质的区别，将它们在它们的规定中都作为分离的，确切说是作为绝对分离的来坚持的这种歪曲篡改，其根源在于遗忘了这些环节的概念对于知性本身而言是什么。按照这个概念，有限物和无限物的统一不是它们的一种外在的汇聚，也不是一种不相称的、与它们的规定背道而驰的结合，在其中本身分离的、对立的、各自独立的东西、存在着的东西因而格格不入的东西都会被联系在一起，而是每一方在它自身都是这个统一，并且这仅仅就是它自身 253
的**扬弃**，在其中没有谁会在另一个面前拥有自在存在和肯定的定在之优势。正如之前所表明的，有限性仅仅作为对自身的超越而存在；因此在有限性中已经包含了无限性，包含了它自身的他物。同样地，无限性仅仅作为对有限物的超越而存在；因此，它在根本上包含着它的他物并因而本身就是它自己的他物。有限物被无限物所扬弃，并不是像被一个在它之外现成的力量扬弃掉那样，相反，那扬弃着它自身的，倒是它自己的无限性。

这种扬弃因而不是一般的改变或者他者，不是从**某物**而来的扬弃。有限物在其中扬弃着自己的那个东西，就是作为有限性之否定活动的无限物；然而，后者本身早就仅仅是被规定为一种**非存在**的定在。因此，那在**否定中扬弃**着自己的，仅仅就是**否定**。这样，无限性从它那一方面来看，是被规定为有限性的否定物，因而一般规定性的否定物，是被规定为空洞的彼岸；而它在有限物中的自我扬弃，就是从空洞的遁逃中出来的一次回转，就是对那本身就是一个**否定物**的彼岸的否定。

---

① so daß es in seiner Verbindung mit dem Unendlichen zu dem, was es nicht *sei*（以至于它在与无限物的结合中被提升到了据称它所不是的东西上）。在黑格尔的原文中，着重号是标在系动词“sei”（是）的，sei 在这里是一个第一虚拟式。黑格尔用第一虚拟式是想表明，有限物被提升到其上的那个东西，并非真的是“它所不是的东西”，而是表象思维或者知性（甚至有限物自己）以为它不是的。鉴于此，我的译文在这句话中添加了“据称”一词，并以黑体字表示。——译者注

因此，当前所呈现的，就是在两者中同一个否定之否定。然而，这个否定之否定就是**自在的**自身关联，就是肯定，但却是作为回转到自身，也就是通过**中介**而来的肯定，这个中介就是否定之否定。这都是一些在根本上要引起重视的规定；但其次［要注意］：这些规定在无限的进展中也**被建立**了起来，以及它们在其中是如何被建立起来的，亦即尚未在它们的最后的真理中被建立起来。

在无限的进展中，无论是无限物还是有限物，**首先**都被否定了，——两者以同样的方式都被超越了；**其次**，它们也作为有所区别的，每一个都接着另一个之后，被建立为自身肯定的。这样，我们就对比地挑出了两种规定，正如我们在一种外在的比较中，已经将两种观察方式——在它们的关联中看待有限物和无限物，以及单独地看待它们每一个——分开了一样。然而，无限的进展所表达的要更多，在它之中也建立起了那也彼此区别的东西的**联合**，但最初还只是作为过渡和交替；我们现在只需在一种单纯的反思中去看实际所呈现的东西是什么。

在无限的进展中被建立起来的有限物和无限物的否定首先可以被看作单纯的，因而被看作彼此分开的、仅仅前后相随的。从有限物开始，界限就被超越，有限物就被否定。当前现有的就是有限物的彼岸、无限物，但在后者中重又产生了界限；于是，当前现有的就是对无限物的超越。可是这个双重的扬弃，一方面总是只被建立为环节的一种外部的发生和交替，一方面尚未被建立为**一种统一**；这种超越中的每一个都是一个独有的开始、一个新的行动，以至于它们彼此分散。然而在无限的进展中，也还呈现着它们的**关联**。**首先**是有限物；**然后**有限物被超越，有限物的这一否定物或者彼岸就是无限物；**最后**，这一否定重又被超越，就产生了一个新的界限，又是一个**有限物**。——这就是完全的、自身封闭的、达到了那构
255 成开端的东西的运动；这里产生了**曾经从它出发的那同一个东西**，也就是说，有限物被重新恢复起来；因此，这同一个东西是**与它自身相联合**了的，只是**在它的彼岸中重新发现了自己**。

至于无限物，也是同样的情况。在无限物中，在界限的彼岸中，仅仅出现了一个新的界限，这个新的界限拥有相同的命运，就是要作为有限物而被否定掉。这样一来，当前现有的就又是之前在新的界限中曾经消逝掉

的那同一个无限物了；无限物因而并没有通过它的扬弃、通过新的界限而被推得更远，既没有远离有限物——因为后者只是要过渡到无限物中去——也没有远离自身，因为它已经**达到自身**。

所以，有限物和无限物这两者，各自都是通过它的否定而回转到自身的这一运动；它们仅仅只是作为在自身中的**中介**，而它们两者的肯定都包含着两者的否定并且是否定之否定。——所以它们是**结果**，因而不是它们在它们**开始**的规定中所是的东西；——并非有限物在它那方面是一个**定在**而无限物在这个定在（也就是被规定为有限物的定在）的另一边是一个**定在**或**自在存在**。知性之所以如此反对有限物和无限物的统一，仅仅是因为它将限制和有限物，如同自在存在一般，预设为**永久的**；因此它**忽略了**在无限的进展中所实际呈现的两者的否定，以及它们在其中仅仅是作为整体的环节而出现。并且它们只有以它们的对立物为中介，但本质上也是以它们的对立物的扬弃为中介，才能够出现。

如果首先把回转到自身既看作有限物的回转到自身，也看作无限物的回转到自身，那么在这个结果中，就显出某种与刚才所指责的错误看法有关的不正确来；被当作**出发点**的，一次是有限物，另一次是无限物，只有这样才产生出**两种**结果。然而，哪一个被当作开端，这是完全无关紧要的；因此，那曾造成二元结果的区别本身就消失了。这一点在无限进展的两端都未受限定的直线中同样也是成立的，在其中，每一个环节都带着同样的交替出现而呈现出来，而要在哪一个位置上固定下来，又要用哪一个环节作为开端，这都是完全表面的。——它们在无限的进展中是有所区别的，但每一个都以相同的方式仅仅是另一个的环节。既然它们两者，有限物和无限物，本身就是过程的环节，它们就**一同是有限物**，而既然它们在这个过程以及在结果中一同被否定，那么这个结果，作为它们两者的那个有限性的否定，真正来讲就叫作无限物。[2] 所以，它们的区别是它们两者都具有的**双重含义**。有限物拥有双重含义：第一，仅仅是**相对于**与它对立的无限物的有限物；第二，**同时**既是有限物又是与它对立着的无限物。无 257
限物也拥有双重含义：既是那两个环节中的一个——这样它就是坏的无限物——又是这样一种无限物，在其中，它本身和它的对方这两者都仅仅是环节。因此，无限物，就像它当前所呈现的那样，事实上是这样一个过程，它在这个过程中把自己降低为它的诸多规定中仅仅与有限物相对立的**一种**，因而本身只不过是有限物之一，又将与它自己的这个区别扬弃为它的肯定，并通过这一中介作为**真的无限物**而存在。

真的无限物的这一规定不能在已经指责过的有限物和无限物的**统一**的那种**套路**中被把握；那种**统一**是抽象的、无运动的自身等同，其环节同样也是不动的存在着的东西。然而无限物，正如它的两个环节一样，根本上倒不如说仅仅就是**变易**，但如今却是在它的环节中**进一步规定了的**变易。变易最初以抽象的存在和虚无为它的规定；作为定在着的改变，以某物和他物为它的规定；现在作为无限物，以本身作为变易着的东西的有限物和无限物为它的规定。

这种无限物，作为回转到自身的存在，作为它同自身的关联，就是**存在**，但不是无规定的、抽象的存在，因为它被建立为对否定进行着否定；所以它也是**定在**，因为它包含着一般的否定，从而包含着规定性。它**存在**并且**定在**，当下在场。坏的无限物仅仅是一个**彼岸**，因为它**仅仅**是对被建立为**实在的**东西的有限物的否定，——所以它是抽象的、最初的否定；**仅仅**被规定为否定的，它在自身中还不拥有**定在**之肯定；只作为否定物被坚持，它甚至都**不应当定在**，甚至应当是无法达到的。然而，这种遥不可及却不是它的尊贵而是它的缺憾，这种缺憾的终极原因在于：有限物本身被固执为**存在着的东西**。不可达到的东西就是不真的东西；人们要认清，这种无限物就是不真的东西。[3]——到无限的进展，其形象是一条**直线**，在直线两头的界限上只存在无限物，并且总是只存在于直线——直线就是定在——所不在的地方，而直线**超越**［自己］到达它的这一非定在，也就是进入不确定的东西中；至于已经回转到自身的真的无限性，其形象则成为一个**圆圈**，成为已经到达了自身的线，这线是封闭且完全现在的，没有**起点**和**终结**。

真的无限性这样一般地作为**定在**（定在被建立为相对于抽象的否定而是**肯定的**），就是在比之前**单纯**规定了的实在更高意义上的**实在**；它在这里包含着一种具体的内容。有限物不是实在的东西，无限物才是。这样一来，实在就进而被规定为本质、概念、理念，等等。可是，将实在这样一些较早的抽象范畴在［之后的］范畴上予以重复，并将它们当作比它

们在自身中所是的还要具体的一些规定而予以使用，这却是多此一举。这 259
样的重复——譬如，说本质是实在的东西，或者说理念是实在的东西——它的起因就在于：对于未经教化的思维来说，最抽象的那些范畴——譬如存在、定在、实在、有限性——才是最为熟悉的。

在这里，实在范畴的召回有它的一个更确切的理由，因为否定（相对于它，实在是肯定的东西）在这里是否定之否定；因此，它本身就与作为有限的定在的那个实在对立。——这样一来，否定就被规定为观念性；观念的东西是如它在真的无限性中那样的有限物，——作为一个规定，一种内容，该内容**与众不同**但并不**独立存在**，而是作为**环节**。观念性具有这一更加具体的意义，该意义通过对有限的定在的否定并没有被完全地表达出来。——然而，涉及实在和观念性，有限物和无限物的对立也就被理解为：有限物被看作实在的东西，而无限物却被看作观念的东西，就像之后概念也被视作一种观念的东西，确切地说，被视作一种**仅仅**观念的东西，而一般的定在则相反，被视作实在的东西一样。以这样的方式丝毫无助于否定的上述具体规定拥有观念的东西这一特有的表达；在那种对立中，我们重又回到了适合于坏的无限物的那种抽象否定物的片面性，固着于有限物的肯定的定在。

过渡

观念性可以被称作无限性的**质**；然而，它在根本上是**变易**的过程，因而是一种现在要被指明出来的过渡，就像变易向定在的过渡那样。这种向自身的回转，作为对有限性，也就是对有限性本身同样也对仅仅与它对立的、仅仅否定的无限性的扬弃，就是**同自身的关联**，就是**存在**。由于在这个存在中有否定，这个存在也就是**定在**；而由于这个否定在根本上是否定之否定，是自身关联着的否定，这个否定也就是这样一种定在，它可以被称为**自为存在**。[A]

注释：

[1] 我将接下来黑格尔对有限物和无限物的统一所做的说明，解读

为是与黑格尔在其他地方严格内在的范畴发展分开来的，前一种说明是对有限性和无限性所进行的一种外在的**比较**；参见下文第二十二章第 415 页，以及 Hegel，*SL* 146/1：161（253）。按照我的解释，黑格尔对到无限的进展所做的内在的分析从第 253 页重新开始，段首为："在无限的进展中，无论是无限物还是有限物，**首先**都被否定了……"

［2］迈纳版本用 *Momente des Processes*（过程的环节）取代了 *Momente des Progresses*（进展的环节）。这句话的意思并不受这一改变的影响。

［3］然而，这并不意味着坏的无限性和无限的进展不存在，而只是说它们不是真正无限的。参见下文第二十一章第 406–8、411 页。

第三部分
评述与讨论

第十四章　存在、虚无与变易

本研究的第三部分对第二部分中的文本提供一份评述和讨论。呈现在第九章中由黑格尔所提出的问题——“必须用什么作为科学的开端?”——已经在第一部分中广泛考察过了。因此，接下来的章节将集中于第十章至第十三章所呈现的《逻辑学》的主体文本上。我希望我在这里所不得不说的东西，将有助于读者既对黑格尔的论证的具体细节，又对其广阔的哲学关联有所理解。 *263*

从存在到变易

人们可能会以为，哲学应当以“开端”这一概念开始。然而对于黑格尔来说，吊诡的是，这样一个概念太过复杂，不能用作思想的真正开端。“开端”（*Anfang*）的概念是那种“某物应当自其而出的一个虚无”（*SL* 73/1：73［181］）的概念。因而它从一开始就预设了，正在被思考的是某种有待出现的事物之开端。然而，在哲学的一开始，我们不能够假定将有任何东西在我们由以开始的东西之外。因此，我们也就不能够假定，我们由以开始的东西事实上是任何更进一步东西的**开端**。我们所能够理解的唯一的存在就是纯然无规定的存在，之后它也许表明（也许不表明）自己是（或者已经是）某种更多的东西的开端。

黑格尔对存在的描述并非以一个完整的句子，而是以一个句子片段开始的：“**存在，纯粹的存在**，没有任何更进一步的规定”（*SL* 82/1：82［193］）。以这种方式，黑格尔通过他的语言暗示我们，我们所要聚焦的不是一个特定的论说主题或“事物”，也不是某个假定的事物（例如“绝对者”）的一个属性，而毋宁说是完全无规定的存在。这种存在要被设想为并非作为实存或自然，而是作为纯然的存在本身——黑格尔称为“无规定的直接性”的东西。正如我们在第四章看到的，黑格尔故意用这些词来使人不是想到对规定性或中介过程的明确的**否定**，而是想到**无规定地直接的**存在。实际上，这种存在如此的无规定，以至于它没有属于它自己的“规定”或“内容”，能将它置于同任何别的东西的明确的对比中。它不是同“否定性”相对立的“肯定性”，也不是同“可能性”相对立的“现实性”，而是纯粹且简单的存在。[1]

264 这种存在是抽象的，但它对于黑格尔来说并非一种单纯的幻象，就像它对于例如尼采而言那样。恰恰相反，它是纯然的**直接性**本身。它是我们关于思想所能理解到的最低程度，也是我们关于存在所能理解到的最低程度。这样的存在就是那种我们最为熟悉但却很少（如果有过的话）思考的东西：事物的纯然的**是性**（*isness*），在这里，通过抽象掉与事物或任何别的东西的关联单独地来看，也就是纯然、无规定的存在。

此时此刻，黑格尔让我们遭遇到了许多令人震惊的悖论中的第一个，因为他主张：恰恰由于它的完全的无规定性，纯粹的存在实际上就同虚无根本上毫无差别：“存在、无规定的直接性事实上就是**虚无**（*Nichts*），比虚无不多也不少”（*SL* 82/1：83［195］）。在黑格尔《逻辑学》的所有陈述中，这是一条或许已招来了最多耻笑，引来了最大误解的陈述。然而，在黑格尔看来，它却是平淡无奇地真实的：纯粹的存在是全然无规定的、空洞的，并且本身是完全无法从纯然且彻底的虚无中被区别开来的。这并不是说，我们首先谈论纯粹的存在是错误的。确实存在着什么；它就在我们周围，并且在最低程度上是纯粹且简单的**存在**，而无论它可能会表明自己是别的什么东西。然而，就它是**纯粹的**存在而言，它是全然无规定的，以至于它合乎逻辑地消失进虚无之中。这样一来，无前提的哲学就被存在本身给引导到了关于它的对立面的思想。

纯粹的、无规定的存在本身表明自己原本就是的这种虚无，并非只是我们通常在每日言谈中所提到的空无一物（nothingness）。当我们想表达我们欲求的特定事物没有被找到而现有的东西又不是我们所感兴趣的东西时，我们常常说：包里什么也“没有”（nothing），或者电视上什么也

“没有”（nothing）。这种日常意义上的空无一物单纯只是这个或那个特定事物（比如一个球）的不在场而已，它同时也是别的某个东西（例如空气）的在场。相比之下，黑格尔在《逻辑学》中所设想的虚无则是所有事物的绝对的“缺乏”或“不在场”，或者说，是纯然且完全的虚无。它甚至不是空间的纯粹的空缺或时间的空洞的形式，而是**一无所有**（*nothing whatsoever*）：“**虚无，纯粹的虚无**……完全的空洞、无规定且无内容”，或者说，是黑格尔也称为纯粹的“不”的那种东西（*SL* 82-83/1：83-4［195］）。

然而，黑格尔却主张：这种绝对的、彻底的空无拥有它自己的直接性。它毕竟**是**纯然且完全的虚无，毕竟本身对于思想来说**是**可理解的。这种空无甚至什么也不是，而是空无本身的纯然直接性；对它而言别无什么。作为这种直接性，黑格尔声称，它是无法从纯粹、无规定的**存在**中被区别开来的。这并不是说，我们首先将存在设想为虚无是一种误解。纯粹的虚无**一无所有**，但它如此纯粹地、直接地是无，以至于它合乎逻辑地消逝**进**空洞的、直接的存在中。因此，正如纯粹的存在合乎逻辑地消逝进虚无中，纯粹的虚无同样也合乎逻辑地消逝进存在中。当然，这就意味着，纯粹的存在和纯粹的虚无不仅消逝，而且也表明它们自己原是不可消除的，因为它们每一个都消失于对方中，从而直接地使对方复生。

尽管可能让一些人难以接受，但无前提的逻辑学将我们引导到其上的 265
不可避免的结论却是：“**纯粹的存在和纯粹的虚无……乃是同一个东西**”，因为两者同样都是无规定且空洞的（*SL* 82/1：83［195］）。然而，黑格尔也认为，存在和虚无并不是简单地等同，而是直接地就彼此有区别：存在是**存在**，虚无是**虚无**。就其本身而论，黑格尔告诉我们，它们是“绝对不同的”（*absolut unterschieden*）（*SL* 83/1：83［195］）。[2]因此，它们不只是构成同一个无规定性，而是形成**两个**彻底不同，但其差异却无法确定的无规定性。一方面，存在和虚无在它们直接的差异中是无法区分的这一事实，在它们直接地**消失进**彼此中这一点上是显而易见的。另一方面，两者在它们的不可区分性中直接地就是有差异的这一事实，在它们每一方之消失进**对方**中这一点上又是显而易见的。用迈克尔·罗斯的话来说，它们是“非同一的不可识别者”（non-identical indiscernibles）[3]。

存在和虚无是完全彼此不同的但又因为它们之间差异的无规定的直接性而瓦解进彼此之中。然而，正如我在上面所指出的，由于它们每一方都瓦解进**对方**之中，它们每一方也就表明自己是不可消除且不可化约的。然而，它们每一方又恰恰是**随着**消失进对方之中而表明自己是不可化约的。对这一事实的承认带来一个在思考存在和虚无的方式上微妙但却重要的转变。因为我们现在不再能简单地说存在和虚无消逝进彼此之中，而是必须将它们中的每一个都理解为不过是属于它自己的消逝或瓦解过程。它们不只是**消失**进对方之中，而且也**是**这样的消失过程。

因此，存在和虚无两者都表明自己是绝对必要的，并且都表明自己是无穷尽地由彼此所生成的。可两者都没有一种脱离其消逝过程的分离的、稳定的同一性，因为它们每一方都合乎逻辑地立即消逝进对方之中。它们每一个都是的这一消逝过程是它们各自的完全的**不确定性**（*indeterminacy*）① ——如今不只是被理解为纯然的**存在**或**虚无**，而且被理解为彻底的不稳定性和流动性的不确定性。黑格尔给予“一方直接地消逝进另一方的这个**运动**”的名字为**变易**（*Werden*）。因此，纯粹无规定的东西并非只是存在或虚无，而是变易；反过来说，虚无不能只是纯然且完全的无，而且必须是它自己的消逝过程，或者变易。

无前提的哲学必须从纯然的存在开始，但它显然无法止步于此，因为纯然的存在直接就表明自己不只是存在而且是变易。这并不是说，现在谈论“存在”就是错的。存在总**是**；它是——或毋宁说证明自己是——绝对不可化约的。然而，黑格尔的哲学所展示的却是：单纯由于是“存在”的缘故，存在便合乎逻辑地表明自己是“变易”。因此，变易就是存在**真正来说**所是的东西：作为不安的自身消逝和自身再现的直接性。

误解

266 《逻辑学》的开端非常简单，但它却已经遭遇到相当大的误解，因此

① 也可以翻译为“无规定性”，在这里是指消逝过程本身的不稳定特征。——译者注

显然需要进一步地澄清。首先需要注意的事情是，黑格尔对纯存在的说明既是概念上的，也是本体论上的。它表明，关于存在的单纯思想变成了关于变易的思想，**并且**，存在本身也被证明是变易。然而，《逻辑学》发展出一个本体论的命题这一事实却并不意味着，它描述了一种时间的或历史的过程。作为有限的人，我们必定在时间中揭示出存在所包含的一切，从而必定首先想到存在，进而想到虚无，进而又想到变易。但在这么做的过程中，我们并非是在宣称纯存在本身**历经时间地**消逝并发展为变易。我们所宣称的是，纯粹的存在表明自己**在逻辑上**或者**在结构上**就是不稳定的——它合乎逻辑地表明自己什么也不是，只是消逝和变易。[4]

黑格尔的《逻辑学》揭示出存在意味着什么以及存在是什么，并不只是揭示出**我们**理解中的存在是什么。在这个过程中，它证明纯存在本身包含着进一步的、更为复杂的一些结构或规定，但它却并不表明存在是历经时间导致这些规定的。之后在黑格尔的体系中——例如，在历史哲学中——我们将认识到，实际上是有着受存在的逻辑特征所共同决定的时间中的发展过程的。然而，《逻辑学》的任务却不是要描述这样的历时发展过程，而仅仅是要在我们面前展示出存在合乎逻辑地所必然是的一切。

在思想中，从存在移动到虚无然后再返回过来，我们无疑是借助时间在思考着，但我们正思考着的东西却是存在和虚无相互之间的**逻辑的**瓦解过程，以及与之对应的，它们每一个向变易的**逻辑的**转变。换言之，我们是在陈述存在的逻辑的“历史”。从逻辑上看，存在表明自己毕竟不只是存在，而且也是变易；因此，所谓变易不是别的，只是存在所直接表明的那种结构上的不稳定性。之后在《逻辑学》和《自然哲学》中，存在逐渐表明自身是更加确定的——是空间中有限的事物之领域——并且在这个过程中，变易变成了这些事物的历时的产生和消逝。然而在这里，我们所想的并不是时间上的变化与发展。我们所考虑的一切，都只是纯然无规定的变易本身，或者说，是作为完全不稳定性的存在。

存在和虚无在《逻辑学》中最初是纯粹且无规定的，但它们立即就表明自己是比单单**存在**和**虚无**（或者变易）要更加确定和复杂的。存在将合乎逻辑地突变为实在、是某物（being-something）、现实，并最终突变为空间；反之，虚无或简单的“不”将突变为否定、他者、否定性，

并最终突变为时间。然而，在它们每一个中，存在和虚无本身都将被保留
267 下来。黑格尔说，“天上人间任何地方，没有什么东西不是在自身中包含着存在与虚无的”（*SL* 85/1：86）。甚至**属于**（*of*）存在和虚无的每一个更进一步的规定，都将不过是存在和虚无**之间**（*between*）的一种更为复杂和亲密的相互关系。

理解黑格尔《逻辑学》的关键，就是要将作为纯**存在**的存在之真实所是，同作为例如实在物或“是某物”的存在之真实所是仔细地区分开来，并且要避免将存在的一个范畴或规定化约为另一个范畴或规定。在这些规定之间显然会有结构上的亲缘关系，因为较少规定的东西是包含在较多规定的东西之中的，但是也会有不应当被忽视的重要的差异。[5]

正如我们在后面将会看到的，“是有限的”（to be finite）也就等于不再存在（to cease to be）。有限物因而将存在向虚无的直接消逝吸收进自己的结构中。然而，是有限的要比简单的是（being）及其消逝（its vanishing）涉及更多的东西。除了纯然的存在以外，有限性还包含相比于“他物”的是“某物”（being“something”），以及遭受“变化”（being subject to“change”）。因此，尽管所有有限的事物都注定由于它们毕竟**是**［有限的］这一事实而消逝，但在它们作为实存着的事物的结构和它们的非实存之间却仍然有着可以确定的差别。是一个有限的事物肯定和完全的虚无不是一回事。

然而，纯然无规定的存在在逻辑上是无法同虚无相区分的。或者不如说，在纯粹的存在和纯粹的虚无之间有一种无法确定从而立即消散的直接的差异。因此，对于纯粹的存在，我们可以说它等同于虚无，因为纯粹的存在就其自身来看是相当不确定的。但对于有限的事物，我们却不能说它们只是无物或者说它们的实存和非实存是无法区分的，因为有限性拥有一种确定的逻辑结构，明显不同于纯粹的虚无所具有的逻辑结构。

在黑格尔看来，正是对这种差异的忽视才常常引起人们对《逻辑学》的开端不屑一顾。因为读者们往往假定，黑格尔是在将具体的、特定的事物之存在和非存在画上等号。按照黑格尔的观点，这类读者推断出以下轻率的结论：“存在和非存在（*Nichtsein*）是一回事，因此这间房子存在还是不存在，一百块钱属于还是不属于我财产的一部分也都是一回事。”然

而，正如黑格尔所指出的，

> 这种推论或对该命题［即“存在和非存在是一回事”］的使用完全改变了命题的含义。该命题包含存在和虚无的纯粹的抽象，［该命题的］使用却从中弄出一个特定的存在和特定的虚无。只是正如我们所说过的，这里谈的不是特定的存在。(*SL* 85−6/1：87)

黑格尔的观点是，完全无规定的存在在逻辑上就是无法同纯然的虚无相区别的，尽管它也无法化约为纯然的虚无。他并不是在宣称，实存着的事物无法同非实存的事物相区别，或者我存在与否对于我来说是没有差别的。他是在突出强调无规定的直接性本身所具有的不稳固的、易逝的特征，而不是在否认**特定的**（*determinate*）对象的实在性。我们将看到，所有特定的事物都在某个程度上分有无规定的存在的不稳固性，因为它们都是存在的不同样式；由于这一缘故，它们都受制于否定、毁灭，以及死亡。但是它们的存在却并不为这种无规定性所穷尽，因为它们也是具体的、有规定的事物，带有一种明确的逻辑的甚至是经验的特征。因此，那些嘲笑黑格尔否认特定事物的实存和非实存之间的差异的人，他们自己要为模糊两者之间的区别负责，因为他们没能在纯存在本身的逻辑特征和特定的存在的逻辑特征之间做出区分。实际上，黑格尔的批评者们没有注意到，或者说他们故意选择了遗忘：黑格尔在《逻辑学》的一开始是不可能抹去特定事物的实存和非实存之间的区别的，因为他还没有证明纯粹的存在实际上包含着任何规定性。[6] 268

黑格尔与虚无

另外一个可以料想得到的针对黑格尔的指控——尽管他自己没有注意到它——就在于说他是一位虚无主义者，在他眼中一切“是”的东西都是**虚无**。按照这种观点，当黑格尔断言纯粹的存在是虚无的时候，他并不是在告诉我们任何关于存在本身的东西，而是在用纯然且完全的虚无这一观念来替代“存在”这一**虚构**。他并非在说有任何要由以开端的存在，而是在说一直以来就只“是”虚无。在我看来，这不是也不可能是黑格尔的立场。当他声称存在事实上就是虚无的时候，他并非在否认起初有任何存在。相反，他是在肯定确实**有**存在，但却是在指出，就它是完全地无规定的、直接的而言，存在合乎逻辑地消失进虚无中。诚然，我们被带到对虚无——不带任何存在痕迹的纯然且完全的虚无——的考察中。但我们是被纯粹、直接的**存在**的无规定性给带到对这种虚无的考察中的。因此，黑格尔并不是一位拒绝存在观念的虚无主义者，而是一位存在论者——尽管是那种具有高度原创性的存在论者。此外，黑格尔的存在论并没有因为纯然且完全的虚无表明自己是无规定的存在而仅仅搁浅在虚无的沙滩上。因此，存在实际上是不可化约的从而并不只是消逝进虚无中，而是合乎逻
269 辑地表明自己就**是**自身的消逝或变易。黑格尔表面上的“虚无主义”实际上表明自身是存在向变易的合乎逻辑的转变过程的一个阶段。

这并不是说，黑格尔从一开始就把虚无解释为存在的一种模式。黑格尔心目中的虚无是绝对的空无——无空间、无时间、无“现在”、无规定、无“事物”，无不论什么**存在**，除了是纯粹且完全的**不**。然而，恰恰由于它的作为纯然的虚无的这种纯粹性和**直接性**，这种空无本身就是无法同无规定的存在区分开来的。从逻辑上来看，它也是它自身向它的绝对的他物的消逝。所以即便黑格尔是一个彻头彻尾的虚无主义者并且完完全全地拒绝存在观念，他也无法始终是一个虚无主义者，因为虚无将无可避免地自行跌进存在之中，并使他成为一名存在论者。

虚无的这种向存在的辩证的滑跌的一个重要的后果，正如辛西娅·威利特和乔治·凯夫都已经指出过的，就在于思辨的哲学本可以轻而易举地以虚无开始，正如以存在开始那样。[7]黑格尔以存在开始，是因为一旦我们所有的预设都已经被悬置起来，所剩下来的就只有思想自身的纯然存在——**作为**纯然存在的思想了。然而，这也表明，正如凯夫所指出的：“存在并不比虚无更有本体论上的优先性”，因为“存在和虚无直接地消逝进彼此之中”[8]。因此，我们本可以从虚无开始，正如黑格尔本人所声称的：“若现在开端真要以虚无来做成（如在中国哲学中那样），那么就都不用为此而翻一翻手了，因为早在人们翻手以前，虚无就已经同样翻转为存在了。”（*SL* 99－100/1：105［197］）我要强调，这**不是**因为黑格尔从一开始就做了有利于存在的暗箱操作。黑格尔在《逻辑学》中所考察

的虚无是不带任何存在痕迹的纯然的虚无。然而，恰恰由于它的作为**虚无**的完全的纯粹性，这种绝对的虚无就表明自己拥有一种属于它自己的**直接性**，从而表明自己就是无规定的存在。因此，虚无主义，无论它愿意与否，都通过它对它自己的纯粹性的坚持而将自身转变成存在论。

一种直接的、无规定的，但却不可消除的差异

正如我已经指出过的，黑格尔对存在与虚无的开篇分析是相当简单的：纯粹的存在是如此的无规定以至于它根本上就是虚无，而虚无是如此的单纯且直接地否定的以至于它就是存在。这一简单的辩证描述带给读者的主要困难是，存在和虚无并不拥有稳固的、确定的同一性，而是带着不可化约的不一致若隐若现。我们习惯于——或至少相信我们习惯于——一个拥有稳定的、可辨别的对象的世界。因此，我们的思想很难适应纯粹的存在和虚无的辩证的隐现和明灭。但如果黑格尔是正确的，那么存在和虚无本身不是别的，而就是这一隐现过程。这并不是说，黑格尔相信自然和 270
历史的整个世界都始终保持为存在的进进出出，仿佛有人像开关一盏灯一样在切换存在。然而，黑格尔确实相信纯存在和纯虚无合乎逻辑地消逝进彼此之中，并且正如我们将看到的，他相信这种不停歇的消逝过程构成了（尽管并没有穷尽）有限的、确定的事物之世界的一个环节。

为了领会存在和虚无的这种不稳定的无规定性，人们必须认识到它们是不可消除地**有区别的**，并且认识到它们中的每一方都消逝进它的**对方**之中。正如有些评论者已经指出的，**存在**和**虚无**不只是指称相同事物或相同思想的两个词，而是两个**不同的**规定。[9]然而，重要的一点却在于，它们之间的差异是完全直接的并且是无法更进一步地被指明或更进一步地被确定的，因为它们两者都是无规定的。正如黑格尔所评述的，“假如存在和虚无拥有任何它们借之可以被区分开来的某种规定性，它们就该是……特定的存在和特定的虚无，而不是它们直到现在仍是的纯粹的存在和纯粹的虚无了”。存在和虚无之间的差异因而无法被陈述或者被界定，而只能被“意谓”（*gemeint*）（*SL* 92/1：95）。

君特・马鲁施克就此得出结论，认为在存在和虚无之间根本就没有固

有的**逻辑的**差异，它们的区别是“逻辑以外的”（extralogical），或者说，是单单由主观的想法（*Meinen*）所形成的。[10]但在我看来，这并非黑格尔的立场。黑格尔诚然主张存在和虚无之间的差异“不在于（*besteht*）它们本身，而在于某个第三者，在于**意谓**（*Meinen*）”（*SL* 92/1：95）。然而，就我对黑格尔的理解，他在这里所宣称的是，在存在和虚无本身之间并没有确定的、稳固的差异，只有主观的想法才能明显地将它们保持分开。这与存在和虚无本身在逻辑上——尽管不稳固且不确定——是有区别的那种主张是完全相容的。实际上，正如我们已经看到的，黑格尔明确主张，它们是“绝对不同的”，而在别的地方他称它们为“格格不入的东西”（*Unverträgliche*）（*SL* 83，91/1：83，94［195］）。

黑格尔的立场，就我所理解的来说，是说在存在和虚无之间有一种**逻辑上的**直接的差异——存在是存在，虚无是虚无——但这种差异恰恰就像它直接地消逝一样，只有当它消逝的时候才再次出现。这一消逝着的差异无法被确定，但它却能够被意谓到，或者人们甚至可以说，它可以**被直觉到**。因此，我们不能指责黑格尔完全抹杀了哪怕是纯存在和纯虚无之间的差异，就更别说是具体的实存和非实存之间的差异了。他邀请我们去思考的，是一种不可化约的差异，这一差异在它被想到的那一刻——也就是在
271 它**存在**的那一刻——起就消逝了，因为它单纯是直接且无规定的。在《逻辑学》的剩余部分，我们将要学习到的教益是：任何不只是要消逝的差异都将不得不超出仅仅直接的差异。

从存在向虚无的过渡

在讨论变易的段落中，黑格尔同时说到存在和虚无，认为它们“**每一方**都直接地**消逝进它的对方之中**”（*SL* 83/1：83［195］）。然而，在同一个段落的开始，他却说：“不是过渡到，而是已经过渡到虚无中的存在，和不是过渡到，而是已经过渡到存在中的虚无”（*daß das Sein in Nichts und das Nichts in Sein—nicht übergeht, sondern übergegangen ist*）。现在时和过去时的使用在这两句话中存在某种自相矛盾吗？黑格尔是既承认又否认有一种从存在到虚无又从虚无到存在的实际的过渡吗？我相信并非如

此。该段落一开始的说明所表明的是，过渡在每一种情形下都是**直接的**（*immediate*）。并非先有存在稍后才有存在向虚无的消逝，而是说，纯存在在它被想到的那一刻，甚至是在它**存在**的那一刻，立即（immediately）就消逝——从而**已经**消逝了。正如伽达默尔所说的，“存在和虚无唯独作为逾越或作为消逝，唯独作为变易，才实际存在”[11]。黑格尔说，如果有人“反对将一方以及另一方仅仅当作向彼此的过渡来认识”，那么，“让他们来指明：他们所说的是什么，亦即提出关于存在和虚无的**一个界定**（*eine Definition*）并证明它是正确的”（*SL* 92/1：96）。然而，黑格尔确信无疑，没有人能应对这一挑战。

恰恰由于它们是向对方的纯粹的过渡，存在和虚无才是**变易**。正如阿兰·怀特所指出的，“在‘变易’中所想到的，恰恰就是从存在到虚无并从虚无到存在的运动”[12]。不过，托尼森却仍然指出，黑格尔似乎是在“过渡”和“变易”这两个观念之间做了区分。[13]黑格尔说：“**过渡**（*Übergehen*）和变易（*Werden*）是同一个东西，只是在前者中，从其中一方向另一方过渡的［存在和虚无］两方更多被想象（*vorgestellt*）为是彼此静止的，过渡更多被想象为是在它们**之间**发生的。”（*SL* 93/1：97）然而，黑格尔并不是在用这些话来否认存在和虚无相互间的过渡构成了变易。他只是在提醒他的读者，不像“变易”一词，“过渡”这个词可能诱使我们误以为眼下的运动是在两个完全**分离**并各自持存的范畴之间的一种运动。在黑格尔看来，并没有存在和虚无“之间”的这样的过渡，恰恰是因为它们除了是向对方的过渡外，什么也不是。存在和虚无每一方各 272
自都是的这一过渡或运动，就是黑格尔借由“变易”想要说的一切。因此，变易根本就没有实际地同过渡区分开来，而只不过是“一方直接地消逝进另一方的这个运动（*Bewegung*）”（*SL* 83/1：83［195］）。

我应该补充一点：存在和虚无两者都以这种方式消逝这一事实，并不意味着它们在任何意义上都是不可思想的。黑格尔并非是在说，两者在它们甚至能被思想**以前**就消逝了，而是在主张：它们能够被思想并且必然被思想，因为它们都是不可消除的；但从逻辑上讲，它们所被思想为是的，以及它们所**是**的，都不过是它们的**消逝**。它们在被想到的那一刻起就消逝这一事实，并不表明它们的直接性莫名其妙地逃出了我们的掌握。毋宁说，这一事实揭示出：一方的直接性，从逻辑上讲，就**是**它自己向另一方的同样消逝着的直接性的消逝。从逻辑上讲，纯存在只不过**是**它的消逝从而只不过**是**变易，而纯然且完全的虚无也是如此。

存在和虚无为何“运动”?

对《逻辑学》的一个通常的误解是：它所描述的并非存在和虚无——或者存在和虚无的范畴——本身的运动，而是当哲学家致力于明了地阐述每一个范畴的时候，他/她所经历到的**经验**。按照对《逻辑学》的这种解读，存在并非合乎逻辑地自行消逝进虚无中。所发生的事情只不过是：当我们试图使纯存在变得清晰明了的时候，我们不可避免地从对存在的思考移动到对虚无的思考。这种误解，我们将在谢林、特兰德伦堡，以及克尔凯郭尔的作品中找到它的起源。

谢林认为，黑格尔将内在的运动归于纯粹的存在“只不过意味着……以纯存在开始的**思想**感到对于它来说，止步于这一最抽象而空洞的事物是不可能的”。正如我曾在第三章中指出的，在谢林看来，《逻辑学》中的“前进的动力”并不是源自纯存在本身；相反，它“只在这一事实中拥有其基础，即：思想已经习惯于一个更具体的……存在，因而无法满足于纯存在这道贫乏菜，其中只有抽象的内容而没有特定的内容可供思考”。据此，他得出结论：“［存在的］概念在它自身将保持为完全不动，假如它不是属于某个思维着的主体的概念的话”，也就是说，假如它没有被这样一个主体所思考的话。[14]

克尔凯郭尔也持这样的观点，认为概念本身并没有运动，并且称黑格尔将运动引入逻辑中的做法是“对逻辑科学的一种纯粹的混淆”。带着一种明显的尖酸刻薄，克尔凯郭尔评论道：“在运动是不可思议的领域中使运动成为根本性的，当逻辑实际上无法解释运动的时候让运动来解释逻辑，这无疑是奇怪的。”[15]克尔凯郭尔的这种明显老生常谈的观点不是来
273 自谢林而是来自特兰德伦堡。特兰德伦堡坚称他非常严肃地对待黑格尔。然而，他却主张：“一个足够严格地按照字面意思来坚持纯粹思想的无前提的辩证法并真正试图不带任何前提而纯粹地从事这一思想的人，他很快

就会发现：纯粹的思想始终保持不动，思想的各种成果处于难产之中。”概念在《逻辑学》中运动，仅仅是因为黑格尔偷运进了一个来源于自然的原理——“局部运动”的原理——并用它来人为地激活《逻辑学》的范畴。不引进这一原理，特兰德伦堡认为，“思想将不会从它的位置移开”[16]。特兰德伦堡并不共有谢林对《逻辑学》中范畴的运动的特殊解释，但是他也同意：这些范畴之所以运动或看起来在运动，仅仅是由于哲学家思考它们的方式，而不是由于它们自己的任何逻辑的特征。

在我看来，特兰德伦堡的主张在《逻辑学》的文本中得不到任何支持。也没有任何证据支持谢林的断言，认为思辨的哲学家是由于对纯存在思想所缺失的生命具体性的某种乡愁而从纯存在移动到其他的范畴的。然而，似乎有一些证据支持一种一般的看法，认为思辨的逻辑学是通过哲学家的活动而非范畴本身的活动才从一个范畴移动到另一个范畴的。在《逻辑学》中的某个地方，黑格尔写道：正是**反思**（*Reflexion*）将存在“宣布”（*erklärt*）为虚无，从而将两个范畴“等而言之”（*gleichsetzt*）（*SL* 99/1：104［195］）。这至少像是在暗示，我们仅仅是因为反思将纯存在**经历**为是空洞的，而不是因为纯存在合乎逻辑地将自身转变成虚无，才从关于纯存在的思想移动到关于虚无的思想的。

沃尔夫冈·维兰德顺着这几句话来解释从存在到虚无的“运动”。根据他的观点，纯存在范畴，“当人们使用它或甚至将它主题化的时候”，就表明自己是某种不同于它所打算是的东西。《逻辑学》的开篇运动因而预设了，“有人已经致力于试图确定纯存在。只有作为这一企图的结果，虚无范畴才将自身提供给体系的进程”[17]。没有来自哲学家方面的这种使用存在范畴或使之明确而明了的努力，该范畴似乎就将永远保持为是纯存在的范畴。

然而，正如亨利希已经指出的，任何把从存在到虚无的运动理解为是由哲学家的活动所引起的解读都必定是错误的，因为它将思辨的逻辑学变成了**现象学的**逻辑学——当纯存在**被我们**思考时对其中所发生的事情的一种说明，而不是对纯存在**自身**的逻辑特性的一种说明。[18]黑格尔在《全书逻辑学》中明确提出，范畴“自己探究自己”，而辩证法就“内住于”（*innewohnend*）它们之中（*EL* 82/114［§41 Add. 1］）。情况如果是这样， 274

那么范畴就必须被理解为是由于它们自己的**逻辑的**特性，而非由于我们思考它们或经历它们的方式，才发展或者“移动”的。正如亨利希所指出的，“对它们作为思想物（*Gedachtsein*）的反思，并不能算作它们的进展的推动原则”[19]。

这并不是要否认思想或反思必须亲自来阐明并“经历”内在于每一个范畴中的辩证法，但这一辩证法必须是范畴**本身**所固有的。反思确实将存在“宣布”为虚无，但它这么做仅仅是因为存在**本身**合乎逻辑地消逝进虚无中。[20]黑格尔并非只是宣称我们的思想——当它试图使范畴变得确定的时候——从一个范畴移动到另一个范畴（像维兰德所宣称的那样）；他也并非断言我们的思想——当它努力回归生命的具体性的时候——从一个范畴转移到另一个范畴（像谢林所宣称的那样）；他也并非简单而任意地将运动观念引进他对范畴的处理中（像特兰德伦堡所宣称的那样）。相反，他将位于存在本身的逻辑核心里的辩证法揭露了出来。

存在和虚无的辩证法再检验

现在我们必须更详细地来看一看，为什么存在会恰好直接滑跌进虚无之中（从而表明它不过就是它自己的消逝或者“变易”）。简单的回答是：存在之所以如此，是因为它是完全无规定的。黑格尔在《逻辑学》和《全书逻辑学》中对这一点讲得很清楚。在前一本书中，他论证到：由于存在是“纯粹的无规定性和空洞”。“在它里面**没有什么**可被直观”（*SL* 82/1：82［193］）；在后一本书中，通过主张“只有因这纯粹的无规定性的缘故，存在才是**虚无**”（*EL* 139/186［§87］），黑格尔确认了这一结论。然而，在我看来，评论者们通常理解这一论证的方式，要比人们一般所意识到的更成问题。来看一看下面这些对黑格尔论证的重新表述。

按照司退斯的描述：

> 存在……是最好的可能抽象……由于存在是如此完全地空洞的，它因此就等于虚无。关于虚无的思想仅仅是关于一切规定之缺乏的思想。当我们思考任何东西时，我们只能由于它拥有这个或那个规定、

大小、形状、颜色、重量等等才思考它。任何种类的规定都不具有的东西就是一个绝对的空洞、绝对的虚无。而因为存在按其定义而言是一切规定的缺乏，它就是虚无。[21]

麦克塔格特论证如下： 275

> 纯粹的存在，黑格尔说……不具有任何种类的规定。但凡规定都会赋予存在某种特殊的性质，与一些别的特殊性质相对——都会使存在成为 X 而不是非 X。因此，存在不具有任何规定。但完全免于一切规定恰恰就是我们用“虚无”所意指的意思……于是我们就过渡到第二个范畴。[22]

最后，这里有一个由弗里德里克·希克所做的对黑格尔论点的较新的描述：

> 第一个规定“存在”是“无规定性和空洞”……它在其自身内也好，同任何别的事物也好，都不具有差异。然而，对于思想来说（在此它还没有同直观区分开来），［这样的］存在因而就是——虚无。如果思想又可以叫作区分，也就是说，叫作规定的话，那么哪里没有东西被规定和被区分，哪里就没有东西可被思想。[23]

表面上看，对黑格尔的观点的这三种重述似乎都是合理的，也足够地精准：它们都说到纯存在缺乏规定，并由于这一缘故实际上根本就是虚无。然而，人们应当注意到，在每一个例子中，所提出的论证都有一个非常重要的条件。对于司退斯来说，这个条件就是：“当**我们**思考任何东西时，我们只能由于它拥有这个或那个规定……才思考它。”考虑到这一条件，司退斯主张，“任何种类的规定都不具有的东西就是……虚无”。希克预设了相同的条件：“如果**思想**又可以叫作区分，也就是说，叫作**规定**的话，那么哪里没有东西被规定和被区分，哪里就没有东西可被思想。”于是，我们被告知，存在“对于思想来说”（*für das Denken*）就是虚无。最后，麦克塔格特假定：“完全免于一切规定恰恰就是**我们**用‘虚无’所意指的意思。”在这一条件下，他主张，从存在“我们就过渡到”虚无。于是，在每一个例子中，存在是虚无都仅仅是因为：它的完全缺乏规定使得它**对于我们来说**是虚无。然而，显而易见的是，这种解释黑格尔论证的方式，使得存在向虚无的消逝完全取决于我们对规定性的需要以及我们的这样一个预设，即：人们只在遇到这种规定性的时候才能谈论存在（而非虚无）。**我们**只能在规定性之下进行思考，而如果我们遇不到这种规定性，**我们**便断定没有东西可被思考。因此，对于**我们**而言，纯粹的存在不得不等同于虚无。

276 但这就引起了下面这个明显的疑问：如果由一个并不持续寻求规定性也不假定规定性的缺乏就是存在的完全缺乏的人来思考存在，那么**按照这种解读**，存在仍然还会消逝进虚无之中吗？毋庸置疑，答案肯定是不会。因为如果我们放弃了没有不带规定性的存在这一观念（就像对彻底的自我批判的现代要求所要求我们去做的那样），那么就不再会有任何强制性的理由将纯粹的、**无规定的**存在等同于存在的完全缺乏，或者等同于虚无了。存在无疑将缺乏一切规定，但这不会给将存在思考为虚无提供理由，因为我们不再预设规定性的缺乏就是存在本身的缺乏。换言之，通过指出纯存在不是什么**确定的**东西，并不会使**存在**失去什么；人们将只是从一个不同的视角来看待存在而已。纯存在将会是无规定的直接性，而“虚无”将会是同一个存在，仅仅现在才特别地被设想为缺乏规定性。将不会有一个向另一个的消逝，**我们**也将只会从一个到另一个地来回转移我们的注意力。

由司退斯、希克和麦克塔格特所提供的对《逻辑学》开篇的这种种解释，乍看之下似乎都精确地重述了黑格尔的论证，但它们显然无法做到这点，因为它们使得存在向虚无的过渡取决于**我们的**思维习惯，从而未能解释为何存在**本身**应当合乎逻辑地消逝进虚无之中。此外，当司退斯和其他人提出这一论证的时候，其中还有一处致命的前后不一致。一方面，我们被要求以关于纯存在本身的思想来开始思辨的逻辑学，不带更进一步的规定。可另一方面，虚无就是规定的缺乏这一主张则意味着，存在只当有规定性的时候才是成立的。我们于是能够主张纯粹的存在是虚无，仅仅因为我们同时弃置**又**坚持这样一个观念，即：一切存在都包含**规定性**从而都是有规定的存在。

请注意，这里还不只是我们运用无规定的存在观念而又同时对存在包含规定性这一观念依依不舍的问题。正如我们曾在第四章中看到的，既然两种视角并非都扮演着一个推动逻辑向前的角色，那么保留这一双重视角就是无可指摘的。[24]我在这里所说的阅读《逻辑学》的过程中的问题在于，存在是无规定的这一观念**和**存在包含着规定性这一观念在逻辑的说明本身中都发挥了作用：因为纯粹的、无规定的存在被说成是存在的缺乏——也就是虚无——仅仅是由于它是规定性的缺乏这一事实。

据我所知，亨利希是第一个注意到对黑格尔的存在说明做这种方式的解释是无法令人满意的人。根据亨利希的观点，

> ［从存在向虚无的］这种过渡将根本不会在黑格尔的意义上得到理解，假如人们试图用下面的方式来解释它：我们首先想到存在的无
> 规定的直接性。接着，我们注意到（*bemerken*），我们已经思想到一 277
> 个完全空洞的直接性，而现在我们凭借其作为虚无的空洞来对这一直接性的特征进行描述（*bezeichnen*）。[25]

亨利希并没有说他在这里意指的是哪一位评论者，但在我看来，他的观点显然适用于我在上面提到的那三位。

现在，或许可以争辩说，与司退斯和希克相比，麦克塔格特并没有将存在定义**为**规定性的缺乏，或定义**为**内容的空洞，而只是专注于纯存在本身，并正确地指出：纯存在**事实上**缺乏确定的内容。然而，指出这一点，意义并不大，如果从存在向虚无的移动仍旧取决于我们未能在纯存在中遭遇到**我们**所熟悉的、**我们**要求并不只有虚无的那种确定的内容的话。存在和虚无将不会自行消失进彼此之中；不如说，我们的思想将会随着它一会儿致力于眼前的纯粹的直接性，一会儿致力于该直接性的空洞，而来回摇摆于存在和虚无之间。

此外，由于这一缘故，存在将仅仅在我们**假定**规定性的缺乏事实上就是存在的缺乏的基础上，才会被虚无所驱逐，从而被理解为消逝。然而，在思辨的逻辑学的一开始，这一假定本该连同其他一切关于存在和虚无的假定被禁止掉。实际上，只有禁止这一假定，我们才能首先思考无规定的**存在**。因此，正如我在前面所指出的，这种成问题的解读只有通过同时悬置**又**保留规定性对于存在而言乃是必需的这一观念才能解释存在向虚无

的辩证的移动。

概而言之，在《逻辑学》的一开始，黑格尔的论证并非是说，也不能够是说：纯存在由于它被定义为缺乏——或事实上缺乏——**我们**在日常经验中所熟悉的、我们为了有思想的一个对象而需要的确定性和具体性而是虚无。这样一种论证不可能是黑格尔的论证，因为它使得从存在向虚无的移动完全取决于**我们的**假定，即假定一切规定性或内容的缺乏只留给我们虚无。相比之下，黑格尔主张：纯存在是通过它**自己的**无规定性，完全独立于我们所可能采纳的任何假定，才消逝进虚无之中的。然而，我们究竟要怎么理解这一消逝过程呢？它为什么会发生呢？

按照黑格尔的观点，存在消逝进虚无之中，是因为存在本身如此地无规定，以至于从逻辑上来看，**它甚至不是它所是的纯存在**，从而事实上就是存在的缺乏。换言之，纯存在消逝，不是因为它没能满足我们的理解标准，也不是因为它被我们经验为虚无，而是因为它自己的完全的无规定性在逻辑上甚至妨碍它是纯粹、简单的存在。黑格尔尤其在《逻辑
278 学》的这些话中阐明了这一点："因为存在是无规定的东西（*das Bestimmungslose*），它就不是它所是的（肯定的）规定性，不是存在，而是虚无。"（*SL* 99/1：104［195－7］）这就是为什么纯存在会消逝的**逻辑的**原因——一个独立于我们借以可能经验到也可能经验不到这种存在的方式的原因。黑格尔并不否认，**我们**必须在《逻辑学》的开端，在其纯然直接性中紧握关于纯存在的思想；纯存在并非凭空跳出来置于我们面前。[26]然而，他坚持认为，存在通过它自己的纯粹性和无规定性而合乎逻辑地将它**自身**消逝进虚无之中，而不单纯是当我们试图去确定它或阐明它时我们才发现它是虚无。

需要注意的是，从存在向虚无的转变是**立即**（*immediately*）发生的。它并不受任何我们在纯存在和"我们借由虚无想表达的东西"之间所可能进行的任何比较的中介；纯存在在自身内也不具有某种特殊的、可识别的"基础"、"原因"或"条件"提供给虚无。[27]存在立即消逝进虚无之中，是因为存在**本身的**不确定性就意味着：在逻辑上，存在甚至不是它所是的存在。正如黑格尔所指出的，"因为**存在**仅仅被建立为是直接的（*unmittelbar*），所以**虚无**仅仅直接地在它里面产生出来（*bricht hervor*）"

(*SL* 99/1：104)[28]。

在这一解读中，应当注意到，虚无并非仅仅由于是“一切规定的缺乏”才是存在的缺乏——这是一种将存在和确定性相混淆的立场。毋宁说，虚无是存在本身的**直接的**缺乏；它是纯存在本身直接消逝进其中的全然的存在之缺乏。正如黑格尔所说，它简单来说“不是存在，而是虚无”(*SL* 99/1：104［197］)。[29]麦克塔格特采纳了我所反对的另一种理解黑格尔式虚无的观点。按照他的观点，黑格尔“借由非存在所意指的东西，正如他借由虚无所意指的东西一样，不是对存在的单纯的拒绝，而是对缺乏一切规定性的断言”[30]。为了支持麦克塔格特的解释，人们可能会指出，黑格尔确实这么说到纯存在，认为存在是虚无是因为“同样也没有什么东西（*etwas*）在它里面可被思想到”，就像没有什么东西被直观到一样（*SL* 82/1：83［193］)。然而，问题是，将“虚无”和“某物”的缺乏等同起来，使得人们很难将纯存在设想为纯粹自行地——不牵涉任何其他范畴地——消逝进虚无之中。

279 一方面，假如虚无主要地被理解为某物的缺乏并由于这一缘故才被看作存在的缺乏的话，那么存在（being）实际上就被等同于“是**某物**”(being-*something*)。但如果情况是这样，那么一开始就不可能有不是某物的纯**存在**，从而也就不可能有纯存在向虚无的消逝。不如说，人们只是在一开始就拥有了某物的缺乏，而它就是虚无。另一方面，我们或许会承认，某物的缺乏构成了纯粹的无规定的**存在**，正如它构成了虚无那样。毕竟，在《逻辑学》的一开始，存在恰恰由于不被思想为一个“物”才被思想为是纯粹的和无规定的。然而，这就意味着，存在并不会因我们指出它不是“某物”或某个确定的存在从而称它为“虚无”就消失不见。这种虚无仅仅就是存在，或者换一个不同的描述，就是“某物的缺乏”。

于是，在这两种情况中，纯存在实际上都没有被思想为**消逝**。在第一种情况中，这根本就不可能被思想到，因为存在被等同于“是某物”。在第二种情况中，当虚无被思想到的时候，存在却依然故我，因为虚无恰恰就是作为存在的那同一个“某物的缺乏”。可是，黑格尔却毫不含糊地提出，无论是存在还是虚无，都消逝进它们的对方之中：“它们的真理就是一方直接地消逝（*Verschwinden*）进另一方的这个**运动**”（*SL* 83/1：83

[195]）。在我看来，只有当虚无被理解为不只是“某物”或“规定性”的缺乏，而是被理解为是蕴含在纯存在的纯然无规定性本身之中的存在本身的直接缺乏时，我们才能够理解黑格尔的主张的意思。实际上，在我的解读中，“虚无”仅仅是我们赋予存在的彻底而完全的**消逝性**的一个名称而已。存在被思想到，但它太过无规定，甚至无法被思想为存在，从而直接地消逝；所剩下的就是虚无。

这并不是要否认：虚无实际上就是规定性的缺乏或全然的“无规定性”。然而，它却是要主张：虚无是规定性（以及有限性、量、内容、空间等）的缺乏，是因为它是存在本身的缺乏，**而不是相反**。于是，当黑格尔说纯存在是“纯粹的无规定性和空洞”从而是虚无的时候，他的意思并不只是说存在缺乏规定性（这完全正确），而且是说存在在自身中是如此的无规定，以至于它实际上合乎逻辑地根本就不是**存在**。由于这一缘故，黑格尔承认，“如果人们以为用**非存在**代替虚无来同存在对立，会更为正确，那么就结果来看，这没什么可反对的，因为在**非存在**中，已经包含了同存在的关联”（*SL* 83/1：83 [195]）。重要的地方在于，虚无不应当只被设想为“关于某个东西的虚无”（*das Nichts von irgend Etwas*），而应当被设想为一切无论什么存在的缺乏。

说了这些之后，亨利希正确地指出：虚无在《逻辑学》的一开始或许不能实际地被设想为是对存在的**明确的**否定——设想为**非-存在**（*Nicht-sein*）——因为这将会把虚无转变成一个由它同别的范畴的对立所构成的中介了的范畴，从而将会使得它不只是**简单的**虚无。[31]虚无实际上**是**存在
280 的缺乏。但它不能被定义为如此，因为这么做将会把存在作为虚无所排斥的东西包括到虚无中。虚无是存在的纯然且完全的缺乏，因此一切同存在的牵涉都必须不在它里面。所以，它必须纯粹且简单地被理解为**无**。“问题首要地……，”黑格尔写道，“并不在于对立这一形式……而在于抽象的、直接的否定，在于纯粹自为的虚无（*das Nichts rein für sich*）、无关联的拒绝——如果人们愿意，人们也可以通过单纯的‘**不**’（*Nicht*）来表达的东西。”（*SL* 83/1：84 [195]）

《逻辑学》中关于存在的开篇辩证法是直截了当的，但其中包含几处容易忽略的陷阱。读者需要仔细区分存在和虚无借以被定义的方式和它们

的实际所是：它们**是**完全无规定的，但它们并不是被定义为“无-规定性”本身，也一定不能同关于“无-规定性”本身的范畴相混淆。读者也必须区分纯存在被哲学家所经验到的方式和纯存在本身的固有的逻辑。如果注意到了这些区分，那么我们将会看到黑格尔对存在的描述是非常明了易懂的：纯存在直接消逝进虚无之中，因为它是如此的纯粹且无规定，以至于它在逻辑上甚至都不是它所是的存在。

黑格尔对纯粹性观念的内在批判

罗伯特·皮平认为，黑格尔以纯存在为开端，只是想接受和考虑一个他实际上认为不可能的概念。德国观念论的整个要点，皮平主张，就是“否认直接性之可能性，或者否认对存在的某种直观的把握”，所以黑格尔显然不能从关于直接性或纯存在本身的行之有效的思想来开始。因此，从存在到虚无的辩证的运动并没有向我们表明**存在**要如何来被理解。相反，“‘虚无’这一思想……正是这样一种思想，即：存在这一思想并不表示思想的任何可能的对象”[32]。

应当明确的是，我并不认同对《逻辑学》开端的这种解释。在我看来，黑格尔一开始并没有暗中拒绝关于直接性或纯存在的观念，倒不如说是着手要确立纯存在之所**是**。接下来的描述证明，纯存在合乎逻辑地不只是纯**存在**，而是自身消逝进虚无（又从虚无中返回）的过程，或者说，是黑格尔称为**变易**的东西。然而，在这一描述过程中，黑格尔揭示了纯存在**自身**所表明自己是的，从而揭露了它自己的真实本性。用《全书逻辑学》中的话来说，从存在到虚无到变易以及之后的发展进程，都是“存在的**向** 281
自身行进（*Insichgehen*），它的深入到自身”（*EL* 135/181［§84］）。

因此，《逻辑学》在其内在的逻辑自我规定中展现了存在本身。然而，通过证明存在不只是纯存在而是变易，《逻辑学》同时也提供了一种彻底的批判，也就是批判通过思想而把存在还原为**纯粹的存在**。实际上，通过揭露内在于存在以及每一个后续范畴中的真理，黑格尔表明所有的范畴是如何确定它们自己的界限，揭示它们自己的不充分，从而使它们自己服从于某个自主的、内在的批判的。因此，在思辨的逻辑学中，“思维诸形式的活动和对思维诸形式的批判是联合在认识过程之中的”（*EL* 82/114［§41 Add. 1］）。

认为黑格尔的《逻辑学》结合了对范畴的呈现和对范畴的批判，这种观念已经由米夏埃尔·托尼森在他的重要而权威的著作《存在与假象》中做了极为充分的探讨。托尼森认为，对于黑格尔来说，纯存在和虚无缺乏真理，不是因为它们仍然是一些“未经发展的规定”，而是因为它们是“非现实的，因而是假象”（*unwirklich*，*also Schein*）[33]。相比之下，按照我的解读，黑格尔的内在的批判并不表明纯存在是一种单纯的幻象，而是揭示出纯存在毋宁是存在的真实特性的一种彻底的**不充分规定**（*underdetermination*）。类似地，思辨的逻辑学表明：全然的“不”或者虚无是否定、否定性以及他异性的一种不充分规定。因此，黑格尔的观点在于，“有”（there “is”）存在和直接性，但这种存在不**仅仅**是存在而且是变易，是规定性、有限性，等等。同样，“有”（there “is”）“不”或者虚无，但这一“不”不**仅仅**是虚无而且是规定性、否定、差异，等等。此外，纯然的存在和虚无都**通过**它们直接所是的东西而表明它们自己不只是它们直接所是的。

黑格尔向巴门尼德所发起的挑战因而就不在于后者固执于纯存在这一幻象（正如尼采可能争辩的那样），而在于巴门尼德实际上没能在其完全的纯粹性和无规定性中去思考纯存在本身。通过鲜明地区分存在和虚无并坚称存在完全免于否定，巴门尼德忽略了足够紧密地去留意**存在**自身表明自己所是的东西；因为他没能认识到，存在事实上“不是它所应当是的，假如它不是这一纯粹的否定……不是虚无的话”[34]。黑格尔以惊人的胆魄宣称，任何完全坚持存在不过是存在而虚无不过是虚无的哲学家，都处于巴门尼德的符咒下并认同黑格尔称为“同一性体系”（*SL* 84/1：85）的观点。因此，正如我在第二章中所表明的，纯存在的辩证法不仅提供了对巴门尼德的批判，而且提供了对巴门尼德所孕育出来的整个传统——最
282 明显地就包括斯宾诺莎——的批判。这一辩证法因而对“无中不生有”这种熟知的确信表示怀疑，并支持犹太-基督教的观念，认为存在是从虚无中创生的。犹太教和基督教往往将这一创生过程表象为时间中的一个具体事件（event），而不是一个永恒进行着的事变（occurrence）。尽管如

此，对于黑格尔来说，它们都以一种想象的形式明确表达了真理，即：存在总是通过否定而被生成、被“创造”出来的（*SL* 84/1：85）。

然而，重要的是要记住，黑格尔不是通过任何关于有某位神圣的创造者这样的先天的假定，而是通过他关于纯存在和纯虚无都表明自己不过是它们向彼此的直接消逝这一逻辑的证明，而被引向“犹太-基督教式”的存在和虚无观念的。事实上，理解作为一个整体的黑格尔辩证法的重要的关键就在于这样一个洞见，即：一切**纯粹性**，本质上都是它自己的消失与失丧的过程。这并不是说，纯存在观念是完全虚幻的。黑格尔的观点比这个要更加吊诡和深刻。他的观点在于：存在**最终不是**纯粹的存在或纯粹的直接性，恰恰是因为：**仅就它是**纯粹且简单的存在而言，它合乎逻辑地摧毁它自身并表明自己是变易这一不稳定性。在黑格尔看来，确实**有**直接的存在；它就在我们周围。这一存在恰由于它纯粹而简单地是**存在**而非别的什么这一事实便拥有了一个属于它的特性。然而，通过纯粹地是其所是，存在就自相矛盾但却合乎逻辑地证明自己不**只是**纯粹的存在而且是它自己的消逝或者变易。就这一点来说，黑格尔的思辨的分析接近于解构，因为两者都对无瑕疵的纯粹性表示怀疑。然而，黑格尔并不是通过一些关于其可能性的有差异的条件而将纯粹性视为不可能提出的，而是将它理解为一种自我摧毁。在黑格尔的思辨的逻辑学中，并没有**不同于**（*other* than）纯存在的东西在发挥作用。然而，纯存在持续地摧毁、否定并——正如我们将看到的——“他异化”（others）它自身，从而表明它最终不是完全**纯粹的**存在而是有限性和自然的复杂领域。黑格尔对无瑕疵的纯粹性的批判是完全内在的而非准先验的，并且在我看来，它比那种准先验的方式要更加尖锐。[35]

纯存在的自我消融或许可以说是构成了存在的**悲剧的**本性。就像英雄人物，例如麦克白和安提戈涅，因为他们自己的行为而毁灭自身一样，存在单单通过是其所是就否定掉自身。[36]对于黑格尔来说，本体论的悲剧不是虚无对存在的粗暴入侵而是存在和虚无之间通过它们自己的本性和“行为”而彼此颠倒和相互滑移。（正如我们曾在第二章中看到的，正是对存在的这一“悲剧的”、辩证的维度的承认，将黑格尔同柏拉图区别了开来。）[37]这种滑移或辩证的颠倒，不是由任何先于存在的必然性所驱迫

283 或规定的，而是存在本身的**事变**（*happening*）——黑格尔称之为“变易”的事变。在下一章中，我们将更仔细地考察黑格尔对变易所做的说明，并解释何以变易必然是定在的变易。

注释：

［1］参见 Hegel，*SL* 93/1：96。

［2］参见 Hegel，*EL* 141/188（§88）。

［3］Rosen，*Hegel's Dialectic and Its Criticism*，p. 152.

［4］参见 D. Duquette，“Kant，Hegel，and the Possibility of a Speculative Logic，” in *Essays on Hegel's Logic*，p. 8。

［5］参见 Hegel，*SL* 840/2：569。

［6］对黑格尔的这种误解，参见 Harris，*An Interpretation of the Logic of Hegel*，p. 97；Stace，*The Philosophy of Hegel*，pp. 137 – 8；J. M. E. McTaggart，*A Commentary on Hegel's Logic*（Cambridge：Cambridge University Press，1910），pp. 15－6。

［7］C. Willett，“The Shadow of Hegel's *Science of Logic*，” in *Essays on Hegel's Logic*，p. 88，and G. P. Cave，“The Dialectic of Becoming in Hegel's Logic，” *The Owl of Minerva* 16，2（Spring 1985）：157.

［8］Cave，“The Dialectic of Becoming in Hegel's Logic，” p. 159.

［9］例如参见 Johnson，*The Critique of Thought*，p. 19，and Pöggeler，ed. *Hegel*，p. 80。

［10］G. Maluschke，*Kritik und absolute Methode in Hegels Dialektik*（*Hegel – Studien* Beiheft 13）（1974）（Bonn：Bouvier Verlag，1984），p. 163.

［11］Gadamer，*Hegel's Dialectic*，p. 89.

［12］White，*Absolute Knowledge*，p. 37.

［13］Theunissen，*Sein und Schein*，p. 119.

［14］Schelling，*On the History of Modern Philosophy*，p. 138.

［15］Kierkegaard，*Concluding Unscientific Postscript*，pp. 99－100.

［16］Trendelenburg，*The Logical Question in Hegel's System*，p. 189.

［17］Wieland，“Bemerkungen zum Anfang von Hegels Logik，” p. 201.

［18］Henrich，"Anfang und Methode der Logik，" p. 82.

［19］Henrich，"Anfang und Methode der Logik，" p. 82.

［20］这改进了我所陈述的立场，"Schelling's Critique of Hegel's *Science of Logic*，" p. 123。

［21］Stace，*The Philosophy of Hegel*，p. 135.

［22］McTaggart，*A Commentary on Hegel's Logic*，p. 15.

［23］F. Schick，*Hegels Wissenschaft der Logik—metaphysische Letztbegründung oder Theorie logischer Formen?*（Freiburg/München：Verlag Karl Alber，1994），p. 118.

［24］参见上文 pp. 84－6，101－2。

［25］Henrich，"Anfang und Methode der Logik，" pp. 87－8.

［26］正如我们曾在第三章看到的，正是知性（*Verstand*）在《逻辑学》的一开始坚持纯存在的思想；参见上文第 65 页。

［27］参见 Hegel，*SL* 103/1：109，以及 Henrich，"Anfang und Methode der Logik，" p. 88。

［28］亦参见 Burbidge，*On Hegel's Logic*，p. 39。

［29］这一点在《逻辑学科学》的第一版中表现得尤其清楚。参见 G. W. F. Hegel，*Wissenschaft der Logik. Erster Band：Die Objektive Logik（1812/1813）*，eds. F. Hogemann and W. Jaeschke，*Gesammelte Werke*，vol. 11（Hamburg：Felix Meiner Verlag，1978），p. 53："在这里，虚无就是存在的缺席"。

［30］McTaggart，*A Commentary on Hegel's Logic*，p. 16.

［31］Henrich，"Anfang und Methode der Logik，" p. 88.

［32］Pippin，*Hegel's Idealism*，pp. 183－4.

［33］Theunissen，*Sein und Schein*，p. 100.

［34］Hegel，*VLM* 77.

［35］参见上文第五章。

［36］参见 Houlgate，*Hegel*，*Nietzsche*，*and the Criticism of Metaphysics*，pp. 198－213，以及下文第二十章第 374 页。

［37］参见上文第 42－3 页。

第十五章　从变易到定在

变易

284 在前一章我们考察了黑格尔对无规定的存在所进行的说明——无前提的逻辑学以此说明为开端——并且我们看到，这种存在由于其完全的无规定性而合乎逻辑地消逝进虚无之中。黑格尔的主张并不是说：**我们**将纯存在等同于虚无，因为纯存在缺乏**我们**预期在思想的一个对象中会发现的确定性和具体内容。他的主张毋宁是说：纯存在自动地消逝进虚无之中，因为它本身是如此的无规定，以至于它甚至都不能毫无疑义地是它所是的纯粹的**存在**。纯然的存在固然缺乏我们在日常经验中所熟悉的多方面的规定性和内容，但它合乎逻辑地消逝进虚无之中却是因为：作为完全无规定的存在，它表明自己甚至是缺乏存在本身所具有的最低程度的"确定性"或"内容"。

然而，根据黑格尔的观点，纯粹的虚无也由于其作为纯然的虚无的纯粹性和直接性而反过来立即往回消逝进无规定的存在中。存在和虚无因而都表明自己是不可消除的，因为它们每一方都消逝进对方，从而激活对方。然而，它们纯粹是作为进入彼此之中的**消逝**——一种黑格尔名之曰"变易"的消逝或转变——才是不可消除的。"变易"一词因而在思辨的逻辑学上就不只是对**我们的**思想从一个概念向另一个概念的移动所做的命名。毋宁说，变易就是存在和虚无本身的**真理**（*Wahrheit*）；它就是双方各自合乎逻辑地表明自己所是的东西（*SL* 83/1：83［195］）。[1] 因此，与皮平相反的是，黑格尔**是在**肯定一种关于存在的"赫拉克利特式视野”。实际上，他表明：这样一种视野由巴门尼德的纯存在观念使之成为必然，由存在本身的直接性恰如其分地予以改进和纯化。[2]

现在是我们的关注焦点的这个变易不是任何特别事物**的**（*of*）变易。它不是某个给定的对象所经历到的变化过程，也不是引向一个确定目标的发展过程。它单纯是未指明、未界定的变易之一般，或者无规定的变易本身。这种变易不能是**某物**所经历到的过程，因为思辨的逻辑学还没有表明存在包含着“是某物”（being something）。我们所唯一知道的是：存在不多不少就是变易。存在本身也不应当被视作由“变易”予以述谓的主词或实底。存在不是那发生变化的**东西**，而不过就是变化本身，即：作为纯然辩证的流动性和不稳定性的存在。“存在就是变易”这一陈述因而是一个思辨的命题，而不是一个日常的谓述判断：它揭示了存在本身的本性。[3] 285

将这样的无受动对象、无施动主体的变易想象为时间的空洞流逝是很诱惑人的。然而，人们应当避免这种诱惑。对于黑格尔来说，时间是空间性实存的消逝[4]，但存在还没有表明自身是空间性的，所以变易还不能等同于时间。诚然，变易将证明自己是时间性的（在《自然哲学》中），但这一点在《逻辑学》的开端还不成立，所以我们不能将时间观念引进变易之中。变易必须被设想为单纯只是由存在所合乎逻辑地证明了的无规定的消逝与再现。因此，黑格尔并没有从一开始就在预设了的时间视域内来理解变易。他毋宁表明，变易本身就是时间的逻辑的“基础”，因为它就是之后表明自己是时间并最终解释了为什么存在着时间的那纯粹的消逝。正如埃罗尔·哈里斯所指出的，“时间预设变易；变易不预设时间”[5]。

在阅读《逻辑学》的时候，重要的是要记住：黑格尔并没有罹患某种极端形式的哲学短视。他承认世界中的事物拥有许多不同的特征。例如，以我花园中的树来说，它是一棵饰以绿叶并招徕许多欢快松鼠的七叶树。更抽象地来说，它位于空间中某个特定的地点并受制于季节的——从而也是时间的——变化。再抽象一些来说，它拥有形式、内容和量，是一个有限的事物。甚至再抽象一些来说，它是某物，它是确定的，它变化，它**存在**。当然，说它存在说它变化并没有说很多，尽管如此，这却是真实的。黑格尔在《逻辑学》中的主要关切，就是要精确地确定：如果忽略掉事物的时空的或经验的性质，那么伴随着事物的存在而来的究竟是什么？他希望明确地知道，“存在”究竟意味着什么——究竟**是**什么？他通过故意从那些刻画着世界中的事物的一切其他特征——它们的经验的性质、它们的时空性甚至它们的“是某物”和“是有规定的”——中抽离出来，单纯考察无规定的存在本身而提出这一追问。这种存在立即就证明自己是变易，而（正如我们之后在《逻辑学》和《自然哲学》中所了解到的）这种变易转而证明自己就是我们刚才已经弃置一旁的一切：规定
286 性、有限性、时空性，以及经验的偶然性。然而，哲学家只有通过专注于变易本身以及存在的每一个后续层次的独特的逻辑特征，并确定那要求每一个后续层次都合乎逻辑地突变为某个更复杂的层次的东西究竟是什么，才能够证明变易必定包含存在的所有这些其他的方式或层次。由于这一缘故，黑格尔故意忽略了所有的变易都在时间中这一显而易见的真理，专注于变易本身的最低程度的逻辑结构——一个合乎逻辑地导致变易的时间化但却合乎逻辑地“先于”时间本身的结构。因此，不像海德格尔，黑格尔并非只是预设时间，而是**证明**变易必定是时间性的。

变易本身蕴含着存在消逝进虚无和虚无消逝进存在。黑格尔指出，变易因此就包含两个过程，他称之为“消亡”和“生成”，或者 *Vergehen* 和 *Entstehen*。在后者中，“虚无是直接的，这就是说，规定是从关联于存在的虚无……开始的”，而在前者中，“存在是直接的，这就是说，规定是从过渡到虚无之中的存在开始的”（*SL* 105/1：112 [197–9]）。辛西娅·威利特主张，黑格尔用来表示“变易”的词——*Werden*——意指“生长，产生，以及进展”，因而积极的生成环节要优越于消亡环节。[6] 然而，黑格尔明显是在同等程度上将变易理解为“成为**是**”（coming-to-*be*）和“成为**不是**”（coming-*not*-to-be）① 的。没有哪一方优先于另一方，相反，两者都是变易的构成部分。比起它之为消极的，变易并不更加（也不更少）是积极的。事实上，生成和消亡这两个过程必须是绝对不可分离的，因为它们每一个都直接地蕴含着另一个。

① 亦即“生成”和“不生成”。——译者注

> 一个方向是**消亡**（*Vergehen*）；存在过渡到虚无，但虚无同样是它自身的反面、向存在的过渡、生成（*Entstehen*）。生成是另一个方向；虚无过渡到存在，但存在同样也扬弃自身并毋宁是向虚无的过渡，是消亡。（*SL* 106/1：112 ［199］）

正如司退斯所指出的，这并不意味着自然界中的一切特殊变化都是可逆的："树叶从绿变黄并不需要它又从黄变绿。"[7] 变易尚未表明自身是自然的变化，因此我们不能从黑格尔关于变易所说的去推断他关于自然会说些什么。然而，黑格尔的论证确实也意味着——以更加具体化的方式——所有的生成都蕴含着某种消亡，所有的消亡都蕴含着一个生成。绝对没有不包含一个败坏过程的纯粹的产生，也绝对没有并非一个产生过程的纯粹的毁灭。再一次地，从黑格尔的思辨的逻辑学中，回荡起德里达式（或甚至是尼采式）的共鸣。

变易是它的两个构成过程的不可消融的统一，从而事实上是生成和消 287
亡之一个过程。这个过程并非只是黑格尔所预设的，而是存在和虚无合乎逻辑地所表明自己是的。正如约翰·伯比奇所指出的，"**变易**范畴［因而］以**存在**和**虚无**这两个早先的范畴作为它的内涵的两个组成"[8]。然而，应当注意的是：存在和虚无是在两种不同的微妙意义上同时构成变易的。一方面，就两者中每一方都不过是它自己的直接的消逝而言，每一方都是变易这一**过程**：存在是消亡，而虚无是生成。另一方面，就两者中每一方都是它自己向**另一方**的消逝而言，每一方都仅仅是它所表明的那个过程的一个**环节**。因此，存在和虚无并不只是每一方分别构成变易所包含的两个过程中的一个过程，而是说，它们也共同出现于**每一方**所是的个别的过程中。这也就是说，存在是那连同于虚无的消亡过程的一个环节，而虚无是那连同于存在的生成过程的一个环节。这是因为，消亡是消逝进**虚无**的**存在**，而生成是消逝进**存在**的**虚无**。因此，在变易中，存在和虚无将自身化约为它们每一方所单个地构成的过程的两个环节（*SL* 105/1：112 ［197］）。我们之后在《逻辑学》中将再一次遇到这一复杂的逻辑关系（或者说，非常相似的一些关系）——尤其是当我们考察到对有限性和无限性的说明的时候。然而目前，我们只是在其最简单的形式中遇到这一关系。

当黑格尔说到存在和虚无，认为它们每一方都表明自己不只是自身而是自身和它的对方的“统一”（*Einheit*）的时候，他提请我们注意这一关系。“变易，”他写道，“包含着作为**两个这样的统一**的存在和虚无，其中每一个本身都是存在和虚无的统一。”（*SL* 105/1：112［197］）然而，以这种方式来指明这一点却存在着一种危险，因为它可能会诱导我们将存在和虚无想象为多少是作为其组成“部分”而共存于变易之中的。存在和虚无显然并不是也不可能共存于变易之中；因为变易不过就是一方之**消逝**进另一方。一方唯有通过另一方的消失不见才浮现出来——或生成出来，因而绝没有它们双方一起“呈现”的某个时刻。“统一”这个词，就它导致我们将存在和虚无想象为**一起**属于变易——想象为仿若并肩而立——并使得变易实际上是一种“格格不入的东西的变动不居”这一事实变得晦涩难明而言，它正如黑格尔自己在别处所评论的，是一个“不幸的词”（*SL* 91/1：94）。说存在和虚无是它们各自表明自己所是的特殊变易方式的**两个环节**无疑是正确的，但人们必须记住，存在和虚无只因它们**消逝**进彼此之中才成为这样两个环节。事实上，它们每一个都是通过**已经消失不见**而成为这样一个环节。

黑格尔将变易理解为存在和虚无的消失或“消逝”（*Verschwinden*），因为这是从无前提的哲学中所产生出来的对变易的唯一构想（*SL* 83/1：
288 83［195］）。如果我们要始终是严格自我批判的哲学家，那么就不允许对变易有别的构想。然而，黑格尔却提出，以这种方式来构想变易，要求我们将变易本身理解为合乎逻辑地瓦解于有规定的存在或者 *Dasein*（定在）之中。我们现在就要来考察一下，为什么应当是这样。

定在之出现

为什么纯粹的变易会导致定在呢？其中的确切原因许多评论者都还没有掌握。正如我们曾在第四章中看到的，伽达默尔只不过是援引了“变易”一词的日常含义来阐明这一过渡。“变易在那最终已经变易成的东西中发现了它的规定性，”伽达默尔告诉我们，“这一点就在‘变易’本身的含义中。”[9]然而，如此援引语词的日常含义，对于澄清变易为什么**合乎逻辑地**包含定在来说是无济于事的。保罗·约翰逊也不比伽达默尔更好，只是毫无充分证明地断言：“生成和消亡的过程**预设**了生成和消亡的某物……它就是定在。”[10]请注意，约翰逊不仅没能给定在提供一个内在的演绎，而且还不加任何解释地就假定了是“有规定的”包含着是“某物”。

查尔斯·泰勒所提供的说明同样软弱无力。泰勒指出，对于黑格尔来说，“纯存在表明自己是纯粹的空洞、虚无；相应地，这一纯粹无规定的虚无等同于纯存在。”然而，他却由此推论说：“纯存在概念无助于达到它自己的目的”，因为“我们无法只以这个概念来描述实在的特征”，说得好像纯存在范畴最初就是要用来“描述**实在**的特征”而不是简单地作为纯存在思想似的。纯存在范畴的明显不充分所导致的结果就是，泰勒总结道，“我们被迫移动到一个有规定的、具有某种而非别的性质的存在之概念”[11]。泰勒因而根本就没有试图去表明纯存在概念**自己**是如何（通过首先转变到变易概念而）转变到定在概念的，而只是声称我们“被迫”要思考作为有规定之物的存在。此外，据我所知，他从未解释我们为什么束缚于这种方式，我们为什么不应“被迫”采取别的方式来构想事物。泰勒宣称，黑格尔对定在的演绎是可靠的，或至少比他对变易的演绎要更加可靠。然而在我看来，泰勒笔下的黑格尔实际上根本就没有演绎出定在的观念，而单纯只是预设“存在只能被思考为是有规定的”[12]。

当我们着眼于黑格尔的文本本身时，我们看到，他并未援引“变易”这一术语的日常含义，也没有援引任何有关变易的独断的预设。毋宁说，289
他证明了：纯粹的变易通过它自己的逻辑结构而内在地瓦解为定在。为了理解这一逻辑的瓦解过程为什么会发生，我们需要注意的第一件事情是：存在和虚无彼此之间的所有消逝都包含着两个直接性之间的纯粹而又绝对的**差异**。正如我在第三章中所指出的，正是存在进到虚无的最初的消失，首次造成了两者之间的明确差异。存在和虚无并非从一开始就是作为两个有区别的范畴而被给予的；我们最初所拥有的，唯独只有纯存在，同任何别的范畴都无关联。然而，随着存在消逝，没有留下任何东西紧随其后，一个差异却出现了。[13]因此，存在和虚无之间的差异恰恰是浮现于它消失于其间的那个运动中的——也就是浮现于纯存在在其中**自身**合乎逻辑地表明自己根本就是虚无的那个运动中的。

当虚无立即往回移动到存在中的时候，这一差异也就得到了保存；因为在表明自己是无法区别于存在的过程中，虚无转变为它的绝对的对立面。实际上，黑格尔证明：存在和虚无只因它们是绝对不同的才消逝并过渡到彼此之中。没有这一纯粹的差异，也就不会有每一方向其**对方**的过渡，不会有任何一方向其**对立面**的消逝，从而就不会有双方向变易的合乎逻辑的转变。因此，“变易本身只由于它们的区别（*Unterscheidenheit*）才存在”（*SL* 106/1：113［199］）。[14]

如果存在和虚无单纯只是在不同名称下的同一个不确定性，那么它们就绝不会因为采用了对方的名称而变成任何不同的东西。要是那样的话，我们所面对的就会是同一个不确定性的枯燥的重复。然而，存在和虚无并不只是相同的，而且也是直接不同的。不仅如此，两者中的每一方都消逝**进**它的对方之中。以这种方式，每一方都变成为某个不同的东西从而证明自身就是变易本身。[15]

然而，单纯指出变易依赖于存在和虚无之间的绝对的差异仍然是不够的：因为变易原则上是存在和虚无借以表明它们自身是完全**无法区分的**这样一个过程。诚然，存在和变易是直接不同的；但它们向彼此的消逝却恰恰就是它们之间的纯粹**差异**的瓦解。这一瓦解表明：它们实际上根本就不
290 是彼此不同的。事实上，按照黑格尔的观点，存在和虚无的消逝标志着这个差异的瓦解，而它们正是由于这个差异才被理解为消逝进其**对方**之中。它们的消逝，作为它们之间**差异**的消逝，因而就导致一切向另一方的消逝——从而导致变易本身——的停止。这无疑是《逻辑学》中最难的辩证运动之一，但它的逻辑的必然性却是显而易见的。存在和虚无，每一方都可说是只因它绝对地不同于**对方**才消逝进它的对方之中。但在消逝进它的对方的过程中，每一方也都表明自己根本就**并非**不同于对方。一方向另一方的消逝因而也就是双方之间差异的消逝。然而，伴随着这个差异的消逝，一切向完全“不同的”东西的消逝也就必然消亡，一切变易也就随之而消亡。

这就是黑格尔对变易所做的“结构主义的”分析的逻辑内核。存在

和虚无以消逝开始，但恰恰由于向彼此的消逝，它们就表明它们自身是无法区分的，从而根本上不再是纯粹地**不同**于彼此。这就意味着，不再能有**一方**向**另一方**的任何消逝或过渡了。这转而也就意味着，不再能有任何变易了。唯一能有的，就是双方的无差别性和“相同性”。因此，从逻辑上来看，存在和虚无并不无止尽地消逝进彼此之中，而是停驻于单纯地无法区分之中。存在和虚无的消逝表明自己不仅仅是每一方向对方的消逝，而是它们之间差异的消逝，从而是它们双方向它们相互间的不可区分性的消逝。

这并不是说消逝和变易从未发生，而是说变易必然包含它自己的消亡。从逻辑上来看，变易必定消亡，因为它是存在和虚无进到彼此之中的这样一种消逝，该消逝导致了存在和虚无之间纯粹而绝对的差异**已然消逝**，因而导致了它们的消逝运动的终结。这种“赫拉克利特式”变易，换句话来说，就是变易所是的那个消逝自己的消逝和消亡：

> 存在和虚无在这种均衡中仅仅是作为消逝着的东西，然而变易本身却只由于它们的区别才存在。因而，它们的消逝就是变易的消逝或者消逝本身的消逝（*Verschwinden des Verschwindens selbst*）。变易是一种瓦解于静止的结果中的不安定的动荡。（*SL* 106/1：113 [199]）[16]

黑格尔在这里所提到的“静止的结果”，就是存在和虚无之间纯粹的差异的一种决定性的“已经消逝”（*Verschwundensein*），或者说，是两者之间新建立起来的不可区分性。

然而，刚才所说的不应该被认为包含了这样的意思：存在和虚无之间直接的差异完全被抹除了。变易合乎逻辑地瓦解于自身所导致的结果是**存在**和**虚无**的不可区分性。这两种直接性在逻辑上仍然是相互区别并且不可彼此化约的。然而，就两者中的每一方都排除对方并消失于对方面前这个意义来说，它们不再**纯粹地**并**绝对地**相互区别，而是一起混合于它们的直接的差异中。因此，它们的不可区分性事实上就是它们的绝对的**不可分离性**；甚至也可以恰当地称为它们的**统一性**。存在和虚无不再过渡**进**彼此之中并消失不见，而是已经表明它们**是**既无法区分也无法脱离的。正如理查德·温菲尔德所指出的，“每一方都立即扬弃掉作为一个**后续**的自身”[17]； 291

每一方都成为这样一个环节，该环节并不会简单地随着另一个环节的出现就消失不见而是与另一方——不可消融地——共存。因此，每一方都不再纯粹地是它自身，也不再是其纯粹性的纯然的消逝与再现，并且每一方都达到这样一点，在其上，它的纯粹性已经在它同对方的一种直接的统一中决定性地**丧失**了。存在表明自己既是存在**又**是虚无（或者“不”），两者合一，从而也就无所事事（does nothing）。

人们应当留意，存在和虚无的纯粹性在存在和虚无的这一静止的统一中要比在变易的动荡的来来往往中消失得——或丧失得——更加彻底得多。就存在和虚无是变易的环节而言，一方面，每一方固然丧失其纯粹性、纯然的直接性，以及似乎是不可侵犯的独立性并合乎逻辑地变为与对方紧密相连。可另一方面，每一方又都是通过**完全**消逝从而在其**纯粹性**中使对方复原而将自身归结为变易的这样一个环节的。因此，存在和虚无的纯粹性实际上恰恰在其消逝中得到了保存。变易是这一纯粹性的这样一种**彻底的**失丧，即：它实际上根本就不是该纯粹性的失丧；因为每一方都是通过直接消逝进对方的纯粹性中而不再纯粹地是它自己。

然而，正如黑格尔所指出的，变易恰恰是存在和虚无的完全的纯粹性——以及两者间的纯粹的差异——在其中消失不见的过程。因而内在地来看，它不仅仅是存在消逝**进**虚无以及虚无消逝**进**存在，而是“存在和虚无的整个的消逝”（*das Verschwinden von Sein und Nichts überhaupt*）（*SL* 106/1：113［199］）。然而，纯粹的存在和纯粹的虚无，只有当它们不再持续地重现的时候才真正地消逝，而这只有当它们不再消逝**进**彼此之中并且成为不可撤销地彼此**联合**——或者人们也可以说是彼此“浸染”——的时候才会发生。借由表明它们自身是这样一个统一体，存在和虚无也就表明它们自身不再**纯粹地**是其所是。但它们的纯粹性并非只是暂时地消失，并非仅仅为了借助其消逝而立即再度出现。相反，在存在和虚无的静止的统一——或黑格尔所谓的“定在”（*Dasein*）——中，纯粹的存在和纯粹的虚无都已经一去不返地消失了。

因此，那些基要的“赫拉克利特主义者”（他们可能会否认变易合乎
292 逻辑地导致定在，可能更愿意执着于纯粹的变易）不仅未能让变易是其所是——亦即是它自己的消逝之消逝——实际上也拒绝让存在和虚无的

纯粹性真的消失。这是因为，变易的过程只有通过纯粹性的持续重现才能够维持。回想一下，变易其实不过就是通过存在和虚无的纯粹性才发生的：正是存在的纯粹的无规定性和虚无的纯粹的直接性才导致了它们中的每一方消逝进对方之中，并因而**变成**对方。缺少这种纯粹性，就不会再有变易，不会再有消逝——至少是就迄今为止所理解的变易而言。换一个方式来说，一旦存在和虚无的纯粹性**已然**消逝，它就无法再**继续**消逝；因为首先孕育出它自己的消逝的那个纯粹性已经完结了。这就是当变易停驻于存在和虚无的统一中的时候所达到的地步。在这个统一中，存在和虚无不再纯粹地是它们自身，因为每一方都无法从对方中分离开来。由于这一缘故，变易就不再存在了。因此，无规定的变易只有通过拒绝让存在和虚无的纯粹性毁灭自身才能得到保存。从黑格尔主义的观点出发，这看起来就像是在顽固的"赫拉克利特主义者"和"巴门尼德主义者"之间，存在着一个比任何一派所能承认的还要更加深入的合谋。

谢林对黑格尔的解释

辛西娅·威利特已经宣称，黑格尔仅仅是通过赋予变易的积极方面以优越性，并像亚里士多德那样，将变易等同于"生成"或"产生"，才将变易"**稳定**"为有规定的存在或者 *Dasein*（定在）的。假如黑格尔同样也着眼于变易的消极方面——消亡，或者威利特称为"赫拉克利特式的转瞬概念"的东西——那么，据说他就会面临一个使得他的体系"陷入瘫痪"并阻碍辩证法有任何更进一步发展的变易概念。如果变易的两个方面都得到充分的考虑，威利特解释，那么思辨的逻辑学将不会从变易移动到定在，因为"正如亚里士多德所正当地宣称的，一个模糊的出发点会致使运动成为不可能，并只会带来瘫痪"[18]。

然而，威利特显然严重地歪曲了黑格尔对变易的描述。黑格尔并不是通过将变易"积极地"解释为"产生和发展"而促使变易过渡到定在的。相反，他理解定在会出现，是因为他将生成和消亡都**消极地**解释为通过它们自己的内在逻辑而向定在的消逝。此外，思辨的逻辑学也并没有因为一视同仁地认真对待生成和消亡就"陷入瘫痪"，而是通过两者内在固有的瓦解而进展到定在。

293 就像伽达默尔和约翰逊那样，威利特也尝试将不同于变易本身的逻辑特征的某个东西确定为推动我们前进到一个新范畴的动力。然而，正如我们已经看到的，从变易到定在的运动，并不因为黑格尔预设变易必定总要导致“某物”，或者因为他怀有要将世界积极地理解成一个富有成果的发展过程这种准亚里士多德式的欲望，就会发生。变易之所以导致定在，完全是因为它合乎逻辑地恰恰就是存在和虚无之间维持着它的那个差异的**消逝**从而不得不造成存在和虚无之间的无差别性或**统一性**的缘故。正是这种统一性构成了定在。因而，向定在的运动是变易本身完全内在且自发地消逝与停止使之成为必然的。我们唯一需要做的就是**任凭**变易发生；如果我们这么做了，那么变易就会单纯因为是其所是而毁灭自身，并且会通过它自己的逻辑而给定在让路。

变易是由存在和虚无之间的纯粹的差异所引发并维持的：它是每一方向**另一方**的消逝。然而，恰恰因为变易是每一方向另一方的消逝，它也就是两者之间的纯粹差异的瓦解与消逝。因此，变易合乎逻辑地导致它自己的终止并造成存在和虚无的不可分离性或统一性。麦克塔格特很好地理解了这一运动：

> 存在和虚无在变易中仅只作为消失着的环节而存在。但变易仅只就存在和虚无是相互分离的才存在，因为如果它们不是相互分离的，它们怎么能彼此过渡呢？因此，伴随着它们的消逝，变易也就不再是变易，并瓦解为一种静止状态，黑格尔称之为定在。[19]

然而，有一位似乎并不理解定在是如何产生于思辨逻辑学的哲学家，他就是谢林。

哪怕粗略浏览一下黑格尔《逻辑学》的目录页都会发现，纯存在范畴首先导致变易范畴然后才导致定在范畴。相比之下，在谢林看来，黑格尔只有通过将存在设想为已经是在某种方式下有规定的，才能从存在移动到变易。因而，他不仅没能解释为什么变易必然会导致确定性，而且也严
294 重歪曲了黑格尔对存在移动到变易所做的说明。谢林以下面的方式来解释从存在到变易的过渡。[20]

首先，思辨的哲学家预期了（作为“概念”、“理念”以及最终作为自然的）完满的存在这一目标，并断定《逻辑学》由以开端的那个贫乏的“纯存在”概念达不到这个目标。于是，“纯存在是虚无”这一命题就被重新解读为“纯存在**仍然**（*noch*）是虚无”，或者“它**还不是**（*noch nicht*）真实的存在”[21]。通过以这样的方式被改写为**还不是**真实的存在，纯存在就不只是被理解为虚无，而且是被理解为拥有着那尚未实现的真实存在的可能性，亦即被理解为“潜在”（being *in potentia*）。借由插入“仍然”（*noch*）这个词，谢林主张，纯存在不仅被理解为某种尚未存在的东西的缺乏，而且被理解为对某种尚未存在的东西的应许。这也就是说，纯存在被设想为超出它自身，被设想为预示着**将要到来**的真实存在。谢林宣称，黑格尔派哲学家就是以这种方式造成了从纯存在思想向生成或**变易**思想的过渡的。因此，人们不是通过将纯存在理解为纯粹的、无规定的存在，而是通过将它理解为**还不是**真实的存在从而理解为指向真实的存在本身的将来的**到来**，才从纯存在移动到变易的。在谢林看来，只是“借助于这个**仍然**，黑格尔才达到了**变易**”[22]。因此，黑格尔的辩证法向前发展，是由于纯存在已经被理解为一种抽象形式的“概念”（*Begriff*）的缘故，尽管它还不是将要到来的完满的“概念”。

这里要指出的重要的一点是，对于谢林来说，当纯存在被设想为“潜在”的时候，纯存在就被构想为“不再是一般的存在，而是**有规定的**存在”[23]了。因此，我们从存在移动到变易，仅仅是因为存在已然被视作有规定的——被视作尽管**尚未**达到但却应许着真实的存在了。因而，按照谢林的解读，范畴的顺序就是“存在-定在-变易”，而不是“存在-变易-定在”。然而，以这样的方式来构想范畴，谢林也就无法解释变易本身是如何变成有规定的了。

谢林对《逻辑学》的解释已经极大地影响到了那些甚至没有明确意识到自己受惠于谢林的黑格尔批评者们。例如，认为黑格尔的辩证法推进向前“是拜**已然**（*already*）和**尚未**（*not yet*）之间的游戏所赐”这样的观念，支配着德里达在《丧钟》中对黑格尔的全部解读。[24]正是这一观念使得德里达提出：黑格尔式精神在其发展的每一阶段上都总已然是其所是，同时又尚未是其所是，从而可以说是实际上绝不会与它自身一致，不 295

是超前于之就是落后于之。然而，显而易见，谢林的解释，至少可以说，是浮泛无根的。在《逻辑学》中，没有哪个范畴是由于它“尚未”是那将要到来的概念、理念或自然而转变到另一个范畴之中的。每一个范畴都是内在固有且不设前提地转变到后继范畴之中的——绝不预期任何无论什么目标，也不预期怀有对这一目标之应许的“已然”。这一点，正如我们刚才已经看到的，显然在存在向变易的转化上是正确的，而在我看来，它在《逻辑学》中也自始至终都是正确的。

谢林所能够举出的唯一证据，说黑格尔确实将存在设想为“尚未”是那将要到来的东西的，是《全书逻辑学》中的一段话，黑格尔在其中写道：“事情在其开端中**尚未存在**（*ist noch nicht*），但开端却并非只是该事情的**虚无**，相反，事情的**存在**也已然就在其开端中。”（*EL* 143/190［§88］）然而，谢林却忽略了，黑格尔在这里并不是在讨论纯存在范畴而是在讨论“**开端**”概念本身。黑格尔是在表明，正是“开端”这一概念预期了那尚未出现但仍然会到来的东西，也就是预期了开端是其开端的那个东西；他并非在把纯**存在**本身理解为“还不是真实的存在”。谢林对黑格尔的解读在这个地方再一次毫无疑义地流于表面。

另一段话可能会为《逻辑学》的一种“谢林式”解读提供支持，但谢林本人却没有察觉到。这段话包含在黑格尔对存在所做的开篇分析之前的一个小节里。在这一节里，黑格尔并没有使用“尚未”一词，但他确实好像主张：纯存在已然是有规定的，因为它始于同确定性的对立，从而实际上一开始就被**规定**为不确定性（*SL* 81/1：82［193］）。然而，这种表面现象是带有欺骗性的。黑格尔十分谨慎地说：纯存在一开始只是**潜在地**而非明确地对立于有规定的存在；明确地来看，它本身单纯只是纯粹的存在。此外，他提出：有规定的存在**走到**，或者说**来到**纯存在的对面（*tritt*［*dem Sein*］*gegenüber*），而不是像米勒的翻译所暗示的那样，好像有规定的存在实际上从开端起就同纯存在对立似的。因而，无规定性只当存在和虚无已经合乎逻辑地转变到定在并且有一个可供与原初的纯存在范畴对比的新的存在概念时，才**回顾性地**构成了纯存在与众不同的“规定性”。[25]纯存在并非一开始就被**确定**为“并非有规定的无规定”（*indeterminate-rather-than-determinate*）或甚至别的什么。因此，这段话终究没有给一种“谢林式”解读提供任何支持。

确定性观念出现于《逻辑学》中，并非由于别的缘故，只是由于纯存在因其纯粹性而表明自己是一个消逝着的纯粹性，只是由于消逝本身瓦解于存在和虚无那构成定在的统一中。换言之，确定性出现，只是因为纯存在已经**丧失**。这就是我想首先予以强调而像谢林这样的读者却错过的要点。思辨的逻辑学从存在到变易到定在移动，并非因为哲学家无法忍受存 296
在的不确定性或变易的无休无止：无论是对具体之物和有生命之物的乡愁，还是对持久、秩序以及稳定的欲望，在黑格尔的《逻辑学》中都统统无效。纯存在和虚无转变并发展到定在之中，并非由于别的缘故，只是由于它们合乎逻辑地毁灭自身并在此过程中可以说是身不由己地滑跌进确定性之中。

因此，相反于哈特曼的观点，纯然的不确定性**确实**完全独自地产生出了确定性；它并没有无可避免地同确定性相争执。[26]这不是因为它一开始就已经被“规定”为不确定性，而是因为它内在且必然地消逝**进**确定性之中。因而，正是存在和变易的消逝本身，解答了为什么终究会有确定性的问题。

当然，从变易到定在的过渡是一个逻辑的过渡，而不是一个发生在时间中的过渡。黑格尔并不是在描述形式和秩序历经数百万年逐渐从某种原始的混沌中产生出来的过程，而是在证明纯粹的变易之结构**合乎逻辑地**使得定在成为必然。（他因而也是在表明，变易**概念**导致了确定性概念。）关键是要记住，纯粹的变易不是生成和消亡历经时间的过程。现在黑格尔所已经表明的是，存在无法只是纯然的不稳定性，恰恰是因为这种不稳定性合乎逻辑地自动瓦解于定在之中。

这并不是说，我们起初将存在设想为变易和不稳定性是错误的。确实有存在，存在本身也必然是消逝着的、不稳定的。然而，我们现在已经知道，从逻辑上看，存在最终并非不稳定的，因为它是那本身就会消逝的消逝。这种彻底的消逝所留给我们的并非一无所有，而是由于我们以上所已经考察过的那些原因，造成了有规定的存在。因此，恰恰是存在本身的不稳定性或“事变”使得确定性成为必然。存在和变易向定在的这种瓦解并非过去某个时候所发生的一次性事件；相反，它是存在和变易的**普遍的**

逻辑的命运。在下一章中，我们将更加仔细地考察定在本身的复杂的逻辑结构。

注释：

［1］亦参见 Hegel，*EL* 144/192（§88 Add.）："变易仅仅是对存在按其真理来说所是的东西的设定。"

［2］参见 Pippin，*Hegel's Idealism*，p. 189。亦参见 Hegel，*EL* 144/193（§88 Add.）。

［3］参见上文第四章第 93−5 页。

［4］Hegel，*EPN* 34/48（§258）.

［5］Harris，*An Interpretation of the Logic of Hegel*，p. 96.

［6］Willett，"The Shadow of Hegel's *Science of Logic*," p. 90.

［7］Stace，*The Philosophy of Hegel*，p. 136.

［8］Burbidge，*On Hegel's Logic*，p. 40.

［9］Gadamer，*Hegel's Dialectic*，p. 87.

［10］Johnson，*The Critique of Thought*，p. 21，我的强调。

［11］Taylor，*Hegel*，p. 232.

［12］Taylor，*Hegel*，p. 232.

［13］J. Biard *et al.*，eds. *Introduction à la lecture de La Science de la Logique de Hegel. I. L'Etre*（Paris：Aubier，1981），p. 59. 亦参见上文第 65 页。

［14］亦参见 Hegel，*EL* 144/192（§88 Add.）。

［15］在这里，虽然存在和虚无被描述为"不同"（other）于彼此，但它们却并未明确地在它们之内展示出"他者"（otherness）的逻辑结构。"他者"在《逻辑学》中只是之后才作为存在的一种固有的特性而出现。尽管如此，由于存在是纯粹的**存在**而虚无是纯粹的**虚无**，这两种直接性事实上**是**"不同"于彼此的。在这里，我们看到后来的范畴如何能够被用来解释在之前的范畴上所发生的事情的一个极好的例证。不过我们要注意，存在和虚无成为定在的两个环节的这一随后的逻辑发展，纯粹取决于那内在于变易的逻辑结构之中的东西，也就是取决于那内在于存在和虚无

各自所是的消逝之中的东西。这一发展无论如何都不依赖于对“他者”本身的逻辑结构的不合法的预见。

［16］亦参见 Hegel，*EL* 146/195（§89 Add.）。

［17］Winfield，*Overcoming Foundations*，p. 68，我的强调。

［18］Willett，“The Shadow of Hegel's *Science of Logic*，” pp. 85，91.

［19］McTaggart，*A Commentary on Hegel's Logic*，p. 17. 亦参见 Stace，*The Philosophy of Hegel*，p. 139，以及 Burbidge，*On Hegel's Logic*，p. 41。现在应该很清楚，为什么黑格尔对纯粹的变易的说明偏离了迈克尔·福斯特所谓的黑格尔的“正式方法”（参见 Forster，“Hegel's Dialectical Method，” p. 155）。福斯特宣称，黑格尔预先就致力于将每一个范畴同它的对立范畴联合起来。然而，事实并非如此：黑格尔仅仅致力于使内在于每一个范畴之中的东西得到阐明。所以，在他对变易的分析中，他并没有（如福斯特认为他应该做的那样）表明变易和某个对立范畴被联合进定在之中。倒不如说，黑格尔证明了变易内在地——**独自地**——导致了定在。参见上文第二章第 33–4 页。

［20］对谢林批判黑格尔的变易分析的一个更广泛的研究，亦参见 Houlgate，“Schelling's Critique of Hegel's *Science of Logic*”。

［21］Schelling，*On the History of Modern Philosophy*，pp. 140–1.

［22］Schelling，*On the History of Modern Philosophy*，p. 141.

［23］Schelling，*On the History of Modern Philosophy*，p. 141，我的强调。

［24］Derrida，*Glas*，p. 201.

［25］参见下文第十六章第 305 页。

［26］参见 Hartmann，“Hegel：A Non-Metaphysical View，” p. 105：“规定的缺乏如何能够导致丰富呢？”

第十六章　定在

存在和虚无的单纯的一致

297　到目前为止，黑格尔的《逻辑学》教导我们，存在必然是**有规定的**（*determinate*）。这是因为存在表明自己是变易，而变易合乎逻辑地停驻于存在和虚无那构成定在的统一中。因此，存在不能只是**纯粹的**存在，因为它通过它自己的内在的逻辑致使自身成为"不纯粹的"和有规定的：它必然使自身不纯粹，必然规定自身。定在的出现因而并不是突如其来的而是这样一个事实的无可避免的结果，即：存在和虚无（或者"不"）表明它们是不可分离的。黑格尔关于定在所不得不论及的这一切都直接地来自：定在是存在和虚无的完全的统一，或者"单纯的一致"（*das einfache Einssein*）（*SL* 109/1：116［203］）。

于是，从其最简单的方面来看，有规定的存在或者 *Dasein*（定在），就是那同虚无或者"不"一致的存在。它不只是存在本身，而是"**不是……的存在**（being-that-is-*not*...）"。当然，在论及纯存在的时候，我们也说它"不是"虚无，"不是"变易，甚至"不是"规定性。然而我们这么说，是为了唯独抓住纯然的存在不放，在其完全的纯粹性中去设想存在。相比之下，定在却是明确地被定义**为**"不是……的存在"的。它的逻辑结构将"是"和"不"融为一体。

不过，我们必须记住，存在和虚无哪怕在是同一个东西的时候也直接地是有差异的。它们的一致是**两种**直接性的不可分离："**是**"不可消融地联结于"**不**"。因此，"是"所密切地与之关联在一起的这个"不"，就拥有属于它自己的特征。然而，它本身又与“是”不可分离。结果就是，这个“不”，不再纯粹地是消极的，而是“不是”或者“非存在”（*Nichtsein*）。因此，定在不只是“是”与“不”的统一，而是“是”与“非是”的统一。正如黑格尔所指出的，“定在（*Dasein*）……一般而言是连同某个**非存在**的存在，以至于这一非存在被吸收进与存在的单纯的统一之中”（*SL* 110/1：116［203］）[1]。

在这里与“是”相联合的“非是”环节，被黑格尔称为“规定性”或者“确定性”（*Bestimmtheit*）①。正如我们之前曾经看到过的，纯粹的虚无也——尽管只潜在地（implicitly）——是非存在，因为它是存在的纯然的对立面从而缺乏任何无论什么存在。[2]然而，纯粹的虚无并非**明确地**（*explicitly*）就是非存在，而单纯只是事实上缺乏一切存在。纯粹的虚无 298
不是存在，但它也不应当与非存在本身相混淆。相比之下，规定性却明确地就是非存在。然而，由于这一缘故，它就并非也不能只是缺乏存在。毋宁说，它是对存在的公然的否定，而它与它所否定的存在是**不可分离的**。实际上，黑格尔的主张是：没有哪一个“不”能够被定义**为**对存在的明确的否定或排除，除非它将存在作为被排除掉的包括进来。规定性是《逻辑学》所要面对的整个否定者序列中的第一个否定者，与纯粹的虚无形成对照的是，这些否定者都将存在环节包括在自身之内。

在黑格尔看来，正是这种出现于存在中的规定性或非存在，将前者转变成了**有规定的**存在。这在英语中是很明显的，但在德语中则多少不那么明显。使用德语的术语来说，黑格尔所主张的是：*Dasein*（定在）与纯粹的 *Sein*（存在）不同，仅仅是因为 *Bestimmtheit*（规定性）出现在前者之中并因而是 *bestimmtes Sein*（有规定的存在）。无论在哪种语言中，这里的逻辑的要点都是一样的——*Dasein*（定在）由于包含了非存在而区别于纯存在，但说德语的思辨的哲学家要比说英语的同行们稍微晚一些才会明确

---

① Bestimmtheit，在德语中是一个词，翻译为英语却是两个词，determinateness 和 determinacy，这是因为它兼有“规定性”和“确定性”两个含义。黑格尔将 Bestimmtheit 等同于“非存在”环节以及后来的“否定”环节，是因为“一切规定都是否定”的缘故。因此，我们甚至可以将 Bestimmtheit 理解为一种“限定性”。——译者注

地将 *Dasein* 与“规定性”（*Bestimmtheit*）联系在一起（至少要比选择将 *Dasein* 翻译为“determinate being”的那些人晚）。

既然已经注意到在定在中存在和非存在之间的一个差异，我们就一定不要忘记：它们是一起形成了**一个**（*one*）统一和直接性的。事实上，在定在中，存在是如此紧密地与非存在相联合，以至于两者是完全共存的。因此，定在就是那在存在中同时就**是**非存在的存在；甚至仅仅由于它如同是存在那般程度地是**非**存在，它才是定在。黑格尔这样指出了这一点：“由于存在和虚无借之而在定在中成为一的这个直接性的缘故，存在和虚无就并不超出彼此；只要定在是存在着的，它就是非存在，它就是有规定的。”（*SL* 111/1：117［205］）黑格尔接着陈述道：“规定性还没有从存在中脱离开来（*abgelöst*）。”实际上，他指出，规定性将永远不会从存在中脱离开来，因为“从现在开始奠定为根据的真实的东西是非存在同存在的统一；在作为根据的这个统一之上，产生出今后的一切规定”（*SL* 111/1：118［205］）。

定在范畴显然不是一个容易记住的范畴，但它所展现出来的困难却是它的逻辑起源的特定情况所施加于我们的。要理解黑格尔在这里所要求我们思考的东西，我们必须在心里牢记：存在和虚无是已经瓦解于**一**的**两个**直接性。就它们是二而言，我们必须将它们设想为是不可分离的：存在必须被设想为“不是……的存在”或者“有规定的存在”，而在这里同存在相结合的“不”则必须反过来被设想为非存在或“规定性”。然而，就存
299 在和“不”是一而言，我们则必须将有规定的存在不只是设想为与一个“不”相结合的存在，而且是设想为本身就**是**非存在的存在。这也就是说，定在必须被设想为是完全契合于非存在或规定性并无法区分于非存在或规定性的存在。因而，为了完全公正地对待定在，我们应当将它设想为“不是存在的存在”，或者更简单一些，将它设想为“**是非存在**”（*being nonbeing*）。

当然，在这些表达中存在着一种深刻的歧义，因为它们既可以意指“在本质上不是**别的**某物的存在”，也可以意指“在本质上不是**存在本身**的存在”。正如我们将看到的，黑格尔相信，定在表明自己与这两种意思都是等值的。它表明自己意味着既是不同于别的某物并被别的某物所限定

的，**又**是通过单纯地是它所是而是有限的或者说不再存在。定在的更进一步的逻辑发展因而揭示出内在于“是有规定的”（being determinate）之中的模棱两可的含义。然而，此时此刻，我们必须将所有这些含义都弃置一旁，因为我们还没有证明有规定的存在蕴含任何超出自身的东西。我们唯一可以做的就是专注于本质上就在于它是非存在的那个存在。这或许不是一个非常翔实的概念，但在《逻辑学》的这个阶段，它却是我们所唯一允许拥有的概念。

定在的进一步澄清

此时此刻，我们可以扪心自问：黑格尔的这个定在概念，当我们在通常情况下来理解它的时候，究竟与规定性有什么关系呢？当我们想到某个有规定的或者明确地是其所是的东西的时候，我们通常将所想到的东西与赋予相关事物以特殊性的一系列属性和性质联系起来。我们想到它具有特定的颜色、质地和大小，并且以极为不同的方式同其他的事物发生相互作用。这种对象是有规定的，因为它是绿色的而非红色的，是由金属制成而非由木头制成的，是我的猫而非你的猫，等等。它的有规定的特征显然并不在于它单纯只是“非存在”。

然而，我们应当记住，黑格尔是在概述规定性的最低程度的逻辑结构。在黑格尔的逻辑的叙事中，存在还仅仅是表明自身是有规定的，因而我们不能预期从他的说明中学到任何比有规定的存在**最初**或**至少**必须是的东西更多的东西。我们不应当期望在我们所熟悉的具体的、经验的意义上去发现所要求于有待规定的存在的一切。经验的确定性很可能要求颜色、质地和大小等方面的特征。然而，黑格尔的思辨的逻辑学所表明的却是，在定在能够包含任何这些事物以前，它首先必须在最低程度上就在于它是**不存在**或**非存在**。不久之后我们在《逻辑学》中将会发现，这意味着**不同**于——从而不是——别的某物（因而也就是就其本身而言的某物）。然而目前，我们还并不知道情况是如此；我们甚至还一点都不知道“是不存在”（being not-being）包含些什么。我们所唯一知道的就是：如果我们将存在理解为任何少于这一点的东西——也就是将存在理解为只

300 在于简单的**存在**，任何地方都没有不存在的痕迹，那么我们就剥夺了存在的一切无论什么规定性，致使它成为完全无规定的且空洞的。我们因而知道，存在的确定性至少是来源于它在自身内所具有的“不存在”环节，然而这个“不存在”却有待我们进一步地去理解。这或许算不上所知甚多，或许所留给我们的仍旧是一个抽象的、**无规定的**确定性概念；但这至少是开了一个头。

在我看来，定在就其最低程度来说甚至都并不包含“是**某物**”（being *something*）的这样一个事实，使得约翰·伯比奇的“一个存在”这一表达不再有资格作为 *Dasein* 的合适翻译。[3] 对于黑格尔来说，*Dasein* 并不是**一个**存在；它也不是，如哈里斯（Errol Harris）所指出的，“一个牢固的存在”[4]。它单纯只是存在的一个一般的方式，即：**是**有规定的（*being* determinate）。严格来说，定在最初并不在于以任何方式被区分开来。存在和虚无是定在的两个环节；但定在本身却在于这两个环节的**统一或一致**，而非在于它们之间任何清晰的、稳定的差异，也不在于来自任何别的东西的差异。那么，那构成**规定性**的“是非存在”（being nonbeing），当我们在通常情况下来理解它的时候，究竟意味着什么呢？在我们关于规定性的日常的理解和黑格尔的最低程度的哲学的理解之间，有任何重叠之处吗？

我相信是有的。它就在于这样一个事实，即：在一切别的事情之前，定在首要地是存在和虚无之**停驻了的**统一。变易是存在和虚无向彼此的不停歇的消逝。然而，定在却是存在和虚无那直接起因于它们的彼此过渡的——用拉克布林克的一句恰当短语来说——“安定了的统一”（*befriedete Einheit*）[5]。在我看来，正是存在和“不”所一起享有的这一停驻不动，最初并最低程度地构成了**有规定的**存在。纯存在和虚无的纯然无规定性将自身展现在它们的不停歇的消逝中——展现在它们不再是它们所是而总是成为别的东西的过程中。相反，定在的产生，则是当存在和“不”停止以这种方式消逝并停驻于一种稳定的统一之中的时候，借由这种统一，它们肯定而明确地构成同一个东西，也就是：那不是存在的存在。

无论德语词 *Dasein* 的词源如何，定在都不是在某一特定位置上的存在，都不是在**此**，因为存在还没有将自身表明为是空间性的。因此，*Da-*

sein 不应当被翻译为“此在”[6]。正如我们已经看到的，定在最初也不等于是某物，或哪怕等于是被区分开来的（等于是 A **而非** B）。一开始的时 301
候，定在单纯就只是那停驻的、静止的并安静的存在。它是那明确地**存在**而又并不在它存在的时候消逝的存在。然而，存在必须为这一确定性所付出的代价却是：它无法与那本身也是确定的东西的虚无或者“不”区分开来。换言之，存在只在明确地是**不存在**——“不”现在也明确地是的那同一个不存在①——的时候，才是有规定的。

Aufhebung（扬弃）

变易，对于黑格尔来说，就是纯存在和纯虚无借以实际地融入消逝中去的辩证的过程。相比之下，定在则是这一消逝所直接产生的结果：存在和虚无的纯粹性以及它们的纯粹的差异在其中已然消逝的那个思辨的统一。[7]指出这一点的另一个方式也就是说：变易是纯存在和虚无的“扬弃”过程——是它们的 *Aufhebung*（扬弃）的运动——而定在则是它们的被扬弃或者它们的已经被扬弃的结果状态——它们的 *Aufgehobensein*（扬弃了的存在）。

在我们继续对 *Dasein*（定在）的考察之前，我们必须简略地来看一看黑格尔的 *Aufhebung* 概念，他宣称这个概念是“哲学中最重要的概念之一”。*Aufhebung*，黑格尔说，“是到处重复出现的一个基本规定”。当某物被扬弃（*aufgehoben*）或者被消除掉的时候，它被否定了，但它并没有被完全废止。毋宁说，它被剥夺了它的独立性并被带进“与它的对立物的统一”之中（*SL* 107/1：113－14［201］）。因而，被扬弃掉的东西继续存在，但同时失去了它的直接性从而不再纯粹地保持它自身。在《逻辑学》中 *Aufhebung* 的第一幕里，存在和虚无停止纯粹地是其所是，消逝进彼此之中，并进而停驻于它们的相互统一，也就是构成定在的统一之中。

在这个扬弃的进程中，黑格尔论证到，存在和虚无被转变为——或不

① 黑格尔的这个插入语是想指出，这里所说的“不存在”是一个明确表达了“不”的含义的不存在，而不是《逻辑学》开篇的那个纯粹的虚无。——译者注

如说是自行转变为——新的规定。它们起初是纯粹的存在和纯粹的虚无。接着，随着向彼此的直接消逝，它们自行转变为变易的两个对立的形式：消亡和生成。正是通过直接地停驻于它们的不可消融的统一之中，它们才进一步地自行转变为定在以及包含于定在之内的那个赋予存在以规定的非存在环节。对于黑格尔来说，*Aufhebung* 恰恰就是存在和虚无借以失去它们的纯粹性并借以**变化**为更为复杂的规定的过程。

与此同时，黑格尔也指出，所造成结果在每一种情况下都“**还自在地**拥有**它自其而出的那种规定性**”（*SL* 107/1：114［199］），从而在它之中既保留了**存在**也保留了**虚无**。因此，变易包含消亡和生成，它们每一方
302 都是存在或虚无之消逝进另一方之中。同样地，定在是存在和非存在的一致，该一致本身就是存在和虚无之停驻了的统一。正如我们曾在上一章中指出的，重要的是要认识到：存在和虚无并不只是突变为它们自身的一些新的形式，也始终是这些新形式的**不同环节**——也就是说，它们是一些不再纯粹“自为地”存在而是相互关联、彼此联结的规定。黑格尔的 *Aufhebung* 既是突变的过程又是存在和虚无所经历到的变易为环节的过程。因此，*Aufhebung* 并没有抛弃任何东西；作为思辨哲学的绝对的、内在的“方法”，它带着一切东西一起前进（*SL* 840/2：569）。[8]唯一所失去的仅仅是一个范畴的纯粹性，亦即认为一个范畴纯粹而简单地是它自身**再无其他**的那种观念。

黑格尔相信，每一个后续的规定都将同样保留它之前的规定作为自身的环节。这就是为什么理念以及后来的自然会被说成是包含了所有之前的范畴。自然的对象并不只是有限的对象。尽管如此，它们却**至少**是有限的对象，正如它们是某物，是有规定的，变化并且**存在**那样。实际上，自然的对象不过就是存在、变易、规定性以及有限性最终所表明自己**是**的那个东西。因此，要求存在着自然对象的一个领域的那种逻辑并非来自某种超越的、异己的权威，而是源自将自身转变为一些构成这些对象并包含于这些对象之中的环节的有限性、规定性以及存在等范畴。要记住，存在不是一个单纯的虚构：确实**有**存在。然而，根本的悖论却在于，这种存在，由于仅仅是**存在**，就合乎逻辑地转变为——从而表明自己是——确定的、有限的、自然的对象**的**（*of*）存在。到此为止，我们已经见证了这样一个过

程的最初阶段，存在在这个过程中表明自己是规定性本身的存在。

因此，关于*Aufhebung*要说的第一件事情是，它是否定和保存同时发生的一个过程。第二件要注意的事情是，它不过就是存在的诸相关范畴和诸相关形式所引发并经历的一个**自我**去纯粹化（*self*-impurification）的过程。*Aufhebung*并不是思想所实施贯彻的一个否定范畴或将它们提升至某个“更高的”统一上的“外在的”行动。哲学家并没有对范畴做任何事情来扬弃它们，也没有预设仿佛范畴都要被“吸纳”进去的任何统一。此外，*Aufhebung*是一个不带任何目的或*telos*①的过程。它不是被任何意志所指导来综合或克服差异，也不是为任何欲望所指导来迫使冲突和矛盾屈从于和谐与协调。与德里达的理解相反，它也不被任何从绝对的损失中重占并获取利润的“经济的”利益所驱使。[9]对于黑格尔来说，*Aufhebung*仅仅是纯粹性借以滑跌进并丧失于非纯粹性之中的过程，这种非纯粹性不只在于一方之所是，而且在于不可避免地同另一方联系在一起。它就是最 303
初各自独立、自给自足的两个直接性通过瓦解于不可分离性中而构成一个**前所未有的**统一的过程。

黑格尔无疑是一个倡导“对立物的统一”的人。他的那些后尼采的批评者在这一点上是正确的。然而，黑格尔之所以倡导统一，不是因为他想要以某种首选的和谐的名义来“克服”差异，而是因为他相信**纯粹的**差异——以及存在和虚无之间最纯粹的差异——是无法维持的，必然**通过自身**而瓦解进统一和非纯粹性之中。

德里达通过暗示总是存在着一种“单纯损失”的风险，它绝不会导致旧有的差异借以得到**扬弃**的新的含义，而试图抵制黑格尔的*Aufhebung*（扬弃）。[10]他怀疑黑格尔否认这种风险是因为黑格尔无法“不带补还地”（without *relève*）思考问题，从而只能在一个支持*Aufhebung*的歪曲的体系**之内**来思考一切损失、死亡，或者虚无。然而，在我看来，德里达误解了黑格尔的立场。黑格尔并不是在倡导一个预先指向统一性、消融以及*Aufhebung*的体系。他是一位主张*Aufhebung*的哲学家，是因为他相信纯粹性——无论是存在的纯粹性还是虚无的纯粹性——毁灭、“解构”或

---

① 希腊语“目的”。——译者注

者扬弃自身从而导致自身变得不纯粹。从黑格尔主义的观点出发，德里达的批判本身就有赖于——**绝无可能地**——坚持某个关于单纯损失或纯粹否定的最终无法维持下去的概念。

黑格尔的 *Aufhebung* 和德里达的解构绝不是一回事情：黑格尔致力于纯存在的内在的自我毁灭，而德里达则在许多其他的事物中间指向不可消融的差异之间（他认为）那使得关于纯存在的任何概念成为可能和不可能的相互游戏。然而，这两位哲学家也确实分享着一个共同的信念，即：纯存在观念是颇成问题的。我所希望强调的是，德里达误解了黑格尔的 *Aufhebung*，由于他没能看到它代表着一种比解构要彻底得多的对纯粹性的怀疑。这是因为对于黑格尔来说，*Aufhebung* 或者自我去纯粹化，不仅是纯存在的内在的命运，而且也是德里达本人在试图破坏 *Aufhebung* 过程的时候所指向的那个纯粹的“损失”或者虚无的内在的命运。在黑格尔看来，纯存在和纯虚无，两者都使自身变得不纯粹。这一导致了不纯粹性的运动，它的最初的结果就是存在和虚无的不可消融的统一，或者就是我们现在要回到对它的分析上来的 *Dasein*（定在）。

质、否定和实在

我们已经看到，定在就在于它是非存在。它**存在**，但只因它存在，它就是**非**存在。在定在当中，存在和非存在这两个构成性环节完美地融合为
304 一。定在因而不是纯存在，而是与规定性共存的存在。但定在又不仅仅是那有规定的**存在**（*being* that is determinate），而且是那**存在着的**规定性（determinacy-that-*is*）①。这看起来或许是一个多余的强调，但如果我们要理解蕴含在一个概念中的每一件事情的话，那么我们就必须清楚说明它的所有的方面——无论它们之间的差异可能多么的微不足道。这就意味着，我们在这里必须投入同等的关注在两个事实上，即：有规定的存在是**存在**

① 霍尔盖特似乎应该将着重号打在 determinacy（规定性）上而不是打在 is（存在着的）上。因为在这里他想强调的是，定在不仅包含“存在”，而且包含“规定性”（否定）。——译者注

的一种模式这一事实，以及它是在存在的形式中的**规定性**（或者非存在）这一事实。

我们对定在观念的阐述已经遵循了一个特定的节奏。首先，我们注意到，定在是那不是的**存在**（*being*-that-is-not）。接下来我们注意到，存在与之联合的这个“不”本身同存在相联结从而是非存在。这就意味着，定在实际上被设想为那是非存在的存在（being-that-is-non-being）。然而，以这种方式设想定在，也就是将它主要地理解为**存在**的一个新的、改变了的模式——理解为那已经被注入了否定者的存在。然而，存在和非存在在*Dasein*（定在）中的亲密关联却又意味着，后者不只是在一个新外观中的**存在**，而且是在一个新外观中的“**不**”。换言之，定在在同等的程度上既是那享有存在的非存在或规定性，又是那享有规定性的存在。实际上，只有当定在已经以这样两种方式被设想的时候，它才充分地被理解为**有规定的**存在。因此，定在并非只是存在的一个修改了的形式，而是同那**存在着的**规定性完全一致的存在。不可否认，这是一种理解定在的多少有些抽象的方式，但它却是思辨的逻辑学到目前为止的发展所要求我们理解定在的方式。

黑格尔赋予**存在着的**规定性或者 *seiende Bestimmtheit*① 的名称，就是“质”（*SL* 111/1：118［205］）。[11]因此，对于黑格尔来说，质不过就是那享有着存在的确定性和安定性。有几位评论者已经指出，正如黑格尔所设想的那样，质实际上就等于定在。质作为那存在着的规定性同时就**是**那有规定的存在。因此，定在并不以洛克式实体（Lockean substance）的方式成为质的基础或者质的支撑；我们也不能说它“拥有”质，好像一个事物拥有一些本身可能改变但却不影响事物本身的根本特征的性质那样。[12]质与定在是完全不可分离的。人们可以说，质就是定在所是的那个**什么**；实际上，正如哈里斯指出的，质一无所是，而就是定在的“**什么**”。如果人们拿走了质，那么他们也就拿走了定在本身。[13]

在这里，让人难于理解的是这样一个事实，即：质尚未被理解为**某物** 305
的特性或性质。我们还并不知道存在包含着“是某物”，所以我们就不能将质视为以一个谓语的方式附加于某物之上。黑格尔所宣称的仅仅是：存

① 存在着的规定性。——译者注

在本身是质的（qualitative）。它不是无规定的而是**有规定的**存在，也就是那是其所是的**什么**的存在，以特定的方式被赋予特征，并因而就是质。如果说，人们应当表明存在终究包含着是某物的话，那么任何“某物”，用斯宾诺莎的语言来说，都将是属于这种质的存在**的**某个特定的样式或例证。

既然质的存在这一观念现在已经在《逻辑学》中出现，那么无规定性本身也就可以说是回顾性地构成了纯存在的“质”（参见 *SL* 81/82［193］）。然而，纯存在并非明确地是限制了的存在（qualified being），因为它并没有被明确地**规定**为无-规定的存在。实际上，正是这个使得纯存在事实上成为完全**无规定的**。相比之下，定在则是明确地有规定的和质的，因为它公开地将存在和非存在联合在自身之内。[14]

随着定在是**质**这一点得到承认，存在最终也就被理解为是真正有规定的。定在不只在于那本身是有规定的**存在**或者 *Dasein*，而且在于肯定的**规定性**或者质。一方同另一方是不可分离的，甚至是无法区分的。因此，在定在和质**之间**不能有任何确定的差别，因为它们一起构成了“是有规定的”之究竟所是。于是，定在就是无差别的存在，或者纯粹而简单的质。

麦克塔格特提出一种假定，认为凡有质的地方就有许多质的一种复多性。[15]然而，在我看来，当我们最初遇见质的时候，质不仅不是复多的而且它本身根本都不是有差别的。质是有规定的存在，而“是有规定的”最初意味着“是稳定的和确定的”；它并不意味着同别的某物区分开来。人们可以说质终究在于是**这样**，但它还没有明确地包含着是这样**而非**那样。质最初并不与任何不同于它自身的东西相区别，相反，它单纯地**是**它所是。

然而，黑格尔接下来却表明，质所固有的逻辑毕竟在质之中产生了一种**差异**（尽管不是某种内在的“复多性”）。实际上有两种质。为什么会是这种情况呢？要理解这个为什么，我们首先需要注意，哪怕是在被设想为质或被设想为肯定的**规定性**的存在中，非存在环节都没有被给予同存在环节相等的重要性。到目前为止，我们已经将 *Dasein*（定在）理解为是那有规定的**存在**并理解为是那存在着的**规定性**，但正如黑格尔所指出的，这是在任一情况下将它以一种“片面的”方式设想为**存在**。然而，*Dasein* 在同等程度上既是肯定的也是否定的，从而“同样也要在虚无的规定中被建立起来”（*SL* 111/1：118［205］）。这意味着什么呢？这意味着质必须不只是被设想为**存在着的**规定性，或者在存在形式中的规定性，而且是被设想为存在着的**规定性**。或者用另外的方式来表达，质必须不只是被理解为乃是**存在**的非存在，而且也被理解为乃是存在的**非存在**。当存在和虚无不再消逝进彼此之中，当它们停驻于它们那构成确定的、有规定的存在的统一中的时候，质就产生了。然而，质并不只是那已经变为“有规定的”存在，而且是那已经变为“有规定的”**不**。但如果“不”本身是有规定的，它就不能单纯只是那被吸收进定在之中因而使得存在成为“有规定的”非存在环节或者规定性环节。它也不能只是质，或者那**存在着**并享有着**存在**的规定性。它必须获得一种稳定的特征或者同一性，如同**非存在**或者存在着的**规定性**那般，是明确地**否定的**。它必须是否定的质，而非单纯肯定的质。对于那偏重非存在而非偏重存在的质，黑格尔所给予的名称就是**否定**（*Negation*）（*SL* 111/1：118［207］）。[16] 306

伴随着否定观念，在质本身中就展开了一种**差异**。质本身单纯地就是**存在着的**规定性，但质却又立即将作为否定的自身从它所是的简单的、肯定的质中区分出来。简单的、肯定的质因而就改变了它的逻辑的地位，因为它不再是质的**一切**，而成为与否定并列的质的一种模式。按照这种方式，质就采取了两种有区别的形式。

偏重于存在的质——相比于偏重于非存在的质——被黑格尔命名为**实在**（*Realität*）。[17]因而，质归根结底并不单纯只是无差别的定在，而且是实在**或者**否定。应当注意的是，尽管质不只是存在本身，但它也并不包含是某物、是有限的，或者是时空的。实在单纯就是有规定的并停驻了的存在——不多也不少。同样地，否定既不是纯粹的虚无也不是某物，而是介于两者之间。否定单纯就是已经稳定了的和有规定的虚无或者“不”——明确地是否定的那个“不”。实际上，“否定”一词所命名的不过就是“**是否定的**”这一质（quality of *being negative*）。[18]

对于黑格尔来说，否定主要地不是思想施加于概念，或者事物彼此施加的一种行动或操作。它就是定在的一种形式，或者如果你愿意的话，就是存在的一种方式：相比于是实在的而是否定的。我们说，**这**是实在的，但**那**却是单纯的否定。我们这么说，并不意味着那里一无所有；我们的意思是说：那里所**有**的东西，是在质上否定的而非肯定的。“是否定的” 307

（being negative）实际上包含着什么或许还不是非常地清楚。有些人甚至可能会宣称它是一个“不合逻辑的”概念：哪有一个东西能够**是**“否定的”呢？然而，尽管有这些保留意见，我们还是知道，无论它可能意味着什么，否定都必须被承认为是存在的一个质，因为定在已经合乎逻辑地表明自身同等程度地既包含了实在也包含了否定。思辨的哲学家不能因为一个概念的含义不够清晰，因为它有导致不合意的结果的嫌疑，因为它似乎妨碍了我们通常的预期，就拒绝一个概念。他/她不得不接受存在所表明自身所是的，并耐心等候每一个范畴的更进一步的含义自行揭示出来。将否定思考为一种质或者思考为存在的方式也许会让某些人感到困扰，但思辨的哲学家却别无选择，只能承认这实际上就是否定之所**是**。

作为质的两种形式或者存在的两种不同的质，实在和否定是共存的。然而，这就意味着否定在逻辑上是先于实在而出现的。这是因为，否定首先将自身和实在之间的差异引进质之中。质本身是无差别的定在。然而，恰恰由于它同样也是否定这一事实，质的**存在**就被转变为与否定形成对照的实在。因此，实在就其本源的意义而言是质，但现在却**通过**否定本身而区别于其他的质，区别于否定。因此，否定发挥着它自己的一个作用：它将一般的质转变为**实在的**质，或者说，转变为有别于单纯的否定的那种质。我相信，当黑格尔写道，通过作为否定的质的出现，“直接的或者**存在着的**规定性［就］作为一种有区别的、返回了的规定性被建立起来”（*SL* 111/1：118［205－7］）的时候，他是要引起我们对否定的这一作用的关注。

通过这种向实在和否定的滑跌，定在最终就在于“是**有差别的**”。我们现在看到，是有规定的并不只意味着是稳定的或者是**这个**，而且意味着是这个**而非**那个——具体来说，是实在的**而非**否定的，或者是否定的**而非**实在的。定在依旧不在于“是某物”，它也不在于许多质的一种复多性，但它至少表明自身包含着“是实在的”和“是否定的”两者之间的一个对比。

这就是《逻辑学》中一种——与直接的和消逝着的差异截然相反的——确定的（determinate）差异第一次得到思考的地方。存在和虚无消逝进彼此之中，因为它们每一个都是一种完全无规定的直接性；相比之下，实在和否定则是确定的差异，因为它们每一个都确定地是其所是。正如黑格尔所指出的："在这种**定在着的**质上，**存在着**（*ist*）实在和否定的区别。"（*SL* 114/1：122［207］）请注意，否定和实在之间的关系也极其不同于质本身和定在之间的关系。后者是等同的关系；在它们之间并没有确定的差异，因为它们中没有哪一个是本身充分规定了的。它们中也没有 308
哪一个具备单独地得到充分规定的可能性，因为定在既在于那有规定的存在，**又**在于那存在着的规定性或者质。定在因而不过就是质本身。

相比之下，否定和实在并不只是共同构成作为整体的定在的两个环节，而毋宁是属于有规定的、质的存在本身**的**两种形式，或者存在的两种质。它们之间的差异因而就是真正有规定的存在的一个形式同其另一个形式之间的差异。于是，它们每一方都因为有别于另一方而是本身确定的：每一方都是其所是。因此，它们必定是**确定地**不同的。实际上，它们是能够想象得到的第一对明确不同的规定，因为它们是第一对成为**有规定的存在**的两种形式的规定。因此，它们必须是有规定的差异本身的两个最小的构成部分，无论这种差异可能表明自己还包含些别的什么。

有规定的差异总是至少包含着实在的东西和否定的东西之间的差异。这种差异很可能表明自己包含着比这更多的东西。尽管如此，在我们能够将一个自然对象同另一个自然对象，或者将一种颜色同另一种颜色区别开来以前，我们必须理解"是实在的"或者"确切地是一物之所**是**"与"是**否定的**"之间的差异。这并不是说，我们必须能够理解实际地存在于时空中的东西与仅仅想象的东西之间的差异。这仅仅是说，为了能够（甚至是在两个想象的对象之间）做出任何确定的区分，我们必须至少能够理解"是这个"和"不是这个"（或者"是**非**这个"）之间的质的差异。

我们之前曾经看到，定在就在于是**稳定的**，或者说，就在于享有是确定的且并不直接地消失进虚无中的存在。现在我们则已经看到，定在还包含着被**区分**为是实在的而非否定的，或者是否定的而非实在的。然而，人们却很可以反对这种观点，指出黑格尔经历了重重麻烦来证明某件琐碎平常的事情。确实，无需一个啰啰唆唆的德国哲学家来说服我们相信在**有**一把椅子和**没有**一把椅子之间存在着某种差异。任何人都能告诉我们，"是实在的"和"是一种单纯的否定"有所不同。可尽管足够正确，但日常意识所能够做到的，却不过是预设这样一个明显的洞见。黑格尔所已经做到的，则是解释为什么实在和否定有所不同，而无需假定事情如此。正如我们即将看到的，他对实在和否定之间的差异所做的晦涩难解的演绎同样也证明了该差异——尽管是确定的——远比人们通常所相信的要更成问题。[19]

实在的否定和否定的实在

309 存在和虚无直接地消逝进彼此之中，因为它们每一个**纯粹地**就是其自身。存在是纯然的存在，它完全地无规定从而事实上根本就是虚无；虚无纯粹且直接地就是虚无，从而实际上就是无规定的存在。相比之下，实在和否定则并不消逝进彼此之中而是确定地有所不同，因为它们每一个都是自身**确定的**。我们从这一点得知，可持续的差异不能是纯粹的差异。实际上，实在和否定是作为肯定的和否定的而直接彼此不同的，但它们的差异却是由于"两者都是定在"（*SL* 111/1：118［207］）这一事实而被稳定下来的。它们既不是纯粹的存在也不是纯粹的虚无，相反，它们每一个都是存在与非存在（或者与规定性）的停驻了的统一。它们每一个都是质，或者存在着的规定性。它们之间的差异事实上就在于：它们每一个都是带着一个不同的"偏重"的质。换言之，它们每一个都**以一种不同的方式**而是有规定的。

实在单纯地就是那已经成为定在之一个种类而非定在之全部的质本身，或者"本源的"质："偏重于是一个存在着的质"。因此，实在就在于是稳定的，就在于确定地**是**其所是。相反，否定却是存在着的**非**存在。它并非只在于是其所是，而是在于明确而确定地是**否定的**。更具体地来说，它就在于**不**是肯定的质或者实在。否定的质因而实际上就在于**有别于**实在。

黑格尔并没有提请读者关注这一点，但显而易见的是，在实在和否定之间不相对称的差异中，到目前为止所发现的两种基本的"是有规定的"方式已经显现为存在的两种不同的质。本质上乃在于"是稳定的和确定的"那种规定性，已经具体凝结为实在；而本质上乃在于被区分开来的那第二种规定性，则已经将自身作为否定从这种实在中分离出来。因此，相比于我们最初所思想到的东西（亦即：规定性单纯地就是稳定的存在），规定性表明自身包含着**要么**“是稳定的和实在的”，**要么**“是被区分开来的和否定的”。然而，在 *Dasein*（定在）部分的最后一段话中，黑格尔却指出：实在和否定之间的差异并不像它看起来那样轮廓鲜明。

个中原因并不难理解。一方面，实在是有规定的并不仅仅由于它是其所是，也由于它有别于——从而**不**是——单纯的否定。因此，实在本身固有地就是**否定的**。另一方面，否定是有规定的并不只是因为它有别于——从而不是——实在，也是因为它**是**它所是的质，亦即否定。因此，否定不可化约地是**实在的**。实在因而不是纯然的肯定性——哪怕它看上去是——因为“实在包含着规定性因而也包含着否定”。相反地，否定并非纯粹地是否定的——并非单纯地是实在的缺乏——而且“是一种定在、一种质，仅仅带着某种非存在而被规定”，亦即“**实在地**是否定的”这一质（*SL* 111/1：118［207］）。这并不是说，实在和否定消逝进彼此之中并无止尽地彼此取代，就像存在和虚无那样。实在和否定始终是两种不同的质：“区别不能被忽略；因为它**存在**”（*SL* 115/1：123［207］）。它们每一方 310
都是其所是且并不简单地消失进其对方之中。然而，需要注意的重要一点是，在是其所是并保持其所是的过程中，它们每一方同时也都**包括**了另一方。实际上，每一方都是它自身而不是另一方，但又没有谁**纯粹地**是它自身，因为每一方都在自身之内怀有另一方。实在是实在，恰恰因为它也是否定，而否定是否定，恰恰因为它也是实在。这不单纯是**我们**理解它们的方式，而且是它们每一方自身不可化约的逻辑特征。

因此，我们从《逻辑学》中所学到的是，在定在的两种形式中，没有哪一种形式纯粹且简单地是其所是。实在和否定确实存在，但它们每一个在自身内都承载着比它所是的东西要更多的东西。实在和否定之间的这一共谋所造成的主要的结果是，我们终于能够承认黑格尔式定在拥有评论者们最广泛地归之于它的结构了。读者们或许已经注意到，到目前为止我一直都回避将定在描述为“通过**不**是其所不是而**是**其所是”。这是分析黑格尔《逻辑学》中定在的最为常见的方式。例如，哈里斯就写道：“任何质，都仅仅由于有别于它所不是的东西而恰恰是其所是的东西——否则，就此而言，它就什么都不是。”[20] 我已经回避这样的陈述直到现在，因为到目前为止还没有什么有关定在的东西能够担保做出这样的陈述。定在已经表明自身首先在于是稳定的，进而在于被区分为实在的**或者**否定的。然而，直到目前为止，它都还没有将自身规定为本质上乃在于**如同**是否定的那样而是肯定的。尽管如此，我们现在却已经认识到，恰恰由于**不**是单纯的否定，因而恰恰由于本身是否定的，定在才能采取实在这一形式。

我们也注意到，否定只有在它是**实在的**这一意义上才能在其自身中是一个质。这就意味着：实际上并没有单独的否定，放逸不羁，独立自存；相反，一切否定都不可分离于**实在**——就像一切实在本身固有地都是否定的一样。[21]定在采取实在的质和否定的质两种形式。然而，现在我们却已经看到，每一种质实际上都包含着另一种质。因此，定在不能只在于是实在的**或**否定的，而必须总是一起包含着是实在的**和**是否定的。换言之，它必须同时包含着是稳定的和是被区分开来的。真正的定在是这两种不同的质的融合。

在这里，我们最终达到了黑格尔对定在的“经典的”定义：定在是这样的存在，该存在是实在的，仅仅由于它是对这样的否定所做的**否定**，该否定转而就是实在的存在。因此，*Dasein* 表明自身在更加充分的意义上比最初曾是的情况要更是一个**不**存在的存在。本来，构成存在之规定性的那个“**不**存在”环节将稳定性提供给了**存在**；它使得存在成为确定的，并允许存在是其所是。这种“不存在”并不具有明显否定的特征，而是
311 仿佛被吸收进存在之中。现在，与之相比，“不存在”环节或者存在中的规定性则已经突变为**否定**，或突变为明确地是否定的那种规定性。因此，存在就表明自己并非仅仅通过**是**其所是，而且也通过明确地**不**是其所不是，而是有规定的。我们或许以为，一切辨别都是直接的——我们仅仅睁开眼睛并将我们所看到的东西分辨为“红色”或者“椅子”。然而，假如黑格尔是对的，那么我们理解红色的真正所是，就仅仅是通过留意那将它区别于绿色、黄色等颜色的东西。我们不得不引出这种区分，因为只有通过将我们面前所是的东西同它所不是的东西区别开来，我们才能够理解任何有规定的东西的存在。[22]

实际上，存在只有通过不是其所不是才能**是**其所是。否定并不只是一个我们用以对比性地描绘事物特征的工具，好像皮平所声称的那样。[23]否

定是存在本身的一个质，它就是存在之所**是**。存在是实在的，仅仅因为它本身就是否定的，并且实际上排除了一些特定的质。正如我们将看到的，这最终将意味着：一切有规定的实在都必须关联于并区别于别的**某物**。然而，这一点还有待认识。此时此刻我们所唯一知道的就是，没有哪种实在不是以某种方式受到了差异和否定的形塑的——没有纯粹肯定的有限事物或者神圣的 *ens realissimum*（最真实的存在者）——因为如果没有否定，实在就根本不会是**有规定的**存在，而将会蒸发于虚无之中。正如黑格尔所写的："实在是质、定在；它因而包含否定者环节，并唯独因此而是它所是的规定性。"（*SL* 112/1：119）

规定性和否定对于存在而言是必不可少的。没有什么直接性、有限物、自然——或者后现代的"纯粹的差异"——是不带规定性和否定的。然而，正如我们在下一章将会看到的，"是有规定的"绝非"是"的一切。

注释：

［1］参见 Winfield，*Overcoming Foundations*，pp. 70－1。

［2］参见 Hegel，*SL* 83/1：84（195），以及上文第十四章第 279－80 页。

［3］Burbidge，*On Hegel's Logic*，p. 46. 请注意，尽管伯比奇将 *Dasein* 翻译为"一个存在"，他却并没有将它构想为是关联于"别的某物"的，而是构想为"直接的和孤立于一切关系的"。

［4］Harris，*An Interpretation of the Logic of Hegel*，p. 101.

［5］B. Lakebrink，*Kommentar zu Hegels "Logik" in seiner "Enzyklopädie" von 1830*. Band 1：*Sein und Wesen*（Freiburg/München：Verlag Karl Alber，1979），p. 115.

［6］正如它在哈克特的《全书逻辑学》的翻译中那样。参见 Hegel，*EL* 145（§89）。

［7］关于辩证的和思辨的统一，参见 Hegel，*EL* 128－32/172－7（§§81－2）。

［8］尽管变易在目前已完全消失，但它之后作为"改变"和"有限性"的一个环节还将出现。

[9] Derrida, *Glas*, p. 133.

[10] Derrida, *Margins of Philosophy*, p. 107.

[11] 亦参见 Hegel, *EL* 146/195（§90）。

[12] Lakebrink, *Kommentar zu Hegels "Logik,"* p. 118, and G. Rinaldi, *A History and Interpretation of the Logic of Hegel*（Lewiston, N. Y.: The Edwin Mellen Press, 1992）, p. 148.

[13] Harris, *An Interpretation of the Logic of Hegel*, p. 101. 亦参见 Stace, *The Philosophy of Hegel*, p. 141。

[14] 参见上文第十五章第 295 页。

[15] McTaggart, *A Commentary on Hegel's Logic*, pp. 21–2.

[16] "否定"（*Negation*）这个词指的是质的一种类型，也就是一种存在着的**非存在**（*non-being*-that-is），而"否定/拒绝"（*Verneinung*）这个词则是指在上述否定中的一个明确否定的环节；也就是说，指的是"存在着的**非存在**"（*non-being*-that-is）中的那个"非-"（non-）。正如黑格尔所指出的，后者是"规定性中的规定成分"（*das Bestimmte einer Bestimmtheit*）。由于规定性（*Bestimmtheit*）之前曾被说成是简单的不存在（*Nichtsein*），这里的"规定成分"——或者"否定/拒绝"——就必须单独地被看作"非-"或者"不-"（*Nicht-*）。

[17] 亦参见 Hegel, *EL* 147/196（§91）。

[18] 相比之下，温菲尔德没有将否定理解成"是否定的"这一质，而毋宁将它理解成"一般的质所不是的东西"或者"质的非存在"。参见 Winfield, *Overcoming Foundations*, pp. 71–2。

[19] 我希望前面的分析已经证明，实在和否定之间的区分是由定在（*Dasein*）本身的逻辑结构所产生出来的。与托尼森的观点相反，区分不仅仅是我们的"客观化思维"的产物。参见 Theunissen, *Sein und Schein*, p. 231。

[20] Harris, *An Interpretation of the Logic of Hegel*, p. 102.

[21] 参见 Theunissen, *Sein und Schein*, p. 232。

[22] 正如我在第六章（第 142 页）所指出的，这并不意味着，我们必须在我们确定一个事物之前就建立起它在其中区别于其他**所有事物**的

方式。当一个事物被设想为是确定的那一刻，它就同任何不是它的事物区分开来了。当然，尽管这么说，我们越认识到某物如何区别于其他事物，我们对该事物的确定性的理解也就越随之增加，这也是正确的。对于黑格尔来说（正如在本质论中变得清楚的那样），事物本身就是同其他所有事物区分开来的，因为它们都是独一无二的（参见 *SL* 418－24/2：47－55）。结果就是，我们越理解这些差异，我们就越理解事物。然而，这并不意味着，我们必须在我们能够将某物理解为是确定的之前就知道某物是如何同其他所有事物相区别的。一旦我们说某物是这而不是那，我们就开始认识到某物是确定的了。

［23］ Pippin，*Hegel's Idealism*，p. 188.

第十七章　某物与他物

从定在到某物

312 黑格尔在他的《逻辑学》中证明：存在表明自己远不止于单单纯粹地存在。到目前为止，我们已经认识到：存在表明自己是纯然的不稳定性或者变易，并且这种不稳定性转而合乎逻辑地瓦解于定在之中。定在只不过是存在和非存在的逻辑的稳定性或停驻了的统一。在其更为发展了的形式中，它表明自己是在不是其所不是中是其所是的那种存在。因此，根据黑格尔的观点，定在同时包含了“是实在的”**和**“是否定的”。

黑格尔对定在的描述是内在的和无前提的，因为它并不利用任何有关确定性或规定性的常见的假定，而是通过对纯然无规定的存在的考察而产生出来的。现在，黑格尔进而证明：定在本身合乎逻辑地突变为**某物**(*something*)。迄今为止的分析不可避免地——或许对某些人来说还令人恼火地——是抽象的。现在，我们总算要有点什么东西（something）可以思考了。

众所周知，康德主张，“某物”本身就是一个我们所能拥有的最抽象的概念。在耶舍版《逻辑学》中，他提出：“最抽象的概念就是与同它不一样的东西不共有任何东西的概念”，并且他论证：“这就是**某物**（*Etwas*）的概念，因为与它不同的东西就是**无**，因此它与某物不共有任何东西。”[1]于是，对于康德来说，我们所能想到的最少的东西——如果不考虑虚无的话——就既不是存在也不是变易，而是某物，或者正如他在布隆伯格版《逻辑学》中所指出的，是“一个可能之物”[2]。“虚无”，恰恰因为它是被某物的概念所排除掉的，没法算作任何这类某物的一个环节。然而，在康德看来，“存在”也不属于某物的思想，因为它仅仅是对那种已经被构想为（一般的与特殊的）某物的东西所做的“设定”——或者说，是实际地将它置于我们面前（*CPR* 567/572 ［B 626］）。按照康德的观点，我们首先想到某物，然后才通过援引感觉经验而确定它是否**存在**。

与康德形成鲜明的对比，黑格尔将要展示的却是：某物范畴——远非 313
我们所能拥有的最抽象的和最基本的概念——实际上是从一些关于存在、虚无、实在，以及否定的更加原始的规定中推导出来的，并且是将它们作为环节包含到自身之内的。[3]因此，对于黑格尔来说，存在并不仅仅是对已经是一可能之物的东西的设定；相反，通过靠它的内在逻辑而转变**进**某物的领域，存在首先导致了某物的可能性。在黑格尔看来，第一个合乎逻辑地出现的，是存在而非可能的事物性，因为“某物”的范畴结构和存在论结构是存在本身合乎逻辑的自我转变——一个被宗教想象为是上帝的工作的过程——使之成为必然的。就这一点来说，尽管黑格尔明显地受惠于康德，他仍然是一名斯宾诺莎的门徒。

像莱布尼茨和谢林这样的哲学家已经提出过这个问题：为什么是某物存在而不是虚无存在？黑格尔的回答很简单：必须是某物存在，因为虚无合乎逻辑地滑跌进存在，存在本身转变为规定性，而存在的不可化约的规定性转而又表明自己是某物。那么，这种能产生出某物的有规定的存在究竟是什么呢？

对于向某物的逻辑的移动，黑格尔的解释是简略的，但我相信它能够被阐述清楚。就像从变易到定在的过渡一样，向某物的移动也建立在存在所已经表明的它自身所包含着的一种差异的自我毁灭——以及随之而来的部分**丧失**——上。这里所说的差异不是存在和虚无之间的直接的差异，而是实在和否定之间的**有规定的**差异。（黑格尔在这一语境中也提到了定在和它的质或者规定性之间的差异。因为这些范畴——总之它们不是确定地不同的——本身就导致了实在和否定之间的差异，所以它足以用来检验后面这一种差异。）

实在和否定之间的差异不是两个事物之间的一种差异，而是存在的**两个质**之间的一种差异。实在是一个东西“是其所是”意义上的质，而否定则是这个东西“是否定的”意义上的质。在结束他对 *Dasein*（定在）的描述以前，黑格尔就主张，“是有规定的”至少包含“是实在的”**或者**“是否定的”。然而，他接着又指出，两个质之间的这一差异合乎逻辑地毁灭自身，因为实在和否定各自都包含着彼此。实在本身就是否定的，因为它**不**是单纯的否定；而否定反过来也是肯定的和实在的，因为它**是**它所是的质。实在和否定之间的差异因而就不是绝对的差异，而是这样两个质之间的一种差异，这两个质彼此占有并**一起**构成一切有规定的存在。因此，定在并非只在于“是实在的”**或**“是否定的”，而在于“是否定的实在的”（being real as negative）和“是实在的否定的”（being negative as real）①。

这并不是说在实在和否定之间就完全没有区别。正如黑格尔所指出的，“区别不能被忽略，因为它**存在**”（*SL* 115/1：123［207］）。然而现
314 在，我们却看到，实在和否定并不只是两个相互对立的质，而是组成任何有规定的存在——也就是任何质——的两个不同的方面。换言之，这也就意味着，终究只有“是有规定的”之**一种**方式，以及存在之**一种**质：同时包含着既是“实在的”**又**是“否定的”的那种质。真正讲来，实在和否定仅仅是这样的有规定的存在的两个构成**环节**而已。

然而，它们就只是有待在一切质中被发现的两个环节吗？在“是实在的”这一特定的质和“是否定的”这一特定的质之间难道始终不能做出一种区分吗？确实可以——但也仅限于此。因为在每一个情况中，我们实际上都是在处理**完全同样的**一个质或规定性，尽管各有不同的“偏重”。正如黑格尔所写的，“实在本身包含着否定，是定在……同样，否定也是定在”（*SL* 115/1：122［207］）。因此，即便它们相互区别，实在的质和否定的质仍各自都包含着实在和否定构成一切定在的这同一个融合。它们每一方都既包含自身又包含对方，作为自己的两个环节。（一切定在都在于“是实在的和否定的”这同一种质，这一事实强化了“质与定在是完全不可分离的”观念。）

---

① 也可以翻译为“作为否定的是实在的”和“作为实在的是否定的”。——译者注

不论实在和否定是被理解为不同的质还是被理解为一切质都具有的不同环节，它们之间的差异都落在定在**之内**。它是一种内在于“是有规定的”所能有的唯一方式之中的差异。结果就是，它是定在借以不与别的东西而只与**自身**既相区别又相关联的一种差异。认识到这一点，标志着在展开定在的过程中的一个重要的转折：因为定在真正讲来是内在地区分了的、**自身关联着的**规定性，这一点现在已变得显而易见。这是定在的一个我们之前还没有遇到过的新的维度。之前我们曾经看到：定在是质，而质合乎逻辑地将自身区分为实在和否定。我们现在所已经认识到的则是：实在和否定自己证明自己是自身关联着的质的两个环节或两种模式。

黑格尔并不是在主张：定在此时此刻只不过是回复到了它原初未经区分的状况，而是在证明：定在取得了一种新的逻辑的同一性，该同一性来自定在首先已经被**区分**为各个有别的质。定在是自身关联着的规定性，仅仅是因为它包含着一种在作为实在的东西的自身和作为否定的东西的自身之间的内在的差异，而它包含着这一内在的差异，仅仅是因为——从逻辑上而不从时间上来看——在实在和否定之间首先有一种质的差异，该差异进而毁灭或者说“扬弃”了自身，并在这么做的过程中重建了一种定在，该定在本身就是一个单一的、简单的质，它同等程度上既是实在的又是否定的。假如定在从来就没有分裂为两种不同的质，那么它也就绝对不会证明自己拥有任何内在的差异，从而现在也就不会同自身相关联。定在的独特的逻辑的“历史”因而也就是：“当前现有的事实是一般的定在，是在定在上的区别以及这种区别的扬弃（*Aufheben*）”。定在通过被区分而获得一种新的同一性这一事实，当黑格尔说定在是一种“**重又**与自身等同”的单纯性（*SL* 115/1：123［207］）的时候，更进一步地为他所 315
指明。

现在应该很明显了，当黑格尔说扬弃了的差异或者那已经毁灭了的差异是“定在的独有的规定性”（*die eigene Bestimmtheit des Daseins*）的时候，他的意思是什么。黑格尔的主张是：这种扬弃了的差异就是定在的**真正**所是。定在并非仅仅在于逻辑的稳定性或质的差异，而且在于这样一种差异，该差异终究不是差异而是自身关联。因此，要是有规定的，也就等于要借由既是实在的又是否定的而同自身相关联。

然而，在另外一个意义上，扬弃了的差异也是定在**自己的**规定性。它不仅仅是 *Dasein* 的真正的或恰当的特征，而且是 *Dasein* 纯粹地由于它自在之所是而在它**自己**里面所具有的特征或者规定性。实在和否定是那既将它们的规定归给彼此又将之归给它们自身的两个不同的质：它们每一方都恰恰由于另一方在自身内的出现而是其所是。然而现在，定在却表明自己不只是已区分开来的质——不只是同否定**相对立**的实在——而且是扬弃了的差异，或者说，是那种同时也就是**自身关联**（*self-relation*）的差异。定在将**这一**特征——作为自身关联着的质——单纯地归于它自身，而不是归于任何别的东西。它就是定在**自己的**特征或规定——也就是那纯粹因为它是有规定的存在而属于定在的特征或规定。事实上，没有什么别的东西是定在可能受惠于之的，因为没有什么东西是超越或者外在于定在的。

众所周知，定在并非从一开始就具有自身关联这种性质。最初，它不过是存在和非存在的统一。然而，通过合乎逻辑地经由其不同的环节而发展为自身关联着的规定性，它也就开始享有它自己的真正的特征。因此，回过头来看，这就变得很明显：定在总体来说是**来到其自己之中**并滞后地展现其真实本色的逻辑过程。它并非最初就是其所是，而是发展成它的真实的形式。定在并没有明确地被定义为发展，但它却能够以这种方式被清楚地描述。当然，截至目前我们所已经考察过的 *Dasein* 之发展，还是纯粹逻辑上的而不是时间上的。目前我们所唯一知道的是：**从逻辑上来看**，如果定在是真正地有规定的，那么它就必须证明自己是比简单的质要更多的东西。然而，在《自然哲学》和《精神哲学》中我们将看到，存在也必须按照时间并遵循历史来发展。因此，意识从奴役到自由的历史发展过程是由定在本身的逻辑结构来预示的。

概而言之：我们已经看到，从逻辑上来讲，定在就在于扬弃了的差异，或者说，就在于作为自身关联的差异。尽管我们可能还不知道这一点所包含的一切，但我们知道我们无法将定在设想为任何少于这一点的东西。关键是要注意到，定在在它的自身关联之内保存着差异环节：*Dasein* 能够关联于自身，仅仅因它保存了自身与自身**之间**的一种内在的差异。实
316 在和否定之间的质的差异不是虚幻的而是确切的、确定的。哪里有确定性，哪里就必定至少有两个不同的质，或者说，带有两个不同的“偏重”

的一个质；不可能只有一种简单的同一性。然而，那两个质或者质的那两种模式，现在却被理解为落在自身关联着的规定性**之内**。因此，只有当在自身内有一种自身关联着的规定性——它既是实在的又是否定的——的时候，才能有真正的规定性。结果就是，真正的定在必须拥有一种已经区分开来的逻辑的“内部”（interior），必须是黑格尔所谓的 *Insichsein*，或者“自内存在”（being-within-self）（*SL* 115/1：123［207］）。

之前的逻辑规定中没有哪个规定享有自内存在，因为没有哪个规定采取了在其内保存着许多更为抽象的环节的那种自身关联着、自我封闭了的存在之形式。纯存在和虚无是完全无规定的，也不拥有任何在它们自己中的环节。变易倒确实拥有两个环节，但仅仅因为它是存在和虚无彼此间**的**（*of*）消逝。同样地，定在最初也只是存在和非存在的统一或不可分离性。存在的这些方式，没有哪一种方式采取了简单的自身关联这一形式，也没有哪一种方式构成了一个“己属性”（ownness）的领域，在其内许多环节能够得以保存，所以没有哪一种方式展现出了自内存在（*Insichsein*）。

黑格尔主张，定在作为自内存在或自身关联着的规定性，并非只是一般意义上的质，而且构成**某物**（*Etwas*）。构成某物的既不是纯存在也不是变易也不是简单的质；只有那关联于自身并形成它自己中一个自我封闭的逻辑“空间”的质才是某物。当他这么说的时候，黑格尔是在重新定义“是某物”究竟意味着什么。他是在宣称：无论我们通常用这个词可能理解的是什么，从无前提的哲学的视角来看，“某物”单纯就是**自身关联着的**规定性。对于某物而言——至少目前——没有什么比这更多的含义了。

因此，在黑格尔看来，某物存在这一事实并不是偶然的，而是逻辑上必然的。必然存在某物，因为存在必然是有规定的，而规定性又必然是在其内保有着不同环节的自身关联着的质。因此，规定性或质无法自行存在，而是所有的质都必须让自身成为某物。

请注意，对于黑格尔来说，“某物”一词并非是对那关联着自身的**某个东西**（*that which*）的命名，因为那关联着自身的某个东西是规定性或质。规定性，只有当它是**自身关联**本身而非那进入这样的自身关联中的东西的时候，才构成某物。因此，在有任何的自身关联之前，是没有某物的；有的只是质的规定性。“是某物”或者“某物性”就在于自身关联本身：“某物作为单纯的、存在着的自身关联……”（*SL* 115/1：123［207］）

很明显，这是一种相当简单质朴的“某物”观念，无法把握我们通常视为某物的事物的丰富性。可黑格尔却仍然在一个抽象的、最低程度的层面上工作，毫无兴趣去解释究竟什么构成了我们所熟知的经验事物。他所关心的仅仅是阐明“是有规定的”和“是某物”之间最低程度的逻辑
317 差异，而他所主张的是：两者的差异事实上就在于某物是自身关联着的规定性而非仅仅稳定的并区分开来的规定性。自身关联或许不足以构成如我们所知的那样的事物，但没有它也就根本不可能有某物。

否定之否定

在证明自己是某物的过程中，定在并没有消逝或是完全停止其为定在。它仍然是定在，但却不再仅仅是有规定的。这是因为它已经取得了一个并不为单纯的规定性本身所特有的新的维度，也就是自身关联。规定性本身在于是稳定的或实在的，在于是区分开来的或否定的。它在于**是**其所是，也在于**不**是其所不是。某物保持着这些特性但却没有被还原为它们。它是实在的存在，但却是那自身关联着的实在的存在。它也是否定，但又是那自身关联着的否定。然而，自身关联着的否定必然是“自身关联着的”否定，因为它是这样的否定，该否定根本就不是**单纯的**否定。于是，黑格尔将某物定义为“**第一个否定之否定**”（*SL* 115/1：123［207］）。这是一个有些复杂的概念。

对于黑格尔来说，简单的否定是那种明确地是否定的**而非**肯定的质。因而，它形成差异的一个环节或者“方面”。实际上，它明确地就在于“有别于……”，因为它仅仅作为对实在的否定而是否定。某物，就它是有规定的而言，也是否定；但它并非简单的否定。这是因为某物特别地在于“关联于自身”而非在于“有别于……”。关键是要注意到，某物之所以不是简单的否定，原因在于它是**自身关联**。自身关联首先合乎逻辑地出现，并且仅仅由于关联于自身（而非只是有别于……），某物才是对简单的否定的否定——或者“否定性”——而非简单的否定本身（*SL* 116/1：

124［209］)。因此，正是自身关联将某物从“原始的”否定转变为一种不同种类的否定。

然而，在我刚才已经说过的内容中却隐藏着一个问题：因为某物只有首先由于它是自身关联着的规定性或自身关联着的否定，它才能是自身关联。可否定只有当它是“否定之否定”的时候，它才能关联于自身。因此，我们似乎处在一个恶性循环中。否定为了能是自身关联着的否定，它就必须首先是否定之否定。可只有当它是自身关联着的否定的时候，它才能是否定之否定，或者说，才能是那**不是**单纯的否定的否定。然而，当我们回想起截至目前我们实际上已经遭遇到了**两种**不同形式的“否定之否定”的时候，这一恶性循环也就消解了。

实在也是否定之否定，因为只因它**不**是否定的它才是实在的。然而，实在是否定的，却恰恰是在与否定本身同样的意义上来说的。实在只不过是**再一次**否定，它作为否定的重复而是否定之否定。由于这一缘故，实在和否定之间的差异事实上就是否定同自身的关联。那个关联着它自身的**东西**（*that which*）是简单的否定。然而，恰恰由于关联着自身，否定就采取了一个它并不作为简单的否定而持有的新的质。因为否定现在变成了作 318
为**自身关联着的**东西而不是作为“有别于……”的东西的否定。正是否定的这个向一种新形式的突变，将否定转变成了第二种意义上的否定之否定。因为否定现在**不**是仅仅简单的否定——或者简单否定的单纯重复——而是自身关联着的规定性，或者**某物**。

当我们考虑“否定之否定”这句话的时候，我们必须在它的两种含义之间进行仔细的区分。它既可以指第一种含义，（在实在中所发现的）对否定的简单否定，在其中否定仅仅被双重化了；**也**可以指第二种含义，（在某物中所发现的）对否定的更加深刻的否定，否定通过它被剥夺了其纯粹否定的特征。读者将会注意到，黑格尔本人把后一种否定称作“**第一个**否定之否定”。这是因为，那种在实在中所发现的否定之否定根本就不是真正的否定之**否定**而仅仅是否定的重复。只有在某物中我们才遇到真正的否定之否定，因为只有在某物中否定实际上才确实失去它的否定的特征。[4]

温菲尔德对某物的描述

319 从定在向某物的逻辑的过渡，比起《逻辑学》中的其他的过渡来，并不更加——有些人也许会说，并不**更少**——神秘。然而，它却是一个超出许多评论者的理解之外的过渡。约翰逊根本就没有做出尝试去解释这一过渡，而只是简单地写道："某物和别物这些概念……在此出现于意识面前。"[5]泰勒诉诸"例示"（instantiation）观念来解释这一过渡。根据他的观点，定在必须包含着"是某物"，因为质必须被例示于某物**之中**。可他是在什么基础上做出这一论断的呢？肯定不是在黑格尔的实际论证的基础上。泰勒在这一评述中露出了马脚："应该这么认为，"他承认，"[黑格尔的]论证在这里有一些随意，因为我们似乎正被带到一些为常识所充分证实，但并没有被表明为是存在的必然特征的事实上。"他因而承认，他并不是在解释定在怎样**合乎逻辑地**包含着"是某物"，而是在代之以他自己的"常识"描述；然而，这样一种描述不仅是不合规律的，而且也未能对"某物"的特殊的逻辑结构做出任何阐明。[6]

相比之下，伯比奇认识到，某物观念之所以产生，是因为定在中的一个差异被消融掉了。他正确地指出："某物"是用来命名"重构了的同一性"的一个名称。然而奇怪的是，他接下来却通过援引英语词"something"来解释某物的逻辑结构。"Something，"他说，"指的是'some（某个）'这一有规定的质以及'thing（事物）'这一基本的实在，不过却将它们合并为一个统一。"然而，伯比奇这样说，就不仅仅是忘了指出德语词"etwas"并不具有与它的英文对应词一样的含义，而且也未能说清楚，某物的独特之处对于黑格尔来说就在于它是"单纯的存在着的**自身关联**"[7]这一事实。

贾科莫·里纳尔迪也由于他似乎将"是某物"等同于"是有规定的"或者"有别于……"而忽略了某物的这一关键特征。在里纳尔迪看来，某物"不过是将'另一个'质从自身中**排除**出去的一个质"[8]。问题在于，这种解读从一开始就将某物定义为对那有别于它的东西的简单的**否定**，从而掩盖了某物实际上正由于是**自身关联着的**规定性才是对简单的否定的否定这一事实。对于黑格尔来说，某物的独特之处恰恰就是：它不是单纯地有规定的或者否定的，而是如他在《全书逻辑学》中所指出的，"返回**到**自身**中**的"（*EL* 146/195［§90］）。因此，某物主要地不是由它有别于它的否定这种差异来定义的，相反，它表现出一种同有别于它的东西的**漠不相关**。因为它收敛于或者说封闭于自身之中。简单来说就是，某物的独特之处首要在于它是**它自身**，而不在于它是对它所不是的东西的否定。[9] 320

某物也被温菲尔德化约为规定性和否定，他另外提供了一种对《逻辑学》开篇的更加精致的描述。按照温菲尔德的观点，向某物的移动是这样进行的：实在和否定首先被区分为定在的两个环节。实在是"就它存在而言的质"，而"否定则是质的非存在"。否定最初并没有被理解为"是否定的"这一质——我和温菲尔德在这一点上有分歧——而只不过是质的对立面，或者说"非确定的存在"（nondeterminate being）。这样的否定是完全**不同**于质的；实际上，它就是纯然的他者本身。他者因而就"仅仅是质之所不是"。然而，据说他者事实上表明自己毕竟是属于它自己的一种质，"提供了对某物进行范畴归类的概念上的资源"。这是因为在质和他者中我们遇到了"有别于另一种质的存在的**一种**质的存在"。每一个质因而都是与它的他者相反的某物。[10]

在我看来，温菲尔德的描述中存在两个问题。第一个问题是，就像里纳尔迪一样，温菲尔德似乎将"是某物"等同于仅仅"是有规定的"。某物，对于他来说，是"一个由于它同另一个有规定的存在的**对比**（*constrative*）关系而可辨识的有规定的存在"[11]。然而，正如我已经强调过的，这种构想某物的方式忽略了某物首先且首要的是自身关联着的规定性而**不是**有规定的、区分开来的存在本身这一事实。对于黑格尔来说，某物并没有因为一种对比而产生出来。

第二个问题在于，温菲尔德是通过质与**他者**之间特殊的对比而被引导到某物观念的，而黑格尔本人在我们已经分析过的对定在的描述中并没有提到他者。本研究所包含的有关存在论的文本是从出版于1832年的第二版《逻辑学》中撷取的。不过，在出版于1812—1816年的第一版《逻辑学》中，黑格尔却也的确将规定性或非存在与他者（Anderssein）视为一回事。[12]于是，从定在向某物的过渡在第一版中的情况就有别于在第二版中的情况。在第一版中，黑格尔首先将定在同他者之间的关联——定在的"为他存在"（*Sein für Anderes*）——与定在的"自在存在"（*Ansichsein*）区分开来，进而认识到这两个环节来自一个单独的自身关联着的统一，也就是**某物**。温菲尔德在他介绍他者概念的时候明确地援引了第一版，但在
321 其他时候，他却因为径直地从质移动到某物并因为仅仅在某物同它的他者已经被讨论过**之后**才提及为他存在和自在存在而追随了第二版。可即便温菲尔德自始至终都依据第一版——例如，就像比亚尔等人所做的那样——他关于某物是由它同它的否定的对比来定义的论断也会找不到任何文本上的证据：因为即使是在第一版中，黑格尔都将某物理解为"同**自身**的单纯的关联"[13]。两个版本之间的差异仅仅在于：在第一版中，定在是通过被区分为为他存在和自在存在，而不是通过被区分为实在和否定，才关联于自身的。

在第二版中，黑格尔从他对定在的描述中去除了他者观念，或许是因为他开始认识到：他者只能被设想为不同于**某物**的存在，从而不能先于"某物"范畴本身。因此，在第二版中，直到某物观念已经被引入为止，黑格尔都没有提到他者。在我们拥有关于某物的思想以前，否定和实在就已经被描述为"不同"（other）于彼此了，但它们都还没有被**定义**为他者（otherness）。只有当某物存在的时候，才能有真正的他者。但究竟为什么要引入他者呢？为什么某物必然要涉及其他的东西（what is other）呢？

他者的起源

不得不说，黑格尔并没有尽可能清晰地给这个问题提供一个答案。他对"他物"范畴的演绎包含在 2. A. c① 中相当隐晦的最后一段中（*SL* 116/1：124［209］）。在这一段中并没有谈到很多东西，但我相信我们能够重建黑格尔的想法。需要指出的最重要的事情是，黑格尔是从某物本身

---

① 这个缩写指的是《逻辑学》第一卷第一篇中的"第 2 章　定在"—"A. 定在本身"—"c. 某物"。可参见本书的文本部分。——译者注

的逻辑结构中演绎出他者观念的。他并没有重新回到对 *Dasein*（定在）的分析上，并主张某物只不过因为它是有规定的就同其他的东西发生关联并因此必然从这另一个东西中被区别开来。假如他要这么做，那么他就会不仅冒着将“不同于某物”还原为“某物的**否定**”的风险，而且还会无法说明，为什么特别地是某物的**某物性**而非它的规定性要求它同其他的东西相关联。

黑格尔的主张是，某物必然由于某物自身的本性而关联于一个他物。某物将**自身**倍增为某物和它的他物，正如定在将自身区分为实在的质和否定的质一样。当然，黑格尔是在证明，某物的结构**合乎逻辑地**就包含着同他物的一种关联。他并不是在描述一个经验的对象借以实际地从自身中产生出另一个东西的时间性的倍增过程，例如，一个受精卵通过细胞分裂而制造出它自身的多个变种。

那么，为什么某物应当合乎逻辑地包含同其他的东西的一种关联呢？ 322
第一件需要理解的事情是，“是某物”（being something）属于**存在**（*being*）的一种方式。某物在自身内无疑包含着实在和否定，但它们却结合起来构成自身关联着、自我等同的有规定的**存在**。黑格尔坚持这一观点：“某物**是**，并且也**是**定在着的东西（*Daseiendes*）”（*SL* 116/1：124［209］）。既然某物包含着否定，它当然也就是自身关联着的否定。这种自身关联着的否定，正如我们前面曾经看到的，是恰恰因为它是自身关联就不是**单纯的**否定的那样一种否定。它是是某物而非单纯的规定性的那样一种否定。由于不再是简单的否定或规定性，并且证明自己是自身关联着的，否定因而也就丧失了它的明确地否定的特征并构成**存在**的一种新的方式，也就是“是某物”。

然而，如果某物通过实在和否定的结合才产生出来，而这些环节中的每一个又都拥有同等的权重，那么结果就必然不仅是肯定的而且也是否定的。换言之，某物必然不仅是**自身关联着的**否定，而且也是自身关联着的**否定**。但这却给我们带来了一个麻烦。一方面，这种自身关联着的**否定**必然是某物的组成部分，因为它是那关联于自身的规定性。另一方面，正如我们已经看到的，某物本身是**存在**的一种方式（a way of *being*），可自身关联着的**否定**却是“明确地**否定的**”的一种方式（a way of being explicitly *negative*）。因此，在构成某物的过程中，自身关联着的否定必须同时也像某物截至目前已经被定义的那样，构成**不**是某物的东西。然而，这一非某物（non-something）绝非对某物的简单的、直接的**否定**，因为它本质上是那种关联于自身并返回于或者说收敛于自身的否定。这种**不**是某物但却关联于自身的某物，黑格尔将它确定为某物的**他物**："第二个环节同样是一个**定在着的东西**，但却被规定为某物的否定物——一个**他物**（*Anderes*）"（*SL* 116/1：124［209］）。之前的那些范畴已经被描述为"不同"（other）于彼此了，但唯有现在我们才遭遇到他者（otherness）本身。

对于黑格尔来说，"是他物"也就是"明确地否定的"，但在这样做的时候，它却直接地关联着自身。因此，他者并不简单地在于有别于它所不是的东西；他物也分享着由它的自身关联所构成的一种属于它**自己**的同一性。实在和否定是一个差异的两个不可分离的方面：它们每一个都借由**不是**另一个（the other）而是其所是。某物和他物也由于是明确地肯定的或否定的而被区别开来，但它们首先是因为每一方都关联于自身并可以说是拒绝另一方，而不是因为它们直接地面对彼此，才相互区别。正如黑格尔所指出的，它们相互区别是因为它们彼此"漠不相干"（*gleichgültig*）并且都收敛于它们自身的缘故（*SL* 116/1：125［211］）。[14]

重要的是要注意到，黑格尔是在某物自身的逻辑结构之内来发现他者
323 的。某物合乎逻辑地将自身倍增并从自身中区别出它的他物。它之所以如此，是因为它自己的结构是内在地矛盾的。一方面，某物是实在和否定通过收缩为一个简单的规定性而导致自身关联着的有规定的**存在**。另一方面，恰恰因为它是实在和否定的统一，某物就必须正好如它是肯定的那样也是否定的。某物因而必须采取自身关联着的**否定**这一形式。然而，这种明确否定的存在并不只是某物的组成部分，而是那恰恰**不是**我们最初所遭遇到的某物的那样一个某物的组成部分。换言之，它是**不同**于第一个肯定的某物的那另一个某物的组成部分。

因此，就像实在一样，某物也包含着它自己的否定。然而与实在不一样的是，某物主要关联于**自身**并包含着一个反过来也主要关联于**自身**的否定。那种在逻辑上必须总是萦绕着某物的否定，因而也就落在了某物自身的内在的逻辑"空间"**之外**。实际上，这就是**不同**（*other*）于某物而非

仅仅有所**差异**（*different*）的意思。否定是落在某物之内的一个构成环节，但某物必然要带来的这个他者却必须形成属于它自己的一个从某物中**脱离**出来的内部领域。黑格尔在某物中所揭示出来的这一悖论就是：某物**自己的**逻辑结构要求它必须也采取那**不同于**它自身的东西的形式，从而为这个东西所伴随。

因此，在黑格尔看来，永远都不会只有某物本身而此外却不带别的什么东西。总是有某物**和**一个他物。存在不能采取仅仅一个事物的形式而必须至少包含两个自身关联的领域。黑格尔显然不在任何直截了当的意义上是一个一元论者。[15] 此外，正如我们将要看到的，他者表明自己不仅仅处在某物之外，而且也**属于**某物自身的一个特性。

某物与他物

迄今为止，黑格尔已经证明：存在既不是单纯的逻辑的不稳定性（变易），也不是单纯的逻辑的稳定性（定在），而是逻辑的自身关联（某物）。"是某物"还没有表明自身包含着是时空的和是物质的，但它却是到目前为止我们所遇见的最具体的存在形式。现在，黑格尔进而继续表明，"是某物"和"是他物"事实上是两种可以交互变换的规定。某物和它的他物既都是**某物**又都**不同**于彼此。这就在存在的肯定的方面和否定的方面之间的关系上增添了一层我们此前未曾遇到过的复杂性。 324

纯存在和虚无消逝**进**彼此之中：它们每一方都因为纯粹地是其自身而直接地让位于另一方（the other）。这其中就有它们完全的不确定性和不稳定性。相比之下，实在和否定则拥有一种稳定的、确定的特征；它们没有哪一方消逝进或是单纯地让位于另一方，而是每一方都保持着一种与另一方正相反的同一性。它们每一方都明确地是其所是而**不是**另一方。尽管如此，即使它们相互区别，它们每一方都在自身内包含着另一方。不像存在和虚无而像实在和否定的是，某物和他物也不消逝进彼此之中但却享有属于它们自己的一种稳定的同一性。然而，**不像**实在和否定的是，某物和他物也因它们的确定性而展示出一定程度的**不确定性**。这是因为，它们每一个在是其所是的时候，也直接地就是另一个。实在无疑在自身内包含着否定，但某物却本身就**是**不同的（other）——亦即不同于别的某物。正是这个，给予某物和他物某种不确定性，并使得它们同时既是稳定的又是不稳定的：某物是某物而非一个他物，可某物本身就是它的他物的一个他物。我相信，这一不确定性起源于某物和他物都是自身关联着的这一事实：因为在关联于自身的过程中，它们每一个都不再仅仅或直截了当地是**确定的**。如果这一点是正确的，那么不确定性的再度出现就是“是**某物**”所造成的必然效应。然而，不确定性并不是那伴随着某物而再度出现的纯存在的唯一特性。正如我们将看到的，某物也将展示出一种属于它自己的与众不同的**变易**，这就是改变（*Änderung*）①。

通过指出不仅某物而且他物也是**自身关联着的**规定性从而也是某物，黑格尔在2. B. a中开始了他对某物和他物的分析。是其他意味着是否定的——这就是说，意味着**不**是某物——但却在这个过程中同自身相关联，而就这个其他的东西也是自身关联着的而言，它必然就是属于它自己的某物。因此，无论不同于某物的是什么，它总是另一个**某物**。结果，某物和他物都是某物。

然而，它们又都是他物，因为它们每一个都不是另一个所是的某物。正如我已经指出过的，其他的东西从某物脱离出来并享有属于它自己的一种同一性。它是完全独立于某物的。然而他物也由于它的同一性而**依赖**于某物，因为它只不过是那**不是**某物的东西。尽管它不只是某物的否定——因为它是一个属于它自己的自身关联着的逻辑领域——但他物也至少是
325 某物的否定。因此，吊诡的是，他物是相对于并多亏了在它之外的某物才享有它自己的独立的同一性的。它之所以是“其他”，是因为有一个它所不是的、脱离它的某物。因而，“是其他”总意味着**相比于**某物而是其他的②，因为如果不是首先有某物的话，也就不会有其他。[16]这样的他者，

---

① Änderung（改变）、ander（另一个/不同的）以及Anderes（他物）词根相同。——译者注

② 本来的意思是：“因而，是其他/是他物总意味着不同于某物”（To be other is thus always to be other-than-something），由于霍尔盖特在这里特别强调than一词，所以改译如正文。另外，译者将根据语境的需要而交替地使用“是他物”和“是其他”这两个词，但它们在原文中都是being other。——译者注

现在就既成了某物的特征**也**成了某物的他物的特征，因为两者中的每一个都拥有在它之外它所不是的某物。每一个都是**不同**于其他的某物的。只要有两个某物——并且对于黑格尔来说，总是至少有两个某物——那么它们中的每一个就必定是他物的他物，因为每一个都有别于从而**不是**另外的一个之所是。

关键是要认识到，每一个某物都通过同首先出现的某物相**比较**而是一个他物。这也就是说，每一个某物都**因为他物**而是一个他物。如果其中一个——事实上完全不可能（*per impossibile*）——完全独立，它就将仅仅是某物而不是“他物”。只有另一个某物的存在才使得某物转变为不同于它自身的东西：

> 他者因而似乎是一个同这样被规定的定在相异的规定……一个定在之被规定为一个他物，部分是因为通过某个第三者所进行的**比较**，部分是因为在它之外的他物的缘故，而不是本身如此。（*SL* 118/1：126［213］）

然而，这样一种比较不是由“外在的”反思所实施的任意的行动。相反，某物本身固有地就展露出它是被规定为另一个东西的他物的，因为它从逻辑上看就不可能是独自成立的。正如黑格尔所写的，“不再继续有一个定在，该定在仅仅被规定为定在而不外在于定在之外，因而本身不是一个他物”。指出这一点的另外一种方式也就是说：每一个某物都是**本身固有地**易于被一个第三者**外在地**同另一个事物相比较的。哪怕当黑格尔谈到由一个“第三者”所做的比较时，他似乎损害了哲学必须是严格地内在的这一要求，他对某物的描述都仍然是严格地内在的，因为这种比较必然是可能的这一点，来源于某物本身的逻辑结构。[17]

概而言之：某物和它的他物都是某物，并且它们每一个都由于不是另一个之所是而是一个他物。所以，黑格尔告诉我们，某物和它的他物事实上是“同一个东西”：“它们之间的任何区别当下都还不存在”。他物就是一个某物，而某物反过来也是一个他物。然而，黑格尔现在却提醒我们，“是他物”并不只在于**不是**别的某物，它也在于是**自身关联着的**规定性。326
其他的东西从某物脱离出来并享有它**自己的**同一性。此外，它还享有作为一个**他物**而不只是作为某物的一种同一性。某物和它的他物是两个分离的存在领域，每一个都带有属于它自己的一个特征和一种完整性。

某物明显是由它同自身的关联，而不是由它同有别于它的东西的关联所构成的。实际上，只有当它已经独立地是某物的时候，才关联于别的某物。他物更加明显地是关系性的和否定的，因为它恰恰就在于不是某物。然而，它又并不仅仅在于有别于某物，而且形成为一个分离的、自成一体的存在领域。黑格尔相信，对于任何一个不同于另一个的东西来说，这一点都是正确的。每一个某物，正如我们已看到的，都通过同别的某物相比较而是一个他物；然而，**作为**一个他物，它却拥有一种使它从某物中分离出来的属于它自己的同一性。这就带来一个相当惊人的结论：因为它意味着每一个他物实际上都必定是它所是的他物，或者说，都必定**在自身中**展现出"他者"（*Anderssein*），完全远离任何别的东西。这并不意味着，当我们说某物通过比较而是其他的时候我们是错的。实际上，事物确实由于比较而是其他的，因为它们需要有某物在场才好成为其他的。然而，其他的东西不能**仅仅**由于同别的某物的比较而是其他的：因为**作为**一个他物，它必然拥有一个使得它尤其不同的属于它**自己的**特征，而不是某物。因此，它必定也"在它本身中"是他物。正如黑格尔所指出的："就像他物最初被建立起来的那样，尽管确切地说它处在同某物的关联中，但也**独自地**在**某物之外**（*für sich außerhalb desselben*）。"（*SL* 118/1：126［213］）

这多少是一个难于理解的观念。诚然，"是其他"常常意味着"不同于……"。怎么能有任何纯粹在自身内是其他的东西呢？然而，黑格尔却已经表明，"是其他"意味着"是分离的和不相干的"，意味着作为其他的而置身于外。所以，它不能仅仅包含"是不同于……"，必须也包含单纯地是**其他**——在自身范围内是其他（being other in its own right）。他者的这种从某物的分离或"隔绝"，并不像托尼森所主张的那样，是由"对象化思想"（objectifying thought）这一抽象行动所导致的结果，而是他者本身的一种逻辑的特征。[18]这种特征就包含在"是**其他**而非仅仅不同"之本性中。

这并不是说现在有两种截然不同的"是其他"的方式。对于黑格尔来说，只有一种“是其他”的方式，包含着既“是不同于……”**又**在自身范围内是其他。某物无疑通过比较而不同于别的某物，因为“是其他”就在于不是某物。然而，与此同时，“是其他”也包含着**分离而独立地**不是某物。换言之，他者是从某物中脱离出来的某物之否定。作为**相比于**某物而有所不同，他物的同一性系之于并依赖于某物的在场；但作为**其他的**，它却是完全从某物中分离出来的。因而，他物同时既是依赖的又是独立的。

无论我们喜欢与否，是其他总包含着本身独自地是其他。因此，某物和它的他物——它们都是彼此不同的——也必定在它们自身中就是其他。然而，在仅仅“是其他”的过程中，它们就不再“是不同于……”了。它们依然——相对来说——不同于彼此。可黑格尔相信，“是其他”和“是不同于……”之间的关联必定走得更加深入：因为某物和它的他物，必定也在它们的分离的、完全**无关联的**他者中是“不同于……”的。它们必定纯粹在它们自身内是“不同于……”的。从逻辑上来看，黑格尔总结到，这只能意味着它们每一个都是不同于**自身**的。这转而也就不仅意味着每一个都不同于它所是的**某物**，而且意味着每一个都不同于它所是的**他物**。 327

对于黑格尔来说，是某物意味着是其他，意味着在自己内是其他。在自己内是其他也就意味着**相比于**自己而是其他。这反过来也就意味着是不同于它所是的他物的。不过当然，这也就意味着不同于**那第二个**他物，并且不同于**那第二个他物的**他物，等等。“是其他”因而就意味着持续不断地否定自己，或者将自己“他异化”（other）为不同的某物或另一个他物。因此，正如伯比奇所指出的，某物“只有通过**变易**（*becoming*）为不同于自身的才能在自身中**是**（*be*）其他的”[19]。这一变成为他物（*Anderes*）或者将自己他异化的过程，也就是变化或改变（*Veränderung*）的过程：“他物本身就是在它本身中的他物，因而是它自身的他物，是他物的他物，——因此是完全不等同的东西，是自我否定着的东西，是**改变着的东西**（*das sich Verändernde*）。”（*SL* 118/1：127［213］）于是，根据黑格尔的观点，某物必然改变。它之所以如此，并非因为它处在时间中，也不是因为它被其他的事物所改变，而是因为从逻辑上来看，它就是在自身中的他者，并且必定**作为**他物而无止尽地不同于自身。[20]

改变：黑格尔相反于康德和亚里士多德

伴随着改变观念的出现，存在再一次表明自己是变易。然而，它不再是纯粹的变易，而是黑格尔所谓的“具体［的］”变易（*SL* 116/1：124［209］）——**某物**的变易。因为某物是自身关联着的稳定的存在，它所展示出的变易本身也就是稳定的。因此，它并非仅仅消逝不见，而是不可化约的；它是确定的、有规定的变易。这是因为，它是纯粹的变易合乎逻辑地消逝进其中的那个定在**之**（*of*）变易。

重要的是要注意到，黑格尔所理解的改变并不涉及时间。改变并不依赖于事物的时间性——它之所以不能如此是因为存在还没有表明自己是时间性的——而是由某物内在的**逻辑的**结构所引起的。实际上，某物必然
328 合乎逻辑地发生改变这一事实，本身就是使得时间成为必然的因素。黑格尔对改变的描述也有别于较为传统的描述，因为他并没有假定改变需要有一个恒定的实底。康德认为，所有的变化或“改变”（*Veränderung*）都包含了固着于某个基础实体之上的规定或谓词的变化。实体本身常驻不变，但规定却彼此替换，来来往往（*CPR* 303/239［B 230］）。在以这种方式进行论证的时候，康德追随着亚里士多德，后者在《物理学》中主张：在所有的改变或变易中“必定总有一个基底性的某物，也就是那发生着改变的东西”[21]。

当然，康德和亚里士多德像这样设想改变，是因为他们从一开始就假定存在着的东西——或者在康德的例子中指可知的东西——是一些许多属性固着于其上的实体。黑格尔也许会宣称，他们做出这一假设，是因为他们的思想受判断的结构所支配。他们理所当然地认为存在着的东西——或者可知的东西——是判断的客体，**围绕**这些客体，有许多事情能够被谈论；**针对**这些客体，有许多谓词可以被铺陈。

众所周知，黑格尔并不接受思想在根本上是判断这种观点，而是从存在这一简单思想开始。这种存在不是一些属性的实体或实底，而是纯然无规定的直接性。黑格尔在《逻辑学》中证明，这种无规定的存在包含着

“是某物”，而某物必然在于改变。因而对于黑格尔来说，改变并不是某种预设了的“基底性的”东西的属性，而是某物本身所表明出来的它之所**是**。某物没有哪个方面不受改变的影响，相反，某物**是**彻彻底底的改变之过程。

这并不是说，某物经过改变就不再维持同一性了。然而，它将要享有的——至少作为一个单纯的某物的——同一性却纯粹只在于**由**它的自身他异化所建立起来的连续性。这种同一性离开了自身他异化过程就什么也不是，相反，它是某物通过改变而**获得**的一种同一性。某物只有在变为**他物**的时候才存在，而借由变为他物它也就达到了它自身。[22]

改变和自身关联

在证明自己是改变的过程中，某物表明自己是以新的方式出现的否定之否定。实在，就它恰恰由于不是单纯的否定才是实在的而言，乃是否定之否定。然而，正如我们已经看到的，在它有别于简单的否定的过程中，实在只不过是倍增了或者说反映了简单的否定。某物，就它是这样一种否定，该否定已经通过是自身关联的而失去了其明确否定的特征而言，是第一个真正的否定之否定。因此，某物是自身关联着的否定，并且不再是明 329
显地否定的。这也就是说，它是这样一种否定，该否定不再只是实在所包含的否定。

在他物中，自身关联本身采取了一种更加明显地否定的特征：它是那种**不**是某物的自身关联。然而，他物的否定特征仍然是暗哑的，因为他物并没有直接遭遇并反对某物，而是形成一个在某物**之外**属于它自己的自身关联着的领域。他物是那已经撤回到自身的否定，或者说，是那已经撤回到自身的“不是某物”。还需要注意的一点是，作为他物的主要特征的否定环节直接针对着**某物**，而不是针对着简单的否定。他物因而是自身关联着的“某物之否定”，而非一个新的“否定之否定”。

作为改变，他物变得更加明显地是否定的了。它之所以如此，是由于它转而反对自身并持续地变为**另一个**他物。因此，作为改变，他物终究揭示出自己是一种新的“否定之否定”。因为他物现在不仅不是某物，它甚至都不是它所是的他物，或者说，甚至都不是它所是的自身关联着的**否定**。于是，改变中的他物，或者说，乃是他物之他物的那个他物，就是“自我否定着的”他物，或者“自我否定着的”否定（*das sich Negierende*）（*SL* 118/1：127［213］）。

如果说某物是第一个真正的否定之否定，那么改变就是第二个真正的否定之否定。这第二个否定之否定以一种极为重要的方式有别于第一个。在第一个否定之否定中，所包含的两个否定不是相同的否定。那被否定掉的否定——否定$_1$——是一个简单的否定，包含于实在中的否定。某物是对否定$_1$的否定，因为它是自身关联而非这一简单的否定。所以，作为否定之**否定**，某物并非只是再一次地简单的否定，而是某种新的东西。我们可以说，某物是对否定$_1$进行否定的否定$_2$（the negation$_2$ of negation$_1$）。因此，特别地构成某物的那种否定，并不是通过将否定给否定掉而关联于自身的。反之，它否定掉否定，仅仅是因为它**已经**是自身关联着的否定，亦即已经是简单的否定或**实在的**否定表明自身所是的那种自身关联着的否定。整个逻辑的链条是这样子的：（a）简单的否定——否定$_1$——通过与实在相区别而关联于自身从而构成某物；（b）某物因而是自身关联，而不是单纯的否定；（c）某物因而就是对否定$_1$进行否定的否定$_2$；（d）然而，某物并非由于它是对否定$_1$进行否定的否定$_2$才是自身关联，因为某物所**是**的否定和某物所**不**是的否定并不是同一个否定。

相比之下，改变则是否定借以关联于自身的那样一种真正的否定之否定。这首先是因为，在改变中，他物——它是否定现在所采取的形式——是不同于**自身**（*itself*）的；其次是因为，在变为不同于自身的过程中，他物只不过重又成了**其他**（*other*）。在改变中，他物实实在在地否定掉了它所是的那个他物：它停止其为从前那个他物而变成为另外一个他物。然而在这个过程中，它便再一次地变为他物；实际上，它**始终都是**他物。正如黑格尔所指出的，他物“与自己保持等同，因为它借以发生改变的那个东西，就是除此之外不具有任何更进一步规定的**他物**”（*SL* 118/1：127
330 ［213］）[23]。这并**不**意味着改变实际上从来未曾发生。正如我们在这里所设想的，某物是内在于自身中的他者并且确实变为不同于自身。问题在于，改变只有当某物开始成为他物的时候才能发生并持续发生。改变因而必然是他者之永不停息的重现，是**相同的**旧有他物之重现。每一种新的“是他物”的方式都不同于它所取代的方式，它反而始终都只是“是**他物**”的另一种方式。因此，在变为不同于自身的过程中，他物始终都等同于自身。或者不如说，他物是**成为**等同于自身的，因为它仅仅在否定、他异化或改变自身的过程中才表明自己是同一个他物。**通过**改变和自身否定，他物将自身构成为自身等同的。

某物本身恰恰由于是自身关联着的才是真正的否定之否定。相比之下，改变着的某物恰恰由于是真正的否定之否定，或者更准确地说，恰恰由于是他物之他物，才以新的方式成为自身关联着的或自身等同的。因此，在我看来，当亨利希断言改变是第一个实际地**构成**了自身关联的真正的否定之否定的时候，他是正确的。[24] 我们现在已经到了《逻辑学》中一个重要的转折点。因为我们已经认识到，某物和它的他物不仅仅是自身关联着的规定性，而且也是通过改变来建立其同一性的规定性。在改变的过程中，某物持续地停驻为一种新的同一性，或者就像黑格尔所指出的，“与自己联合”（*geht…mit sich zusammen*）（*SL* 118/1：127［213］）。当然，黑格尔所描述的，改变借以导致自身同一性的这个过程，是一个逻辑的过程。时空的对象也完全可以通过在时间中的改变过程而获得许多新的同一性，但我们还并不知道情况是这样。就目前而言，黑格尔所唯一想要表明的就是：恰恰由于是改变，某物就必定**合乎逻辑地**给予自身一种我们迄今所未曾遇到过的同一性。

我们现在将要考察的同一性是通过改变的始终如一而非通过纯粹变易的直接消逝才产生出来的。尽管如此，从改变向这个新的同一性的移动却显然回应着纯粹变易借以停驻为定在的那一个逻辑的过程。实际上，我们现在正在见证的过渡是这样的一个过渡，在其中，某物——它通过**不是**仅仅有规定的而是自身关联着的而得到界定——表明自己明确地是**有规定的**，或者至少开始展现出规定性。在下一章中，我们将更加仔细地检验，对于某物而言，所谓起初就是有规定的究竟意味着什么。

注释：

［1］I. Kant，*Lectures on Logic*，trans. and ed. J. M. Young（Cambridge：

Cambridge University Press，1992），p. 593；*Schriften zur Metaphysik und Logik*，2：525－6. 亦参见 Winfield，*Overcoming Foundations*，p. 73。

［2］Kant，*Lectures on Logic*，p. 207.

［3］正如我在第十六章所指出的，变易只是暂时不在定在中，但它之后却再度在《逻辑学》中出现为某物的一个环节，当某物表明自己从属于改变的时候。参见上文第十六章注释 8（第 302 页），以及本章第 327 页。

［4］托尼森主张，就像黑格尔所宣称的，“否定之否定”包含着并不构成**自身关联着的**否定的某物。他说，它是“eine Negation der Negation ohne Selbstbezüglichkeit”（一种不带自身关联的否定之否定）。托尼森证明说，在某物出现时被否定掉的东西是内在于定在中的差异；而他又说，否定掉这一差异的却是一个不同于这一差异的扬弃（*Aufheben*）行动。因此在这一例证下，否定或差异同**自身**就没有任何关联。他进一步证明说，尽管否定这一性质据此就被否定掉了（因为它是被否定掉的差异的一个方面），它本身却不是否定掉该差异的那个环节。因此，（与黑格尔一道）这就再一次表明，某物不能被思想为自身关联着的否定。参见 Theunissen，*Sein und Schein*，pp. 155，230－1，293。

与之相反，在我看来，某物确实包含了自身关联着的否定。内在于定在中的差异是否定这一质在其中有别于却又关联于**自身**的一种差异（因为否定有别于本身也是否定的那个实在）。此外，恰恰由于关联于自身，否定才证明自己不只是被区分开来的、有规定的存在，而且是某物。

不过，在托尼森的立场中也有一些真理。他正确地指出，否定并非**通过否定掉自身**便开始构成一种自身关联。实际上，否定在此根本就没有**否定它自身**！正如我所理解的，否定最初关联于自身并不是因为它真的否定了自身，而是因为它（在同实在的关联中）双重化了自身。因此，否定在不是真正地自身否定着时就已经是自身关联着的。然而，一旦它已经成为自身关联着的否定，它就不再是单纯的否定了。它作为单纯的否定的身份因而就被**否定掉了**。不过，这一身份被否定掉，恰恰是由于它是自身关联着的这一事实，而不是由于它是最简单的否定（negation *tout court*）。因此，否定实际上不是**被自己**否定了，而是被它所已经成为的自身关联否定了。

总结一下就是：否定明显地表明自己是“否定之否定”。然而，它在被真正地否定掉之前就已先关联于自身，并且就它接下来被否定掉而言，严格讲来，它并非关联于或否定掉**自身**。正如亨利希所指出的，直到它转变为他者并发生改变，否定都不会**通过**真正地否定掉自身而开始构成自身关联，参见 D. Henrich，“Formen der Negation in Hegels Logik,” in *Seminar*: *Dialektik in der Philosophie Hegels*, pp. 219–20，以及本章第 329–30 页。

[5] Johnson，*The Critique of Thought*，p. 23.

[6] Taylor，*Hegel*，p. 234.

[7] Burbidge，*On Hegel's Logic*，p. 47.

[8] Rinaldi，*A History and Interpretation of the Logic of Hegel*，p. 148，我的强调。

[9] 请注意，某物并非在一种**本质逻辑的**（*wensenslogsch*）意义上被理解为离开它的他物而返回到自身，不如说它是直接地关联于自身的。黑格尔在本质论中对**折返**（*Reflexion*）的讨论，参见 *SL* 401/2：27：“向自身的折返在根本上是对它自其而出才是回转的那么一个东西的预设。”

[10] Winfield，*Overcoming Foundations*，p. 72.

[11] Winfield，*Overcoming Foundations*，p. 72，我的强调。

[12] Hegel，*Wissenschaft der Logik. Erster Band*: *Die Objektive Logik* (*1812/1813*)，pp. 60–1.

[13] Hegel，*Wissenschaft der Logik. Erster Band*: *Die Objektive Logik* (*1812/1813*)：“einfache Beziehung auf *sich selbst*”，我的强调。

[14] 他者不是单纯的否定这一事实也许可以解释为什么一些后黑格尔主义者倾向于根本不提否定来理解他者。然而在这么做的过程中，他们却忽略了否定是他者的一个不可化约的环节或前提条件这一事实。黑格尔并不接受“他者在逻辑上要先于否定的可能性”这种观点（参见 Gasché，*The Tain of the Mirror*，p. 92）。

[15] 严格来讲，黑格尔还没有证明必须有超过两个以上的事物。因此，麦克塔格特错误地宣称黑格尔在《逻辑学》的这个地方引入了“复多性”观念，参见 McTaggart，*A Commentary on Hegel's Logic*，pp. 23–4。

在论述有限性的那一节的末尾，黑格尔将表明，一个有限事物的终止导致了另一个以及再一个有限事物，直至无穷（*ad infinitum*）；参见 *SL* 136/1：148（237）。但直到我们抵达论述自为存在的那一节，他都不会证明说，必须同时有许多事物；参见 *SL* 164－84/1：182－208。（也是在这一节中，我们遇到这样一个观念：存在能够采取虚空中的许多事物的形式——这个观念预见了《自然哲学》中的一个主张，即：在事物与事物之间有空洞的空间。）尽管如此，黑格尔最终将证明有许多事物而不只是两个，并且由于这一缘故，我在接下来的章节中将会谈到究竟是什么赋予了一切某物以及一切有限事物以特征。要留意的是，黑格尔的论证的逻辑发展在这个阶段下并不依赖于复多性观念。这里的论证单纯只是由某物与另一物之间关系的本性所推进的。

［16］参见 Doz，*La logique de Hegel et les problèmes traditionnels de l'ontologie*，p. 65。

［17］这个论证表明，从逻辑上来看，无论实际上有没有一个第三者来对它们进行比较，某物和它的他物在**相互的比较中**各自都是“他物”。这并不表明必须有这样一个第三者，因而这也并不构成黑格尔关于必须有两个以上事物存在的证明。在这里，我们唯一知道的是，某物和它的他物本身固有地就易于被一个第三者拿来进行比较，**假如非得有这么一个第三者的话**。参见本章注释 15（第 323 页）。

［18］Theunissen，*Sein und Schein*，p. 263：“das vergegenständlichende Denken.”

［19］Burbidge，*On Hegel's Logic*，p. 48.

［20］相比之下，青年康德在《新解释》（*Nova Dilucidatio*）中却主张：“如果……一个改变发生了，那么它必定是起因于一种外在的联系。”参见 I. Kant，*Theoretical Philosophy*，*1755－1770*，eds. D. Walford and R. Meerbote（Cambridge：Cambridge University Press，1992），p. 38。

［21］*The Complete Works of Aristotle*，ed. J. Barnes，2 vols.（Princeton，N. J.：Princeton University Press，1984），1：324（190a14）.

［22］参见 Rinaldi，*A History and Interpretation of the Logic of Hegel*，pp. 148－9。

［23］参见 Burbidge，*On Hegel's Logic*，p. 48。

［24］Henrich，"Formen der Negation in Hegels Logik，" p. 219. 亦参见 Theunissen，*Sein und Schein*，p. 261，以及本章注释4。这并不是说——正如托尼森似乎主张的——在《逻辑学》中之后不可能再有一个构成自身关联但却不涉及"成为其他"的进一步真正的否定之否定。这只不过意味着，自身他异化是我们目前为止所遇到的第一个真正的否定之否定，它构成或者说建立起自身关联。参见 Theunissen，*Sein und Schein*，pp. 292－3。

第十八章　自在存在和为他存在

为什么某物通过改变而成为有规定的？

331 在前一章我们曾经看到，与仅仅“是有规定的”（或甚至仅仅“是”）相比，“是某物”包含着“是自身关联着的规定性”。它也包含着处在同另一个转而也是自身关联着的事物的关系中。某物因而本身就是**不同**于别物的。它必然是两者中的一个。

然而，就每一个事物都是一个他物而言，每一个事物又不仅仅关联于它的相反方，而且也从它的相反方中脱离出来。就**不同**于别物（而非简单地有别于之）来说，他物构成一个完全分离的、自身关联着的存在领域。就此而言，黑格尔论证到，它必须拥有一个属于它自己的特征，使得它恰恰是一**他物**而非仅仅某物。因此，他物必须是一个“**独自地**在**某物之外**”的他物（*SL* 118/1：126［213］）。

可是，即便它是在自身之内的他物，他物也必须仍然被设想为“**相比于……**而不同”，因为他者始终是一个比较性的质。这就意味着，那在它自己范围内是他物的东西，必须仍然是不同于别物的。按照黑格尔的观点，这也就意味着，在其彻底的分离中，他物必须不同于**自身**——既不同于某物，也不同于**它**所是的他物。因此，在黑格尔看来，他物必须是“他物的他物”。但接下来，它无疑也就必须是那第二个他物的他物，以及这第二个他物的他物的他物，诸如此类。这也就是说，他物必须不断地**变为**不同于自身，必须将自身“他异化”为另一个他物，从而受到**改变**的支配。

不过，黑格尔也指出，在变为其他的这一过程中，他物始终保持为——或者说成为——**同一个**他物。在否定自身并变为另一他物的时候，他物只不过一次又一次返回到是其所是的**他物**这一境地。结果，“改变着的东西不是以不同的方式，而是以成为一个他物这同一个方式而被规定的”（*SL* 118/1：126［213］）。在其自我否定中，他物继续是它自身，通过改变的过程维持某种同一性，从而将自身构成一个自我等同的**某物**。

我们记得，黑格尔在这里是在分析改变的最低程度的逻辑结构。他不是在考察经验性的改变，而是在考察任何经验性的改变都会涉及的“变为不同于一物之所是”这一纯粹形式的过程。他同时也是在指出，在变为其他的这一形式过程中，他物**始终保持**它所是的他物，从而表明自己并 332
非只是**他物**，而且是可识别的**某物**。黑格尔论证到，这就导致一个我们此前还没有遇到过的关于某物的新概念：因为我们现在不得不将某物设想为那种只因它**不是**纯粹而简单的**他者**才是自身关联着的东西。

一开始，某物曾被理解为是纯粹自身关联着的。接着它被构想为不同于别物。最后，它被构想为“本身”是他物，并因而被构想为“他异化”自身或者改变。现在，我们已经达到了关于某物的一个更加复杂的概念。某物现在被公认为是那种在“是他物”并“变为他物”的过程中维持——或确切地说是取得并建立——其同一性的东西。此外，它是那种恰恰由于**否定**或“扬弃”他者并将它所是的东西给他异化才维持自身的东西。因此，是“某物”与是“他物”终究并不只是存在的两个分离的、自我闭合的方式，毋宁说，“是某物”本身就在于**并非只是他物**。在下面这几行多少有些紧缩的话中，黑格尔准确地表达了某物的这一新的概念：

> ［他物］因此就被建立为带着对他者的扬弃（*mit Aufheben des Andersseins*）向自身返回了的东西，被建立为与自身**等同的**某物，因而他者是一个与它作为其环节的某物有所区别的东西，是作为某物本身而不归于某物的东西。（*SL* 119/1：127［213］）

随意从黑格尔的文本中撷取出来，这句话即便不是几乎无法理解，也会是难于理解的。然而，放到某物概念的逻辑发展的语境中，这句话的含义就清楚了。某物是“向自身返回了的东西”——这就是说，它是自身关联着的、自我等同的；然而，它仅仅由于**不**是纯然的他者——这就是说，通过“对他者的扬弃”——才是自身等同的。因此，之所以有某物，是因为他物在改变的时候并非仅仅变为不同于自身，而且将自身“他异化”或者否定化为某种自身等同的东西。在黑格尔看来，纯然的他者本身就构成某物。这不是因为黑格尔未能严肃地对待他者。这是因为，他将他者理解为完全并彻底地是**其他的**从而甚至是不同于它所是的纯然的他者。

请注意，他者现在被视为某物的一个不可化约的构成环节。既然某物是**借由**改变的过程才维持并构成自身的，那么没有改变或者他异化运动也就没有某物。可“是某物”同时又有别于仅仅“是他物”，因为某物只在纯然的他者否定掉自身这个意义上才维持下来。因此，他者是某物的一个环节而又在逻辑上有别于它。换言之，他者或“是其他”（*Anderssein*）就是这样一种质：某物就在于对这种质进行**否定**。

333 此时此刻，某物终于取得了明确的规定性，因为它被构想为对他者的明确的否定。一个有规定的某物恰恰由于它**不**是仅仅否定的或“其他的”而享有其确实性或“肯定的存在”。顺便需要注意的是，某物在这里是被构想为对他者本身的否定；因此，它的确实性就在于它不是它本身所是的他者，**并且**就在于它不是那处于它之外的他者——也就是说，就在于它不是另一个某物。事实上，在下文中，这种对其他某物的排斥占据了中心。某物获得规定性，当然并非只是由于无止尽的改变，而且是由于通过改变而展现出一种确定的同一性。然而，只有当某物将自己从在它之外的另一物中清晰地划分出来的时候，它的同一性才真正地得到确切的描述。由于这一缘故，黑格尔现在将尤其关注某物以不是**别物**的方式而是其所是这一事实，尽管他是通过改变的一种（在事物之内的）自我否定的特征而警觉到某物的这一方面的。

黑格尔指出，某物的这种新获得的规定性是双重性的。一方面，它将“是某物”同“是他物”区分开来；另一方面，它也将某物同他者以及其他东西结合起来，因为某物仅仅通过它同其他东西的否定的**关联**才是其所是。现在，我们将更加详细地来考察某物的这种模棱两可的规定性。

自在存在和为他存在之间的差异

黑格尔在2. B. a. 2的一开始就写道："某物在它的非定在（*Nichtdasein*）中**保存**着自己。"（*SL* 119/1：127［213］）非定在显然是带有否定特征而非肯定特征的定在。它是"否定"，并且更具体地说，是构成"他者"的那种自身关联着的否定。因此，黑格尔所宣称的是：某物"在它的他者中"，也就是在不同于自身（从而在改变）中，并且在不同于其他的某物中维持它自己的同一性。与此同时，某物又仅仅通过将它自身**区别**于他者而维持它的同一性。"是某物"蕴含着**不**是仅仅可改变的，更重要的是，蕴含着**不**是别物。[1]

因而，某物在逻辑发展的这一时刻就表明自己拥有两种典型的特征。它既由于是自身关联着的规定性（这是某物的本源特征）也由于**不只是他物**而是某物。因此，正如黑格尔所指出的，他者属于某物的逻辑的特征，而某物又将自身同它区分开来："他者既同时被保存在某物之中，又同时从某物中**分离**（*getrennt*）出来。"这就意味着，某物不可逃避地要与它从中区别开来的他者紧密相连；实际上，正是**由于**它的同一性有赖于同这样的他者相区别，它才与他者相关联。某物因而就不可分离地**关联**于他者，特别是关联于在它之外的他物的他异性。用黑格尔的话来说就是，某 334
物必然是**为他存在**（*Sein-für-Anderes*）。

在这里，"为"这个词并不表明某物是为了另外的东西的利益或享受而存在的。它只不过表明某物是同另外的东西相关联的。通过将某物本身刻画成为他存在，黑格尔指出，这样一种他关性（other-relatedness）——或者用伯比奇的术语"他向的"（other-directed）——不仅仅是事物的某种偶然的特征，而且是它们的必然且不可化约的性质或结构。[2]事物关联于他物并不只是因为那些他物恰好在那儿，而且是因为每一个事物本身都是他向的。黑格尔在《逻辑学》之后的部分中将历数这种他向性所蕴含的一切，包括在他物中引发效果的能力，以及反过来，对这些他物所带来的因果影响的感受性。然而目前，黑格尔所唯一关心的却是：他关性是每一个事物本身所具有的一种重要的构成特征。

然而，黑格尔接着却评论到：某物不仅关联于它的他物，而且也区别于这个他物。毕竟，某物恰恰是通过**不**是其他的东西而是某物的。因此，某物只在它对立于其他的事物并构成**自身**关联和**自身**等同的一个独特的领域的时候才是有规定的：是某物意味着撤回到自身并展现一种同任何其他东西的同一性相分离的同一性。因此，就某物是有规定的并且显然不是他物而言，某物必然享有一种唯独属于它自己的存在，或者说，必然享有黑格尔所谓的**自在存在**（*Ansichsein*）（*SL* 119/1：128［215］）。

黑格尔在之前的分析中引入了“自内存在”（*Insichsein*）这一概念（*SL* 115/1：123［207］）。这是任何一个事物都能展现的性质，就这个事物关联于自身并构成一个己属性领域或者内部性而言。黑格尔现在提请人们注意的自**在**存在这一性质则稍微不同于自**内**存在。它不只是每一个事物都持有的内部性本身，而且是明确有别于另外的事物的那种某物所具有的内部维度：唯独该物所特有的那种存在。由于某物的自在存在将一切不同于该物的东西都给摒除，它也就排除了任何同其他东西的**关联**。相比于该事物关联于其他事物的方式，这种自在存在乃是该事物的简单的自身性——该事物在自身中之所是。因此，就它是“**对立于**它同他物的关联”而言，某物就是它在自身中之所是（*SL* 119/1：128［215］）。这也就是说，某物的自在存在不仅有别于每一个其他事物的自在存在，而且也有别于该事物自己的为他存在。

请注意，我们现在所遇到的事物的两个方面，只是以一种强化的形式表现了我们已经遇到的事物的特征。某物最初被理解为处在同别物的一种不可化约的关联中，但却是以这样一种方式，即：它们每一个都是相互分离、彼此无关的。人们可以说，某物和它的他物一开始都是作为两种**无关**
335 **联的**、自身闭合的，仿佛仅仅立于彼此之旁的存在领域而相互关联的。因此，就我们将所遇到的事物视为不过就是“某物”和“他物”而言，我们是聚焦于它们的分离性以及黑格尔所谓的“它们的规定的无关联性”的（*SL* 119/1：128［215］）。某物和它的他物之间的这种漠不相关或缺乏联系不是由我们注入它们的关联中去的，而是它们的逻辑结构本身所蕴含的；也就是说，是由这一事实给注入进去的，即：它们每一个在根本上都是**自身**关联的，并且都是某种**远离**它的他物的某物。

然而现在，某物已经表明自己不仅是自身关联着的、分离的，而且也是有规定的：它已经表明自己只因明确地**不**是那样而是**这样**。在这一过程中，某物和他物的关联性**以及**无关联性都已经变得更为强烈了。某物现在不只是被理解为漠不相关地立于他物之旁，而是被理解为明确地是他关联的，因为它仅仅通过以特定的方式有别于别的某物才保持它的同一性。结果就是，它被带到自身以外，并恰恰通过这些差异而更加明确地同其他事物相联结。用黑格尔的话来说就是，它被以各种（尚不明确的）方式给理解成是**为了**他物而存在的。与此同时，由于某物被公认为拥有属于他自己而**不**属于任何他物的特征，它也就被理解为是被撤回到自身中从而被去除一切同他物的关联和接触的。它的分离性和无关联性因而得到了强调。某物通过变为有规定的而取得了更大的明确性和独特性，可它是通过被同时拉向两种不同的方向才得以如此的。

自在存在和为他存在之间的关联

对于黑格尔来说，事物如果要是有规定的，它们就必须占有一个属于它们自己的独有的特征（或“自在存在”）。然而同样地，它们也必须从某个其他事物中被区别开来，从而关联于或者说“为了”该其他事物。存在的这两种性质——自在存在和为他存在——是每一个某物都具有的不可化约的环节。应当注意的是，它们本身并不被视作**某物**和**别物**。并没有一个我们称为“自在存在”的某物和一个我们称为“为他存在”的别物。毋宁说，存在的这两种性质是“一个且同一个东西的**两个环节**”（*SL* 119/1：128［215］）。它们是某物的两个方面，而非本身是两个分离的某物。将自在存在（intrinsic being）设想为**不同**于他关性的**某物**从而将两者具象化，按照黑格尔的逻辑学思想，这是一种范畴错误。

这并不是要否认“某物”和“他物”这些范畴对于黑格尔来说仍然是重要的。存在仍然必须至少被构想为某物和它的他物之间的关联，在其中它们既是改变着的也是自身等同的。然而，现在的焦点已经从“无关联的”关联本身转移到每一个某物所固有的（如果人们愿意，就他物也是某物而言，也可以说是每一个**他物**所固有的）歧义性（ambiguity）上

了。在黑格尔看来，每一个某物都必须拥有它自己独有的特征或者自在存
336 在。因此，“自在存在”或者 being *an sich* 这一概念对于黑格尔来说并不——像它在尼采看来那样——是一个虚构。它是抓住了某物之为某物的根本方面的一个重要概念。然而同样地，每一个某物也都不可化约地是关系性的。事物不能单独处在“光荣的孤立”中，而是每一个事物都以它自己特有的方式同其他事物相互关联、相互影响。

既然自在存在和为他存在本身并不是某物和别物而是每一个某物的两个环节，它们就不仅仅是彼此分离的。毋宁说，它们通过否定而被系在一起或是彼此关联。正如黑格尔所写的：“每一个都在自己中同时也包含着与自己不同的环节。”（*SL* 119/1：128［215］）那么，要怎么来理解它们之间的这种关系呢？

自在存在是某物所享有的性质，并不只是因为它是某物本身（从而是自身关联的），而且是因为它明确地**不**是别物。这种自在存在，黑格尔解释说，是“自身关联、自身等同……仅仅是作为他者之非存在（*als Nichtsein des Andersseins*）”。然而，正如我们已经指出过的，一个事物的自在存在并不仅仅明显地区别于其他事物的定义特征，它也明确地区别于该事物自己同他物的关联。这是因为，某物的自在存在是它的最本己的存在——就它只是自身而**不**与别的任何事物关联而言它所享有的存在。某物的自在存在和它的他关性之间的这种差异并不仅仅是偶然的，而实际上对于自在存在来说是本质性的：一个事物在自身中享有它最本己的存在，只因该存在明确地区别于这事物同其他事物的关联。不与他物相关联，某物就不会占有任何**在自身中的**独有存在，因为将不会有据以划分出**事物自己特有的**存在的任何东西。那样的话，事物将仅仅是某物。[3]

我相信，黑格尔在这里所提出的观点是很重要的。当我们谈论某物**在自身中**之所是时，我们并不只是想到该事物的全部特征，而是在该事物的两个不同维度之间引入一种区分。我们指向最适当地定义和描述该事物的那个维度，在其中该事物只是它自身的那个维度。但是这样一个维度却无法被识别，除非它能够区别于该事物在其中不只是它自身的另外的方面。某物在其中不单纯是也不仅仅是它自身的唯一的方面就是它同其他事物的关联。既然一个事物的自在存在——如果它不只是与该事物的全部特征

相混合的话——不得不区别于该事物的另外的方面，那么它就只能区别于该事物的为他存在。实际上，对于黑格尔来说，某物在自身中之所是不过就是**相比于**它的他关性而言它所享有的同一性。用黑格尔自己的话来说就是，"就某物是**自在的**（*an sich*）而言，它从他者和为他存在中被提取出来"（*SL* 120/1：128［215］）。然而，这当然也就意味着，某物的自在存在不可分离地**关联**并**联系**于该事物的为他存在。没有后者，就不会有前 337
者：因为自在存在仅仅是"为他存在的**非存在**"。

反过来看，只有当某物拥有一个属于它自己的明确区别于那些它与之相关联的其他事物的特征时，它才能关联于其他事物。就某物是他关联的而言，它不只是它在自身之所是；它缺乏仅仅属于它**自己的**存在，因为它的存在就在于同**别的**某物相关联。然而，他关性是不可分离于自在存在的，因为它是某物**的**他关性，从另一方面来看在自身中是有规定的。为他存在因而是"这样的非定在，这种非定在指向自在存在如同指向它的返回到自身的存在，就像反过来看，自在存在也指向为他存在那样"（*SL* 120/129［215］）。因此，某物的这两个方面中的每一个都指向另一个，它们一起组成某物的有规定的特征——某物在它的改变过程中所展现的特征。

自在存在和为他存在的同一性

黑格尔接下来在 2. B. a. 3 中表明，某物在自身中之所是和它为了他物之所是之间的区别实际上并不像它乍看之下那么确定不移。这是因为在每一种情况下我们都是在与同一个事物打交道。我们在前面曾经注意到，并没有两种完全分离的存在领域：自在存在和为他存在。存在的这两种性质仅仅是同一个自身关联着、自身等同的某物之不同环节或不同方面而已。这就意味着，是其在自身中之所是的某物和处在同其他某物的关联中的某物是**同一个**某物。这转而也就意味着，某物必须**借由**它同他物的关联而是它在自身中之所是，并且必须**作为**它在自身中之所是而处在同他物的关联中。这么说并非只是要抹杀已经做出的区别：实际上，某物本身和它同他物的关联这两者之间确实存在着一种差别。然而，需要注意的一点是，某物关联于他物的方式并非完全分离于它在自身中之所是：事物并非在它的外在关联中是一物而在它的最本己的存在中又是完全不同的另一物。在两种情况中，事物都是相同的事物。换言之，事物的为他存在不过就是**属于**它最本己存在的他关性。这就是它的**自在**存在关联于——从而**为了**——他物的方式。黑格尔这样指明了这一点：

> 某物也**在它上**拥有它**自在地**所是的那**同一个东西**，并且反过来，它作为为他存在之所是也自在地是。按照某物本身是具有两个环节的同一个东西因而这些环节在它上是未曾分离的这一规定，这就是自在存在和为他存在的同一性了。（*SL* 120/1：129［217］）

请注意，在这段话中，黑格尔将一个新术语 *an ihm*（在它上）引入他的分析中。这个术语以如下方式区别于密切相关的 *an sich*（自在的）一词。
338 *sich*（自己）是德语第三人称的反身代词，并且是当人们谈论到某物加诸自身的关系的时候所使用的词。例如，提到某人刷他自己的牙齿时，人们说：Er putzt *sich* die Zähne（他**自己**刷牙）。这句话清楚表明，这个人在刷他自己的牙齿（而不是别人的牙齿）。因此，说到某物**自在**（*an sich*）之所是也就是谈论仿佛从它自己的角度来看待的该物，也就是如它自在而是的该物。

相比之下，*ihm*（它）一词则是通常德语的单数第三人称代词（予格）。例如，如果我想说“我给它水”的一只动物，那么我会说：Ich gebe *ihm* Wasser（我给**它**水）。因此，当我们想到仿佛从其他事物的角度来看待的事物时，我们会使用 *ihm* 一词。因此，*sich* 和 *ihm* 之间的差别略相当于英语中 *itself* 和 *it* 之间的差别。

黑格尔借助这些词想表达的哲学观点是：某物在**自身**（*itself*）中拥有无论什么性质，它都必然在**它**（it）之中拥有这些性质；这些性质除了在**这一事物**上以外，不在任何地方。但如果它们确实在它上，那么它们在该事物上就不只是如它从它自己的“私人”角度出发看待的那样，而是也如它从他物的“公共”角度出发看待的那样。这也就是说，某物自在地占有的性质，对于他物而言，或者涉及他物来说，也一样属于该物。

> 某物是**自在的**（*an sich*），就它从为他存在中出来回转到自身而

言。但某物也**在**自己**上**（*an sich*）（这里侧重强调“在……上”）或者**在**它**上**（*an ihm*）拥有一种规定或状况，就这种状况是外在地**在**它**上**、是一种为他存在而言。（*SL* 120/1：129［215－17］）

因此，在某物中不可能有某种东西不进入同他物的关联而始终隐藏在他物视角背后。如果某物自在地拥有一种性质，那么该性质就在**它**上——在它所是的一个自身等同的事物上；然而，这就意味着，这种性质必须是对于他物而言该事物的明显的性质。某物自在之所是必然在它同他物的关联中被表达出来，因为我们始终在与同一个事物打交道。这并不是要否认在**如**它自在之所是的事物和**如**它关联于他物的事物之间存在着某种差别：该差别已经表明自己是必要的而且现在也无法被废除。例如，我们能够在青草自身的化学成分与青草对牛的胃和人的胃所造成的不同后果之间做出区分。黑格尔的观点只不过是说，我们在每一种情况下都是在与**同一个**事物打交道。

黑格尔对康德“自在之物”概念的逻辑批判

黑格尔对某物的逻辑分析在内涵上显然是反浪漫主义的（anti-Romantic）。对于他来说，存在的内部并没有什么不可为他人所见的宝贵的、隐蔽的“内在”领域。然而，在 2. B. a. 3 中，黑格尔却利用他的逻辑分析来展开一场简短但却犀利的，并非针对浪漫主义，毋宁是针对康德“自 339
在之物”概念的批判。

在第六章中，我曾经考察过黑格尔在彻底开始逻辑学科学之前所提出的对康德的那个声名狼藉的概念进行的批判。在《逻辑学》的导言和《全书逻辑学》的导言性段落中，黑格尔对康德自在之物概念所提出的反对是：这是一种“抽象物”（*Abstraktum*）（*SL* 62/1：60）。不过我却主张，给黑格尔带来麻烦的不只是康德的概念的抽象性。黑格尔所批判的是这一事实，即：康德的自在之物概念是有关一个抽象**对象**——有关“某个对思维来说疏离而外在的东西”——的概念。其中真正的问题在于：在进行抽象的过程中，康德始终深陷意识的视角并简单地制订出关于这样一种对象的思想，即："就抽象掉一切它相对于意识的存在，抽象掉一切感觉规定以及它的一切确定的思想这一意义而言的对象"（*EL* 87/120 - 1［§44］）。因此，康德的失败并非仅仅在于他进行了抽象，而在于他在这么做的时候没能将思想涉及对象这一日常的假定悬置起来，因而没能从纯然、直接的存在这一完全无规定的思想出发。这也就是说——尽管黑格尔本人并没有像这样直白地说——康德的自在之物概念事实上还不够抽象。

黑格尔现在从他的逻辑学科学内部提出的对康德的批判与刚才所概述过的批判略微不同。尽管黑格尔竭力主张我们从一开始就必须放弃掉思想总是涉及"那边的"对象这一观念转而单单专注关于直接存在的思想，但他在《逻辑学》的进程中还是已经表明：存在本身证明自己是某物或广义"对象"的一个领域，这种对象此后在《自然哲学》中将证明自己是时空性的、物理的、化学的，或者有机的对象。从这个意义上来说，黑格尔的思辨哲学还是肯定了我们关联于一个"那边的"（甚至是在我们周围的）物之世界的日常的观点，即便它是通过悬置这一观点而开始的。然而，《逻辑学》和《自然哲学》所开启的对事物的思辨的理解却在一个重要的方面有别于关于事物的日常的观点。思辨的哲学家并不将这样的事物视为仅仅位于我们对面，仿佛要求我们渡到它们那里以便我们能对它们一探究竟似的。思辨的哲学家将事物理解为是这样一些真实、独立的对象，其根本性的本体论结构等同于从而也包含于"是某物"、"是有限的"以及"是时空性的"这类**思想**中。因此，为了发现事物的本体论结构，我们并不需要获取抵达事物的"渠道"；相反，我们能够仅仅通过阐明有关存在本身的思想中所固有的东西而发现该结构。"事物性"并非只是某种从外面抵达我们的东西，而是某种我们先天地就理解为是内在于思想最低程度上所意识到的纯然存在或"彼性"（that-ness）中的东西。然而，需要记住的一点是，思想如果想要认识到它能先天地规定事物的特征，它就必须已经首先**放弃掉**事物立于思想之对面这一假定，这种假定是一种将
340 思想卷进所有传统认识论的"渠道"困境中，而黑格尔的存在-逻辑学（onto-logic）却幸免于它的假定。

存在-逻辑学揭示出关于事物的许多事情，其中之一就是：事物不可

分离地关联于其他事物，甚至它们自身中最本己的存在也进入这些关联中。一个事物所固有的本性并不脱离外部世界，也不隐藏在外部世界的背后，而是将自己充分地表达在它与世界的交互作用**之中**。从关于某物的这种思辨观念本身的视角来看，黑格尔认为，康德的自在之物概念实际上是一种纯粹的抽象。

当然，在某种意义上，康德也特别地将自在之物概念设想成一种抽象，就它是关于那种超出日常经验之外的东西的思想而言。尽管如此，康德所理解的自在之物概念却是要使人想起某种不为我们所接近但**在逻辑上**却是可能的东西。然而，黑格尔自己对"某物"的结构的无前提分析却表明，康德的自在之物概念实际上并不是有关某种逻辑上可能的东西的概念。

康德在《纯粹理性批判》中提出，"通过单纯的关系，认识不到事情本身（*Sache an sich*）"，因为这样一个事物的概念明确地是关于某种抽离出据说它所进入的一切关系的事物的概念（*CPR* 189/89［B 67］）。因此，康德相信，人们能够在思想中将一个事物从它的时空和因果关系中抽离出来而仍然将它设想为是一个可能的**事物**或**对象**。人们可以不用断定实际上有这样的事物，但关于这类事物的思想却是可想象的、能够成立的。相比之下，黑格尔却在他的无前提的《逻辑学》中证明：一个事物的自在之所是必然要处在同其他事物的关系中——无论该事物仅仅被构想为是可能的还是实际上就存在。他以这种方式表明，关于某种在自身之中、抽离掉一切关系的事物的思想实际上并**不**成立。因此，从黑格尔的观点出发，康德的自在之物概念的问题就在于它太过抽象，以至于不能算作有关任何可能的或实际的**某物**的思想。"事物被称为自在的，是就它从一切为他存在中被抽离出来而言的"，黑格尔写道；但这就意味着它们被设想为"没有任何规定，被设想为一些虚无（*Nichtse*）"（*SL* 121/1：130［217］）。

黑格尔对康德自在之物概念的批判，此时此刻在《逻辑学》中还并不只是说它是一个抽象的概念——康德知道这点，并且黑格尔自己的存在概念也是抽象的——而是说它的抽象性程度妨碍了它充任**某物**概念。它太过抽象，无法建立起事物的任何它想要构想的真实的**或**逻辑的可能性。实际上，康德的概念是一种极度具有欺骗性的思想，因为它声称在我们的经验之外敞开了事物的种种可能性或事物的不同维度，但却又无法让我们想到任何有规定的东西。（就它确实成功让人想到任何东西而言，人们所能想到的一切——尽管康德没能认识到这一点——不过就是思想本身的纯然存在。）

341 如果我们把这里的批判同我们在第六章中所讨论过的批判结合起来，那么我们就会发现，黑格尔实际上拥有一个解释康德自在之物概念的双管齐下的批判。一方面，这个概念证明康德并没有进行足够的抽象，因为它表明康德并没有抽离出或是悬置掉思想总是涉及对象或者思想本身只能包含对象的逻辑可能性而绝不能直观存在本身这类观念。另一方面，康德的自在之物概念太过抽象，根本就无法充任关于一个可能事物的思想，即便它冒充自己是这样一个思想。

在我看来，这些指控中的第一项无疑得到了证实。然而，人们有可能会争辩说，黑格尔的第二项指控远没有击中要害。有没有可能是黑格尔过分估计了康德抽离一切关系来构想自在之物的严重性呢？这些事物显然是康德在抽离掉他视为一切**已知**关系的东西，也就是抽离掉一切时空和因果关系之后才被构想的。然而，康德在《纯粹理性批判》的 B 59[①] 中所做的一个按语却表明，他可能并没有将自在之物构想为缺乏一切无论什么关系：关于“我们所直观到的事物”，康德写道，“连它们的关系也不是如它们向我们显现那样自在地（*an sich selbst*）得到说明”（*CPR* 185/83）。当然，人们也可能指出，康德将自在之物构想为是“可理解的”（也就是非经验的、非验证的）“现象的原因”，并在这个意义上构想为是关联于认知着的心灵的（*CPR* 381/330［B 344］）。如果这代表康德深思熟虑的想法的话，那么黑格尔的论证——说自在之物被康德构想为是完全非关系性的，因而太过抽象，根本就无法被算作一个事物——就真的是无的放矢了。

然而，对黑格尔的康德批判的这种反对，本身就没有切中要点。因为黑格尔已经证明了，事物恰恰**当**它自在存在着的时候关联于其他事物。它

---

① 指《纯粹理性批判》第二版第 59 页。——译者注

们最本己的本性就在这些关系之中表现出来而并不隐藏于该视角背后。康德或许也承认事物在它们自身中时有一定程度的关系性，但他还是坚持认为事物的自在存在并不在事物同我们的关联中表现出来。实际上，他在这一点上是毫不含糊的。

> 因此，我们必须要说的是：我们一切的直观都不过是关于现象的表象；我们所直观到的事物，本身并不像我们直观它们时那样（*daß die Dinge, die wir an-schauen, nicht das an sich selbst sind, wofür wir sie anschauen*）。（*CPR* 185/83 [B 59]）

当黑格尔宣称康德的自在之物是完全非关系性的时候，说他歪曲了康德的自在之物这或许是正确的。然而，康德借由主张事物并不如它们在自身中那样向我们显现而执着于有关自在之物的一个抽象的概念，这也是事实；这种抽象的概念远不及黑格尔所发展起来的关于自在存在的真正思辨的概念。

可是康德主义者们仍然有可能想要争辩说，黑格尔的批判没有击中要害：因为人们可以宣称康德并不是从自在之物概念而是从对感性的一种特 342
定理解开始的。因此，像黑格尔那样将焦点放在康德的自在之物概念上而不去考虑他的感性理论，就是严重扭曲康德的立场并沉湎于黑格尔主义抽象的一种独特形式中。

这种康德主义的反驳无疑有一些优点。康德说得很清楚：自在之物概念——或者“消极的本体”——不是一个独立的概念，而仅仅与我们对感性的理解有关。一旦我们认识到我们的感性或直观方式并不是唯一可能的感性或直观方式，从而无法设想它能向我们揭示出事物本身的内在本性，那么自在之物就是一个我们需要接受的概念。正如康德所指出的，

> 关于一个本体的概念，也就是关于一个绝不应被思想为是感性的对象而只应被思想为是一自在之物（*Ding an sich*）的事物的概念……是绝不自相矛盾的；因为人们关于感性终究不能断言：它是唯一可能的直观形式。此外，为了感性直观不扩展到自在之物，因此也为了限制感性知识的客观有效性的缘故，这一概念也是必需的。（*CPR* 362/304 [B 310]）

在先验的感性论中，康德从这一观念出发：人类的感性依赖于时间和空间这两种对于我们来说是普遍且必需从而也是先天的直观形式。由于它们是先天的，康德认为，它们就必须在我们自己的心灵的构造中拥有它们的起源。此外，由于这一缘故，它们也就无法同时向我们揭示出如其在自身中所是的事物之本性："因为无论是绝对的还是相对的规定，在其所属事物的具体存在以前，绝不先天地被直观到"（*CPR* 176/70［B 42］）。简单来说就是：直观的各种形式是我们借以直观事物的形式，因而它们无法让我们看到**事物**本身是什么样子。

在引出后面这个结论的过程中，康德预设了：我们**或能**借以知道事物本来样子的唯一可以想象的方式，也许就在于假如事物的属性多多少少能够"转移到我们的表象能力中"[4]。这实际上是不可能的，因为事物影响我们从而导致感觉在我们的心灵中出现但却并不将其属性直接传输进我们的头脑。尽管如此，如果这种"转移"是可能的，那么我们就能够知道事物自身；甚至那将会是我们有可能借以知道事物固有本性的**唯一**方式。用最简洁的形式来表述康德的观点就是：我们只有**从**（*from*）那些事物自身中才有可能**对**（*about*）事物自身有所了解。因此，无论什么东西，只要在我们里面有其起源，原则上就无法向我们揭示出事物自身的本性。时间和空间这两种直观形式是**我们的**直观活动的先天形式；因此，按照定
343 义，它们无法又成为事物本身所固有的形式，而只能是我们据以知道事物的一些条件。"我们只能从人类的观点出发，谈论空间，谈论有广延的存在［以及时间］等等。"（*CPR* 159/70［B 42］）

现在，如果我们要弄清楚我们以一种适于我们的方式来直观事物这一观念究竟是什么意思，我们就必须承认事物是——或至少必须被思想为——本身完全不同于我们知觉它们的方式的。于是，我们就必须拟定一种"自在之物"的思想。因此，自在之物并不以它们显现于我们并为我们所知的方式来表达它们最本己的本性这一观念，就是我们的感性在根本上是有限的这一观念的必然的关联项。

> 本体概念因此只是一个为了限制感性的僭越的界限概念，并因而只具消极的使用。但它仍然不是随意虚构出来的，而是关联于对感性

的限制。(*CPR* 362/305 [B 311])

我们并不知道是否有任何自在之物或是本体，但我们必须接纳关于这类事物的思想或者概念，我们也必须将它们设想为是完全不同于我们知觉它们的方式的，因为时间和空间仅仅只是**我们的**直观的有限的形式。

因此，有关自在之物或者消极的本体的概念并不是康德自行发展出来的一个独立的概念。它是一个扮演着确切的认识论角色的概念：也就是要提醒我们，我们据以直观事物的条件仅仅是**我们**据以直观事物的条件，而不能被视为是一些如其真正所是的事物的本体论的条件。如果说黑格尔忽略了康德在其中设定自在之物概念的那个认识论语境，抽象地聚焦于康德的概念，那么在这个意义上，他的批判无法击中要害，只能失败。

至少这就是康德主义者们可能回应黑格尔的批判的方式。然而，在我看来，这些康德主义者可能遗漏了黑格尔对自在存在的**逻辑的**描述向康德的整个**认识论的**立场所提出的深刻挑战。我们大可以接受康德的主张，认为自在之物概念是他关于直观的先天形式仅仅是我们据以直观事物的条件这一理论的关联项。尽管如此，我们也还是可以指出：黑格尔已经表明，关于自在之物的这种康德式理解本身是一个无法成立的抽象。此外，我们还可以继续指出，既然这个概念是无法成立的，那么它所伴随的认识论的观念——我们的感性方式对于我们来说必然是有限的——必定也是无法成立的。认为黑格尔由于忽略了自在之物概念所发挥的认识论功能而未得要领的这种指控并没有让康德摆脱困境。恰恰相反，它将康德暴露在这样一种反控诉之上，即：他的自在之物概念的逻辑的缺陷已经说明他自己的认识论的立场无以为继。

在黑格尔看来，某物自在之所是必然处于同其他事物的关联中并在这 344
些关联**之中**被表达出来。实际上，说事物最本己的本性**不**在那些事物所进入于其中的关联中被表达出来，这在逻辑上和本体论上都是不可能的：即便某物试图欺骗我们，它也仍然在这么做的时候揭示出了它自己。因此，这就意味着，事物向我们显现并为我们所知的方式必定揭露出它们自在的本性。这转而也就意味着，我们据以直观事物的那些必要的形式——时间和空间——不能仅仅是**我们**据以直观事物的形式，而必须也是**以某种方式**揭示出事物本身的本性的形式。当然，这本身并不证明自在之物必定特别地是**时空性的**。很有可能，戴着玫瑰色眼镜看世界也能揭示出关于世界本身的某些东西，但这并不意味着世界必然是玫瑰色的。然而，这确实意味着，世界不应该被设想为必然**不**是玫瑰色的。如果关于世界本身的某些东西必须以我们的直观活动的先天形式来予以揭露，那么情况就会是：世界实际上本身就是时空性的。只因时间和空间是我们的直观的先天形式，它们就必然不属于这个世界，这是无法成立的。

黑格尔对时间和空间是我们直观活动的先天形式并没有提出质疑。他反对康德的地方在于，上述事实并不妨碍事物本身的真实本性在这些直观形式中得到表达。因此，它也不妨碍事物自在地是时空性的。[5]然而，还必须独立地证明时间和空间事实上确实属于对象本身；实际上，黑格尔在《自然哲学》中所做的恰恰就是这个工作。

在我看来，黑格尔对康德自在之物概念的逻辑批判并不会单纯因为它没有明确地处理该概念在康德先验哲学中的认识论角色而成为无效的。相反，黑格尔的逻辑批判将康德的概念**以及**它所补充的关于"有限人类感性"的认识论学说都作为无以为继的东西暴露了出来。在黑格尔看来，说时间和空间这两种先天形式对自在之物什么也没有揭示出来，这不可能是正确的，因为**从逻辑上来看**，事物无法**不**以它们被知道的方式揭示出它们的固有本性。这本身并不表明自在之物必然是时空性的，但它确实表明时间和空间无法决定性地**仅仅**被理解为**我们**据以直观事物的形式从而在我们的经验之外没有任何存在或者意义。这也就是说，它表明人类的感性并不因它受制于先天的条件这一事实而必然是有限的。

康德主张他的自在之物概念是他有关人类感性必然是有限的认识论学说的必然关联项。我们现在则已经看到，黑格尔对康德自在之物概念的批判导致这一认识论学说无以为继。因此，康德和黑格尔之间的这一场简
345 单的邂逅表明，黑格尔在《逻辑学》中的复杂的分析远不是与他对其他哲学家的关切漠不相关的。恰恰相反，这些分析将那些抽象地被构想的、常常是形塑了哲学家们的思想的范畴置于问题之中。

黑格尔和尼采论“自在之物”

有一位观察事物的方式与黑格尔惊人地相似的思想家，就是尼采。像黑格尔一样，尼采相信事物在同其他事物的关联中是其所是。他将事物中有一个完全分离于同其他事物的关联的维度这一观念作为谎言而摈弃掉。尼采的观点代表性地简短陈述于他的《遗著》的这段话中：

> 一个事物的属性就是对其他“事物”的效应：如果人们移除其他“事物”，那么一个事物也就没有属性，这就是说，没有离开其他事物的事物，亦即没有“自在之物”。[6]

然而，对这段话的更紧密的观察却揭示出尼采和黑格尔之间的一个重大的差异。他们两人都赞成“没有离开其他事物的事物”，并且都赞成没有事物能够完全独自地存在。然而黑格尔可能不会赞同尼采最后的那个全称判断：“没有‘自在之物’”。对于黑格尔来说，正如对于尼采而言一样，确实没有自在之物，假如人们用自在之物所想到的是某种抽离出一切关系的事物的话；但是在黑格尔看来，这并不意味着无论什么自在之物都不存在，因为一个自在之物，如果恰当地得到理解的话，是不能等同于某个抽离出一切关系的事物的。恰恰相反，事物**借由**它们同其他事物的关系而是它们在自身中之所是。因此，尽管有一些相似之处，尼采和黑格尔所各自采取的还是完全不同的观点。尼采保持着对自在之物的一种抽象的理解，但却断言这样的概念是一个单纯的谎言。相比之下，黑格尔则发展出了一种另类的、更为复杂的对自在的某物的理解，在此基础之上他主张事物在它们同其他事物的关系中**确实**享有属于它们自己的一种固有的特性。

黑格尔的逻辑分析再一次提醒我们这一事实：其他哲学家或许正使用一种未经批判地假定了的抽象。显而易见，尼采表面上对“自在之物”概念的彻底拒绝，完全依赖于他对这样一种抽象的保留。因此，从黑格尔的观点来看，尼采将婴儿连同洗澡水都一起倒掉了，因为他无法看到有任何需要抢救的婴儿。他唯一所看到的，就是抽象理解了的关于自在之物的污浊的、洗澡水式的概念。在我看来，黑格尔的成就在于——与尼采相反——他已经表明：关系性事实上是离不开自在存在的，我们没有理由仅仅因为“没有离开其他事物的事物”就将自在之物观念作为谎言拒绝掉。

346 对于黑格尔来说，事物确实在它们自身中拥有某种将它们同其他事物区分开来的具体特性。这一固有的特性拥有某种属于它自己的完整性，无法单纯地化约为事物在其中关联于他物的方式。例如一朵花，它就无法仅仅在于我的鼻子所闻到的芳香以及我的触摸所感觉到的柔软，而必须拥有属于它自己的一种形式和不同属性，使得它成为那种以特定方式关联于其他事物的东西。相反于尼采的理解，一个事物无法只在于它对其他事物的“效应”而必须通过它施加这些效应而拥有一种独有的特性。

因此，黑格尔保留了自在存在和为他存在之间的区分。然而，他的论述中的一个出人意料的转折却在于，自在之物本身处于同他物的关联中——某物自己固有的存在表达于它的关系中。某物的自在存在和它的他关性之间的差异因而不是一种绝对的差异：事物在自身中的存在也对他物而存在；而对他物存在着的也就是如其自在存在着的事物。在这两种情况的任何一种情况中，事物都是**同一个**事物。尼采或许已经进一步地对所有事物都享有一种属于它们自己的“同一性”这一观念提出了反对。然而，我在这里所希望指出的是：尼采无权基于“事物”都是彻底关系性的来拒绝自在之物观念。在黑格尔之后，“是自在的某物”和“是他关联的”这两者不再被理解为是绝对地相互排斥的了。

一个事物固有的本性，由于它揭示了自身并规定了该事物同他物的关联，就是黑格尔所谓的事物的**规定**（*Bestimmung*）。因此，事物并不只是拥有一种固有的特征，它们也拥有一种特殊的规定——一种是其所是并仿佛在它们与他物的遭遇**之中**确认它们自己的同一性的特殊的方式（参见 *SL* 122/1：131［219］）。

黑格尔的方法：一个提醒

在我们转向对事物的规定进行考察之前，我想简要地提醒读者关于黑格尔的方法的一个重要特征。黑格尔是在展开，或者说，是在阐明内在于存在本身之中的各种不同的存在方式。到目前为止，我们已经认识到，存在包含着变易、规定性、“是某物”或者“是他者”，以及既在自身中又关联于其他事物而“是某物”。黑格尔认为，每一种存在方式或者每一种范畴都由先行于它的方式或范畴所隐含并由后者使之成为必然。随着我们通过逻辑的分析而不断地前进，我们认识到，存在首先被思想为的样子实际上就是存在的一种不充分规定。存在首先被思想为是纯存在，但我们很快就意识到，它终究不**仅仅**是存在，而且是变易、规定性以及“是某物”。因此，我们对存在的本性和结构的理解恰恰是由存在本身的本性来修正的。

然而，重要的是要记住，在范畴修正的这一过程中，最开始所构想的那些范畴并没有被简单地拒绝或为了后来的范畴的缘故而被弃置一旁。每一个某物始终都是**存在**的一种方式并且始终都是**有规定的**；“存在”和“规定性”是任何某物都具有的不可化约的逻辑组成部分。恰恰是“是某 347
物”表明自己不可化约为存在或者“是有规定的”。用另外的方式来表达就是，每一个范畴都被作为**扬弃了的**而保存在后来的范畴中。

在讨论某物的当下，人们尤其需要记住这一点：因为人们很容易错误地以为，一旦我们达到了某物在本质上是他向的这一观念，任何有关事物彼此分离的观念就都简单地消散了。现在我们知道，某物并非**只**是一种分离的、自身闭合的存在领域，相反，它也拥有一种属于它自己的独有的特征，直接且必然地关联于其他事物。因此，将某物设想为仅仅是一个分离的“某物”并忽略事物的自在存在和为他存在就是在严重地摧毁某物之为某物的根本。但这并不是**错误的**。没有哪个某物仅仅是某物，而是每一个某物都至少是一个分离的某物。因此，认为我在上面写字的这张桌子是“某物”，哪怕它也是一个带有特殊物理化学属性的有限的时空对象，这依然是正确的。而认为这张桌子**只因**它是某物就完全与这台电脑（它是别物）相分离，这也依然是正确的。对桌子和电脑的详尽说明将会检验它们是如何彼此关联的，但这一事实不应当被忽略：它们每一个在某一层面上讲都是一个分离的事物。

黑格尔《逻辑学》的首要目标，是要从一个又一个概念，最终从存在本身的无规定的概念中演绎出存在的不同方式或不同范畴。然而，包括在这一目标中的，是那种要使我们反过来意识到包含在每一种存在方式中的东西的意图。仿佛是黑格尔在为事物提供不同的概念横截面并表明（对事物来说）展现**这一**概念的结构而非另外的结构究竟意味着什么。当然，一个概念的结构总是蕴含着并合乎逻辑地导致另一个概念的结构，而我们生活于其中的世界则展现了在《逻辑学》和在《自然哲学》《精神哲学》中得到陈述的整个系列的存在方式。然而，理解每一个个别的范畴反过来所包含的东西也是至关重要的。这样一来，我们就不仅认识到，是世界中的一个具体的对象究竟意味着什么；而且也认识到，究竟是什么赋予一个事物——**就其**是某物，**就其**是有限的，**就其**是量的等等**而言**——以特征。换言之，我们获得了一种对存在的所有**不同的**方式的理解，这些方式构成了存在着的事物。

在《逻辑学》的结尾，进而在《自然哲学》和《精神哲学》的结尾所浮现出来的整个画面无疑是重要的。但只有通过准确地欣赏那构成整体的不同存在方式的每一种方式所包含的东西，人们才能领悟整体。黑格尔哲学的标志不仅在于对宏伟的综合性景象的呈现，也在于对细节的敏锐而精准的关注。

注释：

［1］参见 Burbidge，*On Hegel's Logic*，p. 48。

［2］Burbidge，*On Hegel's Logic*，p. 49.

［3］参见 Findlay，*Hegel：A Re-Examination*，p. 160。

［4］I. Kant，*Prolegomena to Any Future Metaphysics That Will Be Able to Present Itself as a Science*，trans. P. G. Lucas（Manchester：Manchester University Press，1953），p. 38（§9）.

［5］Hegel，*EPM* 198/253（§448 Add.）.

［6］Nietzsche，*The Will to Power*，p. 302（§557）.

第十九章　规定、 性状和界限

规定和规定性

区分规定性（*Bestimmtheit*）范畴和规定（*Bestimmung*）范畴是很重要 348
的。正如我们曾在第十六章中看到的，规定性仅仅是使得一切存在成为稳定的和确定的那“非存在”（*Nichtsein*）环节。相比之下，规定则复杂得多。黑格尔用一句本研究的导论所引述的似乎不可理解的句子对规定下了定义：

> 规定是作为自在存在的肯定的规定性；借由这一自在存在，某物在它的定在中，面对着它同规定着它的他物的混杂而保持一致，在它的自身等同中保持自身，使这自身等同在它的为他存在中生效。（*SL* 123/1：132［221］）

这句话乍看之下似乎相当令人生畏（甚至无法理解），但它实际上却是十分清楚而准确的。规定就是某物的一种“肯定的规定性”或者质。它是某物的这样一个方面，恰恰由于这个方面，某物是它自己而不是一个他物。它是作为有规定的东西的某物。现在，正如我们已经看到的，某物是有规定的，就它享有属于它自己的固有的存在或自在存在（*Ansichsein*）并且就它关联于他物而言。某物的规定就是存在的这两种方式的混合。因此，它不仅仅是一个事物的固有存在本身，而且是“面对着它同……他物的混杂”而得到保存的某物的固有存在。实际上，它就是某物在它同他物的关联中得到表达或得到彰显的特殊的质或特征。

黑格尔提到了人的规定（*Bestimmung des Menschen*）作为例子（借用

费希特的一个表达）；他宣称人是“思维着的理性”。那描绘着人的特有的本性并将我们同动物区别开来的东西，黑格尔主张，就是思维（*Denken*）。然而，思维并不是每一个单独的个体所意识到的一种单纯内在的性质。它是一种在我们同他者打交道的过程中展现出来并弥漫着的性质（无论我们是否明确地按照理性的命令来行事）。因此，思维是我们的**规定**，因为它是显明于我们同他者的关系中的人性的典型特征。

规定和性状

在 2. B. b. 2 的一开始，黑格尔就提请我们注意质的范畴的一个重要
349 特征。在质的领域中，他写道，“对于各种在其扬弃了的存在中的差异而言，它们彼此间仍然保持着直接的、质的存在［的形式］”（*SL* 123/1：133［221］）。这也就是说，差异并不单纯因为它们已经表明自己不是绝对的就被抹杀掉。“存在”仍然直接不同于“虚无”或者“不”，哪怕两者已经证明是不可分离的。同样地，即便自在存在证明自己无可遁逃地关联于为他存在从而合乎逻辑地将自身转变成某物的规定，在存在的这两种方式之间仍然还是有一种质的差异，因为自在存在并不能简单地化约为他关性（other-relatedness）。

某物的自在存在并不只在于将关联于**他物**的不同方式集合起来，而且在于某物之“是**自身**”的特殊方式。正是这种与众不同的质或同一性使得某物成为**这一个**独特的事物而非另外一个事物。换言之，自在存在就是这样一种质，恰恰由于它，每一个事物才是属于它自己的某物，而**无论**它同他物的关联可能怎样。在考察“规定”范畴时，记住某物的固有特征和它的他关性之间的这一延续的差异是非常关键的。因为一个事物的规定并非与它的他关性范围相同，而就是一个事物在它与他物的关联**之中**（*in seinem Sein-für-Anderes*）的自在存在，或者同一性。“在……之中”这个词表明，一个事物的规定固然影响它的他关性，但却并不完全覆盖或穷尽它的他关性。

这一差异得到了保留这一事实，带来一个进一步的重要结果。它意味着某物的为他存在无法被还原为**属于**事物最本己存在的他关性。这转而也

就意味着，在事物的为他存在中必定有另外一个维度，始终有别于事物最本己的存在。这也就是说，必定有某物关联他物的方式的这样一个方面，**不**是受某物的自在存在而是受**别的**某物所影响和规定。正如黑格尔所指出的，“某物**在它上**（*an ihm*）所拥有的东西……划分出来”并且包括“也是**某物的**定在，但不属于某物的自在存在”的东西。某物的这种不由某物自己的特性所规定的他关性就是它的**性状**（*Beschaffenheit*）。如果某物的性状不是受某物的自在存在所支配，那么它就只能受某物与之关联的其他事物所规定。于是，黑格尔写道：“这样或那样被赋予性状（*beschaffen*）①，某物就是在种种**外在的**影响和关系中被把握的。”（*SL* 124/1：133［223］，我的强调）

于是，对于黑格尔来说，某物总是关联于另一个某物；这种关联部分地受该事物的特征所支配，部分地受它与之关联的其他事物所支配。没有什么东西能够免于在它同他物的关联中彰显它自己的规定，但同样也没有什么东西能够免于被环绕它的其他事物以超出它掌控之外的各种方式赋予性状。因此，每一个某物都因它自己的本性而易于受其他事物影响和作用，仅仅是因为每一个事物都必然处在某种并不单纯由**它的**自在存在所规 350
定的同另一个事物的关联中。

人们通常将黑格尔看成是这样一个哲学家，他给予内在性和内在的同一性以超出所有其他东西之上的特权。诚然，黑格尔也承认总有某种不同于同一性的东西（例如差异，或者作为思想之他物的自然）；可无一例外地，任何这类他物都总是服从同一性的利益。据说，他物的角色只是要为事物的同一性和思想的同一性提供中介并使之成为可能。就好像在黑格尔的大全宇宙里，每一个事物都立志要效法《精神现象学》中的主人，为了它自己的目的而消费或利用自然对象，为了服务它自己的自我满足而驱使奴隶工作一样。

这种解读黑格尔的方式非常地普遍，尤其是在那些受到尼采、海德格尔或者德里达鼓舞的评论者中间。例如，克里斯蒂娜·豪沃尔斯就主张：

---

① 我将名词 Beschaffenheit 翻译为“性状”，将动词 beschaffen 翻译为“赋予性状”。——译者注

"黑格尔是一位掠夺性的哲学家"，并且声称："任何对他的正面的攻击，因为辩证法在持续的综合过程中将一切对立都转变成一种否定的、反题性的环节的缘故，都注定要失败。"[1] 大卫·克雷尔发展了一种更加精致但终归还是类似的观点，他认为对于黑格尔来说，"*Er-Innerung*［回忆］并非仅仅使人想起某种特定的精神能力或精神力量，而且使人想起天上、地上、地底下一切事物所具有的**方法**或根本**方式**——内化的方式"[2]。这两位解释者在根本上都描绘出同一幅图画：在黑格尔的世界中，所有的事物都致力于将其他的东西吸收**进**它自己的自身等同之中。

然而，从黑格尔对性状所做的评注来看，对他的哲学的这种流行的解释很明显是一种严重的误读。黑格尔当然并不否认事物享有属于它们自己的一种同一性。可是他却坚持认为，事物也易于被**其他**事物以特定的方式赋予性状。此外，来自其他事物的影响也不是简单地由某物出于服务它的自我规定的目的来使之有效的。恰恰相反，外在的影响使得一个事物恰好成为不同于受它最本己的本性所规定的某物。这种面对外在影响的脆弱性并不仅仅是某物的一种偶然的特征——某物取决于环境而可有可无的一种特征。黑格尔认为，它是每一个某物都具有的一种必然的特征："被交付于外在性并拥有一种**性状**，这正就是某物的质"（*SL* 124/1：133［223］）。事实上，向外暴露自己，这恰恰是内在于某物的结构之中的题中应有之义。在我看来，这一洞见将人们所更为熟悉的黑格尔的形象彻底地改变了。黑格尔所主张的，远非事物将外在的、异己的东西吸收进（或者试图吸收进）自身之中，而是每一个事物在自身中都向**外**敞开。

既然种种外在的影响使得一个事物不同于受它固有本性所规定的样子，那么这些影响就将"他异化"或者改变（*Veränderung*）给引入了事
351 物中："就某物发生了改变而言，那么改变是落在性状上的；改变是**在**某物**上**成为一个他物的东西"。我们之前曾经看到，某物由于它本身总是不同于自身这一事实而发生改变。这种改变是专属于事物的，并且实际上是某物在其中取得并展现某种属于它自己的同一性的过程。而现在我们已经在事物之内遇到了改变的一种新的维度——由其他事物所带来的改变。因此，某物既经历外在所引发的改变，也经历内在的改变。既然改变的这一

新的模式受**其他的**事物所规定，它也就仅仅影响事物的性状而不触及事物最本己的本性。某物因而继续在它同他物的关联中表达它自己的规定，即便从另一个方面来看，它也受到那些他物的影响并被它们再次赋予性状①。

因此，对于每一个事物而言，依然有**两个**维度：自在地属于它的东西和因为它同他物的联系而属于它的东西。黑格尔认为，**尽管**可能会受他物的影响，某物还是保持它的固有本性："某物甚至在改变时还保存着自己，改变仅仅涉及某物的他者的这个不稳定的表面，而不涉及某物的规定"（*SL* 124/1：133［223］）。然而，重要的一点在于，这两个方面在事物同他物的往来中都是明显的。按照黑格尔的观点，事物的内在的结构和它们的表面特性的改变都是同样明显的。

因此，某物的固有本性和它的他关性之间的划分微妙地转变为某物的他关性的两个方面之间的区分：某物的规定和它的性状。我们记得，某物相对于另一物的存在就是它从外表上看的**在它上**（*an ihm*）的存在，而非它的**自在**（*an sich*）存在（尽管一个事物的自在存在显明**在**它从外表上看的在它存在中）。因此，我们现在所看到的某物借以相对于另一物而存在的两种方式之间的差异，能够被设想为是从外表上看的**在事物上**的存在的两个方面之间的一种差异。用另外的方式来指明这一点也就是说，某物从外表上看显明于它的为他存在之中（换言之，显明于它的他关性之中）的这个存在，已经将自身分化为两种鲜明对照的形式。这就是黑格尔在这句——无疑相当粗粝的——话中所试图证明的观点："某物**在它上**（*an ihm*）所拥有的东西，却是将规定和性状这两者在一个推论中联结起来的中项。但更不如说是**在某物上**的存在（*Am-Etwas-Sein*）表明自己是分解成了规定和性状这两个端项。"（*SL* 124/133［223］）

黑格尔在这里所说的中项——某物的他关性——也可以被描述为"**规定性**本身"（*Bestimmtheit als solche*）。它是使得某物成为这一事物而非另一事物的简单的规定性。某物因是其自在之所是而是有规定的，但它

---

① 原文为"（re-）constituted"，字面意思是"再次赋予性状"。但 reconstitute 也有"重组"的意思。——译者注

也——实际上更是如此——因**关联于**它所区别开来的**另一物**而是有规定的。此时此刻，黑格尔在他的分析中所提出的根本主张在于：考虑到它的他物的情况，某物的规定性现在已采取两种形式，一种受它自己所支配，
352 一种受它与之关联的其他事物所支配。在任何一种形式中，事物都是独特而有规定的，但在后一种情况中，它是作为有规定的某物而**被**不同于它的东西赋予性状。

规定和性状的同一性

现在，黑格尔进一步表明，某物的规定和性状之间的这一区分实际上毁灭或者说"解构"了自身。它不会彻底消失，但它却变得完全不像它最初看起来那么泾渭分明。

让我们首先考察一下某物的规定向被赋予性状的东西的逻辑的突变。这一逻辑的移动是由规定本身的结构使之成为必然的。某物的规定是它的固有本性，就它在事物同他物的关联中表达着自身而言。然而，恰恰由于这一简单的事实，规定本身就是"向着对他物的关系敞开的"，而这种向他物的敞开摧毁了规定本身的纯粹性。某物的为他存在从性质上讲就不同于它的自在存在：它并不形成该事物的内在的同一性，而是无可遁逃地将某物同**另一个**某物联系起来。因此，某物的自在之所是影响着它的为他存在这一事实就意味着，它本身就被置于与不同于该事物的无论什么东西的直接联系中。正如黑格尔所指出的，自在存在和为他存在的统一必然"把他者带进……规定中"。但这就自然意味着某物的自在存在（从而它的规定）本身是易于被它所关联的他物给摧毁或重组的。总而言之，就某物的规定是展现在它同另一个某物的关系中的它的最本己的本性而言，这一规定不能只受事物本身的支配，而必定总是冒着变成事物的性状——一种受事物与之关联的他物所规定的性状——之一部分的风险。

此时此刻，黑格尔被引向一种准德里达式的（quasi-Derridean）洞见，这一洞见就是：在某物的最本己的存在中根本就没有这样一个能免受另一事物的影响从而不会受到被他物重新赋予性状的伤害的方面，因为在事物中根本就没有什么东西是不处于同另外的事物的直接关联中的。外在的影

响并不只是改变事物的表面；它进入事物的核心，甚至能够将事物在它们最内在的自我中的存在都给改变。因此，在黑格尔看来，没有，也不可能有什么最本己的己属性（oweness）是完全属于事物**自己的**（*own*）：因为某物的自在之所是总是向着被另外的事物赋予性状而敞开。外在的影响能够彻彻底底地渗透事物，没有任何东西能够阻止这一过程。（然而需要注意的是，不像德里达那样，黑格尔是通过对存在的一种完全**内在的**研究而得到这一结论的。）

那么，难道这意味着事物原本就不享有属于它们自己的任何同一性吗？还是说自在存在这一观念现在已经被揭露为不过是一种幻象了呢？并非如此，有两个原因说明了为什么不是这样。第一，任何被其他事物重新赋予性状的事物都必须拥有属于它自己的一种同一性，**在此之上**那些其他 353
事物才能够发挥它们的影响。必须有**某物**在那儿受到另外的事物的影响，而某物必须拥有属于它自己的一个典型的特征。我们现在知道，该特征是向着被其他事物所改变而敞开的，但它却必须存在以便其他的那些事物加诸它上的影响能够开始并受到限定。

第二个可能更为重要的原因是，无论某物通过他物的影响成了什么样子，它本身都拥有属于它自己的一种规定。诚然，事物能够在其核心处被其他事物所重组，但是这一赋予性状的过程却产生了一个带有它自己固有特征的新的某物。在黑格尔看来，某物向外在的影响敞开这一事实——或者，甚至就像完全经由别人的活动而出现的一件艺术作品一样——并不意味着所导致的结果缺乏任何同一性。恰恰相反，它享有一种属于它**自己的**已经被**其他的**事物赋予了性状的同一性；该同一性属于它，哪怕它并不单独成为这种同一性的原因。

事情为什么应该如此的一个更为确切的逻辑的理由在于：某物的性状是事物的这样一个维度，通过他物的影响，这个维度改变并变易为不同于它所是的样子。由于性状从属于持续不断的改变，它也就经历着当我们考察本身成为完全另外的东西究竟对于某物意味着什么的时候，我们在第十七章中所遇到的那同一个辩证法。在变为其他的东西的过程中，黑格尔指出，他物一次又一次地变为其他的东西从而事实上**始终保持**为同一个旧有的他物。因此，从逻辑上来看，他物恰恰在变为其他的东西的过程中保持——或者说取得——一种同一性。[3]黑格尔认为，同样的情况也适用于发生在某物的性状上的改变。在被改变的过程中，事物的性状总是成为不同于它所是的样子，从而必然在这种改变中并且通过这种改变而展示出一种**同一性**。就其他事物改变了事物的特征而言，这个同一性是由其他事物来赋予性状的，但它丝毫不因此就不是事物自己的同一性。某物被赋予了性状的特征不过就是该事物**自己的**特征——一种必然在事物同他物的关联中表达出来从而形成事物的规定的特征。黑格尔对于某物的性状向该物的规定的逻辑突变所做的简短描述是这样子的：

> 一旦作为性状的为他存在被孤立起来并被单独建立起来，那么它自身就是他物本身所是的那个东西，就是在它本身之中的他物，也就是它本身的他物；但这样一来，它就是**自身关联着的**定在，因而是带着一种规定性的自在存在，因此就是**规定**。（*SL* 124/1：134［223］）

我们现在看到，某物的规定和性状并非简单地截然不同，而是同一个某物的两个深刻地关联着的方面。一方面，某物拥有一种给其他事物
354 借以能够改变它的种种方式设定界限的属于它自己的规定：水不像纸，无法用热来点燃，而只能用油。因此，某物的性状不只取决于该物所关联着的其他事物的特征，而且取决于该事物自己的规定，这个规定决定着事物可能会以什么样的方式受到他物的影响。正如黑格尔所说的，“外来的规定活动（*Bestimmen*）同时也就是通过某物自己的、内在的规定（*Bestimmung*）而被规定的”。另一方面，某物的规定本身也易于被其他事物所改变、所重组：“性状也属于某物的自在之所是：某物随着它的性状而改变。”[4]

对于黑格尔来说，同一性和“己属性”并非只是一些虚构，而是真实的。事物确实享有一种固有的特征或者规定，使得事物对立于别的某物而是其所是并且能够——至少在最初的时候——区别于其他事物所给予它们的性质。然而，从黑格尔对某物的逻辑的分析中所推断出来的却是，某物固有的特征本身就经历着改变——由该事物的内在的动力**以及**由其他事物的影响所带来的改变。因此，某物的同一性并不绝对地免于其他事物的重组，因而它至多只是**相对地**稳定的：我们说栅栏本身由木头制成，

而油漆由我们给粉刷上去；但我们也说：油漆构成栅栏**本身**所已经成为的东西的一部分。

当然，除了黑格尔以外，其他哲学家，包括斯宾诺莎和康德，也已经提出过主张，认为事物处在一种彼此彻底相互影响的关系中。使得黑格尔的观点与众不同的是这样一个事实，即：他从“是某物”这一观念中为这种相互影响演绎出了必然性。某物关联于另外的事物，影响着另外的事物，也受另外的事物所影响，不是因为它是广延的一种因果性地联结于其他这类模式的有限的模式，也不是因为它是时空性的，受“交互因果性”范畴的支配，而完全只是因为它是**某物**。对于黑格尔来说，“是他关联的”（being other-related）和面向他物的影响而敞开，这些都合乎逻辑地成为某物本身结构的组成部分。

某物范畴真正讲来是相当简单和原始的。当人们说桌子上有“某个东西/某物”时，他们并没有说出很丰富的内容。然而，黑格尔却表明，某物范畴——以及相应地，**是**某物——蕴含着比人们最初所可能设想的要多得多的东西。尤其是他表明每一个某物都不可化约地是关系性的——无论它是一种物理的、化学的还是有意识的存在。这是因为，事物必然是有规定的，而所有的规定性——是这个而**不**是那个——都将所涉及的事物置于同他物的关联中。因此，每一个某物都“向同他物的关系敞开”，因为从逻辑上来说，它自己的存在和同一性是不可分离于**否定**的。

在这里，注意一下黑格尔和康德之间的一个根本差异是很有价值的。355
康德也承认事物——至少如其为我们所经验到的那样——处在一种相互影响的关系中。在他看来，这是由于这样一个事实，即：尽管我们先天地知道经验对象是在时空中关联着的，但是对象在时间和空间中的相对位置只有当它们被理解为是彼此施加了因果性的影响的时候才能够被建立起来（*CPR* 304－19/241－63［B 232－62］）。然而，康德却坚持认为，没有什么自在之物是抽离出它据以为人所知的种种条件，纯粹由于是其所是而**内在地**（*intrinsically*）同他物相关联的。这并不是要否认自在之物可能处在某种彼此关联中[5]，而是要主张——正如康德在他的整个哲学生涯中所主张的那样——任何可能存在于自在之物或者纯粹理智的对象之间的关联都是由上帝所建立起来的，并不植根于事物本身的结构中。

在第一批判中论述反思概念的歧义的那一章里，康德明确地提出：

> 在一个纯粹知性的对象上，（按照实际的存在来说）只有那与任何不同于它的东西都没有什么关联的东西才是内在的。与之相反，空间里的一个现象性实体（*substantia phaenomenon*）的种种内在规定则都不过是一些关系，而现象性实体本身完完全全就是这些纯粹关系的一个总和。（*CPR* 369/313 ［B 321］）

终其一生，康德对于自在之物或者自在的实体都持同样的理解，无论是在他的“批判”时期之前还是在这期间。例如，在他的《就职演说》（1770）中，他主张：

> 如果给予实体以杂多性，那么实体之间的一种可能的**交互作用**，其根源就**并不在于它们的存在本身**，而是需要附加某个别的东西，借由它，实体的相互关系能够得到理解。因为这些实体并不单纯由于它们的实存而必然关联于任何别的东西，除非它们关联于它们的原因。[6]

而在他的《新解释》（*Nova Dilucidatio*）①（1755）中，他提出了本质上相同的观点：

> 有限的实体并不因它们的存在本身就处在彼此之间的一种关系中，它们也不因任何交互作用而被联结在一起，除非它们的存在的共同根源，亦即神圣的理智，在它们的交互关系中将它们保持在一种和谐的状态中。[7]

康德对“纯粹知性的对象”的这种“新莱布尼茨主义的”理解——不是如它们为我们所知的那样而是如我们必须将它们设想为在自身中那样的对象——绝不是明显地荒谬的。无疑，如果我们抽离一切时空的和经
356 验性因果的关系来考察一个事物，并纯粹就它自身来设想它，它将被理解为缺乏一切关联性难道不是很明显吗？某物怎么能够纯粹**就它自身**就被构想为是关联于**别的**某物呢？

---

① 全称为《对形而上学知识基本原理的新解释》（*Pricipiorum primorum cognitionis metaphysicae nova dilucidatio*）。——译者注

然而，黑格尔的主张恰恰就在于：每一个某物——抽离出时间、空间以及经验性因果来构想——都是完全通过自身而是他关联的。这是因为，在黑格尔看来，每一个某物都是由**否定**使之成为有规定的。某物关联于另外的事物，并非只是因为他物恰好在空间上被置于它旁边，或者因为上帝在预定的和谐中创造了一切事物；某物关联于另外的事物，是因为它**从逻辑上来看**就是有规定的、否定的，并因此在**自身**中是关系性的。这也就是说，“某物**出于自身**（*aus sich selbst*）而与他物发生关系”（*SL* 125/1：135［225］）。因此，尽管看起来自相矛盾，黑格尔的主张却是：假如世界上只有一个事物的话——事实上这完全不可能（*per impossibile*），那么这一个事物的逻辑结构单独地就会要求至少有两个某物，并要求其中每一个都处在否定、差异以及（正如我们在对规定和性状的描述中所看到的）同他物相互影响的关系中。[8]

界限

对某物的规定和性状所做的分析已经揭示出，在一个事物中没有什么东西不是直接关联于它的他物的。同他物的关联弥漫于某物的整个领域。这种关联是每一个某物借以在他物的性状上带来改变的一种关联——也就是每一个某物借以在某种程度上积极地**否定**他物的一种关联。可是某物否定他物，不仅是通过改变它，而且也是通过有别于——从而不是——那个他物。实际上，某物只有在它本身不同于——从而**不是**——它所关联的他物这个意义上，才能改变——或者说使得某物**不同于**——它所关联的他物。假如它并不是有别于他物，那么它就不会在那个他物上施加任何**不同**于那个他物的东西，从而也就不会将那个他物改变为或者“他异化”为新的某物。一个事物否定——也就是改变——另一个事物的性状的能力取决于它否定——也就是有别于——那个他物这一事实。

结果就是，如果某物在它存在的最核心处于同它的他物相互影响的一种直接关系中，那么它就也必定在它存在的最核心有别于并**否定**那个他物。某物在它最本己的存在中必定在两个意义上否定地关联于它的他物：它必定影响着它的他物又受其影响，**并且**在其核心中它必定**不是**那个他物。这就是我所理解的，当黑格尔说否定现在被承认为是“**内在**于某物”时（*SL* 125/1：134－5［225］），他所意谓的东西。

说否定内在于每一个某物，就是说某物**彻彻底底地**是对它的他物的否
357 定，也就是说没有什么关于某物的东西不是对它的他物的否定的。这也就是说，某物只在它每一个方面都**不是它的他物**这一程度上，才是某物：“某物的质……就是对它的他物进行否定，因为正是作为对它的他物的这种扬弃，它才是某物”（*SL* 125/1：135［225］）。这并不是要将某物还原为单纯的否定或规定性。某物是并且始终是自身关联着的否定或者否定之否定。然而同时，我们现在也看到，在是自身关联着的或者双重的否定的时候，某物必定也是对它的他物的**简单的**否定。

黑格尔指出，这使得某物以一种单纯地是“某物”所不具备的方式成为有规定的。就一个事物仅仅是某物而言，它只不过像任何其他的某物一样。每一个某物都是某物，当然，每一个某物也都不同于它的他物。因此，在单纯地是“某物”中，有一种结构上的不确定性因素。然而，当某物被构想为是对它的他物的彻底的**否定**时，某物也就获得了更大的确定性：它清楚地是**这一**某物，而**不**是任何其他的某物。由于某物彻头彻尾地是它的他物的否定，它也就将他物从它自身中完全排除出去。它根本就不是它与之关联的他物；这一个某物，实际上就是任何其他的某物终止于其上的点。

以这种方式所构想的某物，正如黑格尔所指出的，就是“**在它上的他物之终止**（*das Aufhören eines Anderen an ihm*）”（*SL* 126/1：135［225］）。这并不是说两个某物不能拥有某些共同的特征；它们可以，例如，既是红色的又是木头制作的。然而关键在于，某物只有在它以某种方式明确地**不**是另一个某物所是的红色与木制的时候，也就是只有在它将自身排除于他物所是的无论什么东西之外的时候，它才是有规定的。黑格尔主张，以这种方式理解某物和它的他物，也就是将它们每一个都设想为是构成他物的**界限或边界**（*Grenze*）。因此，无前提的逻辑学得出这一结论：某物必须不仅关联于它的他物并影响着它的他物，也必须限定它的他物并受它的他物所限定。

即便按照黑格尔的非同寻常的标准来看，界限的逻辑结构都是很复杂

的。第一，界限是任何一个某物中都具有的彻底的否定环节，该环节将某物从任何一个他物中分隔开来。这种否定被视为**界限**，是因为它是这个某物当中另外的某物止步于其上的点。它是某物当中使得某物是这个而明确地**不**是那个的那样一个方面。第二，然而界限也将某物同它的他物捆绑在一起，因为它是属于某物自身的"不是**他物**"环节。因此，某物与他物相联结，因为只有在限定他物的时候，某物才是其所是。此外，如果说界限是这一某物在其上开始而那一某物终止于其上的一个点，那么它同时也就是那一某物在其上开始而这一某物终止于其上的一个点。这也就是说，它是每一个某物在其上将自身从它的他物中分隔开来从而否定它的他物的一个点。因此，界限实际上同时既属于某物**又**属于它的他物。它是它们的共同边界——它们每一个都拥有的"不是他物"环节。

第三，在限定它的他物的时候，某物并不只是这个他物的简单的否定，而且是自身关联着的否定，或者在它**自己的**范围内的某物。用黑格尔 358
的话来说就是，某物"被建立为否定地同他物发生关系因而自身保存着的"（*SL* 126/1：135［225］）。因此，每一个某物，在限定他物并与他物分有一个边界的时候，都始终是从他物中**分离**出来的某物；它始终完全**不同**于他物。实际上，正是作为他物之他物，某物才是它**自在**（*an sich*）之所是。我相信，这就是黑格尔在他的描述中，借由许多谜一般的从句中的一个从句所表达的观点："这个他物，某物的这个作为否定之否定的自内存在，就是它的**自在存在**（*Ansichsein*）"（*SL* 126/1：135［225］）。

第四，然而某物只有在它不仅不同于它的他物而且也是他物的明确的**否定**或**界限**的时候，它才能同另外的某物区分开来。某物是它自在之所是，但"同时，这种［对他物的］扬弃作为单纯的否定，亦即作为它对外在于它的其他某物的否定，也**在它上**（*an ihm*）"（*SL* 126/1：135［225］）。因此，某物只有在限定并否定它的他物时才是一种**有规定的**某物。

如果将所有这些要点放在一起，我们就会看到，对它的他物进行着限定的某物，既与这个他物相分离但也（恰恰因为有别于这个他物而）与之相联结，而界限由于这一缘故就是一种高度复杂的逻辑结构。黑格尔在这尤为简洁的句子中总结了界限的几个基本特征：

> 存在着它们［某物和它的他物］的**单独一个**规定性，既与某物作为否定之否定的自内存在相一致，又由于这些否定作为一些其他的某物彼此对立的缘故，而出于它们自身将它们联合起来同样又分离开来，每一个都否定着他物，——这个规定性就是**界限**。（*SL* 126/1：135［225］）[9]

要恰当地理解界限的结构，重要的是要记住，界限构成**某物**之简单的**规定性**。然而，要准确地领会这其中所包含的东西，人们就必须记住，在是“有规定的”和是“某物”之间有一种逻辑的区分。我们记得，规定性就在于简单的否定——黑格尔称为“**第一个**否定”的东西（*SL* 116/1：124［209］）。相比之下，某物并非仅仅是规定性，而是**自身关联着的**否定——双重的否定，或者“否定性”。正如黑格尔在 2. A. c 中所强调的，
359 “**某物**是作为否定之否定**存在着的**”（*SL* 116/1：124［209］）。在简单的否定和双重的否定之间做出这一区分的时候，黑格尔并非只是在玩弄语词，而是在指出，某物必须是有规定的——从而蕴含着否定——但却无法只是如此，因为它是**自身关联着的**存在，这种存在是属于它**自己的**某物。某物终究是那种并**不**只是否定的否定或者规定性。不可否认，这是构想某物的一种不同寻常的方式。然而，在无前提的哲学中，它却是我们有可能构想某物的唯一的方式。

带着某物是它的他物的限定或简单的否定这一认识，我们现在已经达到了这样的思想，即：某物并不单纯而简单地是某物——并非只是自身关联着的存在——而是某种**有规定的**东西。正如我们已经看到的，某物借以证明自己是有规定的这个过程在逻辑上是必要的。可它却导致一个在结构上模棱两可的新的范畴——关于界限的范畴。界限是一个悬而未决的东西，恰恰是因为它构成了按照定义来看并**不**是单纯的规定性的那个东西的规定性，也就是说，构成了**某物**的规定性。在一个有规定的、限定着并受限定的某物的结构之内的这一张力，立刻就将某物牵到了两个不同的方向上。

一方面，规定性或否定环节——界限——不可改变地属于某物自身。某物作为否定之否定，同时也是对它的他物的简单的**否定**；这就是为什么

黑格尔说："存在着它们的**单独**一个规定性……与某物作为否定之否定的自内存在相一致"。另一方面，作为否定之否定，某物**不**是它所是的那个否定；它并非只是另一个某物的界限，而是一个凭借自身力量的自身关联着的某物。因此，从逻辑上来看，某物将它自身与它必然要同他物分有的界限区别开来，并将自己置于该界限"之后"或者"之外"。然而，只有在限定它的他物并被它的他物所限定的时候，它才是一个明确与众不同的某物。一个有规定的某物因而就在结构上与使它成为它自己的那个界限扞格不入。它的规定性与它的"某物性"不可分离，可它们却彼此抵触：某物与它的规定性或界限相一致，可同时又与之**不**相一致。这并不只是一个我们对界限的理解的问题。在黑格尔看来，它是在有规定的、限定着并受限定的某物的结构之内的一种本体论的张力。实际上，正如我们将看到的，它是一种将会把某物合乎逻辑地转变为**有限的**事物的张力。

规定性的不同程度

在我们继续更详尽地考察界限之前，我们必须考察一下本研究的读者可能已经注意到的另外一个问题。我们已经说过，某物在被限定的时候成为有规定的。然而，我们之前不是也曾经说过，某物在将它自己区分为自在存在和为他存在的时候成为有规定的吗？如果某物在这两种情况中都是有规定的，那么某物作为另外的事物的界限这种观念又有什么新意呢？

不得不说，关于某物的这些范畴或者子范畴，它们之间的差异是相当微妙的。事实上，麦克塔格特就承认："区分的微妙在这个时候是如此之甚，以至于我必须坦诚我只拥有对其中含义的非常模糊的概念。"[10] 然而在我看来，如果我们密切地注意黑格尔构想每一个范畴的方式，我们就能够察觉到这些范畴之间的重要的差异。 360

我们记得，"某物"和"他物"被定义为自身关联着的存在、规定性，或者否定。是"他物"比是"某物"要更加明显地是否定的，但两者首先都包含着自身关联。这就是为什么我们将某物和它的他物设想为是完全彼此分离的原因。

当某物不只是被设想为一般意义上的某物，而且被设想为那**不**是其他的东西的某物的时候，某物也就开始被设想为是**有规定的**。这发生在对“本身的他物”所做分析的结尾（在 2. B. a. 1 的最后一段中）。在这里所出现的是某物的自在存在和为他存在之间的区分。某物的这两个方面使得某物成为有规定的，因为它们明确地将对他者的**否定**吸收进某物之中。某物是为另一个东西的，或者说，是同另一个东西相关联的，就“它在根本上是与非定在**一致的**，又在根本上是与非定在**不一致的**”而言。同样地，某物的自在存在是“为他存在的**非存在**”（*SL* 119－20/1：127－8［215］）。[11]

这就是问题产生之处：某物之规定性的这一形式如何区别于由界限所表达的规定性的另一形式呢？我认为，答案就在这一事实中：就某物分裂为自在存在和为他存在而言，它最初是有规定的，但还不是充分地有规定的。实际上，某物是有规定的和否定的，但还不像它被限定的时候那样彻底而明显地是有规定的。

某物的规定性仅仅开始浮现于自在存在和为他存在之中，它的标志在于这样一个事实，即：明显呈现于某物中的否定环节同时也是温和的，甚至部分地是隐藏着的。某物，当它被理解为是自在的又是为他的时候，它并不只是被构想为一般意义上的某物，而且是被构想为对他者的明确的否定。然而，某物当中的这一否定环节是以一种离奇地柔和的形式呈现出来的：某物区别于它的他物从而否定它的他物，只就它**关联**于它的他物因而从它的他物中**撤回到自身**而言。

关联于一个他物和从一个他物撤离是两种“**不**是他物”的方式，但它们却是实际上**肯定的**而非充分地否定的两种“不是他物”的方式。正
361 如黑格尔在 2. B. b. 3 中所指出的，“**为他存在**是某物和它的他物的一个不确定的、肯定的（*affirmative*）共同体”；它仿佛就在于同他物相接触而非将他物摒除于外（*SL* 126/1：135［225］）。同样地，尽管某物的自在存在将一切不同于该物的东西都摒除于外，它也只是通过从他物撤回到该物自己的自身关联着的存在，而非通过突破常规来积极地排斥他物而这么做。拟人地来做一个类比就是：某物本身背对他物而只注意自己；它并没有寻求他物以便积极地把它推开。

在是其自在之所是和为他之所是时，某物无疑是有规定的从而**不是**一

个他物，但它不是在一种彻底否定的方式中对他物的否定。它的独特的规定性就在于肯定地**是它**所是的某物而非另外的事物；这也就是说，它的规定性就在于占有属于它自己的一种固有的同一性并以一种独特的方式关联于他物。这种规定性并不在于整个地**否定**掉他物并将他物从自身中**排除**。

相比之下，界限使得某物肯定地是其所是**并且**同时将之转变为对它的他物的完全的否定。当某物被揭示出是受到了限定的时候，这就意味着否定环节在某物的规定性中成为充分显而易见的。在界限中，某物不再占有单纯的为他存在，而是“为他的**非存在**，即他物的质的否定突显了出来”（*SL* 126/136［225］）。尽管对他自己的解释技巧信心不足，麦克塔格特还是很好地理解了这一点。他也同意，通过其界限，某物取得了“一定的稳定性和排他性”[12]。

某物观念的逻辑的发展因而就是某物证明自己并非只是肯定地是其所是而是在同等程度上既是肯定的**又**是否定的这么一个过程。这一发展经过了以下几个阶段：（1）在某物本身中，包含了否定或规定性环节但该环节却是隐藏着的，因为某物是这样一种否定，该否定并**不**只是否定而是**自身关联着的**否定。在这一阶段，某物是一个无规定的某物一般。（2）在作为自在存在和为他存在的某物中，否定或规定性环节得以明确：某物现在被构想为在“**不是他物**”中的存在本身，从而被理解为一个有规定的某物。然而，否定环节还缺乏一种彻底否定的外观，因为某物将自身区别于它的他物因而“否定”它的他物，是通过肯定地是**自身**并且以一种肯定的方式与它的他物相沟通，而不是通过整个地排除他物。（3）在带着界限的某物中，否定或规定性环节已经明显地是彻底**否定的**了。限定着并受限定的某物因而既是自身关联着的否定，同时**又**是对它的他物的简单的否定与排斥。它是**充分**规定了的某物。 362

正如我们已经看到的，从第二阶段向第三阶段的过渡是规定和性状这两个范畴使之成为必然的。在其规定中，某物肯定地保持自身，尽管它的自在存在和为他存在之间的差异开始瓦解。相比之下，在其性状中，某物受到他物所带来的改变的支配。伴随着某物被他物改变（并且转而改变他物）这一观念，某物和它的他物之间的关系也就从一种主导性的肯定的沟通与开放转变为一种**积极的否定**。这是因为，当在一个他物中引起改变的时候，某物通过自身恰恰将他物看作它所不是的。

仅仅被构想为关联于他物的某物在它有别于这一他物的意义上来说已经就是对这一他物的否定了。但是这种否定、差异和规定性却采取了一种尤为肯定的形式：某物通过以一种独特的方式**面向**（*open to*）——或者**为了**（*for*）——它的他物而有别于这一他物。然而，一旦某物被理解为在它的他物中引起了改变，同他物的这种肯定的关系就具有了一种公开得多的否定的特征。因此，带有性状的某物实际上是一种**否定的**某物。

当事物的规定和性状被表明为瓦解于彼此之中的时候，事物也就被揭示出在它的最核心部分是彻底地否定的，因为它证明自己必然要在它的存在的每一个方面被他物改变，并且反过来要通过它的存在的每一个方面来改变他物。某物因而被理解为**如同**对它的他物的直接的、径直的否定一样，是一种肯定地自身关联着的某物。现在，就某物是它的他物的彻底的否定而言，某物必定完全有别于这一他物。这就意味着，它必定将他物从自身中完全排除出去。这反过来也就意味着，他物实际上必定**停止**于某物开始的地方。某物因而必定是他物的**界限**。这样一来，潜藏在作为否定之否定的某物的结构中的简单的否定环节最终就被予以公开，而某物就在同它的他物的完全的区分（尽管也是完全的不可分离）中获得了完全的规定性。然而，正如我们打算要去看的，这一规定性毫无疑问是模棱两可的。[13]

界限模棱两可的本性

某物受制于作为施动者的他物所带来的改变，它的自在之所是并非密不透风地与外界隔绝，而是易于受到其他事物的修改。然而，就某物是充分地有规定的而言，它将自身从作用于它的他物中划分出来从而给他物**划**
363 **定界限**。黑格尔在 2. B. b. 3. α 中开始他对这种限定活动的逻辑结构的详尽分析。他在这里所指的限定活动首要的是对每一个某物都关联于之的**他物**所做的限定活动。每一个某物都将它的他物排除于自身之外，从而仿佛是那个他物止步的地方，是他物不再存在的地方。某物自己的存在因而就是“他物的非存在”，并且在这个意义上来说是他物的界限（*SL* 126/1：136［227］）。

请注意，黑格尔在这里所考察的是，某物**在质上**而非仅仅**在空间上**限定他物究竟意味着什么。当某物自己的典型的质——它之**所是**——排除他物的典型的质而无论两者可能有什么空间上的关联时，某物就是它的他物的质的界限（qualitative limit）。在《全书逻辑学》中，黑格尔举了下面这个例子来说明他的真实想法：“这块地皮是一片草场而非一片树林或一个池塘，这就是它的质的界限”（*EL* 148/197［§92 Add.］）；司退斯同样也指出：“种类与种类之间的边界线就是质的界限。”[14]当然，相反的两种质也可能在空间上相互毗邻：这片草场可能紧挨着那片树林。[15]尽管如此，黑格尔在这个地方所关注的却不是空间的界限本身而是某物在其中是一片草场——正如缪尔所说，“停止其为任何别的种类的土地”[16]——的方式。

于是，某物彻彻底底地就是它的他物的界限。[17]然而，理所当然地，他物反过来也是某物并且本身也必然限定那第一个某物：如果说“是一片草场”阻止某物“是一片树林”（至少只要它的质没被改变）的话，那么“是一片树林”同样也阻止某物“是一片草场”。因此，就某物限定另外的事物而言，它本身也为其他的事物**所限定**。换言之，他物是那第一个某物止步的地方，从而他物就是“**那［第一个］某物的非存在**”。

此外，那第一个某物恰恰是在它限定它的他物的意义上而被那个他物本身所限定的。尽管我们正在处理的是两个某物，可在黑格尔看来，将它们区分又联结起来的却只有**一个**界限。他物止步于此并让位于某物的那个界限，因而也就是某物本身止步于此而让位于他物的点。它就是**两者**都止步于此从而同等地被限定的那个点。这并不意味着某物不再限定他物。这只不过意味着，在限定他物的过程中，某物本身也被限定和否定：A 的界限**同时完全**就是 B 的界限。它们共有的这个界限也就是它们每一个停止是其所是的地方。正如黑格尔所指出的，界限“不只是他物的非存在，还是一个某物以及另一个某物因而一般**某物**的非存在”（*SL* 126/1：136［227］）。

然而，黑格尔立即提醒我们，界限不只是某物止步的地方，它也是这 364

样一个东西，恰恰由于这个东西，某物才**是**其所是从而不是另外的事物。“固然，”黑格尔承认，“由于某物是进行着限定的，它因此也就被降低为是本身受限定的。”可尽管如此，他仍然指出，“某物**通过界限而是其所是**，并**在界限中**拥有**它的质**”（*SL* 126/1：136［227］）。

因此，在受限定的某物的逻辑结构中存在着一种明显的张力：因为某物仅仅凭借它在其上**终止**是其所是的一个界限而**是**其所是。换言之，某物像受惠于他物的非存在一样，**是**（*is*）受惠于自己的**非存在**。界限，正如黑格尔所指出的，因而就是“某物和他物借以既**存在**又**不存在**的中介”（*SL* 126/1：136［227］）。它是某物止步于其上从而不是它所是的那个点，**但也**是某物通过它而是其所是的那样一个东西。假如某物不被他物束缚于，从而带到一个终止之上，它就绝不会是一个有规定的某物。在《全书逻辑学》中，黑格尔提醒我们，这一点无论在自然对象上还是在人类身上都是如此：

> 人，就他想要成为现实的（*wirklich*）而言，必须定在（*dasein*），而为此目的他就必须限定自己。凡讨厌有限之物的人，他绝不能达到现实性，而只会沉溺于抽象，消失于自身。（*EL* 148/197［§92 Add.］）[18]

受限定（being limited）这种必然性已经内在地从有规定的某物的逻辑结构中演绎出来了。然而，我们现在已经认识到，某物实际上根本无法**是**一个有规定的某物，除非它拥有一个界限。这并不意味着，黑格尔之前对某物的分析必定已经一直心照不宣地预设了界限观念。相反，黑格尔主张，所考察的某物的结构无需涉及界限观念就**独自**证明某物必定是受限定的。他首先向我们表明，某物必定拥有自在存在、为他存在、规定以及性状，进而他通过对这样理解的某物的一种纯粹内在的分析表明，某物只有在它也**受限定**的时候才拥有这些特征并且才是其所是。某物的界限或**非存在**对于它的**存在**来说是本质性的这一事实，因而就是由某物自身复杂的有规定的存在所确立起来的。

黑格尔告诉我们，在 2. B. b. 3. α 中所描述的某物和它的界限之间的这种模棱两可的关系，是这样一个事实的“外在表现”，这一事实就是：某物和它的界限这两者实际上拥有相互冲突的逻辑结构。我们在前面

（参见第358—59页）曾经提出要注意这一差异，但现在黑格尔自己却明确地提到它。“界限，”黑格尔写道，“是单纯的否定或**第一个**否定，但他物却同时也是否定之否定，是某物的自内存在。”（*SL* 126－7/136［227］）某物只有当它是它的他物的简单的否定时，才能是有规定的。然而，就它是**某物**（或者他物）而言，它又是双重的否定从而**不**是它所是的简单的否定。这转而也就意味着，就它是对它的他物的简单的否定而言，某物不再是它所是的某物并因而是受限定的。因此，即便某物证明自己必然是一个限定了的事物，在是“某物”和是“有规定的”以及“受限定的”之间，仍然有一种根本的**差异**。某物凭借它的界限而是其所是，然而在其界限上它**终止**其为它之所是。 365

在2. B. b. 3. β中，黑格尔更仔细地考察了某物和界限之间的这种纠缠关系。如果说界限就是某物终止从而**不再存在**的那样一个地方的话，那么某物的**非存在**实际上就必须处在界限本身的这一边。正如黑格尔所说的，“某物在它的界限**之外**（或者，就像人们也把它表达为‘**之内**’一样）拥有它的定在（*Dasein*）”，而“他物也同样——因为它是某物——在界限之外”。某物的存在和非存在因而“落在彼此之外”。这转而也就意味着，界限必须是两个某物的存在**之间**的中点。“界限，”黑格尔说，“就是两者**之间的中项**（*Mitte*），在其上两者都终止。”实际上，黑格尔宣称，界限既不同于某物也不同于它的他物，结果就是它们“在彼此的**另一边**（*jenseits*）以及它们的界限的**另一边**拥有它们的**定在**”。某物**凭借**它的界限而是其所是，但它本身却处在界限的这一（或者说那一）边（*SL* 127/1；137［227］）。

这一重要的结论是由界限本身的逻辑结构使之成立的：如果说界限是某物和它的他物都**终止**于其上的共同的点的话，那么它必然落在它们两个的**存在**之间从而形成它们之间的一条边界。这一边界是质的意义上的而非空间的意义上的：它只不过是草场和树林在其上都不再是其所是的这样一个点。当然，这样一条边界也能采取空间的形式——草场和树林之间实际上有一条物理的分界——但黑格尔心里所想的却是质的界限。因此，界限本身合乎逻辑地**脱离**某物和它的他物的各自存在，并且表明自身是不同于它落在其间的这两个存在领域的。它是由两者各自的终止或“非存在”

所构成的一条在它们中间的质的边界。

然而，认识到这一点非常重要：界限并不是除了某物和它的他物之外的第三个“事物”。在我们所考察的关系中只有两个事物，而界限只不过是它们两者所共有的边界。就像伯比奇所指出的，正是“一物变为他物的**过渡**之点”或者“彼此接触的交互点”联合了两者又分开了两者。[19]这样的界限既属于某物又属于它的他物，就像连接两个正方形的线属于这两个正方形一样。

可如果事实是这样，那我们怎么能说界限或边界处在两个事物“之间”呢？因为它形成为两个事物的组成部分，所以严格来讲它不能处在两个事物之间；但我们却可以说它处在两个事物各自的**存在**之间。为了理解黑格尔在这个地方的分析中所提出的观点，我们必须做出一个区分：一方面是作为整体的某物和他物；另一方面是这两个事物各自的**存在**，或者说是它们各自的简单的**定在**。将两个事物彼此分离（因而也彼此联结）的界限并不落在被视为整体的这些事物之外或者之间，而是不可分离地属
366 于它们。可与此同时，界限又是每一个事物都在其上停止其存在的那样一个点，并且作为一个点，它必须本身区别于两个事物各自的**存在**。于是，我们可以说界限处在一个事物的肯定的**存在**（*Dasein*）① 或质和另一个事物的相应的**存在**之间，而每一个事物的肯定的存在都可以说是处在这一界限的要么这边要么那边。

界限肯定不是落在某物和它的他物之间的一个第三者，而只不过是一物向另一物过渡的点——两个事物之间逻辑的（尽管不必是空间的）接触的点。尽管如此，界限仍是每一个事物停止于其上的点、每一个事物的**非存在**，处于每一个事物的**存在**之间。因此，两个事物在它们共有的边界线之内——或者共有的边界的另一边——**是**其所是。表象的思维或者 *Vorstellung* 执着于界限落在每一个事物的存在之间这一观念，但却认为界限是完全分离于这些事物本身之外的。结果就是，它将事物之间过渡的点变成了一个实际的**东西**：它想象着在两个事物之间总是有一条线、一道沟，

① 霍尔盖特写的是 being（存在），但括号中标注的是 Dasein（定在）。——译者注

或者一道坎——这种想象当然只会带来更进一步的问题，那就是：如何在这三个事物的其中两个之间构想界限呢？[20]然而，界限不可能是这样一个第三者，因为它并非**在完全的意义上**不同于某物和它的他物，而只不过是它们共有的**否定**或者 *Nichtsein*（非存在）。因此，界限无法将自身"他异化"为存在着的某物。它仅仅是一种联结着两者的"到此为止"或"终止存在"，处于每个事物的各自的存在**之间**，但同样又构成作为整体的每个事物的一个本质性的组成部分。它是每个事物都**借助它**而是其所是的共同的边界。表象的思维由于将界限变成一个第三者而忽略了这一事实从而未能看到：从逻辑上来看，界限是一种深度矛盾的结构。[21]

处在受限定的事物的核心中的矛盾在于：某物在它的界限之内或者它的界限的这一边而是其所是，但若没有界限某物则又无法**是**一个独特的、有规定的事物。因此，没有哪个事物纯粹由于它自己的存在而是其所是，而是每一个事物都需要被限定从而到此为止以便是一个有规定的事物。正如黑格尔在他 1808 年的《哲学全书》里所指出的，某物和它的他物

> （1）有别于界限或它们的差异（这个差异是它们的一个中项，它们外在于这个中项而是某物）。但（2）界限又属于它们本身，因为这是**它们的界限**。[22]

黑格尔在他的说明的一开始就提醒我们注意界限的这种固有的模棱 367
两可：界限，他说，"将自身展现为……纠缠和矛盾（*Verwicklung und Widerspruch*）"（*SL* 126/1：136［225］）。这一矛盾并不只在我们关于界限的概念中，而且在受限定的**存在**的结构中。一方面，界限是某物和它的他物都终止于其上的一个点，处在某物和它的他物的存在或者定在之间。就界限是两者各自的**非存在**而言，它并不属于它们的存在本身而是落在它们各自的存在之间。它们各自的存在因而就处在它们共有的边界之内或者另一边。另一方面，界限除了它所联结与分开的两个事物之外又什么都不是，而是不可化约地属于它们两者。它是一条每个事物都停止于其上且各自都借以获得一种确切的同一性的共有的边界。

用最简单的形式来说明这一点，结果就是：那并**不**属于某物之简单存在的界限，**确实**属于事物的整个的同一性，因为它是事物唯独借助它才是

其所是的那个**非存在**。因此，一个事物发现它的同一性和存在，并非只在它是其所是的时候，也在它拥有一个它的存在停止于其上的界限的时候，这是一个它自己的存在在其上被另一个事物所终止、所否定的界限。

从受限定的存在到有限的存在①

界限已经证明自己既是某物也是它的他物的一个必然环节，但又不同于从而也不属于它们的存在本身。在论述界限的结束段落（2. B. b. 3. γ）中，黑格尔考察了从他刚才所已经做过的分析里必然得出的两个关于受限定的事物的特点：某物在它的界限之内或之外是其所是这一事实，以及某物没有界限就不具有定在这一事实。

某物的自在之所是处于它的边界之内。然而，黑格尔却指出，某物当它在它的边界之内或之外从而**远离**它的边界的时候，实际上还是一个“未受限定的”某物或者单纯的定在（*Dasein*）本身。它不是虚无，但它还缺乏从受他物限定而来的真正的规定性。因此，它并不拥有固有的特异性（proper specificity），也没有明确地区别于任何别的事物。它只不过是某物或他物本身，**就像任何其他的事物一样**。某物在其中纯粹是其所是的那个方面因而未能授予它这样一种同一性，该同一性有别于任何别的事物的同一性。这也就是说，某物在它的边界之内所享有的定在，本身未能真正使它成为**有规定的**。[23]

可我们无疑已经看到，某物并不只是处在它的边界之内或之外，而且是**恰恰由于**这一边界才是其所是。因此，某物并不只是一种不确定的、未受限定的东西，而且是**带有**一个确定的界限的东西。正如黑格尔不太优雅地指出的，“直接的定在，现在却带着作为界限的规定性而被建立起来”（*SL* 127/1：137［227］）。正是通过这一界限，某物才获得了它的特异性，
368 是这样而不是那样。然而，黑格尔也指出，界限实际上也并不像它最初看起来那样多地将一个事物予以突出并使之特殊化，因为界限是两个事物之间的**共同的**边界。因此，界限给予每个事物以相同的逻辑形式：“是一**受**

① 也可以翻译为“从是受限定的到是有限的”。——译者注

限定的事物”这一逻辑形式。由于界限同等地既是一个事物也是其他事物的界限，它就将每一个事物都转变成他物的镜像，从而有效地剥夺了每一个事物的特异性。

如果我们回到每一个事物的存在实际上都处于它的边界**之内**这一观念，那么我们马上就会再次面临一个事实，即：这种在界限之外的内在存在并不比一个事物的受限定更加地使这个事物区别于另外的事物。因此，我们似乎走进了一条死胡同。只有作为受限定的，某物才是有规定的，才明确地区别于另外的事物；作为受限定的，某物在其界限**之内**（*within*）但又**透过**（*through*）① 其界限而是其所是；然而，无论哪种方式，某物都证明自己和它的他物是相同的，从而根本不是一个有规定的、特殊的事物。②“是受限定的”这一逻辑结构由于两个原因而是矛盾的。一方面，带着一个界限的某物既在它的界限之内（或之外）又透过它的界限而是其所是。另一方面，正如我们现在所认识到的，“是受限定的”从某物身上剥夺了它授予该事物的规定性。某物和它的他物表明它们作为受限定的并不比它们作为单纯的“某物”和“他物”要更明确地将它们给区分开来。

实际上，某物和它的他物表明它们是**等同的**：在它们的界限之内它们都是定在本身（或者简单的某物），而透过它们的界限它们又都是受限定的。然而，“是有规定的”和“是受限定的”却构成某物和它的他物借以成为相同的东西的两种**不同的**方式。于是，黑格尔将定在和界限称为某物和他物这两个事物的“双重的同一性”。他的观点并不像米勒的错误翻译

---

① 在这里，我把 through 翻译为“透过”而非更常用的“通过”，是因为黑格尔用这个词想说明的是：事物借助界限而赋予自身一种同一性，这并不意味着它安然无恙地处在界限之内对界限不予触碰，而是必须打破界限、突破界限。我想，“透过”似乎比“通过”要更适合表达这个意思。——译者注

② 这一结论是从上一段“界限实际上也并不像它最初看起来那样多地将一个事物予以突出并使之特殊化，因为界限是两个事物之间的**共同的**边界”以及“由于界限同等地既是一个事物也是其他事物的界限，它就将每一个事物都转变成他物的镜像，从而有效地剥夺了每一个事物的特异性”而来的。“无论哪种方式”指的是无论某物在界限之内是其所是还是透过界限是其所是。——译者注

所暗示的那样，认为“是有规定的”和“是受限定的”彼此等同，而是说它们每一个都构成某物和它的他物借以彼此等同的一种不同的方式。[24]实际上，注意到这一点至关重要：定在本身——某物和它的他物在它们的界限之内所享有的存在——和受限定的存在两者本身并**不**等同，相反，它们都是“彼此的否定者（*das Negative*）”。毕竟，界限既是某物也是它的他物的**否定**或**非存在**；它是在其上它们的存在终止从而两个都不再是其所是的那个点。

由于某物和它的他物现在已经表明它们是彼此等同的，需要我们注意的就不再是它们两者之间的关联了。关注的焦点毋宁切换到了由它们两者所平等地构成的关联上，也就是切换到了它们的定在和它们的非存在或界限之间的关联上。这并不是说，某物和它的他物现在已消失不见。然而，
369 它们的彼此关联——每一方都借以限定另一方的那种关联——的逻辑结构却引导我们去考察在它们两者中都是一样的那个存在和非存在之间的关联。这也就是说，我们的关注现在指向赋予**每一个**受限定的事物以特征的那一矛盾的逻辑结构。

正如我们所回想到的，处于“是受限定的”之核心位置的根本性矛盾在于：某物的存在处于界限之内或之外，可某物又只有**透过**该界限才是其所是。黑格尔指出，这就意味着每一个受限定的事物实际上都因是其所是而“超出自己之外”：因为就某物只有透过它的界限才是其所是而言，凡**远离**该界限的东西都必须**超越**自身指向作为事物的存在之真实内核的那个界限。这转而也就意味着，某物在它的界限的这一边所享有的存在合乎逻辑地包含着它自己的**非存在**或**到此为止**，从而必然否定自身。自我超越和自我否定因此就是任何一个受限定的事物的固有特征：

> 某物只在界限中才拥有它的定在，而既然界限和直接的定在这两者同时也是彼此的否定者，那么只在其界限中才有的那个某物就同样自己与自己分离，超出自己而指向它的非存在（*über sich hinaus auf sein Nichtsein weist*），并将这个非存在表达为它的存在从而过渡到非存在中去。（*SL* 127/1：137［229］）

一个事物仅仅通过超越它的存在指向它的非存在而是其所是的这一

性质，也就是**有限性**。有限性，对于黑格尔来说，因而就构成了存在的一个要件。这是因为存在必然包含着“是受到限定的某物”，并且

> 一个带着它内在的界限而被建立为它自身的矛盾的某物——通过这个矛盾它被驱迫推动超出自身——就是有限物。(*SL* 129/1：139［229］)

在下一章中，我们将更仔细地考察有限性究竟包含了一些什么。

注释：

［1］Howells，Derrida：*Deconstruction from Phenomenology to Ethics*，p. 85.

［2］D. F. Krell，*Of Memory*，*Reminiscence*，*and Writing*：*On the Verge*（Bloomington：Indiana University Press，1990），p. 205.

［3］Hegel，*SL* 118－9/1：127（213），以及上文第十七章第 328－30 页。

［4］参见 Burbidge，*On Hegel's Logic*，p. 50。

［5］参见上文第十八章第 241 页。

［6］Kant，*Theoretical Philosophy*，*1755－1770*，p. 402（§17）.

［7］Kant，*Theoretical Philosophy*，*1755－1770*，p. 40（Prop. XIII）.

［8］参见 Hegel，*EL* 148/197（§92 Add.）：“在某物上，立即就能发现他物，并且我们知道，不仅有某物，而且也有他物。”

［9］参见 Rinaldi，*A History and Interpretation of the Logic of Hegel*，p. 151。相比于保罗·盖耶尔，我并不相信界限将事物的“独立”（*Selbständigkeit*）完全剥夺了，倒不如说，我相信事物证明自己**在**受限定**时**才是独立的。受限定的某物，对于黑格尔来说，就是在“不是另一个”中的属于它**自己**的某物；它既是肯定的也是否定的——作为非树林的一片草场。这是因为，受限定的事物既是一个自身关联着的某物，同时**又**是对另一个事物的确定的否定。参见 P. Guyer，“Hegel，Leibniz und der Widerspruch des Endlichen，” in *Seminar*：*Dialektik in der Philosophie Hegels*，p. 257。

［10］McTaggart，*A Commentary on Hegel's Logic*，p. 26.

［11］在《全书逻辑学》的§92中，黑格尔似乎将自在存在同规定性区分开来，暗示自在存在实际上不是某物的规定性的一部分。然而，在§91中，他又将自在存在等同于“质本身的**存在**”，并且将质本身定义为“**肯定的**（*seiend*）规定性”（我修改过的翻译）。因此，很明显，他确实将自在存在视为某物的规定性的一部分，尽管他也认识到，如果自在存在完全从事物的为他存在中抽离出来被设想，它就成了无规定的。参见 *EL* 147－8/196－7。

［12］McTaggart，*A Commentary on Hegel's Logic*，p. 27. 亦参见 Hegel，*VLM* 88。

［13］因此，泰勒正确地指出，否定的“对比的”和“交互的”两种意义之间的差异在界限范畴中被取消了。然而，相比于泰勒，我认为在这一取消中并没有什么不合法的东西，因为黑格尔证明差异在性状中本身成了**积极的**否定。参见 Taylor，*Hegel*，p. 236。

［14］Stace，*The Philosophy of Hegel*，p. 143.

［15］参见 Harris，*An Interpretation of the Logic of Hegel*，p. 103。

［16］Mure，*A Study of Hegel's Logic*，p. 47. 相比之下，托尼森反倒相信黑格尔确实是在空间的意义上构想界限的，参见 *Sein und Schein*，p. 269。

［17］参见 Hegel，*EL* 148/197（§92 Add.）：“界限毋宁贯穿于整个的定在。”亦参见 Taylor，*Hegel*，p. 236，以及 Lakebrink，*Kommentar zu Hegels Logik*，p. 122。

［18］参见 Hegel，*VLM* 88。

［19］Burbidge，*On Hegel's Logic*，p. 51，我的强调。

［20］Rinaldi，*A History and Interpretation of the Logic of Hegel*，p. 151.

［21］某物的界限唯一可以被说成是真正不同于该物的时候，就是当它属于那限定了第一个某物的**其他的**某物的时候——尽管真正讲来，界限是同等地属于这两个某物的。

［22］G. W. F. Hegel，*The Philosophical Propaedeutic*，trans. A. V. Miller，eds. M. George and A. Vincent（Oxford：Blackwell，1986），p. 128（§20）；G. W. F. Hegel，*Nürnberger und Heidelberger Schriften*（*1808－1817*），eds. E.

Moldenhauer and K. M. Michel, *Werke in zwanzig Bänden*, vol. 4（Frankfurt am Main：Suhrkamp Verlag，1970），p. 14.

［23］参见 Burbidge，*On Hegel's Logic*，p. 51。

［24］黑格尔写的是“*diese doppelte Identität beider*，*das Dasein und die Grenze*”（两者的这种双重的同一性，定在和界限），而不是“*diese doppelte Identität beider*，*des Daseins und der Grenze*”（定在和界限两者的这种双重的同一性）。这句话很清楚地表明，定在（*Dasein*）和界限（*Grenze*）各自都是某物和他物的同一性，而不是说黑格尔心里想的是定在和界限它们本身的同一性。参见 Hegel，*SL* 127/1：137（226－7）。

第二十章　有限性：限制与应当

是受限定的和是有限的

370 黑格尔肯定不是第一个主张世界是由有限的事物构成的哲学家。不过他很可能是最早的一个不明确诉诸“创造”这一神学概念就去解释**为什么**存在着有限性的哲学家。像斯宾诺莎一样，黑格尔从他视为最普遍的东西开始，接着进一步宣称这一普遍的东西并不只靠自己维持而且内在于特殊的、有限的事物之中。黑格尔通过将事物理解为自身关联着的**存在**而非自因的“实体”之“样式”而（至少最初在“存在论”中）有别于斯宾诺莎。然而，两位哲学家之间更重要的差异却在于，黑格尔实际上将有限性观念从他视为最普遍的东西中合乎逻辑地**演绎**了出来，斯宾诺莎却并没有这么做。

斯宾诺莎在他的《伦理学》中断言，“从神的本性的必然性，无限多的事物在无限多的方式下都必定推得出来”，但他却从没有告诉我们为什么应当如此。[1]事实上，他并没有解释为什么实体应该拥有许多属性或样式；他仅仅假定事实如此（继承前人，例如笛卡儿的观念），并断言有限的样式必定以实体的本性为原因而样式之间又彼此互为原因。

另外，黑格尔通过以精确的细节展示纯存在如何**将自身规定**为有限性而解释了为什么存在有限的事物。对于黑格尔来说，有限性并非只是事物的一个我们必须视为理所当然的给定的特征；相反，它是事物的这样一种性质，我们能够（通过证明有限性范畴是内在于思想的本性之中的这同一个逻辑的发展）证明该性质内在于存在本身之中因而能够从存在本身中被演绎出来。黑格尔因而先天地证明了斯宾诺莎仅仅假定的东西，亦即：存在并非只是巴门尼德式未经分化的单一，而是特殊的、有限的事物之一个领域。

在黑格尔看来，事物必定是有限的，因为它们是有规定的，并且作为有规定的东西在它们自身之内承受着不可消除的**否定**环节。实际上，有限性只不过是“发展了的否定”或者“推到极致的质的否定”（*SL* 129/1：139–40［231］）。因此，泰勒是非常正确的，当他写道：对于黑格尔来说，“实在为了存在而必须拥有的那个规定性也倾向于取消实在”[2]。我 371
们记得，黑格尔的论证是这样子的：某物是有规定的，并不仅仅由于是它自在之所是并因而关联着另外的事物的缘故，而且是由于明确地排斥他物并为他物设定界限的缘故。然而，在限定它的他物的时候，某物本身也被这一他物所限定；它被它所排除于自身之外的这个事物所停止所否定。因此，某物是有规定的，仅仅由于它在某个时刻——也就是它从质上区别于（或者说在空间上受限于）另外的事物的时候——**终止**是其所是。是有规定的无疑也包含着**是**一个自身关联着的事物从而不是一个纯粹否定的质。然而，黑格尔却坚持认为，规定性至少部分地是否定的，因为它包含着**止步**于另外的事物所开始之处。有规定的存在是一种到此为止并在此遇见其界限的存在，而这一界限转而又不过是那使得某物明确地是它所是之事物的这一某物的非存在。

于是，对于黑格尔来说，“某物仅仅在它的界限**之中**（*in*）并**透过**（*durch*）它的界限才是其所是”（*EL* 148/197［§92 Add.］）。然而，由于界限是某物停止且不再存在之处，该事物的**存在**实际上就必须处在界限本身的这一边。某物必定在它与另外的事物所共有的边界**之内**拥有属于它自己的一个存在。可正如我们所知道的，没有这一界限——**远离**这一界限——事物就不是一个清楚界定了的有规定的存在而只是定在本身或某物本身：某物只有透过它的界限才是真正有规定的。因此，我们必然得出的一个结论就是：即便某物确实在它的边界之内拥有一个属于它自己的存在，该存在也并不穷尽事物的同一性；一个事物并非只是远离一切界限而是其所是，相反，它只有作为**受限定的**才是有规定的。某物在其界限之内的存在因而必然超越自身指向真正使得事物**是**其所是的那个界限。换言之，一个受限定事物的存在之核心并不仅仅是它的存在本身，而且是合乎逻辑地过渡到它的**非存在**。从逻辑上来看，某物只在它**终止**是其所是的意义上才是其所是。

这并不只是我们对某物所下的一个判断。黑格尔并不是说：我们首先在其界限之内来认定某物的存在，然后当我们意识到界限在构造事物的过程中所扮演的角色的时候又进而修正这一评价。黑格尔的主张是：某物在界限的这一边之存在，**本身**就指向作为某物的存在之真正核心的该界限，指向事物的非存在。这也就是说：从逻辑上来看，一个事物的存在是否定自身的。因此，对于黑格尔来说，即便某物被另外的事物所限定，它的存在实际上**自然而然**地就会过渡到它的非存在。某物**通过自身**而遇见它的界限和它的终结，因而它自己的存在就和它的消亡与终结成为一致。正是有规定的、受限定的某物的这一逻辑的特点使得某物成为**有限的**，因为有限物本不过就是那仅仅通过是其所是就走向终结的东西：*das Endliche*（有限物）①。现在我们就可以知道，为什么黑格尔称有限性为“推到极致的
372 质的否定”：有限性仅仅是终结活动（ending）这一性质，这种性质内在于某物被它的**否定**（在它的所有意义上）赋予规定这一事实中。

注意到这一点很重要：有限性并非只是“是受限定的”之另一个名称。有限性是内在于“是受限定的”之中的一种性质，但在逻辑上却与之有别：它并不是被另外的事物所否定这样一种性质，而是通过仅仅是一个事物之所是就过渡到非存在，或者通过一个事物自己的本性就消亡这样一种性质。然而，很多评论者却忽略了这一差异，将“是有限的”和“是受限定的”给等同了起来。例如，司退斯就提出：“是有限的意味着**由于别的某物**而是受限定的”，而麦克塔格特则写道：“界限观念就是……有限性观念，因为它们两者都意味着受限定的事物拥有一个属于它自己的本性，它的本性就在于受制于一个他物。”[3]这种观点也是斯宾诺莎所持的观点，他在《伦理学》中提出：“凡是可以为同性质的另一事物所限制的东西，就叫作自内有限。”[4]相比之下，黑格尔则非常清楚地

① 也可以翻译为“终结物”，德语动词enden的意思是“完结、终结”，形容词endlich的意思是“最终的、有限的”。——译者注

提出："它们［有限的事物］并非单纯地受限定"（*SL* 129/1：139［231］）。约翰逊也深知这一点，他写道："有限性对于黑格尔来说……不仅意味着一个事物是受限定的，而且也意味着它的存在恰恰也是非存在；亦即，它存在，但同样地，它也注定越过存在。"[5]

正如我在上面所指出的，是受限定的和是有限的之间的根本差异在于：前者包含着被别的某物所终止或者否定的意思，后者则包含着通过一个事物自己的存在而走向终结的意思。因此，有限的事物可以说是**自己否定自己**。正如黑格尔所指出的，"有限的事物**存在**，但它们同自己的关联却在于它们**否定地**关联着自己，恰恰在同自己的这种关联中超出自己、超出它们的存在"（*SL* 129/1：139［231］）。有限性对于黑格尔来说不是一个事物和另外的事物之间的一种关系，它是同一个事物的存在和非存在之间的一种关系。有限性——借用海德格尔的术语来说——是每一个事物**自己的**向死而生。

尽管有限性无法被还原为"是受限定的"，黑格尔仍然相信它内在于"是受限定的"之本性中。因此，每一个受限定的事物都是有限的，而每一个有限的事物也都是受限定的。事实上，是受限定的和是有限的之间的联系是很密切的。正如我们在上一章中所曾看到的，这是因为受限定的某物在它的界限的这一边所享有的存在，**本身**就过渡到该界限上从而过渡到它自己的非存在。然而，也有另外一种方式来解释是受限定的和是有限的之间的联系。这种方式也就是对导致界限的必然性的那一逻辑过程首先予以思考。

众所周知，一个事物被**另外的**事物所限定。然而，它恰恰由于它的**自** 373
在之所是而被另外的事物所限定。一个事物之与其他事物相接触并不只是因为有其他事物在那儿，而是因为事物的固有的存在本身就是他关联的。因此，某物被另外的事物赋予性状并被规定，是由于它**自己的**本性使得它易于沾染这样的性状："外来的规定活动同时也就是通过某物自己的、内在的规定而被规定的"（*SL* 125/1：134［223］）。这就意味着，某物之被他物限定，是因为它作为一个有规定的事物的本性就在于如此被限定；界限并非仅仅从外面施加到某物身上，相反，它实际上是事物**自己的**界限。正如伯比奇所指出的，"**界限**内在于**存在**之中"[6]。

然而，某物拥有它自己的界限这一观念却是模棱两可的。一方面，它意味着界限就在于事物自己的本性被**另外的**事物所终止；另一方面，它只不过意味着界限就在于一个事物**自己的**本性之走向终结。通过单纯地是一个事物之所是而自行走向终结这后一种性质也就是“是有限的”这一性质。因此，有限性就包含在“是受限定的”之中，因为“是受限定的”从而“到此为止”本身就是一个事物的最本己的存在的一部分。

重复一遍：事物在本质上必然受其他事物所限定，但同时它们也将它们自己带到属于它们**自己的**界限或终结上，这是在它们自己的存在上拥有其起源而无论它们可能受到其他事物影响的方式的一种终结。这就是事物的不可消除的有限性。

现在，说一个有限的事物通过它自己的存在而消亡，这并不是要否认有限的事物处在同其他事物的关联中并且它们能够在它们最本己的存在上被它们所关联着的他物所改变，也不是要否认这种外部引发的改变能够达到完全摧毁该事物的程度。然而，黑格尔的观点却在于，一个事物易于遭受这种外在的改变和破坏，恰恰是由于它拥有一种**性状**而非由于它是**有限的**。某物是他关联的这一事实，正是那将事物暴露于外部的危险中的东西；反之，事物是有限的这一事实，则将事物暴露于内在的衰败中并将它交付于真正来讲属于它自己的一种死亡。当然，某物的有限性和他关性也能够一同起作用来摧毁事物：一个事物的内在的结构和组织能够自行崩溃，同时，它也能够被它之外的某物所击溃（例如，想一想罗马帝国）。实际上，一个事物**自己的**有限性，本身就包含了面对**外在的**毁灭性力量的不断增加的脆弱性。然而，重要的是要认识到，对于黑格尔来说，有限性是一个事物在自身之内所承受的向死而生，哪怕外部所引发的改变并不大到足以单独摧毁一个有限的事物，一个有限的事物也仍然会终结。

顺便说一下，是受限定的和是有限的之间的差异，并不像托尼森所主张的那样，好像界限是空间上的而有限性是时间上的。[7] 正如我们已经看
374 到的，黑格尔到目前为止所一直谈论着的界限是质的界限而非空间的界限：它是在一个事物中的这个质和在另一个事物中的那个质之间的边界，而无论这些事物可能有怎样空间上的彼此关联（尽管这样一种界限无疑也能够是空间上的）。还有一点很明显的是：有限性，按照黑格尔的构

想，并不特别地奠定于事物的时间性之中。存在还没有证明自己包含时间，并且直到我们抵达自然哲学为止它都不会证明这一点。因此，有限性之成为必然，不是由于时间性，而是由于某物的**逻辑的**结构——由于有规定的事物的存在必然过渡到它的非存在这一事实。就如泰勒所正确地指出的，黑格尔“希望从**概念的必然性**中展示出我们从经验中所知道的东西……亦即：所有的事物都不是只在原则上能够消逝，而是实际上确实消逝”[8]。

是受限定的和是有限的这两者无疑提供了逻辑的基础给——并且在这个意义上预示了——是时间的和空间的。然而此时此刻，它们还没有被明确地以时空的术语来进行构想。是受限定的和是有限的之间的差异是一种纯粹逻辑的差异：是受限定的包含着被另外的事物所否定，而是有限的则包含着一个事物自己否定自己或者自己走向终结。在黑格尔的哲学中，此时还远不清楚，为什么空间上的受限定会意味着某物只存在一段有限的时间（尽管黑格尔在《自然哲学》中解释了这一联系）。然而，十分清楚的是，被另外的事物所限定为什么在逻辑上包含着将一个事物带至终结：因为任何被另外的事物所限定的事物都必然拥有属于它**自己的**一个界限。

有限性，或者将某物带至终结，是所有存在的核心深处的一种**悲剧的**性质。“在悲剧中”，黑格尔在《美学》中提出，“个体因为它们的纯正的意志和性格之片面性而毁灭”从而遭受“一种自我预备的败坏（*ein selbstbereitetes Verderben*）”[9]。悲剧的命运是我们通过自己的行为带来的，而不是仅仅由他人施加给我们的。诚然，黑格尔也相信，通过对我们在生活中的立场采取一种更广阔的视野从而克服我们的“片面性”，我们或许也能避免安提戈涅或者麦克白那样的特殊命运。然而，这一点也十分清楚：对于黑格尔来说，悲剧在深层次上是不可避免的，因为无论一个人可能多么的开阔或者正直，每一个有限的事物最终都仅仅由于是其所是而将**自身**交付死亡或者毁灭。在《等待戈多》中，贝克特让波卓对着弗拉基米尔尖声喊道：“某一天我们出生，某一天我们死亡，同样的日子，同样的时
辰……她们跨着坟墓生孩子，光明一时闪烁，然后又是夜幕降临。”[10] 黑 375
格尔有关事物与生俱来的有朽性的观点——尽管是借由纯粹理性的思辨来达到的——同样发人深省：

> 有限事物的存在本身，就在于将消亡的种子作为它们的自内存在；它们出生的时刻就是它们死亡的时刻。(*SL* 129/1：140 ［231］)[11]

每个事物都生来要死——并且仿佛是死于它自己的手中——这一观念是明确将黑格尔同他在其他方面如此近似的斯宾诺莎分离开来的一个观念。斯宾诺莎并不否认有限的样式是易于毁灭的。可是他却认为，所有这样的毁灭都是由**其他的**更为强大的事物在事物上所造成的。并没有什么内在于事物本身中的东西会将事物毁灭：事物并不因它们自己的存在而被交付于非存在。外在的干犯是死亡唯一的来源：

> 因为任何事物的界说［定义］都肯定该物的本质而不否定该物的本质。这就是说，它的界说建立它的本质，而不取消它的本质。所以只要我们单注意一物的本身，而不涉及它的外因，我们将决不能在其中发现有可以消灭其自身的东西。[12]

在这方面，正如我在第二章中所指出的，斯宾诺莎始终是巴门尼德的学生；对于巴门尼德而言，存在是没有任何内在的自我否定原则的纯然**存在**(参见 *SL* 83－4/1：84－5)。斯宾诺莎很可能接受：定在——包括是受限定的和是有限的——包含着否定，或者如黑格尔所广为人知地坚持的，"*omnis determinatio est negatio*（一切规定都是否定）"(*SL* 113/1：121)。然而，他却相信，所有这样的否定都在其他事物的存在和行为（亦即更大的力量）中而绝不在事物本身中拥有其来源。[13]相反，在黑格尔看来，否定——以及有限性——与一个事物的存在是紧密交织的。

有限性与自我否定

在黑格尔看来，否定从一开始就存在于某物中。然而，它却隐藏在某物本身的逻辑结构里，并且只当某物证明自己明确地是有规定的时才显明出来。某物本身，我们记得，黑格尔将它定义为**自身关联着的**存在或者否定；它是那种定在或否定，即并不只是因为肯定地关联于自身从而构成属于它自己的一个存在领域而成为有规定的和否定的。就某物不是单纯的否定而言，某物的否定的特征沉没于它的关联于自身这一性质中，并为这一性质所掩盖。

然而，正如我们已经看到的，某物表明自己不只是自身关联着的存在而且是一个明确**有规定的**东西。这一规定性不仅在于某物不是另外的事物 376
从而限定另外的事物，而且在于某物是转而被他物所限定的。某物的规定性因而要求某物拥有一个它在其上**停止**是其所是的明确的界限。这就意味着，有规定的某物除了是一种肯定地自身关联着的东西，也是一种公开地**否定的**东西。它特别地就一个**他物**来说是否定的；它否定这个他物，本身也被这个他物所否定。因此，那沉没于某物的结构之中的否定环节，在受限定的事物中公开出现。每一个事物都拥有的自身关联着的——因而双重的——否定，就证明自己同时也是对某个其他事物的简单的否定以及被否定。

然而，我们已经看到，包含在被他物所限定这一性质之中的，恰恰就是因自己而告终结这一性质。这也就是说，包含在被他物所否定这一结构之中的，就是**否定自身**因而是有限的这一性质。因此，在有限的事物中，“是有规定的”意味着不仅以不同的方式关联于其他事物而且也在自身范围内被自己的存在所有限定；它意味着纯粹由于是一个事物所是的**某物**而注定终结。在证明自己是有限的这一过程中，某物恰恰在它的自身关联中表明自己是**自我否定着的**存在。

这种自我否定可能会被说成是从一开始就内在于某物之中的，因为某物本身就是否定之否定，或者毕竟**不**只是否定的那样一种否定。然而，众所周知，某物最初并没有实际且明确地否定**自身**。恰恰相反，它是对否定$_1$进行否定的否定$_2$（negation$_2$ of negation$_1$），并且只因它是肯定地自身关联着的存在它才是如此。[14]于是在一开始，自我否定环节还只是**内在**于某物之中，并为事物的肯定的自身关联所隐藏。有限的事物则恰恰相反，是明确地自我否定着的。因此，在证明自己是有限的这一过程中，某物表明自己明显地是它隐然所是的。它采取着新的特征，但它也更为充分地揭示着它固有的本性。正如托尼森所指出的，“有限性概念表达出关于定在的**真理**”，这就是：定在本身固有地就是自我否定着的。[15]

诚然，当某物表明自己是一个改变的过程的时候，它也证明自己是公开地自我否定着的。实际上，黑格尔将发生着改变的事物明确地称作 *das sich Negierende*（自我否定着的东西）（*SL* 118/1：127［212］）。[16]然而，在进行着改变的时候，某物仅仅将自身否定为或者“他异化”为自身的另外一种形式从而继续存在。它并没有否定它的存在本身并过渡到明确的非存在中。就这一意义来说，它的自我否定的行为是温和的：回过头来看，它并没有**彻底**否定它之所是。相比之下，有限的事物才是彻底自我否定着的，因为它完全摧毁了它自己的存在。因此，只有作为有限的，某物才充分地揭示出它的否定的特征。

请注意，在将自身揭示为是有限的并且是自身毁坏着的时候，某物并
377 不丧失它原本的特征。它始终是某种肯定的东西；实际上，除非它**是**起初的某物，否则它无法终结从而无法是有限的。此外，有限的某物继续是一种不可化约为简单的规定性和简单的否定的东西。作为**某物**，它不只是有规定的和否定的而且是**自身关联着的**；作为**有限的**，它也不只是一个有规定的、否定的某物而且是一个**自我否定着的**事物。毕竟，有限性既有别于也不可被化约为受他物所限定以及相对于他物而是有规定的。有限的某物因而始终是一个自身关联着的事物；然而现在，它同自身的关联却同时既是肯定的**又**是否定的：“有限的事物**存在**，但它们同自己的关联却在于它们**否定地**关联着自己”（*SL* 129/1：139［231］）。

此时此刻，我们必须确保我们没有操之过急。请注意，有限的事物是某种明确地否定它自己的**存在**的东西：在是其所是的过程中，有限的事物走向终结。不过显而易见的是，有限性并没有将内在于某物中的一切都阐明出来。尤其是它并不包含某物是对它所是的**否定**的一种明确的**否定**这一观念。这一点在《逻辑学》中以后才会显现出来。例如，在本质论中，用黑格尔的话来说，存在表明自己是“带着否定的否定”或者“从无到无的运动”或者他所谓的 *Reflexion*（折返）（*SL* 399－400/2：24）。到了分析的那个阶段，存在将会被理解为是纯然且完全的否定性，被理解为单纯就在于**不是消极的**（*not-being-negative*）。

改变这一观念未曾将我们带到那么远。实际上，改变着的事物是对它所是的否定所进行的否定，但只当它是它所是的**他物**的一个**他物**的时候才是如此。因此，它表明自身就在于“不同于纯粹其他的”（being-other-than-purely-other）而非恰好“**不是仅仅否定的**”（*not*-being-merely-*negative*）。

某物的有限性也没有将我们带到完全的否定性这么远——或者说，它还尚未这么做。[17]到目前为止，已经在有限的事物中成为显而易见的一点，并非某物是充分明确地对**否定**的否定，而是它是彻底的**自我**否定本身。正如我们已经看到的，在否定自身的过程中，有限的事物否定它自己的作为一个事物的**存在**；实际上，它的存在否定它自己并消失不见。然而，这样的有限性还不是内在于某物中的一切。包括内在于事物之中的纯然的否定性或者反身性（以及由这种否定性所构成的同一性或者概念［*Begriff*］）在内，还有很多东西有待我们去揭示出来。不过，只有当我们处理完由简单地否定自己本身——也就是由否定一个事物自己的存在——所导致的东西之后，这些才会出现。

有限性的矛盾特征

重复一遍：有限的事物是某物或者否定之否定，不是作为对**否定**的明确的否定，而是作为对它自己的**存在**的明确的否定。这其中就有处在一切有限性的核心中的基本矛盾——每一个有限的事物本身都**是**的那种实在的矛盾。保罗·盖耶尔认为，在有限的事物之内的矛盾，是它们作为具体事物的所谓独立性和它们实际、固有的相互关联之间的矛盾。[18]然而，用这种方式来理 378
解有限物的矛盾，却等于是忽略了一个事实，即：有限性是同自身而不是同其他事物的一种关联。黑格尔写道：有限的某物是“它自身的矛盾……通过这个矛盾它被驱迫推动超出自身”（*SL* 129/1：139［229］）。他这么说，并不意味着有限物被驱逐出它的自我封闭的独立性而进入与他物的关联——这已经发生在对为他存在、性状和界限的分析中——而是说一个事物**自己的**存在超出自身、指向并过渡到它**自己的**非存在。

在2. B. c开篇的第二段中，在对是受限定的和是有限的进行比较的时候，黑格尔以一种特别激烈的形式展现了这一矛盾。就事物是受限定的而言，黑格尔写道，“它们离了它们的界限仍然拥有定在”（尽管是一种并不穷尽它们之所是的定在）。可就事物是有限的而言，它们离开了它们的界限或者非存在就不拥有这样的存在；相反，“非存在构成它们的本性、它们的存在”（*SL* 129/1：139［231］）。它们的存在之根本就是**非存在**。

然而，定义有限性的这种强烈矛盾的方式实际上却有误导《逻辑学》的读者的风险。毕竟有限性不是纯然且完全的非存在，而是导致它自己的非存在的这么一种**存在**方式。一个有限的事物不能简单地还原为非存在，而是始终有别于非存在。这就是为什么黑格尔说有限性“已经退回到虚无和消亡同存在之间的**对立**中去了”的缘故（*SL* 129/1：140［231］，我的强调）。然而，黑格尔也主张，有限事物的存在绝对**不可分离**于非存在。

有限的某物的存在与非存在之间的差异和不可分离性为这一观念所捕获：有限的事物在它们的存在中必然**过渡到**非存在。这就是有限的事物中的真实的矛盾：“它们**存在**，但这一存在的真理却是它们的**终结**”。正如我们已经看到的，这样的有限性内在于“是受限定的”之中：因为恰恰界限**之内**的存在**超出**自身、指向它的非存在从而将自身带到它的界限和它的终结。有限性作为一种逻辑结构和“是受限定的”并不相同，但是有限的事物从一种稍微不同的观点来看，仅仅就是受到限定的事物。

黑格尔坚持认为，走向终结的过程并不是有限的事物的一个可以展现也可以不展现的对于环境的依赖的偶然的特征：“它消失也不是仅仅可能发生，以至于不消失也是可以的”。恰恰相反，有限的事物由于它的存在的缘故而必然走向终结。实际上，有限的事物的存在只不过就是这种消亡和过渡到非存在：它们的存在就**是**终结的过程。这是因为，有限的存在固有地就是自身否定着的存在：它仅仅通过是其所是就否定自身。因此，有限的存在是这样一种存在，这种存在的**本质就在于**将自身带到它自己的界限和终结。当然，总的来说，对于事物而言有比仅仅这种消亡更多的东西；事物拥有一种固有的特征，以不同的方式关联于他物，并且正如我们在《逻辑学》和《自然哲学》中以后所认识到的，拥有一种特别的物理
379 的、化学的或者有机的构成。然而，就事物都是**有限的**而言，它们不过就是它们自己的消亡。

在有限性中，我们因而再一次遇到**变易**（*Werden*）这个逻辑的特征，只不过带有这一双重的差异罢了。在纯粹的变易中，还不存在发生着变化的**某物**，而变易的过程也是双向的：从存在到虚无以及从虚无到存在。相比之下，“是有限的”却是某物的一种性质或由某物所展现出来的过程，而它毫不含糊地是一个单向的过程，也就是：从某物的存在到非存在的过

渡，或者某物走向**终结**。正如黑格尔所指出的，"有限物……本身就注定走向它的终结，但却**仅仅**走向它的终结"（*SL* 130/1：140［231］）。因此，一方面，"是有限的"也明确地同"受制于改变"区别开来。黑格尔提醒我们，改变（或者"他异化"）以及否定的其他一些形式，像是关联于其他事物、被其他事物赋予性状，还有受其他事物限定，等等，都是与继续某物的存在相容的，"一般的否定、性状、界限都与它们的他物、与定在（*Dasein*）相容"。因此，某物可以在自身之内改变或者被另外的事物所重构并且保持存在。另一方面，"是有限的"在根本上则与保持存在不相容，因为它导致相关事物的确定的**终结**。有限的事物，正如黑格尔所指出的，"因而无法分离于它的虚无而被建立起来，而它同它的他物、同肯定物的一切和解都因此被阻断了"。由于这一原因，黑格尔写道：否定"**自在地固定了**……因而同它的肯定物顽强地对立"。这并不意味着有限性是一种莫名其妙地处在它所影响的事物之外的性质。这意味着，内在于事物之中的有限性，就它终结了事物的存在而言，是**对立**于它们的存在的。

于是，有限性就是与一个事物的存在格格不入的。然而，重要的是要记住，它也与该存在本身一致：就某物是有限的而言，某物的存在只不过就在于消逝与终结。因此，正如托尼森所指出的，有限的事物并非只是在终结的时候才结束，而是"打一起头"就开始终结。[19]约翰逊也很好地指出了这一点："有限的事物**存在**，只当它们有一天将要终止存在的时候，并且在它们进入存在的同一时刻它们就开始了消亡。"[20]对于黑格尔来说，就像对于贝克特的波卓而言一样，有限的事物是"跨着坟墓"出生的。它们天生就是矛盾的，因为它们最本己的存在和规定恰恰就是"**不存在**"："有限的事物的命运（Bestimmung）不过就是它们的**终结**"（*SL* 130/1：140［231］）。

有限性与知性

黑格尔对待有限性显然是非常严肃的。他并不将有限性视为我们想象中的一个臆造，他也不认为无论何处发现了有限性，它都会被立即"吸

380 收”进某种包罗万象、吞噬一切的绝对中。根据黑格尔的观点，存在表明自己是不可化约地有限的事物的一个领域，他并不试图掩盖这一思想必然在我们中所引起的“悲哀”（*Trauer*）。尽管说了这个，黑格尔却并没有将存在视作构成着一个**纯粹的**有限性的世界。正如我们在下一章中将要看到的，他相信有限的事物构成存在的一个**无限的**过程。然而，这种无限性若离开了有限性就什么也不是，并且是由事物本身不可化约的有限性和消逝所引发的。黑格尔表明自己是一位关于无限性的哲学家，是**因为**他是一位关于有限性的哲学家，两者绝非毫无关联。因此，所谓严肃地对待有限性，并不是要在其纯粹性中紧抓住它不放，而是要让它自己来表明自己远超它之所是。从黑格尔的角度来看，那些坚持有限性就是一个转瞬即逝和毁灭性的领域**除此以外再无其他**的人，实际上并没有足够严肃地对待有限性，因为他们并没有阐明有限性本身所蕴含的一切。这种人牢牢地执着于“知性”（*Verstand*），而非相反，成为无前提的思想或理性的追随者。

我们记得，知性的主张是：存在的每一个范畴或方式都单纯地是其所是而不应该与它的对立面相混杂（参见 *EL* 125/169 [§80]）。它坚持认为，有限性就是有限性，不是无限性；实在就是实在，不是否定。正如我们曾在第三章中看到的，这样的知性实际上通过提醒人们每一个新范畴的特殊性而在无前提的哲学本身中扮演着一个重要的角色。事实上，无前提的思想就是从知性的一个抽象行动开始的，在其中，它将它有关概念和世界的假定都悬置起来并专注于纯存在范畴。然而，这样的知性不过就是彻底自我批判的思想之内的一个**环节**，这种彻底自我批判的思想表明自己不只是知性而且是辩证的、思辨的理性。不过，黑格尔此时此刻在关于有限性的讨论中所考察的，却是一种**本身**遗世独立的知性——一种把自己树立为思想之最高典范的知性。

黑格尔写道，“有限性”范畴是“知性的最顽固的范畴”。这并非仅仅因为知性最坚决地紧握着这一范畴，而且是因为这一范畴实际上——远甚于我们迄今所遇到的任何其他范畴——**邀请**知性在其纯粹性中紧握着它。“是有限的”之逻辑的结构最终将突变为无限性之逻辑的结构；然而，有限物却首先邀请思想来抵制任何这样的移动，来将有限物构想为单纯是有限的。它为什么要这样做呢？因为有限物除了走向终结外一无所是。它死后不会重生，而是一旦消亡就永远丧失；它存在，然后就再也不在。因此，构成有限物之组成部分的，就是黑格尔所谓“对于让自己肯定地被带往肯定物，被带往无限物，对于让自己与无限物相联系的拒绝（*Verweigern*）”（*SL* 130/1：140［231］）。这并不是说有限的事物实质上有任何选择，而是说它们的存在**坚持**——就像某些颠倒的斯宾诺莎式企图一样——走向一种不可逆转的完结。有限的事物一旦已经消逝，就不会更新或者复活。

顺便说一下，对有限性的这一理解，与黑格尔的基督教信仰相当一致。对于黑格尔来说——正如对于神学家埃贝哈德·云格尔来说一样——基督教的根本就在于相信，通过对我们的软弱和必死性的爱的接纳，我们在今生能够“重生”；这并不是对有意识的生命（如我们所知的）在我们死后将继续存在的盼望。[21]① 381

于是，对于黑格尔来说，知性恰当地将有限物构想为不过就是**终结**过程，因为有限物鼓励知性以这种方式来构想它。然而，知性本身所未能理解的却是这一点：仅仅因为有限的事物是不可化约地有限的并且除了走向终结外一无所事，这还并不意味着无论如何它们都不参与无限性。那种单纯是有限的、仅此而已的事物并不因为这一缘故就对立于无限物。相反，正如我们将会看到的，恰恰是“**单纯**是有限的”（being *purely* finite）使得有限物产生出无限性，或者说过渡到无限性之中。这一辩证法在知性上是付之阙如的。对于知性来说，如果 X 纯粹是且仅仅是 X，仅此而已，那么这就是关于 X 的存在的一切。而像黑格尔那样宣称，说因为 X 纯粹是且仅仅是 X，所以它就也是非 X 或者 Y，则是完全荒谬的。然而，迄今为止，我们在《逻辑学》中自始至终都已经看到，这样一种辩证法恰恰就处于存在的核心之中：存在恰恰因为它是纯存在而是虚无，某物因为它是某物而不同于自身。同样的一点在有限物上也将表明自己是正确的：有限物恰恰因为它单纯是有限的，**仅此而已**，就将导致并参与无限性。

---

① 霍尔盖特的意思是说，基督教的根本在于相信复活，而不在于仅仅相信灵魂不朽。——译者注

因此，对于黑格尔来说，知性的错误不在于坚持有限物单纯是有限的，而在于坚持这一思想以至于排斥了它的对立面。不过，我们也不要太过草率。在《逻辑学》的现阶段，难道我们实际上有什么正当的理由去批评知性紧握纯粹有限性的思想吗？毕竟，我们事实上还没有证明纯粹的有限性将导致无限物，至今也还没有令人信服的理由让人相信它会如此。稍后我们很可能会有正当的理由去批评知性未能领会有限性是如何为无限性所替代的，但严格说来，此时此刻我们不应该提出这样的批评，因为我们无法指责知性疏于预见到一种有待证明的逻辑进展。那么**现在**，我们是否拥有任何理由来指责知性呢？黑格尔相信我们确实拥有。

在黑格尔看来，哪怕此时此刻我们也能够批评知性，因为知性实际上**未能**思考它宣称思考了的东西，亦即纯然消逝的过程。它在这方面失败，是因为它恰恰通过紧抓住纯粹且简单的消逝不放而将这一消逝转变成了某种**持久**而**永恒**的东西——也就是转变成了一种最终并非只是纯粹的消逝的东西。知性，正如我已经指出的，它的错误不在于一开始就制订了有关纯粹有限性的思想；然而，知性之所以招致错误，是因为“知性，当它将非存在作为事物的规定，同时使得非存在成为**永不消逝**、**完全绝对**时，它停留（*verharrt*）于有限性的这种悲哀之上”（*SL* 130/1：140［231］）。因此，无论黑格尔现在或者之后可能怎样看待它，知性都无法
382 回避批评，因为它损害了它自己对于有限性的理解。当然，这并不是说知性本来无意于将个别的有限事物视为永恒，而是说一旦知性**坚持**认为有限性**始终**不过是一种消逝，那么知性就未能将有限性本身思考为其所包含的只不过是消亡和消逝。

指明这一点的另外一种方式也就是说：知性使得纯粹的有限性成为绝对无限制的或者**无限的**。无前提的哲学并不预先涉及无限性就引入有限性思想；某物证明自己是有限的，并非因为它不及无限物（无限物还未得到演绎），而仅仅是因为它拥有它自己固有的界限。相比之下，将自身树立为最高权威的知性却从一开始就把有限性同无限性对立起来：有限物就是那种**不**是绝对的和无穷尽的东西。然而，在黑格尔看来，一旦被置于同无限物的绝对的对立中，有限物也就分有了它意图排斥的无限性或“绝对性”，从而终究不再完全对立于无限物。

> 存在、绝对的存在被归在无限物名下，有限物因而始终保持为无限物的否定者而与之相对；它始终在它自己那一方面是**绝对的**，同无限物不可联合。(*SL* 130/1：141 [233]，我的强调)

正如托尼森所指出的，恰恰在试图保持其纯然而完全的有限性的行动中，知性将有限物“绝对化”(*verabsolutiert*) 了。[22]

因此，黑格尔在文本中的这个地方批评知性，理由并不是因为知性将有限物思考为是单纯有限的而非思考为向无限物过渡。黑格尔在这里批评知性，是因为它实际上未能将有限物思考为是真正地**有限的**：从一开始，它就坚持认为有限物**始终**是一个消亡的过程从而将它转变成了那种终究并非单纯地有限的而是也无穷无尽的东西。[23] 相比之下，黑格尔自己的策略则是避免假定——**既不**假定有限物无止尽地维持自身为有限的，**也不**假定有限物合乎逻辑地导致无限物——并单纯地思考有限性本身，让有限性来展开自己的逻辑的内涵，无论这些内涵可能是什么。正如我们之后将要看到的，有限性确实合乎逻辑地突变为无限性。然而，它之所以如此，并非因为无限物被预设为有限性必须关联于之才能得到思考的一个参照视域，也不是因为知性刻意将有限物“无限化”了。在黑格尔看来，有限性自行转变成无限性：因为它是**纯然的**消亡（ceasing)，并且本身甚至必然**终止**（*cease*）是那它所是的消亡，从而表明自己是无穷的存在、无限的存在（*das Unendliche*）。

无论是知性还是无前提的思想或者理性，都将有限性理解为无限性的组成部分。然而，知性这么做，是因为它——故意地——坚持有限性是一 383
种绝对保持着的东西。无前提的思想却更加包容开放：它仅仅密切致力于有限性的逻辑的结构，**任凭**有限性是那它所是的纯然的消亡。于是，这种思想甚至也任凭有限性**终止**其为纯然的消亡从而变成无限的存在。对有限物的一种抽象的理解（为知性所青睐）和对它的一种无前提的、理性的理解之间的差异，因而就取决于“是要坚持那种**固着于有限性的存在**的观点，**转瞬即逝**始终长存不变呢，还是说**转瞬即逝**和**消亡**本身也要消亡”(*SL* 130/1：141 [233])。黑格尔这里的措辞不可避免地让我们想到他对纯粹的变易的分析：正如变易只有通过成为定在才能是纯粹的变易一样，同样地，有限性也只有通过合乎逻辑地转变成无限性才能是纯粹而简单的有限性。在下一章中，我们将具体地考察这一逻辑的转变发生的方式和原因。不过，在这以前，我们必须更仔细地来看一看有限性本身内在的逻辑结构。

限制与应当

在 2. B. c. β 中，黑格尔提醒我们，有限的事物并非只是那消逝着的某物，而是那也拥有某种规定、性状以及界限的某物。麦克塔格特声称，在某物的不同方面之间做出这样细小的区分实际上是完全“无用的”，因为从中并不能认识到什么新的东西。在他看来，“性状”观念和“某物与他物”观念并没有什么区别，“界限［也］与有限性相同”[24]。然而，在黑格尔看来，如果我们要梳理是“某物”所包含的一切错综复杂的内容，那么做出这样的区分就是十分关键的。此外，只有当我们特别留心一个事物固有的本性（或者自在存在）和它的他关性（或者为他存在）之间的关系借以随着我们从事物的规定和性状转向它的界限而发生改变的那些微妙的方式时，我们才能够理解一个有限的事物的复杂的内部结构。这一点在 2. B. c. β 第二段开篇的晦涩的句子中变得十分明显。

当我们读这一段话的时候，第一件事情是要记住，某物的规定（*Bestimmung*）是该事物相比于**其他**事物的固有的本性。因此，某物拥有规定这一事实就将他关性带到了该事物最本己的存在中。正如黑格尔本人所指出的，某物的规定“已经包含了属于某物的**本身**的他者”（*SL* 131/1：142［233］）。然而，我们也必须记住，除了规定之外某物还拥有性状，性状不在它的掌控之下而是易于被它与之相关联的其他事物所改变。因
384 此，在一个事物植根于该事物最本己的存在并受其规定的他关性和那处在围绕它的事物的支配下的东西之间，存在着一种差异。这一差异就是黑格尔在下面的句子中——据说有些曲折地——所暗示的东西：“他者的外在性一方面在某物自己的内在性之中，另一方面始终作为外在性而区别于某物，它仍是外在性本身，但却**在某物上**（*an dem Etwas*）。”

然而，黑格尔接下来却表明，在一个事物的规定和它的性状之间并不

存在**绝对的**区分。这是因为，一方面，该规定本身能够通过作为施动者的其他事物而被转变；另一方面，恰恰由于以这种方式被重新赋予性状，事物也就要求一种新的内在同一性和规定。规定和性状彼此之间的这种相互“瓦解”，其逻辑的后果就在于：每一个事物都表明自己是在其**最本己的**存在中易于被**他物**所重构和否定的。正如我们已经看到的，这转而也就立即导致这一思想，即：在某种程度上，每一个事物在它的存在的每一个方面都被另外的事物**所限定**。

重要的是要认识到：某物必定被另外的事物所限定，因为它的规定和性状密不可分地结合在一起，而被另外的事物所否定以及否定另外的事物这一性质也就以这样的方式被带到了事物的核心。我认为，这就是当黑格尔写道“既然他者被规定为**界限**……那么，内在于某物的他者就被建立为两个方面的关联”时，他想要表达的意思。在受限定的事物中关联着的“两个方面”不仅是事物的规定和性状，而且是它的规定和它的**界限**本身。毕竟，界限并非仅仅是某物的一个偶然的特征，或者一个没有它事物也能很好地是其所是的额外选择。界限属于事物**本身**，甚至属于事物的**自在**存在。某物固有且必然地被另外的事物所限定。此外，当受限定的事物被承认为是有限的时，它也就不仅被理解为受到别的某物限定，而且也被理解为拥有一个完全属于它**自己的**界限（参见上文第 373 页）。界限因而就是完全内在于有限的事物的，它完全属于事物自己的**规定**。这也就是说，有限的事物既是**在**自身**上**被限定也是**被**自身所限定，并且注定揭示出那在它同他物的关联中的固有的界限。

然而，我们一定不要忘记，某物固有的界限是在事物最本己的存在**上面**的一个界限；正如我们曾在前一章中看到的，界限是某物在其上终止其自在之所是的那么一个点。因此，内在于有限的事物之中的界限是一种深刻的矛盾。它是构成一个事物最本己的存在之必不可少部分的非存在环节；然而同时，它又直接地与事物的存在和规定格格不入并且否定事物的存在和规定。

现在，就界限与一个事物固有的存在格格不入而言，该存在反过来也与它自己的界限格格不入并且否定它自己的界限。毕竟，某物拥有一个属于它自己的固有的存在，这一存在**不**在于单纯的非存在或者仅仅受限定。

因此，带有一个内在界限的有限的某物就是这样一个事物，在这个事物
385 中，**存在**和**非存在**处于不可避免地彼此紧张中。哪怕事物固有地被交付于非存在，它的规定和最本己的本性也不只在于非存在，而恰恰在于**是其所是**；有限的事物注定既存在**又**不存在，它被同一个内在的本性拉向两个相互冲突的方向。黑格尔将处在有限事物的核心中的这种张力展现如下：

> 某物与自身的统一……就是某物转向自身的关联，就是某物的自在存在着的（*an sich seiend*）规定同某物的内在界限之间的关联，这种关联在某物中否定着某物的内在界限。（*SL* 131/1：142［235］）

黑格尔指出，有限的事物据此在一个新的意义上将自身揭示为是自身否定着的：因为它并非仅仅否定它自己的存在并终止存在，而是它固有的存在或规定也违背从而也否定它自己的界限与消亡：

> 与自身相等同的自内存在因而关联于自身如同关联于它自己的非存在，但作为否定之否定，作为否定着非存在的东西，它同时也将定在保存在它里面。

当界限被理解为内在于某物，被理解为在事物的存在**上面**的一个界限，并且被理解为被事物本身所拒绝的时候，它也就被理解为该事物的一个**限制**（*Schranke*）。有限的事物的限制不是由别的某物施加给它的界限而是事物**自己的**特征中的这样一个方面，这个方面实际上就在于阻止事物是它本身所是的，并且最终终止事物是它所是的。

在黑格尔看来，每一个有限的事物都在自身之内承受着它的限制。然而，重要的是要注意到，限制不是简单地在事物中**被发现**，好像事物的其他性质一样；毋宁说，正是一个事物自己的规定将它固有的界限树立或者“设定”**为**它的限制。其原因显而易见：仅仅因为一个事物的规定包含着**是其所是**，任何界限或非存在就都会转变为**限制**事物并**阻止**事物实现它的规定的东西。单独来看，事物自己的界限只不过标记出事物在其上终结的点。然而，这一终结点却因事物本身坚持是其所是而变质为事物的一个障碍，或甚至一个威胁。换言之，事物本身将它固有的界限设定为对它自己的规定的否定，从而设定为在它上面的一个**限制**。在这么做的时候，我们应当注意到，事物自己的规定将它自身同该限制区别开来，从而转而否定它。

黑格尔现在指出，来自事物一方的这一否定的行动实际上是一把双刃剑：因为它不仅将界限转变成某种否定的东西，而且也将规定本身转变成某种否定的东西，也就是转变成**对界限的否定**。因此，在保持自身同它的限制之间的距离的时候，事物的规定或者自在存在就变成是受该限制本身界定从而束缚的了。这就在事物的规定中引发了一个重大的改变。 386

就其本身来说，某物的规定就是事物当它在同他物的关联中表达自己时它的自在存在；它是事物的肯定的性质，或者事物本身之所**是**。就事物是有限的而言，正如我们已经看到的，这一规定表明事物拥有它自己的界限；规定始终是某种肯定的东西，但事物的消亡现在成了它的一部分。然而，我们现在所已经发现的却是：某物的规定并不只是在它自身内具有它自己的界限，也不只是遭受该界限所引发的终结，而是主张**反对**该界限。正是它自身的这一主张合乎逻辑地将界限转变为约束并抑制它的东西，也就是转变为它的**限制**。然而，事物的这一自我主张却有着一种奇怪的辩证的结论，因为它实际上**剥夺**了事物的规定性所试图去捍卫的存在。这是因为，它将属于事物之固有的**存在**的规定转变成了单纯的**对事物的界限或非存在的否定**。因此，就它将自身同它的限制相区别并针对该限制来肯定自身而言，事物的规定的逻辑地位发生了改变。从逻辑上来看，事物的规定突变为这样一种固有的存在，该存在不再是固有的**存在**本身，而毋宁是事物所固有的“**不只受限定**”（*not-just-being-limited*）。某物本质上“是”但它实际上又无法**是**的那个东西，坦率地讲，就是黑格尔所告诉我们的，某物**该当**是或**应当**是的那个东西。“因此，这一自在存在，作为一种否定的关联，关联于也与它相区别的它的界限，关联于作为限制的它自己，就是**应当**（*Sollen*）。”（*SL* 132/1：143［235］）

在黑格尔看来，某物将它自身同内在于事物之中的限制区别开来这一方面，不再是它的充分意义上的最本己的存在或规定，而是事物所应当是的东西。可为什么一旦某物将它自身同它的限制区别开来，它的规定就合乎逻辑地从存在中被驱逐出去成为仅仅“应当存在”呢？为什么它不只是参照它的限制而成为**有规定的**呢？答案就在于限制是事物的**存在**所固有的东西这一事实；它不可分离地属于某物的自在之所**是**。由于事物的存在的每一个方面都被一种不可化约的内在限制所触及，事物将它自身同它的限制区分开来这一维度就必然将它自身从事物实际上所**是**的一切中划分出来。结果就是，它无法分有事物的存在本身。因此，它就必须被还原为一个单纯的“应当存在”；也就是被还原为实际上根本就并不在乎存在而毋宁只在乎不被限定的那样一种固有的“存在”。从逻辑上来看，事物的规定或者事物的固有的存在从自身中剥夺了存在，因为它使自身反对事物所**是**的那内在于每一个事物中的界限。

于是，对于黑格尔来说，在一个事物固有的限制之外，还有该事物所应当是的东西。某物拥有一种限制，不只是因为它的**存在**注定要终结，而且是因为它本身就不是它所**应当**是的。然而，以这种方式有所不足，每一个有限的事物也就超出它的限制而**朝着**作为它所未能满足的标准的应当

387 指去。在这个意义上来说，黑格尔认为，每一个受限定的有限的事物都在一定程度上超越它自己的限制。他宣称，这就是拥有一个限制的必要条件：

> 在一般的某物上面的界限要是限制，某物就必须同时在自身中**超越界限**，必须本身**关联于界限如同关联于某种并不存在着的东西**（*als auf ein Nichtseiendes*）。（*SL* 132/1：143［235］）

就一个事物仅仅被另外的事物所限定而言，黑格尔提醒我们，“某物的定在仿佛静静地、漠不相干地置于它的界限**之旁**”（哪怕这个事物只有透过界限才是其所是）。就它是一个一般意义上有限的事物而言，它的存在超出自身指向它的界限或非存在，从而将它自身带到终结。然而，就它是一个带着某种限制的有限的事物而言，它的存在甚至超出那内在于它的界限或限制，从而完全超越自身。然而，这并不意味着有限的事物实际上**是**任何超越它所是的有限事物的东西。它仅仅在它**应当**不只是“消亡”或“失败”的这一意义上才超越它自己的受限定的存在。然而，这一“应当”，恰恰由于有限的事物不可避免地受限于**非存在**，从而为**非存在**所标记并被交付于**非存在**，就始终是未实现的。正如伯比奇所指出的，“**应当**与它的**限制**做斗争，［但］限制却**抵制**任何这类压力。”[25]

应当本身之限制

一方面，泰勒认为，黑格尔引入限制和应当这些观念“以便提到康

德和费希特的错误，他们的伦理学和形而上学与关于我们必定要去寻求但绝不能够实现的一个目标的概念密切相关”[26]。另一方面，芬德利则主张，黑格尔这一部分的逻辑分析只不过表明“他在很大程度上以拟人化的和人格性的文字来构想世界：对他来说，最无关紧要的一点特色就是自觉的精神的一个类比物”[27]。芬德利的怀疑是，因为人类意识到他们应当（例如，通过他们的道德义务感）与他们的存在方式有所不同，所以黑格尔就把一个类似的“应当是”赋予一切有限的事物。然而，在我看来，黑格尔在《逻辑学》的这一部分中并没有要批评其他哲学家的意图，也并非只是把人类的性格投射到了事物上；他只不过是在发掘“是**有限的**”所包含的逻辑的和本体论的内涵。

是有限的，对于黑格尔来说，就是在一个事物的核心处感染上非存在。它包含着在一个事物的存在中固有地是受限定的并在其中遭受着一种根本的限制的含义。然而，这种限制并不能穷尽事物的同一性；它必须是 388
在一个事物固有的规定上面的一种限制，从而有别于一个事物固有的规定。有限的事物终究是它所**是**而非仅仅消亡和失败。然而，就事物的规定将自身同事物固有的限制区别开来而言，它实际上是将它自身从限制作为其本质部分的那个固有的**存在**中分离了开来。它因而就将自身合乎逻辑地转变成一种“不受限定”（not-being-limited），这种不受限定在事物的实际存在中无份，但却构成事物所**应该**是的东西。因此，有限的事物必须在它们自身内具有“应当”这一环节，因为它们的固有存在（*Ansichsein*）或规定（*Bestimmung*）必然自相分裂。事物固有地受到限定从而充满着非存在，不过它们也固有地并**不**只是受到限定。然而，由于事物的实际之所**是**不可分离于限制，事物固有的“不受限定”也就无法形成为事物的存在的一个部分。因此，它就必定构成事物所**应当**是的。

现在，有限的对象“应当”是各种各样的事物。例如，这支钢笔应当很好写（基于它的构造），但某些情况下却不好写，并且无疑它终将不好写；同样，这个苹果应当尝起来很美味（基于它的品种），但它也终将不美味。然而，在所有事物中的这个一般的“应当”，只不过意味着这些事物应当**是**其所是。虽然作为有限的东西，它们被交付于非存在从而最终会完结；但这只是在它们上面的一个限制，因为它们作为事物仅仅应当**是**

它们所是的事物。因此，对于黑格尔来说，根本性的悖论就在于：有限的事物的实际的**存在**包含着以不同的方式**未能**是其所是，包含着**消亡**，从而充满了**非存在**；可它们固有的本性和规定——亦即**单纯地是其所是**——却是应该描述它们的特征但事实上（由于它们的限制）并没有描述它们的特征的东西。换言之，一个有限的事物的存在之核心就是**非存在**；而它应当是但却不是的那个东西，则是明确的**存在**。难怪黑格尔认为有限的事物本质上是自相矛盾的。

有限的事物中的“应当”的逻辑结构是特别复杂的。这是因为“应当”既有别于又不可分离于一个事物的限制：某物只有对比于并关联于它的限制才能**应当**。这就是当黑格尔写道，“应当”“包含双重规定”时，他的真实的想法。一方面，“应当”包含着事物的“相对于否定的自在存在着的（*an sich seiende*）规定”；“相对于否定”也就是相对于它的限制。另一方面，“应当”也包含着事物的“一种非存在……这种非存在作为限制同规定相区别，但本身同时也是自在存在着的规定”（*SL* 132/1：143［235］）。这也就是说，在它先天地与事物固有的限制有关这一意义上，“应当”本身就包含着事物固有的限制。结果就是，正如一个事物恰恰由于缺乏它所应当是的东西而拥有一个限制一样，它也仅仅因为它固有地拥
389 有它的限制但却不止于它的限制而在自身内具有一种“应当”。有限的事物的这两个方面彼此依赖。实际上，它们每一方都是对方的明确的否定。当背负一种限制的时候，事物**不**是如它应当是的那样；反之，事物所应当是的也**不**是背负一种限制。

现在，正如我们所回想到的，某物的自在存在首先将自身还原为某物所仅仅应当是的，因为它合乎逻辑地将它自身从事物实际的受限定的存在中分离出来。在这个过程中，事物的限制就表明自己是事物所应当是的无论什么东西的否定。因此，某物所应当是的东西反而就是对那本身否定着它的东西的否定。我在之前曾经指出，有限的、受限定的事物表明自己比在单纯改变的过程中更是一个充分发展了的自我否定（参见第 376－77 页）。这一点现在已经变得更加明显了：有限的事物表明自己不仅仅是对它自己的**存在**的否定而且也是对它所是的这个**否定**的否定，或者黑格尔后来称为“否定之否定”的东西（*SL* 136/1：148［237］）。这是因为，有

限的事物不仅会终止**存在**，而且在终止存在的过程中还未能是它所**应当**是的。[28]

然而，这种对有限性的理解，难道不是冒着把一切无论什么存在都从有限的事物中给剥夺掉的风险吗？假如有限的事物表明自己首要地就在于“不是否定的”，那么在多大程度上我们还能继续说有限的事物**存在**呢？黑格尔并没有直接提出这个问题，但它的必然的回答却是显而易见的。我们必须记住，有限的事物依然是**某物**；它拥有质、某种固有的特征或规定，以及某种性状。在这个意义上来说，它是富于存在的。然而，黑格尔此刻在他的分析中所考察的却是：就事物特别地是**有限的**（而非就它是有规定的，是一个他物，易于被重新赋予性状等等）而言，究竟在这一存在上会发生什么事情？我们已经看到，有两件事情发生了：第一，事物的存在表明自己包含着它自己的消亡；第二，事物的存在表明自己拥有一个作为它的组成部分的限制**并且**同时（但却在另一个方面）将它自身合乎逻辑地转变为一个单纯的应当。这里需要记住的一点是，在展现这一结构的过程中，有限的事物并没有整个地被蒸发在单纯的限制和“应当”中，从而并没有变成一个纯粹**虚拟的事物**。它依然是有规定的和实在的。所发生的不过是，一旦将自身同它的固有的限制区别开来——正如它必定会的那样——事物的实在的、有规定的、固有的存在就将“应当”这一元素**添加到自身**。有限性的逻辑结构并不取代“是某物”的逻辑结构，而只是补充了它。**只要**事物是有限的，它就表明自己多少是它的限制和它 390
的“应当”之间的幽暗关联。然而，有限的事物并不单纯而简单地是**有限的**：在它的消亡、背负限制以及“应当”之外，它还保留着它作为**某物**所拥有的一切性质。有限的事物仍然拥有属于它自己的一些肯定的性质，它在同其他事物的关联中维护着这些性质，而这些性质反过来又受制于被那些事物所改变。然而，作为特别有限的东西，有限的事物也过渡到非存在并缺乏它所应当是的东西。

有限的事物仍然是有限的**某物**（带着某物所包含的一切）。于是，那包围着事物的界限首先就是在事物的真实的**存在**上面的界限，而不仅仅是在事物所应该是的东西这方面的一个限制。正是事物的实际的存在被另外的事物所限定并自行终止是其所是。然而，该界限突变为一种限制，是因为事物自己的存在反对它内在的界限并在此过程中合乎逻辑地将自身转变为**不应该**只是受制于否定而**应该是**其所是的那样一个存在。关键是要注意到，只有通过发生在事物固有的存在中的这一微妙的改变，界限才开始抑制事物是它所应当是的而非只是阻止它是它所**是**的。第一个逻辑移动就是由事物相比于其界限的固有的存在所造成的。

这个移动已经发生这一事实表明，就“应当”反对那使得事物是其所是的界限并超越这一界限而言，“应当”不是某种疏离于事物的东西而只不过是事物**自己的存在**。在从对某物究竟**是**什么的考察过渡到对某物**应当**是什么的考察的过程中，黑格尔并没有离开本体论而进入伦理学的领域。他只不过是在揭露有限事物的存在本身所合乎逻辑地采取的奇特的、不真实的形式罢了。对于黑格尔来说，“应当”是每一个有限的事物的存在的一部分；它仅仅是该事物自己的存在或性质“虚拟地”延伸到了它受限定的现实性之外。

黑格尔相当清楚，事物所应当是的东西并非某种从外部施加于事物的理想的标准，而是内在于事物本身之中的。正是事物自己的特征，通过将自身同事物实际的限制区别开来从而剥夺掉事物所能拥有的唯一真实的存在，而将自身转变成一个单纯的“应当是”。正如黑格尔所写的，“因此，某物的自在存在在它的规定中**把自己降低为应当**，因为构成某物的自在存在的那同一个东西，从同一个视角来看，就是**非存在**”（*SL* 133/1：144［237］）。[29]顺便说一下，正是由于这一缘故，“凡应当是的东西，既**是**同时又**不是**”。“应当”包含了事物之所是，但却**不**是事物实际之所是。

于是，对于黑格尔来说，“应当”能够并且必须从“是”中被演绎出来，因为同样一个性质或一组性质既构成某物的存在**又**构成它的应当存在。区别就在于：只当一个事物的质否定并拒绝，而非遭受它的根本性的
391 限制的时候，这个质才构成该事物所应当是的东西。

重复一遍：黑格尔并不是在宣称一切有限的事物当对照于一种外在的标准时都必定被判为有缺陷的。事物的缺陷不在于它们未能达到一个由他物给它们设定的理想，而在于因为它们仅仅**不完满地**是其所是，所以它们未能达到它们本身固有地是且应当是的那个东西。它们应当满足但却没有

满足的这个标准是内在于它们之中的。这个标准就是它们自己的“本质”、“形式”或者如黑格尔所经常称呼的——“概念”（*Begriff*）（参见 *EL* 99/136［§51］）。这一点甚至也适用于未达到——或相信自己未达到——特定道德标准的人类。无疑，这些标准可能完全是人造的，但就它们要求我们（正如康德所主张的）出于一种义务感以及对我们的同胞的敬意而自由地行动来说，“它［们］就是真正意义上我在义务中予以实现的我**自己的**对象性”[30]。当然，无生命的事物对于它们以任何方式受限制或者它们应当是不同于它们所是的任何东西是毫无知觉的。相比之下，人类则常常强烈地意识到他们拥有一种改善自身的义务——例如，他们应当充分且明确地是自由的——并且能够在知道他们达不到他们所应该是的样子时感到痛苦（*EL* 105/144［§60］）。

黑格尔常常被认为是这样一位哲学家，他对于我们应当承认义务或者感到我们应当做某些事情、成为某种样子这类观念完全不予理会。据说他唯一的兴趣就在于规定**存在**而不是规定应当。为了支持这种解释，人们可能会引用《全书逻辑学》中的下面这段话：

> 谁不是那么聪明，以致在他的周围不会看到许多实际上并非如它们应当是的那样存在的东西呢？但这种聪明却无权想象自己带着这些对象及其应当就处在哲学科学的意趣之内了。哲学科学只和理念有关，理念并非如此无力，以致仅仅是应当而不是现实的从而带有这样一种现实，在其上那些对象、设施、状况等等仅仅是表面的外在方面。（*EL* 30/49［§6］）

从这段话中可以很明显地看出，对于黑格尔来说，哲学关注并揭露存在**是**什么而非道德主义者和社会批评家们所认为的存在应当是什么。然而，对于那些断章取义地阅读像这样一个段落的人来说，困难却在于《逻辑学》中所进行的这一分析表明：“应当”本身就是那实际所**是**的东西的一个必要的结构特征。对于黑格尔来说，“应当”是一个本体论的范畴。一个事物应当是某种超出它实际所是的东西之外的东西，这一事实并不仅仅归因于人的解释而且归因于有限性的本性：每一个有限的事物都在**自身**之内具有它自己的“应当”或者 *Sollen*。某物所应当是的东西不过就是它固有地 392

是但事实上却常常未能——并最终停止——是的东西。这一点甚至也适用于存在的一些最原始的形式，例如石头：

> 因为石头并不思维，甚至也不感受，它的限制性**对它**就不是限制，亦即不是在它里面的对于它所不拥有的感觉、表象、思维等而言的否定。但石头作为某物，甚至在它的规定或者它的自在存在和它的定在中也是有所区别的，并因此也超出它的限制之外；石头本身所是的概念包含着石头同它的他物的统一。（*SL* 134/1：145－6）

化学物质也展现出一定的限制和应当。在它们的例子中，限制并非只在于这些化学物质每一个都不完满地是其所是，也在于它们作为酸和碱在应当结合的时候是彼此孤立的。因此，它们彼此结合的准备就被黑格尔解释为它们克服它们的限制的一种内部驱动：

> 在它们中，无论在酸还是酸基中，都有超出它们的限制的**应当**（*Sollen*）呈现出来，以致它们只有靠强力才可能作为——无水分的，也就是完全非中性的——酸和苛性盐基被固定下来。

黑格尔也不否认，人类在感觉到一种要成为自由的、理性的并且负责任的存在者的义务上是正确的：

> 义务是一种针对着特殊的意志，针对着自私自利的欲望，以及随心所欲的兴趣的应当；就意志在它的灵活性（*Beweglichkeit*）中将自己从真实的东西中孤立出来而言，真实的东西作为一种应当被置于意志面前。那些如此高看道德的应当，并认为应当若不作为最后的东西和真实的东西被承认道德就将被摧毁的人……没有看到，对于他们的圈子的有限性来说，应当是被完全地承认的（*daß für die Endlichkeit ihrer Kreise das Sollen vollkommen anerkannt wird*）。（*SL* 136/1：147－8）

黑格尔针对康德和费希特——他们在他们有关限制和义务观念的哲学中配得一个中心位置——的这通抱怨并不在于他们重视“应当”的意义，而在于他们不允许我们在“应当”的意义之外再往前一步。在黑格尔看来，无论康德还是费希特都没有充分地认识到人类能够在多大限度上实现他们成为自由、理性以及合乎伦理的存在因而实际地**是**他们所应当是的决心（参见 *EL* 150/200［§94 Add.］）。

可为什么有限的存在，例如我们自己，应当寻求成为某种远甚于**应当**存在的东西但实际上却无法超越他们的道德的、知识论的以及本体论的限制呢？为什么不仅仅满足于始终是那样一种自身虽然是有限的和有缺陷的但却感受到一种强烈的要变得比自身更好的义务的存在呢？个中原因在黑格尔看来就在于，那种局限于我们所**应当**是的东西的存在，它本身就是一个根本性的**限制**；而按照一切限制都具有的那种逻辑，它本身就应该被超 393 越。有限的事物不仅在它们之内承受着它们所应当是的东西，也承受着它们固有的限制；它们也履行着要成为比永远停留在其限制和其“应当”之间的有限的存在更多的东西的职责和使命。

“应当”或“应该”在两种意义上独立地构成事物的一种限制。第一，某物所应该拥有的明确的特征限定着该事物，因为它阻止事物成为任何别的东西从而限制了事物的各种可能性。（然而，这仅仅算作一个事物的一种本来的限制，如果人们承认所有的事物都生来不只要改变而且还要成为一个完全不同的事物的话——这一点还没有被建立起来。）[31] 第二，某物所应该是的东西恰恰在它缺乏真实的存在这个意义上也是受到限定的。事物在它未能达到它所应当是的东西这一范围内拥有某些限制。与此同时，事物所应当是的东西永远只能是它所**应当**（*should*）是的东西这一事实，本身也是一个根本性的限制，因为它阻止事物**是**（*being*）其所应当。比如说，如果人类局限于有义务要成为自由的和理性的存在但却从来无法实现这一义务的话，那么这就如同将他们限定为他们实际的不自由和无理性一样，将他们给限制了。所以，即便某物由于它应当是这样或那样这一事实的缘故而超出它的限制之外，它仅仅应当是这样或那样这一事实还是重新限定了它。“作为**应当**，某物**被提升到它的限制之上**，”黑格尔写道，“但反过来，仅仅**作为应当**，它才拥有它的**限制**。”

因此，有限的事物在它的存在的两个层面上遭受一种限制：在是它所实际是的受限定的事物这一层面上，**以及**在它应当——但却只是**应当**——远甚于一个仅仅受限定的事物这一层面上。“有限物的限制不是一种外在的东西，”黑格尔评论道，“相反，有限物自己的规定也就是它的限制；而后者既是限制本身，也是应当。”（*SL* 133/1：144［237］）

可每一个事物，就它不应该只是未能成为它所固有的存在而言，它都超越它的限制。然而，这就意味着，每一个有限的事物都不应该被局限于仅仅“应当是”它所固有的存在。每一个有限的事物——由于它自己的逻辑结构的缘故——都应当远不只是一个**应当**毫不含糊地是其所是但却从来不是其所是的受限定的事物。换言之，有限的事物应该远不只是**有限的**。这并不意味着它们应当将它们的有限性完全地抛诸脑后。正如我们已经看到的，所谓的存在或者“是”，也就是不可化约且不可逆转地是有限的；有限性对于黑格尔来说不是幻象而是坚实的、不可逃避的实在。然而，与此同时，在不可化约地是有限的过程中，事物不应当**仅仅**是有限的，它们也应当作为环节参与到非有限的或者无限的存在中去。事实上，黑格尔在 2. B. c. γ 中证明，有限的事物不仅应当分享**无限的**存在，而且实际上在它们的有限性中也确实构成了无限性。

注释：

［1］*A Spinoza Reader*，p. 97（*Ethics* I P16）.

［2］Taylor，*Hegel*，p. 238.

［3］Stace，*The Philosophy of Hegel*，p. 143，and McTaggart，*A Commentary on Hegel's Logic*，p. 28. 亦参见 Mure，*A Study of Hegel's Logic*，p. 48。

［4］*A Spinoza Reader*，p. 85（Ethics I D2）.

［5］Johnson，*The Critique of Thought*，p. 25.

［6］Burbidge，*On Hegel's Logic*，p. 52.

［7］Theunissen，*Sein und Schein*，p. 269.

［8］Taylor，*Hegel*，p. 237，我的强调。

［9］Hegel，*A* 2：1199，1：579/3：527，2：202. 亦参见 Houlgate，*Hegel*，*Nietzsche*，*and the Criticism of Metaphysics*，p. 209。

［10］S. Beckett，*En attendant Godot*（Paris：Les Éditions de Minuit，1952），p. 126. 英文翻译采用 A. Alvarez，*Beckett*（London：Fontana/Collins，1973），p. 87。

［11］亦参见 Hegel，*EL* 149/198（§92 Add.）：“有生命的东西死亡，确切来说是因为它本身在自身内就包含着死亡的胚胎。”

［12］*A Spinoza Reader*，p. 159（*Ethics* III P4）.

［13］参见 *A Spinoza Reader*，pp. 88，214（*Ethics* I P8 Schol. 1，IV P32 Dem.，Schol.），以及 Harris，*An Interpretation of the Logic of Hegel*，pp. 105，122（note 21）。

［14］参见上文第十七章第 329 页。

［15］Theunissen，*Sein und Schein*，p. 267，我的强调。

［16］参见上文第十七章第 329 页。

［17］对有限性之后借以开始展示纯然的否定性的方式的说明，参见本章第 389—90 页（包括注释 28），以及下文第二十一章第 394—95 页。

［18］Guyer，"Hegel，Leibniz und der Widerspruch des Endlichen，" p. 258.

［19］Theunissen，*Sein und Schein*，p. 269.

［20］Johnson，*The Critique of Thought*，p. 25.

［21］参见 Houlgate，*An Introduction to Hegel*，pp. 265－6，以及 E. Jüngel，*Tod*（Gütersloh：Gütersloher Verlagshaus Mohn，1979），pp. 150－2，160。

［22］Theunissen，*Sein und Schein*，p. 270.

［23］参见 Theunissen，*Sein und Schein*，p. 274。

［24］McTaggart，*A Commentary on Hegel's Logic*，p. 28. 麦克塔格特本人将 *Beschaffenheit* 翻译为 modification 而非 constitution。

［25］Burbidge，*On Hegel's Logic*，p. 53.

［26］Taylor，*Hegel*，p. 239. 亦参见 McTaggart，*A Commentary on Hegel's Logic*，p. 29。

［27］Findlay，*Hegel：A Re-Examination*，p. 162.

［28］在这个例子中，有限的事物明显地开始展示出纯然的否定性，这种否定性将表明自己在本质论中描绘了事物的特征（参见上文第 377 页）。诚然，在这个地方仍然还有相关的两个否定（一个是应当，另一个是限制）之间的一种差异。然而，一旦应当已经证明自己是事物上的一种限制（参见第 393 页），有限的事物就会毫不含糊地是对它所是的否定的否定，或者说，是对那否定着**自身**的东西的否定。请注意，有限的事物仍然还是对它的存在的否定，因为它是对它自己固有的**存在**所表明自己是

的那种特殊的否定的否定。

［29］“把自己降低为”是我的强调。

［30］Hegel，*PR* 161/251（§133 Add.），我的强调。

［31］参见下文第二十一章第 397 页。

第二十一章　通过有限性到无限性

直至无穷的有限性

每一个有限的事物都有它固有的特征：它是这支笔或者这本书，诸如 *394*
此类。然而，由于它的各种限制和不完满，有限的事物又处在许多方面都未能是它所固有地是的东西的矛盾位置。然而，这些不完满却构成了事物的实际之所**是**。因此，某物所**固有地**是的东西只能是它所**应该**是的东西。实际上，某物所应该是的东西，不过就是除了损害它的各种限制以外，它所固有地是的东西。大多数事物并不面对要变为不同于它们实际所是的东西的存在这样自觉的义务。然而，某种"应该是"却内在于所有事物中，作为它们为自身设定而它们又无法从而未能达到的内在的标准。

于是，对于黑格尔来说，无论应当还是它的相应的限制，都属于事物："它们的彼此关联就是在其自内存在（*Insichsein*）中包含着它们两者的有限物本身"（*SL* 136/1：148［237］）。不过，黑格尔却提醒我们，这两个环节也是"性质上截然对立的"。作为受限定的东西，某物**不**是像它所应该是的那样，而它所应该是的也**不**受制于限制。于是，"限制被规定为应当的否定物，而应当同样也被规定为限制的否定物"。因此，就它是有限的而言，事物就是"否定物的否定物"；它的存在就在于：**不仅仅是**它自己的**非存在**，或者说，不仅仅未能是它所应当是的。

这并不是要否认有限的事物的每一个方面都不只仅仅是否定的。事物的限制是它的实际所是的一部分；同样，事物所应当是的也是事物所固有地是的，就后者已经合乎逻辑地将自身从事物的实际存在中分离出来而言。因此，无论是应当还是限制，某种程度上都和事物的**存在**密切相关。尽管如此，就它们自身来看，它们每一个都是另一个的否定物。所以，有限的事物之所**是**不可分离于它也是“否定物的否定物”（*das Negative des Negativen*）这一事实。[1]

当我们转而考察当事物消亡的时候发生了什么时，重要的是要记住有
395 限的事物的内在的“否定性”。黑格尔写道，一个有限的事物的死亡导致“一般的否定物（*das Negative überhaupt*）”。当一个有限的事物消亡时，它并不只是经历了一些轻微的改变而是整个被摧毁。它从存在过渡到纯然且完全的**非存在**。我们记得，非存在最初构成某物的规定性；然而在这里，它却标志着一个事物的彻底的消散。因此，黑格尔这里所说的“否定物”，是当一个有限的事物遭遇到它的终结时，它所剩余的存在之缺乏。

然而，黑格尔之前在文本里就指出，无论随之而来的是什么，一个有限的事物的死亡都不可能仅仅留下**虚无**。“如果，”他写道，“有限物不是本该在肯定的东西中消亡，而是它的终结被理解为虚无，那么我们恐怕就会再一次处在那最开始的、本身早就已经消亡了的抽象的**虚无**中了。”（*SL* 131/1：141［233］）根据这句话的意思，有限的事物无法消失于虚无中，因为从逻辑上来看，任何纯粹的虚无都无法成立①。正如我们曾经在《逻辑学》的一开始看到的，纯然的虚无或者“不”立即消逝进存在之中从而变成了定在和某物的一个环节。因此，一个有限的事物之消失所留下来的是一个并不仅仅是虚无——也不仅仅是**否定物**——而且是**某物**的那么一个“否定物”或存在之缺乏。然而，每一个某物都必然是有限的并被交付于非存在，这一点也已经得到了证明。因此，一个有限的事物的消失必然导致另一个**有限的**事物的出现。

为什么会这样，还有另外一个原因。作为结果的某物首要地是被这一事实所描述的，即：它并**不只是非存在**。这也就是说，它的本质就在于是

① 作者的意思并不是说《逻辑学》开篇的第二个范畴“虚无”也不存在。而是说，即便纯粹的“虚无”，它也立即过渡为“存在”，就像“纯存在”立即过渡到虚无一样。这样来看的话，其实无论是“纯存在”还是“虚无”，它们在逻辑上本身都不成立，都不过是“变易”而已。而“变易”的真理就是“定在”。——译者注

“否定物的否定物”。但这无疑恰恰就是一个**有限的**事物之标志或者固有的“规定”：因为这样一个事物应当是它所是，但由于它的限制，却令人遗憾地不是；然而，恰恰由于它拥有一个它所应当表达出来的固有的特征，它又**不**是单纯的限制或者**否定**。因此，我们再一次看到，从有限的事物的消亡中所得到的结果不过就是另一个有限的事物：

> 有限物……是它在自身中的矛盾；它扬弃，消亡。但它的这个结果，一般的否定物，却是（a）它的**规定**（*Bestimmung*）本身；因为它是否定物的否定物。（*SL* 136/1：148［237］）

某个有限的东西的死亡无疑导致“一般的否定物”或者曾有的存在的缺失。然而，它却并不导致虚无或者任何无论什么存在的缺失。不如说，它导致一个本身并非只是否定物而是自身范围内的某物这么一个否定物或者一个有限的某物的非存在。这一某物，也就是当另外的某物消亡时才产生并且本身就由“不只是否定的”所构成的某物，就是一个**新的**有限的事物。所以，有限性本身并不随着一个有限的事物的终结而终结。不如说，有限物“首先只是变成了**另一个**有限物，但这另一个有限物同样也是消亡，作为向另外一个有限物如此等等直至**无穷**（*ins Unendlichkeit*）的过渡”。

关于有限的事物的这一必然的序列有两件事情需要注意。第一件事情 396
是：有限的事物的这一必然的序列标志着黑格尔的分析中的一个关键点，有限性或消亡在这个点上表明自己与改变的过程是一致的。事物固然都会抵达一个最后的终结，但它们的终结总是它们向别的某物的转变。这一点尤其在《全书逻辑学》中讲得很清楚，黑格尔在该书中明确地将这两个观念结合了起来：“**某物**由于它的质的缘故，第一就是**有限的**，第二就是可变的（*veränderlich*），以至于有限性和可变性都属于它的存在。”（*EL* 148/197［§92］）黑格尔在这个时候将有限性和改变等同了起来，泰勒对个中原因给予了一个明晰的总结：

> 有限性必然消亡。但在必然消亡的过程中它却并不简单消失不见。它所遭受的否定，本身就是一个有规定的否定，因此在消散的过程中它被另一有规定的事物所取代——例如，烧过的木头变成烟尘。

> 在任何情况下，我们都不能将有规定的事物设想为仅仅消失不见，因为正如我们曾经看到的，存在必定是有规定的，而由于存在是一个不可或缺的概念，所以 *Dasein*（定在）存在。[2]

第二件事情是：这一消亡并改变为另外的有限事物的过程是无止尽的从而是**无限的**。单纯的改变过程本身，我们在第十七章中曾经分析过，就它包含着某种持续变为不同于自身的某物而言，可以被描述为是“无止尽的”。然而严格来讲，单单改变还无法构成一个**无限的**过程，因为它并不包含有限的事物的一个链条，该链条相比于个体事物本身而言**不会终结**。可是现在，改变能够被设想为是无限的和无止尽的。这是因为，这里所涉及的事物并不只是改变而是消亡，并且在终结的过程中**没有止尽地**让位于——通过改变成为——其他事物。因此，没有**有限的**事物就不可能有无限性——没有确定的、不可逆转的消亡就不可能永远进行下去。

无限性观念在这里并不是由思想所任意地提出的，而是由有限性本身所产生出来的。有限物表明自己是无限的，不是因为知性不受拘束地执着于它并刻意地使得它的消亡成为绝对的和“永远不变的”，而是因为有限的存在本身恰恰在它的消亡中终止其为**单纯的**消亡并表明自己是产生新的有限事物的**不停歇的**过程。当然，哲学家在无限性观念的出现上也扮演着某种角色。然而，他的角色不过就是**任凭**那内在于有限性本身中的无限性崭露头角。

我们之后将会看到，黑格尔并没有将有限性的这一不停歇的产生视为真的无限性。然而，当思想宣称有限的事物一个产生一个直至无穷（*ad infinitum*）时，它也并没有错。这样的无穷无尽正是有限的存在的一个真实的特点。事实上，它恰恰构成了世界的过程。

通过有限性到无限的、自身关联着的存在

397 黑格尔的第一种无限性就在于无止尽的有限性。之所以有无限性，是因为一个有限的事物导致了另一个有限的事物，另一个又另一个，无穷无尽。然而现在，黑格尔却指出，第二种在性质上不同于有限的存在的无限

性包含在有限的事物的这一无限的序列中。

我们不需要超越有限性本身去寻找这一新的无限性。我们只需要更紧密地着眼于当一个有限的事物让位于另一个有限的事物时所发生的事情。在黑格尔看来，"如果更仔细地观察这个结果，那么有限物在它的消亡中，在它本身的否定中，就已经达到了它在其中**与自身联合**（*mit sich selbst zusammengegangen*）的自在存在（*Ansichsein*）"（*SL* 136/1：148［237］）。但这如何恰好就产生了一个新的意义的无限性呢？要回答这个问题，我们需要特别地注意，当黑格尔说"有限物……已经达到了自在存在"时，他的意思究竟是什么。这一评论的背后的意思是说：某物在消亡的过程中并不只是违反它的规定，而且也**实现**它的规定。我们记得，事物的规定既在于事物是其所是又在于它**不**是其所是。因此，在终结的过程中，一个事物并非仅仅未能是其所应当是的，而是从另外的意义来看，恰恰成为它所应当是的，也就是成为非存在。然而，正如我们已经看到的，当一个有限的事物遭遇它的死亡时，它实际上就变成了另一个事物：例如，当着火的时候，木头就变成了烟尘。如果说消逝是一个事物的规定，那么成为别的某物也必定是该事物的规定。这并不是说木头生来就是要特别地成为灰尘，而是说木头生来终究是要变成不同于木头的东西的。因此，在消亡的过程中，一个有限的事物并不只是在**终止**是其所是，反而实际上是在实现着它自己的规定。它正实现着内在于它的**存在**中的一种倾向，亦即成为**不同**于它所是的东西的倾向。然而，这就意味着，在消亡的过程中，一个有限的事物实际上是在揭示它自己的存在的某个之前隐藏了的维度，从而事实上是在另一种外观下成为它**自身**。它的存在超越它的死亡而延续——尽管是以一种彻底转变了的样式。[3]

我认为，这就是当黑格尔说有限物在消亡的过程中实际上已经"**与自身相联合**"时，他想表达的意思：有限物在消亡的过程中不仅让位于**另一个**事物而且同时让位于它**自己的**存在的一个延续。因此，在消逝的过程中，有限的事物自己就形成连续的、无止尽的存在的一个过程。这样的存在是无限的，因为哪怕个别的、有限的事物必定消逝，它都始终**存在**而绝不消亡。

请注意，这第二种无限性并不像第一种那样在于无止尽地变为**别的**某物而毋宁在于一种除了**自身**绝不是任何别的东西的存在。这样的无限性是一种不仅是自身而且在超出自身——也就是超出自身的任何有限的实例——之外时也始终是自身的存在。正如黑格尔所指出的，它是那种始终
398 “与自身联合”或者本身是“无规定的自身关联”的存在（*SL* 137/1：148 -9［237 -9］）。这一无限的存在，无论是在时间还是在空间还是在计数的过程中，都不是通过永远不断的进展而被发现的。无论在哪里，当一个有限的事物让位于另一个有限的事物时，这一无限的存在就能被遇见：因为它不过是**借着**任何有限的事物的死亡而表明自己并不走向终结的那样一个存在。因此，在黑格尔的第二种含义下的无限性不应该同有限的事物的无穷系列或整体相混淆，而应该被理解为是一个完全不同于有限的存在的存在**种类**——尽管是一个在有限性本身的领域之内被发现的存在种类。相比于有限的存在，它是一种并**不**终结而始终**是**着的存在。或者更准确一些，它是一种持续不断地构成着自身的存在，在有限的事物的死亡中并通过这一死亡而延绵不绝。最后这一点尤其重要：因为它提醒我们，尽管黑格尔的第二种无限性在性质上不同于无止尽的有限性，但它还是在这种无穷无尽之内，在它的每一个阶段中被发现的。

托尼森指出，“与自身相联合”或者“关联于自身”这一主题在黑格尔的相关文本中发生了一次重大的转换。一开始我们被告知，与自身相联合的是有限物；但黑格尔接下来却说，无限物本身是“从限制性中重新恢复了的**存在**”（*SL* 137/1：150［239］）。按照托尼森的观点，只有第一个陈述得到了黑格尔的说明的论证；相比之下，黑格尔并没有恰当地为无限的存在以任何方式关联于自身或者与自身相联合这一观点进行辩护。[4] 然而，在我看来，托尼森忽略了一个事实，即：对于黑格尔来说，这两个过程实际上是同一回事。有限物在消亡并变为他物的过程中以另一种外观成为自身，但它却因而构成一个完全不同于单纯的有限性的存在领域，也就是构成无限性或者本身并不终结的存在。因此，黑格尔为什么从一种言说方式向另一种言说方式转换的原因就在于，他是在遵循有限性的结构本身之中的逻辑转换。所有这两种言说方式都不意味着有限的事物作为它们所是的特别的事物永远持续下去。不如说，有限的事物借以消亡的过程本身就是存在借以表明自己是无限的那样一个过程，而每一个有限的事物通

过它自己的死亡都有助于无限的、永不终止的存在的持续构成。

黑格尔相信，无论我们如何着眼于一个有限的事物，都无法将它同无限的存在或者与自身相联合这一性质分开。例如，如果我们观察有限的事物的内在的结构，就会注意到，“应当”超越了事物的限制但在其中又构成事物自己的一个限制。于是，黑格尔写道：“因而，在超出自身时，限制同样仅仅与自身联合。”同样地，如果我们观察一个有限物终结并变为一个接一个的有限物等等这一事实，就会注意到它总是成为另一个**有限物**从而建立起遍及整个改变过程的一个连续的、**无止尽的同一性**。尽管这个同一性由有限事物的一个链条所承载，但它还是构成黑格尔第二种意义上的无限的存在。黑格尔在《全书逻辑学》中对这一点说得尤其清楚：

> 某物在与一个他物的关系中，本身就已经是相对于这个他物的一个他物了；因此它所过渡到其中的那个东西与那进行着过渡的东西就 399
> 是完全相同的——两者不外拥有成为一个**他物**这同一个规定——于是某物在它向他物的过渡中就仅仅**与自身**相联合，而在过渡中和在他物中的同自身的这一关联就是**真正的无限性**。(*EL* 150 – 1/200 – 1 [§95])

正如我已经指出的，黑格尔此时提请人们注意的无限性并不在于新的有限事物的无止尽的产生而毋宁是在所有这类他异化过程**之中**延续着并仅仅关联于自身的自我等同的存在。除了有限的事物所经历过的改变和死亡的过程，在它之前或在它以外，都没有这样的无限的存在，黑格尔对此坚定不移。无限物并不先于有限物或位于有限物之下作为基础，它也不高居有限物之上对事物进行操纵。它只不过是**通过**有限的事物之彼此过渡而形成起来的无止尽的存在。由于无限的存在不可分离于世界的**过程**，这种存在就不能只**是**无限的。它必须在有限的事物本身借以终结的过程中持续不断地证明自己是无限的和无止尽的。实际上，它必须持续不断地将自身**构成**为无限的。无限的存在始终**是**其所是而绝不终止，但这仅仅因为它始终**证明自身**是无限的和绝不终止的才是如此。结果就是，黑格尔的无限物是动态的而非静态的。正如黑格尔所指出的，它必须被“建立为**存在**和

变易”（*SL* 137/1：149［239］）。

伯比奇——至少在最初——将无限性仅仅同从限制的思想向应当的思想移动的“理智的活动”等同起来。[5]但显而易见，黑格尔将无限性理解为有限的事物**本身**所表明自己是的东西。然而，我们在第二种意义上已经看到，它是一个不同于有限的存在的存在种类，因为它并不只是否定或者消亡，而且是毫不含糊地**肯定的**存在——那始终**是**着而绝不不是的存在。

黑格尔和笛卡儿

按照定义，无限性是那种并不走向终结的存在。然而，在黑格尔的第二种意义上，无限的存在之所以不终结，并不是因为总会有另外的有限的事物，而是因为它**存在**并且绝对地存在。在任何时候都没有什么东西能贬低它的存在或者阻止它是其所是。它是没有限制的存在。可无限的存在又并非只是纯粹的、直接的存在。黑格尔写道：“无限物**存在**，并且是在比最初直接的存在更强烈的意义上。”（*SL* 137/1：150［239］）然而，存在只有在有限的事物消亡时它还始终如一这个意义上才表明自己是无限的。换言之，存在只有承蒙有限物的恩惠才证明自己是无限的。实际上，正如我们已经看到的，它是当有限性终止其为单纯的消亡时才由有限性**本身**所构成的那种无止尽的存在。[6]

400 与康德相反，黑格尔坚持认为，并非我们的理性能力而是有限的存在本身产生出了无限物或者无条件者的观念：“超越自身，否定它的否定，成为无限的，这正是有限物本身的本性。”（*SL* 138/1：150［239］）同样明显的是，黑格尔是从有限性的观念而不是用任何其他的方式演绎出无限性的观念的。就这一方面来说，他明显有别于笛卡儿。

笛卡儿在第三沉思中论证说，因为上帝是作为有限理智的我所拥有的关于他的观念的唯一可能的来源，所以上帝必然存在。笛卡儿假定：“至少在动力的和总体的原因中必然比在该原因的结果中有更多的实在性”。因此，我头脑中关于一个无限者的观念就必然将一个本身比仅仅是有限东西的存在要更加无限的真实存在作为它的原因。结果就是，一个无限者——对于笛卡儿来说只能是上帝——必然存在。[7]

然而，在他的论证的过程中，笛卡儿考虑到对它的一种可能的反驳。会不会其实我根本就不拥有关于无限者的一个真实的观念却“仅仅通过否定有限的东西”而达到了“我对无限者的知觉”呢?[8]笛卡儿立即通过断言有限物的观念本身就预设了无限性的观念而回击了这一反驳。我不可能只是通过否定有限物就生产出无限性的观念来，因为除非我能将有限物的含义理解为达不到无限物，否则我就不能首先形成有限物的观念。我关于无限者的观念必定首先——若不是明确地，就是潜在地——出现从而必定是一个“真实的”观念，该观念的原因必定是一个真实存在着的上帝。

显而易见，对于笛卡儿来说，“我关于无限者也就是上帝的知觉，某种程度上是先于我关于有限物也就是我自己的知觉的”。实际上，这就是笛卡儿在第一沉思中所表达的普遍的怀疑的内在先决条件。笛卡儿能够怀疑上帝的存在——从而要求证明上帝的存在——仅仅是因为他从一开始就假定，**相比于上帝**，我是有限的、倾向于犯错的。“因为，除非在我里面有某种关于更完满的存在的观念，这一更完满的存在通过比较使得我认识到我自己的缺陷，否则我怎能认识到我怀疑或者我欲求——亦即缺乏某些东西——并认识到我不是完满无缺的呢?”[9]

黑格尔对有限物和无限物之间关系的理解，正好是笛卡儿的理解的反面。在黑格尔看来，首先是存在的本性将我们引导到存在是无限的这一观念上，而这无需在有限的存在和无限的存在之间做出任何对照就能发生。存在是有限的，按照黑格尔的观点，不是因为它缺乏某种预设了的无限存在的特点，而仅仅是因为它将**自身**带到了终结。有限的存在是那种是其所是并在存在中结束自己的有规定的、受限定的存在。它的限制或者“不完满”在于它未能作为这一特殊的事物而毫不含糊地是**它**所固有地是的东西，而不在于它达不到无限的完满。实际上，无限物本身的观念是因为 401
有限的事物在它们的衰退和死亡的过程中表明自己构成无止尽的存在才产生出来的。

因此，黑格尔很严肃地采纳这一观念，即：无限的存在是只在我们已经理解了什么是有限的**之后**才能得到理解的“不-有限的”（in-finite）或者“**非**-有限的”（*non*-finite）存在。相比之下，笛卡儿却假定，无限的存在是那种在任何关于有限物的知识能够获得之前就必须被理解的纯粹肯定的存在。请注意，黑格尔和笛卡儿之间的纠纷并非只关乎我们应该首先拥有哪一种观念。它也关乎有限物和无限物本身应当怎样被理解。对于黑格尔来说，存在首先表明自己是有限的并且只在这之后才揭示出自己是无限的，这一事实意味着无限的存在必须被理解为是由有限事物本身的消失过程所构成的。它只不过是在一个有限的事物向另一个有限的事物的转变**之中**持续着的存在。另一方面，对于笛卡儿来说，不仅我们头脑中的无限性的观念先于有限性的观念，而且无限的存在本身也先于并超越现实中的有限的存在。按照笛卡儿的观点，尽管无限的存在——上帝——创造并维持着存在中的一切有限的事物，它还是拥有，或至少曾经拥有，一种**脱离**有限的事物的存在。

正如我之前在本研究中曾经证明过的，黑格尔深受笛卡儿的这样一种信念的影响，即：在我们可以开始进行哲学以前，一切假定的确信都必须被悬置起来。然而，现在却变得很明显，在涉及有限物和无限物之间的特殊关系时，黑格尔是斯宾诺莎而非笛卡儿的追随者；因为他相信，在有限性之外，超越有限性或者离开了有限性，都不可能有真正的无限性。相比之下，许多后黑格尔主义者，包括其中最突出的列维纳斯，都宁愿追随笛卡儿并将无限性视为超越于有限的存在而不是内在于有限的存在。

无限物中的一个矛盾

对于黑格尔来说，使得有限物成为无限的，不是某种像是人类知性那样的“异己的力量”（*fremde Gewalt*），相反，有限物通过它自己的内在的逻辑而表明自己构成无限的存在（*SL* 138/1：150［241］）。无限的存在是那种本身并不是有限的存在；然而，它的产生却如里纳尔迪所评论的，是因为有限物合乎逻辑地**将自身否定**为肯定的、无止尽的存在。[10]因此，之所以有无限的存在，是因为有限的存在本身并**不仅仅是否定的**存在从而是“否定之否定”的缘故。

众所周知，某物（*Etwas*）从一开始就是“否定之否定”：它是关联于自身从而终究不是单纯的否定的那种否定。然而，一开始的时候，某物是作为肯定的、自身关联着的存在的双重的否定。可是扎根于某物之中的**否定**环节却随着黑格尔对某物的逻辑分析的进展而变得越来越明确。首先，某物表明自己仅仅是与别的某物有区别，但也关联于之。接下来，它就证明自己是对作为它的**界限**的他物的公然否定。然后，某物将自身揭示 402
为对它自己的存在的否定，或者说，揭示为某个**有限的**事物。最后，由于通过它自己的“应当是”而超越了它自己的限制，它就表明自己是对它本身所是的否定物的否定。现在，我们看到，处在一切有限性的核心之中的这一自我否定——它使得每一个有限的事物都成为结构上矛盾的——将有限的存在转变成本身并**不**仅仅是有限的存在，也就是转变成无限的、无止尽的存在。

无限物范畴具有同某物范畴的某种相似性，因为在两个范畴中我们都遇到了同时也是肯定的、**自身关联着的**存在的那种“否定之否定”。[11] 然而，在这两个范畴之间却有一个重要的差异。某物是自身关联着的否定的最初的、最原始的形式；它是那种针对另外的自身关联着的存在或者别物之领域而形成一个属于它自己的领域的简单的规定性或者否定。无限的存在也是“自身关联（*Beziehung-auf-sich*）”（*SL* 137/1：149［239］），但它却并不构成相比于**别的**某物而言的**某物**。不如说，它就是在每一个某物中并通过每一个某物都走向终结这一事实而存在着并关联于自身的那种存在。这一重要的差异解释了为什么黑格尔从他对无限物的说明的一开始就提出：“**定在**（*Daseins*）的各种形式不在可以被视为绝对者的各种定义的那些规定的行列之内”。这并不是要否认定在的各个范畴——某物、他物、自在存在、为他存在、规定、性状，以及界限——把握了存在的真实特性，而是要强调它们仅仅代表“是**有限的**”之不同方式，而并没有刻画出无限的、绝对的存在本身之特征。正如黑格尔所指出的，“无限物被完全视为绝对的”。

因此，黑格尔的《逻辑学》的一个主要的教训就是：无限物一定不要被理解为**某物**，也不要被理解为针对**别的**某物并且受**别的**某物所限定的一个属于它自己的领域。无限的存在不是不同于或者脱离了有限的存在的某个东西，而是与有限的存在一致。它只不过是由有限的存在所共同构成的，或者说，只不过是有限性表明自己真正所是的那种肯定的、无止尽的存在："有限物仅只在于：通过它的本性而变为无限性。无限性就是有限物的**肯定的规定或使命**（*Bestimmung*），有限物真正自在地所是的东西"（*SL* 138/1；150［241］）。

然而，带着这一洞见，我们对世界的理解就经历了一场戏剧性的转换。因为在证明自己是无限的、无止尽的存在的过程中，有限的存在表明自己真正来说终究**不是有限的**存在。这也就是说，一旦有限性揭示出自己构成了无限的存在，它也就终止其为有限性本身了。因此，黑格尔以下面
403 这句大胆的宣告来结束 2. C. a："有限物已经消逝于无限物之中，凡**是**的，都仅仅是**无限物**。"

托尼森提出反对说：由于将无限的存在理解为整个地替代了有限性，黑格尔就与他所宣称的无限的存在不是什么脱离有限的存在本身的东西的信念相矛盾了。如果说无限的存在仅仅因为**有限的**存在在它自己的死亡之外以某种方式继续下去才产生出来的话，那么假如要有连续不断的无限的存在，有限的存在本身无疑就必须始终保持。"因为为了能够超越自身，有限物将不得不始终作为主体而被保持。"[12]

然而，托尼森忽略了一个事实：正是有限物和无限物的同一性导致前者——至少在最初的时候——消失。假如无限的存在是某种不同于有限的存在的东西，那么它们两个倒可能毗邻共存；可无限的存在并不是任何不同于有限的存在的东西，而不过是有限的存在**本身**证明自己所是的东西。就有限的存在构成无限的存在而言，有限的存在采纳了一种完全**不同的**性质；它揭示出自己终究**不**是有限的存在而是无限的存在。然而，由于并没有在这一新近揭示出来的无限性**之外**的有限物的领域，这种无限的存在就必定是实际所是的**一切**。因此，存在，或者说，处于改变中的有限的事物的领域，必然证明自己纯粹是**无限的**存在而不是别的什么。

可是在 2. C. b 中黑格尔却指出，这还不是事情的全部：因为从逻辑上来看，无限性不仅仅是有限性表明自己所是的东西，而且是对有限物的直接的**否定**。无限的存在拥有一个属于它自己的特征和性质，该特征和性质并**不**是有限的存在所有的。然而，就无限的存在等同于有限性的过程而言，无限性并没有**明确地**有别于有限性。这就意味着它还不是充分意义上"不-有限的"（in-finite）。那么，无限的存在如何才能明确地是它所内在

地是的东西呢？在黑格尔看来，它只有通过明显地将自身同它所内在于之的有限物区分开来的时候才能做到这一点。然而，无限的存在只有通过将有限的存在明确地置于它自身**之外**，仿佛它完全与之不同，才能做到上一点。因此，假如无限性要真正地是无限的，它就不能只是替代有限物而必须实际地**保存**与它自身相反的有限物，仿佛它与之相比才取得属于它自己的一种同一性。就在刚才我们认识到，一切是着的都是无限的存在。现在我们则已经认识到，除了这种无限的存在之外还必须有有限的存在，因为无限的存在只有通过将自身**从所存在着的有限物中**划分出来，才明确地是"不-有限的"（in-finite）。

这一洞见带来了我们对无限性的理解的更进一步的戏剧性转换。因为它意味着，从逻辑上来看，无限的存在必定恰恰将自身转变为它本来所不应该是的东西，也就是**不同**于有限的、有规定的存在的某物：

> 如此作为**存在着的**东西，同时作为某个**他物**的**非存在**，它［无限物］退回到了作为某种一般的有规定的东西的某物范畴中，更确切地说——因为它是返回到自身的、经由扬弃一般的规定性而得来的定在，从而被**建立**为与其规定性有区别的定在——退回到了带有一个界限的某物范畴中。（*SL* 138/1：151［241］） 404

无限的存在因而表明自己正如有限的存在一样是矛盾的。一方面，无限的存在不过就是有限的存在真正之所是，从而就是真实存在着的一切。另一方面，无限的存在本身又要求仍然有它能够清楚明确地将自身从中区分开来的有限的存在："无限物的**直接的存在**重又唤醒（*erweckt…wieder*）它的否定的**存在**，也就是最初似乎消逝于无限物之中的有限物的**存在**。"因此，有限物不能只是消失进无限的存在之中，如我们最初所以为的那样，而必须始终保持为那不同于无限物的东西。有鉴于这后一种观念，看起来笛卡儿及其拥趸可能就并没有我们一开始所以为的那样的错误了。

坏的无限性

请记住，黑格尔这里并不是在描述一个时间的发展过程。他是在揭开那**合乎逻辑地**内在于无限存在的本性中的东西。这就是：（a）无限的存在不过就是有限性所证明自己真正是的东西，以及（b）为了明确地是“不-有限的”，无限性必须使自身从有限物中分离出来，作为不同于后者的某物。然而，正如现在我们将要看到的，在将自身以这种方式同有限物区分开来的过程中，无限的存在合乎逻辑地剥夺了自身那首先使得它成为无限的东西的性质，并将自身转变为确定的、**有限的**无限性。

在2. C. b的第二段中，黑格尔指出，尽管它们必然不同于彼此，但有限性和无限性却不是**单纯地**不同于彼此或者彼此漠不相关。恰恰相反，它们是彼此密切地关联着的。毕竟，每一个有限的事物先天地都注定转变自身并被转变为某种不同的东西从而产生出无止尽的、无限的存在，这一点仍然是正确的。因此，无限的存在就是一切有限的存在本身固有地所是的东西，并且应当明确地成为这样。

> 这是带着过渡到它的**自在存在**、**变成**无限这样的**规定**而被建立起来的定在。无限性是有限物的虚无，是它的**自在存在**和**应当**，但这一应当作为返回到自身的东西，却是**完成了的**应当。（*SL* 139/1：151［241］）

无限的存在不仅仅是那种将自身同有限的存在区别开来并给予自身一种属于它自己的特征和存在的东西，它同时也是一切有限的存在发自**本身**地指向的那个“他物”。

可正如我们刚才已经看到的，无限的存在也是直接地“对有限物的405 否定”。无限性是这样一种存在形式：有限性指向它但它却特别地在于**不是有限的**。这并不是要否认无限性是在它本身之内的肯定的、自身关联着的存在。然而，需要注意的是，无限的存在只有在它否定地**与有限物**相关联的时候才明确地是“不-有限的”。实际上，它自己的肯定的特征必须本身就在于“无论如何都不是有限的”或者“超越有限物”。像这样子理解的无限的存在，黑格尔说，表明自己不过是“有限物的彼岸”或者“不-有限物”（*das Nicht-Endliche*）（*SL* 139/1：152［243］）。因此，从逻辑上来看，无限性不能只是有限的事物本身所产生出来的连续的存在，它还必须成为某种处于有限的事物之外、有限的事物自己的存在所持续地指涉着的东西。

黑格尔给予这一超越的无限物一个闻名遐迩的名字："坏的"或"假的"无限物（*das Schlecht – Unendliche*）。"坏的"这个词不应当在道德的意义上来理解。黑格尔并不是在争辩——至少这个时候不是——关于一种超越的无限物的观念导致了无神论或者败坏了公共道德。他将超越的无限物视为"坏的"，仅仅是因为它实际上根本就不是**无限的**。这么说（还）并不是在宣称坏的无限物没有达到《逻辑学》之后将达到的真的无限性概念。那一概念还有待发展出来，因而此时此刻还不能被用作批评的一个标准。坏的无限性是坏的，在黑格尔看来，是因为它没有达到无限性所已经证明自己是的东西。

无限的存在，在我们所遇到的第二种意义上，是那种并非有限的也并不终结的存在。它是那种并不采取相对于别的某物的某物之形式，反而内在于一切有限的事物之中，并通过一切有限的事物而延续着的存在。因此，相对于任何别的东西而言，无限的存在并不拥有界限或者边界：它是不受束缚的存在。然而，现在我们却发现，就它明确地将自身同有限性区别开来从而成为真正"**不 – 有限的**"而言，无限性表明自己恰恰是它最初所本不该是的东西，亦即某种**不同**于有限的存在的**某物**。就此而言，它必然要给有限的存在设定一个界限：它是不再有任何有限性存在于其中的这样一种存在形式。不过，这无疑也就意味着，它必须转而受这种有限的存在的束缚：有限的存在必须是无限性终止之处。通过将自身同有限的存在区别开来从而变成真正"不-有限的"，无限性实际上就把自身转变成了那终究**不**是无限的而是受限定的东西。如此一来，它也就建立起了两种截然不同的性质或者存在"领域"。

然而，无限性并不只是被有限性所限定，而且是通过将自身置于同那不是无限的东西的关系中而给予**自身**一个它在其上走向终结的边界。毕竟，为什么在无限物之外存在着有限物，其原因在于，无限的存在按照它的本性就是有限性的否定，它必须明确地成为它内在地所是的东西。因此，无限性施加一种界限在自身上，借以赋予自身一个终结点，从而它就不仅仅是受限定的而是**有限的**。"是有限的"，我们记得，并不必然导致一个事物经历时间而终结，而只是通过该事物本身的存在造成事物的终止。坏的无限性通过遭遇到有限的存在而停止其为单纯无限的和无止尽的；从这个意义上说，坏的无限性在逻辑上就是有限的无限性。于是，正如黑格尔所指出的，“就**有了**两个世界，一个无限的世界和一个有限的世界，而在它们的关联中无限物仅仅是有限物的**界限**，因而仅仅是一个确定的、**本身有限的无限物**”（*SL* 139 – 40/1：152［243］）[13]。因此，坏的无限性是坏的，不是由于道德的原因，而完全只是因为它是一种受限定的、**有限的**无限物。

406

请注意，坏的无限性观念并不像托尼森所主张的那样，是由“表象”或 *Vortellung*——或甚至是由知性——所人为地造成的，而是内在于无限性本身的本性之中。[14]无限性本身必然表明自己是坏的无限性，或者有限的无限性；因为它必须明确地将自身同构成它的那种有限性**区分**开来，从而将自身转变为对有限性本身的确切的否定，或者不同于有限性本身的某物。于是，在我的解读中，黑格尔并没有放任坏的无限性被视为一种虚构或思想的一个错误而不顾。相反他却证明，从逻辑上来看，无限的存在必定采取超越有限物的东西的形式。我们将看到，是“坏的”或抽象的无限绝非“是无限的”之唯一的方式。可尽管如此，它仍然是一种重要而必需的“是无限的”方式。于是，尽管我们不能从笛卡儿关于无限物的观念出发，我们仍然必须认识到，在笛卡儿的观念中还是有一些真理的，因为必然有超越有限性的“坏的”无限的存在。

我们或许可以在光（至少是黑格尔所理解的光）中发现实际的坏的无限性的一个例子。对于黑格尔来说，光并不是一种特殊的事物而是那使特殊的事物得以显现并将它们带到“普遍的相互关联”中的“非物质的物质”；它就是黑格尔所谓的“纯粹的显现”或者“一般对象的普遍的可视化（*Sichtbarmachen*）”[15]。黑格尔按照在其他场合用来规定无限存在的术语来描述光，清楚地表明他将光视为某种程度上的无限物。他称光为“与自身的纯粹的同一性”或者物质的“同一性”[16]。他甚至明确地把光称作“无限的己外存在”、“无限的扩张”，以及“空间的无限创造”[17]。（这是因为它带着“绝对的速度”立即散开以充满整个空间的缘故——顺便说一下，这并不是要否认光的传播需要耗费时间。）[18]

然而，光又与它所照亮的物体不同：

作为一种普遍的物理学的同一性，光首先是作为一种**不同的东西**，因而在这里是作为外在的东西和他物与在另外的概念环节中质化了的物质发生关系的，这种质化了的物质如此作为光的否定物，就被规定为某种**暗昧的东西**。[19]

实际上，黑格尔指出，光不仅仅有别于暗昧物质，而且“在个体的形式下本身独立地存在”，也就是作为星体而存在。[20]因而，在这两种意义上，光都是一种受限定的、有限的实在，即便它也是“无限的扩张”。就此而言，光清楚地展示出了“坏的”无限性的结构。 407

此外，光不仅有别于物质，它同时也是已经将自身同它存在于其中的有限的、“暗昧的”物体区分开来的物质**本身**。这并不是说凡穿过每一个有限的物体并在有限的物体中持续下来的物质都采取了明确的光的形式。对于黑格尔来说，寓于物体之中的物质是一种在时间中充满空间的存在。它抵制其他这样的物质并受到重力的支配；它是重的而肯定不是“轻的”，无论“轻的”这个词是什么意思。尽管如此，在黑格尔看来，光就是那作为物质或作为时间中空间的充满而出现的东西，它将**自身区别于**重的物体并获得一种属于它自己的同一性。因此，光不过就是那种作为“纯粹的定在着的空间充满之力量”或者“无所不在的纯粹物质性”而将自身从事物中分离出来的物质。黑格尔写道，它是作为“**绝对轻的东西**”的“物质的抽象的自我（*Selbst*）”。[21]从这个意义上说，光同样也表明自己是“坏的无限性”，因为它仅仅是在无限的、时空性的物质存在**自身**反对它存在于其中的有限事物的时候才产生出来的东西。

诚然，黑格尔在《逻辑学》中并没有引用光作为坏的无限性的一个明确的例子。然而，在《自然哲学》中，当他把光称为“**抽象无限的**（*abstrakt-unendliche*）自身返回”[22]时，他接近于是在这么做了。

实际存在着的坏的无限性的另外一个例子就是人类的意识或思想本身，就意识将对象理解为根本上不同于自身的而言。意识或者“我”，黑格尔写道，是“精神（*Geistes*）同自己的无限的关联”。它是无限的，因为它并不受它所关联的事物束缚，反而能够在这些事物之内辨别出它自己的概念和法则。因此，就像黑格尔明确拿来和它进行比较的光一样，意识也揭示出并显现出它所遇到的事物；它甚至不只揭示出事物的外表而且也揭示出事物的内在本性和结构。然而，同样也像光一样，意识也明显地区别于它所关联着的事物："纯粹抽象的自由自为地将它的规定……作为既自由又**独立的客体**从它自身中释放出来"[23]。因此，意识也很可能是无限的，但它最多只是抽象的或者"坏的"无限的。相比之下，无前提的思想——对它来说，存在并非只是"在那边"而是在思想自身**之内**被揭露出来的东西——或许可以说是真正地无限的和不受束缚的。

于是，黑格尔承认世界中有坏的无限性。然而，正如我们之后将看到的，他却并不相信所有的无限性都不可化约地是坏的或有限的。与之相
408 比，无自我批判的知性却将坏的无限性视为"最高的、绝对的真理"（*SL* 139/1：152［243］）——当然，由于这一缘故，它也就完全不把坏的无限性视为**坏的**了。因此，对于知性而言，所有的无限性按其本性来讲都超越有限物的领域并且毫不因此受到影响。除了那被置于有限物的彼岸从而彻底不同于有限物的无限物之外，没有其他的无限物：

> 当提升到这个有限的世界之上的知性飞升到它的最高处，飞升到无限物的时候，这个有限的世界也就在它面前保持为一个此岸，以至于无限物仅仅被建立为高居有限物**之上**，与有限物**相分离**，因此有限物同样也就与无限物**相分离**。（*SL* 140/1：153［243］）

在黑格尔看来，知性无法越过有限物和无限物之间的对立而看得更远。对于知性来说，有限的存在不可更改地是有限的，绝无更多；而无限物则不过就是那不同于有限物的东西。然而，这种看待事物的眼光，它的问题就在于，它将所有的无限性都还原成了**有限的**某物，从而绝不**超越**有限性来进行思考（并在这个意义上实际上是把有限性变成了无所不包的和"无限的"）。

关键是要注意到，黑格尔并没有将坏的无限性观念一笔抹杀。在他看来，拘泥于知性的哲学家是完全搞错了。黑格尔承认"自然界中有知性，这就是说，知性的不同形式存在于其中"，并且，正如我已经指出的，这包括了坏的无限性这种形式。[24]这并不是说，绝对的理性或者"上帝"可以被理解为某种不同于有限的存在的东西，就像笛卡儿相信的那样；不过

我们可以接受像光和人类意识这样的东西能够被理解为“有限的无限性”。因此，按照黑格尔的观点，知性的错误并不在于它认为无限性存在于有限的事物之外。它的错误在于它从未怀疑过无限性有可能是**不同**于那种处在有限物之外并被有限物所束缚的东西的某种事物。

可是，在《逻辑学》的这一阶段，为什么我们应该认为无限性是某种比坏的无限性更多的东西呢？难道黑格尔不是恰恰已经证明了无限的存在必须给予自身有限的无限性这一形式吗？并且，他不是已经证实了知性的立场吗？此时此刻他能举出什么样的理由来对知性所理解的无限物表示质疑吗？有两个理由。第一，由一个事物向另一个事物的转变所构成的质的无限性（the qualitative infinity）还没有单纯地消失无踪。例如，物质并没有仅仅因为它接纳了光这一不同的形式就停止采取有重量的、暗昧的物质这一形式。因此，我们可以批评知性忽略了质的无限性最初之所是。第二，坏的无限性观念本身合乎逻辑地引向无限性的进一步的、更复杂的形式。因此，我们必须超越知性的无限物，因为其他种类的无限性就内在于 409
这种有限的无限性本身之中，后者使之成为必然。

到无限的进展

在对无限性的下一个形式的演绎中，黑格尔首先提醒我们，有限物和（有限的）无限物并不是彼此分离的，而是被它们共有的边界所紧密地联系在一起的。它们每一方都是另一方的质的界限：一方开始，另一方停止。然而，每一方都不仅限定**另一方**并受其限定，而且也通过将自身置于同它的对方的关联中而限定**自身**。实际上，正是这一点使得每一方都是有限的而非仅仅受限定的：因为有限物就是那在自身中拥有它的界限和终点的存在。黑格尔用下面的话对这些观点进行了概括：

> 这一将它们……关联起来的否定，是一物针对他物的相互的界限，更确切地说就是：它们每一方都不仅针对他物而**在它［自己］上**（*an ihm*）拥有界限，反而否定就是它们的**自在存在**（*Ansich-sein*），每一方都通过它同他物的分离而独自在它自身上拥有界

> 限……因而两者自在地（*an sich selbst*）都是被限定的，都是有限的。（*SL* 140/1：153［243］）

因此，有限的存在——在自身中并且完全远离无限的存在——就是没有无限的有限（finite-not-infinite）；相反，坏的无限的存在——在自身中并且完全远离有限的存在——就是没有有限的无限（infinite-not-finite）。限定他物并受他物限定构成每一方单独的、固有的同一性的组成部分。

当然，与此同时，每一方也在性质上区别于**对方**：有限的存在不是无限的存在，反之亦然。存在的这两种类型中的每一方因而都将对方推出自身之外，或者用黑格尔的话说，"每一方都立即将界限作为它的非存在从自身排斥出去，并且……将界限建立为在它之外的**另一个存在**，有限物将它的非存在建立为无限物，后者同样也将它的非存在建立为有限物"。因此，有限物**自在地**就是对那完全处在它**之外**的他物的否定，同样的情况对于坏的无限物也是如此。用另外的方式来表达就是，每一方都发自本身地**排除**他物。

然而，存在的这两种方式之间的关系比我所已经指出的甚至还要复杂，因为每一方都合乎逻辑地**转变为**它接下来立即被从中排除出去的另一方。首先看看有限物的情况。有限物变为无限的存在，因为它"被规定为濒于消散的东西"，并因此，正如我们已经看到的，构成连续的、无止尽的存在。这种无限的存在因而就是有限的存在固有地所是的，是有限的存在按其本性有意要成为的。可众所周知，无限的存在又立即将自身同有限的存在区别开来并将后者从自身**排除**出去。有限的存在因而就转变为它立即被从中排除的无限的存在。

现在再看看无限物的情况。就它将自身同作为它的"直接的否定"的有限物区别开来而言，无限性把自己还原为受限定的、有限的无限性。因此，在把自己放在有限性之外的过程中，无限物转变为无限性本身被从中排除出去的那种对立的存在形式。

410 黑格尔从这一分析中得出结论：有限物和无限物是"**不可分离的**"（*untrennbar*），因为它们每一方都**自行**转变为**对方**，或者如黑格尔本人所指出的，"每一方在它本身上并且出于它的规定就是它的他物的建立"。

然而，他也注意到，它们的不可分离性或者“统一性”又被这一事实所掩盖，即：它们每一方都彻底不同于另一方从而被它们所突变而成的另一方排斥。这就意味着：尽管有限物和无限物是密切关联着的，它们却不占据同一个逻辑空间：一方的在场排斥另一方的在场。于是，它们的不可分离性就采取了直接“过渡”或者直接“翻转”（*Umschlagen*）的形式：一方直接翻转为那取代它的另一方。就像纯存在和虚无一样，“每一方都在对方上是它自己的一个**直接的**出现，而它们的关联仅仅是一种表面上的关联”①：有限的存在表明自己是无限的存在，但无限的存在接下来却转而表明自己是有限的。

黑格尔在这里提请我们注意的过渡过程是内在于坏的无限物的结构之中的，并且对坏的无限物丝毫无损。黑格尔到目前为止所做的，都是在指出：有限的存在在消逝的过程中合乎逻辑地翻转为无限的存在，而后者接下来又立即将自身转变回有限的某物。这就比之前所发生的更清楚地显示出坏的无限物的动力特征，但这一动力特征却并不超越坏的无限物本身而将我们带到对无限性的一种新的理解上。然而，当我们注意到**无限物**所还原成的这一有限的存在本身必然受制于同一个否定，就像最初转变成无限的存在的那个有限物一样时，对无限性的一种新的理解就出现了。在这里，我们有两个理由来说明为什么无限性自己的有限性应当被否定、被超越。

第一，作为有限的和受限定的，有限的无限性超出自身指向更进一步的无限的存在。第二，无限性本身的逻辑结构要求它不只是处在它**最初**所反对的有限物之外。假如无限性是对有限物的完全的否定的话，那么它就必须处在**一切**有限性之外，包括它**自身**所还原成的那个有限物之外。

有限的无限物必须超出自身而指向无限性，这一逻辑的要求在无限物中引起了一个重要的改变：因为坏的无限物不再享有一种稳定的同一性并且启动了一个持续的自我超越和自我否定的过程。黑格尔将这一过程描述如下：有限物超出自身并过渡到无限的存在，但它所过渡到的这个无限物

① 黑格尔的意思是说它们之间实际上并没有关联，所谓的关联，是一种表面现象。两者之间与其说有关联，不如说有一种内在的统一。——译者注

却使自身同该有限物相分离，从而限定着它并受它限定，由此证明自己是一个新的、在其自身范围内的**有限物**。结果就是，黑格尔写道，“无限物已经消逝，它的他物，有限物，已经登场”（*SL* 141/1：154［245］）。这一新的有限物接下来转而又要求被超越，并且超出自身指向一个新的无限物。这一新的无限物由于它超越那导致了它的有限物而再一次将自身还原为某种有限的东西。然而，这一新的有限物又再一次超出自身指向无限物，如此类推，直至无穷（*ad infinitum*）。

黑格尔将无止尽地超越有限物的这一过程命名为“到无限的进展（*Progreß ins Unendliche*）”（*SL* 142/1：155［245］）。我们可以将它展示如下：

411 有限物→无限物（有限物）→无限物（有限物）→无限物（有限物）→……

这一过程并不仅仅因为有限物和无限物向彼此翻转而产生。它的产生更具体地是因为无限性不能被局限于一种虚假的、有限的条件下而必须合乎逻辑地甚至超过它**自己的**有限性。

这一无限的进展清楚地反映了我们所遇到的第一个无限性。最初的那个无限性，我们记得，它并不在于某种性质上不同于有限存在的存在而毋宁在于**有限的**事物的无止尽的序列——亦即在于一个有限的事物让位于另一个有限的事物又让位于另一个有限的事物，等等。这一无止尽的序列可以展示如下：

有限物→有限物→有限物→有限物→有限物→……

两个无限序列之间的差异在于：在第二个序列①中，有限物超出自身所指向的不过是更多的有限性；而在第一个序列中，有限物则超出自身指向一个处于一切有限性（包括无限物自己在其中所构成的有限物）之外的**无限物**。除了这一点之外，两个序列之间没有差异，因此它们都可以被视为

---

① 原文写的是“in the first case”，在第一种情况下。霍尔盖特想说的其实是“我们最先遇到的无限性”，而“我们最先遇到的无限性”恰恰是第二个序列。——译者注

构成了以微妙不同的方式所理解的同样的“到无限的进展”。

于是，黑格尔所认定的这两种不同意义的无限性似乎全都彼此密切相关。有限事物的第一个无限的序列在自身中具有性质上无限的存在，因为有限的事物在消亡的过程中并不只是始终导致有限的事物，而且是构成连续的、无止尽的存在。然而，这种性质上无限的存在却必须明确地将自身同有限性区别开来，从而将自身转变为坏的无限物。这一坏的无限物接下来又必须超出自身指向更进一步的无限性，而后者又转而表明自己是有限的，从而超出自身直至无穷。看起来，我们已经兜了一个圈，或不如说螺旋上升来到了对无限性的一种新的理解上，这一新的理解将第一个无限性最开始并不明显的一个方面明确地表达了出来。

这一新的到无限的进展并不只是从一个坏的无限性引向另一个坏的无限性而已，而且是因此构成了人们可以称之为一种**单调的无限性**（*tedious infinite*）的东西。这恰恰是因为它一次又一次地超出有限物引向同一个有限的无限性的缘故。正如黑格尔所指出的：“到无限的进展……只是重复的单调，只是有限物和无限物的同一个无聊的**交替**。”（*SL* 142/1：155［247］）[25]就像第一个坏的无限物一样，这一无限的进展是存在的一种真实的特征，并非只是由抽象的思维所产生出来的一个幻象。例如，物质就是无限可分到无聊的程度的。[26]因此，对于将世界的某些方面理解为到无限的进展，黑格尔并没有反对意见。然而，他却和那些将单调的无限物视为“**最后的东西**，不再有什么超越它”的人——比如费希特——持不同意见（*SL* 142/155［245］）。在黑格尔看来，他们的错误就在于他们无法看得比无穷无尽更远从而将所有的无限性都还原成了单调的（或者坏的） 412
无限物。

按照黑格尔的观点，无限性采取单调的无限物的形式，是由于它既是不可化约地**关联于**有限性又是完全地**不同于**有限性。无限性必须明确地（explicitly）将自身同有限物区别开来，因为它内在地（implicitly）就是对有限物的**否定**。这就意味着，它必须既维持它同有限物的关联又使自身完全同有限物相分离。因此，从逻辑上来看，无限性必须采取处在有限物**之外**的东西的形式。可是这样一来，无限物就将自身还原为了一种有限的、受限定的无限物。可因为它的无限性恰恰就在于超越有限物，所以它就必须甚至超越它自己的有限性。可这无疑又不过是再一次使它成为有限的，如此往复，直至无穷。我相信，当黑格尔提出“凡是**相对的**两个规定被一直驱迫到它们的对立，以至于它们都在不可分离的统一之中而每一方又都相对于另一方被赋予一种独立的定在的地方，到处都有这种进展出现”时，这就是他真实的想法。

无论人们是否意识到无限可分的物质或者道德家们所为之奋斗的无限的自由与完美，在黑格尔看来，那种处于一切有限性之外的无限物——包括它**自己的**有限的显现——在结构上都是模棱两可的。就它彻底不同于它所超过的受限定的、有限的存在而言，它是无限的；可恰恰因为它被所超过的东西束缚与限定，它又不是无限的。因此，这样一种无限物根本就不是确定无疑地无限的。它**应当**是无限的，但却始终未能履行它的承诺。这对于那开始超越无论这一方面还是那一方面的无限物来说也是如此：它永远无法是纯粹无杂的无限物——由于它对有限物的超越，它本来应当是这种无限物；但它却始终在于越来越多的有限性。正如黑格尔所指出的，“这种坏的无限性，本身就与那种**长久的应当**（*Sollen*）是同一个东西；它诚然是对有限物的否定，但它却不能真正从有限物中将自己解放出来”（*SL* 142/1：155［247］）。我们曾在上一章中看到，有限的事物应当是它们固有地所是的东西，但由于它们的限制却未能达到它们为自身所设定的标准。现在，我们已经看到，这里也有某种类型的无限性，它应当是无限的，但却未能是无限的——这就是系统地超越的或者过分的无限物①。

回过头来看，对于第一个坏的无限性——例如在光中所发现的——人们当然可以说它也仅仅**应当**是无限的但事实上却是有限的。毕竟，第一个坏的无限物并不仅仅被有限物**所限定**而是本身就是某种**有限的**东西，因而面临一种固有的限制——也就是未能成为它所应当是的无限物的限制。然而，在开始的时候，它仅仅应当是无限的这一事实还只是**内在**于（*implicit*

① systematically transcendent，or excessive，infinite. 其中，systematically transcendent（系统地超越的）大概是说这种无限物想要进行全面的超越，因而它始终要把自己置于有限物之外，从而是一种过分的无限物。——译者注

in）坏的无限物之中；它主要的明确的特点还只在于**限定**着有限物并被有限物所限定。只有当坏的无限物公然超出它自己的受限定的、有限的无限性的时候，它才明确地揭示出：它应当是无限的而非有限的。坏的无限物表现它与生俱来的“应当是无限”（ought-to-be-infinite）的方式，也就是开创出“到无限的进展”。[27]实际上，这种无限的进展只不过表达了这样 413
一个事实，即：有限的无限物总是——未能奏效地——“力求”成为真正地无限的。

不仅处在一切有限性之外的无限物将自身还原为一个单纯的应当，而且整个到无限的单调的**进展**本身也可以说是那种仅仅**应当**是无限的东西。这样一种无限的进展并不是一个单纯的幻象，反而在自然和人类意识的许多方面中都能找到它。尽管如此，它所展现出来的无限性基本上与我们所遇到的第一个无限性，也就是本身在于无止尽的**有限性**的那种东西没有什么不同。作为无限性的一种形式，无限的进展应当构成在性质上不同于有限性的存在，但它却从未成功地做到这点并且始终——用伯比奇的话来说——“在性质上与**有限物**相同”[28]。哈里斯也承认，它是在其中“有限物**应当被**（*ought to be*）① 超越，但从未被超越”的那一过程。[29]

重复一遍：质的无限性应当在有限物之外被发现，但它从未在那里被发现，因为处在有限物之外的只能是更多的有限性。然而，在另一种意义上，恰恰因为它被定义为处于我们所在的无论什么地方**之外**，不断地超出一个地点，又超出一个地点，又超出一个地点，人们也就可以说，彻底超越的无限物事实上根本**不**应当在有限物之外被发现。从这一观点来看，到无限的进展就是无止尽地伸向一个必然被无止尽地延宕的“无限物”的过程。“这种无限物，”黑格尔写道，“拥有一个**彼岸**的固定规定，这个彼岸无法被抵达，因为它本不**应当**被抵达（*weil es nicht erreicht werden soll*）。”（*SL* 142/1：156［247］）

在黑格尔看来，只要我们拒绝**放弃**（*ablassen von*）无限物是有限物的简单的**否定**这一观念，我们就被局限于这一全方位难以捉摸的无限物——

① “应当被”也可以翻译为“应当是”，“应当被超越”也可以翻译为“应当是被超越的”。——译者注

一种重复地证明自身是有限的并持续地将自身迁移到它自己的有限的化身之外的无限物——之中。因为正是无限物只不过**不**是有限物这种观念将遥不可及的无限物放置在了我们生活于其中的有限物领域之外从而妨碍了无限性**是**它所承诺要是的无限物。诚然，无限物本身要求它被理解为有限性的否定。可如果我们固定不变地坚持对无限物的这种理解，我们就将永远不会把无限性理解为某种不同于有限的无限性的东西，亦即某种不同于那无止尽地——并且无结果地——寻求逃脱它自己的有限性的无限性的东西。但是我们为什么应当希望拥有对无限物的某种别的理解呢？因为更仔细的观察揭示出一种不同种类的无限性内在于无限的进展本身之中。在下一章中，我们将考察无限性的这种新形式的本性。

注释：

［1］黑格尔这里没有在“否定物”（*negative*）和“否定”（*negation*）之间做出区分。实际上，稍早一些时候他也将有限的事物描述为“否定之否定”（*negation der negation*）（*SL* 132/1：142［235］）。“*negative*”的一个在“*Verneinung*”而非“*das Negative*”意义上的含义，参见上文第十六章注释 16（第 306 页）。

［2］Taylor，*Hegel*，p. 242.

［3］参见 Maluschke，*Kritik und absolute Methode in Hegels Dialektik*，p. 172；Stace，*The Philosophy of Hegel*，p. 147；Theunissen，*Sein und Schein*，p. 277。

［4］Theunissen，*Sein und Schein*，pp. 280，293.

［5］Burbidge，*On Hegel's Logic*，p. 53.

［6］参见 Doz，*La logique de Hegel et les problèmes traditionnels de l'ontologie*，p. 67。

［7］*The Philosophical Writings of Descartes*，2：28，32；1：202.

［8］*The Philosophical Writings of Descartes*，2：31.

［9］*The Philosophical Writings of Descartes*，2：31；3：338.

［10］Rinaldi，*A History and Interpretation of the Logic of Hegel*，p. 152.

［11］然而，从有限性向（作为自身关联着的存在的）无限性的移动，并没有遵循从定在（*Dasein*）向某物移动的模式，而是非常类似于纯

粹其他的他物借以进入自身关联着的存在的那个移动；参见 Hegel，*SL* 118−9/1：127（213）和 *EL* 151/201（§95）。实际上，从有限物向无限物的这个移动，在《逻辑学》中是第二处真正的否定之否定**构成**（而非预设）肯定的自身关联的地方；参见上文第十七章第 330 页。当然，这两个移动之间的差异起因于这一事实，即：我在一个移动中所处理的是纯粹的他物，在另一个移动中所处理的是有限物。

［12］Theunissen，*Sein und Schein*，pp. 281−2. 亦参见 McTaggart，*A Commentary on Hegel's Logic*，p. 30。

［13］亦参见 Rinaldi，*A History and Interpretation of the Logic of Hegel*，p. 153。

［14］参见 *Theunissen*，*Sein und Schein*，p. 280。

［15］Hegel，*EPN* 93，88，91/119，112，116（§§276 and Add.，275 Add.），and *A* 2：808/3：31.

［16］Hegel，*EPN* 87，91/111，116（§§275−6）.

［17］Hegel，*EPN* 91−2，88/116−7，113（§§276，275 Add.）.

［18］Hegel，*EPN* 87，94/112，120（§§275 Add.，276 Add.）.

［19］Hegel，*EPN* 94−5/121（§277）.

［20］Hegel，*EPN* 89/114（§275 Add.）.

［21］Hegel，*EPN* 87，91/112，116（§§275 Add.，276）.

［22］Hegel，*EPN* 95/121（§277），我的强调。

［23］Hegel，*EPM* 153/199（§413）.

［24］Hegel，*EPN* 93/119（§276 Add.）.

［25］亦参见 Hegel，*EL* 150/199（§94 Add.）。

［26］Hegel，*SL* 198/1：227. 同样地，在黑格尔看来，音调（*Töne*）的进展也能够在这个意义上被视为无限物，参见 *EL* 172/228（§109 Add.）。

［27］参见 Burbidge，*On Hegel's Logic*，p. 53。

［28］Burbidge，*On Hegel's Logic*，p. 55.

［29］Harris，*An Interpretation of the Logic of Hegel*，p. 109.

第二十二章　真的无限性

开场白

414　无限性是存在的一种新的性质，该性质由有限性通过它自己的死亡而构成。可无限的存在也是对有限性的**否定**。它通过将自身同有限物区分开来而明确地表明自己是这一否定。然而，正如我们已经看到的，在这么做的过程中，无限性仅仅成功地将自身还原为某种有限的东西。尽管如此，作为对有限物的否定，无限性在逻辑上还是必须处于一切有限性之外，甚至包括它自己的有限性。可是，这一逻辑的必然性却未能给无限的存在保障一种独特的同一性，因为它只不过引发了一个无止尽的到无限的进展，在其中，一切有限性都超出自身指向一种存在，该存在**应当**是无限的，但却总是表明自己是更大程度上不断超出自身的有限性。因此，就无限性将自身同有限物鲜明地区分开来并将自身置于有限物之外而言，它表明自己与我们曾遇到的第一个无限性——也就是在性质上根本就不区别于有限性反而其本质就在于永远继续下去的有限性的那种无限性——没有什么不同。

请记住，黑格尔所描述的不是无限的存在借以历经时间而从无穷无尽变为内在的无限性，进而变为坏的无限性，并最终变为到无限的进展的这样一个历史的过程。他并不是在主张，当时间开始的时候，无限的存在不过是有限事物的无止尽的序列，而之后它就转变为无限性的其他一些形式。相反，他是在揭开内在于无限性的本性之中的**逻辑的**内涵从而揭露无限的存在必然合乎逻辑地采取的各种形式。换言之，他是在向我们展示无限的存在所必然要表明自己是的东西。通过主张我们所遇到的最后一个形式——无止尽的到无限的进展——表明自己在自身内包含了**真的**无限性，黑格尔结束了他对无限性的讨论："在上述有限物和无限物的往复进行着的交替规定中，它们的真理已经自在地**呈现**出来，需要做的仅仅是对所呈现的东西的接受。"（*SL* 143/1：156［247］）

然而，黑格尔并没有立即开始解释真的无限性内在于到无限的进展中的方式和原因。他首先回到了更早之前的坏的无限性观念上，以便表明真的无限物的一个重要的方面可能已经在它之内被我们瞥见了。黑格尔心中所想的，具体来说，是无限物和有限物的**统一**。我们之后将会看到，真的无限性绝不可被还原为这种统一。因此，黑格尔提出："无限物和有限物 415
的**统一**……是对统一的**歪曲的**表达，就这种统一本身真正存在的方式而言。"[1]尽管如此，真的无限物也确实蕴含了这种（真正理解了的）统一，黑格尔现在指出，这个统一事实上已经潜藏于坏的无限物之中。

不过，黑格尔也清楚地表示，坏的无限物并没有独自直接地导致无限物和有限物的统一之观念。独自来说，正如我们已经看到的，它导致的是无限进展的观念。我们被告知，只有当哲学家对坏的无限物和有限物进行一种"外在的"比较并在其观察的基础上得出他自己的结论时，无限物和有限物的统一才会趋于明显（*SL* 146/1：161［253］）。因此，在 2. C. c 的最初几页中，黑格尔离开了他任凭一个范畴合乎逻辑地突变到另一个范畴中去的方法，反而提供了他自己对无限物的本性的反思。如此一来，他就部分地预见了，稍后当他继续他对到无限的进展进行内在的分析时，将会揭示出来的东西。然而，由于稍后的分析必须是完全内在的，他就将不得不在他转向无限的进展本身以前就弃置他对坏的无限物的"外在的"考虑。在黑格尔关于无限物和有限物的统一所不得不说的东西中有许多有趣的和重要的内容，但它们可能不是被用来推进对无限性的无前提的说明的。人们甚至都可以跳过它们而不损害黑格尔的总体论证的一致性和连续性。黑格尔之所以在这个时刻讨论有限物和无限物的"统一"，不是要推动他的逻辑的分析而是要表明这个观念不应该被完全无视，并且要批判知性对这一观念的扭曲。[2]

有限物和无限物的“统一”

在比较有限物和（坏的）无限物的时候，黑格尔首先指出，它们拥有非常重要的某种共同的东西：实际上，它们每一个都在自身内包含了另一个。无限物不过就是对**有限物**的超越或者否定，而有限物不过就是指向或者否定自身以进入**无限物**。结果就是，“没有另一方，便什么也不能被建立和被把握，无限物不能没有有限物，有限物也不能没有无限物”（*SL* 143/1：157［249］）。从无限的进展的立场上看（至少就它目前已经得到了理解而言），有限物和无限物本来是相互排斥并“交替地相互跟随”的。然而，两者的外在比较却揭示出，“在**每一个**中都存放着**另一个的规定**”。

416 黑格尔宣称，这一点在我们谈论无限物的方式中尤其明显：因为“当**说到**什么是无限物，亦即**有限物**的否定时，有限物本身也就连带地**被说到了**”。因此，要认识到无限物和有限物是不可分离的，“人们只需要**知道，人们所说的是什么**”。黑格尔对有限物和无限物范畴的外在比较因而与他对我们借以形成这些范畴的定义的**语言**的密切关注息息相关。

无限物和有限物中的每一个都包含于对方中，因为它们每一个都处在同它的对方的必然的关联（*Beziehung*）中。然而，如果我们把它们每一个都认作完全区别于并分离于它的对立面，又会发生什么事情呢？我们会在两者之间——吊诡地——发现一种类似的紧密联结吗？黑格尔相信我们确实会。

即便我们把无限物单独地看作两个范畴中的一个，我们也必然在它里面识别出它的对立面——有限物来。这是因为“它不是整体，而只是一个方面”，从而“它在与之对立的东西上拥有它的界限”并“因而就是**有限的无限物**”（*SL* 144/1：157－8［249］）。从有限物中把无限物分开实际上并没有将无限物维持在它的纯粹性中。相反，“恰恰无限物从有限物中**被分离出来**，从而作为**单方面的东西**被提出来，这其中就有它的有限性，因此就有它同有限物的统一”。

另外，如果我们完全脱离无限物来纯粹地考察有限物本身，我们就必然从有限物中拿走赋予它有限性的那种性质。这是因为，我们能够从有限物构成**无限的**存在这一事实中抽离出来的唯一方式，就是从有限物达到一个确切的终点从而没有终点地过渡到更进一步的**有限的**存在这一事实中抽离出来。因此，如果我们将有限的存在同无限性完全分离，所留给我们的就只不过是一种自身关联着的存在，该存在不再明确地是有限的。但这就意味着，我们在有限物中发现了“无限物本来应当是的那同一个独立性和肯定”。就像无限物一样，有限物因而独自地就表明自己是不可分离于它的对立面的。

无论有限物和无限物是独立地被看待还是在它们的相互关系中被看待，它们都不得不被理解为在它们自身之内包含着彼此。因此，黑格尔提出，他对这两个范畴的外在的比较得出了“有限物和无限物的——声名狼藉的——统一性（*Einheit*）”；这种统一性构成无限的或者不受束缚的存在的一个新的形式，该存在“将自身和有限性都把握在自己中”。（正如稍后将变得明显的，这一新的无限物是真的无限物，尽管还是抽象地被构想的。）这个统一不是高居有限物和无限物本身之上的某个第三范畴。它只不过是每一个范畴**在自身内**所是的同它的对方的统一。所以，黑格尔说，“这样就有了两个这样的统一”，其中每一个都是同一个新的无限性。

黑格尔指出，就每一个范畴都是同它的对立面的这种统一而言，它必然不再区别于或者不同于它的对立面。它失去了它的单独的特征并因而是“被否定了的”（*negiert*）（*SL* 144/1：158［251］）。这一点究竟意味着什么，绝不是完全清楚的，也不会变得清楚，除非我们转而对无限的进展做 417
进一步的内在的分析。然而，清楚的是，对于黑格尔来说，有限物和无限物，就它们被包含于对方之中而言，不能具有相同的性质或特征；因为只当它们区别于或者不同于彼此的时候，它们才具有对方。换言之，就每一方都构成它的对方的一个固有的部分从而与它的对方相联合这个意义而言，它们各自都不再被构想为**不同**于它的对方。

黑格尔相信，这一洞见——尽管还不完善——足够我们对“表象的思维”（*Vorstellung*）或者不受拘束的知性（*Verstand*）表达一种批判了。这种思维，按照黑格尔的观点，将有限物和无限物作为两种分离的领域或者存在方式予以分开。此外，就它承认有限物和无限物事实上同属一体这个意义而言，它将它们作为两个**分离的**范畴或者存在方式而联结起来。知性对待有限物和无限物，毋宁说就像对待两块可以黏合在一起但终归保持分离的砖一样；它并没有认识到，就有限物和无限物每一个都联合于它们的对方而言，它们每一个的特征都遭到了**否定**和改变。因此，对于知性来说，有限性和无限性之间只有一种关系，亦即它们是**不同**于彼此的关系；这一关系支配着它们，无论它们是被分开来看待还是被合起来看待。相比之下，对于黑格尔来说——基于他在这里所进行的比较，如果还不是基于对无限的进展的内在的分析的话——有限物和无限物之间有**两种**关系：使得它们成为存在的两个有区别的领域，亦即它们是不同于彼此的那种关系；以及第二种刻画着它们的统一或者它们的“被包含于彼此之中”的关系。我们还不知道这第二种关系中所蕴含的一切，但我们却知道它**不**是一个**东西**同**另一个**东西的关系。因此，就知性将有限物和无限物的统一构想为两个分离的存在种类的统一而言，它扭曲了，或者说“篡改”（*verfälscht*）了它们的统一之真概念（*SL* 145/1：159［251］）。黑格尔相信，他自己对有限物和无限物所做的比较就证明了这一点，甚至是在这一点得到了对无限的进展所做的纯粹内在的分析的肯定以前。

黑格尔继续解释说，尽管无限物和有限物在它们自身之内都包含了它们的对立面，它们还是以两种**不同的**方式彼此联合。一方面，无限物是肯定的、自在的存在（*Ansichsein*），但却由于它相比于有限物拥有它自己的界限这一事实而变成了有限的，并因而与有限性相“联合”。另一方面，有限物是被交付于非存在的存在，但由于它同无限物形成对比——作为自在存在的否定或者“不-自在存在”（*Nicht - Ansichsein*）——它就变成了无限的，从而被赋予一种属于它自己的不改变的和无止尽的同一性。

黑格尔再一次争辩说，知性扭曲并曲解了统一的这两种形式。就知性承认超越有限物的无限物实际上也受到有限物的限定并不可分离于有限物这一意义而言，它假定了这一界限无论如何都不违背或者否定无限物的**无限性**本身。无限物超出它相比于有限物**也**拥有的界限之外，始终是无限
418 的。用黑格尔自己的话来说就是，知性使得无限物“不是作为被否定了的，而是作为自在存在来被看待的，因而在其中规定和限制都不应当被建立起来”（*SL* 145/1：159［251］）。

同样地，知性假定有限物的有限性不因有限物被构想为纯粹地、坚定不移地从而无限地是有限的而受到影响。在它与无限物的结合中，“有限物……被坚持为没有受到否定的东西”；它始终是有限的，**尽管**它被赋予一定的无限性。我相信，这就是黑格尔最为复杂的句子背后的意思：就知性将有限物同无限性相结合而言，黑格尔写道，有限物“面对它未曾消逝反倒持续不断的规定而被无限化了”。

黑格尔再一次主张，知性歪曲了有限物和无限物的统一，因为哪怕在它们彼此结合的时候，知性将“它们在它们的规定中都作为分离的，确切说是作为绝对分离的来坚持”。知性不会放弃无限物和有限物有“质的区别”这一观念，并且在这方面它并非真的承认存在的两个种类形成一个**统一**。结果就是，知性忽略了黑格尔视为关键的一个事实，那就是：每一个范畴都表明自己在自身内包含着它的对方，因为每一个范畴，自然而然地，都**否定**并且摧毁它自己的单独的同一性：

> 每一方在它自身都是这个统一，并且这仅仅就是它自身的**扬弃**……正如之前所表明的，有限性仅仅作为对自身的超越而存在；因此在有限性中已经包含了无限性，包含了它自身的他物。同样地，无限性仅仅作为对有限物的超越而存在；因此，它在根本上包含着它的他物并因而本身就是它自己的他物。（*SL* 145－6/1：160［253］）

知性的错误因而并非仅仅在于它将无限性还原成了坏的（或者单调的）无限性，而且在于它并没有充分地理解内在于坏的无限性之中的有限物和无限物的统一。这也就是说，知性并没有真正地理解“知性的无限物”所固有的东西。或者正如黑格尔所指出的，知性“遗忘了这些环节的概念（*Begriff*）对于知性本身而言是什么”（*SL* 145/1：160［251］）。

正如我已经评论过的，黑格尔在这一阶段并没有历数有限物和无限物的否定所涉及的一切。不过显而易见，有限物和无限物应当不再只是被构想为**不同**于彼此，而是必须被构想为**将自身否定到**彼此之中。在有限性和无限性两者的核心中的这一辩证的环节就是知性所未能理解，或至少未能严肃对待的东西。

对于黑格尔来说，辩证的自我否定是有限物和无限物所共有的。此外，就有限物和无限物各自区别于彼此——并且黑格尔坚持认为，如果它们之间不是总有一种同他者的关系的话，那么也总是有一种差异——而言，它们每一方都只不过是对对方在根本上的否定特征的**否定**。有限物是
419 否定的，因为它将自身带到一个终结；无限物是否定的，因为它**不**是有限物而是——至少在这个阶段上——一种空洞的“彼岸”。因此，在有别于对方的过程中，每一方都否定掉了对方所是的那个否定。结果，有限物和无限物都**既**是自我否定着的**又**是对另一个否定的否定。“因此，当前所呈现的，”黑格尔写道，“就是在两者中同一个否定之否定。”（*SL* 146/1：160［253］）

然而，与此同时，通过否定自身并相互否定，有限物和无限物就共同构成了肯定地关联于**自身**的**一个**存在领域。因此，当前所实际呈现的，就是“**自在的**自身关联，就是肯定，但却是作为回转到自身，也就是通过**中介**而来的肯定，这个中介就是否定之否定”。

这个结论绝不是任意的和主观的，而是建立在对有限性和无限性本身的逻辑结构的一个研究的基础之上的。尽管如此，这个结论还是通过对两个范畴进行一种外在的**比较**，而不是通过单纯追随坏的无限性本身的引导（众所周知，它将引导到无限进展的观念）而达到的。黑格尔比较有限物和无限物并发现（a）它们都（以某种尚不明确的方式）通过与对方的联合而各自遭到**否定**，并且（b）就它们都是自我否定着的也都是对彼此的否定而言，它们一起构成了肯定的、自身关联着的存在（该存在的本性也还不明确）的一个领域。现在，黑格尔指出，这两个观念事实上明确地包含于无限的进展本身之中，或者说，由无限的进展本身所“建立”（*gesetzt*）起来。如果我们检验一下到无限的进展，我们将会更加细致地认识到，对于有限物和无限物来说，以它们一起构成**自身关联着的**存在这样一种方式而**被否定**究竟意味着什么。

当然，我们可以继续去**比较**有限物和无限物显现于无限的进展中的方式。黑格尔宣称，我们这么做所识别出来的就是：有限物和无限物都是被超越的、被否定的，但它们也都作为肯定地有区别的范畴而彼此追随。然而，黑格尔立即指出，这绝不是**合乎逻辑地**包含于无限的进展本身之中的一切：“在它之中也建立起了那也彼此区别的东西的**联合**（*Zusammenhang*）”。

有限物和无限物在无限的进展中彼此联系，恰恰是由于它们过渡**进**彼此之中这一事实。正因为每一方都是到对方之中的这一过渡（*Übergang*），每一方才遭到否定但也借着到无限的进展而被重新产生出来。[3]现在，黑格尔转而考察到无限的进展的内在的逻辑结构，以便准确地发现这种转变究竟蕴含了什么。

然而，要确保分析确实是严格地内在的，我们必须从出现于上一章结尾的无限的进展开始。这就意味着，我们必须将我们通过比较有限物和坏的无限物所刚刚学到的东西都弃置一旁。首先，我们必须将有限物和无限物共同形成一个**统一**这一观念给抛开。当**我们**比较这两个范畴的时候，**我们**能够看到一方包含于另一方之中，并且与另一方相联合。然而，正如我们曾在上一章中看到的，这一联合是“掩盖”（*verborgen*）在无限的进展本身（以及在坏的无限物）之中的。[4]在无限的进展中，有限物和无限物并不占据同一个逻辑空间，而是过渡到彼此之中并且彼此替代。实际上，这个进展恰恰是由一方到**另一方**的无止尽的过渡所引发的。因此，对无限的进展的一种严格内在的研究不能从援引有限物和无限物的“统一”开始，而必须纯粹专注于它们的彼此过渡。关于两个范畴的统一的观念，只有当无限的进展本身使之成为必然的时候我们才能进行考察。于是，从现在起，外在的比较工作停止了，内在的逻辑分析重新开始。黑格尔所说的“单纯的反思”是必要的，以便在无限的进展中“看［到］实际所呈现的东西”本身不是更进一步的对比行动，而只不过是整个《逻辑学》所要求于我们将内在（implicit）于当前范畴中的东西予以明确（explicit）表达的活动（*SL* 146/1：161［253］）。 *420*

进一步考察到无限的进展

黑格尔现在更加仔细地检验到无限的进展。这一进展是从有限物开始的（因为存在在表明自己是无限的之前表明自己是有限的），并且正如我们已经看到的，这一有限物立即超出自身，指向并过渡到无限物。然而，这一无限物又受到它所超越的有限物的束缚，从而本身立即转变为某种有限的东西。作为有限的东西，它超出自身指向无限物，该无限物再一次表明自己是受束缚的并且是有限的。有限物在其中超出自身指向另一个还是有限的东西的这一过程无止尽地继续下去。

然而，在这个过程的进展中，有限性并不只是无止尽地被重复着。它也表明自己是不同于，或者说，是远甚于单纯的**有限性**本身的。这是因为，在超出并过渡到自身**之外**的过程中，有限物只不过又一次结合或者说"联合"了**自身**，从而表明自己是无止尽的存在："这里产生了**曾经从它出发的那同一个东西**，也就是说，有限物被重新恢复起来；因此，这同一个东西是**与它自身相联合**了的，只是**在它的彼岸中重新发现了自己**"（*SL* 147/1：161－2［255］）。同样的情况对于那处在有限物之外的无限物也是如此。这个无限物表明自己是受限定的和本身有限的，从而反过来超出自身再一次指向无限物。"坏的"无限的存在因而超出自身，指向并过渡到**自身**。因此，就像有限物一样，这种无限的存在表明自己是真正地无止尽的存在，或者说，是超出自身而"已经**达到自身**"的存在。

然而，之前我们不是已经遇到了这一逻辑的移动吗？在有限物被改变为别的某物的时候，难道它不是曾经通过实现自己的规定从而"与自身
421 联合"而表明自己在性质上是无限的吗？并且这一无限的存在那时不是曾经将自身同有限物区分开来从而采取了坏的无限物的形式吗？如果说我们现在已经回到了对无限性的一个类似的理解上，难道不会有一种危险，我们将再一次被引向坏的无限物，甚至我们将一次又一次地被抛进"到无限的进展"吗？并不一定如此，因为在我们刚才已经历过的移动和对质的无限物的说明的一开始所经历到的移动之间，有一种微妙的差异。

有限性最初导致了性质上无限的存在，因为当它消逝并转变为别的某物时，它在一种新的外观中成为自身。实际上，有限的事物遭遇到它的死亡从而导致**另外的**事物，但在这个过程中它**自己的**存在却在一种新的形式中得到了继续。因此，当有限物突变为一个完全不同的事物时，它立即与自身相联合。在这一过程中出现的无限的存在，反过来也不过就是通过有限物的死亡而构成的直接自身关联着的存在。这一无限的存在本身就直接地不同于有限性，因为有限物作为**有限的**，具体来说就在于自我否定和向**别的**某物的持续的过渡。因此，在消逝无踪但又以新的外观继续它自身的过程中，有限物建立起了一种完全不同的存在：一种并**不**改变或者终结的

存在。由于它是对有限性的直接的否定，无限的存在就将自身明确地同有限的存在区别开来并采取坏的无限性的形式。因此，我们就被引向坏的无限物，进而被引向无限的进展，因为无限的存在是那种直接区别于有限性的，最初直接自身关联着的存在。

然而，在无限的进展中，有限物和无限物并不是通过简单地在另一个形式中继续下去从而**直接地**与自身相联合就构成了无限的存在。它们每一个都是**凭借**各自的完全的否定而与自身联合的。有限的存在并不只是在进一步的有限性中与自身联合，而是在一个超越了它的**无限的**存在中与自身结合在一起。同样地，无限的存在与自身联合，是由于它是**有限的**从而超出自身指向进一步的无限的存在。于是，有限的存在以及坏的无限的存在都是在那排斥着它们的对方中并通过对方，也就是在否定中并通过否定，而与它们自身联合的。因此，在无限的进展中，有限的存在和无限的存在并不直接地构成持续的、自身关联着的存在，而是各自表明自己是“通过它的否定而回转到自身的这一运动”。结果就是，“它们仅仅只是作为在自身中的**中介**，而它们两者的肯定都包含着两者的否定并且是否定之否定”。

就它们每一个都是这一联合自身的运动而言，它们每一个都构成了无止尽的、**无限的**存在。然而，这种无限的存在并不是直接地自身关联着的存在；因而它也不是直接地**区别**于那持续将自身否定为别的某物的有限的存在的。恰恰相反，我们现在所遇到的无限的存在是明确**经过中介了的**存在：它是有限物和（坏的）无限物**由于**它们各自都是自身的否定这一事实而表明自己所是的那种与自身联合的运动。由于它明确地受到了有限物 422
和坏的无限物的自我否定的中介，这一自身关联着的新的无限存在就不能使自己同有限物以及坏的无限物相分离，好像立即区别于它们一样，而必须将它们明确地吸收进它自己的逻辑结构之中。这一新的无限性因而就不只是再一次坏的无限物，反而承诺要成为真正地无限的。

请注意，这一新的无限性之所以出现，是因为有限物和坏的无限物在三种相互关联的方式中遭到了**否定**。第一，正如我们刚刚已经提到的，有限物和无限物将它们自身否定为它们的对立面，从而允许它们彼此与自身联合并因而构成无限的存在。第二，尽管它们是作为有区别的范畴或存在种类而开始的，有限物和无限物在无限进展的进程中却表明自己**不**只是有区别的存在种类，从而失去了它们本来的特征。这是因为，随着它们彼此与自身联合，它们到头来构成了同一个在他物中与自身联合的过程，因而构成了同一个无限的、自身关联着的存在。① 我相信，这就是当黑格尔说有限物和无限物现在已经被理解为“**结果**，因而不是它们在它们**开始**的规定中所是的东西”时，他想表达的意思（*SL* 147/1：162［255］）。

第三，有限物和无限物之所以不再单纯地相互区别，并不仅仅是因为，随着它们彼此与自身联合，它们表明自己是同一个与自身联合的过程，而且是因为它们每一方都表明自己是对方所是的过程中的一个不可或缺的**环节**。每一方都必须是对方的过程或者运动中的一个环节，因为每一方都**仅仅通过对方**才与自身联合。可如果说每一方事实上都是对方的一个不可化约的环节的话，那么它们就不能简单地是相互区别或者彼此不同的了。

在到无限的进展中，有限的存在和无限的存在都以这三种方式被转变或者被否定，从而必然展示出一种新的逻辑特征。它们揭示出，它们并非只是关联于**别的**某物的**某物**，而毋宁是它们各自所是的**过程**中的不同**环节**。按照黑格尔的观点，每一方都以这种方式被否定，正是知性所忽略的事实。正如我们曾在上面看到的（参见第 416－17 页），黑格尔早就基于他对有限物和无限物的外在比较而得出了类似的结论——尽管被“否定”对于双方来说究竟意味着什么还不甚明确。现在，黑格尔对知性的批判，通过他对无限进展的内在的分析，已经得到了加强和澄清，因为我们现在知道，有限物和无限物在该进展中是通过被转变为**环节**而遭到否定的：

---

① 这里的意思是说，在第一种方式里，有限物和无限物仿佛是分别与自身联合，因而仿佛存在着两个不同的“与自身联合”。但由于它们与自身联合是借助对方这个中介而实现的，所以它们的“彼此与自身联合”其实就是“同一个在他物中与自身联合的过程”。这样一来，在第二种方式里就只有一个联合了。这样看来，不仅有限物和无限物在无限进展的进程中不是有区别的存在种类，它们在无限进展的进程中的“与自身联合”也不是有区别的联合种类。对此，可以参看下一节的第一段。——译者注

知性之所以如此反对有限物和无限物的统一，仅仅是因为它将限制和有限物，如同自在存在一般，预设为**永久的**；因此它**忽略了**在无限的进展中所实际呈现的两者的否定，以及它们在其中仅仅是作为整体的环节（*Momente eines Ganzen*）而出现。

真的无限性

到目前为止①，有限物和（坏的）无限物已经**每一个**都被理解为是通 423
过它们的否定而与自身联合并“回转到”自身了。因此，从这个角度来看，在到无限的进展中就有两个与自身联合的过程：一个由有限物所发起，另一个由无限物所发起。然而，黑格尔却指出，这两个过程实际上并不是彼此不同的。毕竟，无限物借以与自身联合的过程**本身**就是有限物借以与自身联合的过程，因为它们每一个同时就是它们的对立面。因此，有限物和无限物事实上就构成了**同一个**在对方中与自身联合的过程。然而，这还不是两者在其中相互等同的唯一的方面。每一方都通过否定并超出自身，都通过在那一超越中与自身联合而构成自身关联着的存在。就每一方在与自身联合的这个过程中具体来说都是**那**否定自身并超出自身的**东西**而言，每一方都是过程的一个**环节**而非整个过程本身。此外，它们是以完全相同的方式成为环节的。

这并不意味着，我们现在不得不彻底拒绝有限物和坏的无限物是彼此不同的这一观念。然而，我们现在看到，这一观念仅仅掌握了部分的真理，因为有限物和坏的无限物表明自己构成了同一个与自身联合的过程，并且在同等的程度上是这一过程的一个环节。黑格尔认为，这一洞见现在开启了将有限的存在从无限的存在中区分开来的一种新的方式。他指出，在我们现在正在考察的这个过程的自身关联着的各个**环节**和这个**过程**本

① 霍尔盖特在这一段中总结了前面讲的有限物和无限物的三种关联方式：第一，有限物和无限物各自与自身联合；第二，它们的各自与自身联合表明自己是同一个联合过程；第三，它们通过在对方中与自身联合的过程表明自己不过就是该过程的环节。——译者注

身之间有一种差异。由于它们是自身关联着的，这些环节就都是有限的；相比之下，与自身联合的过程则由无限的、无止尽的存在所构成。“环节”和它所属的“过程”之间的这种差异并不刻画出有限物和**坏的**无限物之间的关系。然而，它却刻画出，一方面被合起来看待的有限物与坏的无限物，和另一方面我们在这一章中已经看到其出现的新的无限物，这两者之间的关系。到目前为止，我们已经看到，无限物是由于它**不同**于有限物才成为有限的。我们现在所认识到的则是，无论是有限物还是坏的无限物，它们都由于是与自身联合的过程的**环节**而是有限的，而唯独这个过程本身才是**真的**无限性：

> 既然它们两者，有限物和无限物，本身就是过程的环节，它们就**一同是有限物**，而既然它们在这个过程中以及在结果中一同被否定，那么这个结果，作为它们两者的那个有限性的否定，真正来讲就叫作无限物。(*SL* 148/1：163［255］)

显然，我们现在已经拥有了“有限性”的两种含义：是有限的意味着在同别的某物的关联中是某物，但也意味着是一个过程的环节。[5]同样
424 地，无限性既采取了坏的无限物的形式，也采取了由坏的无限物和有限物所引发的真正无限的过程的形式。这个过程构成了真正无限的存在，因为它是存在在其中始终与自身联合的运动，并且因为它不以任何方式受到有限物或者有限的无限物的**束缚**，反而将它们作为它自己的环节包括进来。真的无限物只不过是有限性本身所导致的总是关联于自身的过程（the process of always-relating-to-self）。[6]

无限物观念的发展实际上已经带我们经历了无限物的**五种**概念：从无穷无尽到直接的、质的无限性，到坏的无限性，再到到无限的进展，最后到真的无限性。无限性的每一个形式都是无限的存在借以发展成真的无限性的那个逻辑过程的必然阶段。黑格尔将这一逻辑过程概括如下：

> 无限物……事实上是这样一个过程，它在这个过程中把自己降低为它的诸多规定中仅仅与有限物相对立的**一种**，因而本身只不过是有限物之一，又将与它自己的这个区别扬弃为它的肯定，并通过这一中介作为**真的无限物**而存在。(*SL* 148/1：163［257］)

认识到真的无限物同有限物是有**差别**的，这一点很重要。不过，黑格尔的观点却在于，真的无限物不能是**他异**（*other*）于有限物的某种东西，因为它是由有限物所引发的一个过程，有限物是这个过程的构成环节。因此，在黑格尔看来，只有当我们放弃“有别于”（differing from）总是相当于“他异于”（being other than）这一观念的时候，我们才能理解真的无限性的本性。各个有限的事物无疑是彼此不同的。也有无限的存在的一种不同于有限物的形式，这就是坏的无限性。然而，真的无限性却不能是**不同**（*other*）于有限物的，因为它按照定义来讲就不是某种有限的东西。为了理解真的无限性，我们因而需要发展出一种与“他异于”有差别的差异观念。准确地说，这样一种差异观念要在过程和它的环节之间的关系中去寻找。过程的一个环节不是整个过程本身，从而能够与之有所区别。然而，这样一个环节又不是**他异**于过程的，过程也不是他异于它的，因为该环节就是**属于**过程本身的一个环节。在这个意义上，正如拉克布林克所指出的，他者（otherness）在真的无限物中“消失了”（*verschwindet*）。[7]这并**不**意味着，像黑格尔的很多后来的批评者所指控的，他物被“吸收”进某个先存的绝对者中，或者被它所“消化”。这只不过意味着有限物——他总是某物或者他物——将自身转变为有限的存在所导致的某 425
个无限过程的一个**环节**。

请注意，过程和它的环节之间的关系所产生的不仅仅是差异的一种新的形式，而且也是统一的一种新的形式。将统一设想为一个事物和另一个事物之间的统一是很诱惑人的；众所周知，这是知性所屈服于之的一种诱惑。然而，有限物和真的无限物的统一却不能以这种方式来设想，因为它们不是两个分离的存在领域。尽管如此，就过程不可分离于它的环节而言，它们还是形成了一个统一。因此，回过头来看，黑格尔在2. C. c的一开始就讨论有限物和无限物的“统一”，是有相当的理由的。不过，那个讨论对于这样一种统一所必须采取的形式还缺乏一种清楚的意识。现在，黑格尔对无限的进展所做的内在的分析已经弥补了这一缺憾。

当然，我们之前就已经遇到了“环节”这一观念。例如，存在和虚无表明自己是纯粹的变易的两个环节。黑格尔现在的主张是，具体的有限事物必须也被构想为是真正无限的存在的环节。然而，真的无限性并非仅仅是改变着的有限事物或者到无限的进展的一个无止尽的接续过程。真的无限性是这样一个过程，存在在这个过程中借助并通过有限事物的自我否定而达到**与自身**——并仅仅与自身——**联合**。这个过程尽管发生在无止尽的改变过程之内，但却绝不能被还原为它。

然而，正如多兹所指出的，真正无限的存在这一概念仍然还是十分抽象的。[8] 真的无限性是我们现在所能够理解的存在的一个最低程度，但存在是**无限性**这一观念却并没有将我们都带到那么远。可是，通过对真正无限的存在之后将表明自己蕴含了些什么进行前瞻，我们就可以更加清楚地阐明黑格尔对存在之无限性的理解。之后在黑格尔的体系中，我们认识到，就它逐渐对自身有所**意识**而与自身联合并关联于自身而言，存在是真正地无限的。因此，真的无限性表明自己并不只是时空中的事件的无尽序列，而且是存在借以将自身带至自我意识（从而带至生命）并因而成为**精神**的这样一个过程。

在他的整个哲学中，黑格尔自始至终都主张：这一过程是一个合乎理性的过程，但它却并不受超出自然和人性的任何神圣的或者理性的必然性的支配。这一过程是存在——也就是自然的存在和人类的存在——通过它自己变为自觉这一内在的逻辑而借以规定自身的过程。司退斯因而正确地宣称："真的无限性意味着自我规定。"[9] 在这一过程中发挥着作用的逻各斯（logos）或者"理念"不能受人类的控制或者操纵，而是"吹向它所愿意之处"（约 3：8）①。然而，人类却能够理解这一逻辑，并使他们的心思、意念以及身体都进入同逻辑的命令相一致的状态。
426 如此一来，我们就变成了无限的、自我规定着的理性的甘心乐意的行动者。[10]

在自然和人类历史中致力于自我意识（以及最终致力于自由）的这一无限的理性就是宗教所描绘的"上帝"。于是，对于黑格尔来说，上帝并不超越有限的世界，好像笛卡儿希望我们相信的那样，而是在有限的世

① 这句出自《新约圣经·约翰福音》的话，流行的中文译本（和合本）一般翻译为"随着意思吹"，考虑到文风一致的问题，这里按原文进行了重新翻译。——译者注

界**之内**生活和运动。“上帝”只不过是存在在自我意识和自我知识中借以达到“与自身联合”的那种无限的理性过程罢了。不过，人们也应该记住，对真的无限性的这种理解已经突破了基于我们目前对《逻辑学》的认识而有权达到的地步。我在这里提到这种理解，只是要表明之后在黑格尔的体系中所出现的东西。就真的无限性什么也不是不过就是单纯的**无限性**而言，它并不蕴含朝向自我意识或者朝向自由的任何明确的进展；它只不过是在有限事物的死亡中达到与自身联合的那种存在罢了。然而，重要的是要注意到，存在确实表明自己是真正无限的和自身关联着的，这一事实意味着在存在本身的逻辑结构之内有一种朝向自我意识的冲动。因此，自我意识出现在世界中这一事实不可能是纯粹偶然的，因为正是存在所固有的**无限性**使之成了必然。

泰勒主张，真的无限性是“有限的事物以及它们的关系的整个体系”[11]。这个定义很有帮助，因为它提醒我们真的无限性并不是什么超出实际存在着的有限事物的东西。真的无限性就是此时此刻正实际地发生着的过程。它既不超出世界也不全面超出我们的理解，而是“**存在**并且**定在**，当下在场”（*SL* 149/1：164［257］）。然而，泰勒的描述也遗漏了真的无限性的一个在之后的观念中明确地表达出来的重要方面，即：无限性是通往自我意识和自由的过程。真的无限性并不仅仅是（用泰勒的另一个描述来说）一个“有序的整体”[12]，而且内在地是一个**发展**之过程。这也就是说，它不只是那在有限事物的死亡中继续下去并保持下来的存在，而且是那通过有限物的自我否定而**成为**与自身联合的存在。它是那种作为联合了的东西而**出现**——甚至是那种作为与自身联合的过程而出现的存在。毋庸置疑，将存在构想为无限性，还远没有达到将它构想为有结构的、合乎理性的发展或者“概念”（*Begriff*）的程度。直到《逻辑学》的最后一部分为止，我们都不会达到存在的这一观念。尽管如此，就我们将存在理解为真正地无限的而言，我们将它不只构想为静止状态，而且构想为由有限事物的死亡所构成的一种原始的、抽象的发展形式。这是因为，引用《精神现象学》的话来说，真正无限的存在并非只是实体，而 427
且是那始终变为**主体**的实体（参见 *PhS* 14/28）。

这一观点是将真的无限性同之前我们所遇到的直接的、质的无限性区分开来的许多方面中的一个方面。直接的无限性作为消逝着的有限事物**继续下去**，而真正无限的存在则继续**成为**与自身的联合以及与自身的关联。换言之，真正无限的存在比直接的无限性要更加明显地是前进的和发展的。正如我们已经看到的，无限性的这两种形式之间的另一个差异就在于，真的无限性明确地将有限物作为它的构成环节而保持在自身之内，而直接无限的存在——尽管内在于有限物之中——却是直接地**不同**于有限性本身从而必然合乎逻辑地将自身同有限性分离开来。当然，在无限性的这两种形式借以相互区别的两种方式之间也有一种紧密的联系。真正无限的存在必然是发展的，因为它总是不得不从它作为自身的一个不可化约的环节而保持着的有限物中显露出来。相比之下，直接的无限性则仅仅是连续的、自身关联着的存在，因为它将它的产生归因于这一事实，即：有限物**停止**其为仅仅有限的，终究并不只是走向某个终结。

因此，关于真的无限物，哈特纳克错误地宣称："有限物被吸收进无限物之中，因此不再作为一个有限的要素而存在。"有限物——尽管只是暂时地——消失于**直接**无限的存在中，但却并不消失于**真正**无限的存在中。[13]在我看来，里纳尔迪正确地把握了这一点，当他说：真的无限物"并不将有限物从它的自身同一性中排除出去，而将它设定为属于它自己的一个本质'环节'"[14]。

在区分了直接无限的存在和真正无限的存在之后，我们还必须避免一种诱惑，那就是将它们作为完全彼此分离的来对待。不如说，它们是同一个存在领域所表达出来的两种无限性。存在能够被理解为是无限的，是因为当有限的事物消逝从而本身不是有限物的时候，它**始终保持着**（这就是斯宾诺莎所识别出来的无限性）。或者，存在能够被理解为是无限的，是因为它通过有限事物的自我否定而**成为**与自身联合，并最终成为对于自身的意识。在这两种情况下，我们所处理的是以稍微不同的方式来理解的相同的存在。在自然界中，正如我们在《自然哲学》中所认识到的，存在作为物质是直接地无限的；作为将自身同重力和沉重区分开来以便成为光的物质，是坏的无限的；而作为转变成有机的（进而有意识的）生命的物质，则是真正无限的。

无限性与观念性

概而言之，真正无限的存在不是什么脱离有限性的东西，而只不过是**有限的**事物借以构成与自身联合的存在的那个过程。对于黑格尔来说，只有**一个**过程在进行——真的无限性的过程，或者“变为主体的实体”的过程——而包括人类存在在内的有限事物都是推进这个过程的唯一的施动者。用宗教的语言来表达就是，上帝在世界中的工作是由那些否定或者“致死”自身，从而将自身带到彼此之间爱的统一之中的人类来执行的。这并不是说我们创造或者掌管着这个“神圣的”过程，而毋宁是说我们的行动就**是**这个“神圣的”过程。 428

用黑格尔主义逻辑的更加专业的术语来说，真的无限性就是那与有限的、**自我否定着的**存在一致的**自身关联着的**存在。众所周知，某物（*etwas*）是自身关联着的存在；有限的某物是自我否定着的存在；而直接无限的存在是由有限的、自我否定着的存在所构成，但又与这种自我否定直接**不同**的直接自身关联着的存在。在真的无限性中，自身关联着的存在明确地成为与自我否定着的有限的存在**相等同的**存在。因此，在真的无限性中，位于存在的核心处的肯定性和否定性是完美地融合在一起的。此外，所谓“是一个**有限的某物**”，它的逻辑的内涵也得到了充分明确的阐述。真的无限性本身不是相比于别的某物的某物，而是若真的有某物就必然要发生的一个过程。正是**事物**的本性使得这个过程成了必然。

按照黑格尔的观点，在构成真的无限性——或者存在借以自身与自身联合的过程——的时候，有限的事物采取了一种新的性质，即：“是**观念的**（*ideell*）”这一性质。这并不是说有限的事物在这个过程中表达了一种精致的优美，或者它们表明自己最终是幻想的、不实在的。黑格尔的意思只不过是说，这样一些事物从根本上相互分离的对象转变成了一个过程的诸多**环节**：“观念的东西是如它在真的无限性中那样的有限物，——作为一个规定，一种内容，该内容**与众不同**但并不**独立存在**，而是作为**环节**。”（*SL* 149－50/1：165［259］）在黑格尔看来，一个“环节”的典型特征就在于它并不拥有属于它自己的某种单独的身份，而是从它在它参与构成的整体内所扮演的角色上取得它的性格。黑格尔认为，一切有限的事物，除了是相互分离的以外，从这个意义上说也都表明自己是一些环节。换言之，一切有限的事物都表明自己是**观念的**。因此，无前提的哲学证明自己是毫不掩饰的观念论：

> **有限物是观念的**（*ideell*）这一命题构成**观念论**。哲学之观念论不过就在于不承认有限物是某种真实存在着的东西（*ein wahrhaft Seiendes*）。每一种哲学本质上都是观念论，或者都至少把观念论作为
> 429 它的原则，问题仅仅在于，这个原则在多大程度上得到了实际的贯彻。（*SL* 154－5/1：172）

在读到这几行的时候，重要的是要认识到，黑格尔现在并不是在否认有限的事物存在；他并不是在这个意义上剥夺有限事物的“真实的”存在。《逻辑学》到目前为止的整个论证已经证明，存在必须采取有限性的形式，而这种有限性是绝对不可化约的。实际上，有限的事物对于无限的存在而言是本质性的：没有其中一个，人们也就不可能拥有另一个。然而，恰恰因为有限的事物确实构成无限的存在，有限性本身就无法穷尽存在。因此，存在**真正讲来**并不是单纯的有限性，而是将有限的存在作为其必不可少的环节给包括进来的无限的存在。黑格尔声称有限的事物是观念的，并不是因为他将这样的事物视作我们的想象的凭空臆造，而是因为他否认**单独**有限性就组成真正的存在。

有限的事物不可否认地是实在的，但就它们构成真正自身关联着的无限存在的单纯“环节”而言，它们也是观念的。观念性，对于黑格尔来说，因而就是由实际有限的事物本身所展现出来的一种性质；这一性质是它们的本体论的结构的一个方面，即：它们“是过程的一个环节”（their being moments-of-a-process）。换言之，黑格尔的观念论恰恰是一种纯正的实在论（按照这个词的通常的含义）。黑格尔甚至明确提出：“观念论哲学和实在论哲学的对立因而是毫无意义的。”（*SL* 155/1：172）

因此，不应该将黑格尔式的观念论同无论贝克莱的还是康德的“主观的”观念论相混淆，按照后者的观点，经验的对象，当我们经验到它们的时候，只**对于认知着的心灵**才存在。贝克莱和康德都坚持认为，我们

所看见的物质的对象是“经验地实在的”。这也就是说，它们占据时空中的确定位置，遵循自然的确定法则，并以任何一个理智的观察者所能预测的方式来运行。尽管如此，贝克莱和康德也主张，经验的对象，当我们知道它们的时候，并不存在于人类的经验之外。已知的经验世界只不过是**属于**我们所共有的经验的世界，因而是依赖于心灵的，或者用黑格尔的术语来说，是“主观地”观念的。[15]

相比之下，黑格尔拒绝事物在任何情况下都是依赖于心灵的这种观念。在《逻辑学》中，他论证说，一般的有限事物是由**存在**本身的本性，而不是由人类心灵的结构使之成为必然的。从《自然哲学》和《精神哲学》中也可以明显地看到，经验的对象独立于心灵而存在，人类心灵本身则诞生于一个充满了具体的有限事物的世界。尽管如此，对于黑格尔来说，这些事物仍然是“观念的”，恰恰是因为它们构成了某个导致人类意识出现的**实在的过程**的环节。因此，黑格尔主张事物在本体论上或者结构 430
上的“观念性”，但他却显然不是一位主观观念论者。[16]他甚至认为主观观念论者们常常忽略了事物的真正的观念性，而对于这种真正的观念性他希望引起注意。这是因为，主观观念论者们常常把事物简单地看作受规律支配的**有限的**经验对象，而未能在他们所遭遇的世界之内察觉到任何朝向自我意识的真正**无限的**运动。用黑格尔自己的话来说就是，

> 主观观念论……仅仅涉及表象的形式，按照这种形式，内容是我的内容……这样的观念论是形式性的，因为它不尊重表象或思维的内容，这种内容在表象或思维中因而能够完全停留在它的有限性中。（*SL* 155－6/1：173）[17]

这里所提出的对黑格尔的观念论的说明与皮平所提供的说明有着显著的差别。对于皮平而言，黑格尔的观念论是这样一种学说，它主张“有并且必须有一种自发的、建立的反思，对于确定任何应当得到说明的定在而言都是必需的”[18]。按照这种解读，黑格尔式的观念论因而就不是一种关于**存在**的理论，而毋宁说是一种关于人类的判断以及判断的可能对象需要怎样的概念条件的学说。[19]这并不是说，皮平眼中的黑格尔相信对象本身是依赖于心灵的；对于皮平而言，黑格尔毫不怀疑有独立存在的对

象。然而，黑格尔是一个观念论者，是因为他主张，我们只能在自发产生的、非经验的概念的网络所提供的条件下，才能将某物**判断**为属于某个种类的一个特定的对象。

目前我同意皮平的一点是，黑格尔确实认为某些先天的范畴对我们的思想和经验进行了建构。然而，基于我在本研究中之前所已经列举出来的一些原因，我相信黑格尔也保持着皮平称为“前批判的”那种观念，即：范畴是“出自实在物的一种纯粹理性的规定”[20]。在我看来，黑格尔是一位观念论者，是因为他将**观念性**视为恰恰就是这样一种出自实在物的规定。这也就是说，他是一位观念论者，并不仅仅是因为他将我们对事物的判断理解为其中拥有某些纯粹的概念条件，而且是因为他将观念性或者“是过程的一个环节”（being-a-moment-of-a-process）理解为由独立于我们对它们的思想或判断的事物本身所展现出来的一种**本体论的**结构或者一
431 种性质。在我的解读中，黑格尔主张思想能够发自本身地确定存在必须怎样被理解**以及**存在本身是什么。黑格尔表明他是一位观念论者，是因为他证明了存在必定采取不可化约地**实在的**有限事物的形式，而这些实在的有限事物将它们自身转变为真的无限性过程一些**观念的**环节。

对于黑格尔来说，一切有限的事物都是存在所表明的那个与自身联合的过程的不同环节。然而，黑格尔之后在他的哲学中，却展示了某些比其他事物要更加明确地是观念的或者“暂时的”有限事物。例如，人类彼此之间形成了非常紧密的联结，他们在其中不再仅仅是相互分离的存在，并且获得了一种新的、共享的同一性。在这样一种统一之联结中——在婚姻或者国家中——人类成为他们所共同构成的整体之环节。实际上，他们并不需要通过死亡而这样结合起来，但他们确实需要放弃或者“否定”他们在其他方面所坚持的自主与独立。由此所构成的整体不是什么超出组成它的有限个体的东西，哪怕它拥有属于它自己的一个结构和完整性（有时还有法律）；如果这种结构和完整性要长盛不衰的话，这些个体就必须理解、承认，并促进它。这样一个整体可以被看作真的**无限性**的一个实例。这并不是要否认婚姻和国家会破裂或者会灭亡，并且在这个意义上是有限的。然而，就它们是联合的、自身关联着的整体甚至过程而言，它们展现出无限性的性质，即：它们不是什么超出它们的构成环节的东西。

当然，如果国家或家庭反对它的成员，它也就——正如它经常会这样——变成一种**坏的**无限性。

联合起来形成家庭和国家的这些个体，就他们发现他们自己的同一性得到了他们与之关联的他人的承认、肯定和扩展而言，本身可以说是享有或者体现了真的无限性。无限的存在是不受别的东西限定或阻遏反而总是关联于自身的存在。由于个体在家庭和国家中发现了他们的同一性，从而借助并通过他人来与自身联合、同自身关联，他们事实上就是真正无限的存在的具体实例或体现。当我在爱中的时候，黑格尔说，“我不愿意独自是一个独立的人格……我如果是这样，我就会感觉自己有缺陷、不完整”。我因而放弃我是全然单独的人格这一观念并希望在与我所爱的他者的团契中获得一个新的身份。实际上，在真正的爱中，“我在另一个人格里赢得了我自己……我在她之中被视为她在我之中所重新得到的东西”[21]。因此，爱是真的无限性的化身，因为它是一种与另一个人格的关系，在这种关系中，一个人的同一性并不仅仅被他人所限定，而且他在这种关系中发现了他在他人中的自己，或者说，他在这种关系中借助他人而与自己“联合”。作为占据不同的空间区域的人格和身体，人们始终彼此分离；可作为爱人，他们却不仅仅成为他们所缔结的爱的联结中的观念的环节，而且也在他们的亲密无间中获得了一种无拘无束之感和“无限的” 432
感觉。在《全书逻辑学》中，黑格尔写道：“这种……在他者中同自身的关联就是**真的无限性**”（*EL* 151/201［§95］）。黑格尔的哲学揭示出，这种无限性的例证要在整个人类社会和历史当中去寻找。

有限的事物是存在作为整体所表明的无限的过程——那种最终导致了生命和人类意识的与自身联合的过程——的环节。有限的人类也是婚姻和国家这类不同的社会结构和历史结构的环节，这些环节体现了无限性的逻辑结构。此外，个体的人类，就他们以不同的方式在其他人那里“发现自身”从而与自身联合而言，本身也能够展现出无限性的性质。因此，对于黑格尔来说，有限的人类能够并且确实享有无限的或者“永恒的”生命。然而，这种无限性却并不在于生命超出死亡而无止尽地延续。它本质上在于那种黑格尔令人印象深刻地称为“在绝对的他者中的**纯粹的**自我承认”的东西（*PhS* 14/29）——人们在爱中，在公共的生活中，也在关于周遭世界的知识中所发现，但却只要活着就能享有的一种自我承认。因此，这种在他人中的自我承认就是每一个人在受限定的、**有限的**时间中所能够享有的**无限的**生命的一个性质。对于黑格尔来说，这种在质上无限但却在量上有限的生命，就是所有人类努力的真实目标；它甚至是一切存在的内在目的。[22]

黑格尔和列维纳斯

黑格尔对真的无限性的说明并没有终止他的作为整体的哲学。光是在《逻辑学》中就还有七百页篇幅，而我们接下来还会面对《自然哲学》和《精神哲学》。尽管如此，对无限性的说明却是我选择用来结束我对《逻辑学》的评论的地方，因为它在存在观念的逻辑的发展中标志着一个重要的转折点。实际上，在《全书逻辑学》中黑格尔就宣称，真的无限物是"哲学的基本概念"——这个概念将在黑格尔哲学体系的剩余部分中得到进一步的发展，并将形塑黑格尔哲学体系的剩余部分（*EL* 152/203 [§95]）。因此，将让某些读者感到沮丧的是，我可能要在黑格尔对存在的真实特征的说明实际上才刚刚开始的地方结束我对《逻辑学》的研究。

正如我已经指出过的，关于黑格尔的真的无限性观念，存在着某些相当抽象的东西。存在在有限事物的消逝中"与自身联合"这一观念似乎并不比存在是纯粹且简单的存在这一观念将我们带得更远。关于存在作为理性、自然或者历史的一些更加具体的观念，我们仍然离得很远。不过，
433 我们已经比我们可能以为的要走得更远，因为黑格尔对真的无限性的说明已经教给我们某些非常重要的事情，它将伴随我们剩下来的哲学思考。

黑格尔对真的无限性的说明教导我们，如果我们要达到对真理的一种正确的理解的话，我们就必须学习将存在设想为一种发展过程。我们也必须准备放弃每一个事物都要被构想为相对于别**的**某物的**某物**这一观念。在黑格尔的世界中，无疑存在着与其他事物相互影响的**事物**。然而，在他看来，将这样的事物仅仅构想为"事物"或者彼此的"他物"是远远不够的。人们还必须认识到，它们也构成存在的过程的一些观念的**环节**，甚至是像国家这样有组织的统一体的环节。因此，积极地来看，我们从黑格尔

对真的无限性的说明中所获得的关键性的洞见就在于，我们必须主要地从过程及其环节这一角度来理解世界，因为如果我们只是将世界设想为相比于它的他物的某个东西的话，我们周遭的许多事物就都将遭到歪曲。这一点尤其适用于生命有机体以及人类共同体的各种形式。

这里的重点不是要完全抛弃掉我们是分离的、有限的事物这一观念，而是要认识到存在的无限的过程不能是某种**他异**于它的构成环节的东西（并且认识到，这对于“无限的”结构，例如国家，也是如此）。无论我们是将它设想为作为一个整体的存在之过程，还是设想为由个体事物作为其例证的一种性质，真的无限性都不处于有限的事物之外或是反对有限的事物，它也不在于无止尽的有限性。它唯独在于——**由**有限事物所构成的——存在借以与自身联合并同自身关联的那个过程。在黑格尔之前，已经有一些哲学家——最著名的就是斯宾诺莎——怀有关于内在的无限性的某种类似的想法。[23]然而，更多的人却未能领会真的无限物的本性。结果就是，他们都冒着将我们的世界最重要的特征的许多方面予以错误陈述的风险。

例如笛卡儿，将他所承认的唯一的真正无限的存在——也就是上帝——理解为超出并超越有限物的领域，而包括列维纳斯在内的几位后黑格尔主义哲学家已经公开赞同无限性的这种笛卡儿式观点。通过直接援引笛卡儿，列维纳斯认为：“无限性是作为超越者的一个超越的存在之特性；无限物是绝对地他异的。”[24]在这个意义上，他将无限性还原为黑格尔眼中的坏的无限物。诚然，列维纳斯坚持认为，恰恰因为无限性超越有限物，无限性本身就不可能是任何种类的一个有限的对象：“思考无限 434
物、超越者、陌生者……不是思考一个对象。”[25]无限物是纯粹的外在性和他者，并由于这个原因而不是一个我们能够探究、理解或者支配的事物。然而，列维纳斯的无限物不是**某物**这一事实，却并不能防止它远离真的无限性。实际上，列维纳斯对无限物的理解惊人地接近于黑格尔归诸不受拘束的知性（*Verstand*）的那种理解。列维纳斯主张，有限的人类处于同超越的无限物——既是作为上帝的无限物，也是作为其他人的“面容”的无限物——的关系中。然而，正如知性所理解的那样，他相信同有限物的关系无论如何都不减损无限物的纯洁无瑕的**无限性**。黑格尔认为，对于知性来说，超越了有限物的无限物不是“被否定了的”，而毋宁是“作为自在存在来被看待的，因而在其中规定和限制都不应当被建立起来”（*SL* 145/1：159［251］）。同样地，对于列维纳斯来说，“关于无限物观念的笛卡儿式概念指的是与这样一种存在的关系，该存在相对于那思考它的人来说，保持着它的完全的外在性。这种笛卡儿式概念指的是一种**并不损害被触摸者之完整性**与不可触摸者的接触”[26]。列维纳斯反对将他者的“无限的”面容还原为某种可以想象、能够知道并且耳熟能详的东西。可从黑格尔的观点来看，列维纳斯对无限物的理解，本身就是某种进行着还原的知性的产物，该知性在无限物中除了那完全**超越**有限物的东西之外，什么也没有看到。

众所周知，黑格尔并没有完全地无视这种认为有超越的无限性或者“坏的”无限性存在的观念。然而，与列维纳斯（以及知性的理解）形成对照的是，他主张有限物和坏的无限物之间的接触点必然会限定无限物，从而不得不损害并否定后者的简单的无限性。列维纳斯的无限物尽可以不是一个对象或者一个事物，但它被构想为是彻底**不同**于有限物这一事实却意味着，它必然被该有限物所限定从而根本不是真正**无限的**。因此，对列维纳斯的黑格尔式反驳并不在于无论怎样都没有超越的无限性，而毋宁在于列维纳斯的超越的无限性不可能是真正无限的。实际上，正是它完全外在于有限物这一事实，妨碍了它成为真正无限的。

对于黑格尔来说，真的无限物不过就是由有限的事物本身所引发的过程；它不是什么**超过**有限事物的东西，它也不是事物所努力要达到的一个无穷后退的目标。就它构成**与自身联合**的过程而言，它就是有限的事物和坏的无限物所充满着的这个世界当下即是的存在的一个领域。当这个过程之后在黑格尔的哲学中更加充分地被理解的时候，它就证明自己是存在——借助并通过人类——达到对自身和对它的统一的**意识**的一个过程。
435 因此，相比于列维纳斯，黑格尔终究是一位彻底内在的哲学家而非超越的哲学家。就涉及无限物而言，他是斯宾诺莎的追随者而非笛卡儿的追随者。黑格尔有别于斯宾诺莎，仅仅是因为他相信：存在不只是永恒的实体，相反，它自行内在地**发展**为自觉的存在。

要恰如其分地讨论黑格尔和列维纳斯之间的种种差异，无疑需要对列维纳斯的立场和他的独有的伦理视角投入大量更细致的关注。尽管如此，即便从这里对两位思想家所进行的粗略的比较中，有一件事情也已经显而易见了，即：无论列维纳斯在细节上怎样构想无限性，他都必然忽略**真的**无限性到这样一个程度，就像不幸的意识一样，他将无限性等同于超越的存在。这是因为，**从逻辑上讲**，真的无限性不可能**不同**于有限物或者处在有限物之外而不被还原为有限性本身。黑格尔和列维纳斯都同意无限物与有限物有区别。然而，对于黑格尔来说，任何超越有限物从而固有地被有限物所束缚、所限定的无限物本身都必然是有限物。结果就是，列维纳斯的无限物不可能是真的无限性。

列维纳斯说的没错，“思考无限物”不是“思考一个对象”[27]。黑格尔证明，这也不是思考纯粹的超越者或者他者。在他看来，思考真的无限性的唯一方式，就是将它理解为有限性本身在其自我否定和死亡中所构成的自身关联着的存在。以这种方式理解的无限性就是真正无限的，因为它不被有限性所束缚，反倒**借助**并**通过**有限性本身而生活。

所有这些，并不是要断言黑格尔超越于列维纳斯式观点的一切批评。然而，这却是要坚持，对黑格尔的一种列维纳斯式的挑战不能假以无限性的名义，因为从逻辑上来看，没有哪个超越的无限物能够是真正无限的。按照黑格尔的观点，只有通过对存在本身进行详细的、无偏见的关注才能够揭开真的无限性的本性。[28]尤其是，当人们已经彻底地思考过“是有限的”之种种内涵，并且当他们准备好**放弃**无限的存在只不过是对有限的存在的否定，或者只不过是不同于有限的存在这样的观念的时候，人们才开始理解真的无限性。换言之，黑格尔《逻辑学》的主要教益就在于，当人们放弃超越者的观念的时候，人们才开始思考真的无限性，并因而开始思考存在（包括人类存在）的本性。这一逻辑的教益，在我看来，还有待许多后黑格尔主义者去学习。[29]

注释：

[1] 我的强调。亦参见 Hegel，*EL* 152/202（§95）。

[2] 在这里所进行的对有限物和无限物的比较不是存在本身的内在发展所要求的一种比较，而是由黑格尔自己所发起的一个比较。相比之

下，某物和他物各自都**相对地**不同于对方这一点，却是**内在于**某物和他物的观念中的；参见上文第十七章第 325 页，以及 Hegel，*SL* 118/1：126（213）。

［3］参见 Maluschke，*Kritik und absolute Methode in Hegels Dialektik*，p. 181。

［4］参见上文第二十一章第 410 页，以及 Hegel，*SL* 141/1：154（245）。

［5］马鲁施克指出，黑格尔不仅区分了“非真的”有限性和“真的”无限性，而且区分了“非真的”无限性和“真的”有限性。参见 *Kritik und absolute Methode in Hegels Dialektik*，p. 169。

［6］关于作为过程的真无限物的观念，参见 Lakebrink，*Kommentar zu Hegels "Logik,"* p. 130；Rinaldi，*A History and Interpretation of the Logic of Hegel*，p. 155；Theunissen，*Sein und Schein*，p. 294。

［7］Lakebrink，*Kommentar zu Hegels "Logik,"* p. 124.

［8］Doz，*La logique de Hegel et les problèmes traditionnels de l'ontologie*，p. 69.

［9］Stace，*The Philosophy of Hegel*，p. 146. 亦参见 Mure，*A Study of Hegel's Logic*，pp. 49－50，以及 McTaggart，*A Commentary on Hegel's Logic*，pp. 34－5。

［10］黑格尔哲学中理性和偶然性之间的关系，参见 Houlgate，"Necessity and Contingency in Hegel's *Science of Logic*," pp. 47－9。亦参见上文第六章第 118 页。

［11］Taylor，*Hegel*，p. 241.

［12］Taylor，*Hegel*，p. 240.

［13］参见 J. Hartnack，*An Introduction to Hegel's Logic*，trans. L. Aagaard-Mogensen，ed. K. Westphal（Indianapolis：Hackett Publishing，1998），p. 24。哈特纳克为了支持他的观点所引用的这句话——“有限物已经消逝于无限物之中，凡**是**的，都仅仅是**无限物**”——实际上是摘自论直接的有限物的那一节；参见 Hegel，*SL* 138/1：150（241）。

［14］Rinaldi，*A History and Interpretation of the Logic of Hegel*，p. 154.

［15］当然，通过表明他当作经验的先天条件的东西，并通过主张我

们必须将我们自己设想为受到对象自身的影响，康德有别于贝克莱。

[16] 参见 L. Heyde, *The Weight of Finitude*: *On the Philosophical Question of God*, trans. A. Harmsen and W. Desmond (Albany: SUNY Press, 1999), p. 138: "事实上，说有限物是观念的并不意味着它不是实在的或仅仅是一种想象。"

[17] 当然，黑格尔也承认，自然和历史中的"神圣的"目的观念在康德的哲学中扮演着一个重要的角色。康德将目的仅仅视为人类理性的一种调节性的观念，而非存在本身的一种建构性特征，这一事实意味着，从黑格尔的观点来看，康德始终身陷有限性之中。参见 Hegel, *EL* 103-4/141-2 (§§57-8)。

[18] Pippin, *Hegel's Idealism*, p. 216.

[19] Pippin, *Hegel's Idealism*, pp. 243, 246, 248.

[20] Pippin, *Hegel's Idealism*, p. 180.

[21] Hegel, *PR* 199/308 (§158 Add.).

[22] 黑格尔对"永恒的生命"的理解，参见 Houlgate, *An Introduction to Hegel*, pp. 265-6。

[23] 与尼采形成对比的是，黑格尔也将柏拉图的"理念"理解为内在于事物之中而非位于另一个世界。参见 *SL* 50/1: 44 以及 *EPN* 9/19 (§246 Add.)。因此，从一种黑格尔主义的观点来看，柏拉图《理想国》中的洞穴比喻歪曲了理念和事物的真实关系，因为它暗示理念处在有限事物的领域"之外"。

[24] E. Levinas, *Totality and Infinity*: *An Essay on Exteriority*, trans. A. Lingis (Pittsburgh: Duquesne University Press, 1969), p. 49. 同样，德里达也将上帝观念理解为"全然他者"的观念，参见 J. Derrida, *The Gift of Death*, trans. D. Wills (Chicago: University of Chicago Press, 1995), p. 57。

[25] Levinas, *Totality and Infinity*, p. 49.

[26] Levinas, *Totality and Infinity*, p. 50, 我的强调。

[27] Levinas, *Totality and Infinity*, p. 49.

[28] 与马鲁施克不同，我并不相信黑格尔被圆圈的**形象**给引导到真的无限性。他是被存在所固有的逻辑给引导到了这个观念。参见 Malusch-

ke，*Kritik und absolute Methode in Hegels Dialektik*，p. 181。

［29］黑格尔和尼采之间作为超越存在的批评者的相似之处，参见Houlgate，*Hegel*，*Nietzsche*，*and the Criticism of Metaphysics*，*passim*。亦参见 *Theunissen*，*Sein und Schein*，p. 284。

结　论

作为本体论的黑格尔《逻辑学》

罗伯特·皮平将黑格尔在《逻辑学》中的计划理解为要去规定“任何主体为了能客观地进行思考都必须在其下进行思考的那些条件”[1]。对于皮平来说，《逻辑学》中所陈述的那些构成了这些条件的范畴，不是存在本身的各种规定而是自觉的思想的一些概念。所以，皮平眼中的黑格尔不是一位单纯本体论式的思想家，而是一位发现了“概念的图型”的先验的哲学家，这种概念的图型是必需的，但凡**我们**要将某个事物判定为一个确定的对象。[2] 436

黑格尔的方法，就它从关于存在的简单思想开始进而**回溯**到关于定在的颇有成效的思想的那些更为根本的条件而言，在皮平看来，也是先验的。黑格尔体系中的后来的范畴因而就被表明为是那些先于它们的范畴的种种前提。皮平眼中的黑格尔似乎是以一种类似费希特的方式在进行着推理，后者“从意识的直接的对象开始……进而去展示这个对象的条件”[3]。

在本研究中，我力图去捍卫对黑格尔《逻辑学》的一种不同的理解。黑格尔所分析的这些范畴，在我看来，既是思想的形式**又**是存在本身的结构。因此，黑格尔是在与概念的分析或先验的哲学同等的程度上径直地从事一种本体论。《逻辑学》中的每一个范畴——包括坏的无限物范畴在内——都是一种本体论的结构或者存在的一个方面，就像它是我们用来理解世界的一个概念那样。因此，哪一方面都不应该作为一种完全的误解或者错误而被摒弃。

我也试图表明黑格尔的方法是内在的和发展的，而不是先验的和回溯的。黑格尔并非主张后来的范畴构成之前的范畴的**条件**，而是说它们使那内在于之前的范畴本身中的东西变得明确了。因此，他作为一位哲学家的工作，不过就是要让每一个范畴都展示出它自己的内涵，并因而让它们自行突变到更进一步的范畴中。有限性并非“是某物”的先决条件，无限性也不是有限性的先决条件；不如说，有限性是每一个某物自己所表明出来的东西，而无限性是有限的存在本身表明自己所构成的东西。

437 这种内在的逻辑发展过程是无前提的，因为它开始于纯存在的完全无规定的范畴并揭露出内在于纯存在中的一切。每一个范畴因而都不过是纯存在之所是和纯存在之所谓的一个更进一步的规定。一个完全无规定的范畴竟然在它自身之内包含了如此之多的其他范畴，这在有些人看来似乎是难以置信的，但黑格尔劳神费力地想要证明——实际上事实就是如此。纯存在，他宣称，蕴含着变易、规定性、是某物、是有限的，以及是无限的。正如我们已经看到的，这些更加复杂的结构之所以内在于存在之中，原因就在于，存在表明自己并非只是纯然的存在而是“是”和“**不**”的统一：所有后继的范畴都是由“是”和“不”在其中彼此结合的各种方式所产生出来的。因此，存在由于它在自身之内所必然携带的**否定**环节而合乎逻辑地将自身转变为存在方式的一种多样性。

黑格尔对范畴的理解在某些方面与我们通常对事物的理解相合，但在另外一些方面又与之偏离。然而，重要的是要记住，黑格尔如此这般理解每一个范畴，不是因为他想要故意藐视不矛盾律，也不是要将那些思想上更加循规蹈矩的读者给抛进混乱，而是因为他相信存在和思想本身的本性将他引导到了这样的理解上。黑格尔主张某物固有地关联于其他事物，主张无限性内在于有限性之中，完全只是因为他相信纯存在范畴要求他这么做，在他看来，一种彻底自我批判的哲学必须从该范畴开始。

因此，黑格尔《逻辑学》的读者，凡是想要去确定黑格尔的事业的贡献的，都必须问自己三个问题：（1）哲学应当努力成为彻底自我批判的并且不预设任何东西吗？（2）如果是，那么它应当从纯粹无规定的存在思想开始吗？（3）如果是，那么纯存在范畴真的产生了黑格尔所陈述的那些进一步的范畴吗？我并不是在暗示，每一位读者都将发现回答这些问题是很容易的；但是我相信，假如人们想要审慎地判断黑格尔《逻辑学》的价值的话，那么这些是必须被追问并被提出的问题。黑格尔的《逻辑学》是困难的——有时是极端地困难的——但它本质上并不是一部神秘的或者难解的作品。黑格尔试图要做的事情相当明显：从一个预设尽可能少的出发点中合乎逻辑且内在地演绎出思想的基本范畴和存在的各种形式。带着对黑格尔文本的足够耐心与密切留意，人们也有可能确立他理解每一个所出现的范畴的方式。黑格尔《逻辑学》的读者所面对的，并不是像尼采的读者所遭遇的那样的麻烦：他是在讽刺吗？他真的相信他所说的话吗？他说这些东西是想试图影响我什么吗？摆在黑格尔的读者面前的任务要更加直接得多：它就是要去考察，我们是否有权确定内在于纯存在之中的东西？如果是，那么黑格尔是否在每一个个案中都成功地做到了恰当地演绎出一个范畴来？如果以上每一项的回答都是肯定的，那么对于我来说，人们似乎就别无选择，只有被黑格尔的论证所说服了。

叔本华指控黑格尔故意用他的辩证的伎俩来迷惑青年人的心智。可在 438
我看来，与之相比，黑格尔——就像亚里士多德、莱布尼茨或者康德一样——将一套清楚而明了的论题提供给我们，由我们来对之进行评估：存在不是纯粹的**存在**，而是变易和定在；定在并不作为纯然的规定性而单独成立，而是采取与别的某物相分离但也与之相关联的某物的形式；某物按其本性来说受制于改变，也易于在它的核心处被其他的事物重新赋予性状；事物必然彼此限定，也表明自己是有限的；有限的存在反过来产生出无限性的各种形式；真正无限的存在不是某种属于它自己的超出有限物的东西，而只不过是存在通过有限事物的死亡而借以与自身联合的过程——一个我们之后认识到，导致存在成为关于自身的意识的过程。并非每个人都会同意这些论题，但它们无疑都是相当明了的，就像其他大多数哲学家的主张一样，能够对之进行公开且理性的评估。黑格尔的《逻辑学》无论如何都不像某些人希望我们相信的那样，是一部无法进入的或者荒谬的文本。

黑格尔之后在《逻辑学》中表明，存在不只采取了质的形式，而且也采取了量、特殊性、反身性（或者中介）、明确的理性发展（或者概念），以及最终自然（或者时空中事物的领域）的形式。他在《逻辑学》结束时的结论是：存在事实上绝不是某种少于自然的东西。对于黑格尔来说，存在并非在时间中从无规定性出发通过无限性而进展到自然，相反，它始终都是时空性的、自然的存在。因此，《逻辑学》所描述的并不是自然在其中借以出现的某种想象的时间或历史过程，而毋宁是一种实际的**逻辑的**必然性或合理性，由于这种必然性或合理性，存在表明自己不是什么少于自然的东西。在存在之内的这一合理性或者“逻各斯”始终发挥着作用，要求着某物、有限性、无限性以及自然。宗教所称为“上帝”的，恰恰就是逻各斯。

这种逻各斯也要求在自然之内出现有机的生命、自我意识以及历史。然而，它却无法直接导致生命和自我意识，因为它要求这些东西只有在适合的自然条件取得优势的地方才会出现。**从逻辑上来看**，必然存在着自我意识，因为这是存在的本性所要求的——也就是存在的真无限性所要求的。然而，只有在自然的过程允许它发生的地方，自我意识才能够出现。因此，如果人们想要理解黑格尔对理性的工作或者“上帝”的工作所做的说明，他们就不应该止步于他的《逻辑学》，而是要向他的《自然哲学》迈进。

作为批判哲学的黑格尔《逻辑学》

黑格尔的《逻辑学》不仅提供了对存在的意义的一种精妙的阐述；它也是一部哲学批判作品。黑格尔的批判所指向的目标是一些有关存在的根本性的错误和误解，以及将一个范畴还原为另一个范畴，或者还原为范
439 畴本身的一个单纯环节的那种做法。《逻辑学》清楚地证明，相信没有无限性这样的东西，或者否认变化本身是实在的，都是一种错误。它也表明，不应当将是某物还原为是有规定的，不应当将是有限的还原为是受别的某物限定的。这些还原并不都是一些简单的错误，因为它们确实把握了关于真理的某些东西。例如，有限性确实包含着是受限定的。然而，它们要经受批判，是因为它们忽略了将一个范畴同它所还原成的范畴区分开来的那种特殊的东西：使得某物是**有限的**而非仅仅**受限定的**那种东西。

《逻辑学》也表明，范畴不应当被还原为它们自身的单纯环节。某物是自身关联着的规定性；但这并不是它的全部，因为它也与其他事物发生关联。如果我们将某物还原为仅仅与别的每一个事物相分离的那种东西，我们就会错失它的逻辑结构中的一个本质的方面。同样地，真的无限性是并非有限的那种存在，但这也不是它的全部，因为它同时也是**由**有限的事物本身所构成的一个过程。如果我们将真的无限性还原为仅仅**不是有限的**那种东西，我们就是以将它合并为坏的无限性或者有限的无限性而告终，从而错失了使得它成为真正无限的那种东西。在这些个案中，问题都在于范畴的一个方面被当作了范畴的全部，从而使得作为整体的范畴遭到了歪曲。

黑格尔的批判不是孤立于他对范畴的真实特征的思辨的阐述而得到推进的。该阐述本身就是对将一个范畴还原为另一个范畴，或者还原为范畴本身的一个单纯的环节这种做法的批判。阐述和批判融为一体是黑格尔的内在的方法的一个直接的后果。是如何融为一体的呢？我们记得，黑格尔的方法包含着表明一个范畴实际上是如何内在于另一个范畴之中的。当后来的概念明确地出现——例如，当“某物”表明自己是“受限定的”和“有限的”——的时候，之前的概念（在这个例子中就是“某物”）并没有被取代或表明自己是一个错误，而是被揭示出是当前存在着的东西的一个**不充分规定**。它被表明为构成了更为复杂的范畴或存在形式的一个单纯的环节。所以，一个有限的事物仍然是某物，但恰恰因为它是某种有限的东西，它就不仅仅是某物。同样地，真的无限性也不可分离于有限性。然而，它又不能被还原为有限性，因为它是发生在无止尽地改变着的有限物领域**之中**的与自身联合（并最终达到对自我的意识）的过程。通过这些方式，“某物”或“有限性”的真实本性借以变得明显的这个过程本身就构成了对那些——知性或日常的意识所怀有的——企图将范畴还原为少于它们真正所是的东西的做法的批判。

由于这个过程证明了范畴的必然性，它也就代表了一种根本性的批判，亦即批判任何完全否认范畴把握了存在之实质的企图。巴门尼德也许否认变化的实在性，但黑格尔对内在于存在本身之中的范畴所做的逻辑的演绎却表明他是错误的。因此，思辨的分析和批判再一次形成同一个过程。[4] 440

在我看来，黑格尔《逻辑学》的一个巨大的贡献就在于他提供了一种方式，在其中暴露出其他的哲学依赖于一些误解的程度，或者说，更加频繁地依赖于某些范畴的还原了的观念的程度。在之前的评论中，我已经试着指出，根据黑格尔的分析，康德和尼采如何可以说是运用了“自在之物”的一种还原了的观念，斯宾诺莎如何可以说是假定了有限性的一种还原了的观念，而列维纳斯又如何可以说是预设了无限性的一种还原了的观念。当然，人们或许希望回应说，对康德或列维纳斯的这些基于黑格尔《逻辑学》的批判是张冠李戴，因为它们未能直接契合由康德所做出的知识主张，或者由列维纳斯所做出的伦理主张。然而，从黑格尔的观点出发，我们看到《逻辑学》完全适合于提供一种对知识立场或伦理立场的批判，因为它暴露了为这些立场奠定基础或对之发挥影响的那些贫乏的**范畴**。上一章中所大致勾勒的对列维纳斯的初步批判，就它无视列维纳斯关于伦理的关系所不得不说的一切内容而言，无疑是间接的。尽管如此，在我看来，它仍然是一种强有力的批判，因为它揭示出列维纳斯的伦理立场是建立在一种从逻辑上来说缺乏真的无限性概念的无限性观念之上的。

使黑格尔对概念还原所做的或公开或隐含的批判变得如此尖锐的，是这一事实，即：它们都建立在一种对范畴的彻底自我批判的和无前提的分析上。黑格尔的《逻辑学》并不建立在任何对“绝对”或者对存在之“返回自身”的预先担保上。它只不过建立在这样一种关切之上，即：不预设任何东西，并且对思想和存在本身表明自己所是的东西保持完全的开放。存在表明自己在有限事物的死亡中与自身联合并同自身关联因而是真正无限的，这固然不假；但更加真实的是，这似乎也增加了德里达的指控的可信度，即：黑格尔的哲学从一开始就旨在面对存在的自身返回而反对向他者开放。然而，与德里达相反的是，《逻辑学》并不**预先**面向存在的自身返回。存在被黑格尔理解为是自身关联着的、无限的存在，因为这正是纯存在——关于纯存在还未做任何假定——**表明**自己所真正是的。如果人们想要否认存在以这种方式最终是自身关联着的，那么他们就必须要么说明黑格尔的逻辑分析究竟在哪里出了错，要么从一开始就假定存在被交付于无止尽的有限性与重复，或者受制于使得它与自身的联合成为不可能的那种不可化约的差异。从我的观点来看，第二种选择是行不通的，因为

它比黑格尔自己的方案要更缺少自我批判并预设更多的东西。然而，第一 441
种选择始终是一种可能性。但它却要求读者紧密地契合黑格尔自己的论证。我在本研究中的目的就是要帮助《逻辑学》的读者理解这些论证，以便于他们可以对这些论证的价值做出他们自己的评估。

就我自己而言，否认我被黑格尔的论证——至少在《逻辑学》的开头部分——所说服，将会是不诚实的。然而，我最主要的关切不是要诱使读者也感觉到类似的心悦诚服。我的关切是要去鼓励读者以一种开放的心态走进《逻辑学》，检视黑格尔的分析的诸多细节而不要已经判定它们是自相矛盾的（因此是错误的）或者判定它们受到某种预先确定的辩证方法的支配（从而根本不是真正无前提的）。我所竭力主张的观点并非是说，人们应当始终带着黑格尔是正确的这样的假定来阅读他。倒不如说，我主张人们应当避免从一开始就假定黑格尔是明显错误的，或者假定他只不过由于坚持某种或明或暗的"逻各斯中心主义"而对当前的议题做了预先判断。

因此，本研究在好几重意义上致力于黑格尔《逻辑学科学》的**开篇**。它讨论了《逻辑学》本身的开篇章节。它试图表明，纯存在不是在一种预先确定了的辩证方法的封闭框架之内被黑格尔所构想的，而是自行展开进入更深入的范畴和存在方式之中。本研究也旨在通过使得黑格尔的逻辑学计划成为可理解的，使得它的细节成为可接近的，而为读者打开它。我希望，我的研究将以这种方式，既使黑格尔的这部最困难的文本得到更广泛的理解，也为有才智、有见地的批评打开一种可能性。

查尔斯·泰勒谈到黑格尔的一个论证（也就是有限性和自我否定构成规定性的结构的一个部分），说"假如有效的话，它将极具重要性"[5]。泰勒本人显然并不认为黑格尔的论证是有效的。基于前面的评论中所列举的那些原因，恕我不敢苟同他的观点。不过，我相信泰勒的话可以被解读为对《逻辑学》的整个开篇部分的一句恰当的评语。黑格尔的所有论证——从他对纯存在的说明到他对真的无限性的说明——假如有效的话，将极具重要性。我希望本研究将激励更多的读者来认真考虑，黑格尔的论证实际上是多么有效和重要啊！

注释：

［1］Pippin, *Hegel's Idealism*, p. 246.

［2］Pippin, *Hegel's Idealism*, pp. 219, 233.

［3］J. G. Fichte, *Foundations of Transcendental Philosophy* (*Wissenschaftslehre*) *Nova Methodo* (*1796/99*), trans. and ed. D. Breazeale (Ithaca: Cornell University Press, 1992), p. 182.

［4］对阐述和批判借以在黑格尔的《逻辑学》中融为一体的方式所做的一种替代性的描述，参见 Theunissen, *Sein und Schein*, passim。托尼森主要论证的是，黑格尔的思辨的阐述表明不同的范畴都是一些由思想而非真理的不充分规定所产生出来的假象（*Schein*），参见 *Sein und Schein*, p. 100。

［5］Taylor, *Hegel*, p. 238.

参考书目

黑格尔著作

Hegel's Phenomenology of Spirit, trans. A.V. Miller (Oxford: Oxford University Press, 1977).

G.W.F. Hegel, *Phänomenologie des Geistes*, ed. E. Moldenhauer and K.M. Michel, *Werke in zwanzig Bänden*, vol. 3 (Frankfurt am Main: Suhrkamp Verlag, 1969).

Hegel's Science of Logic, trans. A.V. Miller (Amherst, NY: Humanity Books, 1999).

Hegel's Science of Logic, trans. W.H. Johnston and L.G. Struthers, 2 vols. (London: George Allen and Unwin, 1929).

G.W.F. Hegel, *Wissenschaft der Logik*, ed. E. Moldenhauer and K.M. Michel, 2 vols, *Werke in zwanzig Bänden*, vols. 5, 6 (Frankfurt am Main: Suhrkamp Verlag, 1969).

G.W.F. Hegel, *Wissenschaft der Logik. Erster Teil: Die Objektive Logik. Erster Band: Die Lehre vom Sein (1832)*, ed. F. Hogemann and W. Jaeschke, *Gesammelte Werke*, vol. 21 (Hamburg: Felix Meiner Verlag, 1985).

G.W.F. Hegel, *Wissenschaft der Logik. Erster Band: Die Objektive Logik (1812/1813)*, ed. F. Hogemann and W. Jaeschke, *Gesammelte Werke*, vol. 11 (Hamburg: Felix Meiner Verlag, 1978).

G.W.F. Hegel, *Vorlesungen über Logik und Metaphysik. Heidelberg 1817*, ed. K. Gloy, *Ausgewählte Nachschriften und Manuskripte*, vol. 11 (Hamburg: Felix Meiner, 1992).

G.W.F. Hegel, *Vorlesungen über die Logik. Berlin 1831*, ed. U. Rameil in cooperation with H.-C. Lucas, *Ausgewählte Nachschriften und Manuskripte*, vol. 10 (Hamburg: Felix Meiner, 2001).

G.W.F. Hegel, *The Philosophical Propaedeutic*, trans. A.V. Miller, ed. M. George and A. Vincent (Oxford: Blackwell, 1986).

G.W.F. Hegel, *Nürnberger und Heidelberger Schriften (1808–1817)*, ed. E. Moldenhauer and K.M. Michel, *Werke in zwanzig Bänden*, vol. 4 (Frankfurt am Main: Suhrkamp Verlag, 1970).

G.W.F. Hegel, *The Encyclopaedia Logic*, trans. T.F. Geraets, W.A. Suchting, and H.S. Harris (Indianapolis: Hackett, 1991).

G.W.F. Hegel, *Enzyklopädie der philosophischen Wissenschaften im Grundrisse (1830). Erster Teil: Die Wissenschaft der Logik*, ed. E. Moldenhauer and K.M. Michel, *Werke in zwanzig Bänden*, vol. 8 (Frankfurt am Main: Suhrkamp Verlag, 1970).

Hegel's Philosophy of Nature. Being Part Two of the Encyclopaedia of the Philosophical Sciences (1830), trans. A.V. Miller (Oxford: Clarendon Press, 1970).

444 G.W.F. Hegel, *Enzyklopädie der philosophischen Wissenschaften im Grundrisse (1830). Zweiter Teil: Die Naturphilosophie*, ed. E. Moldenhauer and K.M. Michel, *Werke in zwanzig Bänden*, vol. 9 (Frankfurt am Main: Suhrkamp Verlag, 1970).

Hegel's Philosophy of Mind. Being Part Three of the Encyclopaedia of the Philosophical Sciences (1830), trans. W. Wallace, together with the *Zusätze* in Boumann's text (1845), trans. A.V. Miller (Oxford: Clarendon Press, 1971).

G.W.F. Hegel, *Enzyklopädie der philosophischen Wissenschaften im Grundrisse (1830). Dritter Teil: Die Philosophie des Geistes*, ed. E. Moldenhauer and K.M. Michel, *Werke in zwanzig Bänden*, vol. 10 (Frankfurt am Main: Suhrkamp Verlag, 1970).

G.W.F. Hegel, *Elements of the Philosophy of Right*, ed. A.W. Wood, trans. H.B. Nisbet (Cambridge: Cambridge University Press, 1991).

G.W.F. Hegel, *Grundlinien der Philosophie des Rechts*, ed. E. Moldenhauer and K.M. Michel, *Werke in zwanzig Bänden*, vol. 7 (Frankfurt am Main: Suhrkamp Verlag, 1970).

G.W.F. Hegel, *Vorlesungen über die Philosophie der Weltgeschichte*, *Zweite Hälfte*, ed. G. Lasson (1919) (Hamburg: Felix Meiner, 1923).

G.W.F. Hegel, *Aesthetics. Lectures on Fine Art*, trans. T.M. Knox, 2 vols. (Oxford: Clarendon Press, 1975).

G.W.F. Hegel, *Vorlesungen über die Ästhetik*, ed. E. Moldenhauer and K.M. Michel, 3 vols, *Werke in zwanzig Bänden*, vols. 13, 14, 15 (Frankfurt am Main: Suhrkamp Verlag, 1969).

G.W.F. Hegel, *Lectures on the History of Philosophy. The Lectures of 1825–1826*, ed. R.F. Brown, trans. R.F. Brown and J.M. Stewart with the assistance of H.S. Harris, vol. 3: *Medieval and Modern Philosophy* (Berkeley: University of California Press, 1990).

G.W.F. Hegel, *Vorlesungen über die Geschichte der Philosophie. Teil 4: Philosophie des Mittelalters und der neueren Zeit*, ed. P. Garniron and W. Jaeschke, *Ausgewählte Nachschriften und Manuskripte*, vol. 9 (Hamburg: Felix Meiner, 1986).

G.W.F. Hegel, *Vorlesungen über die Geschichte der Philosophie*, ed. E. Moldenhauer and K.M. Michel, 3 vols, *Werke in zwanzig Bänden*, vols. 18, 19, 20 (Frankfurt am Main: Suhrkamp Verlag, 1971).

Hegel: The Letters, trans. C. Butler and C. Seiler (Bloomington: Indiana University Press, 1984).

其他著作

Henry Allison, *Kant's Transcendental Idealism: An Interpretation and Defense* (New Haven: Yale University Press, 1983).

A. Alvarez, *Beckett* (London: Fontana/Collins, 1973).

The Complete Works of Aristotle, ed. J. Barnes, 2 vols. (Princeton: Princeton University Press, 1984).

Samuel Beckett, *En attendant Godot* (Paris: Les Éditions de Minuit, 1952).

Frederick C. Beiser, ed. *The Cambridge Companion to Hegel* (Cambridge: Cambridge University Press, 1993).

Frederick C. Beiser, "Hegel, A Non-Metaphysician? A Polemic Review of H.T. Engelhardt and Terry Pinkard, eds. *Hegel Reconsidered*," *Bulletin of the Hegel Society of Great Britain* 32 (Autumn/Winter 1995): 1–13. 445

J. Biard et al., eds. *Introduction à la lecture de La Science de la Logique de Hegel. I. L'Etre* (Paris: Aubier, 1981).

Reinhard Brandt, *The Table of Judgments: Critique of Pure Reason A 67–76; B 92–101*, trans. E. Watkins (Atascadero, CA: Ridgeview Publishing, 1995).

Rüdiger Bubner, "Die 'Sache selbst' in Hegels System," in *Seminar: Dialektik in der Philosophie Hegels*, ed. R.-P. Horstmann (Frankfurt am Main: Suhrkamp Verlag, 1978), pp. 101–23.

John Burbidge, *On Hegel's Logic: Fragments of a Commentary* (Atlantic Highlands, NJ: Humanities Press, 1981).

John Burbidge, "Where Is the Place of Understanding?" in *Essays on Hegel's Logic*, ed. G. di Giovanni (Albany: SUNY Press, 1990), pp. 171–82.

Bernd Burkhardt, *Hegels "Wissenschaft der Logik" im Spannungsfeld der Kritik* (Hildesheim: Georg Olms Verlag, 1993).

George P. Cave, "The Dialectic of Becoming in Hegel's Logic," *The Owl of Minerva* 16, 2 (Spring 1985): 147–60.

Ardis Collins, ed. *Hegel on the Modern World* (Albany: SUNY Press, 1995).

Rod Coltman, *The Language of Hermeneutics: Gadamer and Heidegger in Dialogue* (Albany: SUNY Press, 1998).

Jacques Derrida, *Writing and Difference*, trans. A. Bass (London: Routledge and Kegan Paul, 1978).

Jacques Derrida, *Margins of Philosophy*, trans. A. Bass (Brighton: Harvester Press, 1982).

Jacques Derrida, *Glas*, trans. J.P. Leavey and R. Rand (Lincoln: University of Nebraska Press, 1986).

Jacques Derrida, *The Gift of Death*, trans. D. Wills (Chicago: University of Chicago Press, 1995).

The Philosophical Writings of Descartes, trans. J. Cottingham, R. Stoothoff, D. Murdoch, 3 vols. (Cambridge: Cambridge University Press, 1984–91).

George di Giovanni, ed. *Essays on Hegel's Logic* (Albany: SUNY Press, 1990).

André Doz, *La logique de Hegel et les problèmes traditionnels de l'ontologie* (Paris: J. Vrin, 1987).

David Duquette, "Kant, Hegel and the Possibility of a Speculative Logic," in *Essays on Hegel's Logic*, ed. G. di Giovanni (Albany: SUNY Press, 1990), pp. 1–16.

S.M. Emmanuel, ed. *The Blackwell Guide to the Modern Philosophers: From Descartes to Nietzsche* (Oxford: Blackwell, 2001).

Hans-Peter Falk, *Das Wissen in Hegels "Wissenschaft der Logik"* (Freiburg/München: Verlag Karl Alber, 1983).

Ludwig Feuerbach, *Towards a Critique of Hegel's Philosophy*, in *The Young Hegelians: An Anthology*, ed. L. Stepelevich (Cambridge: Cambridge University Press, 1983), pp. 95–128.

446 Ludwig Feuerbach, "Zur Kritik der Hegelschen Philosophie" (1839), in *Philosophische Kritiken und Grundsätze*, ed. W. Bolin and F. Jodl, *Sämtliche Werke*, vol. 2 (Stuttgart-Bad Cannstatt: Frommann-Holzboog, 1959), pp. 158–204.

J.G. Fichte, *Foundations of Transcendental Philosophy (Wissenschaftslehre) Nova Methodo (1796/99)*, trans. and ed. D. Breazeale (Ithaca: Cornell University Press, 1992).

J.G. Fichte, *Introductions to the Wissenschaftslehre and Other Writings*, trans. D. Breazeale (Indianapolis: Hackett, 1994).

J.N. Findlay, *Hegel: A Re-examination* (1958) (New York: Oxford University Press, 1976).

Michael Forster, "Hegel's Dialectical Method," in *The Cambridge Companion to Hegel*, ed. F.C. Beiser (Cambridge: Cambridge University Press, 1993), pp. 130–70.

Hans-Georg Gadamer, *Hegel's Dialectic: Five Hermeneutical Studies*, trans. P.C. Smith (New Haven: Yale University Press, 1976).

Rodolphe Gasché, *The Tain of the Mirror: Derrida and the Philosophy of Reflection* (Cambridge, MA: Harvard University Press, 1986).

Paul Guyer, "Hegel, Leibniz und der Widerspruch des Endlichen," in *Seminar: Dialektik in der Philosophie Hegels*, ed. R.-P. Horstmann (Frankfurt am Main: Suhrkamp Verlag, 1978), pp. 230–60.

U. Guzzoni, *Werden zu sich. Eine Untersuchung zu Hegels "Wissenschaft der Logik"* (Freiburg/München: Verlag Karl Alber, 1963).

Jürgen Habermas, *Erkenntnis und Interesse* (Frankfurt am Main: Suhrkamp Verlag, 1968).

E.E. Harris, *An Interpretation of the Logic of Hegel* (Lanham, MD: University Press of America, 1983).

Klaus Hartmann, "Hegel: A Non-Metaphysical View," in *Hegel: A Collection of Critical Essays*, ed. A. MacIntyre (1972) (Notre Dame: University of Notre Dame Press, 1976), pp. 101–24.

Justus Hartnack, *An Introduction to Hegel's Logic*, trans. L. Aagaard-Mogensen, ed. K. Westphal (Indianapolis: Hackett, 1998).

Martin Heidegger, *Being and Time*, trans. J. Macquarrie and E. Robinson (Oxford: Blackwell, 1962).

Martin Heidegger, *Hegel's Phenomenology of Spirit*, trans. P. Emad and K. Maly (Bloomington: Indiana University Press, 1988).

Martin Heidegger, *Gelassenheit* (Pfullingen: Verlag Günther Neske, 1959).

Martin Heidegger, *Hegel*, ed. I. Schübler, *Gesamtausgabe*, vol. 68 (Vittorio Klostermann: Frankfurt am Main, 1993).

Dieter Henrich, "Anfang und Methode der Logik," in D. Henrich, *Hegel im Kontext* (Frankfurt am Main: Suhrkamp Verlag, 1971), pp. 73–94.

Dieter Henrich, *Hegel im Kontext* (Frankfurt am Main: Suhrkamp Verlag, 1971).

Dieter Henrich, "Hegels Logik der Reflexion. Neue Fassung," in *Die Wissenschaft der Logik und die Logik der Reflexion*, ed. D. Henrich, *Hegel-Studien* Beiheft 18 (Bonn: Bouvier Verlag, 1978), pp. 203–324.

Dieter Henrich, ed. *Die Wissenschaft der Logik und die Logik der Reflexion*, *Hegel-Studien* Beiheft 18 (Bonn: Bouvier Verlag, 1978). 447
Dieter Henrich, "Formen der Negation in Hegels Logik," in *Seminar: Dialektik in der Philosophie Hegels*, ed. R.-P. Horstmann (Frankfurt am Main: Suhrkamp Verlag, 1978), pp. 213–29.
Ludwig Heyde, *The Weight of Finitude: On the Philosophical Question of God*, trans. A. Harmsen and W. Desmond (Albany: SUNY Press, 1999).
Rolf-Peter Horstmann, ed. *Seminar: Dialektik in der Philosophie Hegels* (Frankfurt am Main: Suhrkamp Verlag, 1978).
Rolf-Peter Horstmann, "What's Wrong with Kant's Categories, Professor Hegel?" in *Proceedings of the Eighth International Kant Congress*, ed. H. Robinson, 2 vols. (Milwaukee: Marquette University Press, 1995), 1.3: 1005–15.
Stephen Houlgate, "Some Notes on Michael Rosen's *Hegel's Dialectic and Its Criticism*," *Hegel-Studien* 20 (1985): 213–19.
Stephen Houlgate, *Hegel, Nietzsche and the Criticism of Metaphysics* (Cambridge: Cambridge University Press, 1986).
Stephen Houlgate, "A Reply to John Burbidge," in *Essays on Hegel's Logic*, ed. G. di Giovanni (Albany: SUNY Press, 1990), pp. 183–9.
Stephen Houlgate, "Hegel and Fichte: Recognition, Otherness, and Absolute Knowing," *The Owl of Minerva* 26, 1 (Fall 1994): 3–19.
Stephen Houlgate, "Response to Professor Horstmann," in *Proceedings of the Eighth International Kant Congress*, ed. H. Robinson, 2 vols. (Milwaukee: Marquette University Press, 1995), 1.3: 1017–23.
Stephen Houlgate, "Hegel, Kant and the Formal Distinctions of Reflective Understanding," in *Hegel on the Modern World*, ed. A. Collins (Albany: SUNY Press, 1995), pp. 125–41.
Stephen Houlgate, "Necessity and Contingency in Hegel's *Science of Logic*," *The Owl of Minerva* 27, 1 (Fall 1995): 37–49.
Stephen Houlgate, Review of *Die Wesenslogik in Hegels "Wissenschaft der Logik"* by Gerhard Martin Wölfle, *Bulletin of the Hegel Society of Great Britain* 32 (Autumn/Winter 1995): 40–7.
Stephen Houlgate, "Hegel, Derrida and Restricted Economy: The Case of Mechanical Memory," *Journal of the History of Philosophy* 34, 1 (January 1996): 79–93.
Stephen Houlgate, "Absolute Knowing Revisited," *The Owl of Minerva* 30, 1 (Fall 1998): 51–67.
Stephen Houlgate, "Schelling's Critique of Hegel's *Science of Logic*," *The Review of Metaphysics* 53.1 (September, 1999): 99–128.
Stephen Houlgate, "Substance, Causality, and the Question of Method in Hegel's *Science of Logic*," in *The Reception of Kant's Critical Philosophy: Fichte, Schelling and Hegel*, ed. S. Sedgwick (Cambridge: Cambridge University Press, 2000), pp. 232–52.
Stephen Houlgate, "G.W.F. Hegel," in *The Blackwell Guide to the Modern Philosophers: From Descartes to Nietzsche*, ed. S.M. Emmanuel (Oxford: Blackwell, 2001), pp. 278–305.

448 Stephen Houlgate, *An Introdution to Hegel: Freedom, Truth and History* (1991) (Oxford: Blackwell, 2005).

Christina Howells, *Derrida: Deconstruction from Phenomenology to Ethics* (Cambridge: Polity Press, 1999).

Jean Hyppolite, *Genesis and Structure of Hegel's Phenomenology of Spirit*, trans. S. Cherniak and J. Heckman (Evanston, IL: Northwestern University Press, 1974).

Paul Owen Johnson, *The Critique of Thought: A Re-examination of Hegel's Science of Logic* (Aldershot: Avebury, 1988).

Eberhard Jüngel, *Tod* (Gütersloh: Gütersloher Verlagshaus Mohn, 1979).

Immanuel Kant, *Theoretical Philosophy, 1755–1770*, ed. D. Walford and R. Meerbote (Cambridge: Cambridge University Press, 1992).

Immanuel Kant, *Critique of Pure Reason*, trans. P. Guyer and A. Wood (Cambridge: Cambridge University Press, 1997).

Immanuel Kant, *Kritik der reinen Vernunft*, ed. R. Schmidt (Hamburg: Felix Meiner Verlag, 1990).

Immanuel Kant, *Prolegomena to any Future Metaphysics That Will Be Able to Present Itself as a Science*, trans. P.G. Lucas (Manchester: Manchester University Press, 1953).

Immanuel Kant, *Lectures on Logic*, trans. and ed. J.M. Young (Cambridge: Cambridge University Press, 1992).

Immanuel Kant, *Schriften zur Metaphysik und Logik*, ed. W. Weischedel, 2 vols. (Frankfurt am Main: Suhrkamp Verlag, 1968).

Immanuel Kant, *Critique of Judgment*, trans. W.S. Pluhar (Indianapolis: Hackett, 1987).

Søren Kierkegaard, *Concluding Unscientific Postscript*, trans. D.F. Swenson and W. Lowrie (Princeton: Princeton University Press, 1968).

Wendell Kisner, "*Erinnerung*, *Retrait*, Absolute Reflection: Hegel and Derrida," *The Owl of Minerva* 26, 2 (Spring 1995): 171–86.

David Kolb, *The Critique of Pure Modernity: Hegel, Heidegger, and After* (Chicago: University of Chicago Press, 1986).

David Farrell Krell, *Of Memory, Reminiscence and Writing: On the Verge* (Bloomington: Indiana University Press, 1990).

Bernhard Lakebrink, *Kommentar zu Hegels "Logik" in seiner "Enzyklopädie" von 1830*. Vol. 1: *Sein und Wesen* (Freiburg/München: Verlag Karl Alber, 1979).

Quentin Lauer, *A Reading of Hegel's Phenomenology of Spirit* (New York: Fordham University Press, 1976).

Emmanuel Levinas, *Totality and Infinity: An Essay on Exteriority*, trans. A. Lingis (Pittsburgh: Duquesne University Press, 1969).

Emmanuel Levinas, *Basic Philosophical Writings*, ed. A.T. Peperzak, S. Critchley and R. Bernasconi (Bloomington: Indiana University Press, 1996).

A. MacIntyre, ed. *Hegel: A Collection of Critical Essays* (1972) (Notre Dame: University of Notre Dame Press, 1976).

William Maker, *Philosophy Without Foundations: Rethinking Hegel* (Albany: SUNY Press, 1994).

Günther Maluschke, *Kritik und absolute Methode in Hegels Dialektik* (*Hegel-Studien* Beiheft 13) (1974) (Bonn: Bouvier Verlag, 1984). 449
J.M.E. McTaggart, *A Commentary on Hegel's Logic* (Cambridge: Cambridge University Press, 1910).
J.M.E. McTaggart, "The Changes of Method in Hegel's Dialectic," in *G.W.F. Hegel: Critical Assessments*, ed. R. Stern, 4 vols. (London: Routledge, 1993), 2: 60–88.
G.R.G. Mure, *A Study of Hegel's Logic* (1950) (Westport, CT: Greenwood Press, 1984).
Friedrich Nietzsche, *Twilight of the Idols/The Antichrist*, trans. R.J. Hollingdale (Harmondsworth: Penguin Books, 1968).
Friedrich Nietzsche, *On the Genealogy of Morals*, trans. W. Kaufmann and R.J. Hollingdale, and *Ecce Homo*, trans. W. Kaufmann (New York: Vintage Books, 1969).
Friedrich Nietzsche, *The Will to Power*, trans. W. Kaufmann and R.J. Hollingdale (New York: Vintage Books, 1968).
Robert Pippin, *Hegel's Idealism: The Satisfactions of Self-Consciousness* (Cambridge: Cambridge University Press, 1989).
Robert Pippin, "Hegel's Idealism: Prospects," *Bulletin of the Hegel Society of Great Britain* 19 (Spring/Summer 1989): 28–41.
Plato, *Phaedo*, trans. D. Gallop (Oxford: Oxford University Press, 1993).
Otto Pöggeler, ed. *Hegel* (Freiburg/München: Verlag Karl Alber, 1977).
The Presocratic Philosophers, ed. G.S. Kirk, J.E. Raven and M. Schofield (1957) (Cambridge: Cambridge University Press, 1983).
Giacomo Rinaldi, *A History and Interpretation of the Logic of Hegel* (Lewiston NY: The Edwin Mellen Press, 1992).
Hoke Robinson, ed. *Proceedings of the Eighth International Kant Congress*, 2 vols. (Milwaukee: Marquette University Press, 1995).
Michael Rosen, *Hegel's Dialectic and Its Criticism* (Cambridge: Cambridge University Press, 1982).
F.W.J. von Schelling, *On the History of Modern Philosophy*, trans. A. Bowie (Cambridge: Cambridge University Press, 1994).
Friederike Schick, *Hegels Wissenschaft der Logik—metaphysische Letztbegründung oder Theorie logischer Formen?* (Freiburg/München: Verlag Karl Alber, 1994).
Arthur Schopenhauer, *The World as Will and Representation*, trans. E.F.J. Payne, 2 vols. (New York: Dover Publications, 1969).
Sally Sedgwick, ed. *The Reception of Kant's Critical Philosophy: Fichte, Schelling and Hegel* (Cambridge: Cambridge University Press, 2000).
A Spinoza Reader: The Ethics and Other Works, ed. E. Curley (Princeton: Princeton University Press, 1994).
W.T. Stace, *The Philosophy of Hegel* (1924) (New York: Dover Publications, 1955).
Lawrence Stepelevich, ed. *The Young Hegelians: An Anthology* (Cambridge: Cambridge University Press, 1983).
David S. Stern, "The Immanence of Thought: Hegel's Critique of Foundationalism," *The Owl of Minerva* 22, 1 (Fall 1990): 19–33.

450 Robert Stern, ed. *G.W.F. Hegel: Critical Assessments*, 4 vols. (London: Routledge, 1993).

Charles Taylor, *Hegel* (Cambridge: Cambridge University Press, 1975).

Michael Theunissen, *Sein und Schein. Die kritische Funktion der Hegelschen Logik* (Frankfurt am Main: Suhrkamp Verlag, 1980).

F.A. Trendelenburg, *The Logical Question in Hegel's System*, in *G.W.F. Hegel: Critical Assessments*, ed. R. Stern, 4 vols. (London: Routledge, 1993), 1: 182–216.

Alan White, *Absolute Knowledge: Hegel and the Problem of Metaphysics* (Athens, OH: Ohio University Press, 1983).

Wolfgang Wieland, "Bemerkungen zum Anfang von Hegels Logik," in *Seminar: Dialektik in der Philosophie Hegels*, ed. R.-P. Horstmann (Frankfurt am Main: Suhrkamp Verlag, 1978), pp. 194–212.

Cynthia Willett, "The Shadow of Hegel's *Science of Logic*," in *Essays on Hegel's Logic*, ed. G. di Giovanni (Albany: SUNY Press, 1990), pp. 85–92.

Richard Winfield, *Reason and Justice* (Albany: SUNY Press, 1988).

Richard Winfield, *Overcoming Foundations: Studies in Systematic Philosophy* (New York: Columbia University Press, 1989).

Gerhard Martin Wölfle, *Die Wesenslogik in Hegels "Wissenschaft der Logik"* (Stuttgart-Bad Cannstatt: Frommann-Holzboog, 1994).

Allen W. Wood, *Hegel's Ethical Thought* (Cambridge: Cambridge University Press, 1990).

Allen W. Wood, "Reply," *Bulletin of the Hegel Society of Great Britain* 25 (Spring/Summer 1992): 34–50.

索　引①

① 该索引中有一些词汇并不是术语索引而是主题索引。例如，“master－slave relation”并不见于本书，它只是作为主题才出现在索引中。——译者注

① 索引中的第177－179页以及第257页是黑格尔《逻辑学》的文本部分，由于我是按照德文来翻译的，所以这里的译名有一些出入。英译本将 Kreis 和 Kreislauf 不加区别地都翻译为 circle，我则分别翻译为“圆圈”和“循环”。——译者注

① 这两个词在霍尔盖特的用法里是可以互换的，但他偶尔将这两个词并用，写作derivation或deduction。在这种情况下，我将它翻译为“演绎或推导”。——译者注

① 在作者的一个注释中该名字仅出现一次，在该注释中我没有翻译这个名字，所以这里也不给出汉译。以下仿此。——译者注

译后记

斯蒂芬·霍尔盖特的这本书，坊间曾一度称之为《黑格尔〈逻辑学〉的开端》。这是对该书书名的一种错误的翻译。“开端”（Anfang）一词对应的英文是beginning，而本书的书名却是*The Opening of Hegel's Logic*。按照黑格尔对“开端”问题的说明，科学（因而也是整个逻辑学）的开端是“存在”，而这在《逻辑学》的正文开始之前就已经得到了确立。作者显然不只是要对这个部分进行评述。此外，我们通常所谓的《逻辑学》的“开端辩证法”只涉及“存在”、“虚无”和“变易”三个范畴，但作者的这本书的副标题却是*From Being to Infinity*，从“存在”到“无限性”。因此，无论从哪个角度看，这本书都不只是对黑格尔《逻辑学》开端的研究。

我将这本书的书名翻译为《黑格尔〈逻辑学〉开篇：从存在到无限性》，主要基于两个理由。第一，从“存在”到“无限性”所涵盖的内容相当于《逻辑学》的一个“开篇”的长度。作者在他的书中提到“开篇章节”（the opening chapters）或者“整个开篇部分”（the whole opening section），所指的就是这个范围。第二，opening一词除了作为名词理解之外，还可以作为动名词理解，意思是“打开”或者“敞开”。作者认为，“对于今天的大多数人来说，甚至对于许多黑格尔主义者而言……《逻辑学》依然是一部牢牢封闭的书卷”，而他的这本书研究的目的，就是要“致力于为尽可能多的读者打开黑格尔的《逻辑学》”，直至通过他的研究“也为有才智、有见地的批评打开一种可能性”。这第二个方面，略相当于“开卷”“释卷”以供读者阅读、方家讨论的意思。既然作者自己也说他的研究“在好几重意义上”致力于the *opening* of Hegel's *Science of Logic*，那么我想，用“开篇”这个在汉语中兼具名词和动词双重意义的词来翻译 opening，至少是我所能想到的一个比较好的办法。除此之外，作者在本书中将黑格尔哲学视为一种不做任何预设的、完全无前提的思想，他要求读者也以这样的态度来对《逻辑学》保持开放。这种构成了霍尔盖特的研究之基本精神和基本方法的“开放性”（openness），恰恰也是该书书名意趣的一部分，只不过无法单纯仅以书名的形式——尤其无法通过对书名的汉语翻译——体现出来。这种开放的精神或态度，只有留待读者在本书的阅读过程中去慢慢体味了。

关于本书的翻译，还有几点需要说明。首先，本书的第二部分是黑格尔《逻辑学》开篇章节的文本选读，以德、英对照的方式呈现。我只翻译了德文部分而略去了米勒（A. V. Miller）的英译。这是因为，作者的原书要面向英文世界的读者，《逻辑学》的原文必须要用英文版本。然而，我的翻译要面向中文世界的读者，《逻辑学》的原文，无论是作为第二部分的选读材料，还是作为第一和第三部分的引文，都没有保留英译的必要，也无需在翻译了德文之后又从英译翻译出一个版本来。因此，第二部分我的译文相当于扮演着原书中米勒英译的角色。出版社考虑到德文普及程度不高，没有采用德、汉对照的方式来呈现第二部分，所以第二部分只有《逻辑学》选读的汉语译文。霍尔盖特虽然采用了米勒的英译，但他也根据自己对德文的理解改订了几十处米勒的译文，对这些改订的说明全都放在了原书的注释中。由于我的译文不涉及米勒的英译，所以除非事关重要的解释，所有这些有关译文改订的注释我也都一并略去了。其次，本书中除了黑格尔的《逻辑学》以外，所有黑格尔其他著作的引文，以及康德、海德格尔、伽达默尔这三位重要评论者的引文，我都是依据德文而非霍尔盖特所提供的英译来翻译的。至于本书引述的其他评论者的话，我都按照霍尔盖特这本书的引文形式来翻译。引文的处理总是有可能触及一个潜在的危险，那就是引文的原始语境和它被引入的语境之间的不一致。霍尔盖特这本书引述了很多黑格尔《逻辑学》评论者的话，而他们的著作我无法一一研读，我只能对他们的文字在引文语境中的情况负责。最后，我想说，通过我的第一次尝试，我已切身体会到翻译是一件多么不容易的事情，而这种感受是我曾经仅仅作为一名读者时所理解不了的。尽管如此，无论是作者还是译者，都应当秉持着本书所提倡的开放性精神，既然他们已经或者将黑格尔《逻辑学》的开篇向读者打开，或者将《黑格尔〈逻辑学〉开篇》向读者打开，那么他们就理所当然地要面对来自读者的批评。作为译者我希望，这样的批评首先是为了正确理解作者的观点而向着我的翻译而来。

我的好友，北京外国语大学博士赵为女士在本书的翻译过程中一直就各种问题向我提供帮助；我的同事，武汉纺织大学宋朝普博士帮我校对了本书第二部分，指出了我的几处翻译错误；中国人民大学出版社的杨宗元、吴冰华和张杰三位老师给予了我充分的时间并为本书的出版付出了辛苦；我的妻子，在我刚接手这本书的翻译时还是我的女朋友，陪伴我经历了这段时间，展现了她的耐心和特别的温柔。我对他们表示由衷的感谢。那些虽然没有具体地参与到本书的翻译之中，但为翻译提供了宝贵精神支持的我的伙伴，我也一样对他们表示由衷的感谢。

刘一

2019 年 10 月于武汉

德国古典哲学研究译丛

主编　李秋零

康德的遗产与哥白尼式革命：费希特、柯恩、海德格尔

［法］朱尔·维耶曼（Jules Vuillemin）/著　安靖/译

自身关系

［德］迪特尔·亨利希（Dieter Henrich）/著　郑辟瑞/译

德国观念论的终结

［德］瓦尔特·舒尔茨（Walter Schulz）/著　韩隽/译

形而上学与政治：亚里士多德与黑格尔研究

［德］约阿希姆·里特尔（Joachim Ritter）/著　贺念/译

黑格尔《逻辑学》开篇：从存在到无限性

［英］斯蒂芬·霍尔盖特（Stephen Houlgate）/著　刘一/译

主体性与自由：从康德到黑格尔以来的观念论考察

［德］克劳斯·杜辛（Klaus Düsing）/著　李红霞/译

理性的界限：关于德国观念论目标及其动因的研究

［德］罗尔夫-彼得·霍斯特曼（Rolf-Peter Horstmann ）/著　谢晓川/译

德国哲学 1760—1860：观念论的遗产

［美］特里·平卡德（Terry Pinkard）/著　侯振武/译

康德的实践理性批判——一种自由哲学

［德］奥特弗里德·赫费（Otfried Höffe）/著　袁辉/译

康德的道德宗教

［美］艾伦·W. 伍德（Allen W. Wood）/著　李科政/译

图书在版编目（CIP）数据

黑格尔《逻辑学》开篇：从存在到无限性/(英)斯蒂芬·霍尔盖特著；刘一译. --北京：中国人民大学出版社，2021.3
(德国古典哲学研究译丛/李秋零主编)
ISBN 978-7-300-29027-0

Ⅰ.①黑… Ⅱ.①斯…②刘… Ⅲ.①黑格尔（Hegel，Georg Wilhelm Friedrich 1770—1831）-逻辑学-研究 Ⅳ.①B516.35②B811.01

中国版本图书馆 CIP 数据核字（2021）第 029638 号

德国古典哲学研究译丛
主编 李秋零
黑格尔《逻辑学》开篇：从存在到无限性
[英] 斯蒂芬·霍尔盖特（Stephen Houlgate） 著
刘一 译
HEGEL《LUOJIXUE》KAIPIAN：CONG CUNZAI DAO WUXIANXING

出版发行	中国人民大学出版社		
社　　址	北京中关村大街 31 号	**邮政编码**	100080
电　　话	010－62511242（总编室）		010－62511770（质管部）
	010－82501766（邮购部）		010－62514148（门市部）
	010－62515195（发行公司）		010－62515275（盗版举报）
网　　址	http://www.crup.com.cn		
经　　销	新华书店		
印　　刷	北京联兴盛业印刷股份有限公司		
开　　本	720 mm×1000 mm　1/16	**版　　次**	2021 年 3 月第 1 版
印　　张	34.5 插页 2	**印　　次**	2025 年 3 月第 5 次印刷
字　　数	512 000	**定　　价**	128.00 元